U0150460

# 中国芳香植物资源

# Aromatic Plant Resources in China

## （第1卷）

王羽梅　主编

中国林业出版社

**图书在版编目（CIP）数据**

中国芳香植物资源：全6卷 / 王羽梅主编. --北京：中国林业出版社，2020.9
ISBN 978-7-5219-0790-2

Ⅰ. ①中… Ⅱ. ①王… Ⅲ. ①香料植物－植物资源－中国 Ⅳ. ①Q949.97

中国版本图书馆CIP数据核字（2020）第174231号

**中国芳香植物资源（全6卷）** **王羽梅 主编**

---

**出版发行**：中国林业出版社（中国·北京）
**地　　址**：北京市西城区德胜门内大街刘海胡同7号

---

**策划编辑**：王　斌
**责任编辑**：刘开运　张　健　郑雨馨　吴文静　**装帧设计**：广州百彤文化传播有限公司

---

**印　　刷**：北京雅昌艺术印刷有限公司
**开　　本**：635 mm×965 mm　1/8
**印　　张**：238.5
**字　　数**：5358千字
**版　　次**：2020年9月第1版　第1次印刷
**定　　价**：1980.00元（全6卷）

# 《中国芳香植物资源》
# 编 委 会

**主　编：**王羽梅

**副主编：**任　飞　任安祥　叶华谷　易思荣

**著　者：**

王羽梅（韶关学院）
任安祥（韶关学院）
任　飞（韶关学院）
易思荣（重庆三峡医药高等专科学校）
叶华谷（中国科学院华南植物园）
邢福武（中国科学院华南植物园）
崔世茂（内蒙古农业大学）
薛　凯（北京荣之联科技股份有限公司）
宋　鼎（昆明理工大学）
王　斌（广州百彤文化传播有限公司）
张凤秋（辽宁锦州市林业草原保护中心）
刘　冰（中国科学院北京植物园）
杨得坡（中山大学）
罗开文（广西壮族自治区林业勘测设计院）
徐晔春（广东花卉杂志社有限公司）
于白音（韶关学院）
马丽霞（韶关学院）
任晓强（韶关学院）
潘春香（韶关学院）
肖艳辉（韶关学院）
何金明（韶关学院）
刘发光（韶关学院）
郑　珺（广州医科大学附属肿瘤医院）
庞玉新（广东药科大学）
陈振夏（中国热带农业科学院热带作物品种资源研究所）
刘基男（云南大学）
朱鑫鑫（信阳师范学院）
叶育石（中国科学院华南植物园）
宛　涛（内蒙古农业大学）
宋　阳（内蒙古农业大学）
李策宏（四川省自然资源科学研究院峨眉山生物站）
朱　强（宁夏林业研究院股份有限公司）
卢元贤（清远市古朕茶油发展有限公司）
寿海洋（上海辰山植物园）
张孟耸（浙江省宁波市鄞州区纪委）
周厚高（仲恺农业工程学院）
杨桂娣（茂名市芳香农业生态科技有限公司）
叶喜阳（浙江农林大学）
郑悠雅（前海人寿广州总医院）
吴锦生〔中国医药大学（台湾）〕
张荣京（华南农业大学）
李忠宇（辽宁省凤城市林业和草原局）
高志恳（广州市昌缇国际贸易有限公司）
李钱鱼（广东建设职业技术学院）
代色平（广州市林业和园林科学研究院）
容建华（广西壮族自治区药用植物园）
段士明（中国科学院新疆生态与地理研究所）
刘与明（厦门市园林植物园）
陈恒彬（厦门市园林植物园）
邓双文（中国科学院华南植物园）
彭海平（广州唯英国际贸易有限公司）
董　上（伊春林业科学院）
徐　婕（云南耀奇农产品开发有限公司）
潘伯荣（中国科学院新疆生态与地理研究所）
李镇魁（华南农业大学）
王喜勇（中国科学院新疆生态与地理研究所）

# 前　言

中国多样的气候特征孕育了丰富的植物资源，是芳香植物资源大国。中国也是芳香产品的利用和出口大国。长期以来我国对芳香植物资源的研究存在碎片化现象，缺乏系统性。因为对芳香植物的定义比较模糊，一般认为是含有较多的、可以通过各种方法提取出来芳香成分的一类植物。中国到底有多少种芳香植物？恐怕无人能准确回答这个问题。随着分析测试手段的不断进步，可提取到芳香成分的植物越来越多，较微量的芳香成分也不断被检测出来，使进入到芳香植物序列的植物也越来越多。但目前被分析出芳香成分的植物只是其中的一部分，还有相当多的芳香植物的芳香成分未被分析检测。

韶关学院芳香植物研究团队成立于2001年，多年来致力于芳香植物资源的研究。2008年，科学出版社出版了团队编写的首部专著《中国芳香植物》(上、下册)，之后又相继出版了《芳香药用植物》《中国芳香植物精油成分手册》(上、中、下册)、《芳香蔬菜》等专著和《芳香植物栽培学》《芳香植物概论》等教材。随着研究手段的进步和研究的深入，越来越多芳香植物的挥发性成分被发现，对芳香植物的认识视野也在不断拓展。为了更好地满足广大芳香植物研究人员、芳香企业和广大芳香爱好者的需求，我们组织力量编写了本《中国芳香植物资源（1～6卷)》。

本套书共收录了2412种芳香植物（包括亚种和变种)。选取植物种类的原则基于以下几个考虑：(1）首先是在我国境内有种植的芳香植物，包括本土植物和引进植物；(2）本书收录的有被子植物、裸子植物和蕨类植物，藻类、菌类、地衣类没有收录；(3）本书只收录了新鲜或干燥后的植物组织或器官的芳香成分，凡经过加工的植物组织如烤制后的烟叶、炒制后的茶叶、炮制后的中药材、腌制后的蔬菜、加工后的果品等没有收录；(4）有公开报道的、定量分析的芳香成分，包括公开发表的论文和公开出版的书籍。只有定性分析芳香成分没有定量的植物没有录用，学位论文分析的植物一律没有录用；（5）文献资料截至2018年。

该书的中文名称、分类地位和学名一律以《中国植物志》（电子版）为准，《中国植物志》没有收录的植物以引用的论文使用的中文名和学名为准，判断为异名的植物予以合并处理，杂交种未单独列出。亚种、变种单列，变型、栽培型、品种等合并撰写，在表述时尽可能注明变型或品种名称。

本套书的排序以中文名称的汉语拼音首字母先排科名，同一科内再以汉语拼音的首字母排属名，以此类推；同一属内按汉语拼音排种名，亚种、变种一般排在原变种之后，如没有原变种，也按植物名的汉语拼音排序。徐晔春老师对全书学名进行了全面地核对和修订，在此致以衷心的感谢。

每一种植物尽可能配以彩色照片，为此，全国各地的数十名分类学家为本书提供了数量不等的植物照片，在此感谢为本书提供植物照片的所有作者。叶华谷、叶育石两位老师对全书图片进行了审查和核实，谨致以衷心的感谢。提供照片较少的部分摄影者未能列入编委，包括庞明娟、田志来、杨宗宗、周劲松、黄少伟、丁全志、杨科明、唐光大、王少平、崔煜文、赵凤艳、营浩、孙学刚、廖浩斌、李淑娟、黄戈晗、黄少华、何毕雄、陈又生、迟建才、聂廷秋、周建军、黄江华、徐永福、陈炳华、刘兆龙、冯虎元、李光波、李晓东、刘翔、马欣堂、孙观灵、吴玉虎、由利修二、张宏伟、张磊、张亚洲、周繇、姜云传、李西贝阳、潘建斌、秦位强、石尚德、苏丽飞、王彬、徐克学、阳亿、甄爱国、周洪义、安明姬、曾云保、陈家瑞、陈敏愉、陈远山、邓创发、樊英鑫、高晓晖、郭宗旺、华国军、黄健、黄科、黄祥童、蒋蕾、金洪刚、康瑞华、雷金睿、李光敏、李志春、廖明林、林广旋、刘灏文、刘平、刘军、刘龙昌、刘新华、刘兴江、刘宗才、罗毅波、缪春、区崇烈、谭飞、滕为国、王琦、王文涛、王文元、吴棣飞、吴佐建、武晶、邢艳兰、徐锦泉、徐亚幸、宣晶、杨春江、杨雁、姚天海、袁彩霞、张金龙、张敬莉、张玲、赵海宇、郑锡荣、周恒苍、周华明、周辉、周剑锋、朱仁斌等，在此致以衷心的感谢！非常遗憾的是仍有少量植物未征集到照片。

本套书具备以下5个特点。(1）全面性：本书选取的芳香植物一是我国境内有栽培或野生分布；二是有芳香成分的公开报道。涉及183科，800余属，2412种芳香植物，是目前为止对国内芳香植物资源的一次最全面的梳理和总结。(2）系统性：每一个植物种介绍的内容从国内的分布、形态特征、生长习性到精油含量、主要芳香成分、利用，资料来源非常丰富，参考的学术论文、专著等数以万计。(3）权威性：参考资料来自公开出版的专著和公开发表的论文，芳香植物的分类、中文名和学名一律统一以《中国植物志》(电子版）为准。数据真实可靠。(4）观赏性：从全国数十位分类专家多渠道征集彩色照片，力争每一个植物都配1～2幅彩图，做到图文并茂。(5）实用性：一书在手，可以了解我国芳香植物资源的全貌。本套书既是从事植物次生代谢等研究工作者的重要参考资料，也对与芳香植物种植、加工、贸易、利用等有关学者、企业、行业决策具有重要的参考价值，

可作为香料、医药、食品、精细化工、农业等相关专业或企业的重要参考书。本套书也可以作为农学类、生物科学类、药学类、食品类、精细化工类、天然产物化学类等专业技术人员、研究生的科研参考书，或教师与学生的教学参考书。为我国芳香植物的生产和利用者提供有价值的参考。

关于本书的编写其他需要说明的几个问题：(1）一个植物如果有多个器官有芳香成分的报道时，按根、茎、叶、花、果实、种子的顺序分别介绍；如果只有某一个器官或全草时，则不列出器官的标题。(2）同一个植物同一个器官有多篇芳香成分报道论文时，如第一主成分相同时，只选其中一篇作为参考；如第一主成分不同时，则分别列出。(3）有的植物同一个种内会有许多栽培型、变型或品种，如菊花、柑橘等，为了展示不同品种、变型的芳香成分，即使第一主成分相同，也会分别列出。(4）为了节约篇幅，所有植物只选取了相对含量等于或大于1%的芳香成分，其他微量成分没有列出，如有兴趣了解详细成分，可参考《中国芳香植物精油成分手册》(上、中、下册)。(5）全书的精油含量和芳香成分的相对含量统一精确到小数点后两位，对多于两位的原文进行了四舍五入，对少数以峰面积为单位的原文换算成了相对含量。(6）为了方便读者阅读，将原文是英文的芳香成分翻译成了汉语，个别无法翻译的英文予以保留。

# 总目录

## 第1卷



## 第2卷

## 第3卷

## 第4卷



## 第5卷

## 第6卷

# 第 1 卷目录

**大风子科**



**大戟科**



**灯心草科**



**冬青科**



**豆科**

**杜鹃花科**

## 野茉莉

*Styrax japonicus* Sieb. et Zucc.

**安息香科　安息香属**

**别名：**安息香、耳完桃、黑茶花、茉莉苞、木香材、木桔子、野百果树、野花棓、君迁子、齐墩果

**分布：**北自秦岭和黄河以南，东起山东、福建，西至云南、四川，南至广东、广西

【形态特征】灌木或小乔木，高4～10 m，树皮灰褐色，平滑；嫩枝稍扁，暗紫色，圆柱形。叶互生，纸质或近革质，椭圆形至卵状椭圆形，长4～10 cm，宽2～6 cm，顶端急尖或钝渐尖，基部楔形或宽楔形，边近全缘或仅于上半部具疏离锯齿，叶脉疏被星状毛。总状花序顶生，有花5～8朵，有时下部的花生于叶腋；花白色，长2～3 cm；小苞片线形或线状披针形；花萼漏斗状，膜质；花冠裂片卵形或椭圆形，花蕾时作覆瓦状排列，花丝扁平，下部联合成管，上部分离，花药长圆形，边缘被星状毛。果实卵形，长8～14 mm，顶端具短尖头，有不规则皱纹；种子褐色，有深皱纹。花期4～7月，果期9～11月。

【生长习性】生于海拔400～1804 m的林中，阳性树种，生长迅速，喜生于酸性、疏松肥沃、土层较深厚的土壤中。

【芳香成分】陈青等（2007）用固相微萃取法提取的贵州贵阳产野茉莉花香气的主要成分为：α-蒎烯（24.87%）、β-香叶烯（12.68%）、橙花叔醇（12.15%）、桂皮醛（9.09%）、反式-罗勒烯（7.76%）、3-苯基-丙烯醇（5.52%）、芳樟醇（2.53%）、小蠹二烯醇（2.74%）、β-蒎烯（1.80%）、1-甲氧基-4-(2-丙烯基)苯（1.71%）、(Z)-乙酸叶酯（1.56%）、α-异松香烯（1.01%）等。

【利用】木材可作器具、雕刻等细工用材；种子油可作肥皂或机器润滑油，油粕可作肥料；花美丽、芳香，可作庭园观赏植物。

## 越南安息香

*Styrax tonkinensis* (Pierre) Craib ex Hartw.

**安息香科　安息香属**

**别名：**安息香、白背安息香、白脉安息香、白花树、白花椰树、白花木、八翻龙、大青山安息香、滇桂野茉莉、牛油树、泰国安息香、姊永

**分布：**云南、贵州、广东、广西、福建、湖南、江西

【形态特征】乔木，高6～30 m，树冠圆锥形，树皮灰褐色，有不规则纵裂纹；枝稍扁，近圆柱形，暗褐色。叶互生，纸质至薄革质，椭圆形至卵形，长5～18 cm，宽4～10 cm，顶端短渐尖，基部圆形或楔形，边近全缘，嫩叶有时具2～3个齿裂。圆锥花序，或渐缩小成总状花序；花白色，长12～25 mm；小苞片生于花梗中部或花萼上，钻形或线形；花萼杯状，萼齿三角形；花冠裂片膜质，卵状披针形或长圆状椭圆形，花蕾时作覆瓦状排列；花丝扁平，上部分离，下部联合成筒；花药狭长圆形。果实近球形，直径10～12 mm，顶端急尖或钝；种子卵形，栗褐色，密被小瘤状突起和星状毛。花期4～6月，果熟期8～10月。

【生长习性】热带亚热带树种，垂直分布在海拔100～2000 m，喜生于气候温暖、较潮湿、土壤疏松而肥沃、土层深厚、微酸性、排水良好的山坡或山谷、疏林中或林缘。

【精油含量】水蒸气蒸馏树脂的得油率为0.20%。

【芳香成分】娄方明等（2010）用水蒸气蒸馏法提取的干燥树脂精油的主要成分为：2-丙烯醛（16.46%）、肉桂酸肉桂酯（15.86%）、肉桂酸苄酯（15.82%）、3-苯基苯甲酸苄酯（11.88%）、苯乙烯（8.99%）、苯甲醛（8.50%）、乙酰苯

（3.21%）、长叶烯-V1（2.54%）等。彭颖等（2013）用同法提取的树脂精油的主要成分为：苯甲酸苄酯（52.66%）、苯甲酸（23.73%）、合成右旋龙脑（6.56%）、异龙脑（3.17%）、丁香酚（1.73%）、肉桂酸苄酯（1.45%）、苯甲酸烯丙酯（1.38%）、肉桂酸肉桂酯（1.34%）、苯甲酸甲酯（1.12%）等。

【利用】树脂是贵重药材，称“安息香”，可温暖心脏和循环系统，减轻一般的疼痛；改善支气管炎、气喘、感冒及喉咙痛；有助泌尿管道疾病；可帮助控制血糖、减轻口腔溃疡等。精油可制造高级香料，也是经常使用的祛痰剂。木材可作火柴杆、家具及板材。种子油称“白花油”，可供药用，治疥疮。

## 八角枫

*Alangium chinense* (Lour.) Harms

**八角枫科　八角枫属**

**别名：**华瓜木、白龙须、木八角、橙木

**分布：**河南、陕西、甘肃、江苏、浙江、安徽、福建、台湾、江西、湖北、湖南、四川、贵州、云南、广东、广西、西藏

【形态特征】落叶乔木或灌木，高3～5 m，稀达15 m；幼枝紫绿色，冬芽锥形，生于叶柄的基部内，鳞片细小。叶纸质，近圆形或卵形，顶端短锐尖或钝尖，基部两侧常不对称，阔楔形、截形，长13～26 cm，宽9～22 cm，叶面深绿色，叶背淡绿色。聚伞花序腋生，长3～4 cm，有7～50花；小苞片线形或披针形；花冠圆筒形，花萼顶端分裂为5～8枚齿状萼片；花瓣6～8，线形，基部粘合，上部开花后反卷，初为白色，后变黄色；花盘近球形；子房2室，柱头头状。核果卵圆形，长约5～7 mm，直径5～8 mm，幼时绿色，成熟后黑色，顶端有宿存的萼齿和花盘，种子1颗。花期5～7月和9～10月，果期7～11月。

【生长习性】生于海拔1800 m以下的山地或疏林中。阳性树，稍耐阴，对土壤要求不严，喜肥沃、疏松、湿润的土壤；具一定耐寒性；萌芽力强，耐修剪，根系发达，适应性强。

【精油含量】水蒸气蒸馏新鲜枝叶的得油率为0.60%。

【芳香成分】龚复俊等（1999）用水蒸气蒸馏法提取的湖北武汉产八角枫新鲜枝叶精油的主要成分为：1,8-桉叶油素（43.33%）、β-侧柏烯（10.71%）、丁香酚甲醚（7.09%）、α-松油醇（7.02%）、α-蒎烯（5.83%）、对-伞花烃（4.85%）、β-蒎烯（3.94%）、松油烯-4-醇（2.52%）、α-侧柏烯（1.22%）、黄樟油素（1.19%）、香叶烯-2-醇（1.07%）等。

【利用】药用，根名“白龙须”，茎名“白龙条”，治风湿、跌打损伤、外伤止血等。树皮纤维可编绳索。木材可作家具及天花板。

## 芭蕉

*Musa basjoo* Sieb. et Zucc.

**芭蕉科　芭蕉属**

**别名：**甘蕉、芭蕉头、芭苴、天苴、板蕉、牙蕉、大叶芭蕉、大头芭蕉

**分布：**淮河以南，台湾有栽培

【形态特征】植株高2.5～4 m。叶片长圆形，长2～3 m，宽25～30 cm，先端钝，基部圆形或不对称，叶面鲜绿色，有光泽；叶柄粗壮，长达30 cm。花序顶生，下垂；苞片红褐色或紫色；雄花生于花序上部，雌花生于花序下部；雌花在每一苞片内约10～16朵，排成2列；合生花被片长4～4.5 cm，具5齿裂，离生花被片几与合生花被片等长，顶端具小尖头。浆果三棱状，长圆形，长5～7 cm，具3～5棱，近无柄，肉质，内具多数种子。种子黑色，具疣突及不规则棱角，宽6～8 mm。

【生长习性】多栽培于庭园及农舍附近。喜温暖，耐寒力弱，冬季须保持4℃以上的温度，但也能耐短时间的0℃低温。茎分生能力强，耐半阴，适应性较强，生长较快。宜土层深厚、疏松肥沃、透气性良好的土壤生长。适当的遮光有利于植株生长，更利于提高品质。喜湿润，应保持较高的土壤和空气湿度，但忌土壤持续积水。

【芳香成分】王祥培等（2011）用水蒸气蒸馏法提取的贵州贵阳产芭蕉新鲜根精油的主要成分为：十五醛（19.60%）、角鲨烯（11.46%）、水芹醛（8.69%）、正己醛（7.59%）、(Z)-4-庚烯醛（3.10%）、植物醇（2.76%）、棕榈酸（2.25%）、m-乙基异丙苯（1.65%）、17-十八碳烯醛（1.57%）、甲基正戊基甲酮（1.50%）、十四碳醛（1.49%）、2-正戊基呋喃（1.46%）、苯甲醛（1.11%）、α-雪松醇（1.04%）、白菖油萜（1.01%）等。

【利用】果实可食。叶纤维为芭蕉布（称蕉葛）和造纸的原料。假茎、叶利尿，治水肿、肛胀。花干燥后治脑溢血。根治感冒、胃痛及腹痛。

## 树头芭蕉
*Musa wilsonii* Tutch.

**芭蕉科　芭蕉属**
**别名：**象头蕉、野芭蕉、桂吞
**分布：**云南、贵州、广西、广东等地

【形态特征】植株高6～12 m，无蜡粉。假茎胸径15～25 cm，淡黄色，带紫褐色斑块。叶片长圆形，长1.8～2.5 m，宽60～80 cm，基部心形，叶脉于基部弯成心形；叶柄细而长，有张开的窄翼，长40～60 cm。花序下垂，序轴无毛；苞片外面紫黑色，被白粉，内面浅土黄色，每苞片内有花2列；花被片淡黄色，离生花被片倒卵状长圆形，先端具小尖头，合生花被片长为离生花被片的2倍或以上，先端3齿裂，中裂片两侧具小裂片。浆果近圆柱形，长10～13 cm，直径4.4 cm，果身直，成熟时灰深绿色，果内几乎全是种子。

【生长习性】多生于常绿阔叶林中，沟谷潮湿肥沃土中，海拔2700 m以下。

【芳香成分】李玮等（2015）用水蒸气蒸馏法提取的贵州贵阳产树头芭蕉新鲜花精油的主要成分为：二十三烷（15.29%）、(Z)-12-二十五碳烯（14.47%）、(Z)-9-二十三烯（13.73%）、亚油酸丁酯（13.46%）、(Z)-9-二十五碳烯（9.14%）、二十五烷（7.88%）、11-二十三烯（4.11%）、(Z)-12-二十七烯（2.72%）、二十一烷（2.21%）、9-二十七烯（2.14%）、二十七烷（2.01%）、二十四烷（1.04%）等；用顶空固相微萃取法提取的新鲜花精油的主要成分为：2-硫杂丙烷（18.56%）、戊二烯（14.50%）、3-甲基-1-丁醇（13.84%）、乙醇（5.68%）、2-甲基-1-丁醇（5.42%）、2-甲基丁醛（4.65%）、辛烷（4.46%）、3-甲基丁醛（3.21%）、1,2-二甲基丁酸（3.19%）、(E)-4,8-二甲基-1,3,7-壬三烯（2.87%）、2-戊基呋喃（1.41%）、1-己醇（1.34%）、邻苯二甲酸二乙酯（1.24%）、(Z)-β-罗勒烯（1.21%）、庚醛（1.15%）、异丁醛（1.08%）等。

【利用】花、假茎、根头作菜或当饭吃。假茎亦可作猪饲料。全株入药，可截疟。

## 香蕉
*Musa nana* Lour.

**芭蕉科　芭蕉属**
**别名：**矮脚香蕉、矮脚盾地雷、矮巴蕉、高脚香蕉、高把蕉、高脚牙蕉、开远香蕉、龙溪蕉、梅花蕉、芎蕉、天宝蕉、油蕉、中脚盾地雷、中国矮蕉
**分布：**台湾、福建、广东、广西、云南、海南

【形态特征】植株丛生，具匍匐茎，高2～5 m，假茎浓绿色带黑斑，被白粉。叶片长圆形，长1.5～2.5 m，宽60～85 cm，先端钝圆，基部近圆形，叶面深绿色，叶背浅绿色，被白粉；叶柄边缘褐红色或鲜红色。穗状花序下垂，苞片外面紫红色，

被白粉，内面深红色，每苞片内有花2列。花乳白色或略带浅紫色，离生花被片近圆形，全缘。一般果丛有果8～10段，有果150～200个。果身弯曲，略为浅弓形，长 10～30 cm，直径 3.4～3.8 cm，果棱明显，先端渐狭，果皮青绿色，成熟变为黄色，并且生麻黑点，果肉松软，黄白色，味甜，无种子。剑头芽假茎高约50 cm，肉红色，呈带灰绿的紫红色，黑斑大而显著，叶片狭长上举，叶背被有厚层的白粉。

【生长习性】喜湿热气候，对土壤的选择较严，在土层深厚、土质疏松、排水良好的土壤中生长旺盛。土壤pH4.5～7.5都适宜，以6.0为最好。生长温度为20～35℃，最适宜为24～32℃，最低不宜低于15.5℃。怕低温、忌霜雪，耐寒性弱。

【精油含量】水蒸气蒸馏新鲜叶的得油率为0.20%；超临界萃取干燥叶的得油率为2.20%。

【芳香成分】假茎：尹炯等（2010）用固相微萃取法提取的海南儋州产香蕉新鲜假茎精油的主要成分为：(E)-3,7-二甲基-1,3,6-辛三烯（57.34%）、α-月桂烯（6.62%）、(+)-柠檬烯（5.54%）、2,6-二甲基-2,4,6-辛三烯（5.31%）、十三烷（5.30%）、左旋-α-蒎烯（3.63%）、别罗勒烯（3.22%）、邻苯二甲酸二辛酯（1.50%）等。

叶：谢建英等（2004）用水蒸气蒸馏法提取的广东湛江产香蕉新鲜叶精油的主要成分为：2,6-二叔丁基-4-甲基苯酚（14.74%）、二十一烷（12.27%）、10-甲基-十九烷（6.81%）、5-异丁基-壬烷（6.50%）、3,7,11,15-四甲基-2-烯-十六醇（5.44%）、1-氯代二十七烷（5.41%）、三十四烷（5.28%）、3,7,11,15-四甲基十六烷（4.87%）、二十二烯-1(4.84%）、十六烷基环己烷（3.93%）、正-十五烷基环己烷（3.82%）、二十八烷（3.67%）、十四烷基环己烷（3.56%）、1-碘代-十六烷（3.55%）、二十烷（3.44%）、十九烷（2.55%）、十八烷（2.45%）、十四醛（2.43%）、十七烷（2.30%）、壬醛（2.14%）等。

花蕾：邱海燕等（2015）用超临界$CO_2$萃取法提取的海南儋州产香蕉新鲜花蕾精油的主要成分为：(3α,4α,5α)- 4,14-二甲基-9,19-环麦角甾-24(28)-烯-3-醇乙酸酯（49.04%）、1-二十一烷基甲酸酯（10.84%）、四十三烷（10.39%）、(Z)-9-十八碳烯酰胺（9.12%）、2-(十八烷氧基)-乙醇（6.83%）、十六碳酰胺（3.06%）、17-(1,5-二甲基-3-苯基硫醚-4-烯基)-4,4,10,13,14-五甲基-2,3,4,5,6,7,10,11,12,13,14,15,16,17-十四氢-1H-环戊(a)菲-2-醇（3.00%）、二十碳烷（2.82%）、1a,2,3,9,12,12a-六氢-9-羟基-10-(羟甲基)-5aH-3a,12-甲醇-1H-环丙[5',6']环癸[1',2':1,5]环戊[1,2-d][1,3]二氧杂环戊二烯-13-酮（2.10%）、醋酸甲酯（1.64%）等。

果肉：张文灿等（2010）用同时蒸馏萃取法提取的果肉精油的主要成分为：乙酸异戊酯（27.23%）、异戊酸异戊酯（5.54%）、异丁酸异戊酯（5.35%）、乙酸仲戊酯（4.41%）、棕榈酸（4.40%）、乙酸丁酯（4.15%）、2-甲氧基-3-(2-丙烯基)-苯酚（3.26%）、2-庚酮（3.00%）、亚麻酸（2.87%）、丁酸异丁酯（2.86%）、乙酰乙酸-1-甲基丁酯（1.92%）、细辛脑（1.74%）、乙酸戊酯（1.64%）、乙酸-2-庚酯（1.58%）、丁酸乙酯（1.51%）、乙酸-4-己烯酯（1.36%）、4-烯丙基-2,6-二甲氧基苯酚（1.15%）、乙酸-3-甲基-2-丁酯（1.09%）、丁酸异戊酯（1.09%）、乙酸己酯（1.04%）、4-羟基-5-甲基-2-己酮（1.02%）等。李琦等（2017）用低温冷冻液液萃取法提取的海南产香蕉新鲜果肉精油的主要成分为：丙酸乙酯（11.88%）、乙酸异戊酯（9.45%）、棕榈酸（8.71%）、丁酸异戊酯（7.79%）、乙酸异丁酯（5.32%）、乙酸仲戊酯（5.29%）、2-己烯醛（4.68%）、2-戊酮（3.94%）、榄香素（3.84%）、丁香酚（3.67%）、丁酸异丁酯（3.29%）、乙酸丁酯（3.22%）、异戊醇（3.17%）、丁酸-2-戊酯（2.80%）、正己醛（2.71%）、异戊酸异戊酯（2.49%）、4-烯丙基-2,6-二甲氧基苯酚（2.48%）、2-戊醇（2.38%）、丁酸丁酯（1.64%）、丁酸（1.40%）、异戊酸异丁酯（1.11%）等。

果皮：张文灿等（2010）用同时蒸馏萃取法提取的果皮精油的主要成分为：异丁酸异戊酯（15.40%）、异戊酸异戊酯（8.50%）、细辛脑（5.56%）、乙酸异戊酯（4.67%）、棕榈酸（4.28%）、(1-羟基-2,4,4-三甲基戊-3-基)2-甲基丙酸酯（4.06%）、乙酸仲戊酯（3.91%）、乙酸-2-庚酯（3.55%）、丁酸异丁酯（3.15%）、亚麻酸（2.55%）、丁酸-1-甲基丁酯（2.53%）、3-甲氧基乙酸丁酯（2.52%）、2-甲氧基-3-(2-丙烯基)-苯酚（2.43%）、4-烯丙基-2,6-二甲氧基苯酚（2.36%）、泛酰内酯（2.00%）、乙酸戊酯（1.63%）、丁酸异戊酯（1.51%）、异戊酸异丁酯（1.48%）、4-乙烯基-2-甲氧基苯酚（1.43%）、2-甲基-3-丁烯-1-醇（1.18%）等。李琦等（2017）用低温冷冻液萃取法提取的海南产香蕉新鲜果皮精油的主要成分为：丁酸异戊酯（22.85%）、棕榈酸（15.91%）、硬脂酸（6.86%）、4-烯丙基-2,6-二甲氧基苯酚（6.83%）、亚麻酸（6.34%）、榄香素（5.03%）、丁酸-2-戊酯（4.47%）、亚油酸（3.46%）、丁香酚（3.39%）、异戊酸异戊酯（2.54%）、丁酸异丁酯（2.42%）、乙酸异戊酯（2.26%）、甲基乙酸己酯（2.14%）、乙酸仲戊酯（1.98%）、丁酸丁酯（1.97%）、2-己烯醛（1.68%）、1-戊醇（1.15%）、丁酸（1.12%）、丁酸乙酯（1.04%）等。

【利用】果实为常用水果，供食用。

## 小果野蕉

*Musa acuminata* Colla

**芭蕉科　芭蕉属**

**别名：** 芭蕉

**分布：** 云南、广西

【形态特征】假茎高约4.8 m，油绿色，带黑斑，被有蜡粉。叶片长圆形，长1.9～2.3 m，宽50～70 cm，基部耳形，不对称，叶面绿色，被蜡粉，叶背黄绿色；叶柄被蜡粉，叶翼张开约0.6 cm。雄花合生花被片先端3裂，中裂片两侧有小裂片，二侧裂片先端具钩，钩上有毛，离生花被片长不及合生花被片之半，先端微凹，凹陷处具小尖突。果序长1.2 m，总梗长达0.7 m。浆果圆柱形，长约9 cm，内弯，绿色或黄绿色，具5棱角，先端收缩而延成长0.6 cm的喙，基部弯，果内具多数种子，种子褐色，不规则多棱形，直径5～6 mm。

【生长习性】适应性强，分布广，耐阴植物，多生于阴湿的沟谷、沼泽、半沼泽及坡地上；海拔1200 m以下。

【精油含量】水蒸气蒸馏新鲜叶的得油率为0.23%。

【芳香成分】杨春海等（2007）用水蒸气蒸馏法提取的湖北恩施产小果野蕉新鲜叶精油的主要成分为：双环[2.2.1]-1,7,7-三甲基-(1R)-2-庚酮（10.88%）、丁子香酚（3.23%）、1,2-二甲氧基-4-(2-丙烯基)-苯（2.24%）、3-己烯醇（2.09%）、双环[2.2.1]-1,7,7-三甲基-(1S-内)-2-庚醇（1.49%）等。李谷才等（2015）用同法分析的湖南湘潭产小果野蕉新鲜叶精油的主要成分为：丁香酸（16.03%）、植物醇（15.62%）、3-己烯醇（9.06%）、棕榈醛（8.51%）、2-庚醇（5.53%）、3-辛醇（3.78%）、双环[2.2.1]-1,7,7-三甲基-(1R)-2-庚酮（3.68%）、α-杜松醇（3.56%）、愈创醇（3.22%）、香叶基丙酮（3.12%）、2-己烯醇（2.45%）、2-乙基己醇（2.34%）、青叶醛（2.23%）、3,7-二甲基-1,6-辛二烯-3-醇（2.11%）、己醇（1.97%）、α,α,4-三甲基-3-环己烯-1-甲醇（1.86%）、4-甲基-1-(1-甲基乙基)环己-3-烯-1-醇（1.84%）、棕榈酸（1.57%）、斯巴醇（1.53%）、雪松醇（1.32%）、2,4-二甲基苯胺（1.19%）、1,2-二甲氧基-4-(2-丙烯基)-苯（1.15%）、辛醛（1.13%）、桉油精（1.12%）、玷𤛁烯（1.01%）等。

【利用】假茎可作猪饲料。是栽培香蕉的亲本种之一。嫩叶可炒食或腌酸食用。

## 地涌金莲

*Musella lasiocarpa* (Franch.) C. Y. Wu ex H. W. Li

**芭蕉科　芭蕉属**

**别名：**地涌莲、地金莲、地母金莲

**分布：**云南、广东

【形态特征】植株丛生，具水平向根状茎。假茎矮小，高不及60 cm，基径约15 cm，基部有宿存的叶鞘。叶片长椭圆形，长达0.5 m，宽约20 cm，先端锐尖，基部近圆形，两侧对称，有白粉。花序直立，直接生于假茎上，密集如球穗状，长20～25 cm，苞片干膜质，黄色或淡黄色，有花2列，每列4～5花；合生花被片卵状长圆形，先端具5齿裂，离生花被片先端微凹，凹陷处具短尖头。浆果三棱状卵形，长约3 cm，直径约2.5 cm，外面密被硬毛，果内具多数种子；种子大，扁球形，宽6～7 mm，黑褐色或褐色，光滑，腹面有大而白色的种脐。

【生长习性】多生于山间坡地或栽于庭园内，海拔1500～2500 m。喜光照充足，喜温暖，在0℃以下低温，地上部分会受冻。喜肥沃、疏松土壤。易移栽。

【精油含量】丙酮渗漉法提取新鲜全草的出油率为0.004%。

【芳香成分】秦波等（1999）用丙酮渗漉法提取云南昆明

产地涌金莲新鲜全草浸膏，再用水蒸气蒸馏提取的精油的主要成分为：十六酸乙酯（8.00%）、邻苯二甲酸二丁酯（7.16%）、己醛（6.32%）、4-羟基-4-甲基-2-戊酮（3.90%）、3,5-二丁基-4-羟基甲苯（3.66%）、十七烷（3.48%）、十六烷（3.12%）、十二烷（2.72%）、十九烷（1.73%）、2,6,10,14-四甲基十五烷（1.70%）、二氢-5-戊基-2(3H)-呋喃酮（1.61%）、(E)-2-庚烯醛（1.61%）、9,12,15-十八三烯酸乙酯（1.57%）、环十四烷（1.50%）、2,6,10,14-四甲基十六烷（1.47%）、1,2-苯二甲酸，双-(2-甲基丙基)酯（1.34%）、2-乙基-3,5-二甲基吡啶（1.32%）、二十烷（1.14%）、苯并噻唑（1.09%）等。

【利用】假茎作猪饲料。花可入药，有收敛止血作用。茎汁用于解酒醉及治草乌中毒。

## 二色补血草

*Limonium bicolor* (Bunge) Kuntze

**白花丹科　补血草属**

**别名：**盐云草、矶松、草原干枝梅、苍蝇架、苍蝇花、蝇子架、二色矶松、二色匙叶草

**分布：**陕西、甘肃、宁夏、江苏、河南等地

【形态特征】多年生草本，高20～50 cm，全株（除萼外）无毛。叶基生，偶可花序轴下部1～3节上有叶，匙形至长圆状匙形，长3～15 cm，宽0.5～3 cm，先端通常圆或钝，基部渐狭成平扁的柄。花序圆锥状；花序轴单生，或2～5枚各由不同的叶丛中生出，通常有3～4棱角；穗状花序排列在花序分枝的上部至顶端，由3～9个小穗组成；小穗含2～5花；外苞长圆状宽卵形；萼漏斗状，萼檐初时淡紫红或粉红色，后来变白；花冠黄色。花期5(下旬)～7月，果期6～8月。

【生长习性】为耐盐多年生旱生植物，主要生于平原地区，广泛分布于草原带的典型草原群落、沙质草原、内陆盐碱土地上，属盐碱土指示植物。也可零星分布于荒漠地区，也见于山坡下部、丘陵和海滨。

【芳香成分】魏友霞等（2007）用水蒸气蒸馏法提取的陕西渭南产二色补血草新鲜根精油的主要成分为：十六烷酸（14.21%）、十八酸（10.35%）、1-乙酰氧基-3,7-二甲基-6,11-十二烯（9.58%）、油酸（6.76%）、9-十六碳烯酸（4.75%）、芥（子）酸（4.12%）、1,3-二环己基-1-丁烯（3.99%）、2-羟基-1,4,4-三甲基-二环[3.1.0]己烷-6-羟甲基（3.16%）、9-十八碳炔酸（3.02%）、N,N-二苯肼基-甲酰胺（2.87%）、7-二甲基-3,5-辛烯-1-醇（2.61%）等。

【利用】根、叶、花、枝均可入药，带根全草入药，能活血、止血、温中健、滋补强壮，主治月经不调、功能性子宫出血、痔疮出血、胃溃病、诸虚体弱，是传统中草药之一。观赏，盆栽、院植、花坛栽培效果极佳。是加工干燥花的理想材料。有诱杀苍蝇的作用，是天然的灭蝇花。可加工香囊、香袋。

## 黄花补血草

*Limonium aureum* (Linn.) Hill.

**白花丹科　补血草属**

**别名：**金色补血草、金匙叶草、黄花苍蝇架、黄里子白、干活草、石花子、金佛花、黄花矶松

**分布：**东北、西北、湖北、四川

【形态特征】多年生草本，高4～35 cm，全株（除萼外）无毛。茎基往往被有残存的叶柄和红褐色芽鳞。叶基生，常早凋，通常长圆状匙形至倒披针形，长1.5～5 cm，宽2～15 mm，先端圆或钝。花序圆锥状，花序轴2至多数；穗状花序位于上部分枝顶端，由3～7个小穗组成；小穗含2～3花；外苞宽卵形，先端钝或急尖；萼漏斗状，基部偏斜，萼檐金黄色，裂片正三角形；花冠橙黄色。花期6～8月，果期7～8月。

【生长习性】生于土质含盐的砾石滩、黄土坡和砂土地上，见于平原和山坡下部。

【精油含量】水蒸气蒸馏干燥全草的得油率为0.27%；超临界萃取干燥花的得油率为8.70%。

【芳香成分】全草：刘宇等（2007）用水蒸气蒸馏法提取的甘肃兰州产黄花补血草干燥全草精油的主要成分为：2-硝基乙醇（59.63%）、正二十四烷（3.71%）、二苯胺（2.31%）、、10,14-三甲基-2-十五烷酮（1.79%）、正二十一烷（1.57%）、丙二醇（1.40%）等。

**花：**刘宇等（2010）用超临界$CO_2$萃取法提取的甘肃兰州产黄花补血草花精油的主要成分为：二十九烷（13.77%）、菜油甾醇（13.28%）、邻苯二甲酸异丁基辛酯（12.47%）、二十三烷（8.21%）、二十七烷（8.21%）、22,23-二氢豆甾醇（3.87%）、

2,6,10,14-四甲基十六烷（3.16%）、羽扇豆醇（1.43%）、7-十五炔（1.40%）、1-碘十六烷（1.40%）、十七烷（1.37%）、(Z,Z)-9,12-十八碳二烯酸（1.07%）等。

【利用】花萼和根为民间草药，花萼治妇女月经不调、鼻衄、带下。

## 大百部

*Stemona tuberosa* Lour.

**百部科　百部属**

**别名：** 对叶百部、九重根、山百部根、大春根药

**分布：** 福建、台湾、湖南、湖北、广东、广西、四川、贵州、云南等地

【形态特征】块根通常纺锤状，长达30 cm。茎常具少数分枝，攀缘状，分枝表面具纵槽。叶对生或轮生，卵状披针形、卵形或宽卵形，长6～24 cm，宽2～17 cm，顶端渐尖至短尖，基部心形，边缘稍波状，纸质或薄革质。花单生或2～3朵排成总状花序，生于叶腋或偶尔贴生于叶柄上；苞片小，披针形；花被片黄绿色带紫色脉纹，顶端渐尖；雄蕊紫红色；花丝粗短；花药顶端具短钻状附属物；药隔肥厚，向上延伸为长钻状或披针形的附属物；子房小，卵形，花柱近无。蒴果光滑，具多数种子。花期4～7月，果期5～8月。

【生长习性】生于海拔370～2240 m的向阴处灌木林下、溪边、路边及山谷和阴湿岩石上。

【芳香成分】曾富佳等（2011）用水蒸气蒸馏法提取的贵州兴义产大百部干燥块根精油的主要成分为：S8硫单质（15.04%）、6,10,14-三甲基-2-十五烷酮（9.10%）、1-辛烯-3-醇（7.88%）、邻苯二甲酸二异丁酯（6.39%）、棕榈酸（4.88%）、愈创木酚（3.25%）、酞酸丁酯（3.14%）、蒽（3.09%）、蓝木醇（3.09%）、β-桉叶醇（2.97%）、17-十八烯醛（2.51%）、α-雪松醇（2.45%）、4-乙基愈创木酚（2.36%）、9,17-十八二烷烯酮（2.26%）、苯乙醛（1.71%）、(Z)-9-十八碳烯酸（1.69%）、2,4-二甲基-苯酚（1.62%）、卮烯（1.56%）、反式香叶醇（1.52%）、4-苯基苯甲醛（1.33%）、2-十三烷酮（1.20%）、芳樟醇（1.10%）、爱草脑（1.09%）等。

【利用】根入药，外用于杀虫、止痒、灭虱，内服有润肺、止咳、祛痰之效，用于治疗新久咳嗽、肺痨咳嗽、百日咳。

## 菝葜

*Smilax china* Linn.

**百合科　菝葜属**

**别名：** 金刚刺、金刚藤、金刚兜、金刚鞭、乌鱼刺、白茯苓、假萆解、红果灯

**分布：** 山东、江苏、浙江、福建、台湾、江西、安徽、广西、湖南、湖北、四川、云南、贵州、广东、广西、河南、甘肃

【形态特征】攀缘灌木；根状茎粗厚，坚硬，为不规则的块状，粗2～3 cm。茎长1～5 m，疏生刺。叶薄革质或坚纸质，干后通常红褐色或近古铜色，圆形或卵形，长3～10 cm，宽1.5～10 cm，叶背通常淡绿色，较少苍白色；叶柄具鞘，几乎都有卷须。伞形花序生于叶尚幼嫩的小枝上，具十几朵或更多的花，常呈球形；总花梗长1～2 cm；花序托稍膨大，近球形，较少稍延长，具小苞片；花绿黄色，外花被片长3.5～4.5 mm，宽1.5～2 mm，内花被片稍狭；雄花中花药比花丝稍宽，常弯曲；雌花与雄花大小相似，有6枚退化雄蕊。浆果直径6～15 mm，熟时红色，有粉霜。花期2～5月，果期9～11月。

【生长习性】多野生于海拔2000 m以下的林下、灌丛中、路旁、河谷或山坡上。喜温暖，耐半阴，适应性强。

【芳香成分】金泳妍等（2011）用水蒸气蒸馏法提取的菝葜根茎精油的主要成分为：棕榈酸（42.27%）、2-己酰基呋喃（19.35%）、乙酰基丁香油酚（15.12%）、樟脑（2.82%）、花生酸

（1.83%）、二十酸甲酯（1.55%）、12-甲基-2,13-十八辛二烯-1-醇（1.34%）、4-羟基-3-甲氧基乙酰苯（1.16%）等。

【利用】根状茎可以提取淀粉和栲胶，或用于酿酒。有些地区与土茯苓或萆薢混用，有祛风利湿、解毒散瘀的功能，用于治疗关节疼痛、肌肉麻木、泄泻、痢疾、水肿、淋病、疔疮、肿毒、痔疮等症。

## 土茯苓

*Smilax glabra* Roxb.

**百合科　菝葜属**

**别名：**光叶菝葜、冷饭团、红土苓、山猪粪、毛尾薯、山遗量、山奇量

**分布：**甘肃、台湾、海南、安徽、浙江、江西、福建、湖南、湖北、广东、广西、四川、云南

【形态特征】攀缘灌木；根状茎粗厚，块状，常由匍匐茎相连接，粗2～5 cm。茎长1～4 m，枝条光滑，无刺。叶薄革质，狭椭圆状披针形，长6～15 cm，宽1～7 cm，先端渐尖，叶背通常绿色，有时带苍白色；叶柄具狭鞘，有卷须。伞形花序通常具10余朵花；在总花梗与叶柄之间有一芽；花序托膨大，连同多数宿存的小苞片多少呈莲座状；花绿白色，六棱状球形，直径约3 mm；雄花外花被片近扁圆形，兜状；内花被片近圆形；雄蕊靠合，花丝极短；雌花外形与雄花相似。浆果直径7～10 mm，熟时紫黑色。花期7～11月，果期11月至次年4月。

【生长习性】生于海拔1800 m以下的林中、灌丛下、河岸或山谷向阳处，也见于林缘与疏林中。喜温暖环境，耐干旱和荫蔽。

【芳香成分】霍昕等（2006）用水蒸气蒸馏法提取的贵州贵阳产土茯苓干燥根茎精油的主要成分为：棕榈酸（17.87%）、萜品烯-4-醇（7.53%）、亚油酸（6.78%）、正壬烷（4.51%）、8,11-十八碳二烯酸甲酯（2.22%）、α-雪松醇（1.81%）、甲基棕榈酯（1.29%）等。

【利用】根状茎入药，能清热解毒、除湿、舒筋利关节，治梅毒、钩状螺旋体病、恶疮、风湿筋骨痛、皮炎等。根茎富含淀粉，可食用，可用来制糕点或酿酒。含鞣质，可提制拷胶。

## 百合

*Lilium brownii* F. E. Brown var. *viridulum* Baker

**百合科　百合属**

**别名：**博多百合、白花百合

**分布：**河北、山西、河南、陕西、湖北、江西、安徽、浙江、甘肃、内蒙古、北京、贵州

【形态特征】野百合变种。鳞茎球形，直径2～4.5 cm；鳞片披针形，长1.8～4 cm，宽0.8～1.4 cm，无节，白色。茎高0.7～2 m，有的有紫色条纹，有的下部有小乳头状突起。叶散生，通常自下向上渐小，披针形至条形，长7～15 cm，宽0.6～2 cm，先端渐尖，基部渐狭，具5～7脉，全缘，两面无毛。花单生或几朵排成近伞形；苞片披针形；花喇叭形，有香气，乳白色，外面稍带紫色，无斑点，向外张开或先端外弯而不卷，长13～18 cm；雄蕊向上弯；花药长椭圆形；子房圆柱形，柱头3裂。蒴果矩圆形，长4.5～6 cm，宽约3.5 cm，有棱，具多数种子。花期5～6月，果期9～10月。

【生长习性】生山坡、灌木林下、路边、溪旁或石缝中，海拔100～2150 m。是百合类中既耐寒也耐热的种类之一。适宜栽植在半阴地，具有丰富腐殖质，土层深厚的轻松沙壤土，并排水良好的土壤中。

【精油含量】水蒸气蒸馏花的得油率为0.01%～5.43%；超临界萃取干燥鳞茎的得油率为0.65%，花的得油率为2.92%。丙酮萃取‘香水百合’花蕊的得油率为6.00%。

【芳香成分】鳞茎：姜霞等（2013）用水蒸气蒸馏法提取的甘肃榆中产百合干燥鳞茎精油的主要成分为：二十五烷（3.80%）、二十二烷（3.51%）、二十烷（3.09%）、7-异丙基-1,1,4a-三甲基-1,2,3,4,4a,9,10,10a-八氢菲（3.00%）、十八烷（2.69%）、十六烷（1.67%）等。傅春燕等（2015）用超临界$CO_2$萃取法提取的干燥鳞茎精油的主要成分为：正癸酸（23.88%）、新植二烯（5.76%）、邻苯二甲酸二辛酯（5.28%）、二十三烷（3.38%）、正碳十九酸（3.19%）、角鲨烷（2.88%）、乳酸乙酯（2.40%）、乙基新戊基邻苯二甲酸酯（1.92%）、二十八烷（1.72%）、十五烷（1.45%）、油酸（1.33%）、二十四烷（1.13%）、二十七烷（1.01%）等。

花：回瑞华等（2003）用同时蒸馏-萃取装置提取的辽宁抚顺产百合花精油的主要成分为：邻苯二甲酸二异丁酯（59.13%）、十二酸（12.41%）、十四烯酸（6.03%）、邻苯二甲酸二丁酯（4.19%）、2-十四醇（4.09%）、1,3-二甲基苯（1.62%）、2-十七醇（1.44%）、癸烯-4(1.27%）、壬醛（1.20%）、1-十三醇（1.01%）等。张继等（2003，2005）用水蒸气蒸馏法提取的甘肃临洮产‘西伯利亚’百合新鲜花精油的主要成分为：(+/-)-1-甲基-4-(1-甲基乙烯)-环己烯（66.00%）、3,7-二甲基-1,6-辛二烯-3-醇（19.37%）、4-甲基-1-(1-甲基乙基)-3-环己烯-1-醇（3.33%）、1-甲基-4-(1-甲基乙基)-1,4-环己二烯（2.72%）、2-氨基苯甲酸-3,7-二甲基-1,6-辛二烯-3-酯（1.76%）、(+)-α-萜品醇（1.35%）等；‘巴巴拉’百合花精油的主要成分为：萜二烯（59.43%）、3,7-二甲基-1,6-辛二烯-3-醇（20.10%）、(R)-4-甲基-1-(1-甲基乙基)-3-环己烯-1-醇（4.32%）、3-异丙烯基-5,5-二甲基环己烯（4.05%）、2-氨基苯甲酸-3,7-二甲基-1,6-辛二烯-3-酯（3.52%）、(+)-α-萜品醇（2.22%）、β-月桂烯（1.08%）等。曹慧等（2008）用固相微萃取法提取的浙江杭州产‘香水百合’鲜花头香的主要成分为：(E)-罗勒烯（45.23%）、芳樟醇（26.51%）、苯甲酸甲酯（11.47%）、(E)-2-甲氧基-4-(1-丙烯基)-苯酚（6.99%）、4-甲基-2-甲氧基苯酚（2.98%）、月桂烯（2.85%）、(Z)-罗勒烯（1.01%）等。高天荣等（2005）用丙酮萃取法提取的云南斗南产桃红色系的‘阿卡波特香水百合’花蕊精油的主要成分为：环氧戊烷（6.62%）、月桂酸（4.99%）、棕榈酸（4.73%）、2-硝基乙醇（4.33%）、十四酸（4.07%）、4,6-二氢化-3,4-二甲基吡唑-5,1-C-不对称三嗪（3.81%）、11-二十三烯（3.42%）、癸酸根（3.37%）、癸酸（3.36%）、镍-二-μ-溴代（1,2,3-η)-2-环己烯（3.24%）、1,2-二羧酸基苯甲酸-二(2-甲氧乙基)酯（3.23%）、11-癸酸二十四烷（3.14%）、17-戊基三十烷（3.12%）、丙酸-五氟-1-苯基-1,2-二乙基酯（3.12%）、23-氧代-二十四酸甲酯（2.95%）、1-甲基-5-(1-甲基)-4,8-二氧杂环$[5.1.0.0^{3,5}]$-辛烷（2.92%）、2,3-二乙酰基丙基月桂酸酯（2.83%）、5-(2-丙炔醇)-2-戊酮（2.81%）、乙（撑）二胺-氮(对-溴苯基)-N,N'-二甲基-氮苯基（2.80%）、2-羟基-1-甲基/丙基硬脂酸酯（2.79%）、孕-5-烯-20-甲醇-3-(四氢-二氢吡喃-2-炔）氧基（2.47%）、2-丙炔-1-醇醋酸盐（2.35%）、2-水合-3-羟基-4,4-二甲基二氢呋喃（2.15%）、2-甲基丙醛（2.04%）、2-甲基丁醛（2.02%）、8,11,14-三烯二十酸（1.96%）、2-乙酰基-2,4-二硝基苯乙酸乙酯（1.96%）、乙酸酰肼（1.86%）等。

【利用】花色彩鲜，香气浓郁，是名贵观赏花卉。花可提取精油作香料。鳞茎、花可食用，注意要选用可食用的品种。鳞茎可药用，有润肺、止咳、清热、安神和利尿等功效。

## 卷丹

*Lilium lancifolium* Thunb.

**百合科　百合属**

**别名：**虎皮百合、倒垂莲、药百合、黄百合、宜兴百合、南京百合

**分布：**江苏、浙江、安徽、江西、湖南、湖北、广西、四川、青海、西藏、甘肃、陕西、山西、河南、河北、山东、吉林等地

【形态特征】鳞茎近宽球形，高约3.5 cm，直径4～8 cm；鳞片宽卵形，长2.5～3 cm，宽1.4～2.5 cm，白色。茎高0.8～1.5 m，带紫色条纹，具白色绵毛。叶散生，矩圆状披针形或披针形，长6.5～9 cm，宽1～1.8 cm，边缘有乳头状突起，上部叶腋有珠芽。花3～6朵或更多；苞片叶状，卵状披针形，长1.5～2 cm，宽2～5 mm，先端钝，有白绵毛；花梗紫色；花下垂，花被片披针形，反卷，橙红色，有紫黑色斑点；外轮花被片长6～10 cm，宽1～2 cm；内轮花被片稍宽，蜜腺两边有乳头状突起，尚有流苏状突起；花丝淡红色，花药矩圆形；子房圆柱形；柱头稍膨大，3裂。蒴果狭长卵形，长3～4 cm。花期7～8月，果期9～10月。

【生长习性】生山坡灌木林下、草地，路边或水旁，海拔400～2500 m。喜温暖稍带冷凉而干燥的气候，耐阴性较强。耐寒，生长发育温度以15～25℃为宜。能耐干旱。最忌酷热和雨水过多。为长日照植物，生长前期和中期喜光照。宜选向阳、土层深厚、疏松肥沃、排水良好的砂质土壤栽培，低湿地不宜种植。忌连作。

【精油含量】水蒸气蒸馏鳞茎的得油率为0.42%～0.55%。

【芳香成分】李红娟等（2007）用水蒸气蒸馏法提取的陕西汉中露地栽培的卷丹鳞茎精油的主要成分为：1,3-二甲基苯（36.94%）、1-乙基-3-甲苯（14.67%）、乙苯（12.34%）、硬脂炔酸（8.40%）、棕榈酸（5.17%）、辛烷（3.12%）、2,4-二-三-丁苯（3.11%）、1,2,4-三甲基苯（2.47%）、硬脂酸（1.45%）、香草醛（1.24%）、丙基苯（1.16%）、二甲基癸酸（1.14%）、油酸（1.08%）等。

【利用】花可提取精油作香料。鳞茎可供食用，亦可作药用。

## 麝香百合

*Lilium longiflorum* Thunb.

**百合科　百合属**

**别名：**铁炮百合、白百合、夜合玉、石炉、复活节百合

**分布：**台湾、福建有栽培

【形态特征】鳞茎球形或近球形，高2.5～5 cm；鳞片白色。茎高45～90 cm，绿色，基部为淡红色。叶散生，披针形或矩圆状披针形，长8～15 cm，宽1～1.8 cm，先端渐尖，全缘，两面无毛。花单生或2～3朵；花梗长3 cm；苞片披针形至卵状披针形，长约8 cm，宽1～1.4 cm；花喇叭形，白色，筒外略带绿色，长达19 cm；外轮花被片上端宽2.5～4 cm；内轮花被片较外轮稍宽，蜜腺两边无乳头状突起。花丝长15 cm，无毛；子房圆柱形，长4 cm，柱头3裂。蒴果矩圆形，长5～7 cm。花期6～7月，果期8～9月。

【生长习性】要求腐殖质丰富、排水良好的微酸性土壤，在石灰质及偏碱性土壤中生长不良。喜夏季凉爽湿润气候，耐寒性较差，具有一定的耐阴性。

【精油含量】水蒸气蒸馏新鲜花的得油率为0.01%～0.30%；气液相连续萃取新鲜花的得油率为0.02%；有机溶剂萃取的浸膏得率为0.21%。

【芳香成分】李红等（2012）用水蒸气蒸馏法提取的辽宁沈阳产麝香百合新鲜花精油的主要成分为：十六酸（29.62%）、(Z,Z)-9,12-十八碳烯酸（17.21%）、3,7,11-三甲基-1,6,10-十二碳三烯-3-醇（10.40%）、2-羟基-苯甲酸苯甲酯（10.29%）、(Z)-9-十八碳烯酸甲酯（3.49%）、二十六烷（3.47%）、二十九烷（2.97%）、9,12-十八碳二烯酸甲酯（2.43%）、二十三烷（2.29%）、氧代环十七碳-8-烯-2-酮（1.98%）、十六酸甲酯（1.39%）、十四酸（1.16%）、Z-12-二十五烯（1.07%）等；用气液相连续萃取法提取的鲜花精油的主要成分为：3,7,11-三甲基-1,6,10-十二碳三烯-3-醇（19.76%）、2-羟基-苯甲酸苯甲酯（13.16%）、3,7-二甲基-1,6-辛二烯-3-醇（8.56%）、十六酸（8.32%）、2,3-二氢苯并呋喃（4.17%）、苯甲醇（4.07%）、α-萜品醇（3.49%）、2-甲氧基-4-乙烯基苯酚（2.92%）、(Z)-十八碳二烯醛（2.67%）、(E)-3,7-二甲基-2,6-辛二烯-1-醇（2.60%）、(反式)-α,α,5-三甲基-5-乙烯基四氢化-2-呋喃甲醇（2.48%）、α-甲基-α-[4-甲基-3-戊烯基]环氧乙烷甲醇（2.30%）、2,2,6-三甲基-6-乙烯基四氢化-2H-吡喃-3-醇（2.01%）、1-己醇（1.54%）、二十三烷（1.03%）、(E)-7,11-二甲基-3-亚甲基-1,6,10-十二碳三烯（1.00%）、苯甲酸苄酯（1.00%）等。王鹏等（1993）用石油醚浸提云南昆明产麝香百合鲜花得浸膏，浸膏经脱蜡制成净油，净油的主要成分为：十八碳二烯酸（22.94%）、水杨酸苄酯（12.90%）、棕榈酸（8.58%）、二十三碳烷（7.98%）、二十五碳烷（6.62%）、二十四碳烷（2.57%）、十八碳二烯酸甲酯（2.48%）、橙花叔醇（2.06%）、十八碳三烯酸甲酯（1.27%）、十八碳三烯酸（1.24%）、苯甲酸苄酯（1.09%）等。

【利用】花可提取精油作香料。鳞茎为香辛调料。鳞叶作药用，具有润肺止咳、清心安神的功效，用于治疗肺痨久咳、虚烦惊悸、精神恍惚等。花具有润肺清火、安神的功效，用于治疗咳嗽、眩晕、夜寐不安、天疱湿疮。花芳香美丽，可供观赏。

## 暗紫贝母

*Fritillaria unibracteata* Hsiao et K. C. Hsia

**百合科　贝母属**

**别名：**松贝、冲松贝

**分布：**四川、青海

【形态特征】植株长15～23 cm。鳞茎由2枚鳞片组成，直径6～8 mm。叶在下面的1～2对为对生，上面的1～2枚散生或对生，条形或条状披针形，长3.6～5.5 cm，宽3～5 mm，先

端不卷曲。花单朵，深紫色，有黄褐色小方格；叶状苞片1枚，先端不卷曲；花被片长2.5～2.7 cm，内三片宽约1 cm，外三片宽约6 mm；雄蕊长约为花被片的一半，花药近基着；柱头裂片很短。蒴果长1～1.5 cm，宽1～1.2 cm，棱上的翅很狭，宽约1 mm。花期6月，果期8月。

【生长习性】生于海拔3200～4500 m的草地上，喜阳光充足、腐殖质丰富、疏松的土壤。

【芳香成分】韵海霞等（2010）用有机溶剂萃取法提取的青海玛多产暗紫贝母干燥鳞茎精油的主要成分为：亚油酸（19.66%）、十六烷酸（18.63%）、乙酸丁酯（12.86%）、十八烷酸（8.92%）、甲酸丁酯（3.19%）、丙酸乙酯（2.38%）、2-羟基-1-(羟甲基)十六烷酸乙酯（2.27%）、豆甾二烯-3,5(1.55%)、棕榈酸异丙酯（1.37%）、十四烷酸（1.03%）等。

【利用】鳞茎为药材“川贝”的主要来源之一，有止咳、祛痰、降压和升高血糖等功效。

## 川贝母

*Fritillaria cirrhosa* D. Don

**百合科　贝母属**

**别名：**卷叶贝母

**分布：**西藏、云南、四川、甘肃、青海、宁夏、陕西、山西

【形态特征】植株长15～50 cm。鳞茎由2枚鳞片组成，直径1～1.5 cm。叶通常对生，少数在中部兼有散生或3～4枚轮生的，条形至条状披针形，长4～12 cm，宽3～10 mm，先端稍卷曲或不卷曲。花通常单朵，极少2～3朵，紫色至黄绿色，通常有小方格，少数仅具斑点或条纹；每花有3枚叶状苞片，苞片狭长，宽2～4 mm；花被片长3～4 cm，外三片宽1～1.4 cm，内三片宽可达1.8 cm，蜜腺窝在背面明显凸出；花药近基着，柱头裂片长3～5 mm。蒴果长宽各约1.6 cm，棱上只有宽1～1.5 mm的狭翅。花期5～7月，果期8～10月。

【生长习性】通常生于3000～3500 m的林中、灌丛下、草地或河滩、山谷等湿地或岩缝中。喜冷凉向阳、肥沃、富含腐殖质的土壤。

【芳香成分】李玉美（2008）用水蒸气蒸馏法提取的干燥鳞茎精油的主要成分为：1-十八烯（16.38%）、1-十二烯（15.09%）、十六烷基-环氧乙烷（11.38%）、棕榈醇（10.65%）、花生醇（7.95%）、9-十八炔酸甲酯（6.94%）、n-十六酸（5.41%）、Z-2-十四烯-1-醇醋酸酯（2.68%）、双(2-乙基己基)邻苯二甲酸酯（1.73%）、2-(9-氧化十八烷基)-(Z)-乙醇（1.46%）等。

【利用】鳞片是药材“川贝”的主要来源之一，具有清热润肺、化痰止咳的功效，用于治疗肺热燥咳、干咳少痰、阴虚劳嗽、咳痰带血。

## 平贝母

*Fritillaria ussuriensis* Maxim.

**百合科　贝母属**
**别名：**平贝、贝母
**分布：**辽宁、吉林、黑龙江

【形态特征】植株长可达1 m。鳞茎由2枚鳞片组成，直径1～1.5 cm，周围还常有少数小鳞茎，容易脱落。叶轮生或对生，在中上部常兼有少数散生的，条形至披针形，长7～14 cm，宽3～6.5 mm，先端不卷曲或稍卷曲。花1～3朵，紫色而具黄色小方格，顶端的花具4～6枚叶状苞片，苞片先端强烈卷曲；外花被片长约3.5 cm，宽约1.5 cm，比内花被片稍长而宽；蜜腺窝在背面明显凸出；花药近基着，花丝具小乳突；花柱也有乳突。花期5～6月。

【生长习性】生于低海拔地区的林下、草甸或河谷。喜冷凉湿润的环境，多生长在腐殖质丰富、疏松肥沃、较湿润的地方，黏土地、砂地及低洼地不宜种植。

【精油含量】超临界萃取干燥鳞茎的得油率为0.05%。

【芳香成分】韩成花等（2006）用超临界$CO_2$萃取法提取的吉林敦化产平贝母干燥鳞茎精油的主要成分为：5,9-二烯呋喃（42.65%）、(+)-α-莎草酮（8.92%）、[1aR-(1aα,4aα,7α,7aβ,7bα)]-十氢-1,1,7-三甲基-4-亚甲基-1H-环丙[e]薁（8.00%）、β-石竹烯（6.36%）、反式石竹烯（1.75%）等。

【利用】常用中药，是药材“平贝”的唯一来源，有清热润肺，止咳化痰的作用。

## 浙贝母

*Fritillaria thunbergii* Miq.

**百合科　贝母属**
**分布：**江苏、浙江、湖南

【形态特征】植株长50～80 cm。鳞茎由2～3枚鳞片组成，直径1.5～3 cm。叶在最下面的对生或散生，向上常兼有散生、对生和轮生的，近条形至披针形，长7～11 cm，宽1～2.5 cm，先端不卷曲或稍弯曲。花1～6朵，淡黄色，有时稍带淡紫色，顶端的花具3～4枚叶状苞片，其余的具2枚苞片；苞片先端卷曲；花被片长2.5～3.5 cm，宽约1 cm，内外轮的相似；花药近基着，花丝无小乳突。蒴果长2～2.2 cm，宽约2.5 cm，棱上有宽约6～8 mm的翅。花期3～4月，果期5月。

【生长习性】生于海拔较低的山丘荫蔽处或竹林下。喜温和湿润、阳光充足的环境。根的生长要求气温在7～25℃，25℃以上根生长受抑制；地上部生长发育温度范围为4～30℃；开花适温为22℃左右；鳞茎在地温10～25℃时能正常膨大。

【芳香成分】鳞茎：曹跃芬等（2012）用水蒸气蒸馏法提取的浙江金华产浙贝母干燥鳞茎精油的主要成分为：十六烷

酸（53.46%）、(E,E)-9,12-十八烷二烯酸甲酯（26.96%）、油酸（9.34%）、十四烷酸（1.93%）、9-十六碳烯酸（1.87%）、亚油酸乙酯（1.17%）等。杜伟锋等（2018）用同法分析的浙江宁波产浙贝母鳞茎精油的主要成分为：亚油酸乙酯（36.93%）、16-贝壳杉烯（22.85%）、十六酸乙酯（10.67%）、3-甲烯基-雄甾烷-17-醇（10.59%）、[4aR-(4aα,4bβ)]-3,4,4a,4b,5,6,7,8,10,10a-十氢-1,1,4a,7,7-五甲基-2(1H)-菲酮（6.89%）、L-(+)-抗坏血酸-2,6-棕榈酸酯（4.84%）、4-烯-3-酮-17-雄甾醇（1.94%）、13β-甲基-13-乙烯基-罗汉松-7-烯-3β-醇（1.82%）、油酸（1.14%）等。

**花**：梁君玲等（2011）用水蒸气蒸馏法提取的浙江宁波产浙贝母鲜花精油的主要成分为：9,12,15-十八碳三烯酸甲酯（23.43%）、(E,E)-甲基乙酯-9,11-十八碳二烯酸（14.17%）、(Z,Z,Z)-9,12,15-十八碳三烯酸甲酯（8.10%）、2-环己烯-1-醇（7.40%）、亚油酸乙酯（5.46%）、2-乙基-呋喃（3.83%）、1-(2-羟基-5-苯甲基)-乙烯酮（3.35%）、14-甲基-十五烷酸甲酯（3.05%）、2,3-二氢-4-甲基-呋喃（2.88%）、4-叔丁氧基苯乙烯（2.77%）、n-十六烷酸（2.38%）、壬醛（1.96%）、苯乙醛（1.75%）、百秋里醇（1.56%）、糠醛（1.50%）、丙酸乙酯（1.23%）、反式-2-甲基-环戊醇（1.11%）、(E)-甲基乙酯-9-十八碳烯酸（1.08%）等。

【利用】鳞茎是药材“浙贝”的来源，有清热化痰、散结解毒的功效，治风热咳嗽、肺痈喉痹、瘰疬、疮疡肿毒。寒痰、湿痰及脾胃虚寒者慎服。

## 七叶一枝花

*Paris polyphylla* Sm.

**百合科　重楼属**

**别名**：白河车、白甘遂、蚤休、蚩休、重台根、重台草、虫蒌、草河车、金线重楼、九道箍、鸳鸯虫、枝花头、螺丝七、海螺七、灯台七、螺陀三七、土三七、七叶莲

**分布**：西藏、云南、四川、贵州

【形态特征】植株高35～100 cm，无毛；根状茎粗厚，直径达1～2.5 cm，外面棕褐色，密生多数环节和许多须根。茎通常带紫红色，基部有灰白色干膜质的鞘1～3枚。叶矩圆形、椭圆形或倒卵状披针形，长7～15 cm，宽2.5～5 cm，先端短尖或渐尖，基部圆形或宽楔形。花梗长5～30 cm；外轮花被片绿色，狭卵状披针形；内轮花被片狭条形，通常比外轮长；雄蕊8～12枚，花药短；子房近球形，具棱，顶端具一盘状花柱基，花柱粗短。蒴果紫色，直径1.5～2.5 cm，3～6瓣裂开。种子多数，具鲜红色多浆汁的外种皮。花期4～7月，果期8～11月。

【生长习性】生于海拔1800～3200 m的林下。喜温，喜湿、喜荫蔽，但也抗寒、耐旱，怕霜冻和阳光。以年均气温

13～18℃，腐殖质含量较高的河边、背荫山的砂土和壤土种植为宜。

【精油含量】超临界萃取干燥根茎的得油率为2.58%。

【芳香成分】刘志雄等（2014）用超临界 $CO_2$萃取法提取的湖南湘西产七叶一枝花干燥根茎精油的主要成分为：邻苯二甲酸-异丁基-3-戊烯基酯（24.71%）、9,12-十八碳-二烯酸（13.91%）、八氢-4α-甲基-7-异丙基-2-(1H)-萘酮（7.77%）、甘油（6.03%）、油酸甲酯（5.72%）、1,2-邻苯二甲酸-丁基-2-异丁基酯（5.46%）、邻苯二甲酸二(2-乙基己基)酯（4.22%）、2-十四烷基-甘氨酰胺（1.90%）、9,12-十八碳二烯烷氧基乙醇（1.80%）、棕榈酸-2-羟基-1-(羟甲基)乙酯（1.69%）、甘油醚（1.31%）、10-甲基月桂酸甲酯（1.24%）、3,3-二乙氧基-1-丙醇（1.07%）等。

【利用】根茎入药，有清热解毒、消肿止痛、凉肝定惊之功效，用于治疗疔疮肿痛、咽喉肿痛、蛇虫咬伤、跌打伤痛、惊风抽搐。

## 宽瓣重楼

*Paris polyphylla* Sm. var. *yunnanensis* (Franch.) Hand.-Mazz.

**百合科　重楼属**

**别名：** 云南重楼

**分布：** 福建、湖北、湖南、广西、四川、贵州、云南

【形态特征】七叶一枝花的变种。叶6～12枚，厚纸质、披针形、卵状矩圆形或倒卵状披针形，叶柄长0.5～2 cm。外轮花被片披针形或狭披针形，长3～4.5 cm，内轮花被片6～12枚，条形，中部以上宽达3～6 mm，长为外轮的1/2或近等长；雄蕊8～12枚，花药长1～1.5 cm，花丝极短；子房球形，花柱粗短，上端具分枝。花期6～7月，果期9～10月。

【生长习性】生于海拔1400～3600 m的林下或路边。

【精油含量】超临界萃取的干燥根茎的得油率为2.31%。

【芳香成分】刘志雄等（2015）用超临界 $CO_2$萃取法提取的干燥根茎精油的主要成分为：9,12-十八碳二烯酸（50.27%）、棕榈酸（11.93%）、9,12-十八碳二烯酸乙酯（2.96%）、9,12-十八碳二烯酸-2-羟基-1-羟甲基乙酯（2.69%）、邻苯二甲酸异丁基辛基酯（1.72%）、2-(9,12-十八碳二烯氧基)乙醇（1.71%）、N-苯基-1-萘胺（1.56%）、1-单棕榈酸甘油（1.19%）等。

【利用】根茎入药，有清热解毒、消肿止痛、凉肝定惊的功效。

## 葱

*Allium fistulosum* Linn.

**百合科　葱属**

**别名：** 木葱、汉葱、大葱、四季葱、小葱、菜葱、冬葱、红葱头、大头葱、珠葱

**分布：** 全国各地

【形态特征】鳞茎单生，圆柱状，稀为基部膨大的卵状圆柱形，粗1～2 cm，有时可达4.5 cm；鳞茎外皮白色，稀淡红褐色，膜质至薄革质，不破裂。叶圆筒状，中空，向顶端渐狭，约与花莛等长，粗在0.5 cm以上。花莛圆柱状，中空，高30～100 cm，中部以下膨大，向顶端渐狭，约在1/3以下被叶鞘；总苞膜质，2裂；伞形花序球状，多花，较疏散；花白色；花被片长6～8.5 mm，近卵形，先端渐尖，具反折的尖头，外轮的稍短；花丝锥形，在基部合生并与花被片贴生；子房倒卵状，腹缝线基部具不明显的蜜穴；花柱细长，伸出花被外。花果期4～7月。

【生长习性】对土壤的适应性广，但用土层深厚、排水良好、富含有机质的壤土栽培最佳。对温度、光照、水分和土壤的适应性均较广，喜冷凉，不耐炎热。忍耐温度的下限为-20℃以下，上限为45℃左右。适宜生长的温度范围为7～35℃。耐旱不耐涝，对日照长度的要求为中性。

【精油含量】水蒸气蒸馏地上部分的得油率为0.004%～0.31%；己烷萃取全株的得油率为0.02%～0.06%。

【芳香成分】根：田晓庆等（2017）用顶空固相微萃取法提取的山东章丘产‘章丘大葱’新鲜根精油的主要成分为：二丙基二硫醚（56.98%）、3-氨基-2-硫代-4-噻唑啉酮（11.96%）、甲基异丙基二硫醚（7.15%）、丙硫醇（6.59%）、己醇（1.61%）、1,3-二噻烷（1.58%）、二丙基三硫醚（1.52%）、乙醇（1.14%）等。

茎（葱白）：郭海忱等（1996）用水蒸气蒸馏法提取的吉林长春产葱新鲜鳞茎精油的主要成分为：2-甲基-2-戊烯醛（24.95%）、甲基丙基三硫醚（14.27%）、二甲基三硫醚（14.00%）、甲基丙烯基三硫醚（11.25%）、甲基丙烯基二硫醚（4.18%）、丙基丙烯基三硫醚（4.09%）、二丙基三硫

醚（3.59%）、甲基丙基二硫醚（3.56%）、反式-丙基丙烯基二硫醚（2.26%）、十三酮-2(2.09%)、顺式-丙基丙烯基二硫醚（1.81%）、二甲基四硫醚（1.37%）、二甲基二硫醚（1.13%）等。田晓庆等（2017）用顶空固相微萃取法提取的‘章丘大葱’新鲜茎精油的主要成分为：二丙基二硫醚（73.80%）、丙硫醇（9.94%）、3-氯-5-硝基甲腈（4.36%）、2-乙基-5-氯-1,3,4-噻二唑（2.27%）、4-吡啶甲酸叔丁基二甲基酯（1.36%）、硫代乙酸丙酯（1.29%）等。

**叶**：郭海忱等（1996）用水蒸气蒸馏法提取的吉林长春产葱新鲜叶精油的主要成分为：2-甲基-2-戊烯醛（22.51%）、二甲基三硫醚（12.23%）、甲基丙基三硫醚（8.00%）、甲基丙烯基二硫醚（5.17%）、甲基丙基二硫醚（4.50%）、十三酮-2(4.23%)、二甲基二硫醚（4.17%）、甲基丙烯基三硫醚（4.04%）、丙基丙烯基三硫醚（2.55%）、二丙基三硫醚（2.42%）、十一酮-2(2.15%)、反式-丙基丙烯基二硫醚（1.34%）、2,4-二甲基噻吩（1.28%）等。田晓庆等（2017）用顶空固相微萃取法提取的‘章丘大葱’新鲜叶精油的主要成分为：二丙基二硫醚（72.17%）、甲基丙基二硫醚（7.39%）、1-甲基丙基二硫醚（5.31%）、3,7-二甲基-1,3,6-辛三烯（2.65%）、十甲基环戊烷（1.82%）、1,3-二噻烷（1.78%）、1,2,3-三氯苯（1.74%）、十二甲基环己硅烷（1.54%）、[5,4-b]吡啶-3-酮-4,6-二甲基-异噻唑（1.22%）、3,4-呋喃二酮（1.09%）等。

**花**：郭海忱等（1996）用水蒸气蒸馏法提取的吉林长春产葱新鲜花精油的主要成分为：甲基丙基三硫醚（12.94%）、十三酮-2(10.57%)、二甲基二硫醚（7.94%）、2-甲基-2-戊烯醛（6.62%）、二甲基三硫醚（6.13%）、二丙基三硫醚（5.95%）、甲基丙烯基三硫醚（5.38%）、甲基丙基二硫醚（4.51%）、丙基丙烯基三硫醚（4.09%）、十一酮-2(2.57%)、反式-丙基丙烯基二硫醚（2.46%）、甲基丙烯基二硫醚（2.38%）、二甲基四硫醚（1.54%）、二丙基二硫醚（1.27%）、顺式-丙基丙烯基二硫醚（1.24%）等。

**地上部分**：何洪巨等（2004）用同时蒸馏萃取法提取的地上部分精油的主要成分为：1-甲乙基丙基二硫醚（51.67%），二丙基三硫醚（10.03%），2,2-二甲基-1,3-二噻烷（6.21%）、甲基丙基二硫醚（4.59%）、2-甲基-2-丙烯酸-2-羟基丙酯（3.74%）、二(1-甲乙基)二硫醚（2.97%）、甲基异丙基二硫醚（2.59%）、3-[硫代-1-(甲乙基)]-1-丙烯（2.55%）、1,3-二硫基丙烷（1.67%）、2-甲基-十二烷（1.30%）、异丁基异硫氰酸酯（1.25%）、2,5-二甲基-3-己醇（1.12%）、甲基-硫杂丙环（1.05%）等。

【利用】鳞茎和叶作蔬菜食用，也是生、熟、荤、素菜肴常用的调料。鳞茎入药，有发汗、通阳、解毒之效，用于治疗感冒风寒、阴寒腹痛、二便不通、痢疾、痈肿。种子入药，治阳痿、目眩。须根用于治风头痛、咽中疮肿、冻伤。

## 滇韭

*Allium mairei* Lévl.

**百合科　葱属**

**分布：**云南、四川、西藏

【形态特征】鳞茎常簇生，圆柱状，基部稍膨大；鳞茎外皮黄褐色至灰褐色，破裂成纤维状，直立。叶近圆柱状、半圆柱状或半圆柱状条形，具细的纵棱，沿棱具细糙齿。花莛圆柱状，具2纵棱，高10～40 cm，下部被常带紫色的叶鞘；总苞单侧开裂，宿存；伞形花序由两个小的伞形花序组成，每1小伞形花序基部具1苞片，有时仅其中一个小伞形花序发育，则基部无苞片；花喇叭状开展，淡红色至紫红色；花被片等长，条形，狭矩圆形至椭圆状矩圆形，长8～15 mm；花丝基部约1 mm合生成环并与花被片贴生，分离部分锥形；子房的顶端和基部收狭，基部无凹陷的蜜穴；柱头略略3裂。花果期8～10月。

【生长习性】生于海拔1200～4200 m的山坡、石缝、草地或林下。耐逆境能力强，易繁殖。

【芳香成分】陈小兰等（2005）用水蒸气蒸馏法提取的地上部分精油的主要成分为：十六酸（18.33%）、9,12-十八碳二烯酸（8.13%）、6,9-十五-1-醇（5.80%）、邻苯二甲酸二辛酯（4.98%）、邻苯二甲酸二丁酯（3.08%）、异丁异硫氰酸酯（1.98%）、二丙基三硫醚（1.54%）、5-甲基-2-己基-2(3H)-呋喃酮（1.54%）、香草醛（1.15%）、二丙基二硫醚（1.03%）等。

【利用】是一种有良好前景的药用植物和花坛种植的园艺植物。

## 多星韭

*Allium wallichii* Kunth

**百合科　葱属**

**别名：** 山韭菜、黑花韭

**分布：** 四川、西藏、云南、贵州、广西、湖南

【形态特征】鳞茎圆柱状，具稍粗的根；鳞茎外皮黄，褐色，片状破裂或呈纤维状，有时近网状，内皮膜质，仅顶端破裂。叶狭条形至宽条形，具明显的中脉。花莛三棱状柱形，具3条纵棱，有时棱为狭翅状，下部被叶鞘；总苞单侧开裂，或2裂，早落；伞形花序扇状至半球状，具多数疏散或密集的花；花红色、紫红色、紫色至黑紫色，星芒状开展；花被片矩圆形至狭矩圆状椭圆形，花后反折，先端钝或凹缺，等长，长5～9 mm，宽1.5～2 mm；花丝等长，锥形，基部合生并与花被片贴生；子房倒卵状球形，具3圆棱，基部不具凹陷的蜜穴；花柱比子房长。花果期7～9月。

【生长习性】主要生于海拔2300～4800 m的湿润草坡、林缘、灌丛下或沟边。

【芳香成分】茎：赵超等（2015）用固相微萃取法提取的贵州赫章产多星韭新鲜茎精油的主要成分为：烯丙基丙基二硫醚（26.66%）、二烯丙基二硫醚（16.61%）、二丙基二硫醚（13.24%）、二烯丙基三硫醚（5.44%）、甲基烯丙基二硫醚（4.48%）、二异丙基三硫醚（4.70%）、反式丙烯基丙基二硫醚（3.91%）、甲基丙基二硫醚（2.75%）、顺丙烯基丙基三硫醚（1.48%）、基烯丙基三硫醚（1.46%）等。

叶：赵超等（2015）用固相微萃取法提取的贵州赫章产多星韭新鲜叶精油的主要成分为：烯丙基丙基二硫醚（27.11%）、二烯丙基二硫醚（17.10%）、二丙基二硫醚（13.27%）、二烯丙基三硫醚（5.26%）、反式丙烯基丙基二硫醚（4.39%）、甲基烯丙基二硫醚（3.77%）、甲基丙基二硫醚（2.33%）、二异丙基三硫醚（2.24%）、基烯丙基三硫醚（1.15%）等。

花：赵超等（2015）用固相微萃取法提取的贵州赫章产多星韭新鲜花精油的主要成分为：烯丙基丙基二硫醚（21.90%）、二烯丙基二硫醚（13.86%）、二丙基二硫醚（12.34%）、甲基烯丙基二硫醚（5.89%）、二烯丙基三硫醚（4.61%）、二异丙基三硫醚（4.29%）、甲基丙基二硫醚（3.12%）、反式丙烯基丙基二硫醚（3.09%）、反式丙烯基甲基二硫醚（2.59%）、顺丙烯基丙基三硫醚（1.24%）等。

【利用】嫩叶可凉拌或炒食。全草入药，有散瘀止痛、止痒的功效，用于治疗跌打损伤、刀枪伤、异物入肉、漆疮、瘾疹、疟疾、牛皮癣。

## 茖葱

*Allium victorialis* Linn.

**百合科　葱属**

**别名：** 寒葱、山葱、格葱、隔葱、鹿耳葱、角葱

**分布：** 黑龙江、吉林、辽宁、河北、山西、内蒙古、陕西、甘肃、四川、湖北、河南、浙江

【形态特征】鳞茎单生或2～3枚聚生，近圆柱状；鳞茎外皮灰褐色至黑褐色，破裂成纤维状，呈明显的网状。叶2～3枚，倒披针状椭圆形至椭圆形，长8～20 cm，宽3～9.5 cm，基部楔形，先端渐尖或短尖。花莛圆柱状，高25～80 cm，被叶鞘；总苞2裂，宿存；伞形花序球状，具多而密集的花；花白色或带绿色，极稀带红色；内轮花被片椭圆状卵形，长4.5～6 mm，宽2～3 mm，先端钝圆，常具小齿；外轮的狭而短，舟状，长4～5 mm，宽1.5～2 mm，先端钝圆；花丝基部合生并与花被片贴生，内轮的狭长三角形，外轮的锥形；子房具3圆棱，每室具1胚珠。花果期6～8月。

【生长习性】生于海拔1000～2500 m的阴湿坡山坡、林下、草地或沟边。

【芳香成分】根：李雅萌等（2018）用固相微萃取法提取的吉林辽源产茖葱新鲜根精油的主要成分为：二甲基二硫醚（14.21%）、1,3-二噻烷（12.04%）、2-乙基己醇（10.87%）、二甲基三硫醚（10.12%）、2,2-二乙氧基四氢呋喃（7.35%）、二烯丙基二硫醚（3.09%）、三甲基甲硅烷基甲醇（2.59%）、对二噁烷-2,3-二醇（2.52%）、亚甲基二硫代氰酸酯（1.52%）、(2S)-2-氨基-4-甲硫基丁醇（1.77%）、(E)-1-丙烯基甲硫醚（1.27%）、双甲硫基甲烷（1.17%）、己醛（1.12%）等。才燕等（2017）用同法分析的吉林长春产茖葱新鲜根精油的主要成分为：2,3-去氢-1,8-桉叶素（50.62%）、甲基-2-丙烯基二硫醚（19.04%）、二烯丙基二硫（7.08%）、二甲基二硫（3.77%）、硫化丙烯（3.56%）、2,3,5-三硫杂己烷（2.22%）、甲基甲基硫代甲砜（2.00%）、Z-11-顺-7-十六碳烯酸（1.86%）、甲基丙基二硫醚（1.26%）、二烯丙基三硫醚（1.26%）等。

鳞茎：李雅萌等（2018）用固相微萃取法提取的吉林辽源产茖葱新鲜鳞茎精油的主要成分为：甲基烯丙基二硫醚（19.88%）、二烯丙基二硫醚（11.96%）、二甲基二硫醚（11.28%）、1,4,6-噁二酮-5-硫酮（9.96%）、1,3-二噻烷（9.07%）、2-甲氧基-1,3-双甲硫基丙烷（5.47%）、2-乙基己醇（5.14%）、2,2-二乙氧基四氢呋喃（4.69%）、对二噁烷-2,3-二醇（2.86%）、二甲基三硫醚（2.43%）、二丙烯基锌（1.82%）、2-巯基-丙酸（1.62%）、甲基丙基二硫醚（1.60%）、二-2-丙烯基三硫醚（1.30%）等。

茎：鲁亚星等（2018）用固相微萃取法提取的吉林延边野生茖葱新鲜茎精油的主要成分为：1,3-二噻烷（22.12%）、烯丙基甲基二硫醚（10.50%）、二烯丙基三硫醚（6.10%）、5-甲基噻唑（4.45%）、二甲基二硫醚（2.94%）、二甲硫基甲烷（2.18%）、二烯丙基硫醚（1.81%）、二烯丙基四硫醚（1.68%）、3-苯基-4H-1,2-二硫醇（1.60%）、二甲基三硫醚（1.35%）、5-甲基-1,2,3-噻二唑（1.24%）等；栽培茖葱新鲜茎精油的主要成分

为：二烯丙基二硫醚（35.58%）、1,3-二噻烷（19.47%）、二甲基二硫醚（3.04%）、二烯丙基三硫醚（2.33%）、4,5-二甲基噻唑（1.39%）、二烯丙基硫醚（1.08%）、二甲基三硫醚（1.08%）等。才燕等（2017）用同法分析的吉林长春产茖葱新鲜茎精油的主要成分为：硫化丙烯（28.46%）、二烯丙基二硫（27.77%）、1,3-二噻烷（9.32%）、甲硫醇（4.89%）、S-(3-羟基丙基)-硫代乙酸酯（4.55%）、二甲基二硫（3.68%）、1-巯基-2-丙酮（3.64%）、棕榈酸（3.57%）、(Z)-11-十八烯酸甲酯（2.13%）、二烯丙基硫醚（2.08%）、十三烷（2.04%）、甲基甲基硫代甲砜（1.40%）、亚油酸甲酯（1.22%）、(Z)-7-十六碳烯酸（1.11%）、(Z)-十八碳烯酸（1.00%）等。

叶：鲁亚星等（2018）用固相微萃取法提取的吉林延边产茖葱新鲜叶精油的主要成分为：1,2-二噻烷（43.81%）、二甲基二硫醚（6.88%）、壬醛（3.49%）、二烯丙基三硫醚（3.43%）、二甲基三硫醚（2.38%）、二甲硫基甲烷（2.09%）、二烯丙基硫醚（1.43%）、3-苯基-4H-1,2-二硫醇（1.18%）、正己醛（1.02%）等。李雅萌等（2018）用同法分析的吉林辽源产茖葱新鲜叶精油的主要成分为：1,3-二噻烷（17.09%）、2-己烯醛（16.20%）、二甲基二硫醚（9.86%）、2,2-二乙氧基四氢呋喃（9.37%）、二烯丙基二硫醚（8.83%）、2-乙基己醇（5.01%）、二甲基三硫醚（4.99%）、1-氯-2-甲硫基乙烷（4.12%）、(E)-2-己烯醇（3.12%）、对二噁烷-2,3-二醇（2.94%）、二-2-丙烯基三硫醚（1.94%）、3-乙烯基-3,4-二氢-1,2-二噻因（1.06%）等。才燕等（2017）用同法分析的吉林长春产茖葱新鲜叶精油的主要成分为：(Z)-乙酸叶醇酯（55.91%）、乙酸反-2-己烯酯（9.18%）、硫化丙烯（6.18%）、甲硫醇（4.01%）、甲基-2-丙烯基二硫醚（2.67%）、二烯丙基二硫（2.38%）、二甲基二硫（2.02%）、壬醛（1.18%）、癸醛（1.04%）等。

花柱：李雅萌等（2018）用固相微萃取法提取的吉林辽源产茖葱新鲜花柱精油的主要成分为：1,3-二噻烷（18.74%）、二甲基二硫醚（17.51%）、2-乙基己醇（15.49%）、二烯丙基二硫醚（7.97%）、二甲基三硫醚（5.32%）、2,2-二乙氧基四氢呋喃（5.26%）、三甲基甲硅烷基甲醇（4.84%）、苯甲醛（1.37%）、双甲硫基甲烷（1.09%）、6,10,14-三甲基-2-十五烷酮（1.07%）等。

【利用】嫩叶可供食用，也可加工什锦袋菜等，可代替葱做调味品。鳞茎药用，有散瘀、止血、解毒的功效，用于治疗跌打损伤、血瘀肿痛、衄血、疮痈肿痛。

## 火葱

*Allium ascalonicum* Linn.

**百合科　葱属**

**别名：** 胡葱、香葱、细香葱、青葱、蒜头葱、瓣子葱、亚实基隆葱

**分布：** 华南、西南地区栽培

【形态特征】植株高30～44 cm。鳞茎聚生，矩圆状卵形、狭卵形或卵状圆柱形；鳞茎外皮红褐色、紫红色、黄红色至黄白色，膜质或薄革质，不破裂。叶为中空的圆筒状，向顶端渐尖，深绿色，常略带白粉。栽培条件下不抽葶开花，用鳞茎分株繁殖。但在野生条件下是能够开花结实的。

【生长习性】喜冷凉的气候，抗寒力强，不耐炎热，不耐涝。

【芳香成分】何洪巨等（2004）用同时蒸馏萃取法提取的全草精油的主要成分为：二丙基二硫醚（47.28%）、二丙基三硫醚（12.09%）、1,3-二（丙硫基）-丙烷（6.15%）、1-丙硫醇（5.58%）、2-甲基-2-丙烯酸-2-羟基丙酯（4.71%）、1-甲乙基丙基二硫醚（4.20%）、反式-3,5-二乙基-1,2,4-三噻吩（2.95%）、甲基丙基二硫醚（2.45%）、5-羟基-1,3-二氧杂环己烷（2.24%）、3-甲氧基-戊烷（1.75%）、2,4-二甲基-2-二氢噻唑（1.16%）、2-丁烯酸-2-丙烯酯（1.11%）、顺式-3,5-二乙基-1,2,4-三噻吩（1.02%）等。

【利用】嫩叶及鳞茎作蔬菜食用和调料用，鳞茎也可作腌渍原料。注意：火葱和蜂蜜不能混着吃，吃了会中毒。

## 藠头

*Allium chinense* G. Don

**百合科　葱属**

**别名：** 藠子、荞头、薤

**分布：** 长江流域及以南各地

【形态特征】鳞茎数枚聚生，狭卵状，粗0.5～2 cm；鳞茎外皮白色或带红色，膜质，不破裂。叶2～5枚，具3～5棱的圆柱状，中空，近与花葶等长，粗1～3 mm。花葶侧生，圆柱状，高20～40 cm，下部被叶鞘；总苞2裂，比伞形花序短；伞形花序近半球状，较松散；小花梗基部具小苞片；花淡紫色至暗紫色；花被片宽椭圆形至近圆形，顶端钝圆，长4～6 mm，宽3～4 mm，内轮的稍长；花丝仅基部合生并与花被片贴生；

子房倒卵球状，腹缝线基部具有帘的凹陷蜜穴；花柱伸出花被外。花果期10～11月。

【生长习性】生长期分蘖力很强，耐寒性强，耐热性和耐旱性中等，不耐涝。

【精油含量】水蒸气蒸馏新鲜鳞茎的得油率为1.60%。

【芳香成分】彭军鹏等（1994）用水蒸气蒸馏法提取的湖南怀化产野生藠头新鲜鳞茎精油的主要成分为：甲基烯丙基三硫化物（23.06%）、二甲基三硫化物（19.82%）、正丙基甲基三硫化物（7.96%）、二甲基二硫醚（6.55%）、甲基烯丙基二硫化物（5.39%）、二烯丙基二硫化物（3.91%）、甲基丙烯三硫化物（3.64%）、二甲基四硫化物（3.64%）、正丙基烯丙基二硫化物（2.83%）、甲基丙基二硫化物（2.70%）、1,3-二噻烷（2.70%）、己二烯二硫化物（2.30%）、丙基烯丙基三硫化物（2.02%）、异丙基烯丙基二硫化物（1.89%）、2-丁烯-1-醇（1.62%）、二烯丙基三硫化物（1.21%）等。

【利用】鳞茎可凉拌、炒食，常作调味料或以盐渍、醋渍、糖浸制食用。全株可入药，为健胃药，对心脏有宜。

## 韭

*Allium tuberosum* Rottl. ex Spreng.

**百合科　葱属**

**别名：**韭菜、起阳草、草钟乳

**分布：**全国各地

【形态特征】具倾斜的横生根状茎。鳞茎簇生，近圆柱状；鳞茎外皮暗黄色至黄褐色，破裂成纤维状，呈网状或近网状。叶条形，扁平，实心，比花莛短，宽1.5～8 mm，边缘平滑。花莛圆柱状，常具2纵棱，高25～60 cm，下部被叶鞘；总苞单侧开裂，或2～3裂，宿存；伞形花序半球状或近球状，具多但较稀疏的花；小花梗基部具小苞片，数枚小花梗的基部为1枚共同的苞片所包围；花白色；花被片常具绿色或黄绿色的中脉，内轮的矩圆状倒卵形，外轮的常较窄，矩圆状卵形至矩圆状披针形；花丝等长，基部合生并与花被片贴生；子房倒圆锥状球形，具3圆棱，外壁具细的疣状突起。花果期7～9月。

【生长习性】对土壤适应能力较强，无论砂土、壤土、黏土及其他土壤均可栽培，但以肥沃的土壤为佳。对温度适应范围广，喜冷凉气候，耐低温，能抵抗霜害。对干旱有一定的抵抗能力。

【精油含量】水蒸气蒸馏叶的得油率为5.99%～8.23%，种子的得油率为0.80%。

【芳香成分】根茎：王鸿梅等（2002）用水蒸气蒸馏法提取的新鲜根茎精油的主要成分为：2-甲基-2-戊烯醛（23.62%）、二甲基三硫醚（14.30%）、甲基丙基三硫醚（14.20%）、甲基丙烯基三硫醚（11.20%）、甲基丙烯基二硫醚（4.15%）、丙基丙烯基三硫醚（4.03%）、甲基丙基二硫醚（3.58%）、二丙基三硫醚（3.54%）、顺式-丙基丙烯基二硫醚（2.30%）、十三酮-2（2.05%）、反式-丙基丙烯基二硫醚（1.90%）、二甲基四硫醚（1.30%）、二甲基二硫醚（1.10%）等。

叶：王雄等（2012）用水蒸气蒸馏法提取的甘肃兰州产韭菜新鲜叶精油的主要成分为：二丙烯-双硫醚（39.31%）、甲基-丙烯基-双硫醚（32.76%）、甲基-丙烯基-三硫醚（12.16%）、二丙烯基-三硫醚（7.33%）、二甲基-三硫醚（3.41%）、丙烯硫基-乙酸甲酯（2.08%）、1,3-二硫己烷（1.17%）等。陈贵林等（2007）用同时蒸馏萃取法提取的'平韭4号'韭菜叶精油的主要成分为：二甲基三硫化物（38.56%）、E-甲基-丙烯基硫化物（12.13%）、甲基-丙烯基-二硫化物（9.74%）、二甲基四硫化物（7.23%）、1,3-二噻烷（3.80%）、烯丙基-甲基硫化物（3.62%）、甲基-2-丙烯基-二硫化物（3.46%）、Z-甲基-丙烯基硫化物（2.78%）、3,7-二甲基-1,6-辛二烯-3-醇（2.73%）、4-羟基-3-甲基苯乙酮（2.26%）、二-2-丙烯基三硫化物（1.90%）、2-丙烯基-硫代乙腈（1.07%）等。

花：王鸿梅等（2002）用水蒸气蒸馏法提取的新鲜花精油的主要成分为：甲基丙基三硫醚（12.90%）、十三酮-2（10.50%）、二甲基二硫醚（7.89%）、2-甲基-2-戊烯醛（6.59%）、二甲基三硫醚（6.00%）、二丙基三硫醚（5.90%）、甲基丙烯基三硫醚（5.20%）、甲基丙基二硫醚（4.60%）、丙基丙烯基三硫醚（4.00%）、十一酮-2(2.49%）、甲基丙烯基二硫醚（2.40%）、顺式-丙基丙烯基二硫醚（2.40%）、二甲基四硫醚（1.51%）、二丙基二硫醚（1.30%）、反式-丙基丙烯基二硫醚（1.26%）等。

种子：胡国华等（2009）用水蒸气蒸馏法提取的'791韭菜'干燥成熟种子精油的主要成分为：己醛（17.74%）、十九烯-2-酮（10.39%）、棕榈酸（10.20%）、2-戊基呋喃（6.50%）、甲基(2-）丙烯基二硫醚（5.85%）、二烯丙基二硫醚（4.86%）、二甲基四硫化合物（4.37%）、乙基(2-）丁烯基硫醚（3.59%）、油酸（3.31%）、2,4-二烯癸醛（3.10%）、庚醇（3.03%）、二甲基丙烯基硫醚（2.09%）、甲基(1-）丙烯基二硫醚（1.90）、二甲基二硫醚（1.77%）、甲基异丙烯基二硫醚（1.76%）、1,3-二噻烷（1.68%）、4-甲基十三烷（1.61%）、壬醛（1.46%）、4,8,12-三甲基-2-十八酮（1.43%）、叶绿醇（1.36%）、甲基丙烯基硫醚（1.17%）、庚醛（1.17%）、2-甲基噻吩（1.02%）等。王雯萱等（2015）用同法分析的干燥成熟种子精油的主要成分为：3-(异丙基硫代）丙酸（14.55%）、二烯丙基硫醚（13.13%）、二烯丙基二硫醚（12.38%）、1,3-二噻烷（8.03%）、糠基甲基硫醚（3.96%）、2,2-二（甲硫基)丙烷（2.44%）、3,3,6-三甲基-1,5-庚二烯-4-酮（2.36%）、2-正戊基呋喃（2.20%）、双（乙基硫代）甲烷（2.17%）、2-甲基-1,3-二噻烷（2.06%）、正壬烷（1.85%）、2-乙基-1,3-二噻烷（1.42%）、正己醇（1.21%）等。

【利用】叶、花莛和花均作蔬菜食用，花多制成花酱食用，也可干制后用作调味料。种子入药。民间用韭菜治肠胃、小儿遗尿、阳痿遗精、盗汗、自汗、孕期恶心呕吐等症。叶精油具有促进食欲、杀菌消炎和降低血脂的作用。

## 韭葱

*Allium porrum* Linn.

**百合科　葱属**

**别名：** 扁葱、扁叶葱、洋蒜、洋大蒜、洋蒜苗、葱蒜、海蒜

**分布：** 广西、北京、上海、山东、河北、安徽、湖北、陕西、四川等地有栽培

【形态特征】鳞茎单生，矩圆状卵形至近球状，有时基部具少数小鳞茎；鳞茎外皮白色，膜质，不破裂。叶宽条形至条状披针形，实心，略对褶，背面呈龙骨状，基部宽1～5 cm或更宽，深绿色，常具白粉。花莛圆柱状，实心，高60～80 cm或更高，近中部被叶鞘；总苞单侧开裂，具长喙，早落；伞形花序球状，无珠芽，具多而密集的花；小花梗基部具小苞片；花白色至淡紫色；花被片近矩圆形，长4.5～5 mm，宽2～2.3 mm；花丝基部合生并与花被片贴生；子房卵球状；花柱伸出花被外。花果期5～7月。

【生长习性】对土壤适应性广，沙土、黏土均可栽培，但因根系吸肥力弱，所以宜选用疏松肥沃、富含有机质的土壤为宜。适微碱性土壤，最适pH7.7～7.8。抗寒、耐寒、生长势强，能经受38℃高温和-10℃低温。不耐干旱，也不耐涝。

【芳香成分】何洪巨等（2004）用同时蒸馏-萃取法提取的叶精油的主要成分为：二丙基三硫醚（30.73%）、二丙基二硫醚（14.28%）、1,2-二噻吩（9.91%）、1-甲乙基丙基二硫醚（8.09%）、反式-3,5-二乙基-1,2,4-三噻吩（5.98%）、3,5-二乙基-1,2,4-三噻吩（5.35%）、1-丙硫醇（4.96%）、3-己烯-1-醇（3.20%）、反式-3,5-二甲基-噻烷（2.78%）、3-甲基-3-戊烯酸甲酯（2.06%）、2-甲基-1-十二醇（1.72%）、3-甲氧基-戊烷（1.31%）、甲基丙基二硫醚（1.16%）等。

【利用】嫩叶、假茎、地下鳞茎和花薹均可作蔬菜食用。嫩叶也可作调料。

## 宽叶韭

*Allium hookeri* Thwaites

**百合科　葱属**

**别名：** 大叶韭、山韭菜、大韭菜、鸡脚韭菜、苤菜、葱韭

**分布：** 四川、贵州、云南、西藏

【形态特征】鳞茎圆柱状，具粗壮的根；鳞茎外皮白色，膜质，不破裂。叶条形至宽条形，稀为倒披针状条形，具明显的中脉。花莛侧生，圆柱状，或略呈三棱柱状，下部被叶鞘；总苞2裂，常早落；伞形花序近球状，多花，花较密集；小花梗纤细，基部无小苞片；花白色，星芒状开展；花被片等长，披针形至条形；花丝等长，在最基部合生并与花被片贴生；子房倒卵形，每室1胚珠；花柱比子房长；柱头点状。花果期8～9月。

【生长习性】生于海拔1500～4000 m的湿润山坡或林下。

【芳香成分】郭凤领等（2017）用顶空固相微萃取法提取的云南保山产宽叶韭干燥肉质根精油的主要成分为：二烯丙基三硫醚（23.25%）、甲基烯丙基三硫醚（22.89%）、二甲基三硫醚（13.25%）、二烯丙基四硫醚（5.06%）、烯丙基甲基二硫醚（4.69%）、1-烯丙基-3-丙基三硫醚（3.93%）、(E)-1-烯丙基-3-丙烯基苯三硫醚（3.62%）、2,3,5-三硫杂己烷（2.60%）、(E)-3,7-二甲基-2,6-辛二烯醛（2.43%）、甲基丙基三硫醚（2.00%）、(Z)-1-甲基-2-丙烯基苯二硫醚（1.92%）、(E)-1-甲基-3-丙烯基苯三硫醚（1.87%）、(Z)-3,7-二甲基-2,6-辛二烯醛（1.79%）、石竹烯（1.24%）、3-乙烯基-1,2-二硫环己-5-烯（1.23%）等。

【利用】根、花薹、嫩叶作蔬菜食用。

## 卵叶韭

*Allium ovalifolium* Hand.-Mazz.

**百合科　葱属**

**别名：** 鹿耳韭

**分布：** 云南、贵州、四川、青海、甘肃、陕西、湖北

【形态特征】鳞茎单一或2～3枚聚生，近圆柱状；鳞茎外皮灰褐色至黑褐色，破裂成纤维状，呈明显的网状。叶2枚，靠近或近对生状，极少3枚，披针状矩圆形至卵状矩圆形，长6～15 cm，宽2～7 cm，先端渐尖或近短尾状，基部圆形至浅心形。花莛圆柱状，高30～60 cm，下部被叶鞘；总苞2裂，宿存，稀早落；伞形花序球状，具多而密集的花；花白色，稀淡红色；花被片长3.5～6 mm，内轮的披针状矩圆形至狭矩圆形，外轮的较宽而短，狭卵形、卵形或卵状矩圆形；花丝等长，基部合生并与花被片贴生；子房具3圆棱，每室1胚珠。花果期7～9月。

【生长习性】生于海拔1500～4000 m的林下、阴湿山坡、湿地、沟边或林缘。

【芳香成分】郭凤领等（2017）用顶空固相微萃取法提取的湖北五峰产卵叶韭干燥全草精油的主要成分为：D-柠檬烯（46.97%）、脱氢羟孕酮，邻-甲基肟（5.66%）、石竹烯（4.93%）、(E)-3,7-二甲基-2,6-辛二烯醛（4.74%）、β-月桂烯（3.97%）、二甲基三硫醚（3.39%）、甲基烯丙基三硫醚（3.04%）、(1S)-[3.3.1]二环庚烷（2.71%）、桉叶油醇（2.60%）、(1R)-2,6,6-三甲基二环[3.3.1]庚-2-烯（2.26%）、芳樟醇（1.23%）、(E)-1-甲基-2-丙烯基苯二硫醚（1.21%）、(Z)-1-甲基-2-丙烯基苯二硫醚（1.20%）、(E)-1-甲基-3-丙烯基苯三硫醚（1.10%）等。

【利用】嫩叶可食用。全草药用，具有活血散瘀、止血止痛的功效，用于治疗跌打损伤、淤血肿痛、衄血。

## 蒙古韭

*Allium mongolicum* Regel

**百合科　葱属**

**别名：** 野葱、蒙古葱、山葱、沙葱

**分布：** 新疆、青海、内蒙古、宁夏、甘肃、陕西、辽宁

【形态特征】鳞茎密集地丛生，圆柱状；鳞茎外皮褐黄色，破裂成纤维状，呈松散的纤维状。叶半圆柱状至圆柱状，比花莛短，粗0.5～1.5 mm。花莛圆柱状，高10～30 cm，下部被叶鞘；总苞单侧开裂，宿存；伞形花序半球状至球状，具多而通常密集的花；花淡红色、淡紫色至紫红色，大；花被片卵状矩圆形，长6～9 mm，宽3～5 mm，先端钝圆，内轮的常比外轮的长；花丝基部合生并与花被片贴生；子房倒卵状球形；花柱略比子房长，不伸出花被外。

【生长习性】生于海拔800～2800 m的荒漠、砂地或干旱山坡。在降雨时生长迅速，干旱时停止生长。耐旱抗寒能力极强，叶片可忍受-4～5℃的低温，地下根茎在-45℃也不致受冻；生

长适宜温度12～26℃。属长日照、强光照植物。生长要求较低的空气湿度和通透性较强的湿润土壤。耐瘠薄能力极强。

【精油含量】水蒸气蒸馏干燥全草的得油率为0.46%；超临界萃取干燥花的得油率为18.90%。

【芳香成分】叶：刘世巍等（2007）用水蒸气蒸馏法提取的宁夏盐池产蒙古韭叶精油的主要成分为：肉桂酸乙酯（22.60%）、二乙基二缩醛（22.10%）、草酸二丁酯（11.00%）、2-丙二烯环丁烯（9.22%）、异辛烷（6.37%）、正丁腈（5.37%）、dl-苯甲基羟基丁二酸（5.27%）、烯丙基溴（3.67%）、反丁烯二腈（3.39%）、甲基乙腈-6-苄氧基（2.42%）等。

**花**：温俊峰等（2016）用超临界$CO_2$萃取法提取的陕西神木产蒙古韭干燥花精油的主要成分为：1-甲氧基-4-(1-丙烯）苯（25.33%）、癸醛（22.39%）、姜辣素（12.60%）、9-十八碳烯醛（7.48%）、E-9-十四碳烯酸（6.48%）、正二十酸（4.85%）、4-(4-羟基-3-甲基苯基)丁酮（4.60%）、氧杂环十七碳-10-烯-2-酮（3.50%）、1-(1,3-二甲基)-7-氧杂二环[4.1.0]庚烷（3.28%）、9-十六碳烯酸（2.86%）、5-甲基-(1,5-二甲基-4-己烯基)-1,3-环己烯（2.52%）、3-甲基-4-苯基丁醛（2.42%）、邻苯二甲酸二甲酯（2.29%）、邻苯二甲酸乙酯（2.04%）、己醛（1.78%）、4-甲氧基-安息香醛（1.63%）、1-(3-甲基-2-丁氧基)-4-(1-丙烯基）苯（1.60%）、3-(1,5-二甲基-4-己烯基)-6-甲苯（1.52%）、1-(1,5-二甲基-4-己烯基)-4-甲苯（1.47%）、3,7-二甲基-2,6-辛二烯醛（1.39%）、反-Z-α-环氧化红没药烯（1.23%）等。

【利用】嫩茎叶可作蔬菜食用，叶可调味或腌渍。茎可药用，具有降血压、降血脂、开胃消食、健肾壮阳、治便秘的功效。精油可作为香精的定香剂和变稠剂使用，具有抗真菌作用及其他药用价值。花色鲜艳，是优良的花坛、地被或室内盆栽材料。

## 蒜

*Allium sativum* Linn.

**百合科　葱属**

**别名**：胡蒜、葫、大蒜、蒜头、独蒜

**分布**：全国各地

【形态特征】鳞茎球状至扁球状，通常由多数肉质、瓣状的小鳞茎紧密地排列而成，外面被数层白色至带紫色的膜质鳞茎外皮。叶宽条形至条状披针形，扁平，先端长渐尖，比花葶短，宽可达2.5 cm。花葶实心，圆柱状，高可达60 cm，中部以下被叶鞘；总苞具长7～20 cm的长喙，早落；伞形花序密具珠芽，间有数花；小花梗纤细；小苞片大，卵形，膜质，具短尖；花常为淡红色；花被片披针形至卵状披针形，长3～4 mm，内轮的较短；花丝基部合生并与花被片贴生；子房球状；花柱不伸出花被外。花期7月。

【生长习性】对土壤要求不严格，但以富含腐殖质而肥沃的壤土为最佳。喜冷凉、喜湿、耐肥、怕旱。适应温度范围，低限为-5℃，高限为26℃。在0～5℃低温范围，经过30～40 d完成春化作用，在13 h以上的长日照及较高的温度下才开始花芽和鳞芽分化，在短日照而冷凉的环境下，只适合叶茎生长，鳞芽形成将受到抑制。

【精油含量】水蒸气蒸馏鳞茎的得油率为0.07%～0.86%；超临界萃取鳞茎的得油率为0.10%～1.88%；有机溶剂萃取鳞茎的得油率为0.23%～2.80%。

【芳香成分】鳞茎：关于蒜鳞茎精油成分的研究报道非常多，精油的共有特征是含有较多的硫化物，但不同品种、不同方法提取的主成分不同。杨进等（2009）用水蒸气蒸馏法提取的湖北宜昌产'三峡紫皮蒜'鳞茎精油的主要成分为：二烯丙基二硫醚（76.99%）、二烯丙基三硫醚（9.62%）、二烯丙基硫醚（4.30%）、甲基烯丙基二硫醚（2.72%）等。黄森等（2006）用同法提取的陕西兴平产'白皮蒜'鳞茎精油的主要成分为：二烯丙基三硫化物（43.85%）、二烯丙基二硫化物（35.28%）、甲基烯丙基三硫化物（11.10%）、1,3-二噻烷（3.20%）、二烯丙基硫化物（2.43%）、二丙烯基四硫化物（1.31%）等。孙颖等（2015）用液液萃取法提取的'独头蒜'新鲜鳞茎精油的主要成分为：3-乙烯基-1,2-二硫环己-5-烯（50.27%）、3-乙烯基-1,2-二硫环己-4-烯（16.71%）、二烯丙基二硫醚（11.18%）、异丁硫醇（4.25%）、二烯丙基硫醚（1.88%）、二烯丙基三硫醚（1.61%）、烯丙基砜（1.04%）等。

**花薹（蒜薹）**：王长柱等（2013）用顶空固相微萃取法提取的陕西杨凌产蒜新鲜花薹精油的主要成分为：二烯丙基二硫醚（66.52%）、1,3-二噻烷（15.44%）、二烯丙基三硫醚（7.15%）、1-烯丙基甲基二硫醚（3.50%）、2-烯丙基甲基三硫醚（2.66%）、二甲基二硫醚（1.24%）、二烯丙基硫醚（1.09%）等。

【利用】幼苗、花莛和鳞茎均可作蔬菜食用，鳞茎可用以佐餐，还能作各种腌渍品，调料和大蒜粉等。鳞茎可药用，有很强的抑菌和杀菌性能。鳞茎精油可作为调味品和香料，也可药用，有强壮、健胃、止泻、杀菌、驱虫、利尿、祛痰、镇静、兴奋、滋补、消炎、增进食欲、促进新陈代谢、散解痛肿、消毒、驱风、破冷健脾等功效，用于治疗抗菌消炎、止咳、止痢，防治流感、肠炎、痢疾以及病原虫感染性疾病，还被用于抗疲劳、降血脂、降血压、抗凝血、抗病毒、防癌抗癌、防重金属中毒、免疫功能缺乏等多种疾病。

## 细叶韭

*Allium tenuissimum* Linn.

**百合科　葱属**

**别名：** 细丝韭、丝葱

**分布：** 黑龙江、吉林、辽宁、山东、河北、山西、内蒙古、陕西、甘肃、四川、宁夏、河南、江苏、浙江

【形态特征】鳞茎数枚聚生，近圆柱状；鳞茎外皮紫褐色、黑褐色至灰黑色，膜质，常顶端不规则地破裂，内皮带紫红色，膜质。叶半圆柱状至近圆柱状，与花莛近等长，粗0.3～1 mm，光滑。花莛圆柱状，具细纵棱，光滑，高10～50 cm，下部被叶鞘；总苞单侧开裂，宿存；伞形花序半球状或近扫帚状，松散；小花梗基部无小苞片；花白色或淡红色，稀为紫红色；外轮花被片卵状矩圆形至阔卵状矩圆形，先端钝圆，内轮的倒卵状矩圆形，先端平截或为钝圆状平截；花丝基部合生并与花被片贴生；子房卵球状；花柱不伸出花被外。花果期7～9月。

【生长习性】生于海拔2000 m以下的山坡、草地或沙丘上。耐瘠薄，耐干旱，耐寒冷。

【芳香成分】穆启运（2001）用乙醇浸提后再用乙醚萃取的方法提取的陕西佳县产细叶韭花精油的主要成分为：亚油酸（8.04%）、二十五烷（6.35%）、二十六烷（5.03%）、十六酸乙酯（4.76%）、二十三烷（4.34%）、γ-谷甾醇（4.04%）、十六酸（4.03%）、亚油酸乙酯（3.29%）、17-三十五烯（3.22%）、二十九醇（3.03%）、3,7,11,15-四甲基-1,3-十六二烯（2.90%）、十八醛（2.73%）、生育酚（β,γ二种异构体）(2.68%）、3β-羟基-5-烯-麦角甾烷（2.36%）、二十九烷（2.34%）、维生素（2.22%）、二十七烷（2.10%）、十九酸（1.93%）、十九酸乙酯（1.78%）、植物醇（1.74%）、十六酸丙三醇酯（1.71%）、十八酸乙酯（1.38%）、二十四烷（1.29%）、11-环戊基-二十一烷（1.28%）、2,4-二甲基噻吩（1.06%）等。

【利用】花干制或制酱后可作调料。

## 薤白

*Allium macrostemon* Bunge

**百合科　葱属**

**别名：** 小根蒜、密花小根蒜、山蒜、苦蒜、泽蒜、野蒜、小根菜

**分布：** 除新疆、青海外，全国各地

【形态特征】鳞茎近球状，粗0.7～2 cm，基部常具小鳞茎；鳞茎外皮带黑色，纸质或膜质，不破裂。叶3～5枚，半圆柱状，或因背部纵棱发达而为三棱状半圆柱形，中空，叶面具沟槽，比花莛短。花莛圆柱状，高30～70 cm，1/4～1/3被叶鞘；总苞2裂，比花序短；伞形花序半球状至球状，具多而密集的花，或间具珠芽或有时全为珠芽；小花梗基部具小苞片；珠芽暗紫色，基部亦具小苞片；花淡紫色或淡红色；花被片矩圆状卵形至矩圆状披针形，长4～5.5 mm，宽1.2～2 mm，内轮的常较狭；子房近球状，腹缝线基部具有帘的凹陷蜜穴；花柱伸出花被外。花果期5～7月。

【生长习性】生于海拔1500 m以下的山坡、田边、丘陵、山谷或草地上。喜温暖湿润的环境，耐旱、耐瘠、耐低温、适应性很强。地下鳞茎极耐寒。对土壤要求不严，一般土壤均可种植。怕涝。

【精油含量】水蒸气蒸馏新鲜鳞茎的得油率为0.10%，干燥鳞茎的得油率为0.30%～1.72%；超临界萃取干燥鳞茎的得油率为1.09%～4.41%；超声辅助水蒸气蒸馏干燥鳞茎的得油率为1.07%，新鲜鳞茎的得油率为0.29%。

【芳香成分】鳞茎：林琳等（2008）用水蒸气蒸馏法提取的四川峨眉产薤白鳞茎精油的主要成分为：甲基烯丙基三硫醚（20.73%）、二甲基三硫醚（16.01%）、二甲基四硫醚（9.25%）、二甲基二硫醚（5.62%）、甲基丙基三硫醚（4.03%）、二烯丙基三硫醚（3.30%）、丙基丙烯基二硫醚（2.04%）、丙基烯丙基三硫醚（1.84%）、甲基异丙基二硫醚（1.29%）、甲基丙烯

基三硫醚（1.21%）、二烯丙基二硫醚（1.19%）、二丙基三硫醚（1.11%）、甲基丙基二硫醚（1.08%）等；韩成花等（2017）用同法分析的新鲜鳞茎精油的主要成分为：二甲基三硫醚（18.66%）、丙硫醇（13.35%）、二丙基二硫醚（10.05%）、2,3-二甲基二硫醚（5.89%）、二丙基三硫醚（3.53%）、二甲基五硫醚（2.32%）、二噻戊环（1.90%）、E-甲硫基丙烯（1.63%）、甲基烯丙基二硫醚（1.27%）、Z-甲硫基丙烯（1.24%）、2,2-二（甲巯基)丙烷（1.23%）等。孙颖等（2015）用顶空固相微萃取法提取的新鲜鳞茎精油的主要成分为：甲基丙烯基二硫醚（5.72%）、丙醛（1.77%）、二甲基三硫醚（1.51%）、二异丙基（化）二硫（1.03%）、右旋萜二烯（1.01%）等；用液液萃取法提取的新鲜鳞茎精油的主要成分为：1-氧化物硫杂环丁烷（15.55%）、甲基甲烷硫代磺酸酯（12.04%）、1,1-双[3-(甲硫基)]-丙烷（5.04%）、2-亚乙基-1,3-二噻烷（4.55%）、3,5-二乙基-1,2,4-三硫杂环戊烷（1.82%）、2,4-二叔丁基苯酚（1.64%）、邻苯二甲酸二丁酯（1.02%）等。

叶：韩成花等（2017）用水蒸气蒸馏法提取的新鲜叶精油的主要成分为：二甲基三硫醚（10.60%）、丙硫醇（7.67%）、甲基丙基二硫醚（5.46%）、1,3-二噻烷（4.58%）、二丙基二硫醚（4.38%）、2,2-二（甲巯基)丙烷（4.06%）、2,3-二甲基二硫醚（3.45%）、3,5-二乙基[1,2,4]三噻烷（3.27%）、2,4,6-三乙基[1,3,5]硫代吗啉（2.10%）、3,4-二甲基噻吩（2.08%）、1,3-二氨基戊烷（1.93%）、2-甲基-2-戊烯醛（1.74%）、二噻戊环（1.47%）、二（甲巯基)乙烷（1.40%）、4,6-二甲基[1,2,3]三噻烷（1.37%）、Z-甲硫基丙烯（1.29%）、甲基烯丙基二硫醚（1.07%）等。

【利用】鳞茎作蔬菜食用。鳞茎入药，有通阳散结、下气、止痛的功能，用于治疗胸闷刺痛、泻痢后重、心绞痛、慢性气管炎、肿痛、食滞饱胀、跌打损伤、痈肿等。鳞茎精油具有降脂、防止动脉粥样硬化、抗癌等活性。

## 洋葱

*Allium cepa* Linn.

**百合科　葱属**
**别名：** 葱头、圆葱、胡葱、球葱、玉葱
**分布：** 全国各地

【形态特征】鳞茎粗大，近球状至扁球状；鳞茎外皮紫红色、褐红色、淡褐红色、黄色至淡黄色，纸质至薄革质，内皮肥厚，肉质，均不破裂。叶圆筒状，中空，中部以下最粗，向上渐狭，比花莛短。花莛粗壮，高可达1 m，中空的圆筒状，在中部以下膨大，向上渐狭，下部被叶鞘；总苞2～3裂；伞形花序球状，具多而密集的花。花粉白色；花被片具绿色中脉，矩圆状卵形，长4～5 mm，宽约2 mm；子房近球状，腹缝线基部具有帘的凹陷蜜穴；花柱长约4 mm。花果期5～7月。

【生长习性】属喜肥作物，适于种植在肥沃、疏松、保水保肥力强的中性土壤上。根系浅，吸水能力弱，需较高的土壤湿度。耐寒，长光照下形成鳞茎，低温下通过春化。

【精油含量】水蒸气蒸馏鳞茎的得率为0.01%～1.78%；超临界萃取鳞茎的得油率为0.17%～0.53%；有机溶剂萃取鳞茎的得油率为0.10%～0.70%；超声辅助溶剂萃取新鲜鳞茎的得油率为0.85%；超声辅助减压蒸馏鳞茎的得油率为1.21%。

【芳香成分】鳞茎：赵华等（2007）用水蒸气蒸馏法提取的干燥鳞茎精油的主要成分为：二丙基三硫化物（27.00%）、3,5-二乙基-1,2,4-三噻吩（12.80%）、2,5-二甲基噻吩（9.20%）、乙酸（硫化丙基)甲酯（8.90%）、9-羟基-2-壬酮（7.20%）、二丙基二硫化物（6.00%）、二甲基三硫化物（5.80%）、3-乙氧基-2-甲基-丙烯（5.40%）、α-十一烷酮（4.50%）、4-甲基-4H-1,2,4-噻唑-3-胺（3.60%）等。李翔等（2013）用同法提取的四川西昌产红皮洋葱新鲜鳞茎精油的主要成分为：原子辛烷结构硫循环（10.52%）、十五烷（10.24%）、二烯丙基二硫醚（10.20%）、吖啶甲酸乙酯（8.06%）、十六烷（6.16%）、二丙基二硫醚（5.18%）、二丙基三硫化物（4.78%）、N-甲基-N-亚硝基-1-丁胺（4.27%）、[4,5-g]喹喔啉-6,7-二甲基-1,3-二氢咪

唑（4.21%）、十四烷（4.11%）、1,2-二硫化物（3.77%）、二叔丁基对甲酚（3.69%）、十八烷（3.61%）、2,6,10,14-四甲基十六烷（2.99%）、丁基十三烷基亚硫酸（2.04%）、3,4-二氢-1H-2-苯并吡喃（1.97%）、4-硝基-2-甲基吡啶-N-氧化物（1.96%）、烯丙基异丙基硫醚（1.85%）、三甲基硅基乙酸乙酯（1.70%）、二十一烷（1.62%）、10-甲基十九烷（1.61%）、二十烷（1.49%）、4,5-二氢噻唑-3-甲基苯胺（1.36%）、5-亚硝基-2,4,6-氨基嘧啶（1.14%）等。

种子：王强等（2011）用水蒸气蒸馏法提取的新疆乌鲁木齐产洋葱种子精油的主要成分为：顺式-9-十六烯醛（15.61%）、1-(硫代乙级)-2-甲基-噻吩（10.64%）、3-甲基噻吩（9.47%）、2-甲基-2-戊烯醛（5.08%）、反-2-壬烯醛（4.58%）、己醛（4.16%）、胡萝卜醇（3.95%）、D-莱烯（3.56%）、植烷（3.27%）、2-戊基呋喃（2.67%）、异十九烷（2.65%）、维生素（2.20%）、2-十一酮（2.14%）、邻苯二甲酸-2-丙烯酯（1.70%）、2-十一醇（1.66%）、2,3-二甲基丙烯醛（1.55%）、十七烷（1.45%）、姥鲛烷（1.25%）、二丙硫醚（1.00%）等。

【利用】鳞茎作为蔬菜供食用。鳞茎有解毒化痰、清热利尿的功效，可治疗胸闷脘痞、咳嗽多痰、小便不利、肠炎等。鳞茎精油作为调味剂和香料用于多种食品；还具有消炎抑菌、防治动脉硬化和血栓、降血压、抗糖尿病、改善肝脏机能障碍、抗传染病等功效。

## 风信子

*Hyacinth orientals* Linn.

**百合科　风信子属**

**别名：** 五色水仙

**分布：** 全国各地

【形态特征】多年生草本，鳞茎球形或扁球形，有膜质外皮，外被皮膜呈紫蓝色或白色等，与花色相关。叶4～9枚，肉质，基生，肥厚，带状披针形，具浅纵沟，绿色有光。花茎肉质，花莛高15～45 cm，中空，端着生为总状花序小花10～20余，多密生上部，多横向生长，少有下垂，漏斗形；花被筒形，上部四裂；花冠漏斗状，基部花筒较长，裂片5枚；向外侧下方反卷；花具香味，有白、粉、黄、红、蓝及淡紫等色，深浅不一，单瓣或重瓣。蒴果。花期3～4月。

【生长习性】耐寒，喜凉爽，喜阳光充足和比较湿润的生长环境，要求排水良好和肥沃的沙壤土，在低湿黏重土壤生长极差。鳞茎有夏季休眠习性，秋冬生根，早春萌发新芽。鳞茎在2～6℃低温时根系生长最好，芽萌动适温为5～10℃，叶片生长适温为10～12℃，现蕾开花期以15～18℃最有利。

【芳香成分】王江勇等（2013）用顶空固相微萃取法提取的山东泰安产‘粉珍珠’风信子新鲜花香气的主要成分为：β-罗勒烯（21.66%）、乙酸苄酯（16.79%）、β-苯乙醇（13.94%）、乙酸苯基甲基酯（8.47%）、β-月桂烯（7.07%）、苯乙酸-2-苯基乙酯（6.47%）、反式-β-罗勒烯（5.91%）、反式-β-金合欢烯（4.95%）、肉桂醇（2.93%）、丁香酚甲醚（1.40%）、肉桂酸乙酸酯（1.20%）、苯丙醇（1.08%）等；‘蓝衣’风信子新鲜花香气的主要成分为：β-罗勒烯（30.64%）、α-乙酸苄酯（26.09%）、β-月桂烯（9.46%）、β-苯乙醇（8.19%）、反式-β-罗勒烯（5.93%）、β-苯醋酸（2.77%）、(E,E)-2,6-二甲基-2,4,6-辛三烯（1.80%）、1,4-己二烯（1.75%）等。

【利用】适合早春花坛、花境布置及做园林饰边材料和盆栽。花浸膏和精油是一种名贵的天然香料，用于高档加香制品中。

## 虎尾兰

*Sansevieria trifasciata* Prain

**百合科 虎尾兰属**
**别名：** 虎皮兰、金边虎尾兰、黄边虎尾兰
**分布：** 全国各地

【形态特征】有横走根状茎。叶基生，常1～2枚，也有3～6枚成簇的，直立，硬革质，扁平，长条状披针形，长30～120 cm，宽3～8 cm，有白绿色不断荣绿色相间的横带斑纹，边缘绿色，向下部渐狭成长短不等的、有槽的柄。花莛高30～80 cm，基部有淡褐色的膜质鞘；花淡绿色或白色，每3～8朵簇生，排成总状花序；花梗长5～8 mm，关节位于中部；花被长1.6～2.8 cm，管与裂片长度约相等。浆果直径约7～8 mm。花期11～12月。

【生长习性】对环境的适应性强，喜温暖湿润，耐干旱，喜光又耐阴。对土壤要求不严，以排水性较好的砂质壤土较好。生长适温为20～30℃，越冬温度为10℃。

【芳香成分】黄志萍（2011）用固相微萃取法提取的福建福州产虎尾兰叶挥发油的主要成分为：3-乙基-8-酰基-双环[4.3.0]壬烷（12.74%）、六氢-1,3-异苯并呋喃二酮（9.43%）、(1-二甲基乙基)-4-甲氧基苯酚（6.39%）、2,5,5,8a-四甲基-3,4,4a,5,6,8a-六氢氧萘（5.06%）、E-9-十四烯酸（4.56%）、β-紫罗兰酮（4.25%）、17a-羟基-21-碘-16b-甲基孕甾（3.64%）、华蟾素（2.70%）、(E)-乙酸-2-甲基-2-丁烯酯（2.56%）、(1-甲基乙烯基)-1-环己烯-1-甲醛（2.40%）、二-戊基-呋喃（2.09%）、2-(1,6,7,8-四氢-2H-茚并[5,4-b]呋喃-8-基)乙胺（1.82%）、甲氧基苯基丙酮-肟（1.64%）、植醇（1.63%）、α-异甲基紫罗兰酮（1.58%）、β-环化枸橼醛（1.42%）、4-乙基-三壬-5-炔（1.28%）等。

【利用】供观赏，适合布置装饰书房、客厅、办公场所。叶入药，清热解毒，活血消肿，主治感冒、肺热咳嗽、疮疡肿毒、跌打损伤、毒蛇咬伤、烫火伤。叶纤维强韧，可供编织用。

## 虎眼万年青

*Ornithogalum caudatum* Jacq.

**百合科 虎眼万年青属**
**别名：** 胡连万年青、海葱、葫芦兰
**分布：** 全国各地

【形态特征】鳞茎卵球形，绿色，直径可达10 cm。叶5～6枚，带状或长条状披针形，长30～60 cm，宽2.5～5 cm，先端尾状并常扭转，常绿，近革质。花莛高45～100 cm，常稍弯曲；总状花序长15～30 cm，具多数、密集的花；苞片条状狭披针形，绿色，迅速枯萎，但不脱落；花被片矩圆形，长约8 mm，白色，中央有绿脊；雄蕊稍短于花被片，花丝下半部极扩大。花期7～8月，室内栽培冬季也可开花。

【生长习性】喜阳光，亦耐半阴，耐寒，夏季怕阳光直射，好湿润环境。鳞茎有夏季休眠习性，鳞茎分生力强，繁殖系数高。

【精油含量】超临界萃取的干燥全草的得油率为0.16%。

【芳香成分】赫玉芳等（2010）用超临界$CO_2$萃取法提取的吉林烟筒山产虎眼万年青干燥全草精油的主要成分为：5,22-豆甾二烯-3-醇（14.00%）、9,12-十八碳二烯酸（13.91%）、γ-谷甾醇（13.14%）、正十六酸（8.84%）、菜油甾醇（7.77%）、二十五烷（2.94%）、9-十八碳烯酸（2.78%）、2,2-二甲基丙酸-3-羟基-5-(4-甲氧苯基硫）戊酯（2.53%）、十八酸（1.98%）、3β-9,19-环-24-羊毛甾烯-3-醇（1.95%）、10,13-二甲基-17-(1,5-二甲基己基)-2,3,4,7,8,9,10,11,12,13,1415,16,17-十四氢-IH-环戊菲-3-醇（1.90%）、3β-24-亚甲基-9,19-环羊毛甾烯-3-醇（1.70%）、9,12-十八碳二烯酸-2-甘油酯（1.40%）、角鲨烯（1.23%）、十六酸乙酯（1.18%）、绿叶醇（1.09%）、2,4-二癸烯醛（1.04%）、3,7,7-三甲基-11甲烯基-螺旋[5,5]十一碳-2-烯（1.03%）等。

【利用】具有很强的观赏价值，可作插花主材。具有清热解毒、消坚散结的功能，民间用其鲜汁液涂抹患处以治疗疔疮，内服可治疗无名肿毒、肝炎、肝硬化、肝癌等。

## 长梗黄精

*Polygonatum filipes* Merr.

**百合科　黄精属**

**分布：**江苏、安徽、浙江、江西、湖南、福建、广东

【形态特征】根状茎连珠状或有时“节间”稍长，直径1～1.5 cm。茎高30～70 cm。叶互生，矩圆状披针形至椭圆形，先端尖至渐尖，长6～12 cm，叶背脉上有短毛。花序具2～7花，总花梗细丝状，长3～8 cm，花梗长0.5～1.5 cm；花被淡黄绿色，全长15～20 mm，裂片长约4 mm，筒内花丝贴生部分稍具短绵毛；花丝长约4 mm，具短绵毛，花药长2.5～3 mm；子房长约4 mm，花柱长10～14 mm。浆果直径约8 mm，具2～5颗种子。

【生长习性】生于阴湿的山地灌木丛及林边草丛中，海拔200～600 m。耐寒，幼苗能在田间越冬，但不宜在干燥地区生长。种子发芽时间较长。

【精油含量】水蒸气蒸馏的块茎的得油率为0.58%。

【芳香成分】叶红翠等（2009）用水蒸气蒸馏法提取的安徽天堂寨产野生长梗黄精块茎精油的主要成分为：1,2-邻苯二甲酸二异辛酯（41.05%）、邻苯二甲酸二丁酯（6.22%）、戊二酸二丁酯（5.36%）、十六烷（4.48%）、二十七烷（4.48%）、正，反-橙花叔醇（3.45%）、十五烷（3.27%）、二十烷（2.87%）、十八烷（2.83%）、环氧石竹烯（2.42%）、十九烷（2.34%）、十四烷（2.27%）、己二酸二异丁酯（2.25%）、氧化石竹烯（1.12%）等。

【利用】观赏。块根可食用。

## 多花黄精

*Polygonatum cyrtonema* Hua

**百合科　黄精属**

**别名：**黄精、长叶黄精、白芨黄精、山姜、山捣臼

**分布：**四川、贵州、湖北、湖南、河南、江西、安徽、江苏、浙江、福建、广东、广西

【形态特征】根状茎肥厚，通常连珠状或结节成块，少有近圆柱形，直径1～2 cm。茎高50～100 cm，通常具10～15枚叶。叶互生，椭圆形、卵状披针形至矩圆状披针形，少有稍作镰状弯曲，长10～18 cm，宽2～7 cm，先端尖至渐尖。花序伞形；苞片微小，位于花梗中部以下，或不存在；花被黄绿色，全长18～25 mm，裂片长约3 mm；花丝长3～4 mm，两侧扁或稍扁，具乳头状突起至具短绵毛，顶端稍膨大乃至具囊状突起，花药长3.5～4 mm；子房长3～6 mm，花柱长12～15 mm。浆果黑色，直径约1 cm，具3～9颗种子。花期5～6月，果期8～10月。

【生长习性】生林下、灌丛或山坡阴处，海拔500～2100 m。阴性植物，喜温暖湿润环境，稍耐寒。以疏松、肥沃、湿润而排水良好的砂质壤土或腐殖质土为宜。

【芳香成分】水蒸气蒸馏法提取的不同产地多花黄精根茎精油的主成分不同。王进等（2011）分析的安徽九华山产根茎精油的主要成分为：莰烯（14.20%）、棕榈酸（13.80%）、亚油酸（8.53%）、1,7,7-三甲基三环[2.2.1.0$^{2,6}$]庚烷（7.57%）、正己醛（3.99%）、10S,11S-雪松-3(12)，4-二烯（3.99%）、油酸酰胺（2.80%）、蒎烯（2.37%）、2-正戊基呋喃（2.24%）、芥酸酰胺（2.17%）、D-樟脑（1.67%）、(R)-2,4a,5,6,7,8-六羟基-3,5,5,9-四甲基-1-氢-苯并环庚烯（1.66%）、十五烷酸（1.47%）、月桂酸（1.25%）、4-乙烯基-2-甲氧基苯酚（1.05%）等。陈龙胜等（2018）分析的湖北赤壁产干燥根茎精油的主要成分为：庚烷（26.37%）、己醛（16.15%）、2-正戊基呋喃（6.31%）、十四烷醛（5.89%）、正十三醛（4.35%）、2-羟基-5-甲基苯乙酮（4.26%）、反-2-壬烯醛（4.07%）、十五醛（3.99%）、莰

烯（2.73%）、十二醛（2.64%）、β-石竹烯（2.55%）、邻苯二甲酸二异丁酯（2.01%）、5-甲基-2-噻吩甲醛（1.81%）、1-己醇（1.61%）、α-雪松烯（1.59%）、2-辛酮（1.48%）、3-糠醛（1.29%）、桉叶油素（1.13%）、(+)-α-长叶蒎烯（1.00%）等；湖北恩施产干燥根茎精油的主要成分为：1-己烯-3-醇（37.14%）、异佛尔酮（10.77%）、2,4-癸二烯醛（8.21%）、2-羟基-5-甲基苯乙酮（6.31%）、十五醛（4.00%）、十四烷醛（3.74%）、1-己醇（3.71%）、反-2-辛烯醛（2.60%）、2-甲氧基-3-仲丁基吡嗪（2.36%）、正壬醛（2.20%）、顺-2-庚烯醛（1.88%）、反-2-壬烯醛（1.64%）、5-甲基-2-噻吩甲醛（1.47%）、正十三醛（1.31%）、邻苯二甲酸二异丁酯（1.25%）、反式-2-己烯-1-醇（1.19%）、6-十一烷醇（1.17%）、反式-2-己烯醛（1.10%）、十二醛（1.06%）等；湖南岳阳产干燥根茎精油的主要成分为：己醛（30.63%）、庚烷（14.79%）、2-正戊基呋喃（7.01%）、2-羟基-5-甲基苯乙酮（5.78%）、十四烷醛（4.83%）、1-己醇（3.83%）、正十三醛（3.72%）、莰烯（3.29%）、十五醛（3.24%）、十二醛（2.93%）、反-2-壬烯醛（2.16%）、(Z)-4-十三碳烯-1-醇乙酸酯（1.38%）、3-蒈烯（1.35%）、桉叶油素（1.20%）等。

【利用】根状茎在南方地区作“黄精”用，补气养阴、健脾、润肺、益肾，用于治疗脾虚胃弱、体倦乏力、口干食少、肺虚燥咳、精血不足、内热消渴。根状茎可炒食、煮粥、炖肉等。

## 黄精

*Polygonatum sibiricum* Delar. ex Redoute

**百合科　黄精属**

**别名：**鸡头黄精、鸡头根、鸡爪参、黄鸡菜、笔管菜、爪子参、鹿竹、土灵芝、救命草、老虎姜

**分布：**黑龙江、吉林、辽宁、河北、陕西、山西、内蒙古、宁夏、甘肃、河南、山东、安徽、浙江

【形态特征】根状茎圆柱状，由于结节膨大，因此“节间”一头粗、一头细，在粗的一头有短分枝，直径1～2 cm。茎高50～90 cm，或可达1 m以上，有时呈攀缘状。叶轮生，每轮4～6枚，条状披针形，长8～15 cm，宽4～16 mm，先端拳卷或弯曲成钩。花序通常具2～4朵花，似成伞形状，总花梗长1～2 cm，花梗长2.5～10 mm，俯垂；苞片位于花梗基部，膜质，钻形或条状披针形，长3～5 mm，具1脉；花被乳白色至淡黄色，全长9～12 mm，花被筒中部稍缢缩。浆果直径7～10 mm，黑色，具4～7颗种子。花期5～6月，果期8～9月。

【生长习性】生林下、灌丛或山坡阴处，海拔800～2800 m。喜温暖、阴湿环境。较为耐寒。

【芳香成分】根：吕杨等（2010）用水蒸气蒸馏法提取的安徽青阳产黄精新鲜根精油的主要成分为：β-乙烯基苯乙醇（12.26%）、1,2,3-三甲基苯（11.67%）、1,4-二乙基苯（9.99%）、4-乙基-1,2-二甲基苯（6.13%）、1-乙基-3,5-二甲基苯（5.41%）、1-甲基-3-丙基-苯（4.78%）、3,3-二甲基辛烷（4.54%）、蓝烃（3.85%）、2-乙基-1,4-二甲基苯（3.72%）、2-烯丙基苯酚（3.55%）、2,2,6-三甲基辛烷（3.16%）、1-乙基-2,3-二甲基苯（2.93%）、1-甲基-3-(1-甲基乙基)苯（2.91%）、1,3-二乙基苯（2.51%）、3，反-(1,1-二甲基乙基)-4，反-甲氧基环己醇（2.22%）、α-甲基-苯乙醛（2.17%）、1-甲基-2-(2-丙烯基)苯（1.51%）、丙酸环己甲酯（1.45%）、二环[4,4,1]十一碳-1,3,5,7,9-五烯（1.45%）、1-乙基-2,4-二甲基苯（1.01%）等。

茎：吕杨等（2010）用水蒸气蒸馏法提取的安徽青阳产黄精新鲜茎精油的主要成分为：1-乙基-4-甲基苯（12.11%）、β-乙烯基苯乙醇（9.86%）、1,4-二乙基苯（8.70%）、1-甲基-3-(1-甲基乙基)苯（5.66%）、1-乙基-3,5-二甲基苯（5.30%）、4-甲基苯乙醛（4.17%）、3,3-二甲基辛烷（3.71%）、三十一烷（3.68%）、蓝烃（3.67%）、1,2,3,4-四甲基苯（3.39%）、1-甲基-2-(2-丙烯基)苯（3.31%）、5-甲基-2-(1-甲基乙基)-1-己醇（2.72%）、2-乙基-1,4-二甲基苯（2.69%）、2-乙基-1,3-二甲基苯（2.48%）、3,8-二甲基十烷（2.32%）、1,3-二乙基苯（2.01%）、1-甲基-2-丙基苯（1.86%）、棕榈酸（1.84%）、顺，β,4-二甲基环己乙醇（1.64%）、4-乙烯基-1,2-二甲基苯（1.46%）、1-乙烯基-4-乙基-苯（1.44%）、2,6,10,15-四甲基-庚癸烷（1.22%）、二环[4,4,1]十一碳-1,3,5,7,9-五烯（1.17%）、4-乙基-1,2-二甲基苯（1.11%）等。

【利用】根状茎为常用中药“黄精”，用于治疗脾虚胃弱、体倦乏力、口干食少、肺虚燥咳、精血不足、内热消渴。根茎作蔬菜食用。盆栽观赏，或作为地被植物种植于疏林草地、林下溪旁及建筑物阴面的绿地花坛、花境、花台及草坪周围来美化环境。

## 玉竹

*Polygonatum odoratum* (Mill.) Druce

**百合科　黄精属**

**别名：**萎蕤、地管子、尾参、铃铛菜、连竹

**分布：**黑龙江、吉林、辽宁、河北、山西、内蒙古、甘肃、青海、山东、湖南、湖北、河南、安徽、江苏、江西、台湾

【形态特征】根状茎圆柱形，直径5～14 mm。茎高20～50 cm，具7～12叶。叶互生，椭圆形至卵状矩圆形，长5～12 cm，宽3～16 cm，先端尖，叶面带灰白色，叶背脉上平滑至呈乳头状粗糙。花序具1～8花，总花梗长1～1.5 cm，无苞片或有条状披针形苞片；花被黄绿色至白色，全长13～20 mm，花被筒较直，裂片长约3～4 mm；花丝丝状，近平滑至具乳头状突起。浆果蓝黑色，直径7～10 mm，具7～9颗种子。花期5～6月，果期7～9月。

【生长习性】多生于山野阴湿处，林下及落叶丛中，海拔500～3000 m。喜凉爽潮湿荫蔽环境，耐寒，生命力较强，可在石缝中生长。以土层深厚、排水良好肥沃的黄砂壤土或红壤土生长较好。生、熟荒山坡可种植，太黏或过于疏松的土均不宜种植。

【精油含量】水蒸气蒸馏干燥根茎的得油率为0.03%～0.15%；超临界萃取根茎的得油率为1.92%。

【芳香成分】根茎：竺平晖等（2010）用水蒸气蒸馏法提取的湖南邵东产玉竹干燥根茎精油的主要成分为：十六酸（40.77%）、9,12-二烯十八酸（22.31%）、雪松醇（6.92%）、(E)-9-烯基十八酸（2.29%）、正己醛（2.26%）、十四烯（2.09%）、十五酸（1.79%）、十二酸（1.75%）、9-烯基十六酸（1.58%）、2-戊基呋喃（1.20%）等。

根：李封辰等（2013）用顶空固相微萃取法提取的陕西宁陕产玉竹新鲜根精油的主要成分为：香叶基丙酮（14.42%）、十五烷（11.84%）、癸醛（8.59%）、草酸甲基脂（6.52%）、甘菊环烃（5.65%）、4,6-二甲基-十二烷（5.48%）、正十三烷（4.88%）、壬醛（4.34%）、2-甲基-丙酸脂（3.02%）、壬烯（2.77%）、2-丁基-1-辛醇（2.42%）、环十四烷（2.26%）、2,4,4-三甲基-己烷（2.26%）、甲氧基-乙酸（1.91%）、2,2,4-三甲基-己烷（1.46%）、3,7-二甲基-1-辛醇（1.15%）、3-环己基-十二烷（1.06%）等。

茎：李封辰等（2013）用顶空固相微萃取法提取的陕西宁陕产玉竹新鲜茎精油的主要成分为：柠檬烯（47.04%）、香叶基丙酮（12.43%）、月桂醛（9.57%）、壬醛（5.71%）、正十四烷（5.18%）、甘菊环烃（2.18%）、3,6-二甲基-辛烷（1.17%）、2,2-二甲基-丁烷（1.03%）等。

叶：李封辰等（2013）用顶空固相微萃取法提取的陕西宁陕产玉竹新鲜叶精油的主要成分为：柠檬烯（76.06%）、马鞭草烯酮（4.35%）、乙酸龙脑酯（2.22%）、香叶基丙酮（1.79%）、3,3,5-三甲基-庚烷（1.55%）、U-紫罗酮（1.51%）、T-紫罗酮（1.16%）、癸醛（1.14%）等。

【利用】根状茎、幼苗可食用。根状茎药用，系中药“玉竹”，有止渴、润燥的作用。浆果有毒，不可食用。

## 吉祥草

*Reineckia carnea* (Andr.) Kunth

**百合科　吉祥草属**

**别名：**松寿兰、小叶万年青、观音草、瑞草、竹根七、解晕草

**分布：**江苏、浙江、安徽、江西、湖南、湖北、河南、陕西、四川、云南、贵州、广东、广西

【形态特征】茎粗2～3 mm，蔓延于地面，逐年向前延长或发出新枝，每节上有一残存的叶鞘，顶端的叶簇由于茎的连续生长，有时似长在茎的中部，两叶簇间可相距20cm以内。叶每簇有3～8枚，条形至披针形，长10～38 cm，宽0.5～3.5 cm，先端渐尖，向下渐狭成柄，深绿色。花葶长5～15 cm；穗状花序长2～6.5 cm，上部的花有时仅具雄蕊；苞片长5～7 mm；花芳香，粉红色；裂片矩圆形，长5～7 mm，先端钝，稍肉质；雄蕊短于花柱，花丝丝状，花药近矩圆形，两端微凹，花柱丝状。浆果直径6～10 mm，熟时鲜红色。花果期7～11月。

【生长习性】生于阴湿山坡、山谷或密林下，海拔170～3200 m。喜温暖、湿润、半阴的环境，对土壤要求不严

格，以排水良好肥沃壤土为宜。耐寒较强，冬季长江流域一带可露地越冬。

【芳香成分】刘海等（2008）用同时蒸馏萃取法提取的贵州贵阳产吉祥草全草精油的主要成分为：反式-石竹烯（7.01%）、芳樟醇L（6.97%）、松油酮（5.45%）、(-)-桃金娘醛（5.36%）、八氢四甲基环戊并戊搭烯（5.32%）、石竹烯氧化物（4.62%）、三十烷（4.35%）、樟脑（4.00%）、大根香叶烯D（2.58%）、1-辛烯-3-醇（2.48%）、4-乙烯基-2-甲氧（基）-苯酚（2.48%）、二十九烷（2.35%）、L-香芹酮（2.27%）、三环烯（2.06%）、β-金合欢烯（1.56%）、1,2,4-麦那龙-1-氢-茚（1.54%）、α-葎草烯（1.28%）、α-芹子烯（1.20%）、二十八(碳)烷（1.16%）、壬醛（1.15%）、3-辛醇（1.05%）、α-姜倍半萜（1.04%）等。刘玲等（2017）用水蒸气蒸馏法提取的干燥全草精油的主要成分为：棕榈酸（35.90%）、9,12-十八碳二烯酸乙酯（22.10%）、1,2-苯二甲酸-二(2-甲基丙基)酯（8.20%）、二十五烷（3.60%）、二十三烷（2.80%）、棕榈酸甲酯（2.20%）、亚油酸（1.80%）、邻苯二甲酸二丁酯（1.70%）等。

【利用】栽培供观赏，在园林中多作阴地地被；室内盆栽或水培也适宜。全草入药，能润肺止咳、祛风、接骨、治肺结核咳嗽咯血、慢性支气管炎、哮喘、风湿性关节炎；外用治跌打损伤、骨折。嫩茎叶可作蔬菜食用。

## 开口箭

*Tupistra chinensis* Baker

**百合科　开口箭属**

**别名：**巴林麻、包谷七、大寒药、开喉剑、老蛇莲、罗汉七、牛尾七、青龙胆、石风丹、搜山虎、心不干、万年攀、岩芪、岩七、竹根七、竹根参、小万年青

**分布：**湖北、湖南、江西、福建、台湾、浙江、安徽、河南、陕西、四川、云南、广东、广西

【形态特征】根状茎长圆柱形，直径1～1.5 cm，多节，绿色至黄色。叶基生，4～12枚，近革质或纸质，倒披针形、条状披针形、条形或矩圆状披针形，长15～65 cm，宽1.5～9.5 cm，先端渐尖，基部渐狭；鞘叶2枚，披针形或矩圆形，长2.5～10 cm。穗状花序直立，少有弯曲，密生多花，长2.5～9 cm；苞片绿色，卵状披针形至披针形，除每花有一枚苞片外，另有几枚无花的苞片在花序顶端聚生成丛；花短钟状，长5～7 mm；裂片卵形，先端渐尖，肉质，黄色或黄绿色；花丝基部扩大，上部分离，内弯；子房近球形，柱头钝三棱形，顶端3裂。浆果球形，熟时紫红色，直径8～10 mm。花期4～6月，果期9～11月。

【生长习性】生于林下阴湿处、溪边或路旁，海拔1000～2000 m。

【芳香成分】刘玲等（2017）用水蒸气蒸馏法提取的干燥根茎精油的主要成分为：棕榈酸（27.40%）、十四烷酸（12.60%）、棕榈酸甲酯（14.40%）、9,12-十八碳二烯酸（14.10%）、二十五烷（6.40%）、二十三烷（4.80%）、二十七烷（4.40%）、1,2-苯二甲酸（4.10%）、二甲基丙二酸（1.80%）等。杨春艳等（2006）用系统溶剂萃取法提取的湖北神农架产开口箭干燥根茎精油的主要成分为：1,2-苯二羧酸双(2-甲丙基)酯（45.96%）、1,12-十八碳二烯酸（10.54%）、正十六烷酸（6.70%）、二丁基邻苯二甲酸酯（6.14%）、9,12-十八碳二烯酸甲酯（4.91%）、1,2-苯二羧酸丁基辛基酯（3.83%）、十六烷酸甲酯（3.66%）、三十六(碳)烷（3.62%）、十八（烷）酸（1.43%）等。

【利用】根茎入药，有清热解毒、祛风除湿、散瘀止痛的功效；常用于治疗白喉，咽喉肿痛，风湿痹痛，跌打损伤，胃痛，痈肿疮毒，毒蛇、狂犬咬伤。

## 海南龙血树

*Dracaena cambodiana* Pierre ex Gagnep.

**百合科　龙血树属**
**别名：** 小花龙血树
**分布：** 海南

【形态特征】乔木状，高在3～4 m以上。茎不分枝或分枝，树皮带灰褐色，幼枝有密环状叶痕。叶聚生于茎、枝顶端，几乎互相套迭，剑形，薄革质，长达70 cm，宽1.5～3 cm，向基部略变窄而后扩大，抱茎，无柄。圆锥花序长在30 cm以上；花序轴无毛或近无毛；花每3～7朵簇生，绿白色或淡黄色；花梗长5～7 mm，关节位于上部1/3处；花被片长6～7 mm，下部约1/4～1/5合生成短筒；花丝扁平，无红棕色疣点；花柱稍短于子房。浆果直径约1 cm。花期7月。

【生长习性】生于林中或干燥砂壤土上。既喜光，又耐旱、耐阴，对光线的适应性较强。

【芳香成分】黄凯等（2009）用超临界$CO_2$萃取法提取的海南海口产海南龙血树树脂精油的主要成分为：角鲨烯（18.60%）、1,2,4,5-四氯-3,6-二甲氧基苯（10.23%）、1,2-二氢-1,4,6-三甲基萘（7.20%）、2,7-二甲基萘（6.23%）、4,5,9,10-四氢异长叶烯（4.63%）、4-异丙基-1,6-二甲基萘（4.32%）、α-甲基萘（4.26%）、对羟基苯甲酸乙酯（3.05%）、α-石竹烯（2.86%）、2,6,10-三甲基十四烷（2.52%）、胆甾-4,6-二烯-3β-醇（2.13%）、3,4-二羟基烯丙基苯（2.11%）、7,4'-二羟基3'-甲氧基黄烷（2.09%）、2'-甲氧基-4,4'-二羟基查耳酮（2.03%）、对羟基苯甲酸（2.01%）、血竭皂甙（1.91%）、正二十七烷（1.58%）、7,4'-二羟基二氢黄酮（1.25%）、β-甲代烯丙基醋酸乙酯（1.24%）、佛波醇（1.21%）、二苯并噻吩（1.19%）、联苯（1.16%）、1,3,5-三乙基苯（1.15%）、蒽（1.03%）、3-甲基环戊烷苯（1.01%）等。

【利用】从分泌的树脂可提取中药“血竭”，有活血、止痛、止血、生肌、行气等功效，可以治疗跌打损伤、筋骨疼痛。树脂是一种很好的防腐剂。可用于园林观赏、制作盆景或室内种植。

## 剑叶龙血树

*Dracaena cochinchinensis* (Lour.) S. C. Chen

**百合科　龙血树属**
**分布：** 广西、云南

【形态特征】乔木状，高可达5～15 m。茎粗大，分枝多，树皮灰白色，光滑，老干皮部灰褐色，片状剥落，幼枝有环状叶痕。叶聚生在茎、分枝或小枝顶端，互相套迭，剑形，薄革质，长50～100 cm，宽2～5 cm，向基部略变窄而后扩大，抱茎，无柄。圆锥花序长40 cm以上，花序轴密生乳突状短柔毛，幼嫩时更甚；花每2～5朵簇生，乳白色；花梗长 3～6 mm，关节位于近顶端；花被片长6～8 mm，下部约1/4～1/5合生；花丝扁平，上部有红棕色疣点；花柱细长。浆果直径约8～12 mm，橘黄色，具1～3颗种子。花期3月，果期7～8月。

【生长习性】生于海拔950～1700 m的地形开阔，光照充足的石灰岩上，为强耐旱、强阳性的喜钙植物。对光线的适应性较强。

【精油含量】水蒸气蒸馏新鲜茎的得油率为0.20%，新鲜叶的得油率为0.21%。

【芳香成分】茎：苏秀芳等（2010）用水蒸气蒸馏法提取的广西崇左产剑叶龙血树新鲜茎精油的主要成分为：4-甲氧基-6-(2-烯丙基)-1,3-亚甲二氧基苯（21.95%）、(Z,Z)-9,12-十八碳酸（13.47%）、2,6,10,14-四甲基十六烷（18.49%）、3-甲基-十八烷（6.12%）、2-(十八烷氧基)-乙醇（6.00%）及1,7,11-三甲基-4-(1-甲基乙基)十四烷（5.34%）、二十九烷（3.95%）、1-二十六醇（3.45%）、二十六烷（3.44%）、Z-14-二十九烷（3.43%）、环已基双[5-甲基-2-(1-甲基乙基)环已基]-膦（3.39%）、二十二烷（3.22%）、1-溴二十二烷（2.92%）、十七烷（2.84%）、1-已基十四基环已烷（2.00%）等。

叶：苏秀芳等（2011）用水蒸气蒸馏法提取的广西崇左产剑叶龙血树新鲜叶精油的主要成分为：二十一烷（15.92%）、4-甲氧基-6-(2-丙烯基)-1,3-苯并二噁茂（12.74%）、二十七烷（11.95%）、二十五烷（11.26%）、二十烷（7.05%）、二十八烷（5.70%）、2,6,10,14-四甲基十七烷（5.39%）、8-已基十五烷（4.44%）、3-甲基十八烷（4.33%）、二十九烷（4.12%）、二十四烷（3.47%）、(1S,10aS)-3β-(3-呋喃基)-1,3,4,5,6,11,12,12aα-八氢-1,4aβ-(环氧亚甲基)-4aH-呋喃并[3',4':4a,5]萘并[2,1-c]吡喃-8(4bαH)-酮（3.10%）、正十七烷基环已烷（2.85%）、丁基羟基甲苯（1.61%）、二十二烷（1.59%）、9-甲基十九烷（1.56%）、十七烷（1.05%）、二十三烷（1.04%）等。

**树脂**：王竹红等（2007）用有机溶剂萃取法提取的广西产剑叶龙血树树脂精油的主要成分为：角鲨烯（16.44%）、1,2,4,5-四氯-3,6-二甲氧基苯（9.67%）、1,2,3,4-四氢-1,6-二甲基-4-(1-甲基乙基)-(1S)-萘（8.83%）、4-异丙基-1,6-二甲基萘（5.22%）、1,2-二氢-1,4,6-三甲基萘（5.10%）、4-甲基-1-庚烯（3.97%）、4,5,9,10-四氢异长叶烯（3.76%）、α-石竹烯（3.22%）、正庚烷（2.85%）、(+,-)-E-日榧醇（1.33%）、正二十七烷（1.17%）、顺-1,2-二甲基环戊烷（1.02%）等。

【利用】树脂药用，可提取中医传统外伤科用药“血竭”。是止血、活血、生肌、行气等的常用中药，是治疗内外伤出血的重要药品，也可治疗各种感染。叶入药，用于治疗吐血、咳血、衄血、便血、哮喘、小儿疳积、月经过多、痔疮出血、赤白痢疾、跌打损伤及外伤出血。树形美观，能适应石隙生境，作石山绿化植物；为室内装饰的优良观叶植物，中小盆花可点缀书房、客厅和卧室，大中型植株可美化、布置厅堂。

## 库拉索芦荟

*Aloe barbadensis* Mill.

**百合科　芦荟属**

**别名**：巴巴多斯芦荟、蕃拉芦荟、翠叶芦荟、芦荟蕃拉、老芦荟、肝色芦荟

**分布**：原产非洲北部地区，中国亦有栽培

【形态特征】多年生草本植物，茎较短，叶簇生于茎顶，直立或近于直立，每片重可达0.5～1.5kg,肥厚多汁；呈狭披针形，长15～36 cm、宽2～6 cm，先端长渐尖，基部宽阔，粉绿色，边缘有刺状小齿。花茎单生或稍分枝，高60～90 cm；总状花序疏散；小花长约2.5 cm，黄色或有赤色斑点；管状小花6裂；雄蕊6，花药丁字着生；雌蕊1,3室，每室有多数胚珠。三角形蒴果，室背开裂。花期2～3月。

【生长习性】喜光，喜温暖干燥和阳光充足的环境，怕涝耐旱，怕寒喜暖。

【芳香成分】根：蒋薇等（2016）用顶空固相微萃取法提取的云南元江产库拉索芦荟新鲜根精油的主要成分为：3-甲基呋喃（45.98%）、二甲基硫（24.77%）、2-甲基丁醛（23.60%）、顺-2-甲基-2-丁醛（4.08%）等。

叶：蒋薇等（2016）用顶空固相微萃取法提取的云南元江产库拉索芦荟新鲜叶表皮精油的主要成分为：十二羰基三铷（47.07%）、壬醛（15.99%）、正己醛（11.48%）、庚醛（10.38%）、辛醛（7.49%）、1,5-己二烯-3-醇（5.11%）、叶醛（2.47%）等；新鲜叶肉精油的主要成分为：十二羰基三铷（92.54%）、庚醛（4.36%）、壬醛（3.10%）等。

【利用】叶经干燥获得的生药叫“老芦荟”，主治肝火头痛、目赤肿痛、烦热惊风、热结便秘、虫积腹痛、小儿疳积、湿疮疥癣、痔瘘。叶汁有湿润美容、防晒、抗衰老、抗肿瘤、杀菌、抗炎、健胃、强心活血、镇痛、镇静、防虫、防腐、防臭等作用。注意用量不宜大，孕婴、有慢性腹泻患者、孕经期妇女等禁用。

## 芦荟

*Aloe vera* Linn. var. *chinensis* (Haw.) Berg.

**百合科　芦荟属**

**别名**：库拉索芦荟、象胆、油葱、龙角、狼牙掌、光果芦荟

**分布**：南方各地

【形态特征】茎较短。叶近簇生或稍二列（幼小植株），肥厚多汁，条状披针形，粉绿色，长15～35 cm，基部宽4～5 cm，顶端有几个小齿，边缘疏生刺状小齿。花莛高60～90 cm，不分

枝或有时稍分枝；总状花序具几十朵花；苞片近披针形，先端锐尖；花点垂，稀疏排列，淡黄色而有红斑；花被长约2.5 cm，裂片先端稍外弯；雄蕊与花被近等长或略长，花柱明显伸出花被外。

【生长习性】喜温暖干燥和阳光充足环境，不耐寒，耐干旱和半阴，怕积水，宜肥沃、疏松和排水良好的砂质壤土。

【精油含量】同时蒸馏萃取新鲜花的得油率为0.85%，干燥花的得油率为2.23%～2.81%。

【芳香成分】侯冬岩等（2003）用同时蒸馏萃取法提取的辽宁沈阳产芦荟鲜花精油的主要成分为：丁基羟基苯甲醚（23.97%）、丁基羟基甲苯（20.55%）、1,1-二乙氧基乙烷（13.88%）、已二烯二乙烯基硅烷（4.40%）、2,3,3-三甲基-环已酮（4.38%）、3-呋喃甲醇（3.52%）、1,3-二甲基苯（3.41%）、2,2,3-三甲基-双环[2.2.1]庚烷（2.88%）、1,2,4,5-四乙基环已烷（2.76%）、6-叔丁基-2,4 -二甲基酚（2.51%）、八氢-2(1H)-萘酮（2.32%）、5-丁基-6-己基辛羟基-1H-茚（2.19%）、2,2,3-三甲基-双环[2.2.1]庚烷（2.19%）、1-(环已基甲基)-环已烷（1.75%）、甲酸，2-戊酯（1.58%）、2,2,3-三甲基-双环[2.2.1]庚烷（1.57%）、依兰烯（1.50%）、α-氧化雪松烯（1.12%）、2-十九醇（1.04%）等。

【利用】叶和叶的干浸膏药用，有清肝热、解毒、杀菌健胃、消肿利湿、通便作用，用于治疗热结便秘、肝火头痛、跌打损伤、慢性肝炎、痔疮、疥癣、糖尿病；也用于治疗小儿疳积、惊风；外治湿癣。还可观赏、食用、饲用和工业用。

## 木立芦荟

*Aloe arborescens* Mill.

**百合科　芦荟属**

**别名：** 木剑芦荟、小木芦荟、浓藻花、龙爪菊

**分布：** 原产南非，我国广泛栽培

【形态特征】多年生植物，茎短或明显，叶肉质，轮生，长约30 cm，宽3～4 cm，厚1～1.5 cm，呈莲座状簇生或有时二列着生，先端锐尖，边缘常有硬齿或刺。花莛从叶丛中抽出，花橙红色，多朵排成总状花序或伞形花序，花被圆筒状，有时稍弯曲，通常外轮3枚花被片合生至中部，雄蕊6，着生于基部，花丝较长，花药背着，花柱细长，柱头小。蒴果具多数种子。

【生长习性】有较强的耐干旱、耐寒冷能力。不耐水湿，土壤过湿容易烂根。

【精油含量】水蒸气蒸馏干燥叶的得油率为0.05%。

【芳香成分】柏金辰等（2012）用水蒸气蒸馏法提取的干燥叶精油的主要成分为：棕榈酸乙酯（13.70%）、柏木烯醇（6.74%）、1-单亚麻油三醇三甲基硅烷（5.95%）、二苯醚（3.94%）、植酮（3.89%）、1,4-二甲基-7-(1-甲基乙基)-甘菊环烃（3.51%）、2-(4α,8-二甲基-2,3,4,4α,5,6-六氢-萘-2-基)-丙基-2-烯-1-醇（3.49%）、2,6,10-三甲基正十四烷（2.85%）、2-丙基-2-庚烯醛（2.77%）、2,3,4,5-四甲基-2-环戊烯-1-酮（2.62%）、氯代苯丁酮（2.60%）、十四烷酸乙酯（2.39%）、二十七烷（2.03%）、正十二烷酸乙酯（1.71%）、1-(2,3,6-三甲基苯基)-3-丁烯-2-酮（1.39%）、3-十八烷油酸丙酯（1.21%）、3-乙基-5-(2-乙基丁基)-十八烷（1.19%）、1-(2-异丙基-5-甲基环丙烷戊基)-乙烯酮（1.05%）等。

【利用】叶可生吃、榨果汁，也可作为蔬菜食用，亦可加工成健康食品或化妆品等。

## 丝兰

*Yucca smalliana* Fern.

**百合科　丝兰属**

**别名：** 软叶丝兰、毛边丝兰、洋菠萝

**分布：** 偶见栽培

【形态特征】茎很短或不明显。叶近莲座状簇生，坚硬，近剑形或长条状披针形，长25～60 cm，宽2.5～3 cm，顶端具一硬刺，边缘有许多稍弯曲的丝状纤维。花莛高大而粗壮；花近

白色，下垂，排成狭长的圆锥花序，花序轴有乳突状毛；花被片长约3～4 cm；花丝有疏柔毛；花柱长5～6 mm。秋季开花。

【生长习性】性强健，容易成活，极耐寒，在大部分地区均可露地越冬。对土壤适应性很强，适生于排水良好的砂质壤土。喜阳光充足及通风良好的环境。抗旱能力特强。

【芳香成分】常艳红等（2003）用水蒸气蒸馏法提取的甘肃天水产丝兰花精油的主要成分为：9-十九烯（41.14%）、8-十七烯（21.10%）、二环[2,2,1]-5-庚烯-2-腈（7.69%）、十七烷（6.10%）、十九烷（5.96%）、5-降冰片烯-2-甲酸（1.93%）、十八烷（1.43%）、二十七烷（1.17%）、二十六烷（1.14%）等。

【利用】是园林绿化的重要树种，在道路绿化、庭院、园林绿化以及防护隔离等方面广泛应用，也是良好的鲜切花材料。叶纤维称"白麻棕"，可作缆绳。叶片还可提取甾体激素。对有害气体如二氧化硫、氟化氢、氯气、氨气等均有很强的抗性和吸收能力，可应用于有污染的工矿企业。

## 石刁柏

*Asparagus officinalis* Linn.

**百合科　天门冬属**

**别名：** 小百合、芦笋、门冬薯、山文竹、细叶百部、龙须菜

**分布：** 全国各地均有栽培

【形态特征】直立草本，高可达1 m。根粗2～3 mm。茎平滑，上部在后期常俯垂，分枝较柔弱。叶状枝每3～6枚成簇，近扁的圆柱形，略有钝棱，纤细，常稍弧曲，长5～30 mm，粗0.3～0.5 mm；鳞片状叶基部有刺状短距或近无距。花每1～4朵腋生，绿黄色；花梗长8～14 mm，关节位于上部或近中部；雄花：花被长5～6 mm；花丝中部以下贴生于花被片上；雌花较小，花被长约3 mm。浆果直径7～8 mm，熟时红色，有2～3颗种子。花期5～6月，果期9～10月。

【生长习性】既耐寒，又耐热，以夏季温暖，冬季冷凉的气候最适宜生长。耐旱，但不耐湿；需要疏松透气、土层深厚、地下水位低，排水良好的土壤；能适应微酸性到微碱性的土壤，以pH6.0～6.7最适宜。

【精油含量】超临界$CO_2$萃取法提取石刁柏干燥嫩茎的得油率为4.41%。

【芳香成分】朱亮锋等（1993）用水蒸气蒸馏法提取的广东广州产石刁柏嫩茎精油的主要成分为：2,6-二叔丁基-对甲酚（13.15%）、己醇（13.08%）、柠檬烯（5.94%）、榄香醇（4.73%）、己醛（2.01%）、橙花叔醇（1.64%）、β-桉叶醇（1.50%）、3-甲基丁醇（1.18%）等。

【利用】嫩茎供蔬菜食用或压汁调制成保健饮料。块根能润肺镇咳，去痰杀虫；外用可治疥癣及诱杀寄生虫。

## 长蕊万寿竹

*Disporum bodinieri* (Lévl. et Vnt.) Wang et Tang

**百合科　万寿竹属**
**别名：** 白龙须、竹灵霄、牛尾笋、倒竹散
**分布：** 贵州、云南、四川、湖北、陕西、甘肃、西藏

【形态特征】根状茎横出，呈结节状，有残留的茎基和圆盘状疤痕；根肉质，长可达30 cm，粗1～4 mm，有纵皱纹或细毛，灰黄色。茎高30～100 cm，上部有分枝。叶厚纸质，椭圆形、卵形至卵状披针形，长5～15 cm，宽2～6 cm，先端渐尖至尾状渐尖，叶背脉上和边缘稍粗糙，基部近圆形。伞形花序有花2～6朵，生于茎和分枝顶端；花梗长1.5～2.5 cm，有乳头状突起；花被片白色或黄绿色，倒卵状披针形，长10～19 mm，先端尖，基部有短距；花丝等长或稍长于花被片，花药露出于花被外。浆果直径5～10 mm，有3～6颗种子。种子珠形或三角状卵形，直径3～4 mm，棕色，有细皱纹。花期3～5月，果期6～11月。

【生长习性】生灌丛、竹林中或林下岩石上，海拔400～800 m。

【精油含量】水蒸气蒸馏的新鲜根及根茎的得油率为0.75%。

【芳香成分】谭志伟等（2010）用水蒸气蒸馏法提取的湖北恩施产长蕊万寿竹新鲜根及根茎精油的主要成分为：反-11-十六烯酸（25.45%）、2-己基-1-癸醇（17.40%）、胆甾醇（16.31%）、邻苯二甲酸二异辛酯（3.61%）、邻苯二甲酸单异辛酯（3.40%）、顺-9-十八碳烯酸（2.12%）、2-烯丙基-1,4-二甲氧基-3-乙烯基氧甲基苯（2.00%）、水杨醛（1.46%）、反,反-9,12-十八碳二烯酸（1.15%）等。

【利用】根可供药用。

## 万寿竹

*Disporum cantoniense* (Lour.) Merr.

**百合科　万寿竹属**
**别名：** 百尾参、牛尾参、打竹伞
**分布：** 台湾、福建、安徽、湖北、湖南、广东、广西、贵州、云南、四川、陕西、西藏

【形态特征】根状茎横出，质地硬，呈结节状；根粗长，肉质。茎高50～150 cm，直径约1 cm，上部有较多的叉状分枝。叶纸质，披针形至狭椭圆状披针形，长5～12 cm，宽1～5 cm，先端渐尖至长渐尖，基部近圆形，有明显的3～7脉，叶背脉上和边缘有乳头状突起，叶柄短。伞形花序有花3～10朵，着生在与上部叶对生的短枝顶端；花紫色；花被片斜出，倒披针形，长1.5～2.8 cm，宽4～5 mm，先端尖，边缘有乳头状突起，基部有距；雄蕊内藏；子房长约3 mm。浆果直径8～10-mm，具2～5颗种子。种子暗棕色，直径约5 mm。花期5～7月，果期8～10月。

【生长习性】生灌丛中或林下，海拔700～3000 m。喜阴湿高温，耐阴、耐涝，耐肥力强，抗寒力强；喜半荫的环境。适宜生长于排水良好的砂质土或半泥砂及冲积层黏土中，适宜生长温度为20～28℃，可耐2～3℃低温，但冬季要防霜冻。对光照要求不严，适宜在明亮散射光下生长。

【精油含量】水蒸气蒸馏新鲜根及根茎的得油率为0.30%～0.40%。

【芳香成分】吴文利等（2011）用水蒸气蒸馏法提取的贵州安顺产野生万寿竹根精油的主要成分为：棕榈酸（13.85%）、2,5-二叔丁基酚（12.18%）、邻苯二甲酸二丁酯（11.11%）、1-甲基萘（4.67%）、癸二酸二辛酯（4.28%）、十六烷（4.03%）、十五烷（3.80%）、邻苯二甲酸二异丁酯（3.68%）、硬脂酸（3.40%）、十七烷（3.01%）、三十碳六烯（2.75%）、1,3-二甲基萘（2.71%）、二十一烷（2.46%）、二十烷（2.13%）、2,4-二叔丁基苯酚（2.00%）、二甲基十二烷（1.82%）、二十四烷（1.81%）、十四烷（1.69%）、二甲基十八烷（1.58%）、7-甲基-十六烷（1.52%）、(Z)-9-十八碳烯酰胺（1.49%）、降植烷（1.27%）、2,6,10-三甲基十五烷（1.08%）、11-丁基二十二烷（1.05%）、6-

丙基-十三烷（1.04%）、丁香酚（1.03%）等。甘秀海等（2012）用同法提取的贵州凯里产万寿竹新鲜根及根茎精油的主要成分为：2-烯丙基-1,4-二甲氧基-3-乙烯基氧甲基苯（34.24%）、5,6,7,8-四氢-2,5-二甲基-8-异丙基-1-萘酚（11.31%）、n-十六酸（8.15%）、4,5,6,7-四甲基-2H-异吲哚（4.61%）、二十一烷（2.59%）、二十五烷（2.55%）、(E)-5-十八烯（2.30%）、1,2-苯二羧酸-双(2-甲氧基乙基)酯（2.11%）、二苯并噻吩（2.09%）、6,7-二氢-2-甲基-3-丁基-5H-环戊并[b]吡啶-4-胺（1.92%）、十八烷（1.75%）、2-(1-丁烯基)-3-羟基-1,4-萘酮（1.72%）、菲（1.64%）、1-十八烯（1.45%）、二十四烷（1.45%）、十七烷（1.44%）、2-(1-环戊烯)呋喃（1.39%）、二十七烷（2.37%）、（1α,4aβ,8aα)-1,2,4a,5,6,8a-六氢-4,7-二甲基-1-异丙基-萘（1.26%）、1-十二烯（1.19%）、二十烷（1.14%）、丁羟甲苯（1.12%）等。

【利用】根状茎供药用，有益气补肾、润肺止咳之效，用于治疗肺热咳嗽、虚劳损伤、风湿疼痛、手足麻木、小儿高烧、烧烫伤、毒蛇咬伤。

## 黄花菜

*Hemerocallis citrina* Baroni

**百合科　萱草属**
**别名：** 金针菜、一日百合、忘忧草、萱草、柠檬萱草
**分布：** 甘肃、陕西、河北、山西、山东及以南各地

【形态特征】植株一般较高大；根近肉质，中下部常有纺锤状膨大。叶7～20枚，长50～130 cm，宽6～25 mm。花莛长短不一，一般稍长于叶，基部三棱形，上部多少圆柱形，有分枝；苞片披针形，叶背的长可达3～10 cm，自下向上渐短，宽3～6 mm；花梗较短；花多朵，最多可达100朵以上；花被淡黄色，有时在花蕾时顶端带黑紫色；花被管长3～5 cm，花被裂片长6～12 cm，内三片宽2～3 cm。蒴果钝三棱状椭圆形，长3～5 cm。种子约20多个，黑色，有棱，从开花到种子成熟约需40～60天。花果期5～9月。

【生长习性】生于海拔2000 m以下的山坡、山谷、荒地或林缘。地上部不耐寒，遇霜枯死。短缩茎和根在严寒地区能在土中安全过冬。耐旱力较强。在阳光充足的地方，植株生长茂盛。对土壤的适应性很广，能生长在瘠薄土壤中，从酸性的红壤土到弱碱性土都可生长，但以土质疏松、土层深厚处根系发育旺盛。

【精油含量】水蒸气蒸馏干燥花的得油率为0.47%。

【芳香成分】虎玉森等（2010）用水蒸气蒸馏法提取的甘肃庆阳产黄花菜干燥花精油的主要成分为：3-呋喃甲醇（76.17%）、二糠基醚（3.71%）、乙醇（3.32%）、3-呋喃基甲基乙酸酯（2.02%）、乙醛（1.87%）、咪唑-4-乙酸（1.19%）、甲酸糠酯（1.02%）、乙酸乙酯（1.01%）等。

【利用】花经过蒸、晒，加工成干菜，即金针菜或黄花菜，是很受欢迎的食品，还有健胃、利尿、消肿等功效。根可以酿酒。叶可以造纸和编织草垫。花莛干后可以做纸煤和燃料。鲜花不宜多食，会引起腹泻等中毒现象。

## 麦冬

*Ophiopogon japonicus* (Linn. f.) Ker-Gawl.

**百合科　沿阶草属**
**别名：** 麦门冬、寸冬、沿阶草、细叶沿阶草
**分布：** 河北、河南、陕西、山东、安徽、江苏、浙江、江西、福建、台湾、湖北、湖南、广东、广西、四川、贵州、云南

【形态特征】根较粗，中间或近末端常膨大成椭圆形或纺锤形的小块根；小块根长1～1.5 cm，或更长些，宽5～10 mm，淡褐黄色；地下走茎细长，节上具膜质的鞘。茎很短，叶基生成丛，禾叶状，长10～50 cm，少数更长些，宽1.5～3.5 mm，具3～7条脉，边缘具细锯齿。花莛长6～27 cm，总状花序长2～5 cm，或有时更长些，具几朵至十几朵花；花单生或成对着生于苞片腋内；苞片披针形，先端渐尖；花梗长3～4 mm，关节位于中部以上或近中部；花被片常稍下垂而不展开，披针形，长约5 mm，白色或淡紫色；花药三角状披针形；花柱较粗，基部宽阔，向上渐狭。种子球形，直径7～8 mm。花期5～8月，果期8～9月。

【生长习性】生于海拔2000 m以下的山坡阴湿处、林下或溪旁。喜温暖湿润和半阴环境，耐寒性较强，怕强光暴晒和忌干旱。宜疏松、排水良好的砂壤土。

【精油含量】水蒸气蒸馏干燥块根的得油率为0.09%，干燥叶的得油率为0.09%，干燥花的得油率为0.07%；超临界萃取干燥块根的得油率为0.31%。

【芳香成分】块根：沈宏林等（2009）用同时蒸馏萃取法提取的干燥块根精油的主要成分为：愈创醇（20.06%）、γ-松油烯（10.79%）、α-葎草烯（5.33%）、γ-芹子烯（4.64%）、莰烯（4.24%）、γ-古芸烯（3.79%）、β-愈创木烯（3.50%）、刺柏烯（3.39%）、β-芹子烯（2.92%）、亚油酸乙酯（1.70%）、β-榄香烯（1.06%）等。吴洪伟等（2017）用超临界$CO_2$萃取法提取的干燥块根精油的主要成分为：龙蒿脑（12.57%）、L-芳樟醇（8.13%）、亚麻酸甲酯（7.21%）、棕榈酸（7.07%）、T-荜澄茄醇（6.25%）、δ-愈创木烯（4.36%）、(1R,β)-1,4aβ-二甲基-7α-(1-甲基乙烯基)-十氢萘-1-α-醇（4.12%）、(-)-斯巴醇（3.58%）、(+)-十氢-α,α,4a,β-三甲基-β-环丙烷化[d]萘亚甲基-烯-7β-甲醇（3.31%）、乙酸冰片酯（3.00%）、β-榄烯（2.89%）、呋喃桉-3,11-二烯（2.19%）、α-愈创木烯（2.07%）、橙花叔醇（1.95%）、旱麦草烯（1.56%）、蓝桉醇（1.49%）、α,4-二甲基-α-(4-甲基-3-戊烯基)-3-环己烯-1-甲醇（1.41%）、α-紫穗槐烯（1.34%）、二氢-顺-α-可巴烯-8-醇（1.25%）、表莪术酮（1.15%）、(+/-)-(1α,4β,5β)-α,α,4-三甲基-8-亚甲基-螺[4.5]十二-6-烯-1-甲醇（1.08%）、D-2-莰烷酮（1.06%）等。

叶：田晓红等（2010）用水蒸气蒸馏法提取的陕西西安产麦冬干燥叶精油的主要成分为：甲苯（32.12%）、邻二甲苯（29.07%）、醋酸丙酯（11.04%）、乙苯（5.45%）、邻苯二甲酸二乙酯（4.27%）、乙酸异丁酯（4.08%）、L-抗坏血酸-2,6-二棕榈酸酯（3.28%）、叶绿醇（1.95%）、邻苯二甲酸二异丁酯（1.61%）等。

花：田晓红等（2010）用水蒸气蒸馏法提取的陕西西安产麦冬干燥花精油的主要成分为：3-甲基-4-戊酮酸（60.36%）、甲苯（8.88%）、邻二甲苯（8.30%）、棕榈酸（2.97%）、正二十一烷（2.96%）、正二十烷（2.71%）、醋酸丙酯（2.70%）、乙苯（1.79%）、2-甲基丁醛（1.16%）、棕榈酸甲酯（1.14%）、2,6-二叔丁基对甲酚（1.12%）等。

【利用】块根是中药“麦冬”，有生津解渴、润肺止咳之效。块根多烹食或做药膳食品用，有养阴益胃、润肺清心之效，适用于治疗咽干口渴、燥咳痰粘、劳咳咯血、津伤口渴、心烦失眠、心绞痛、糖尿病、便秘等症。

## 东北玉簪

*Hosta ensata* F. Maekawa

**百合科　玉簪属**
**别名：** 剑叶玉簪
**分布：** 吉林、辽宁

【形态特征】根状茎粗约1 cm，有长的走茎。叶矩圆状披针形、狭椭圆形至卵状椭圆形，长10～15 cm，宽2～7 cm，先端近渐尖，基部楔形或钝，具5～8对侧脉；叶柄长5～26 cm，由于叶片下延而至少上部具狭翅，翅每侧宽2～5 mm。花葶高33～55 cm，具几朵至二十几朵花；苞片近宽披针形，长5～7 mm，膜质；花单生，长4～4.5 cm，盛开时从花被管向上逐渐扩大，紫色；花梗长5～10 mm；雄蕊稍伸出花被之外，完全离生。花期8月。

【生长习性】生于海拔420 m的林边或湿地上。生性强健。耐寒，除高寒地区外，都能露地越冬。喜阴，属典型的阴性花卉，喜柔和的漫射光照，也不可过于阴暗。要求湿润松软肥沃、排水良好的土壤，也稍耐瘠薄和盐碱。

【芳香成分】李庆杰等（2010）用超临界$CO_2$萃取法提取的吉林长白山产东北玉簪全草精油的主要成分为：(Z,Z)-9,12-十八碳二烯酸（14.61%）、n-十六酸（11.86%）、γ-谷甾醇（8.46%）、环二十四烷（3.73%）、二十三烷（3.58%）、维生素E（3.47%）、1-二十烷（3.46%）、醇17-(1,5-二甲基己基)-10,13-二甲基-2,3,4,7,8,9,10,11,12,13,14,15,16,17-十四氢-1H-环戊[a]菲-3-醇（3.19%）、二十五烷（2.74%）、二十四烷（2.73%）、豆甾醇（2.69%）、D,α-生育酚（2.66%）、二十一烷（2.60%）、

二十二烷（2.41%）、植醇（2.18%）、二十六烷（2.07%）、二十七烷（2.02%）、1-二十二烯（1.87%）、2,6,10,14-四甲基-十六烷（1.80%）、二十烷（1.75%）、十九烷（1.70%）、9-十六烯酸（1.69%）、二十九烷（1.52%）、十八烷（1.38%）、十七烷（1.33%）、二十八烷（1.33%）、羽扇豆醇（1.21%）、亚油酸乙酯（1.19%）、十八酸（1.18%）、1,19-二十碳二烯（1.00%）等。

【利用】全草入药，用于治疗乳痈、疮痈肿毒、中耳炎、烧伤、小腿慢性溃疡、咽喉肿痛、小便不通、疮毒、烧伤、痈疽、瘰疬、咽肿、吐血、骨梗。

## 玉簪

*Hosta plantaginea* (Lam.) Aschers.

**百合科　玉簪属**
**别名：**玉春棒、白鹤花
**分布：**四川、湖北、湖南、江苏、安徽、浙江、福建、广东有栽培

【形态特征】根状茎粗厚，粗1.5～3 cm。叶卵状心形、卵形或卵圆形，长14～24 cm，宽8～16 cm，先端近渐尖，基部心形，具6～10对侧脉；叶柄长20～40 cm。花莛高40～80 cm，具几朵至十几朵花；花的外苞片卵形或披针形，长2.5～7 cm，宽1～1.5 cm；内苞片很小；花单生或2～3朵簇生，长10～13 cm，白色；花梗长约1 cm；雄蕊与花被近等长或略短，基部约15～20 mm贴生于花被管上。蒴果圆柱状，有三棱，长约6 cm，直径约1 cm。花果期8～10月。

【生长习性】生于海拔2200 m以下的林下、草坡或岩石边。强健，耐寒冷，喜阴湿。要求土层深厚、疏松肥沃及排水良好的砂质壤土。

【芳香成分】朱亮锋等（1993）用大孔树脂吸附法收集的广东广州产玉簪鲜花头香的主要成分为：2-羟基苯甲酸甲酯（31.08%）、苯甲酸甲酯（14.52%）、1,8-桉叶油素（10.04%）、壬醛（5.81%）、丁香酚甲醚（3.07%）、苯并噻唑（2.78%）、柠檬烯（2.53%）、癸烷（2.01%）、苯甲醛（1.77%）、α-蒎烯（1.76%）、十一烷（1.75%）、苯乙腈（1.50%）、苯乙醇（1.44%）等。

【利用】全草及根茎均入药，花清咽、利尿、通经，根和叶有轻微毒性，外用可治乳腺炎、疮痈和中耳炎等症。供观赏。花亦可供蔬食或作甜菜，但须去掉雄蕊。鲜花可提制芳香浸膏，用于化妆品香精中。

## 知母

*Anemarrhena asphodeloides* Bunge

**百合科　知母属**
**别名：**蒜辫子草、羊胡子根、连母、兔子油草、穿地龙
**分布：**河北、山西、山东、内蒙古、、陕西、甘肃、辽宁、吉林、黑龙江

【形态特征】根状茎粗0.5～1.5 cm，为残存的叶鞘所覆盖。叶长15～60 cm，宽1.5～11 mm，向先端渐尖而成近丝状，基部渐宽而成鞘状，具多条平行脉。花莛比叶长得多；总状花序通常较长，可达20～50 cm；苞片小，卵形或卵圆形，先端长渐尖；花粉红色、淡紫色至白色；花被片条形，长5～10 mm，中央具3脉，宿存。蒴果狭椭圆形，长8～13 mm，宽5～6 mm，顶端有短喙。种子长7～10 mm。花果期6～9月。

【生长习性】生于海拔1450 m以下的山坡、草地或路旁较干燥或向阳的地方。适应性很强，喜温暖和阳光，耐干旱，耐寒，可在田间越冬。在肥沃的黄质壤土生长较好。

【精油含量】水蒸气蒸馏干燥根茎的得油率为0.05%。

【芳香成分】不同研究者用水蒸气蒸馏法提取的知母干燥根茎精油的主成分不同，陈千良等（2005）分析的河北易县产半野生知母干燥根茎精油的主要成分为：龙脑（9.35%）、己醛（8.78%）、2,4-癸二烯醛（7.72%）、糠醛（4.42%）、苯甲

醛（3.74%）、1,1-二乙氧基己烷（3.74%）、薄荷-1-烯-8-醇（3.52%）、二十烷（3.35%）、石竹烯（3.28%）、氧化石竹烯（3.13%）、(E,E)-2,4-壬二烯醛（3.09%）、2-戊基呋喃（1.99%）、(E)-辛烯-2-醛（1.54%）、1-戊醇（1.48%）、1-己醇（1.23%）、壬醇（1.05%）等。钟可等（2013）分析的河北易县产栽培知母干燥根茎精油的主要成分为：亚油酸（36.43%）、棕榈酸（20.19%）、丁香酚（7.90%）、硬脂酸（2.62%）、二十七烷（2.50%）、苯甲酸苄酯（2.43%）、二十九烷（1.58%）、油酸（1.53%）、十五烷酸（1.31%）、二十三烷（1.26%）、龙脑（1.21%）、二十五烷（1.08%）等。

【利用】根状茎为著名中药，有滋阴降火、润燥滑肠、利大小便之效，用于治疗外感热病、高热烦渴、肺热燥咳、骨蒸潮热、内热消渴、肠燥便秘。

## 深裂竹根七

*Disporopsis pernyi* (Hua) Diels

**百合科　竹根七属**

**别名：**竹根假万寿竹、黄脚鸡、十样错

**分布：**四川、贵州、湖南、广西、云南、广东、江西、浙江、台湾

【形态特征】根状茎圆柱状，粗5～10 mm。茎高20～40 cm，具紫色斑点。叶纸质，披针形、矩圆状披针形；椭圆形或近卵形，长5～13 cm，宽1.2～6 cm，先端渐尖或近尾戈状，基部圆形或钝，具柄，两面无毛。花1～2朵生于叶腋，白色，多少俯垂；花梗长1～1.5 cm；花被钟形，长12～15 mm；花被筒长约为花被的1/3或略长，口部不缢缩，裂片近矩圆形；副花冠裂片膜质，与花被裂片对生，披针形或条状披针形；花药近矩圆状披针形，背部以极短花丝着生于副花冠裂片先端凹缺处；花柱稍短于子房；子房近球形。浆果近球形或稍扁，直径7～10 mm，熟时暗紫色，具1～3颗种子。花期4～5月，果期11～12月。

【生长习性】生于海拔500～2500 m的林下石山或荫蔽山谷水旁。

【芳香成分】林奇泗等（2014）用水蒸气蒸馏法提取的贵州松桃产深裂竹根七干燥根精油的主要成分为：棕榈酸甲酯（26.84%）、硬脂酸（25.63%）、棕榈酸（8.59%）、4-烯丙基-2,6-二甲氧基苯酚（4.63%）、9,12-十八碳二烯酸（4.18%）、十五烯酸甲酯（3.89%）、二十五烷酸（1.67%）、邻苯二羧酸甲基丙基酯（1.35%）等。

【利用】民间常用的中药，根具有养阴润肺、生津止渴等功效，多用于治疗虚汗多咳、产后虚弱、月经不调等症，还用于治疗感冒扁桃体炎、眼结膜炎等症。

## 朱蕉

*Cordyline fruticosa* (Linn.) A. Cheval.

**百合科　朱蕉属**
**别名：**铁树、朱竹、红竹、铁莲草、红铁树、红叶铁树
**分布：**广东、广西、福建、台湾等地常见栽培

【形态特征】灌木状，直立，高1～3 m。茎粗1～3 cm，有时稍分枝。叶聚生于茎或枝的上端，矩圆形至矩圆状披针形，长25～50 cm，宽5～10 cm，绿色或带紫红色，叶柄有槽，长10～30 cm，基部变宽，抱茎。圆锥花序长 30～60 cm，侧枝基部有大的苞片，每朵花有3枚苞片；花淡红色、青紫色至黄色，长约1 cm；花梗通常很短；外轮花被片下半部紧贴内轮而形成花被筒，上半部在盛开时外弯或反折；雄蕊生于筒的喉部，稍短于花被；花柱细长。花期11月至次年3月。

【生长习性】喜高温多湿气候，属半荫植物，既不能忍受烈日曝晒，完全蔽荫处叶片又易发黄，不耐寒，除广东、广西、福建等地外，均只宜置于温室内盆栽观赏，要求富含腐殖质和排水良好的酸性土壤，忌碱土，不耐旱。

【芳香成分】孔杜林等（2014）用水蒸气蒸馏法提取的海南海口产朱蕉新鲜叶精油的主要成分为：1-辛烯-3-醇（22.98%）、甜没药醇（5.21%）、7-(1,1-二甲基乙基)-2,3-二氢-3,3-二甲基-1H-茚-1-酮（4.60%）、叶醇（3.97%）、棕榈酸（3.51%）、乙酸叶醇酯（3.17%）、正四十烷（3.07%）、己醛（2.98%）、正己醇（2.56%）、4,5-二氢-2-十七烷基-1H-咪唑（2.42%）、7-甲氧基-2,2-二甲基-3-色烯（2.36%）、芳樟醇（1.65%）、叶醛（1.59%）、亚麻酸（1.55%）、异喇叭烯（1.40%）、反式-2-辛烯-1-醇（1.31%）、α-雪松烯（1.29%）、2-正戊基呋喃（1.20%）、β-雪松烯（1.19%）、叶绿醇（1.18%）、1,1'-(1,10-癸二基)双（十氢萘)(1.14%）、甜没药烯（1.09%）、苯乙醛（1.05%）等。

【利用】花、叶、根均可入药，有凉血止血、散瘀定痛的作用，主治吐血、咳血、衄血、便血、尿血、崩漏、筋骨痛、胃痛、跌打肿痛。为观叶植物，用于庭园栽培。

## 柏木

*Cupressus funebris* Endl.

**柏科　柏木属**
**别名：**香扁柏、垂丝柏、黄柏、扫帚柏、柏木树、柏香树、柏树、密密柏
**分布：**浙江、福建、江西、湖北、湖南、四川、贵州、广东、广西、云南等地

【形态特征】乔木，高达35 m，胸径2 m；树皮淡褐灰色，裂成窄长条片；小枝细长下垂，生鳞叶的小枝扁，排成一平面，两面同形，绿色，较老的小枝圆柱形，暗褐紫色，略有光泽。鳞叶二型，长1～1.5 mm，先端锐尖，中央之叶的背部有条状腺点，两侧的叶对折，背部有棱脊。雄球花椭圆形或卵圆形，长2.5～3 mm，雄蕊通常6对；雌球花长3～6 mm，近球形。球果圆球形，径8～12 mm，熟时暗褐色；种鳞4对，顶端为不规则五角形或方形，宽5～7 mm，能育种鳞有5～6粒种子；种子宽倒卵状菱形或近圆形，熟时淡褐色，有光泽，长约2.5 mm，

边缘具窄翅。花期3～5月，种子翌年5～6月成熟。

【生长习性】喜生于温暖湿润的各种土壤地带，尤以在石灰岩山地钙质土上生长良好。

【精油含量】水蒸气蒸馏树干、树枝、木材的得油率为0.50%～5.00%，鲜叶的得油率为0.20%～0.58%，果壳的得油率为1.00%，种子的得油率为3.16%。

【芳香成分】茎（木材）：侯仰帅等（2013）用水蒸气蒸馏法提取的木屑精油的主要成分为：(+)-柏木醇（26.06%）、罗汉柏烯（18.25%）、α-柏木烯（15.06%）、(+)-花侧柏烯（8.23%）、α-姜黄烯（3.20%）、1-石竹烯（2.83%）、β-雪松烯（2.69%）、β-柏木烯（2.48%）、顺-β-愈创木烯（1.88%）、雄烯酮（1.80%）、1,1,3-三甲基环己烷（1.78%）、枯茗醇（1.63%）、α-桉叶油醇（1.31%）、(-)-α-芹子烯（1.29%）、α-法呢烯（1.18%）、2-甲氧基苯甲酸甲酯（1.17%）、(-)-异石竹烯（1.11%）、顺-蒎烷（1.02%）等。刘家欣等（1999）用改进水蒸气蒸馏法提取的湖南吉首产柏木木材精油的主要成分为：α-雪松烯（43.16%）、γ-依兰油烯（13.17%）、α-雪松醇（8.17%）、δ-荜澄茄烯（2.87%）、α-玷㶲烯（2.44%）、α-依兰油烯（2.35%）、(+)-库贝烯（2.13%）、γ-蛇床烯（1.89%）、芳-姜黄烯（1.87%）、日耳曼烯B（1.78%）、β-榄香烯（1.69%）、α-长叶松烯（1.64%）、宽烯（1.55%）、(+)-香树烯（1.53%）、β-芹子烯（1.01%）等。

枝：郭文龙（2016）用水蒸气蒸馏法提取的四川成都产柏木干燥树枝精油的主要成分为：β-雪松烯（39.32%）、α-雪松烯（15.71%）、α-大西洋酮（10.01%）、γ-雪松烯（9.66%）、β-大西洋酮（3.17%）、α-姜黄酮（2.07%）、α-柏木烯（1.81%）、β-雪松烯氧化物（1.12%）等。

叶：林立等（2015）用水蒸气蒸馏法提取的华北地区产柏木新鲜叶精油的主要成分为：α-蒎烯（15.48%）、桧烯（7.83%）、表双环倍半水芹烯（7.21%）、α-荜澄茄油烯（6.21%）、γ-杜松烯（5.71%）、β-荜澄茄油烯（5.53%）、乙酸龙脑酯（3.81%）、桃柘酚（2.89%）、β-月桂烯（2.43%）、木罗醇（2.41%）、泪柏醇（2.28%）、δ-杜松烯（3.34%）、D-柠檬烯（1.99%）、α-紫罗兰醇（1.79%）、α-乙酸松油酯（1.60%）、萜品油烯（1.50%）、松香-8(14),9(11),12-三烯（1.43%）、12-甲氧基-松香-8,11,13-三烯（1.31%）、γ-松油烯（1.28%）、库贝醇（1.35%）、蔚西醇（1.19%）、芮木烯（1.08%）等。

【利用】木材可作建筑、造船、车厢、器具、家具等用材。树冠优美，可作庭园树种。枝叶精油是天然香料的一种重要原料，是木香香调中重要的香水原料，在不同类型的日化香精中都有应用；又是良好的定香剂；也常用作杀虫剂、消毒剂、室内喷雾剂的原料；还被用作显微镜截面透镜的清洗剂。

## 干香柏

*Cupressus duclouxiana* Hickel

**柏科　柏木属**
**别名：**冲天柏、干柏杉、云南柏、滇柏
**分布：**我国特有，云南、四川有分布

【形态特征】乔木，高达25 m，胸径80 cm；树干端直，树皮灰褐色，裂成长条片脱落；枝条密集，树冠近圆形；1年生枝四棱形，绿色，2年生枝上部稍弯，近圆形，褐紫色。鳞叶密生，近斜方形，长约1.5 mm，先端微钝，背面有纵脊及腺槽，蓝绿色，微被蜡质白粉，无明显的腺点。雄球花近球形或椭圆形，长约3 mm，雄蕊6～8对，花药黄色。球果圆球形，径1.6～3 cm，生于粗壮短枝的顶端；种鳞4～5对，熟时暗褐色或紫褐色，被白粉，顶部五角形或近方形，宽8～15 mm，具不规则向四周放射的皱纹，中央平或稍凹，有短尖头，能育种鳞有多数种子；种子褐色或像褐色，长3～4.5 mm，两侧具窄翅。

【生长习性】散生于海拔1400～3300 m的干热或干燥山坡林中，或成小面积纯林。喜生于气候温和、夏秋多雨、冬春干旱的山区，在深厚、湿润的土壤上生长迅速。

【芳香成分】徐磊等（2016）用XAD2吸附法提取的云南丽江产干香柏球果头香的主要成分为：柠檬烯（33.16%）、β-香叶烯（22.98%）、α-蒎烯（20.70%）、β-蒎烯（6.84%）、α-水芹烯（1.58%）等。

【利用】木材可作建筑、桥梁、车厢、造纸、电杆、器具、家具等用材。可作造林树种。

## 岷江柏木

*Cupressus chengiana* S. Y. Hu

**柏科　柏木属**
**别名：** 岷江柏
**分布：** 四川、甘肃

【形态特征】乔木，高达30 m，胸径1 m；枝叶浓密，生鳞叶的小枝斜展，不下垂，不排成平面，末端鳞叶枝粗，圆柱形。鳞叶斜方形，交叉对生，排成整齐的四列，背部拱圆，无蜡粉，无明显的纵脊和条槽，或背部微有条槽，腺点位于中部。2年生枝带紫褐色、灰紫褐色或红褐色，3年生枝皮鳞状剥落。成熟的球果近球形或略长，径1.2～2 cm；种鳞4～5对，顶部平，不规则扁四边形或五边形，红褐色或褐色，无白粉；种子多数，扁圆形或倒卵状圆形，长3～4 mm，宽4～5 mm，两侧种翅较宽。

【生长习性】生于海拔1200～2900 m的干燥阳坡，多生于立地条件极差的悬崖峭壁，仅在少数峡谷地带有小片林分，一般生长缓慢，但在土层较厚、水肥条件较好的沟谷生长较快。为喜光、深根、耐旱的树种，对坡向选择不严。

【精油含量】水蒸气蒸馏新鲜叶的得油率为0.40%～0.60%；超临界萃取新鲜叶的得油率为3.00%；有机溶剂回流法提取干燥叶的得油率为2.78%。

【芳香成分】江玉师等（1989）用水蒸气蒸馏法提取的四川绵阳产岷江柏木新鲜叶精油的主要成分为：桧烯（44.92%），α-蒎烯（17.46%），松油-4-醇（6.55%）、月桂烯（4.68%）、柠檬烯（3.95%）、加州月桂烯（3.42%）、γ-松油烯（2.08%）、α-异松油烯（1.83%）、α-侧柏烯（1.59%）、α-松油烯（1.34%）等。

【利用】木材为建筑、桥梁、造船、家具、器具等的优良用材。为长江上游水土保持的重要树种和高山峡谷地区中山干旱河谷地带荒山造林的先锋树种。

## 墨西哥柏木

*Cupressus lusitanica* Mill.

**柏科　柏木属**
**别名：** 露丝柏、葡萄牙柏木、速生柏
**分布：** 云南、江苏等地有栽培

【形态特征】常绿乔木，高达30 m，胸径达90 cm，浅根性，侧根发达。具明显的多型现象，有数个栽培变种。

【生长习性】喜温暖湿润气候，抗寒、抗热、抗旱能力低于柏木，在高温多雨、干热河谷气候和低海拔地区生长不良。对土壤要求不严，耐瘠薄，在深厚疏松肥沃之地生长最好；喜中性至微碱性（pH6～8）土壤，对石灰岩山地、紫色土等造林困难地有突出适应能力。

【精油含量】水蒸气蒸馏新鲜枝叶的得油率为0.20%～0.50%，风干叶的得油率为1.17%，枝干的得油率为0.72%。

【芳香成分】叶：水蒸气蒸馏法提取的不同产地墨西哥柏木叶精油的主成分不同，郝德君等（2006）分析的上海产叶精油的主要成分为：桧烯（11.18%）、α-蒎烯（10.39%）、δ-3-蒈烯（8.88%）、15-贝壳杉烯（5.98%）、β-水芹烯（5.28%）、α-

花柏烯（4.17%）、τ-木罗醇（2.99%）、δ-卡蒂烯（2.71%）、β-香茅醇（2.66%）、罗汉柏烯（2.28%）、苯（2.17%）、γ-杜松烯（2.01%）、α-异松油烯（1.94%）、τ-卡蒂醇（1.87%）、反式-法呢醇（1.80%）、β-月桂烯（1.74%）、6,13-罗汉松二烯（1.66%）、γ-姜黄烯（1.64%）、α-紫穗槐烯（1.61%）、α-杜松烯（1.55%）、3-环己烯醇（1.54%）、反式-石竹烯（1.35%）、16-贝壳杉烯（1.25%）、大根叶烯D（1.12%）等；马莉等（2016）分析的江苏南京产墨西哥柏木风干叶精油的主要成分为：α-柏木烯（20.28%）、(+)-柠檬烯（16.57%）、α-荜澄茄醇（10.15%）、δ-杜松烯（6.68%）、α-蒎烯（4.66%）、叔十六硫醇（3.89%）、柏木醇（3.34%）、γ-杜松烯（3.19%）、邻苯二甲酸二丁酯（3.07%）、β-蒎烯（2.19%）、桧烯（2.02%）、石竹烯（1.93%）、4-萜品醇（1.71%）、9-十六烯酸（1.62%）、二十一烷（1.62%）、白菖烯（1.58%）、菖蒲二烯（1.51%）、α-依兰油烯（1.47%）、榄香醇（1.39%）、香紫苏醇（1.31%）、α-荜澄茄油烯（1.18%）等。

枝：马莉等（2016）用水蒸气蒸馏法提取的风干枝干精油的主要成分为：α-蒎烯（22.29%）、石竹烯（13.17%）、α-柏木烯（10.43%）、(+)-α-长叶蒎烯（8.56%）、环葑烯（4.57%）、δ-杜松烯（3.83%）、柏木醇（3.52%）、萜品烯（2.95%）、罗汉柏木烯（2.91%）、正十七烷（2.90%）、α-姜黄烯（2.77%）、桧烯（2.43%）、长叶烯（2.28%）、α-荜澄茄醇（2.21%）、γ-杜松烯（2.13%）、龙脑烯醛（1.86%）、α-依兰油烯（1.85%）、丙酸异龙脑酯（1.83%）、香紫苏醇（1.74%）、4-萜品醇（1.61%）、乙酸松油酯（1.22%）、β-蒎烯（1.19%）、L-乙酸冰片酯（1.15%）等。

【利用】木材为优良用材，可作建筑、薪材和造纸等用材。为水土保持、荒山绿化和观赏树种。

## 西藏柏木

*Cupressus torulosa* D. Don

**柏科　柏木属**

**别名：**喀什米亚柏、藏柏、喜马拉雅柏木、喜马拉雅柏、干柏杉

**分布：**西藏、四川、云南、贵州

【形态特征】乔木，高约20 m；生鳞叶的枝不排成平面，圆柱形，末端的鳞叶枝细长，径约1.2 mm，微下垂或下垂，排列较疏，2和3年生枝灰棕色，枝皮裂成块状薄片。鳞叶排列紧密，近斜方形，长1.2～1.5 mm，先端通常微钝，背部平，中部有短腺槽。球果生于长约4 mm的短枝顶端，宽卵圆形或近

球形，径12～16 mm，熟后深灰褐色；种鳞5～6对，顶部五角形，有放射状的条纹，中央具短尖头或近平，能育种鳞有多数种子；种子两侧具窄翅。

【生长习性】生于石灰岩山地。在中性、微酸性和钙质土上均能生长，以在湿润、深厚、富含钙质的土壤上生长最快。能耐含瘠的山地。在极寒冷和盐碱地也能很好生长。

【精油含量】水蒸气蒸馏新鲜枝叶的出油率为0.49%。

【芳香成分】彭华昌（1989）用水蒸气蒸馏法提取的贵州产西藏柏木新鲜叶精油的主要成分为：芳樟醇（19.22%）、丙酸庚酯（13.59%）、莰烯（11.20%）、α-罗勒烯（10.70%）、反-β-罗勒烯（5.08%）、薄荷酮（4.21%）、β-荜澄茄烯（4.01%）、β-松油醇（2.60%）、α-柏木烯（2.21%）、α-蒎烯氧化物（2.04%）、月桂烯（1.68%）、甲酸龙脑酯（1.47%）、柏木醇（1.11%）等。

【利用】木材可作建筑、桥梁、车厢、造纸、电杆、器具、家具等用材。枝叶精油主要用于农林业生产上的病虫害防治；香料工业上作高级香料的定香剂；化工仪器上作光接触剂（如显微镜镜头）；也用于食品、饮料、烟草、医药制品中。

## 日本扁柏

*Chamaecyparis obtusa* (Sieb. et Zucc.) Endl.

**柏科　扁柏属**

**别名：** 扁柏、钝叶扁柏、白柏

**分布：** 山东、江苏、上海、江西、浙江、广东、台湾、河南有栽培

【形态特征】乔木，在原产地高达40 m；树冠尖塔形；树皮红褐色，光滑，裂成薄片脱落；生鳞叶的小枝条扁平，排成一平面。鳞叶肥厚，先端钝，小枝上面中央之叶露出部分近方形，长1～1.5 mm，绿色，背部具纵脊，通常无腺点，侧面之叶对折呈倒卵状菱形，长约3 mm，小枝下面之叶微被白粉。雄球花椭圆形，长约3 mm，雄蕊6对，花药黄色。球果圆球形，径8～10 mm，熟时红褐色；种鳞4对，顶部五角形，平或中央稍凹，有小尖头；种子近圆形，长2.6～3 mm，两侧有窄翅。花期4月，球果10～11月成熟。

【生长习性】海拔1000 m上下用造林，生长旺盛。较耐荫，喜温暖湿润的气候，能耐-20℃低温，喜肥沃、排水良好的土壤。

【精油含量】水蒸气蒸馏阴干叶的得油率为2.22%，新鲜叶的得油率为0.54%，新鲜枝叶的得油率为0.42%，种子的得率为0.60%。

【芳香成分】叶：蒋继宏等（2006）用水蒸气蒸馏法提取的阴干日本扁柏叶精油的主要成分为：3-苧酮（40.09%）、13-甲基-(8β,13β)-17-降贝壳糖-15-烯（10.79%）、L-葑酮（8.96%）、(R)-1-萜烯-4-醇（5.81%）、2-菠醇-乙酸酯（5.79%）、环氧化-β-石竹烯（3.78%）、3,3-二甲基-5-甲酰甲基-6-乙烯基-6-羟基-二环[3.2.0]庚-2-酮（3.63%）、1-萜烯-8-醇-乙酸酯（3.27%）、2,7,7-三甲基-2-降菠醇（2.84%）、1,2,2,3-四甲基-3-环戊烯-1-醇（2.38%）、(S)-1-萜烯-8-醇（1.45%）、2-菠酮（1.38%）、2,6-二甲基-6-卞氧基-2,7-辛二烯-1-醇（1.38%）、1,5,5,8-四甲基-12-氧杂二环[9.1.0]十二-3,7-二烯（1.14%）、4-异丙基苯甲醇（1.11%）等。林立等（2015）用同法分析的华北地区产日本扁柏新鲜叶精油的主要成分为：榄香醇（4.95%）、乙酸龙脑酯（4.36%）、Stachene（4.20%）、β-杜松烯（3.87%）、桧烯（3.83%）、γ-松油烯（3.65%）、表双环倍半水芹烯（3.63%）、D-柠檬烯（3.59%）、松油烯-4-醇（3.49%）、β-蒎烯（3.19%）、顺罗汉松烯（3.12%）、α-松油烯（3.06%）、α-荜澄茄油烯（3.04%）、萜品油烯（2.96%）、α-乙酸松油酯（2.95%）、γ-桉叶醇（2.91%）、α-蒎烯（2.76%）、β-荜澄茄油烯（2.43%）、芮木烯（2.42%）、雪松醇（2.34%）、δ-杜松烯（2.26%）、蔚西醇（2.22%）、侧柏烯（2.14%）、花柏烯（1.62%）、γ-依兰油烯（1.62%）、β-桉叶醇（1.55%）、α-桉叶醇（1.42%）、库贝醇（1.26%）、四甲基环癸二烯甲醇（1.19%）、α-松油醇（1.13%）等。

枝叶：彭映辉等（2018）用水蒸气蒸馏法提取的湖南长沙产日本扁柏新鲜枝叶精油的主要成分为：Δ-3-蒈烯（35.33%）、α-蒎烯（25.60%）、β-月桂烯（12.86%）、左旋乙酸冰片酯（6.81%）、柠檬烯（4.75%）、萜品油烯（4.59%）、(+)-2-蒈烯（2.24%）、α-小茴香醇（1.96%）等。

【利用】木材可作建筑、造船、家具及木纤维工业原料等用。作庭园观赏树、行道树、树丛、绿篱、基础种植材料及风景林用。叶精油可作配制香精原料。

# 日本花柏

*Chamaecyparis pisifera* (Sieb. et Zucc.) Endl.

**柏科　扁柏属**

**别名：**花柏、五彩松、绒柏

**分布：**山东、江西、江苏、上海、浙江有栽培

【形态特征】乔木，在原产地高达50 m；树皮红褐色，裂成薄皮脱落；树冠尖塔形；生鳞叶小枝条扁平，排成一平面。鳞叶先端锐尖，侧面之叶较中间之叶稍长，小枝上面中央之叶深绿色，下面之叶有明显的白粉。球果圆球形，径约6 mm，熟时暗褐色；种鳞5～6对，顶部中央稍凹，有凸起的小尖头，发育的种鳞各有1～2粒种子；种子三角状卵圆形，有棱脊，两侧有宽翅，径约2～3 mm。

【生长习性】生长较慢。适应性强，喜温凉湿润气候，喜湿润土壤。

【精油含量】水蒸气蒸馏新鲜叶的得油率为0.23%～0.50%，干燥叶的得油率为0.98%，绒柏新鲜叶的得油率为1.20%，新鲜枝叶的得油率为0.46%；不同部位木材的得油率为0.04%～0.79%。

【芳香成分】茎（心材）：不同研究者用水蒸气蒸馏法提取的湖北竹山产日本花柏中部心材精油的主成分不同，刘志明等（2011）分析的主要成分为：柏木醇（26.52%）、别香橙烯（7.10%）、罗汉柏烯（4.25%）、花侧柏烯（3.65%）、α-柏木烯（1.84%）等；王海英等（2012）分析的主要成分为：α-杜松醇（32.40%）、可巴烯（12.11%）、δ-杜松醇（9.82%）、γ-依兰油烯（9.36%）、柏木醇（7.55%）、γ-桉叶醇（6.06%）、卡达烯（3.32%）、茄萜-1,4-二烯（2.56%）、δ-杜松烯（2.13%）、榄香醇（1.49%）、愈创木烯（1.37%）、绿花倒提壶醇（1.39%）、罗汉柏烯（1.33%）等。

叶：不同研究者用水蒸气蒸馏法提取的日本花柏叶精油的主成分不同，张姗姗等（2009）分析的安徽芜湖产新鲜叶精油的主要成分为：雪松醇（32.32%）、3,5-二甲基-4-苄基-异噁唑（11.31%）、(5α)-D-高雄甾烷-17a-酮（5.64%）、二-表-α-雪松烯（4.08%）、(Z)-9-二十三烯（2.51%）、广藿香烯（2.37%）、[1R-(1α,3α,4β)]-1,4-乙烯基-α,α,4-三甲基-3-(1-甲基乙烯基)-环己烷甲醇（2.03%）、[3R-(3α,3aβ,7β,8aα)]-3,6,8,8-四甲基-2,3,4,7,8,8a-六氢-1H-3a,7-亚甲基薁（1.86%）、[2R-(2α,4aα,8aβ)]-α,α,4a-三甲基-8-亚甲基-十氢-2-萘甲醇（1.33%）、α,α,4-三甲基-3-环已烯-1-甲醇（1.25%）、1-甲基-4-(1-甲基亚乙基)-环已烯（1.24%）、二-(2-甲基丙基)-已二酸酯（1.04%）等。林立等（2015）分析的华北地区产日本花柏新鲜叶精油的主要成分为：α-蒎烯（14.57%）、表双环倍半水芹烯（7.92%）、桧烯（7.06%）、α-荜澄茄油烯（5.60%）、γ-杜松烯（4.98%）、Stachene（4.50%）、β-杜松烯（4.27%）、桃柘酚（3.07%）、乙酸龙脑酯（2.96%）、泪柏醇（2.89%）、δ-杜松烯（2.72%）、β-荜澄茄油烯（2.35%）、4-表-cubedol（2.31%）、β-月桂烯（2.08%）、松香-8(14)，9(11)，12-三烯（2.07%）、12-甲氧基-松香-8,11,13-三烯（1.90%）、D-柠檬烯（1.71%）、蔚西醇（1.71%）、芮木烯（1.60%）、松油烯-4-醇（1.59%）、α-紫罗兰醇（1.51%）、木罗醇（1.31%）、萜品油烯（1.27%）、α-乙酸松油酯（1.21%）、γ-松油烯（1.10%）、3-蒈烯（1.04%）等；栽培变型‘绒柏’新鲜叶精油的主要成分为：3-蒈烯（18.54%）、乙酸龙脑酯（13.51%）、α-蒎烯（11.20%）、β-月桂烯（9.52%）、萜品油烯（8.15%）、D-柠檬烯（4.76%）、α-乙酸松油酯（4.74%）、日罗汉柏烯（3.37%）、降莰烯（2.86%）、蔚西醇（2.23%）、芮木烯（1.95%）、库贝醇（1.35%）、α-松油醇（1.27%）、莰烯（1.12%）、雪松醇（1.12%）、γ-依兰油烯（1.05%）等。

枝叶：彭映辉等（2018）用水蒸气蒸馏法提取的湖南长沙产栽培变型‘绒柏’新鲜枝叶精油的主要成分为：α-蒎烯（29.89%）、17-去甲贝壳杉-15-烯（9.96%）、Δ-3-蒈烯（9.79%）、γ-吡喃酮烯（7.82%）、乙酸（7.13%）、β-蒎烯（6.74%）、双环[2.2.1]庚-2-烯（6.35%）、氧化石竹烯（4.45%）、3-乙基-3-羟基-5a-雄（甾）烷-17-酮（4.14%）、莰烯（2.69%）、西松烯（2.65%）、巴伦西亚橘烯（2.57%）、环已烯（1.91%）、3,5-庚二烯醛（1.28%）等。

【利用】庭园观赏，可以孤植观赏，也可以密植作绿篱或整修成绿墙、绿门。木材是制造器具、建筑、桥梁、造船、车辆枕木、家具等的理想用材；木材富有纤维素，是造纸的好原料。

# 侧柏

*Platycladus orientalis* (Linn.) Franco

**柏科　侧柏属**

**别名：**扁柏、扁桧、片柏、片松、黄柏、香树、香柏、香柯树

**分布：**内蒙古、吉林、辽宁、河北、山西、山东、江苏、浙江、福建、安徽、江西、河南、陕西、甘肃、四川、云南、贵州、湖北、湖南、广东、广西、西藏

【形态特征】乔木，高达20余m，胸径1 m；树皮薄，浅灰

褐色，纵裂成条片；生鳞叶的小枝细，扁平，排成一平面。叶鳞形，长1～3 mm，先端微钝，小枝中央的叶的露出部分呈倒卵状菱形或斜方形，背面中间有条状腺槽，两侧的叶船形，先端微内曲，背部有钝脊，尖头的下方有腺点。雄球花黄色，卵圆形；雌球花近球形，蓝绿色，被白粉。球果近卵圆形，长1.5～2.5 cm，成熟前近肉质，蓝绿色，被白粉，成熟后木质，开裂，红褐色；种子卵圆形或近椭圆形，顶端微尖，灰褐色或紫褐色，长6～8 mm，稍有棱脊，无翅或有极窄之翅。花期3～4月，球果10月成熟。

【生长习性】喜光，能适应干冷及暖湿气候，对土壤要求不严。

【精油含量】水蒸气蒸馏枝叶的得油率为0.25%～1.75%，木材、树干、树皮等的得油率为0.01%～2.02%，果实的得油率为0.15%，果壳的得油率为0.40%，种皮的得油率为2.03%，种子的得油率为0.24%；微波萃取法提取干燥叶的得油率为3.88%。

【芳香成分】根：张文慧等（2010）用水蒸气蒸馏法提取的江苏徐州产侧柏根精油的主要成分为：罗汉柏烯（16.96%）、雪松醇（9.38%）、3,5,6,7,8,8a-六氢-4,8a-二甲基-6-(1-甲基乙烯基)-2(1H)-萘酮（4.64%）、2-(4a,8-二甲基-1,2,3,4,4a,5,6,7-八氢-萘-2-基)-2-丙烯-1-醇（4.01%）、库贝醇（3.70%）、6-乙丙烯基-4,8-二甲基-1,2,3,5,6,7,8,8a-八氢-萘-2-醇（3.02%）、环氧异香橙烯（2.94%）、白菖油萜环氧化物（2.87%）、双表-α-雪松烯环氧化物（2.66%）、苇得醇（2.51%）、异丁子香烯（2.31%）、6-乙丙烯基-4,8a-二甲基-1,2,3,5,6,7,8,8a-八氢萘-2,3-二醇（2.07%）、3-蒈烯（1.80%）、β-雪松烯（1.80%）、(7a-异丙烯基-4,5-二甲基八氧茚-4-基)甲醇（1.72%）、7,15-海松二烯-3-酮（1.72%）、14-异丙基-13-甲氧基罗汉松-6,8,11,13-四烯（1.59%）、喇叭烯醇（1.54%）、反式-桃柁酚（1.54%）、脱氢香橙烯（1.18%）、1,5-二甲基-3-羟基-8-(1-亚甲基-2-羟乙基)-1-双环[4.4.0]癸-5-烯（1.14%）、2,6-二叔丁基苯醌（1.07%）等。

茎：刘志明等（2011）用水蒸气蒸馏法提取的湖北竹山产侧柏中部心材精油的主要成分为：柏木醇（41.13%）、愈创木烯（12.12%）、罗汉柏烯（7.48%）、雪松烯（3.87%）、花侧柏烯（3.47%）、二氢-β-紫罗兰酮（1.37%）、6-乙基-1,2,3,4-四氢化萘（1.31%）、8,9-脱氢新异长叶烯（1.09%）等。张文慧等（2010）用同法分析的江苏徐州产侧柏树皮精油的主要成分为：(-)-4-萜品醇（20.37%）、雪松醇（14.15%）、罗汉柏烯（12.84%）、7,15-海松二烯-3-酮（5.93%）、α-石竹烯（4.80%）、β-桉叶醇（3.87%）、铁锈醇（3.29%）、α-乙酸萜品酯（2.33%）、α-松油醇（2.03%）、14-异丙基-13-甲氧基罗汉松-6,8,11,13-四烯（2.02%）、葎草烯-1,2-环氧物（1.74%）、α-长叶蒎烯（1.52%）、β-石竹烯（1.51%）、1,l,2-三甲基-3-(2-甲基-1-亚丙烯基)环丙烷（1.36%）、库贝醇（1.32%）、四甲基环癸二烯甲醇（1.25%）、雪松烯（1.23%）、乙酸柏木酯（1.17%）、苇得醇（1.15%）、2-(3,8-二甲基-1,2,3,4,5,6,7,8-八氢-5-薁基)-2-丙烯-1-醇（1.09%）、水化香桧烯（1.08%）等。

枝：王鸿梅（2004）用水蒸气蒸馏法提取的侧柏树枝精油的主要成分为：雪松醇（11.83%）、姜黄烯（10.38%）、韦得醇（10.10%）、α-花侧柏烯（9.23%）、β-花侧柏烯醇（8.02%）、β-雪松烯（8.02%）、α-愈创木烯（7.64%）、α-侧柏萜醇（7.24%）、β-侧柏萜醇（6.23%）、γ-花侧柏烯醇（5.51%）、水芹烯（5.37%）、α-姜黄烯（3.81%）、β-蒎烯（3.75%）等。

叶：雷华平等（2016）用水蒸气蒸馏法提取的湖南张家界产侧柏阴干叶精油的主要成分为：α-蒎烯（37.97%）、3-蒈烯（29.42%）、雪松醇（5.09%）、α-异松油烯（3.19%）、β-石竹烯（1.97%）、α-石竹烯（1.88%）、β-月桂烯（1.87%）、柠檬烯（1.53%）、α-葑烯（1.35%）、β-蒎烯（1.04%）等；栽培变种‘千头柏’阴干叶精油的主要成分为：α-蒎烯（43.13%）、3-蒈烯（17.93%）、雪松醇（10.68%）、β-石竹烯（2.86%）、α-石竹烯（2.81%）、α-异松油烯（2.33%）、β-月桂烯（1.86%）、柠檬烯（1.67%）、β-蒎烯（1.14%）等。孟根其其格等（2013）用同法分析的陕西咸阳产侧柏干燥叶精油的主要成分为：2-蒈烯（39.79%）、(R)-异柠檬烯（6.86%）、丁香烯（5.32%）、α-蒎烯

（5.09%）、乙酸松油酯（5.06%）、Z,Z,Z-1,5,9,9-四甲基-1,4,7-环十一碳三烯（4.69%）、[3aS-(3aa,3ba,4a,7a,7aS*)]-7-甲基-3-亚甲基-4-(甲基乙基)-1-环戊[1,3]环丙[1,2]苯（2.41%）、罗汉柏烯（2.34%）、侧柏烯（2.19%）、莰烯（1.21%）、水芹烯（1.19%）等。

果实：李智立等（1997）用水蒸气蒸馏法提取的山东泰山产侧柏果实精油的主要成分为：α-雪松醇（36.89%）、丙酸-2-甲基-1-(1-甲基乙基)-2-甲基-1,3-丙二酯（8.11%）、4,11,11-三甲基-8-亚甲基双环[7.2.0]十碳-4-烯（4.94%）、异萜品油烯（4.72%）、2,3,3a,4,7,7a-六氢化-2,2,4,4,7,7-六甲基-1H-茚（4.00%）、葎草烯（3.16%）、白菖烯（2.00%）、脱氢枞烷（2.00%）、γ-绿叶烯（1.89%）、琼脂螺醇（1.67%）、4-苯基双环[2.2.2]八碳-1-醇（1.56%）、γ-依兰油烯（同分异构体）(1.56%）、3-乙烯基十氢化-3,4a,7,7,10a-五甲基-1H-萘并[2,1-b]吡喃（1.45%）、羽毛柏烯（1.44%）、α-紫穗槐烯（1.33%）、β-桉叶油醇（1.28%）、贝壳杉烷-16-醇（1.22%）、1,2,3,4,5,6,7,8-八氢化-α,α,3,8-四甲基-5-甘菊环甲醇（1.17%）、γ-依兰油烯（1.05%）、2,3,3a,4-四氢化-3,3a,6-三甲基-1-(1-甲基乙基)-1H-茚（1.01%）、1,2-苯二甲酸-二(2-甲氧基乙基)酯（1.01%）等。

种子：蒋继宏等（2006）用水蒸气蒸馏法提取的江苏徐州产侧柏种子精油的主要成分为：雪松醇（26.92%）、榄香醇（9.75%）、(S)-马鞭草烯醇（7.58%）、α-杜松醇（6.10%）、乙酸冰片酯（5.68%）、(S)-马鞭草烯酮（5.22%）、α,α,4-三甲基-苯甲醇（4.63%）、D-柠檬烯（4.23%）、α-蒎烯（4.11%）、环氧化-β-石竹烯（3.03%）、4(10)-苧烯（2.86%）、对甲苯甲酸-2-乙基己酯（2.81%）、γ-桉叶油醇（2.57%）、2,6,8,8-四甲基-三环[5.2.2.0$^{1,6}$]十一碳-2-醇（2.05%）、α,α,6,8-四甲基-三环[4.4.0.0$^{2,7}$]癸-8-烯-3-甲醇（2.04%）、苯甲醛（2.02%）、1,5,5,8-四甲基-12-氧杂二环[9.1.0]十二-3,7-二烯（2.00%）、反-松香芹醇（1.91%）、β-月桂烯（1.70%）、硬尾醇（1.42%）、α-龙脑烯醛（1.35%）等。

【利用】常栽培作庭园树。木材可作建筑、器具、家具、农具及文具等用材。种子入药，为强壮滋补药；生鳞叶的小枝入药，为健胃药，又为清凉收敛药及淋疾的利尿药；果实入药，有祛痰止咳的功用。枝叶、木材可提取精油，用作食品、日化品、化妆品和香皂的香原料，可用于室内喷雾剂，消毒剂和杀虫剂；叶精油具有于凉血止血、生发乌发、清肺止咳功效，在临床上用于治疗出血症、风湿痹痛、高血压、咳喘等。

## 刺柏

*Juniperus formosana* Hayata

**柏科　刺柏属**

**别名：**山刺柏、岩柏、刺松、香柏、台桧、台湾柏、山杉、矮柏木

**分布：**台湾、江苏、安徽、浙江、福建、江西、湖北、湖南、陕西、甘肃、青海、西藏、四川、贵州、云南

【形态特征】乔木，高达12 m；树皮褐色，纵裂成长条薄片脱落；枝条斜展或直展，树冠塔形或圆柱形；小枝下垂，三棱形。叶三叶轮生，条状披针形或条状刺形，长1.2～2 cm，宽1.2～2 mm，先端渐尖具锐尖头，叶面稍凹，中脉微隆起，绿

色，两侧各有1条白色、很少紫色或淡绿色的气孔带，叶背绿色，有光泽，具纵钝脊，横切面新月形。雄球花圆球形或椭圆形，长4～6 mm，药隔先端渐尖，背有纵脊。球果近球形，长6～10 mm，径6～9 mm，熟时淡红褐色，被白粉或白粉脱落，间或顶部微张开；种子半月圆形，具3～4棱脊，顶端尖，近基部有3～4个树脂槽。

【生长习性】常散见于海拔1300～3400 m的地区，向阳山坡以及岩石缝隙处均可生长。喜光、耐寒、耐旱，在干旱沙地、肥沃通透性土壤生长最好。

【精油含量】水蒸气蒸馏根的得油率为2.05%～5.00%，叶的得油率为0.21%～1.70%，果实的得油率为1.20%，种子的得油率为0.10～9.30%。

【芳香成分】叶：武雪等（2015）用水蒸气蒸馏法提取了甘肃两个产地刺柏新鲜叶的精油，榆中产精油的主要成分为：α-蒎烯（44.92%）、1-石竹烯（9.23%）、(-)-异喇叭烯（6.50%）、α-石竹烯（5.60%）、月桂烯（4.54%）、d-杜松烯（3.37%）、10S,11S-雪松-3(12)，4-二烯（2.85%）、右旋萜二烯（2.72%）、1,2,4a,5,6,7,8,9a-八氢-3,5,5-三甲基-1H-苯并环庚烯（2.52%）、(+)-环苜蓿烯（2.42%）、β-蒎烯（2.01%）、穿心莲内酯（1.45%）等；碌曲产精油的主要成分为：二-表-α-柏木烯（31.87%）、环己烯（15.28%）、γ-榄香烯（10.05%）、澳白檀醇（5.80%）、α-蒎烯（5.79%）、右旋萜二烯（5.11%）、β-愈创木烯（4.75%）、顺式-4-侧柏醇（3.55%）、d-杜松烯（2.20%）、4-萜品醇乙酸酯（1.32%）、9,10-脱氢环异长叶烯（1.27%）、雪松烯（1.01%）等。

果实：余定学等（1995）用水蒸气蒸馏法提取的新鲜果实精油的主要成分为：月桂烯（27.08%）、α-蒎烯（26.13%）、γ-杜松烯（10.66%）、柠檬烯（5.97%）、β-蒎烯（3.17%）、γ-木罗烯（2.44%）、α-橙椒烯（2.43%）、莰烯（2.31%）、异松油烯（2.12%）、顺-α-木罗烯（2.04%）等。

【利用】木材可作船底、桥柱、桩木、工艺品、文具及家具等用材。在长江流域各大城市多栽培作庭园树，也可作水土保持的造林树种。枝叶、木材精油可提取雪松脑和合成乙酸雪松酯；可作香精的定香剂；可用于调配皂用和化妆品香精；也是一种光学玻璃清净剂和显微镜镜头的油浸剂。果实精油为调香原料。

## 杜松

*Juniperus rigida* Sieb. et Zucc.

**柏科　刺柏属**

**别名：** 崩松、刚灰、棒儿松、软叶杜松、刺柏

**分布：** 黑龙江、吉林、辽宁、内蒙古、河北、山西、陕西、甘肃、宁夏等地

【形态特征】灌木或小乔木，高达10 m；枝条直展，形成塔形或圆柱形的树冠，枝皮褐灰色，纵裂；小枝下垂，幼枝三棱形，无毛。叶三叶轮生，条状刺形，质厚，坚硬，长1.2～1.7 cm，宽约1 mm，上部渐窄，先端锐尖，叶面凹下成深槽，槽内有1条窄白粉带，叶背有明显的纵脊，横切面成内凹的“V”状三角形。雄球花椭圆状或近球状，长2～3 mm，药隔三角状宽卵形，先端尖，背面有纵脊。球果圆球形，径6～8 mm，成熟前紫褐色，熟时淡褐黑色或蓝黑色，常被白粉；种子近卵圆形，长约6 mm，顶端尖，有4条不显著的棱角。

【生长习性】生于比较干燥的山地。是强阳性树种，耐阴、耐干旱、耐严寒、喜冷凉气候。对土壤的适应性强，耐干旱瘠薄土壤，能在岩缝中顽强生长，可以在海边干燥的岩缝间或砂砾地生长。

【精油含量】水蒸气蒸馏新鲜枝叶的得油率为0.50%～1.00%。

【芳香成分】王蕴秋等（1991）用水蒸气蒸馏法提取的北京产杜松新鲜叶精油的主要成分为：α-蒎烯（38.66%）、月桂烯（13.82%）、柠檬烯（6.78%）、桧烯（6.12%）、十一烷醇（3.27%）、4,7-二甲基-1-(1-甲乙烯基)-六氢化萘（2.66%）、苧酮（2.16%）、γ-萜品醇（1.67%）、乙酸冰片酯（1.38%）、1-甲乙烯基环戊烷（1.35%）、萜品-4-醇（1.28%）、β-丁香烯（1.27%）、3,7,11-三甲基-2,6,10-十二碳三炔醇（1.19%）等。

【利用】木材可作工艺品、雕刻品、家具、器具及农具等用材。可栽培作庭园树。果实入药，有利尿、发汗、驱风的效用。精油能放松运动后僵硬的肌肉，热敷能纾解腿部痉挛的疼痛、筋骨扭伤；精油的杀菌、防腐、排毒、消毒甚至抗菌的功效十分显著，常用于减缓咳嗽、顺畅呼吸。

## 福建柏

*Fokienia hodginsii* (Dunn) Henry et Thomas

**柏科　福建柏属**

**别名：** 建柏、滇柏、广柏、滇福建柏

**分布：** 我国特有浙江、福建、江西、湖南、广东、贵州、云南、重庆、广西、四川等地

【形态特征】乔木，高达17 m；树皮紫褐色，平滑；生鳞叶的小枝扁平，排成一平面，2和3年生枝褐色，光滑，圆柱形。鳞叶2对交叉对生，成节状，生于幼树或萌芽枝中央的叶呈楔状倒披针形，通常长4～7 mm，宽1～1.2 mm，上面的叶蓝绿色，下面的叶两侧具凹陷的白色气孔带，侧面的叶对折，近长椭圆形，背有棱脊，先端渐尖，背侧面具1凹陷的白色气孔带；生于成龄树上的叶较小，先端稍内曲，急尖或微钝。雄球花近球形。球果近球形，熟时褐色，径2～2.5 cm；种子顶端尖，具3～4棱，长约4 mm，上部有两个大小不等的翅。花期3～4月，种子翌年10～11月成熟。

【生长习性】生于温暖湿润的山地森林中。喜气候温暖湿润，年平均气温15～20℃，极端最低气温不低于-12℃，年降水量120 ml以上的环境。土壤为花岗岩、砂质岩、流纹岩发育的酸性山地黄壤和黄棕壤，pH值5～6。阳性树种，幼株能耐一定庇荫。

【精油含量】水蒸气蒸馏叶的得油率为0.12%～0.50%。

【芳香成分】潘炯光等（1991）用水蒸气蒸馏法提取的浙江龙泉产福建柏叶精油的主要成分为：α-蒎烯（24.89%）、柠檬烯（8.46%）、石竹烯氧化物（4.01%）、芮木烯（3.22%）、反式-葛缕醇（2.30%）、榄香烯（2.20%）、葛缕酮（2.03%）、反式-蒎葛缕醇（1.75%）、α-松油醇（1.59%）、马鞭草烯酮（1.59%）、β-蒎烯（1.40%）、乙酸松油酯（1.40%）、β-桉叶醇（1.25%）等。

【利用】木材可作房屋建筑、桥梁、土木工程及家具等用材。可作造林树种。叶精油为日用化工原料之一。

## 北美乔柏

*Thuja plicata* D. Don

**柏科　崖柏属**

**别名：** 红雪松、西部侧柏、大侧柏、美桧、北美红桧、香杉、西洋杉、美国红杉、北美红杉、美国桧木

**分布：** 江苏、江西等地有栽培

【形态特征】大乔木，在原产地高达70 m，胸径2 m；树皮棕红褐色，不规则条状浅裂；大枝平展，枝稍下垂。生鳞叶的小枝排成平面，分枝多，扁平，上面的鳞叶绿色，下面的微有白粉，鳞叶长1～3 mm，先端急尖，延伸成一长尖头，两侧之叶的尖头直伸，与小枝的枝轴近平行，先端不紧贴小枝而有一空隙。球果矩圆形，长约1.2 cm；种鳞5～6对，通常仅3对发育生有种子，鳞背近顶端有突起的尖头；种子扁，两侧有翅，两端有凹缺。

【生长习性】喜光，有一定的耐阴性，耐寒性中等。对土壤要求不严，喜潮湿气候和微酸性土壤，具有一定的耐盐碱能力。生长速度中等偏慢。

【芳香成分】丁洪美等（1989）用水蒸气蒸馏法提取的浙江杭州产北美乔柏叶精油的主要成分为：苧酮（42.18%）、桧烯（11.99%）、松香酸（7.88%）、1,2,3,4a,4b,5,6,7,8a,9-十氢-1,1,4b,7-四甲基-7-菲（4.42%）、7-癸烯-2-酮（4.21%）、葑酮（4.18%）、γ-松油烯（3.04%）、α-蒎烯（2.62%）、萜品-4-醇（2.21%）、乙酸龙脑酯（2.16%）、α-月桂烯（2.00%）、柠檬烯（1.81%）、α-侧柏烯（1.75%）、α-葑烯（1.60%）、对伞花烯（1.55%）、α-松油烯（1.54%）、α,α,4-三甲基-3-环己烯-L-甲醇

乙酸酯（1.10%）等。

【利用】木材可作建筑、家具、门窗、舟车、柱材、椿木、桥梁、细木工及美术工艺等用材。栽培作园林绿化或庭园观赏树。

## 北美香柏
*Thuja occidentalis* Linn.

**柏科　崖柏属**

**别名：**香柏、美国侧柏、黄心柏木、美国金钟柏

**分布：**河南、北京、山东、江西、上海、江苏、浙江、湖北等地有栽培

【形态特征】乔木，在原产地高达20 m；树皮红褐色或橘红色，纵裂成条状块片脱落；当年生小枝扁，2～3年后逐渐变成圆柱形。叶鳞形，先端尖，小枝上面的叶绿色或深绿色，下面的叶灰绿色或淡黄绿色，中央之叶楔状菱形或斜方形，长1.5～3 mm，宽1.2～2 mm，两侧的叶船形，叶缘瓦覆于中央叶的边缘，尖头内弯。球果幼时直立，绿色，成熟时淡红褐色，向下弯垂，长椭圆形，长8～13 mm，径6～10 mm；种鳞通常5对，稀4对，薄木质，靠近顶端有突起的尖头，下部2～3对种鳞能育，宽椭圆形，各有1～2粒种子，上部2对不育，常呈条形，最上一对的中下部常结合而生；种子扁，两侧具翅。

【生长习性】生长较慢。阴性，耐寒，喜湿润气候。对土壤要求不严，能生长于温润的碱性土中。耐修剪，抗烟尘和有毒气体的能力强。

【精油含量】水蒸气蒸馏阴干枝叶的得油率为1.83%～1.95%。

【芳香成分】何静等（1989）用水蒸气蒸馏法提取的江西庐山产北美香柏叶精油的主要成分为：苧酮（54.81%）、葑酮（10.33%）、7-癸烯-2-酮（6.81%）、桧烯（3.52%）、松香酸（2.50%）、樟脑（2.48%）、乙酸龙脑酯（2.10%）、α-葑烯（1.96%）、萜品-4-醇（1.74%）、1,2,3,4a,4b,5,6,7,8a,9-十氢-1,1,4b,7-四甲基-7-菲（1.63%）、α-蒎烯（1.55%）、柠檬烯（1.34%）、α,α,4-三甲基-3-环己烯-L-甲醇乙酸酯（1.30%）、α-月桂烯（1.16%）等。

【利用】木材可作器具、家具等用材。园林上常作园景树点缀装饰树坛，亦适合作绿篱、盆景。枝叶精油可以直接用于配制香精，有祛痰作用，用于治疗支气管炎、鼻炎等症；也可作防虫剂。

## 朝鲜崖柏
*Thuja koraiensis* Nakai

**柏科　崖柏属**

**别名：**长白侧柏、朝鲜柏

**分布：**吉林、黑龙江

【形态特征】乔木，高达10 m，胸径30～75 cm；幼树树皮红褐色，平滑，有光泽，老树树皮灰红褐色，浅纵裂；当年生枝绿色，2年生枝红褐色，3和4年生枝灰红褐色。叶鳞形，中央之叶近斜方形，长1～2 mm，先端微尖或钝，侧面的叶船形，宽披针形，先端钝尖、内弯；小枝上面的鳞叶绿色，下面的鳞叶被白粉。雄球花卵圆形，黄色。球果椭圆状球形，长9～10 mm，径6～8 mm，熟时深褐色；种鳞4对，交叉对生，薄木质，最下部的种鳞近椭圆形，中间两对种鳞近矩圆形，最上部的种鳞窄长，近顶端有突起的尖头；种子椭圆形，扁平，长约4 mm，宽约1.5 mm，两侧有翅。

【生长习性】喜生于空气湿润、腐殖质多的肥沃土壤中，多见于山谷、山坡或山脊，裸露的岩石缝中也有生长。

【精油含量】水蒸气蒸馏叶的得油率为4.70%，半干枝叶的得油率为2.50%。

【芳香成分】戚继忠等（1995）用水蒸气蒸馏法提取的吉林产朝鲜崖柏半干枝叶精油的主要成分为：乙酸香芹酯（33.37%）、葑酮（15.73%）、苧酮（11.28%）、桧烯（8.23%）、4-松油醇（5.13%）、δ-杜松烯（3.60%）、乙酸松油酯（3.39%）、

(-l)-榄香醇（2.60%）、柠檬烯（1.82%）、γ-松油烯（1.21%）、侧柏酮（1.05%）等。

【利用】木材可作建筑、舟车、器具、家具、农具等用材；枝叶民间用以治疗皮肤病等。叶可提取精油或为制线香的原料，精油中含有许多较重要的药用成分。

## 日本香柏

*Thuja standishii* (Gord.) Carr.

**柏科　崖柏属**

**分布：**江苏、江西、山东、浙江有栽培

【形态特征】乔木，在原产地高达18 m；树皮红褐色，裂成鳞状薄片脱落；大枝开展，枝端下垂，形成宽塔形树冠。生鳞叶的小枝较厚，扁平，下面的鳞叶无明显的白粉或微有白粉；鳞叶先端钝尖或微钝，中央之叶尖头下方无腺点，平，稀有纵槽，两侧之叶较中央的叶稍短或等长，尖头丙弯。球果卵圆形，长10 mm，熟时暗褐色；种鳞5～6对，仅中间2～3对发育生有种子；种子扁，两侧有窄翅。

【生长习性】生长良好，耐修剪。耐低温，喜湿润环境。

【芳香成分】丁洪美等（1989）用水蒸气蒸馏法提取的江西庐山产日本香柏叶精油的主要成分为：桧烯（20.25%）、苧酮（19.12%）、萜品-4-醇（7.63%）、葑酮（7.47%）、乙酸龙脑酯（7.17%）、7-癸烯-2-酮（6.81%）、α-月桂烯（3.71%）、α-葑烯（3.03%）、α-蒎烯（3.00%）、γ-松油烯（2.84%）、柠檬烯（2.76%）、α,α,4-三甲基-3-环己烯-L-甲醇乙酸酯（2.35%）、α-松油烯（1.80%）、α-侧柏烯（1.21%）、松香酸（1.19%）、对伞花烯（1.03%）等。

【利用】是我国亚热带中山用材林、风景林、水土保持林的优良树种，可作庭院观赏树种。木材可作建筑用材。叶精油可做香料。

## 崖柏

*Thuja sutchuenensis* Franch.

**柏科　崖柏属**

**别名：**崖柏树、四川侧柏

**分布：**四川

【形态特征】灌木或乔木；枝条密，开展，生鳞叶的小枝扁。叶鳞形，生于小枝中央之叶斜方状倒卵形，有隆起的纵脊，有的纵脊有条形凹槽，先端钝，下方无腺点，侧面之叶船形，宽披针形，较中央之叶稍短，先端钝，尖头内弯，两面均为绿色，无白粉。雄球花近椭圆形，长约2.5 mm，雄蕊约8对，交叉对生，药隔宽卵形，先端钝。幼小球果长约5.5 mm，椭圆形，种鳞8片，交叉对生，最外面的种鳞倒卵状椭圆形，顶部下方有一鳞状尖头。未见成熟球果。

【生长习性】生于海拔1500 m以上的石灰岩山地。阳性树，稍耐阴，耐瘠薄干燥土壤，忌积水，喜空气湿润和钙质土

壤，不耐酸性土和盐土。要求气温适中，超过32℃生长停滞，在-10℃低温下持续10天即受冻害。

【精油含量】亚临界萃取干燥木材的得油率为6.30%。

【芳香成分】木材：张育光等（2015）用亚临界萃取法提取的重庆城口产崖柏干燥木材精油的主要成分为：罗汉柏烯（34.74%）、α-柏木脑（20.91%）、花侧柏烯（3.41%）、β-雪松烯（3.29%）、α-柏木烯（2.25%）、β-桉叶油醇（2.00%）、γ-木罗烯（1.06%）等。

叶：吴章文等（2010）用吸附法采集的重庆城口产崖柏新鲜叶挥发油的主要成分为：α-蒎烯（20.86%）、正二十七烷（7.47%）、正二十九烷（6.67%）、正二十八烷（6.50%）、4-羟基-4甲基-2-戊酮（6.36%）、萘（6.17%）、正二十六烷（5.88%）、正二十五烷（5.61%）、正三十烷（4.79%）、正三十一烷（4.08%）、正二十四烷（3.80%）、苯乙烯（3.01%）、正二十三烷（2.68%）、正三十二烷（2.37%）、δ-3-蒈烯（2.02%）、邻苯二甲酸二异丁酯（1.86%）、正三十三烷（1.82%）、β-月桂烯（1.28%）、苯甲酸乙酯（1.25%）、正二十二烷（1.04%）等。

【利用】可作观赏及生产用材和树脂。可作熏香可以改善心情，提高免疫力。饮片冲茶泡酒，可润肠祛油、美颜润肤。精油对虫蚁叮咬、无名肿痛有奇效。

## 叉子圆柏

*Sabina vulgaris* Antoine

**柏科　圆柏属**

**别名：**沙地柏、爬地柏、新疆圆柏、天山圆柏、双子柏、爬柏、臭柏

**分布：**新疆、宁夏、内蒙古、青海、甘肃、陕西

【形态特征】匍匐灌木，高不及1 m，稀灌木或小乔木；枝密，斜上伸展，枝皮灰褐色，裂成薄片脱落；1年生枝的分枝圆柱形。叶二型：刺叶常生于幼树上，常交互对生或兼有三叶交叉轮生，排列较密，长3～7 mm，先端刺尖，上面凹，下面拱圆，中部有腺体；鳞叶交互对生，斜方形或菱状卵形，长1～2.5 mm，背面中部有腺体。雌雄异株，稀同株；雄球花椭圆形或矩圆形，长2～3 mm，雄蕊5～7对，药隔钝三角形；雌球花曲垂或初期直立而随后俯垂。球果生于向下弯曲的小枝顶端，熟前蓝绿色，熟时褐色至紫蓝色或黑色，多少有白粉，多为2～3粒种子；种子卵圆形，长4～5 mm，顶端钝或微尖，有纵脊与树脂槽。

【生长习性】生于海拔1100～2800 m的多石山坡，或生于砂丘上。喜光，喜凉爽干燥的气候，耐寒、耐旱、耐瘠薄。对土壤要求不严，不耐涝。适应性强，生长较快。

【精油含量】水蒸气蒸馏枝叶的得油率为1.80%～2.40%，果实的得油率为1.60%～2.50%，种子的得油率为2.20%。

【芳香成分】叶：田旭平等（2009；2012）用水蒸气蒸馏法提取新疆产叉子圆柏叶精油的主成分不同，乌鲁木齐产干燥叶精油的主要成分为：乙酸香桧酯（39.82%）、(Z)-2,7-二甲基，3-辛烯-5-炔（15.29%）、β-香茅醇（10.83%）、α-雪松醇（10.81%）、4-甲基-1-(1异丙基)-3-环已烯-1-醇（2.83%）、1-β-蒎烯（2.63%）、侧柏烯（1.98%）、α-长叶蒎烯（1.46%）、Δ3-蒈烯（1.25%）、1-柠檬烯（1.13%）等；天山产新鲜叶精油的主要成分为：2,7-二甲基-3-辛烯-5-炔（51.88%）、α-雪松醇（12.69%）、乙酸香桧酯（4.37%）、1-水芹烯（4.24%）、3,7-二甲基-2,6-辛二烯酸甲酯（2.88%）、3,6,6-三甲基-双环[3.1.1]庚-2-烯（2.43%）、α-长叶蒎烯（1.91%）、1-柠檬烯（1.65%）、Δ3-蒈烯（1.24%）、β-侧柏酮（1.01%）等。

果实：贺迪经等（1991）用水蒸气蒸馏法提取的新疆布尔津产叉子圆柏果实精油的主要成分为：香桧烯（64.23%）、β-萜品醇（3.22%）、香叶烯（3.07%）、α-蒎烯（2.75%）、芳樟醇（2.56%）、柏木脑（2.11%）、β-石竹烯（1.83%）、α-侧柏烯（1.73%）、乙酸香桧酯（1.63%）、柠檬烯（1.55%）、4-萜品醇（1.55%）、4-蒈烯（1.24%）、臭蚁醇（1.17%）等。

【利用】民间曾用种子及枝叶入药。枝叶精油具有杀虫活性；果实精油可用作医药保健和日化工业原料。是良好的地被树种，宜护坡固沙，作水土保持及固沙造林用树种。

## 垂枝香柏

*Sabina pingii* (Cheng ex Ferrē) Cheng et W. T. wang

**柏科　圆柏属**

**别名：**乔桧

**分布：**四川、云南

【形态特征】乔木，高达30 m，胸径可达1 m以上；树皮褐灰色，裂成条片脱落；上部的枝条斜伸，下部的枝条近平展；小枝常成弧状弯曲，枝皮灰紫褐色，裂成不规则薄片脱落；生

叶的小枝呈柱状六棱形，下垂，通常较细。叶三叶交叉轮生，排列密，三角状长卵形或三角状披针形，下面之叶的先端瓦覆于上面之叶的基部，长3～4 mm，先端急尖或近渐尖，有刺状尖头，上（腹）面凹，有白粉，下（背）面有明显的纵脊。雄球花椭圆形或卵圆形，长3～4 mm。球果近球形，长7～9 mm，熟时黑色，有光泽，有1粒种子；种子近球形，具明显的树脂槽，顶端钝尖，基部圆，长5～7 mm。

【生长习性】生于海拔2600～3800 m、高山立地条件较差的山脊上，常与云杉类、落叶松类针叶树种混生成林。

【精油含量】水蒸气蒸馏干燥小枝和叶的得油率为1.53%。

【芳香成分】董艳芳等（2013）用水蒸气蒸馏法提取的四川阿坝产垂枝香柏干燥小枝和叶精油的主要成分为：桧烯（18.02%）、α-可巴烯-11-醇（10.68%）、烃类含氧衍生物（8.65%）、4-萜品醇（7.25%）、α-侧柏烯（3.77%）、2-蒎烯（3.56%）、γ-萜品烯（3.53%）、α,α,4a-三甲基-8-亚甲基-十氢化-2-萘甲醇（3.15%）、α,α,4a,8-四甲基-1,2,3,4,4a,5,6,8a-八氢-2-萘甲醇（2.77%）、β-水芹烯（2.68%）、2-十三酮（2.61%）、(+)-4-蒈烯（2.22%）、反-β-松油醇（1.92%）、石竹烯（1.79%）、杜松1(10)，4-二烯（1.72%）、侧柏酮（1.63%）、1,2-二异丙烯基环丁烷（1.56%）、顺-β-松油醇（1.55%）、异喇叭茶烯（1.32%）、γ-桉叶醇（1.31%）、异丁香醇（1.18%）等。

【利用】是优良用材树种，木材可作建筑、器具、家具等用材。可作分布区内森林更新及荒山造林树种。亦可作庭园树。

## 香柏

*Sabina pingii* (Cheng ex Ferre) Cheng et W. T. Wang var. *wilsonii* (Rehd.) Cheng et L. K. Fu

**柏科　圆柏属**

**别名：**小果香柏、小果香桧

**分布：**四川、云南、西藏、湖北、陕西、甘肃等地

【形态特征】垂枝香柏变种。本变种与垂枝香柏的区别在于其为匍匐灌木或灌木，枝条直伸或斜展，枝梢常向下俯垂，若成乔木则枝条不下垂。叶形、叶的长短、宽窄、排列方式及其紧密程度，叶背棱脊明显或微明显，基部或中下部有无腺点或腺槽，均有一定的变异。以叶为刺形、三叶交叉轮生、背脊明显，生叶小枝呈六棱形最为常见，亦有刺叶较短较窄、排列较密，或兼有短刺叶（可呈鳞状刺形）及鳞叶（在枝上交叉对生、排列紧密，生叶小枝呈四棱形）的植株。

【生长习性】生长于高海拔的灌丛、林地、各种岩石基质和高寒草原土壤，气候寒冷的有一些季风影响的高山区。阴性，耐寒，喜湿润气候。不择土壤，能生长于潮湿的碱性土壤上。生长较慢。

【精油含量】有机溶剂回流法提取干燥叶的得油率为2.65%。

【芳香成分】涂永勤等（2009）用水蒸气蒸馏法提取的四川康定产香柏干燥带叶小枝精油的主要成分为：α-杜松醇（16.70%）、α-小茴香烯（14.98%）、3,7,11-甲基-2,6,10-十二碳三烯-1-醇（6.49%）、1-甲基-4-[1-甲基乙基]-1,4-环己二烯（4.74%）、贝壳杉-5,16-二烯-18[19]-醇（3.62%）、1,2,3,4,4a,5,6,7-八氢-α,α,4a,8-四甲基-2-甲醇萘（3.04%）、[+]-4-蒈烯（2.81%）、D-柠檬烯（2.71%）、β-月桂烯（2.59%）、雪松醇（2.40%）、α-蒎烯（2.36%）、1,1,4a-三甲基-7-异丙基-1,2,3,4,4a,9,10,10a-八氢菲（2.32%）、[+]-2-蒈烯（1.42%）、[8β,13β]-贝壳杉-16-烯（1.32%）、[1α,4aα,8aα]-1,2,4a,5,6,8a-六氢-4,7-二甲基-1-[1-甲乙基]-萘（1.30%）、[2R-[2α,4aα,8aβ]]-十氢-α,α,4a-三甲基-8-亚甲基-2-萘甲醇（1.28%）、1-甲基-4-[1-甲乙基]-苯（1.19%）、环十三内酯（1.15%）、3,7,11-三甲基-1,6,10-十二烷-3-烯（1.11%）、[3aS-[3aα,3bβ,4β,7α,7aS]]-八氢-7-甲基-3-亚甲基-4-[1-甲乙基]-1H-环戊[1,3]环丙[1,2]苯（1.09%）、[-]-γ-杜松醇（1.08%）、3-侧柏烯（1.01%）等。

【利用】藏药。叶用于肾病，炭疽病，痈疖肿毒；球果用于肝、胆、肺之热症，风寒湿痹。广泛用作园艺，作盆景或装饰

用树。为分布区高山上部的水土保持树种。精油可作为首选油镜光学介质。

## 方枝柏

*Sabina saltuaria* (Rehd. et Wils.) Cheng et W. T. Wang

**柏科　圆柏属**
**别名：** 方香柏、方枝桧、木香
**分布：** 我国特有甘肃、四川、西藏、云南

【形态特征】乔木，高达15 m，胸径达1 m；树皮灰褐色，裂成薄片状脱落；树冠尖塔形；小枝四棱形。鳞叶深绿色，二回分枝上之叶交叉对生，成四列排列，紧密，菱状卵形，长1～2 mm，先端钝尖或微钝，微向内曲；一回分枝上之叶三叶交叉轮生，先端急尖或渐尖，长2～4 mm，背面腺体较窄长；幼树之叶三叶交叉轮生，刺形，长4.5～6 mm，上部渐窄成锐尖头，上面凹下，微被白粉，下面有纵脊。雌雄同株，雄球花近圆球形，长约2 mm，雄蕊2～5对，药隔宽卵形。球果直立或斜展，卵圆形或近圆球形，长5～8 mm，熟时黑色或蓝黑色，无白粉，有光泽；种子1粒，卵圆形，长4～6 mm，径3～5 mm。

【生长习性】生于海拔2400～4300 m山地。

【精油含量】水蒸气蒸馏枝叶的得油率为3.49%。

【芳香成分】王战国等（2011）用水蒸气蒸馏法提取的四川茂县产方枝柏枝叶精油的主要成分为：榄香醇（31.50%）、柏木脑（10.88%）、α-桉叶醇（10.86%）、δ-杜松烯（6.80%）、4-萜烯醇（5.95%）、2-亚甲基-5-(1-甲基乙烯基)-8-甲基-双环[5.3.0]癸烷（4.30%）、贝壳杉二醇（3.67%）、γ-桉叶醇（3.42%）、δ-杜松醇（3.36%）、亚油酸甲酯（3.29%）、油酸甲酯（2.49%）、桧烯（1.99%）、邻苯二甲酸二丁酯（1.62%）、泪杉醇（1.51%）、1-异亚丙基-4-亚甲基-7-甲基-1,2,3,4,4a,5,6,8a-八氢萘（1.50%）、α-紫穗槐烯（1.25%）、四甲基环癸二烯甲醇（1.11%）等。

【利用】木材可供建筑、家具、器具等用材。可作分布区干旱阳坡的造林树种。

## 高山柏

*Sabina squamata* (Buch.-Hamilt.) Ant.

**柏科　圆柏属**
**别名：** 粉柏、大香桧、岩刺柏、陇桧、鳞桧、山柏、藏柏、香青、刺柏、团香、浪柏、柏香
**分布：** 西藏、云南、贵州、四川、甘肃、陕西、湖北、安徽、福建、台湾等地

【形态特征】灌木，高1～3 m，或成匍匐状，或为乔木，高5～10余m，稀更高，胸径可达1 m；树皮褐灰色；枝皮暗褐色或微带紫色或黄色，裂成不规则薄片脱落。叶全为刺形，三叶交叉轮生，披针形，基部下延生长，长5～10 mm，宽1～1.3 mm，直或微曲，先端具急尖或渐尖的刺状尖头，上面稍凹，具白粉带，下面拱凸具钝纵脊，沿脊有细槽或下部有细槽。雄球花卵圆形，长3～4 mm，雄蕊4～7对。球果卵圆形或近球形，成熟前绿色或黄绿色，熟后黑色或蓝黑色，稍有光泽，无白粉，内有种子1粒；种子卵圆形或锥状球形，长4～8 mm，径3～7 mm，有树脂槽，上部常有明显或微明显的2～3钝纵脊。

【生长习性】常生于海拔1600～4000 m高山地带。喜光树种，能耐侧方遮阴。喜凉爽湿润的气候，耐寒性强。喜肥沃的钙质土，忌低湿，耐修剪，生长慢。

【芳香成分】王蕴秋等（1991）用水蒸气蒸馏法提取的北京产高山柏新鲜叶精油的主要成分为：桧烯（17.75%）、4-甲基-(1,5-二甲基-4-乙烯基)-3-环己烯醇（14.91%）、乙酸冰片酯

（9.04%）、3,6,8,8-四甲基-7-亚甲基-六氧化薁（8.16%）、柠檬烯（7.19%）、萜品-4-醇（5.98%）、1,2-二甲氧基-4-(1-丙烯基)苯（4.85%）、1,3-二甲基-β-(1-甲基乙烯基)-三环-癸三烯（4.43%）、月桂烯（3.72%）、香榧醇（3.56%）、α-榄香醇（3.52%）、1,1,5,5-四甲基-六氢亚甲基萘（2.21%）、4,7-二甲基-1-(1-甲乙烯基)-六氢化萘（2.15%）、3,3,7,9-四甲基-三环十一烯（1.61%）、4-(2,6,6-三甲基-2-环己烯)-2-丁酮（1.47%）等。

【利用】最适合孤植点缀假山石、庭院或建筑，盆栽作室内布置，或盆景观赏。

## 铺地柏

*Sabina procumbens* (Endl.) Iwata et Kusaka

**柏科　圆柏属**
**别名：**铺地松、匍地柏、矮桧、偃柏、地柏、爬地柏
**分布：**辽宁、山东、江西、云南及华东各地有栽培

【形态特征】匍匐灌木，高达75 cm；枝条延地面扩展，褐色，密生小枝，枝梢及小枝向上斜展。刺形叶三叶交叉轮生，条状披针形，先端渐尖成角质锐尖头，长6～8 mm，上面凹，有两条白粉气孔带，气孔带常在上部汇合，绿色中脉仅下部明显，不达叶之先端，下面凸起，蓝绿色，沿中脉有细纵槽。球果近球形，被白粉，成熟时黑色，径8～9 mm，有2～3粒种子；种子长约4 mm，有棱脊。

【生长习性】喜生于湿润肥沃排水良好的钙质土壤，适应性强，耐瘠薄，对土壤不甚选择，在平地或悬崖峭壁上都能生长，能在干燥的砂地上生长良好，忌低湿地点。耐寒、耐旱、抗盐碱能力强。喜阳光充足，但亦耐阴。

【精油含量】水蒸气蒸馏新鲜叶的得油率为0.68%，新鲜枝叶的得油率为0.58%。

【芳香成分】赵文生等（2011）用同时蒸馏萃取法提取的吉林省吉林市产铺地柏新鲜叶精油的主要成分为：β-水芹烯（17.06%）、2-十一烷酮（8.35%）、α-蒎烯（6.16%）、3,7-二甲基-6-辛烯酸甲酯（5.87%）、α-杜松醇（4.07%）、β-月桂烯（3.29%）、(-)-4-萜品醇（2.96%）、τ-依兰油醇（2.56%）、(+)-δ-杜松烯（2.44%）、香叶酸甲酯（2.36%）、(R)-(+)-β-香茅醇（2.34%）、γ-萜品烯（2.31%）、大香叶烯D-4-醇（2.16%）、D-柠檬烯（1.44%）、榄香醇（1.38%）、(+)-2-蒈烯（1.36%）、大牻牛儿烯B（1.31%）、α-侧柏烯（1.15%）、异戊酸异戊酯（1.00%）等。

【利用】栽培作观赏树，在园林中可配植于岩石园或草坪角隅，也是缓土坡的良好地被植物，亦经常盆栽观赏。抗烟尘，抗二氧化硫、氯化氢等有害气体。

## 祁连圆柏

*Sabina przewalskii* Kom.

**柏科　圆柏属**
**别名：**祁连山圆柏、陇东圆柏、蒙古圆柏、柴达木松、柴达木圆柏
**分布：**我国特有青海、甘肃、四川

【形态特征】乔木，高达12 m；树皮裂成条片脱落；小枝不下垂，1年生枝的一回分枝圆，二回分枝方圆或四棱。幼树叶通常为刺叶，大树叶几乎全为鳞叶；鳞叶交互对生，菱状卵形，长1.2～3 mm，背面被蜡粉，背面腺体圆形、卵圆形或椭圆形；刺叶三枚交互轮生，三角状披针形，长4～7 mm，腹面凹，有白粉带，中脉隆起。雌雄同株。球果近圆球形，长8～13 cm；种子多为扁方圆形或近圆形，长7.0～9.5 mm，两侧有凸起棱脊。

【生长习性】常生于海拔2600～4000 m地带的阳坡。耐旱性强。

【精油含量】水蒸气蒸馏干燥叶的得油率为1.18%～6.00%。

【芳香成分】不同研究者用水蒸气蒸馏法提取的青海产祁连圆柏叶精油的主成分不同，周维书等（1988）分析的干燥叶精油的主要成分为：柠檬烯（32.07%）、α-蒎烯（21.07%）、玷玾烯醇（8.00%）、反式-石竹烯（6.31%）、α-荜澄茄烯（5.54%）、β-蒎烯（3.83%）、松油醇-4(3.68%)、雪松烯（2.76%）、δ-杜松烯（2.41%）、萜烯-3(2.27%)、玷玾烯（2.18%）、δ-荜澄茄烯（1.49%）、α-松油烯（1.34%）、γ-杜松烯（1.12%）、侧柏酮（1.05%）等；刘喜梅等（2013）分析的互助产阴干叶精油的主要成分为：α-蒎烯（25.83%）、d-柠檬烯（14.64%）、β-水芹烯（8.98%）、罗汉柏烯（7.93%）、(+)-α-依兰油烯（3.60%）、(+)-δ-杜松烯（2.75%）、β-侧柏酮（2.44%）、D2-萜烯（2.31%）、(+)-α-长叶蒎烯（2.13%）、(-)-香叶烯（1.95%）、α-荜澄茄油烯（1.84%）、雪松醇（1.83%）、1-甲基-4-(1-甲基乙基)-1,4-环己二烯（1.79%）、(-)-4-萜品醇（1.62%）、α-榄香醇（1.51%）、表双环倍半水芹烯（1.40%）、(+)-b-香茅醇（1.24%）、(+)-4-萜烯（1.21%）、β-蒎烯（1.09%）、(+)-3-侧柏酮（1.02%）等。

【利用】叶药用，有止血、镇咳作用，主治吐血、尿血等症。木材可作建筑、家具、农具及器具等用材。可作分布区内干旱地区的造林树种。

## 小果垂枝柏

*Sabina recurva* (Buch.-Hamilt.) Ant. var. *coxii* (A. B. Jackson) Cheng et L. K. Fu

**柏科　圆柏属**
**别名：** 香刺柏
**分布：** 云南

【形态特征】垂枝柏变种。常为灌木；树皮褐色，裂成薄片脱落；枝梢与小枝弯曲而下垂。叶短刺形，3枚交互轮生，覆瓦状，排列较疏，近直伸，微内曲，上部渐窄，先端锐尖，长3～12 mm，宽约1 mm，叶面凹，色浅而微具白粉，有两条绿白色气孔带，绿色中脉明显，叶背凸，中下部沿中脉有纵槽，幼时灰绿色，老时绿色。雌雄同株，稀异株；雄球花黄色，椭圆状卵圆形，长2.5～5 mm；雌球花近圆球形，径约2 mm，珠鳞近顶端的分离部分三角形。球果卵圆形，长6～8 mm，径约5 mm，幼时微具白粉，成熟后紫黑色，无白粉，内有1粒种子；种子常成锥状卵圆形，长5～6 mm，径3～4 mm，常具3条纵脊。

【生长习性】生于海拔2400～3800 m地带，常生于冷杉林、云杉林或针叶树、阔叶树混交林内。

【芳香成分】徐磊等（2016）用XAD2吸附法提取的云南丽江产小果垂枝柏球果头香的主要成分为：柠檬烯（47.42%）、香桧烯（45.73%）、α-蒎烯（3.05%）、月桂烯（2.45%）、α-侧柏烯（1.23%）等。

【利用】木材可作建筑、家具等用材。

## 圆柏

*Sabina chinensis* (Linn.) Antoine

**柏科　圆柏属**
**别名：** 桧、刺柏、红心柏、珍珠柏、龙柏
**分布：** 内蒙古、河北、山东、山西、江苏、浙江、福建、安徽、江西、河南、陕西、甘肃、四川、湖北、湖南、贵州、广东、广西、云南、西藏

【形态特征】乔木，高达20 m，胸径达3.5 m；树皮深灰色，纵裂，裂成不规则的薄片脱落；生鳞叶的小枝近圆柱形或近四棱形。叶二型，刺叶生于幼树之上，老龄树则全为鳞叶，壮龄树兼有刺叶与鳞叶；鳞叶三叶轮生，近披针形，先端微渐尖，长2.5～5 mm，背面近中部有椭圆形微凹的腺体；刺叶三叶交互轮生，披针形，先端渐尖，长6～12 mm，上面微凹，有两条白粉带。雌雄异株，稀同株，雄球花黄色，椭圆形，长2.5～3.5 mm，雄蕊5～7对，常有3～4花药。球果近圆球形，

径6～8 mm，两年成熟，熟时暗褐色，有1～4粒种子；种子卵圆形，扁，顶端钝，有棱脊及少数树脂槽。

【生长习性】生于中性土、钙质土及微酸性土上。喜光但耐阴性很强。耐寒，耐热，对土壤要求不严。

【精油含量】水蒸气蒸馏根的得油率为2.00%～3.00%，心材的得油率为0.07%，叶的得油率为0.40%～2.06%。

【芳香成分】茎：林中文等（1999）用水蒸气蒸馏法提取的心材精油的主要成分为：泪柏醇（44.95%）、松香二烯（4.62%）、乙酸松油-4-酯（2.91%）、2-羟基-5-(3-甲基-2-丁烯基)-2,4,6-环庚三烯-1-酮（2.71%）、柏木醇（1.85%）、α-松油醇（1.37%）、β-红没药烯（1.32%）、香芹芥酚甲醚（1.14%）、松油-4-醇（1.09%）等。

叶：郝德君等（2006）用水蒸气蒸馏法提取的叶精油的主要成分为：桧烯（20.99%）、柠檬烯（19.78%）、醋酸冰片酯（11.68%）、δ-卡蒂烯（8.65%）、α-紫穗槐烯（4.96%）、α-卡蒂醇（4.20%）、τ-卡蒂醇（3.46%）、β-月桂烯（2.57%）、β-橙椒烯（2.33%）、防风根烯酮（2.26%）、α-木罗烯（2.03%）、大根香叶烯D（1.84%）、γ-杜松烯（1.63%）、α-蒎烯（1.57%）、内-1-波旁醇（1.13%）、辛三烯（1.06%）、α-异松油烯（1.01%）等；栽培种‘龙柏’阴干叶精油的主要成分为：醋酸冰片酯（26.01%）、柠檬烯（24.56%）、β-月桂烯（8.04%）、榄香醇（4.20%）、桧烯（3.52%）、(+)-表-二环代倍半水芹烯（2.71%）、大根香叶烯D（2.25%）、δ-卡蒂烯（1.86%）、α-异松油烯（1.24%）、τ-木罗醇（1.11%）、三环烯（1.08%）、α-蒎烯（1.05%）、莰烯（1.04%）等。

枝：郝德君等（2008）用水蒸气蒸馏法提取的江苏南京产‘龙柏’枝条精油的主要成分为：α-雪松醇（14.90%）、1,1,2,2-四甲基-3-亚甲基-8-氧代二环[4.3.0]壬碳-5-烯（7.84%）、罗汉柏烯（6.90%）、α-蒎烯（5.78%）、γ-木罗烯（5.52%）、柠檬烯（5.00%）、雪松烯（4.11%）、马兜铃酮（3.04%）、α-雪松烯（2.39%）、醋酸冰片酯（2.33%）、α-葎草烯（2.12%）、苯（2.10%）、5-苯并呋喃丙烯酸（2.02%）、α-柏木烯（2.01%）、1H-3a,7-亚甲基薁-6-甲醇（1.48%）、δ-杜松烯（1.43%）、雪松烯醇（1.41%）等。

【利用】根皮、枝叶入药，均具有驱风、散寒、活血、止血、消肿、利尿等功效，主治风寒感冒、风湿关节炎、尿路感染、荨麻疹与吐血、痔血、便血等症。园林供观赏。木材可作建筑用材。种子含油供工业及药用。木材和叶可提取柏木油、柏木脑，可作药用、香料化妆品的配料用。

## 偃柏

*Sabina chinensis* (Linn.) Antoine var. *sargentii* (Henry) Cheng et L. K. Fu

**柏科　圆柏属**

**别名：** 偃桧

**分布：** 东北

【形态特征】圆柏变种。匍匐灌木；小枝上升成密丛状，生鳞叶的小枝近圆柱形或近四棱形。叶二型，刺叶生于幼树之上，老龄树则全为鳞叶，壮龄树兼有刺叶与鳞叶；鳞叶三叶轮生，直伸而紧密，近披针形，先端微渐尖，长2.5～5 mm，背面近中部有椭圆形微凹的腺体；刺叶通常交叉对生，披针形，先端渐尖，长3～6 mm，排列较紧密，微斜展。雌雄异株，稀同株，雄球花黄色，椭圆形，长2.5～3.5 mm，雄蕊5～7对，常有3～4花药。球果近圆球形，径6～8 mm，两年成熟，蓝色，有1～4粒种子；种子卵圆形，扁，顶端钝，有棱脊及少数树脂槽。

【生长习性】在华北及长江下游地区生于海拔500 m以下，中上游海拔1000 m以下排水良好的山地。喜光树种，喜温凉、温暖气候及湿润土壤。

【精油含量】水蒸气蒸馏新鲜叶的得油率为0.22%。

【芳香成分】林立等（2015）用水蒸气蒸馏法提取的华北地区产偃柏新鲜叶精油的主要成分为：α-松油醇（20.27%）、D-

柠檬烯（11.77%）、橄香醇（6.94%）、β-蒎烯（6.29%）、桧烯（4.34%）、α-蒎烯（4.29%）、β-荜澄茄油烯（2.84%）、γ-桉叶醇（2.78%）、β-杜松烯（2.68%）、四甲基环癸二烯甲醇（2.56%）、木罗醇（2.33%）、萜品油烯（2.32%）、α-桉叶醇（2.27%）、松油烯-4-醇（1.93%）、γ-松油烯（1.78%）、表双环倍半水芹烯（1.77%）、桃柘酚（1.68%）、4-表-cubedol（1.54%）、γ-杜松烯（1.53%）、T-荜澄茄醇（1.49%）、异喇叭烯（1.42%）、γ-依兰油烯（1.26%）、龙脑（1.15%）等。

【利用】木材可作房屋建筑、家具、文具及工艺品等用材。枝叶入药，能祛风散寒、活血消肿、利尿。种子可提润滑油。为普遍栽培的庭园树种。树根、树干及枝叶可提取精油和柏木脑。

## 攀倒甑

*Patrinia villosa* (Thunb.) Juss.

**败酱科　败酱属**

**别名：** 白花败酱、败酱、胭脂麻、苦菜、萌菜、苦斋草、苦斋、鹿肠、毛败酱

**分布：** 台湾、江西、浙江、江苏、安徽、河南、湖北、湖南、广东、广西、贵州、四川

【形态特征】多年生草本，高50～120 cm；地下根状茎长而横走。基生叶丛生，卵形至长圆状披针形，长4～25 cm，宽2～18 cm，先端渐尖，边缘具粗钝齿，基部楔形下延，不分裂或大头羽状深裂；茎生叶对生，与基生叶同形，上部叶较窄小，常不分裂，叶面均鲜绿色或浓绿色，叶背绿白色。由聚伞花序组成顶生圆锥花序或伞房花序，分枝达5～6级，花序梗被粗糙毛；总苞叶卵状披针形至线形；花萼小，萼齿5，被短糙毛；花冠钟形，白色，5深裂，冠筒常比裂片稍长；雄蕊4，伸出；子房下位。瘦果倒卵形，与宿存增大苞片贴生；果苞卵形或椭圆形，顶端钝圆，基部楔形或钝。花期8～10月，果期9～11月。

【生长习性】生于海拔 50～2000 m的山地林下、林缘或灌丛中、草丛中。喜微酸性土壤，土壤pH以6左右为宜。喜生于较湿润和稍阴的环境，较耐寒。

【芳香成分】刘信平等（2008）用水蒸气蒸馏法提取的湖北恩施产攀倒甑全草精油的主要成分为：2-甲基-5-乙基呋喃（50.97%）、己二硫醚（9.47%）、1-己硫醇（6.97%）、紫苏醛（3.65%）、律草烷-1,6-二烯-3-醇（2.65%）、(Z,E)- α-法呢烯（2.62%）、反-石竹烯（2.41%）、亚麻酸甲酯（2.03%）、紫苏醇（1.63%）、邻苯二甲酸二异丁酯（1.43%）、樟脑（1.21%）、α-雪松醇（1.16%）、邻苯二甲酸单-2-乙基酯（1.07%）、冰片（1.06%）、6-氨基异喹啉（1.03%）等。刘伟等（2016）用同法

分析的干燥带根全草精油的主要成分为：伞花烃（10.72%）、2-甲基-6-羟喹啉（7.03%）、β-大马酮（6.75%）、β-紫罗兰酮（6.26%）、莳萝呋喃（4.92%）、2-戊基呋喃（3.94%）、苯乙醛（3.92%）、六氢金合欢基丙酮（3.83%）、己醛（3.39%）、异杜烯（3.35%）、异丙酚（3.35%）、(E)-5-戊氧基-2-戊烯（2.85%）、1-壬醛（2.48%）、十五烷（2.46%）、棕榈酸（2.35%）、5,5,8a-三甲基-3,6,7,8-四氢-2H-色烯（2.18%）、脱氢-芳环-紫罗烯（2.12%）、α-紫罗兰酮（1.95%）、1,3-环戊二烯（1.93%）、2,3-二氢-2,2,6-三甲基苯甲醛（1.88%）、α-紫罗烯（1.86%）、1,2,3,4-四氢-1,6,8-三甲基萘（1.84%）、1,2,3,4-四氢-1,5,7-三甲基萘（1.71%）、2,4-二-叔-丁基酚（1.71%）、5-氨基-1-乙基吡唑（1.61%）、反-7-苯并降冰片（1.59%）、橙花基丙酮（1.56%）、(1H)咪唑-4-乙腈（1.49%）、2,4,6-三甲基癸烷（1.43%）、β-环柠檬醛（1.34%）、2,4-二甲基-庚烷（1.30%）、2-己醛（1.24%）、3-乙基-1,4-己二烯（1.21%）等。

【利用】根茎及根为消炎利尿药；全草药用，能清热解毒、消肿排脓、活血祛瘀，治慢性阑尾炎。民间常以嫩苗作蔬菜食用，也作猪饲料用。

## 败酱

*Patrinia scabiosaefolia* Fisch. ex Trev.

**败酱科　败酱属**

**别名：**败酱草、豆渣菜、大吊花、黄花龙芽、黄花败酱、黄花苦菜、黄花香、将军草、假苦菜、苦猪菜、苦菜、女郎花、马草、麻鸡婆、土龙草、山芝麻、野芹、野黄花

**分布：**除宁夏、青海、新疆、西藏、海南外，全国均有分布

【形态特征】多年生草本，高30～200 cm；根状茎横卧或斜生，节处生多数细根；茎直立，黄绿色至黄棕色，有时带淡紫色。基生叶丛生，花时枯落，卵形或椭圆状披针形，长1.8～10.5 cm，宽1.2～3 cm，顶端钝或尖，基部楔形，边缘具粗锯齿，叶面暗绿色，叶背淡绿色，具缘毛；茎生叶对生，宽卵形至披针形，长5～15 cm，常羽状深裂或全裂，上部叶渐变窄小。花序为聚伞花序组成的大型伞房花序，顶生，具5～7级分枝；总苞线形，甚小；苞片小；花小；花冠钟形，黄色，裂片卵形。瘦果长圆形，长3～4 mm，具3棱，2不育子室棒槌状，能育子室略扁平，内含1椭圆形、扁平种子。花期7～9月。

【生长习性】常生于海拔50～2600 m的山坡林下、林缘和灌丛中以及路边、田埂边的草丛中。喜稍湿润环境，耐亚寒，一般土地均可栽培，但以较肥沃的砂壤土为佳。

【精油含量】水蒸气蒸馏根的得油率为8.00%，干燥全草的得油率为1.80%；超临界萃取干燥全草的得油率为0.41%。

【芳香成分】根茎：杨波等（2007）用超临界$CO_2$萃取法提取的黑龙江佳木斯产败酱根茎解析釜Ⅰ中精油的主要成分为：喇叭烯（11.00%）、石竹烯（10.20%）、β-石竹烯（9.76%）、3-桉叶烯（9.25%）、桉油精（7.58%）、1,8a-二甲基-7-异丙基-1,2,3,5,6,7,8,8a-八氢萘（6.33%）、丁香油酚醚（6.13%）、δ-杜松烯（5.62%）、α-石竹烯（5.01%）、δ-榄香烯（4.74%）、2,3-二甲基-1,5-二乙烯基-环己烷（4.21%）、1,1,7-三甲基-4-甲烯基-十氢-1H-环丙薁（2.50%）、2,3-二甲氧基-苯异丙烯（2.34%）、2,3-二羟基苯丙烯（1.31%）等；解析釜Ⅱ中精油的主要成分为：(E)-9-十八碳烯酸（21.90%）、油酸乙酯（16.00%）、十四酸（10.80%）、亚油酸乙酯（8.37%）、(Z,Z)-9,12-十八碳二烯酸（8.21%）、十六酸乙酯（7.67%）、2,6,10,14,18,22-二十四碳六烯（7.26%）、3-甲基丁酸（3.38%）、硬酯酸乙酯（2.73%）、喇叭烯（2.30%）、山嵛酸甲酯（2.16%）、(-)-斯巴醇（2.14%）、1,1-二乙氧基癸烷（1.69%）等。

全草：水蒸气蒸馏法提取的不同产地败酱全草精油的主成分不同。回瑞华等（2011）分析的辽宁千山产干燥全草精油的主要成分为：5,6,7,7a-四氢-4,4,7-三甲基-2(4氢)-苯并呋喃酮（16.50%）、3,4,5,7-四氢-3,6-二甲基-2(氢)-苯并呋喃酮（15.90%）、1-(2,6,6-三甲基-1,3-环己烯-1-基-2-丁烯-1-酮（7.22%）、二(2-甲基丙基)-邻苯二甲酸（6.62%）、法呢醇（6.08%）、1-甲基-4-(5-甲基-1-亚甲基-4-己烯基环己烯（5.59%）、6,10,14-三甲基-2-十五烷酮（5.42%）、甲基-二(1-甲基丙基)-丁二酸（5.14%）、桉叶油素（4.73%）、十九烷（3.48%）、二十烷（3.15%）、十八烷（2.72%）、十六酸（2.55%）、2,6,10,14-四甲基-十五烷（2.49%）、十七烷（2.34%）、1,2,4,5-四甲基-苯（1.99%）、十六烷（1.92%）、二(1-甲基丙基)-丁二酸（1.90%）、1,2,3,5,6,8a-六氢-4,7-二甲基-1-(1-甲基乙基)-萘（1.71%）、5-甲基-4-己烯-3-酮（1.68%）、4-(2,6,6-三甲基-1-环己烯-1-基)-3-丁烯-2-酮（1.21%）、3-叔丁基-4-羟基苯甲醚（1.07%）等。薛晓丽等（2016）分析的吉林省吉林市产新鲜全草精油的主要成分为：β-可巴烯（15.53%）、6-芹子烯-4-醇（12.34%）、石竹烯（8.29%）、β-桉叶烯（4.75%）、2,4,6-三甲基-3-环己烯-1-酮（4.64%）、马鞭草烯醇（3.51%）、2-(苯基甲氧基)丙酸甲酯（3.10%）、蒿酮（2.50%）、氧化石竹烯（2.47%）、桉油精（2.28%）、γ-榄香烯（2.21%）、大根香叶烯B（2.10%）、香桧醇（1.87%）、α-松油醇（1.79%）、顺-β-松油醇（1.78%）、α-杜松醇（1.62%）、γ-松油烯（1.62%）、2-崁醇（1.56%）、4-松油醇（1.56%）、葎草烯（1.55%）、1(10)，4-杜松二烯（1.47%）、α-可巴烯（1.44%）、γ-桉叶油醇（1.40%）、斯巴醇（1.36%）、植醇（1.19%）、2-莰酮（1.15%）、氧化香树烯（1.09%）、β-法呢烯（1.02%）等。刘伟等（2016）分析的干燥带根全草精油的主要成分为：3-甲基丁酸（25.11%）、棕榈酸（10.84%）、己酸（9.25%）、顺-茴香脑（7.51%）、白菖油萜（3.16%）、3-甲基戊酸（2.98%）、六氢金合欢基丙酮（2.87%）、1-(1-金刚烷基)-3-(1-甲基环戊基)氮杂环丙-2-酮（2.41%）、苯甲醛（1.94%）、己醛（1.85%）、4-己基-2,5-二氧呋喃-3-乙酸（1.75%）、1,2,3,4-四氢-1,6,8-三甲基萘（1.57%）、1,1,4,5-四甲基茚满（1.48%）、异戊酸酐（1.39%）、β-大马酮（1.35%）、(-)-

异石竹烯（1.31%）、4,5-二甲基-1-己烯（1.20%）、Z- L-谷氨酸（1.12%）、十四酸（1.09%）、苯乙醛（1.01%）等。

【利用】全草和根茎及根入药，能清热解毒、消肿排脓、活血祛瘀、清心安神，有镇静、镇痛、抗菌、抗病毒、抗肿瘤、保肝利胆、增强免疫力、止血、升白等多种作用，常用于治疗阑尾炎、肺脓痈、结核瘟病、痛肿疮毒、肠炎、痢疾、肝炎、扁桃体炎、眼结膜炎、产后瘀血腹痛、咯血、神经衰弱、心脏神经官能症等。山东、江西等地民间采摘幼苗嫩叶食用。

## 墓头回

*Patrinia heterophylla* Bunge

**败酱科　败酱属**

**别名：** 异叶败酱、箭头风、追风箭、摆子草

**分布：** 辽宁、内蒙古、河北、山东、山西、河南、陕西、宁夏、甘肃、青海、安徽、浙江

【形态特征】多年生草本，高 15～100 cm；根状茎较长，横走；茎直立，被倒生微糙伏毛。基生叶丛生，长3～8 cm，具长柄，叶片边缘圆齿状或具糙齿状缺刻；茎生叶对生，下部叶常2～6对羽状全裂，长7～9 cm，宽5～6 cm，先端渐尖，中部叶常具1～2对侧裂片，具圆齿，上部叶较窄。花黄色，组成顶生伞房状聚伞花序；总花梗下苞叶具1～4对线形裂片，分枝下者不裂，线形；萼齿5；花冠钟形，裂片5，卵形或卵状椭圆形；雄蕊4伸出；子房倒卵形或长圆形，花柱稍弯曲，柱头盾状或截头状。瘦果长圆形或倒卵形，顶端平截；翅状果苞干膜质，倒卵形或倒卵状椭圆形，顶端钝圆。花期7～9月，果期8～10月。

【生长习性】生于海拔 300～2600 m的山地岩缝中、草丛中、路边、砂质坡或土坡上。

【精油含量】水蒸气蒸馏的根的得油率为0.63%。

【芳香成分】李兆琳等（1991）用水蒸气蒸馏-溶剂萃取法提取的甘肃武都产墓头回根精油的主要成分为：异戊酸（21.75%）、含氧化合物（7.94%）、倍半萜烯（8.49%）、β-马啊里烯（5.13%）、倍半萜烯醇（4.71%）、麦油酮（4.46%）、长叶烯（3.68%）、异香橙烯（1.96%）、香橙烯（1.86%）、α-愈创木烯（1.53%）、β-榄香烯（1.11%）、雅槛蓝树松油烯（1.06%）等。

【利用】根茎和根供药用，能燥湿、止血，主治崩漏、赤白带，民间并用以治疗子宫癌和子宫颈癌。

## 岩败酱

*Patrinia rupestris* (Pall.) Juss.

**败酱科　败酱属**

**别名：** 鹿肠、鹿首、鹿酱、败酱草、野苦菜

**分布：** 黑龙江、吉林、辽宁、内蒙古、河北、山西、陕西

【形态特征】多年生草本，高20～100 cm；根状茎稍斜升，长达10 cm以上；茎多数丛生，被短糙毛。基生叶开花时常枯萎脱落，叶片近倒卵形，长2～7 cm，宽1～2.5 cm；茎生叶长圆形或椭圆形，长3～7 cm，羽状深裂至全裂，通常具3～6对侧生裂片，裂片条状披针形。花密生，顶生伞房状聚伞花序具3～7级对生分枝，最下分枝处总苞叶羽状全裂，具3～5对较窄的条形裂片，上部分枝总苞叶较小，长条形；萼齿5；花冠黄色，漏斗状钟形；花药长圆形；柱头盾头状；子房圆柱状；小苞片卵状长圆形。瘦果倒卵圆柱状，长2.4～2.6 mm，宽1.5～1.8 mm；果苞倒卵状长圆形。花期7～9月，果熟期8～10月上旬。

【生长习性】生于海拔（200）400～1800（2500）m的小丘顶部、石质山坡岩缝、草地、草甸草原、山坡桦树林缘及杨树林

下。喜生于海拔400～1800 m、光线充足、干燥的山坡。

【芳香成分】张文蘅等（1999）用水蒸气蒸馏法提取的内蒙古扎兰屯产岩败酱干燥根及根茎精油的主要成分为：反式-石竹烯（38.41%）、α-古芸烯（9.02%）、石竹烯氧化物（8.88%）、蛇麻烯（7.55%）、9,12-十八碳二烯酸（5.08%）等。

【利用】全草入药，具有清热解毒、活血、排脓之功效。常用于治疗痢疾、泄泻、黄疸、肠痈。

## 糙叶败酱

*Patrinia rupestris* (Pall.) Juss. subsp. *scabra* (Bunge) H. J. Wang

**败酱科　败酱属**

**别名：**山败酱、墓头回、追风箭、鸡粪草、箭头风、臭罐子

**分布：**黑龙江、吉林、辽宁、内蒙古、河北、山西、山东、甘肃、河南、宁夏、青海

【形态特征】岩败酱亚种。多年生草本，茎丛生，茎上部多分枝，叶对生，较坚挺，裂片倒披针形、狭披针形或长圆形，聚伞花序顶生，呈伞房状排列，花小，黄色，花冠合瓣，较大，直径达5～6.5 mm，长6.5～7.5 mm；果苞较宽大，长达8 mm，宽6～8 mm，网脉常具2条主脉。果实翅状，卵形或近圆形，种子位于中央。

【生长习性】生于草原带、森林草原带的石质丘陵坡地石缝或较干燥的阳坡草丛中，海拔 250～2340 m。

【精油含量】水蒸气蒸馏干燥根及根茎的得油率为0.30%～1.50%，干燥茎的得油率为0.30%，干燥叶的得油率为0.50%。

【芳香成分】根（根茎）：刘云召等（2012）用水蒸气蒸馏法提取的河北易县产糙叶败酱干燥根及根茎精油的主要成分为：1-石竹烯（43.23%）、(R)-2,4a,5,6,7,8-六氢化-3,5,5,9-四甲基-1H-苯并环庚烯（20.48%）、α-古芸烯（11.73%）、Z,Z,Z-1,5,9,9-四甲基-1,4,7-环十二碳三烯（10.77%）、氧化石竹烯（3.15%）、(1à,4à,5á)-7,7-二甲基-5-苯基-2,3-二氮杂双环[2.2.1]-2-庚烯（1.78%）等。

茎：刘云召等（2012）用水蒸气蒸馏法提取的河北易县产糙叶败酱干燥茎精油的主要成分为：1-石竹烯（42.78%）、α-古芸烯（14.65%）、(R)-2,4a,5,6,7,8-六氢化-3,5,5,9-四甲基-1H-苯并环庚烯（14.51%）、葎草烯（9.11%）、棕榈酸（5.91%）、氧化石竹烯（2.39%）、亚油酸（1.06%）等。

叶：刘云召等（2012）用水蒸气蒸馏法提取的河北易县产糙叶败酱干燥叶精油的主要成分为：1-石竹烯（30. 98%）、(R)-2,4a,5,6,7,8-六氢化-3,5,5,9-四甲基-1H-苯并环庚烯（15.03%）、α-古芸烯（12.29%）、葎草烯（7.58%）、正十八醛（5.53%）、肉豆蔻醛（2.97%）、棕榈酸（2.86%）、氧化石竹烯（1.75%）、突厥酮（1.54%）、顺式，顺式，顺式-7,10,13-十六碳三烯醛

（1.36%）、1-甲基-4-[(1-甲基亚甲基)-环丙基]-苯（1.08%）、[1R-(1à,3aá,4à,7á)]-1,2,3,3a,4,5,6,7-八氢-1,4-二甲基-7-(1-甲基乙烯基)-甘菊环烃（1.04%）、Z-(13,14-环氧)-十四-11-烯-1-醇乙酯（1.01%）等。

【利用】根与根茎或全草入药，有清热燥湿、止血、止带、截疟等功效。民间用于治疗伤寒、温症、跌打损伤、妇女崩漏和赤白带下等症。

## 甘松

*Nardostachys chinensis* Batal.

**败酱科　甘松属**
**别名：** 香松
**分布：** 云南、四川、甘肃、青海、西藏

【形态特征】多年生草本，高7～46 cm；根状茎歪斜，覆盖片状老叶鞘，有烈香。基出叶丛生，线状狭倒卵形，长4～14 cm，宽0.5～1.2 cm，前端钝，基部渐狭，下延为叶柄，全缘。花茎旁出，茎生叶1～2对，对生，无柄，长圆状线形。聚伞花序头状，顶生，成总状排列。总苞片披针形，苞片和小苞片常为披针状卵形或宽卵形；花萼小，5裂；花冠紫红色，钟形，长7～11 mm，，裂片5；花冠筒喉部具长髯毛；雄蕊4，伸出花冠裂片外，花丝具柔毛；子房下位，柱头头状。瘦果倒卵形，长约3 mm，无毛；宿萼不等5裂，光滑无毛。

【生长习性】生于沼泽草甸、河漫滩和灌丛草坡，海拔3200～4050 m。

【精油含量】水蒸气蒸馏根茎的得油率为0.60%～2.87%，地上部分的得油率为0.50%；根茎浸膏得率为1.50%。

【芳香成分】根茎：耿晓萍等（2011）用水蒸气蒸馏法提取的根茎精油的主要成分为：水菖蒲烯（53.96%）、β-马里烯（9.40%）、α-古芸烯（6.91%）、马兜铃烯（5.15%）、[1R-(1α,4aβ,8aα)]-十氢-1,4a-二甲基-7-(1-异亚丙基)-1-萘酚（2.53%）、β-古芸烯（2.27%）、广藿香醇（2.09%）、匙叶桉油烯醇（1.51%）、4-(2,6,6-三甲基-1-环己烯基)-3-丁烯-2-酮（1.02%）等。

茎叶：耿晓萍等（2011）用水蒸气蒸馏法提取的地上部分精油的主要成分为：水菖蒲烯（23.99%）、喇叭烯氧化物(Ⅱ)（10.40%）、广藿香醇（5.79%）、[1R-(1α,4aβ,8aα)]-十氢-1,4a-二甲基-7-(1-异亚丙基)-1-萘酚（5.47%）、(8S-顺)-2,4,6,7,8,8a-六氢-3,8-二甲基-4-(1-甲亚乙基)-5(1H)-甘菊环酮（5.31%）、β-马里烯（4.74%）、α-古芸烯（4.71%）、匙叶桉油烯醇（4.29%）、9,10-去氢异长叶烯（3.10%）、马兜铃烯（2.81%）、4-(2,6,6-三甲基-1-环己烯基)-3-丁烯-2-酮（1.86）、蓝桉醇（1.81%）等。

【利用】根及根茎入药，有理气止痛、开郁醒脾的功效，用于治脘腹胀满、食欲不振、呕吐；外用治牙痛、脚气肿毒。根茎精油为我国允许使用的食用香料。

## 匙叶甘松

*Nardostachys jatamansi* (D. Don) DC.

**败酱科　甘松属**
**别名：** 甘松香
**分布：** 甘肃、青海、四川、云南、西藏

【形态特征】多年生草本，高5～50 cm；根状茎木质、粗短，密被叶鞘纤维，有烈香。叶丛生，长匙形或线状倒披针形，长3～25 cm，宽0.5～2.5 cm，全缘，顶端钝渐尖，基部渐窄而为叶柄；花茎旁出，茎生叶1～2对，下部的椭圆形至倒卵形，基部下延成叶柄，上部的倒披针形至披针形，有时具疏齿，无柄。花序为聚伞性头状，顶生，直径1.5～2 cm；花序基部有4～6片披针形总苞，每花基部有窄卵形至卵形苞片1，与花近等长，小苞片2，较小。花萼5齿裂。花冠紫红色，钟形，裂片5；雄蕊4；子房下位，柱头头状。瘦果倒卵形，长约4 mm，被毛；宿萼不等5裂，具明显的网脉，被毛。花期6～8月。

【生长习性】生于高山灌丛、草地，海拔2600～5000 m。

【精油含量】水蒸气蒸馏根茎的得油率为0.50%～0.60%。

【芳香成分】耿晓萍等（2011）用水蒸气蒸馏法提取的四川甘孜产匙叶甘松根茎精油的主要成分为：水菖蒲烯（28.74%）、β-马里烯（11.88%）、喇叭茶烯氧化物（Ⅱ）（11.75%）、马兜铃烯（4.89%）、[1R-(1,4aβ,8a)]-十氢-1,4a-二甲基-7-(1-甲乙基)-1-萘酚（4.89%）、匙叶桉油烯醇（2.44%）、β-芹菜烯（2.28%）、桉萜醇（1.79%）、7-表-芹菜烯（1.55%）、α-雪松醇（1.44%）、4-(2,6,6-三甲基-1-环己基-1-烯)-3-丁烯-2-酮（1.32%）等。

【利用】根及根茎入药，藏药用于治疗头痛、胃痛腹胀、急性胃肠炎；外用于治疗牙疳、龋齿、脚气浮肿。维药用于治疗失眠健忘、心悸不安、食欲不振、高血压、胸膜胀满、气喘咳嗽、小便不利。根茎可提取精油。

## 黑水缬草

*Valeriana amurensis* Smir. ex Komarov

**败酱科　缬草属**

**分布：**黑龙江、吉林

【形态特征】植株高80～150 cm；根茎短缩，不明显；茎直立，不分枝，被粗毛，向上至花序，具柄的腺毛渐增多。叶5～11对，羽状全裂；较下部的叶长9～12 cm，宽4～10 cm，叶柄基部扁平；叶裂片卵形，通常钝，偶锐尖，具粗牙齿，疏生短毛；较上部的叶较小，无柄，叶裂片甚狭，锐尖。多歧聚伞花序顶生；小苞片草质，边缘膜质，披针形或线形，先端渐尖至急尖，具腺毛。花冠淡红色，漏斗状，长约3～5 mm。瘦果狭三角卵形，长约3 mm，被粗毛。花期6～7月，果期7～8月。

【生长习性】多生长在林间草地、山坡草地、灌丛及针阔叶混交林下和林缘。

【精油含量】水蒸气蒸馏根和根茎的得油率为1.30%～1.70%；超临界萃取根的得油率为1.25%；索氏法提取干燥根的得油率为0.75%。

【芳香成分】杜娟等（2010）用水蒸气蒸馏法提取的黑龙江鸡西人工栽培的黑水缬草根和根茎精油的主要成分为：乙酸龙脑酯（28.75%）、龙脑（6.49%）、石竹烯（5.21%）、莰

烯（5.14%）、α-蒎烯（4.08%）、β-蒎烯（4.00%）、紫丁香酚（3.83%）、异香木兰烯环氧化物（3.82%）、α-石竹烯（3.15%）、烯戊酸（3.06%）、喇叭茶醇（2.92%）、α-榄香烯（2.77%）、β-紫罗兰酮（2.55%）、3,7,7-三甲基-11-亚甲基-螺[5.5]十一碳-2-烯（1.89%）、乙酸桃金娘烯酯（1.77%）、异喇叭烯（1.77%）、烷醇（1.33%）、β-里哪醇（1.26%）、红没药醇（1.08%）等。

【利用】根和根茎具有较高的药用价值，具有利尿、抗胃弱、腰痛、行气止痛、活血通经、治疗跌打损伤、外伤出血、关节炎、心脏病等药效。根和根茎精油常被用于高档卷烟、化妆品、医药业和香料工业。园林中栽培可供观赏。

## 缬草

*Valeriana officinalis* Linn.

**败酱科　缬草属**

**别名：**拔地麻、半边愁、大救驾、地麝、满坡香、满山香、马蹄香、猫食菜、欧缬草、媳妇菜、珍珠香、愁半天、小救驾、土麝、土细辛、蜘蛛香、香草、七日香、五里香、七里香、山麝香

**分布：**东北至西南各地

【形态特征】多年生高大草本，高可达100～150 cm；根状茎粗短呈头状，须根簇生；茎中空，有纵棱，被粗毛。匍枝叶、基出叶和基部叶在花期常凋萎。茎生叶卵形至宽卵形，羽状深裂，裂片7～11；裂片披针形或条形，顶端渐窄，基部下延，全缘或有疏锯齿。花序顶生，成伞房状三出聚伞圆锥花序；小苞片中央纸质，两侧膜质，长椭圆状至线状披针形。花冠淡紫红色或白色，长4～6 mm，花冠裂片椭圆形，雌雄蕊约与花冠等长。瘦果长卵形，长约4～5 mm，基部近平截，光秃或两面被毛。花期5～7月，果期6～10月。

【生长习性】生山坡草地、林下、沟边，海拔2500 m以下，在西藏可分布至4000 m。喜湿润、潮湿而肥沃的土壤，以中性或微碱性的砂质土壤为宜。

【精油含量】水蒸气蒸馏根及根茎的得油率为0.60%～5.42%，全草或茎叶的得油率为0.12%～0.60%，花及花蕾的得油率为0.08%～0.25%；超临界萃取的根及根茎的得油率为2.02%～5.10%。

【芳香成分】根（根茎）：王欣等（2010）水蒸气蒸馏法提取的缬草根精油的主要成分为：乙酸龙脑酯（44.27%）、龙脑（17.76%）、乙酸桃金娘烯酯（5.28%）、α-蒎烯（4.56%）、异松油烯（4.43%）、石竹烯氧化物（3.44%）、月桂烯（3.14%）、莤烯（1.32%）、柠檬烯（1.18%）等。曾宇等（2016）用超临界$CO_2$萃取法提取的贵州剑河产缬草干燥根及根茎精油的主要成分为：莰烯（24.40%）、乙酸龙脑酯（20.02%）、α-蒎烯（7.28%）、β-蒎烯（5.14%）、1-环己烯-1-甲醇（4.66%）、1,2,3-三-(9Z,12Z-十八二烯酰基)甘油（2.48%）、D-柠檬烯（2.04%）、油烯醇（2.04%）、β-石竹烯（1.99%）、龙脑（1.79%）、2-甲基-6-(4-甲基-3-环己烯-1-基)-2,6-庚二烯-1-醇（1.61%）、1,8-十五二烯（1.59%）、乙酸香芹酯（1.43%）、2-甲氧基-4-甲基-1-(1-甲基乙基)苯（1.16%）、喇叭醇（1.15%）、乙醇（1.09%）、2-十八烯酸单甘油酯（1.04%）等。

**全草：**吴筑平等（1999）用水蒸气蒸馏法提取的湖南湘西产缬草新鲜全草精油的主要成分为：乙酸龙脑酯（38.64%）、莰烯（26.25%）、3-崖柏烯（5.49%）、苯乙酸正庚酯（4.70%）、β-蒎烯（3.89%）、桧醇（2.42%）、枸橼烯（1.50%）、丁二酸二丁酯（1.40%）、龙脑（1.23%）等。

**花蕾：**谷臣华等（1999）用水蒸气蒸馏法提取的湖南吉首产缬草新鲜花蕾精油的主要成分为：乙酸龙脑酯（27.75%）、水杨醛（11.48%）、二十烷（5.84%）、亚麻酸乙酯（5.48%）、1-十八烷烯（4.86%）、丙二酸二乙酯（4.38%）、2,6-二甲基-6-(4-甲基-3-戊烯基-1-羰醛基)环己烯（3.13%）、1,2-苯二酸二丁酯（2.66%）、N-苯基-2-萘胺（2.43%）、14-β-氢-孕（甾）（2.34%）、二十一烷（2.05%）、1-十九烷烯（1.78%）、α-乙酰吡咯（1.76%）、α-蒎烯（1.72%）、β-石竹烯（1.49%）、香荆芥酚甲醚（1.41%）、9-十八烯酸（1.24%）、十八烷（1.17%）、香橙烯（1.09%）等。

【利用】根茎及根供药用，有镇静及镇痛作用，可用于治疗失眠、癫痫、腰腿痛、跌打损伤等；也有健胃、健神经、镇痉药、收敛、安定、肌肉松弛和抗炎功能。植株可治疗头疼、肌肉痉挛和过敏的肠道症状，局部地区用于治创伤、溃疡、湿疹。根可作调味品及香料。亦为我国传统的观赏植物。根茎可提取精油，是名贵的天然食用香精和化工原料，主要用于调配烟、食品、化妆品、香水香精；根精油可药用，有补强、镇静、止痛作用，可用于治疗神经衰弱、神经官能症、腰痛、腿痛、跌打刀伤、癔病、心脏病等各种神经性疾病。

## 宽叶缬草

*Valeriana officinalis* Linn. var. *latifolia* Miq.

**败酱科　缬草属**
**别名：** 蜘蛛香、广州拔地麻
**分布：** 黑龙江、吉林、辽宁、贵州、江苏、安徽、浙江、江西、台湾、河南、陕西等地

【形态特征】缬草变种。多年生草本，高约40～80 cm。根茎短缩；茎直立，光滑无毛，但节部密生白色长毛。茎生叶对生，羽状全裂，裂片5～7枚，中裂较大，宽卵圆形或宽卵形，长3～9 cm，宽 1～3 cm，边缘具钝锯齿，裂片和叶柄上具白色毛。聚伞花序呈伞房状顶生，苞片条形；花冠淡红色或白色。瘦果披针状椭圆形，长约4 mm，顶端具羽状冠毛。花期5月，果期6月。

【生长习性】生于林下或沟边，海拔1500 m以下。

【精油含量】水蒸气蒸馏根及根茎的得油率为1.00%～5.92%；超临界萃取干燥根茎的得油率为5.86%。

【芳香成分】谷力等（2002）用水蒸气蒸馏法提取的湖南武陵山产野生宽叶缬草新鲜根精油的要成分为：乙酸龙脑酯（52.64%）、莰烯（20.12%）、乙酸桃金娘烯酯（4.03%）、α-蒎烯（2.86%）、乙酸里哪醇酯（1.63%）、二氢乙酸葛缕酯（1.38%）、乙酸葛缕酯（1.26%）、α-乙酰吡咯（1.08%）、柠檬烯（1.04%）等。

【利用】根茎入药，有镇静、解痉作用，主治神经衰弱、失眠、胃胀痛、腰腿痛、跌打损伤等症。根可提取精油，用于配制烟用香精，亦用于食品、化妆品、药品。

## 窄裂缬草

*Valeriana stenoptera* Diels

**败酱科　缬草属**
**分布：** 四川、云南、西藏

【形态特征】纤细草本，高10～50 cm；根茎不发达，绳状根多条簇生，具纤细匍枝；茎单生，直立不分枝，下部微被倒生短毛。近基部叶倒卵形至卵形，长1～2 cm，不裂或基部有一对小裂片，边缘具浅齿；茎中上部叶长方状披针形或长方形，长2～5 cm，宽1～2 cm，作篦齿形羽状全裂，裂片5～15，线形至披针形，叶全部微被柔毛。聚伞花序在花期常为密生的

头状花序。苞片线状披针形，近膜质，具疏齿牙，最上部苞片与果等长或稍短。花淡红色，漏斗状，花冠筒长2～3 mm，宽0.8～1.2 mm，花冠裂片椭圆形，长1.5～2 mm，宽1 mm，雌雄蕊均伸出花冠。果卵状长椭圆形，长约4 mm，常被毛。花期7～8月，果期8～9月。

【生长习性】生于草坡、林缘、水边等潮湿地，海拔3000～4000 m。

【精油含量】水蒸气蒸馏新鲜根的得油率为2.08%～4.49%。

【芳香成分】谷力（2002）用水蒸气蒸馏法提取的新鲜根精油的主要成分为：乙酸龙脑酯（39.81%）、莰烯（16.98%）、乙酸桃金娘烯酯（3.44%）、异戊酸龙脑酯（3.42%）、γ-乙酸香油酯（3.21%）、β-蒎烯（2.83%）、柠檬烯（2.43%）、β-石竹烯（2.28%）、香荆芥酚甲醚（1.92%）、γ-石竹烯（1.89%）、4-乙基-2,2,4-三甲基-3-(1-甲基乙烯基)-环已烷甲醇（1.88%）、乙酸百里香酯（1.72%）、环异长叶烯（1.49%）、α-乙酰吡咯（1.32%）、L-石竹烯（1.32%）、橙花椒醇（1.12%）、1,4-二甲氧基-2,3,5,6-四甲基苯（1.06%）等。

【利用】根可提取精油，是香料工业的主要原料之一，广泛用于医药、食品、化妆品工业。

## 蜘蛛香

*Valeriana jatamansi* Jones

**败酱科　缬草属**

**别名：**马蹄香、土细辛、雷公七、鬼见愁、连香草、心叶缬草、养血莲、乌参、新叶缬草、印度缬草、老虎七、大救驾、锐八够、窝岗牙、老君须

**分布：**陕西、河南、湖北、湖南、四川、贵州、云南、西藏

【形态特征】植株高20～70 cm；根茎粗厚，块柱状，节密，有浓烈香味；茎1至数株丛生。基生叶发达，叶片心状圆形至卵状心形，长2～9 cm，宽3～8 cm，边缘具疏浅波齿，叶柄长为叶片的2～3倍；茎生叶不发达，每茎2对，有时3对，下部的心状圆形，近无柄，上部的常羽裂，无柄。花序为顶生的聚伞花序，苞片和小苞片长钻形，中肋明显，最上部的小苞片常与果实等长。花白色或微红色，杂性；雌花小，长1.5 mm；雌蕊伸长于花冠之外，柱头深3裂；两性花较大，长3～4 mm，雌雄蕊与花冠等长。瘦果长卵形，两面被毛。花期5～7月，果期6～9月。

【生长习性】生于山顶草地、林中或溪边，海拔2500 m以下。

【精油含量】水蒸气蒸馏根及根茎的得油率为0.14%～0.82%，全草的得油率为0.12%；超临界萃取根及根茎的得油率为8.85%；微波辅助萃取根及根茎的得油率为1.90%。

【芳香成分】根（根茎）：杨再波等（2006）用水蒸气蒸馏法提取的贵州石阡产蜘蛛香干燥根及根茎精油的主要成分为：异缬草酸（52.95%）、广藿香醇（18.20%）、3-甲基戊酸（6.89%）、1-乙基-4,4-二甲基-环已-2-烯-1-醇（3.27%）、新西松烯A（2.12%）、十六酸（1.27%）、δ-愈创木烯（1.22%）、8,9-二氢-新异长叶烯（1.09%）、3,4-二氟-4-甲氧基联二苯（1.05%）等。张敏等（2016）用同法分析的贵州贵阳产蜘蛛香干燥根及根茎精油的主要成分为：异戊酸（30.62%）、3-甲基戊酸（6.92%）、愈创木醇（5.56%）、布藜烯（4.75%）、7-甲基-4-(1-甲基亚乙基)-双环[5.3.1]十一碳-1-烯-8-醇（4.15%）、沉香螺醇（3.66%）、棕榈酸（3.02%）、β-绿叶烯（2.59%）、3,3,7,11-四甲基-三环[6.3.0.0$^{2,4}$]十一碳-8-烯（2.66%）、愈创木烯（2.58%）、乙酰氧基-3,5,8-三甲基三环[6.3.1.0$^{1,5}$]十二碳-3-烯（2.43%）、广藿香烯（2.36%）、(-)-古芸烯（2.20%）、桉叶-3,7(11)-二烯（2.06%）、石竹烯（2.01%）、L-乙酸冰片酯（1.95%）、2-(4α,8-二甲基-1,2,3,4,4a,8a-六氢-2-萘基)-2-丙醇（1.63%）、芹子二烯（1.50%）、α-蛇床烯（1.31%）、喇叭烯醇（1.15%）、人参烯（1.08%）、8-异丙烯基-1,5-二甲基-1,5-环癸二烯（1.02%）、穿贝海绵甾醇乙酸酯（1.00%）等。

全草：吴彩霞等（2008）用用水蒸气蒸馏法提取的贵州贵阳产蜘蛛香全草精油的主要成分为：广藿香醇（31.68%）、1,4-二甲基-7-(1-甲基乙烯基)-1S-(1α,7α,8aβ)-1,2,3,5,6,7,8,8a-八氢化甘菊环（9.50%）、环丁酸-3,5-二甲基苯酯（6.37%）、乙酸龙脑酯（6.05%）、1a,2,3,4,4a,5,6,7b-八氢化-1,1,4,7-四甲基-1aR-(1aα,4α,4aβ,7bα)-1H-环丙烷[e]甘菊环（4.86%）、2,3,6,7,8,8a-六氢化-1,4,9,9-四甲基-(1α,3aα,7α,8aβ)-1H-3a,7-亚甲基甘菊环（4.19%）、1,2,3,4,5,6,7,8-八氢化-1,4-二甲基-7-(1-甲基乙烯基)-1S-(1α,4α,7α)-甘菊环（3.01%）、3-甲基-戊酸（2.75%）、1,2,3,4,5,6,7,8-八氢化-1,4,9,9-四甲基-1S-(1α,4α,7α)-4,7-亚甲基甘菊环（2.41%）、3-甲基丁酸（1.99%）、(-)-α-人参烯（1.87%）、4a-甲基-1-亚甲基-7-(1-甲基亚乙基)-4aR-反式-十氢化萘（1.73%）、1,4-二甲基-7-(1-甲基乙烯基)-1-(1α,3aβ,4α,7β)-1,2,3,3a,4,5,6,7-八氢化甘菊环（1.48%）等。

【利用】根入药，有消食、健胃、理气止痛、祛风解毒的功效，可以治疗发痧、脘腹胀痛、呕吐泄泻、肺气水肿、风寒感冒、月经不调、劳伤咳嗽等病症。根精油药用或香料用，具有理气止痛、消炎止泻、祛风除湿的功效。

## 岩蔷薇

*Cistus ladaniferus* Linn.

**半日花科　岩蔷薇属**

**别名：** 赖百当

**分布：** 江苏、浙江、上海

【形态特征】直立灌木，高约1.5 m，全体具胶粘腺体。单叶对生，披针形至线状披针形，长5～12 cm，叶面具腺体，叶背被白绒毛。花常单生于上部小枝腋间，直径9～10 cm；萼片3，圆形，淡黄色，有鳞片；花瓣5，白色而基部有黄斑点；雄蕊多数。蒴果球形，10瓣裂。

【生长习性】属地中海气候型植物，喜温暖湿润的条件，喜光，土壤以肥沃疏松的酸性或中性壤土为宜。

【精油含量】水蒸气蒸馏的枝叶的得油率为0.80%；超临界萃取的枝叶的得油率为6.60%；有机溶剂萃取的枝叶浸膏的得率为1.73%～10.50%。

【芳香成分】朱凯等（2004）用水蒸气蒸馏法提取的岩蔷薇枝叶精油的主要成分为：邻苯二甲酸二丁酯（19.60%）、喇叭茶醇（14.30%）、贝壳杉烯-16(8.20%)、表蓝桉醇（5.30%）、4aR-反-1,2,3,4,4a,5,6,8a-八氢-4a,8-二甲基-2-(1-甲基亚乙基)-萘（3.60%）、香芹酮（3.30%）、α-蒎烯（3.10%）、十四烷（3.10%）、2,2,6-三甲基环己酮（3.00%）、十六酸（3.00%）、9,12-十八碳二烯酸（3.00%）、二十烷（2.90%）、十五烷（2.80%）、雪松醇（2.80%）、α,2-二甲基-2-(4-甲基-3-戊烯基)-[1α(R*),2α]环丙基甲醇（2.80%）、降龙涎香醚（2.60%）、2,10,14-三甲基十五烷酮-2(2.40%)、莰烯（2.20%）、丁香酚（2.10%）、龙涎香醚（2.00%）、环己羧酸，4-丙基-4-甲氧基苯酯（2.00%）、二十七烷（1.50%）、雄甾烷酮-6(1.20%)、十八醛（1.10%）、二十九烷（1.10%）等。

【利用】枝叶浸膏和精油为我国允许使用的食用香料，主要用于配制烟草香精、食品加香、高档化妆品、皂用、香水香精的调配，亦可作定香剂，广泛用于熏香。

## 金毛狗

*Cibotium baromatz* (Linn.) J. Sm.

**蚌壳蕨科　金毛狗属**

**别名：** 衲脊、金毛狗脊、黄狗头、黄狗蕨、金毛狮子、金狗尾

**分布：** 云南、贵州、四川、广西、广东、福建、台湾、浙江、江西、湖南等地

【形态特征】根状茎卧生，粗大，顶端生出一丛大叶，柄长达120 cm，棕褐色，基部被有一大丛垫状的金黄色茸毛，长逾10 cm，有光泽，上部光滑；叶片大，长达180 cm，宽约相等，广卵状三角形，三回羽状分裂；下部羽片为长圆形，互生，远离；一回小羽片互生，线状披针形；末回裂片线形略呈镰刀形，尖头，边缘有浅锯齿。叶几为革质或厚纸质，干后叶面褐色，有光泽，叶背为灰白或灰蓝色，两面光滑；孢子囊羣在每一末回能育裂片1～5对，生于下部的小脉顶端，囊羣盖坚硬，棕褐色，横长圆形，两瓣状，内瓣较外瓣小，成熟时张开如蚌壳，露出孢子囊羣；孢子为三角状的四面形，透明。

【生长习性】生于山麓沟边及林下阴处酸性土上。

【精油含量】水蒸气蒸馏干燥根茎的得油量为83.3 μg/g；超临界萃取干燥根茎的得油率为3.13%。

【芳香成分】贾天柱等（1996）用水蒸气蒸馏法提取的云南景洪产金毛狗脊干燥根茎精油的主要成分为：十六碳酸（43.61%）、异十六碳酸（28.54%）、十八碳二烯酸（22.47%）、十四碳酸（2.41%）、十四烷醇（1.20%）等。

【利用】作为强壮筋骨药入药，有补肝肾、强腰脊、祛风湿的功效，主治腰脊强痛、不能俯仰、足膝软弱、风湿腰痛、尿

频、遗尿、造精、带下等症。根状茎顶端的长软毛作为止血剂。栽培为观赏植物。

## 点地梅

*Androsace umbellata* (Lour.) Merr.

**报春花科　点地梅属**
**别名：**喉咙草、佛顶珠、白花草、清明花、天星花
**分布：**东北、华北和秦岭以南各地

【形态特征】一年生或二年生草本。主根不明显，具多数须根。叶全部基生，叶片近圆形或卵圆形，直径5～20 mm，先端钝圆，基部浅心形至近圆形，边缘具三角状钝牙齿，两面均被贴伏的短柔毛。花莛通常数枚自叶丛中抽出，高4～15 cm，被白色短柔毛。伞形花序4～15花；苞片卵形至披针形，长3.5～4 mm；花梗纤细，被柔毛并杂生短柄腺体；花萼杯状，长3～4 mm，密被短柔毛，分裂近达基部，裂片菱状卵圆形；花冠白色，直径4～6 mm，筒部长约2 mm，短于花萼，喉部黄色，裂片倒卵状长圆形，长2.5～3 mm，宽1.5～2 mm。蒴果近球形，直径2.5～3 mm，果皮白色，近膜质。花期2～4月，果期5～6月。

【生长习性】生于林缘、草地和疏林下。

【精油含量】水蒸气蒸馏全草的得油率在0.40%～0.70%。

【芳香成分】黄先丽等（2009）用水蒸气蒸馏法提取的点地梅全草精油的主要成分为：正十六酸（10.17%）、[1S-[1α(S*),4aβ,8aβ]]-A-乙烯基十氢-α,5,5,8a-四甲基-2-亚甲基-1-萘丙醇（7.36%）、(Z)-6-十八(碳)烯酸（3.66%）、弥罗松酚（3.30%）、1,4-二甲基-8-异亚丙基三环[5.3.0.0$^{4,10}$]癸烷（1.70%）、[1S-(1α,3aβ,4α,7aβ)]-八氢-1,7a-二甲基-4-(1-甲基乙烯基)-1,4-甲醇-1H-茚（1.65%）、十二烷酸（1.62%）、1-甲基-6-硝基吡唑并[4,3 -b]喹啉-(4H)-酮（1.24%）、十四酸（1.22%）、螺[2,4,5,6,7,7a-六氢-2-氧代-4,4,7a-甲基苯并呋喃]-7,2’-(环氧乙烷)(1.07%)、20-甲基-(3β,5α)-孕-20-烯-3-醇（1.06%）、4,5-二甲氧基-2-苯基苯甲酸（1.06%）等。

【利用】民间用全草治扁桃腺炎、咽喉炎、口腔炎和跌打损伤。

## 点腺过路黄

*Lysimachia hemsleyana* Maxim.

**报春花科　珍珠菜属**
**别名：**少花排草、毛过路黄、大金钱草
**分布：**陕西、四川、河南、湖北、湖南、江西、安徽、江苏、浙江、福建

【形态特征】茎簇生，平铺地面，先端伸长成鞭状，长可达90 cm，圆柱形，密被多细胞柔毛。叶对生，卵形或阔卵形，长1.5～4 cm，宽1.2～3 cm，先端锐尖，基部近圆形、截形以至浅心形，叶面绿色，密被小糙伏毛，叶背淡绿色，毛被较疏或近于无毛，两面均有褐色或黑色粒状腺点。花单生于茎中部

叶腋，极少生于短枝上叶腋；花萼长7～8 mm，分裂近达基部，裂片狭披针形，被稀疏小柔毛，散生褐色腺点；花冠黄色，长6～8 mm，裂片椭圆形或椭圆状披针形，先端锐尖或稍钝，散生暗红色或褐色腺点；花丝下部合生成高约2 mm的筒；花药长圆形；子房卵珠形。蒴果近球形，直径3.5～4 mm。花期4～6月，果期5～7月。

【生长习性】生于山谷林缘、溪旁和路边草丛中，垂直分布上限可达1000 m。

【精油含量】水蒸气蒸馏的阴干全草的得油率为0.06%。

【芳香成分】倪士峰等（2004）用水蒸气蒸馏法提取的浙江杭州产点腺过路黄盛花期阴干全草精油的主要成分为：芳樟醇（44.02%）、水杨酸甲酯（14.84%）、钓樟醇（9.56%）、苯乙醇（6.03%）、异龙脑（3.06%）等。

【利用】全草入药，具有清热利湿、通经之功效，常用于治疗肝炎、肾盂肾炎、膀胱炎、闭经。

## 过路黄

*Lysimachia christinae* Hance

**报春花科　珍珠菜属**

**别名：**路边黄、黄疸草、金钱草、真金草、走游草、铺地莲、大金钱草、对座草、遍地黄、铜钱草、一串钱、寸骨七

**分布：**河南、山西、江苏、安徽、浙江、江西、福建、台湾、湖北、湖南、广东、广西、陕西、云南、贵州、四川等地

【形态特征】茎柔弱，平卧延伸，长20～60 cm，幼嫩部分密被褐色无柄腺体，下部节间较短，常发出不定根。叶对生，卵圆形、近圆形以至肾圆形，长1.5～8 cm，宽1～6 cm，先端锐尖或圆钝以至圆形，基部截形至浅心形，鲜时稍厚。花单生叶腋；多少具褐色无柄腺体；花萼长 4～10 mm，分裂近达基部，裂片披针形、椭圆状披针形以至线形或上部稍扩大而近匙形，先端锐尖或稍钝；花冠黄色，长7～15 mm，裂片狭卵形以至近披针形，先端锐尖或钝，质地稍厚，具黑色长腺条；花丝下半部合生成筒；花药卵圆形；子房卵珠形。蒴果球形，直径4～5 mm，无毛，有稀疏黑色腺条。花期5～7月，果期7～10月。

【生长习性】生于沟边、路旁阴湿处和山坡林下，垂直分布上限可达海拔2300 m。喜湿润，能耐水湿，也能耐一定的干旱，耐寒性较强。

【精油含量】水蒸气蒸馏的干燥全草的得油率为1.45%，新鲜叶的得油率为0.08%，干燥叶的得油率为0.49%；溶剂萃取的新鲜叶的得油率为2.51%，干燥叶的得油率为10.36%。

【芳香成分】叶：刘瑞来等（2012）用水蒸气蒸馏法提取的福建武夷山产过路黄新鲜叶精油的主要成分为：β-香叶烯（39.67%）、β-蒎烯（18.42%）、右旋萜二烯（7.53%）、石竹烯（5.04%）、(Z,Z,Z)-1,5,9,9-四甲基-1,4,7-环十一碳三烯（4.29%）、D-柠檬烯（3.98%）、4,8-二甲基十一烷（3.98%）、邻苯二甲酸二乙酯（2.42%）、1,2,3,5-四甲基苯（2.03%）、间异丙基甲苯（1.52%）、二丁基羟基甲苯（1.28%）等。

全草：周凌波（2010）用水蒸气蒸馏法提取的干燥全草精油的主要成分为：正戊基-2-呋喃酮（32.59%）、柏木醇（15.58%）、广藿香醇（5.84%）、β-石竹烯（4.55%）、荜澄茄烯（3.39%）、麝香草酚（2.33%）、β-蒎烯（1.93%）、壬醛（1.50%）、植酮（1.50%）、紫苏醇（1.41%）、芳樟醇（1.18%）、愈创木烯（1.17%）、蓝桉醇（1.15%）等。

【利用】全草为民间常用草药，有清热解毒、利尿排石的功效，治胆囊炎，黄疸性肝炎，泌尿系统结石，肝、胆结石，跌打损伤，毒蛇咬伤，毒蕈及药物中毒；外用治化脓性炎症、烧烫伤。

## 虎尾草

*Lysimachia barystachys* Bunge

**报春花科　珍珠菜属**

**别名：**狼尾珍珠菜、狼尾花、重穗排草

**分布：**黑龙江、吉林、辽宁、内蒙古、河北、山西、陕西、甘肃、四川、云南、贵州、湖北、河南、安徽、山东、江苏、浙江等地

【形态特征】一年生草本。秆直立或基部膝曲，高12～75 cm，光滑无毛。叶鞘背部具脊，包卷松弛；叶片线形，长3～25 cm，宽3～6 mm，两面无毛或边缘及上面粗糙。穗状花序5至10余枚，长1.5～5 cm，指状着生于秆顶，常直立而并拢成毛刷状，有时包藏于顶叶之膨胀叶鞘中，成熟时常带紫色；颖膜质；第一小花两性，外稃纸质，两侧压扁，呈倒卵状披针形，顶端尖或有时具2微齿，芒自背部顶端稍下方伸出；

内稃膜质，略短于外稃，具2脊；基盘具毛；第二小花不孕，长楔形，仅存外稃，顶端截平或略凹，芒长4～8 mm，自背部边缘稍下方伸出。颖果纺锤形，淡黄色，胚长约为颖果的2/3。花果期6～10月。

【生长习性】多生于路旁荒野，河岸沙地、土墙及房顶上，海拔可达3700 m。

【精油含量】同时蒸馏萃取花的得油率为3.70%。

【芳香成分】张捷莉等（2000）用同时蒸馏萃法提取的辽宁千山产虎尾草花精油的主要成分为：苯乙醇（28.12%）、苯甲醇（8.73%）、3-己烯-1-醇（6.76%）、二甲基砜（5.40%）、苯酚（4.98%）、丁子香酚（3.55%）、α-甲基-α-[4-甲基-3-戊烯基]环氧乙烷甲醇（2.64%）、2-甲氧基苯酚（1.75%）、2,2,6-三甲基-6-乙烯基四氢化-2H-吡喃-3-醇（1.65%）、顺-里哪醇氧化物（1.57%）、α,α,4-三甲基-3-环己烯-1-甲醇（1.14%）等。

【利用】全草药用，有祛风除湿、解毒杀虫的功效，治感冒头痛、风湿痹痛、泻痢腹痛、疝气、脚气、痈疮肿毒、刀伤等症。为各种牲畜食用的牧草。

## 临时救

*Lysimachia congestiflora* Hemsl.

**报春花科　珍珠菜属**

**别名：** 小过路黄、聚花过路黄、黄花珠、九莲灯、大疮药、爬地黄

**分布：** 长江以南各地以及陕西、甘肃、台湾

【形态特征】茎下部匍匐，节上生根，上部及分枝上升，长6～50 cm，圆柱形，密被多细胞卷曲柔毛；有时仅顶端具叶。叶对生，叶片卵形至近圆形，长 0.7～4.5 cm，宽 0.6～3 cm，先端锐尖或钝，基部近圆形或截形，稀略呈心形，上面绿色，下面较淡，有时沿中肋和侧脉染紫红色，近边缘有暗红色或有时变为黑色的腺点。花2～4朵集生茎端和枝端成近头状的总状花序，在花序下方的1对叶腋有时具单生之花；花萼分裂近达基部，裂片披针形；花冠黄色，内面基部紫红色，5裂，裂片卵状椭圆形至长圆形，先端锐尖或钝，散生暗红色或变黑色的腺点。蒴果球形，直径3～4 mm。花期5～6月，果期7～10月。

【生长习性】生于水沟边、田塍上和山坡林缘、草地等湿润处，垂直分布上限可达海拔2100 m。

【精油含量】水蒸气蒸馏新鲜全草的得油率为0.12%。

【芳香成分】彭炳先等（2007）用水蒸气蒸馏法提取的贵州黔南产临时救新鲜全草精油的主要成分为：氧化石竹烯（7.32%）、植醇（6.23%）、1-十二烷醇（3.73%）、大根香叶烯D（3.66%）、石竹烯（3.60%）、α-桉叶烯（3.14%）、δ-杜松萜烯（3.05%）、1-己烯醇（2.73%）、1H-3a,7-亚甲基甘菊蓝（2.71%）、1-十四烯（2.53%）、橙花叔醇（2.29%）、α-杜松醇（2.12%）、2-甲基辛烷（1.76%）、喇叭茶醇（1.67%）、α-合金欢烯（1.43%）、4,11-二桉烯（1.32%）、黄樟脑素（1.30%）、β-橄香烯（1.22%）、环十六烷（1.22%）、罗汉柏烯（1.07%）、香叶醇（1.04%）等。

【利用】全草入药，治风寒头痛、咽喉肿痛、肾炎水肿、肾结石、小儿疳积、疔疮、毒蛇咬伤等。

## 灵香草

*Lysimachia foenum-graecum* Hance

**报春花科　珍珠菜属**

**别名：** 零陵香、广零陵香、薰香、广陵香、蕙草、排草、佩兰、留兰香草、驱蛔虫草、平南香、满山香、香草、黄香草、尖叶子、闹虫草

**分布：** 广西、广东、云南、四川、湖南、贵州

【形态特征】株高20～60 cm，干后有浓郁香气。越年老茎匍匐，当年生茎部为老茎的单轴延伸，草质，具棱，棱边有时呈狭翅状。叶互生，位于茎端的通常较下部的大1～2倍，叶片广卵形至椭圆形，长4～11 cm，宽2～6 cm，先端锐尖或稍钝，具短骤尖头，基部渐狭或为阔楔形，边缘微皱呈波状，草质，干时两面密布极不明显的下陷小点和稀疏的褐色无柄腺体；叶柄具狭翅。花单出腋生；花萼深裂近达基部，草质，两面多少

被褐色无柄腺体；花冠黄色，分裂近达基部，裂片长圆形。蒴果近球形，灰白色，直径6～7 mm，不开裂或顶端浅裂。花期5月，果期8～9月。

【生长习性】生于山谷溪边和林下的腐殖质土壤中，海拔800～1700 m。月平均温度在13～19℃，相对湿度在85%以上，郁闭度为75%，上层深厚的条件下，植株生长良好。喜阴凉、湿润的环境，不耐高温，温度超过30℃会影响其生长。能耐受-2℃低温。

【精油含量】水蒸气蒸馏全草的得油率为0.04%～1.50%；超临界萃取全草的得油率为4.50%；亚临界萃取干燥全草的得油率为3.34%；超声波或微波辅助萃取的全草的得油率为2.88%～3.09%；索氏法提取全草浸膏的得率为1.20%～16.00%，花浸膏的得率为8.00%。

【芳香成分】全草：黄琼等（2010）用水蒸气蒸馏法提取的广西金秀产灵香草阴干全草精油的主要成分为：9,12,15-十八碳三烯酸（18.78%）、9,12-十八碳二烯酸（16.31%）、十六酸（12.37%）、十七酸（8.80%）、菲（8.72%）、β-谷甾醇（4.19%）、荧蒽（3.20%）、蒽（1.48%）、植醇（1.43%）、芘（1.22%）、2-苯基萘（1.20%）等。

**花**：安鸣等（2014）用索氏法提取的山西产灵香草花浸膏的主要成分为：棕榈酸甲酯（13.90%）、正二十四烷（10.70%）、月桂酸甲酯（8.80%）、正二十三烷（7.80%）、棕榈酸乙酯（7.50%）、月桂酸乙酯（7.20%）、油醇（4.60%）、正二十五烷（4.60%）、亚油酸乙酯（2.80%）、2,2-甲基庚烷（2.70%）、十四酸乙酯（1.20%）等。

【利用】全草精油享有“香料之王”的美誉，在国际上被誉为“液体黄金”，广泛用于食品、医药、烟草、纺织、日用化工等行业；精油有防腐杀菌、消炎解毒、提神醒目、避瘟疫等功效，可用来治疗各种急慢性炎症；用于化妆品、纺织、日用化工等的加香。民间用干燥全草驱虫防虫，用于保护书画、文物、档案、茶叶、衣物等；还可用来香化居室，衣料，身体，填充睡枕，缝制香荷包等。全草药用、有驱虫、清热、行气、止痛、驱虫等功效，用于治疗感冒头痛、齿痛、胸闷腹胀、驱蛔虫；对治疗阳痿滑精、腰酸背痛、少妇经痛、寒湿脚气、外伤脓肿和高山反应等症均有明显效果。

## 露珠珍珠菜

*Lysimachia circaeoides* Hemsl.

**报春花科　珍珠菜属**

**别名**：水红袍、对叶红线草、见缝合、黄金楼、大散血、苋菜三七、沙红三七、退血草

**分布**：陕西、江西、湖北、湖南、四川、贵州、云南

【形态特征】多年生草本，全体无毛。茎直立，粗壮，高45～70 cm，四棱形，上邻分枝。叶对生，在茎上部有时互生，近茎基部的1～2对较小，椭圆形或倒卵形，上部茎叶长圆状披针形至披针形，长5～10 cm，宽1.5～3 cm，先端锐尖，基部楔形，下延，叶面深绿色，叶背较淡，有极细密的红色小腺点，近边缘有稀疏暗紫色或黑色粗腺点和腺条；叶柄具狭翅。总状花序生于茎端和枝端，最下方的苞片披针形，向上渐次缩小为钻形；花萼分裂近达基部，裂片卵状披针形，先端锐尖；花冠

白色，阔钟状，裂片菱状卵形，先端锐尖，具褐色腺条，裂片间的弯缺成锐角。蒴果球形，直径约3 mm。花期5～6月，果期7～8月。

【生长习性】生于山谷湿润处，海拔600～1200 m。

【芳香成分】石磊等（2010）用顶空固相微萃取法提取的贵州都匀产露珠珍珠菜带根全株挥发油的主要成分为：棕榈酸（48.00%）、6,10,14-三甲基-2-十五烷酮（12.93%）、(Z,Z)-9,12-十八碳二烯酸（7.42%）、顺-7-癸烯基-1-乙酸（5.31%）、棕榈酸甲酯（3.81%）、十二烷酸（3.71%）、十四烷酸（3.10%）、邻苯二甲酸丁基二甲基酯（2.71%）、十三烷酸（1.60%）、1-甲氧基-4-(1-丙烯基)苯（1.59%）、二十烷（1.44%）、2,3-二氢-3,5-二羟基-6-甲基-4H-吡喃-4-酮（1.44%）、邻苯二甲酸异辛酯（1.41%）、糠醛（1.20%）、(Z,Z)-9,12-十八碳二烯酸甲酯（1.13%）、十八烷（1.00%）等。

【利用】全草药用，湖南民间用以治疗肺结核和跌打损伤。

## 狭叶落地梅

*Lysimachia paridiformis* Franch. var. *stenophylla* Franch.

**报春花科　珍珠菜属**

**别名：**伞叶排草、破凉伞、背花草、灯台草、追风伞

**分布：**湖北、四川、贵州等地

【形态特征】多年生草本，高约30 cm。须根淡黄色。茎丛生，不分枝，近基部红色，有柔毛。上部绿色，节稍膨大，有短柔毛。茎下部叶退化，很小，如鳞片状，对生；茎顶叶轮生，多为4～7片，大小不等，圆形至倒卵形，长4～14 cm，宽2～10 cm，先端急尖，全缘，稍成皱波状，基部阔楔形至狭楔形，上面光绿，下面淡绿；叶柄无，或极短，枣红色。花簇生于茎顶；花萼合生成球形，上部5裂，裂片线状披针形，淡绿色；花冠黄色，5深裂；雄蕊5，着生于花冠管内；子房红色，花柱细长，1室，胚珠多数，蒴果球形。花期5月，果期5～6月。

【生长习性】生长于低山区阴湿林下及沟边。

【精油含量】水蒸气蒸馏新鲜全草的得油率为0.11%。

【芳香成分】周欣等（2002）用水蒸气蒸馏法提取的贵州产伞叶排草新鲜全草精油的主要成分为：广藿香醇（22.54%）、乙酸龙脑酯（16.17%）、γ-古芸烯（3.27%）、δ-愈创烯（2.62%）、橙花叔醇（2.02%）、芳樟醇（1.99%）、棕榈酸（1.96%）、十四烷醛（1.81%）、姜烯（1.72%）、β-绿叶烯（1.66%）、龙脑（1.64%）、α-葎草烯（1.47%）、α-古芸烯（1.46%）、塞舌尔烯（1.43%）、石竹烯氧化物（1.23%）、δ-荜澄茄烯（1.12%）、α-愈创烯（1.00%）等。

【利用】全草入药，具有祛风通络、活血止痛的功能，主治风湿痹痛、半身不遂、小儿惊风及跌打损伤等。

## 细梗香草

*Lysimachia capillipes* Hemsl.

**报春花科　珍珠菜属**

**别名：**排香草、排草香、香草、香排草、满山香

**分布：**贵州、云南、四川、湖北、湖南、河南、江西、浙江、广东、福建、台湾等地

【形态特征】株高40～60 cm，干后有浓郁香气。茎通常2至多条簇生，直立，中部以上分枝，草质，具棱，棱边有时呈狭翅状。叶互生，卵形至卵状披针形，长1.5～7 cm，宽

1～3 cm，先端锐尖或有时渐尖，基部短渐狭或钝，两侧常稍不等称，边缘全缘或微皱呈波状，无毛或上面被极疏的小刚毛。花单出腋生；花萼深裂近达基部，裂片卵形或披针形，先端渐尖；花冠黄色，长6～8 mm，分裂近达基部，裂片狭长圆形或近线形，先端稍钝。蒴果近球形，带白色，直径3～4 mm，比宿存花萼长。花期6～7月，果期8～10月。

【生长习性】生于山谷林下、溪边、旷野阴湿处和草丛中，海拔300～2000 m。

【精油含量】水蒸气蒸馏全草的得油率为0.07%～0.10%。

【芳香成分】朱亮锋等（1993）用水蒸气蒸馏法提取的细梗香草全草精油的主要成分为：壬醛（18.54%）、2-甲基-2-丁烯醛（13.68%）、植醇（5.61%）、乙酸-1-乙氧基乙酯（3.74%）、龙脑（2.85%）、苯乙醇（2.71%）、十一醛（2.64%）、十七酸（2.61%）、10-十一烯醇（1.71%）、3-甲基-2-戊酮（1.67%）、芳樟醇（1.65%）、十六酸（1.51%）、壬酸（1.31%）、6,10,14-三甲基-2-十五酮（1.11%）、2-己烯醛（1.05%）等。

【利用】全草药用，可治流感、感冒、咳喘、风湿痛及月经不调等症。

## 腺药珍珠菜

*Lysimachia stenosepala* Hemsl.

**报春花科　珍珠菜属**

**分布：**陕西、四川、贵州、湖北、湖南、浙江

【形态特征】多年生草本，全体光滑无毛。茎直立，高30～65 cm，下部近圆柱形，上部明显四棱形，通常有分枝。叶对生，在茎上部常互生，叶片披针形至长椭圆形，长4～10 cm，宽0.8～4 cm，先端锐尖或渐尖，基部渐狭，边缘微呈皱波状，叶面绿色，叶背粉绿色，两面近边缘散生暗紫色或黑色粒状腺点或短腺条。总状花序顶生，疏花；苞片线状披针形；花萼分裂近达基部，裂片线状披针形，先端渐尖成钻形，边缘膜质；花冠白色，钟状，长6～8 mm，裂片倒卵状长圆形或匙形，先端圆钝。蒴果球形，直径约3 mm。花期5～6月，果期7～9月。

【生长习性】生于山谷林缘、溪边和山坡草地湿润处，海拔850～2500 m。

【芳香成分】刘广军等（2010）用石油醚萃取法提取的重庆产腺药珍珠菜干燥全草精油的主要成分为：亚麻油酸乙酯（15.30%）、2,6-十六烷基-1-(+)-抗坏血酸酯（15.03%）、6,9,12,15-二十二碳四烯酸甲酯（13.62%）、棕榈酸乙酯（9.85%）、9,12，15-十八碳三烯酸甘油酯（8.64%）、植醇（4.07%）、二氢猕猴桃内酯（3.94%）、异丁酸橙花叔醇酯（3.84%）、3,7,11-三甲基-10,11-二羟基-2,6-二烯醋酸酯（3.54%）、角鲨烯（1.27%）、十八酸乙酯（1.04%）等；乙酸乙酯萃取的主要成分为：4-羟基-3,5,5-三甲基-(3羰基-1-丁烯基)-2-环己烯-1-酮（6.74%）、反-Z-α-环氧化红没药烯（6.55%）、4-(3-羟基-1-丁烯基)-3,5,5-三甲基-2-环己烯-1-酮（5.64%）、富马酸二丁酯（5.27%）等。

【利用】全草药用，具有活血、调经之功效，可治疗月经不调、白带过多、跌打损伤等症；外用可治疗蛇咬伤等症。

## 圆叶过路黄

*Lysimachia nummularia* Linn.

**报春花科　珍珠菜属**

**别名：**金叶过路黄

**分布：**原产欧洲、美国东部，现在中国广泛栽培

【形态特征】多年生蔓性草本，常绿，株高5～10 cm，枝条匍匐生长，可达60 cm，茎节较短，节间能萌发地生根，匍匐性较强。单叶对生，卵圆形，基部心形长约2 cm，早春至秋季金黄色，冬季霜后略带暗红色。单花，黄色尖端向上翻成杯形，亮黄色，花径约2 cm。花期5～7月。

【生长习性】喜光也耐半阴，耐水湿，耐寒性强，具有较强的耐干旱能力，对环境适应性强。生长最适宜温度为15～30℃，生长速度快，能耐-15℃的低温。

【芳香成分】魏金凤等（2013）用顶空固相微萃取法提取的河南开封种植的圆叶过路黄‘金叶’阴干叶精油的主要成分为：6,10,14-三甲基-十五酮（13.24%）、十七烷（6.29%）、十六烷（5.91%）、十八烷（5.30%）、二十一烷（4.32%）、十九烷（2.80%）、4-甲基-十六烷（2.76%）、植醇（2.57%）、2-甲基-十七烷（2.52%）、2-甲基-十六烷（2.48%）、十五烷（1.87%）、3-甲基-十五烷（1.76%）、2,6,10,14-四甲基-十七烷（1.76%）、n-棕榈酸（1.59%）、1,2-邻苯二羧酸二丙酯（1.50%）、2-甲基-十五烷（1.41%）、2-甲基-十七烷（1.38%）、3-甲基-十六烷（1.37%）、3-甲基-十七烷（1.22%）、二十烷（1.08%）、4-甲基-十五烷（1.00%）等。

【利用】为民间常用草药，有清热解毒、散瘀消肿、利湿退黄、利尿排石的功效，治胆囊炎、黄疸性肝炎、泌尿系统结石、肝、胆结石、跌打损伤、毒蛇咬伤、毒蕈及药物中毒；外用治化脓性炎症、烧烫伤。可作为彩色地被植物在园林中应用。

## 草海桐

*Lysimachia sericea* Vahl

**草海桐科　草海桐属**

**别名：** 羊角树、水草仔、细叶水草

**分布：** 台湾、福建、广东、广西

【形态特征】直立或铺散灌木，有时枝上生根，或为小乔木，高可达7 m，枝中空，叶腋里密生一簇白色须毛。叶螺旋状排列，大部分集中于分枝顶端，匙形至倒卵形，长10～22 cm，宽4～8 cm，基部楔形，顶端圆钝，平截或微凹，全缘，或边缘波状，稍稍肉质。聚伞花序腋生；苞片和小苞片小，腋间有一簇长须毛；花萼筒部倒卵状，裂片条状披针形；花冠白色或淡黄色，筒部细长，后方开裂至基部，裂片披针形，中部以上每边有宽而膜质的翅，翅常内叠。核果卵球状，白色而无毛或有柔毛，直径7～10 mm，有两条径向沟槽，将果分为两爿，每爿有4条棱，2室，每室有一颗种子。花果期4～12月。

【生长习性】生于海边，通常在开旷的海边砂地上或海岸峭壁上。喜高温、潮湿和阳光充足的环境，耐盐性佳、抗强风、耐旱、耐寒，耐阴性稍差。抗污染及病虫危害能力强，生长速度快。

【精油含量】有机溶剂萃取干燥叶的得油率为1.67%～3.13%。

【芳香成分】李敏等（2015）用石油醚萃取法提取的广西防城港产草海桐干燥叶精油的主要成分为：棕榈酸（27.59%）、亚麻酸（14.15%）、植醇（11.58%）、2-萘甲酸（6.23%）、(Z,Z,Z)-亚麻酸乙酯（5.32%）、莰烷（5.06%）、(Z,Z)-亚油酸（3.76%）、2-氟-3-(三氟甲基)苯甲腈（2.44%）、5-甲基水杨醛（2.32%）、(E)-17-甲基硬脂酸甲酯（2.27%）、硬脂酸（2.22%）、4-氨基-5-甲氧基-2-甲基苯磺酸（2.04%）、(Z,Z)-亚油酸（1.92%）、亚油酸乙酯（1.58%）、17-甲基硬脂酸甲酯（1.02%）等；乙酸乙酯萃取的干燥叶精油的主要成分为：别嘌呤醇（7.41%）、吲哚-3-乙酸肼（6.55%）、亚麻酸（6.30%）、棕榈酸（5.20%）、β-瑟林烯（5.04%）、7-羟基香豆素（4.72%）、莨菪亭（4.71%）、4,6-二甲基-7-乙基氨基香豆素（4.59%）、2,4,6-三甲基-1,6-庚二烯-4-醇（3.14%）、7-甲氧基香豆素（3.12%）、松柏醇（2.88%）、富马酰胺酸（2.79%）、N-环己基乙酰胺（2.66%）、5-苯基-1-H-吡嗪-2-酮（2.12%）、喇叭茶醇（2.11%）、2-苯基喹啉（2.06%）、(-)-莰烷-3 -羧酸（1.75%）、1-氨基四氢化萘（1.31%）、儿茶酚硼烷（1.26%）、双环[3.3.1]壬烷-3-醇（1.21%）、(1R)-(+)-反式-莰烷（1.16%）、(Z)-2,6,10-三甲基-1,5,9-十一碳三烯（1.14%）、4,4-二甲氧基-2,5-环己二烯-1-酮（1.07%）、吲哚-3-甲醛（1.04%）等。

【利用】常见的海岸树种，可作海岸防风林、行道树、庭园美化。能治疗刀伤、动物咬伤、白内障、鳞状皮肤、癣、胃病，改善眼部红肿疼痛、避孕和增强性功能等。

## 定心藤

*Mappianthus iodoides* Hand.-Mazz.

**茶茱萸科　茶茱萸属**

**别名：** 甜果藤、麦撇花藤、铜钻、藤蛇总管、黄九牛、黄马胎

**分布：** 湖南、福建、广东、广西、贵州、云南

【形态特征】木质藤本。幼枝深褐色，被黄褐色糙伏毛，具棱，小枝灰色，圆柱形，渐无毛，具皮孔；卷须粗壮。叶长椭圆形至长圆形，稀披针形，长8～17 cm，宽3～7 cm，先端渐尖至尾状，尾端圆形，基部圆形或楔形，干时叶面榄绿色，叶背赭黄色至紫红色。雌、雄花序交替腋生，小苞片小，花萼、花冠外面密被黄色糙伏毛。雄花：芳香；花芽淡绿色，球形至长圆形；花萼杯状，微5裂，花冠黄色，5裂片；雄蕊5。雌花：芽时卵形；花萼浅杯状，5裂片；花瓣5，长圆形。核果椭圆形，长2～3.7 cm，宽1～1.7 cm，疏被淡黄色硬伏毛，基部具宿存

萼片。种子1枚。花期4～8月，雌花较晚，果期6～12月。

【生长习性】生于海拔800～1800 m的疏林、灌丛及沟谷林内。

【精油含量】超临界萃取干燥藤茎的得油率为1.22%。

【芳香成分】曾立等（2012）用超临界$CO_2$萃取法提取的定心藤干燥藤茎精油的主要成分为：油酸甲酯（10.24%）、棕榈酸甲酯（8.39%）、角鲨烯（7.36%）、亚油酸甲酯（5.78%）、正十七烷（2.39%）、硬脂酸甲酯（2.34%）、正二十烷（2.07%）、正十八烷（1.94%）、正二十二烷酸甲酯（1.73%）、正二十四烷（1.25%）、正二十四烷酸甲酯（1.18%）等。

【利用】果肉味甜可食。根或老藤药用，有祛风活络，除湿消肿、解毒的功效，用于治疗风湿性腰腿痛、手足麻痹、跌打损伤等症；并治毒蛇咬伤、黄疸。

## 马比木

*Nothapodytes pittosporoides* (Oliv.) Sleum.

**茶茱萸科　假柴龙树属**

**别名：** 公黄珠子、追风伞

**分布：** 甘肃、湖北、湖南、广东、广西、四川、贵州

【形态特征】矮灌木或很少为乔木，高1.5～10 m，茎褐色，枝条灰绿色，圆柱形，稀具棱，嫩枝被糙伏毛，后变无毛。叶片长圆形或倒披针形，长7～24 cm，宽2～6 cm，先端长渐尖，基部楔形，薄革质，叶面暗绿色，具光泽，叶背淡绿发亮，干时通常反曲，黑色，幼时被金黄色糙伏毛，老时无毛。聚伞花序顶生，花萼钟形，膜质，5裂齿，裂齿三角形；花瓣黄色，条形，先端反折，肉质。核果椭圆形至长圆状卵形，稍扁，幼果绿色，转黄色，熟时为红色，长1～2 cm，径0.6～0.8 cm，先端明显具鳞脐，通常在成熟时被细柔毛，内果皮薄，具皱纹，胚乳具臭味，长为种子的一半。花期4～6月，果期6～8月。

【生长习性】生于海拔150～2500 m的林中。

【芳香成分】根：杨艳等（2016）用顶空固相微萃取法提取的贵州铜仁产马比木干燥根精油的主要成分为：呋喃甲醇（29.94%）、2-甲基丁醛（12.83%）、己醛（11.62%）、正己醇（10.65%）、2-甲基-2-丁烯醛（9.26%）、3-己烯-1-醇（4.63%）、(E)-2-己烯醛（3.44%）、2-乙基丙烯醛（2.44%）、壬醛（1.61%）、癸醛（1.59%）、乙醇（1.38%）等。

茎：杨艳等（2016）用顶空固相微萃取法提取的贵州铜仁产马比木干燥茎精油的主要成分为：2-呋喃甲醛（51.77%）、正己醇（13.89%）、乙醇（6.03%）、2-甲基呋喃（3.71%）、3-己烯-1-醇（3.59%）、己醛（3.10%）、3-甲基-1-丁醇（2.38%）、(E)-2-己烯醛（2.37%）、十七烷烯（2.26%）、2-甲基-1-丁醇（1.95%）、2-甲基丁醛（1.17%）、3-甲基丁醛（1.00%）等。

叶：杨艳等（2016）用顶空固相微萃取法提取的贵州铜仁产马比木干燥叶精油的主要成分为：糠醛（39.53%）、(E)-2-己烯醛（12.49%）、正己醇（10.00%）、(Z)-己烯醇（9.78%）、(E,E)-α-金合欢烯（4.53%）、3-乙酸糠酯（3.99%）、己醛（2.66%）、(Z)-乙酸己烯酯（2.65%）、水杨酸甲酯（2.45%）、乙酸己酯（1.92%）、壬醛（1.61%）、芳樟醇（1.36%）、1-戊烯-3-醇（1.07%）等。

【利用】根皮药用，有祛风除湿、理气散寒的功效，用于治疗风寒湿痹、浮肿、疝气等症。

## 车前

*Plantago asiatica* Linn.

**车前科　车前属**

**别名：** 车前菜、牛甜菜、田菠菜、当道、牛遗、蝦蟆衣、牛舌、车轮菜、鱼草、车过路、野甜菜

**分布：** 全国各地

【形态特征】二年生或多年生草本。根茎短，稍粗。叶基生呈莲座状，叶片纸质，宽卵形至宽椭圆形，长4～12 cm，宽

2.5～6.5 cm，先端钝圆至急尖，边缘波状、全缘或中部以下有锯齿，基部宽楔形或近圆形。花序3～10个，穗状花序细圆柱状，长3～40 cm，下部常间断；苞片狭卵状三角形，龙骨突宽厚。花萼先端钝圆或钝尖，龙骨突较宽，两侧片稍不对称，后对萼片宽倒卵状椭圆形或宽倒卵形。花冠白色，裂片狭三角形，先端渐尖或急尖，于花后反折。蒴果纺锤状卵形、卵球形或圆锥状卵形，长3～4.5 mm，于基部上方周裂。种子卵状椭圆形或椭圆形，具角，黑褐色至黑色，背腹面微隆起。花期4～8月，果期6～9月。

【生长习性】生于草地、沟边、河岸湿地、田边、路旁或村边空旷处，海拔3200 m以下的阳光充足的开阔地。适应性强，喜温耐寒，喜湿耐旱，喜光耐阴，喜沙耐黏，喜肥耐瘠，在温暖、潮湿、向阳、砂质沃土上生长良好。种子发芽的适宜温度为20～24℃，茎叶在5～28℃内都能正常生长。

【精油含量】水蒸气蒸馏干燥全草的得油率为2.79%。

【芳香成分】回瑞华等（2004）用同时蒸馏萃取法提取的辽宁千山产车前干燥全草精油的主要成分为：2,6-二叔丁基对甲酚（12.25%）、3-叔丁基-4-羟基茴香醚（9.33%）、6,10,14-三甲基-2-十五烷酮（9.01%）、1-壬烯-3-醇（6.32%）、2,6,10,14-四甲基-十六(碳)烷（5.65%）、十九(碳)烷（5.41%）、3,7-二甲基-1,6-辛二烯-3-醇（4.67%）、二十(碳)烷（4.64%）、2,6-双(1,1-二甲基(乙基)-2,5-环己二烯-1,4-二酮（4.42%）、5,6,7,7a-四氢-4,4,7a-三甲基-2(4H)-苯并呋喃酮（3.98%）、十七(碳)烷（3.91%）、2-(2,6,6-三甲基-1--环己烯-1-基)-2-丁烯-2-酮（3.87%）、2,6,11,15-四甲基-十六(碳)烷（3.62%）、十八(碳)烷（3.17%）、6-甲基-3-(1-甲基(乙基)-7-含氧二环[4.1.0]庚-2-酮（3.05%）、桉叶油素（2.70%）、D-苎烯（2.59%）、2-莰酮（2.35%）、2-乙基-1-己醇（2.10%）、1-(2,6,6-三甲基-1,3-环已二烯-1-基)-2-丁烯-1-酮（2.04%）等。

【利用】全株入药，具有清热利尿、渗湿通淋、镇咳、祛痰、止泻、明目的功效，可用于治疗尿路感染、小便不利、淋漓涩痛、肾炎水肿、细菌性痢疾、急性黄疸型肝炎、支气管炎、咳嗽、急性眼结膜炎等。嫩茎叶可作蔬菜食用；也可为清凉饮料的原料。

## 柽柳

*Tamarix chinensis* Lour.

**柽柳科　柽柳属**

**别名：**西河柳、西湖柳、赤柽木、红柳、山川柳、观音柳、三春柳、红筋柳、红筋条、红荆条

**分布：**辽宁、河北、河南、山东、江苏、安徽、华东至西南各地

【形态特征】乔木或灌木，高3～8 m；老枝暗褐红色，光亮，幼枝稠密细弱，红紫色。叶鲜绿色，从去年生枝上生出的叶长圆状披针形或长卵形，先端尖，常呈薄膜质；上部绿色营养枝上的叶钻形或卵状披针形，半贴生，先端渐尖而内弯，基部变窄。每年开花两、三次。春季开花：总状花序侧生在去年生的小枝上，花大而少；苞片线状长圆形，渐尖；花5出；萼片5，狭长卵形；花瓣5，粉红色，通常卵状椭圆形，果时宿存；花盘5裂，裂片先端圆或微凹，紫红色，肉质；雄蕊5。蒴果圆锥形。夏、秋季开花；总状花序生于当年生幼枝顶端，组成顶生大圆锥花序，花5出，略小，密生；苞片绿色，草质，线形至线状锥形或狭三角形；花萼三角状卵形；花瓣粉红色；花盘5裂；雄蕊5。花期4～9月。

【生长习性】喜生于河流冲积平原，海滨、滩头、潮湿盐碱地和沙荒地。

【精油含量】水蒸气蒸馏的干燥细嫩枝叶的得油率为0.15%；索氏法提取的阴干嫩枝叶的得油率为0.11%。

【芳香成分】枝叶：吉力等（1997）用水蒸气蒸馏法提取的河北安国产柽柳干燥细嫩枝叶精油的主要成分为：十六酸（22.22%）、十二酸（8.26%）、十四酸（5.43%）、9,12-十八碳二烯酸（3.86%）、9-十八碳烯酸（3.64%）、十六碳烯酸（3.12%）、6,10,14-三甲基-2-十五烷酮（2.20%）、植物醇（2.17%）、9-十六碳烯酸（2.00%）、二十二烷（1.66%）、十八酸（1.30%）、9,12,15-十八碳三烯酸（1.29%）、橙花叔醇（1.22%）、十五酸（1.04%）、T-依兰油醇（1.00%）、2,3-二甲基菲（1.00%）等。

**花**：周忠波等（2007）用石油醚脱脂后微波法提取的新疆塔里木产柽柳花精油的主要成分为：邻苯二甲酸二异丁酯（24.99%）、邻苯二甲酸二丁酯（11.26%）、十六碳酸乙酯（5.28%）、(E,E)-2,4-癸二烯醛（4.40%）、E-2-庚醛（4.17%）、苯甲醇+苄醇（4.10%）、(E)-2-癸烯醛（3.53%）、壬醛（2.38%）、4,7,7-三甲基双环[3.3.0]-2-辛酮（2.12%）、2-戊基呋喃（2.08%）、十六碳酸（1.90%）、苯甲酸（1.88%）、二十三烷（1.76%）、十六烷（1.69%）、9,12-十八碳二烯酸甲酯（1.58%）、4-羟基-3-甲氧基苯甲醛（1.35%）、二十四烷（1.26%）、二十二烷（1.25%）、十八烷（1.21%）、十六碳酸甲酯（1.17%）等。

【利用】适于温带海滨河畔等处湿润盐碱地、沙荒地造林之用。茎枝可作薪炭柴、农具用材。细枝柔韧耐磨，多用来编筐。栽于庭院、公园等处供观赏用。枝叶药用为解表发汗药，有去除麻疹之效。果实药用，用于治疗哮喘、咳嗽、肺病咳血、关节风湿、肝脏硬肿、脾脏肿大、解毒、止血愈创。

## 多枝柽柳

*Tamarix ramosissima* Ledeb.

**柽柳科　柽柳属**

**别名：** 红柳

**分布：** 西藏、青海、新疆、甘肃、内蒙古、宁夏

【形态特征】灌木或小乔木状，高1～6 m，老枝树皮暗灰色，当年生枝淡红或橙黄色。木质化生长枝上的叶披针形，基部短，半抱茎，微下延；营养枝上的叶短卵圆形或三角状心脏形，长2～5 mm，急尖，略向内倾，几抱茎，下延。总状花序生在当年生枝顶，集成顶生圆锥花序；苞片披针形或卵状长圆形，渐尖；花5数；萼片广椭圆状卵形或卵形，渐尖或钝，边缘窄膜质，有不规则的齿牙，无龙骨；花瓣粉红色或紫色，倒卵形至阔椭圆状倒卵形，顶端微缺（弯），形成闭合的酒杯状花冠，果时宿存；花盘5裂，裂片顶端有凹缺；雄蕊5。蒴果三棱圆锥形瓶状，长3～5 mm，比花萼长3～4倍。花期5～9月。

【生长习性】生于河漫滩、河谷阶地上，砂质和黏土质盐碱化的平原上，沙丘上，每集沙成为风植沙滩。

【芳香成分】吴彩霞等（2010）用固相微萃取技术提取的内蒙古额济纳旗产多枝柽柳枝叶精油的主要成分为：十五烷（16.83%）、壬醛（12.45%）、十六烷（8.20%）、十四烷（8.08%）、己醛（7.37%）、3-辛烯-2-酮（4.10%）、茴香脑（3.84%）、(E)-6,10-二甲基-5,9-十一烯-2-酮（3.35%）、1,2-二氢-1,1,6-三甲基萘（2.49%）、1-辛烯-3-醇（2.43%）、癸醛（2.41%）、十七烷（2.41%）、(Z)-2-庚烯醇（2.20%）、(E)-2-辛烯醛（1.59%）、2-戊基-呋喃（1.56%）、6,10,14-三甲基-2-十五烷酮（1.44%）、1-己醇（1.42%）、2-乙基-1-己烯醇（1.35%）、(E,E)-2,4-壬二烯醛（1.30%）、辛醛（1.08%）等。

【利用】是沙漠地区盐化沙土上、沙丘上和河湖滩地上固沙造林和盐碱地上绿化造林的优良树种。是最有价值的居民点的绿化树种。枝条编筐用，2和3年生枝用作杈齿，编耱，粗枝可用作农具把柄。嫩枝叶是羊和骆驼的好饲料。

## 细穗柽柳

*Tamarix leptostachys* Bunge

**柽柳科　柽柳属**

**别名：**红柳

**分布：**新疆、青海、甘肃、宁夏、内蒙古

【形态特征】灌木，高1～6 m。叶狭卵形，卵状披针形，急尖，半抱茎，长1～6 mm，宽0.5～3 mm（基部），下延。总状花序细长，生于当年生幼枝顶端，集浅顶生密集的球形或卵状大型圆锥花序；苞片钻形，渐尖，直伸。花5数，小；萼片卵形，钝渐尖，边缘窄膜质；花瓣倒卵形，钝，长于花萼约1倍，淡紫红色或粉红色，一半向外弯，早落；花盘5裂，偶各再2裂成10裂片；雄蕊5，花丝伸出花冠之外；子房细圆锥形；蒴果细，长1.8 mm，宽0.5 mm，高出花萼2倍以上。花期6月上半月至7月上半月。

【生长习性】主要生长在荒漠地区盆地下游的潮湿和松陷盐土上及丘间低地、河湖沿岸、河漫滩和灌溉绿洲的盐土上。喜光不耐阴，在遮阴处多生长不良。既耐干又耐水湿，抗风能力强，耐盐碱土，能在含盐量1.2%的盐碱地上正常生长。

【芳香成分】马合木提·买买提明等（2015）用水蒸气蒸馏法提取的新疆南部产细穗柽柳干燥成熟果实精油的主要成分为：2,3-二氢-苯并呋喃/香豆酮（11.32%）、2-甲氧基-4-乙烯基苯酚（9.04%）、苯酚（7.42%）、异丁基2-甲基戊-3-基酯-邻苯二甲酸（6.60%）、6,10,14-三甲基-2-十五烷酮（6.27%）、壬醛（4.80%）、酞酸二丁酯（4.14%）、月桂酸（3.77%）、苯甲醇（3.23%）、己酸（3.19%）、1,2,5,5,6,7-六甲基二环[4.1.0]庚-2-烯-4-酮（2.92%）、1-壬烯醛（2.44%）、呋喃甲醛（2.41%）、己醇（2.28%）、6,10,14-三甲基-十五烷-5,9,13-三烯-2-酮（2.17%）、2-甲氧基-苯酚（1.99%）、棕榈酸乙酯（1.75%）、1-甲基乙基酯-己酸（1.58%）、苯乙基乙醇（1.51%）、呋喃甲醇（1.49%）、棕榈酸（1.39%）、1,1,6-三甲基-1,2-二氢化萘（1.36%）、n-癸酸（1.35%）、2-正戊基呋喃（1.24%）、壬酸（1.22%）、辛酸（1.16%）、丁基2-乙基丁基酯-邻苯二甲酸（1.15%）等。

【利用】嫩枝、果穗药用，有发汗、解表、透疹、利尿的功效。是荒漠盐土绿化造林的良好树种。枝叶可作为薪柴之用。

## 宽苞水柏枝

*Myricaria bracteata* Royle

**柽柳科　水柏枝属**

**别名：**河柏、水柏枝、水柽柳、臭红柳、翁布

**分布：**新疆、西藏、青海、甘肃、宁夏、陕西、内蒙古、山西、河北等地

【形态特征】灌木，高约0.5～3 m。叶卵形、卵状披针形、线状披针形或狭长圆形，长2～7 mm，宽0.5～2 mm，先端钝或锐尖，基部略扩展或不扩展，常具狭膜质的边。总状花序顶生于当年生枝条上，密集呈穗状；苞片通常宽卵形或椭圆形，有时呈菱形，长约7～8 mm，宽约4～5 mm，先端渐尖，边缘膜

质，具啮齿状边缘；萼片披针形，长圆形或狭椭圆形，先端钝或锐尖，常内弯，具宽膜质边；花瓣倒卵形或倒卵状长圆形，长5～6 mm，宽2～2.5 mm，先端圆钝，常内曲，基部狭缩，粉红色、淡红色或淡紫色。蒴果狭圆锥形，长8～10 mm。种子狭长圆形或狭倒卵形，长1～1.5 mm。花期6～7月，果期8～9月。

【生长习性】生于河谷砂砾质河滩，湖边砂地以及山前冲积扇砂砾质戈壁上，海拔1100～3300 m。

【精油含量】水蒸气蒸馏新鲜嫩枝叶的得油率为0.18%。

【芳香成分】曾阳等（2014）用水蒸气蒸馏法提取的青海民和产宽苞水柏枝新鲜嫩枝叶精油的主要成分为：十八烷（7.69%）、1,6,7-三甲基萘（5.43%）、正十四烯（4.61%）、间二甲苯（4.17%）、苯甲酸苯甲酯（4.10%）、3-乙基辛烷（2.86%）、2,6-二甲基萘（2.59%）、4,5-二甲基辛烷（2.55%）、岩芹酸甲酯（2.41%）、正丁酸正丁酯（2.23%）、十七烷（2.11%）、(Z,Z)-9,12-十八烷二烯酸甲酯（2.02%）、丁氧基乙醇（1.86%）、邻苯二甲酸单(2-乙基己基)酯（1.84%）、邻酞酸二丁酯（1.75%）、十九烷（1.25%）、1-二十烯（1.21%）、十一烷（1.18%）、β-甲基萘（1.07%）、乙醛缩二乙醇（1.06%）、鲸蜡烷（1.06%）、1-氯十八烷（1.04%）、3-乙基-4 甲基庚烷（1.01%）、苯乙醇（1.01%）等。

【利用】嫩枝入药，有疏风、解表、透疹、止咳、清热解毒的功效，治黄水病、内腔毒热、发散透疹，用于治瘟疫、血热、中毒热证、麻疹不透及咽喉肿痛等症。

## 川续断

*Dipsacus asperoides* C. Y. Cheng et T. M. Ai

**川续断科　川续断属**

**别名：**川断、续断、山萝卜

**分布：**湖北、江西、广西、四川、贵州、云南、湖南、西藏等地

【形态特征】多年生草本，高达2 m；主根稍肉质；茎中空，具6～8条棱，棱上疏生硬刺。基生叶稀疏丛生，叶片琴状羽裂，长15～25 cm，宽5～20 cm，叶面被白色刺毛或乳头状刺毛；叶柄长可达25 cm；茎生叶在茎之中下部为羽状深裂，上部叶披针形。头状花序球形，径2～3 cm；总苞片5～7枚，叶状，披针形或线形，被硬毛；小苞片倒卵形，具长3～4 mm的喙尖，喙尖两侧生刺毛；小总苞四棱倒卵柱状，每个侧面具两条纵沟；花萼四棱、皿状，外面被短毛；花冠淡黄色或白色，花冠管基部狭缩成细管，顶端4裂；雄蕊4。瘦果长倒卵柱状，长约4 mm，顶端外露于小总苞外。花期7～9月，果期9～11月。

【生长习性】生于沟边、草丛、林缘和田野路旁。喜温暖而较凉爽气候，宜在海拔1000 m以上的山区种植。能耐寒，忌高温。对土壤要求不严，但以土层深厚、疏松肥沃、含腐殖质丰富的砂壤土或黏壤土为佳。忌连作。

【芳香成分】杨莹等（2016）用水蒸气蒸馏法提取的四川西昌产川续断干燥根精油的主要成分为：棕榈酸（46.25%）、十八烷醇（9.63%）、十五烷酸（8.29%）、Z-11-十六碳烯酸（6.40%）、十七烷醇（5.14%）、顺-9-十六碳烯酸（4.77%）、邻苯二甲酸二异丁酯（2.72%）、9,12,15-十八碳三烯酸乙酯（2.27%）、顺-13-十八碳烯酸（1.92%）、肉豆蔻酸（1.57%）、十七烷酸（1.34%）、2-甲基萘（1.15%）、14-十五碳烯酸（1.01%）等。吴知行等（1994）用乙醚萃取后再水蒸气蒸馏的方法提取的湖北长阳产川续断新鲜根精油的主要成分为：香芹鞣酮（8.54%）、2,4,6-三-t-丁基-苯酚（5.46%）、3-乙基-5-甲基苯酚（4.15%）、酚+1,3,3-三甲基-2-氧杂双环[2.2.2]辛烷+(S)-1-甲基-4-(1-甲基乙烯基)环己烯+2-甲基-苯酚（4.00%）、4-甲基-苯酚（3.98%）、α,α,4-三甲基-3-环己烯-1-甲醇（3.71%）、丙酸乙酯（3.44%）、2,6-双(1,1-二甲基乙基)-4-甲基苯酚（2.35%）、(R)-4-甲基-1-(1-甲基乙基)-3-环己烯-1-醇（2.34%）、二苯并呋喃（2.34%）、3-甲基-苯酚（2.29%）、2,4-二甲基苯（1.73%）、1,2-二甲氧基苯（1.47%）、菲（1.43%）、2-乙基-4-甲基苯酚（1.32%）、4-(3-甲基-2-丁

烯基)-4-环戊烯-1,3-二酮（1.18%）、2'-羟基-4'-甲氧基乙酰苯（1.08%）、甲苯+二异丁基醚（1.01%）等。

【利用】根入药，有行血消肿、生肌止痛、续筋接骨、补肝肾、强腰膝、安胎的功效。肉质根可作蔬菜食用，具一定的滋补作用。

## 阿尔泰百里香

*Thymus altaicus* Klok. et Shost.

**唇形科　百里香属**
**别名：** 阿勒泰百里香
**分布：** 新疆

【形态特征】半灌木。茎匍匐或上升，末端具不育枝或花枝；被短柔毛；花枝大多数长4～8 cm，在花序以下被向下的微柔毛或短柔毛，至基部近无毛，具2～4个节间。叶长圆状椭圆形或卵圆形，稀有倒卵圆形，长5～10 mm，宽1～3 mm，先端钝或锐尖，基部渐狭成短柄，全缘，在基部常具有少数的长缘毛，两面无毛，先出叶常常在枝的基部密集，脱落。花序头状，有时在花序下具有1～2个不发育的轮伞花序。花萼钟形，长3.5～4.5 mm，下部被疏柔毛，上部无毛，上唇齿近三角形至披针形，无缘毛或被短的硬毛。花冠红紫色，长5.5～6.5 mm，外被短柔毛。花期7～8月。

【生长习性】生于沟边、草地及石砾地上，海拔1100～1400 m。

【精油含量】水蒸气蒸馏全草的得油率为0.31%。

【芳香成分】贾红丽等（2009）用水蒸气蒸馏法提取的新疆阿勒泰产阿尔泰百里香全草精油的主要成分为：p-聚伞花素（29.13%）、α-松油醇（6.54%）、内冰片（5.83%）、石竹烯氧化物（5.81%）、反-石竹烯（5.50%）、百里香酚（5.21%）、γ-松油烯（4.66%）、1,8-桉油酚（2.90%）、香叶醇（2.63%）、乙酸香叶酯（2.60%）、4-(1-甲基乙基)-苯甲醇（2.29%）、柠檬醛（2.01%）、樟脑（1.83%）、2-甲氧基-4-甲基-1-(1-甲基乙基)-苯（1.75%）、4-松油醇（1.47%）、柠檬醛（1.38%）、3-羟基-1-辛烯（1.14%）、莰烯（1.12%）、β-月桂烯（1.06%）等。

【利用】全草精油具有较好的抗氧化活性。

## 百里香

*Thymus mongolicus* Ronn.

**唇形科　百里香属**
**别名：** 麝香草、千里香、地角花、地椒、地薑、地椒叶、野百里香、野麝香草、欧百里香
**分布：** 内蒙古、河北、河南、山东、山西、陕西、甘肃、青海

【形态特征】半灌木。茎多数，匍匐或上升；不育枝从茎的末端或基部生出，被短柔毛；花枝高1.5～10 cm，在花序下密被向下曲或稍平展的疏柔毛，具2～4叶对，基部有脱落的先出叶。叶为卵圆形，长4～10 mm，宽2～4.5 mm，先端钝或稍锐尖，基部楔形或渐狭，全缘或稀有1～2对小锯齿，两面无毛，腺点多少有些明显；苞叶与叶同形，边缘在下部1/3具缘毛。花序头状。花萼管状钟形或狭钟形，长4～4.5 mm，下部被疏柔毛，上部近无毛，上唇齿短，三角形。花冠紫红色、紫色或淡紫色、粉红色，长6.5～8 mm，被疏短柔毛，冠筒伸长，长4～5 mm，向上稍增大。小坚果近圆形或卵圆形，压扁状，光滑。花期7～8月。

【生长习性】生于多石山地、斜坡、山谷、山沟、路旁及杂草丛中，海拔1100～3600 m。喜凉爽气候，耐寒，北方可越冬，半日照或全日照均适应。喜干燥的环境，对土壤的要求不高，但在排水良好的石灰质土壤中生长良好。

【精油含量】水蒸气蒸馏全草的得油率为0.20%～1.30%；

超临界萃取全草的得油率为4.10%。

【芳香成分】根：任瑞芬等（2016）用顶空固相微萃取法提取的山西太谷产‘金边百里香’新鲜根精油的主要成分为：丙烯酸异冰片酯（26.63%）、邻异丙基甲苯（8.64%）、十一烷（5.59%）、苯甲酸甲酯（4.24%）、4-萜烯醇（3.79%）、莰烯（2.60%）、2-十六烷醇（2.47%）、NA（2.41%）、乙酸异龙脑酯（2.14%）、四十四烷（1.31%）、异龙脑（1.16%）等。

枝：任瑞芬等（2016）用顶空固相微萃取法提取的山西太谷产‘金边百里香’新鲜主枝精油的主要成分为：丙烯酸异冰片酯（24.87%）、3-蒈烯（5.42%）、NA（4.17%）、苯甲酸甲酯（3.87%）、4-萜烯醇（3.70%）、十一烷（3.60%）、莰烯（3.39%）、邻异丙基甲苯（3.28%）、蒎烯（1.70%）、萜品烯（1.41%）、2-甲基-5-(1-甲基乙基)-1,4-环己二烯（1.36%）、(1R-(1R*,4Z,9S*))-4,11,11-三甲基-8-亚甲基-二环[7.2.0]-4-十一烯（1.20%）、2-十六烷醇（1.08%）等；新鲜侧枝精油的主要成分为：萜品烯（23.86%）、邻异丙基甲苯（19.18%）、莰烯（10.97%）、丙烯酸异冰片酯（8.55%）、左旋-α-蒎烯（6.38%）、2,2,4,6,6-五甲基庚烷（4.11%）、十一烷（2.70%）、萜品油烯（2.25%）、1-石竹烯（1.24%）、左旋-β-蒎烯（1.15%）、4-萜烯醇（1.14%）、苯甲酸甲酯（1.13%）等。

叶：任瑞芬等（2016）用顶空固相微萃取法提取的山西太谷产‘金边百里香’的新鲜叶精油的主要成分为：萜品烯（43.16%）、邻异丙基甲苯（24.15%）、月桂烯（6.14%）、2-蒎烯（5.25%）、莰烯（2.57%）等。宋述芹等（2017）用同法提取的内蒙古敖汉旗产百里香新鲜叶精油的主要成分为：百里香酚（49.13%）、(1R)-1,7,7-三甲基-双环[2.2.1]庚-2-酮（7.55%）、1-甲基-2-(1-甲基乙基)-苯（6.86%）、(S)-1-甲基-4-(5-甲基-1-亚甲基-4-己烯基)-环己烯（6.25%）、2-甲氧基-4-甲基-1-(1-甲基乙基)-苯（5.25%）、莰烯（4.62%）、1,8-桉叶油素（4.39%）、α-蒎烯（3.43%）、(1α,3α,5α)-1,5-二乙烯基-3-甲基-2-亚甲基-环己烷（3.44%）、顺式-α-没药烯（2.83%）、龙脑（2.71%）、1,4-环己二烯（1.84%）等。

全草：张有林等（2011）用水蒸气蒸馏法提取的甘肃镇原产新鲜全草精油的主要成分为：百里香酚（22.72%）、香荆芥酚（15.40%）、香芹酚（11.57%）、对-聚伞花素（9.13%）、α-松油醇（5.48%）、反-石竹烯（3.50%）、樟脑（2.86%）、2-甲氧基-4-甲基-1-(1-甲基乙基)苯（2.30%）、柠檬醛（2.01%）、石竹烯氧化物（1.56%）、4-松油醇（1.47%）、莰烯（1.19%）、1-甲氧基-4-甲基-2-异丙基-苯（1.18%）、1-甲基-4-异丙基苯（1.09%）、2-异丙基-5-甲基茴香醚（1.05%）等；胡亚云等（2015）用同法分析的陕西横山产百里香带花新鲜全草精油的主要成分为：对异丙基甲苯（43.27%）、δ-松油烯（13.33%）、石竹烯（8.32%）、3-甲基-4-异丙基苯酚（7.05%）、香芹酚（4.87%）、1-甲氧基-4-甲基-2-异丙基苯（3.79%）、侧柏烯（3.04%）、己烷（1.76%）、桉叶油素（1.48%）、松油烯（1.35%）、2-甲氧基-4-甲基-1-异丙基苯（1.21%）、环葑烯（1.19%）、3,4-二甲基苯乙烯（1.10%）等。

花：宋述芹等（2017）用顶空固相微萃取法提取的内蒙古敖汉旗产百里香新鲜花精油的主要成分为：百里香酚（35.38%）、2-甲氧基-4-甲基-1-(1-甲基乙基)-苯（20.02%）、(S)-1-甲基-4-(5-甲基-1-亚甲基-4-己烯基)-环己烯（12.86%）、1,4-环己二烯（8.79%）、1-甲基-2-(1-甲基乙基)-苯（6.73%）、石竹烯（6.38%）、(+)-4-蒈烯（1.29%）等。

【利用】全草精油为我国允许使用的食用香料，主要作防腐剂，抗氧剂和调味剂，用于食品的调味增香；可用于化妆品等日用香精中；也常用于治疗皮肤霉菌病和癣症。嫩茎叶可作蔬菜或调味料食用。叶片可制成茶，能帮够助消化，消除肠胃胀气并解酒，还可以舒缓因醉引起的头疼。泡澡时加些枝叶在水中，有舒缓、镇定神经、提神醒脑的作用。

## 地椒

*Thymus quinquecostatus* Celak.

**唇形科　百里香属**

**别名：**五肋百里香、五脉地椒、五脉百里香、百里香、麝香草、地娇、山椒、地椒草、烟台百里香

**分布：**山东、辽宁、河北、河南、山西、江苏、陕西

【形态特征】半灌木。茎斜上升或近水平伸展；不育枝从茎基部或直接从根茎长出；花枝多数，高3～15 cm，从茎上或茎的基部长出，具有多数节间，基部的先出叶通常脱落，花序以下密被向下弯曲的疏柔毛。叶长圆状椭圆形或长圆状披针形，长7～13 mm，宽1.5～4.5 mm，先端钝或锐尖，基部渐狭成短柄，全缘，边外卷，沿边缘下1/2处或仅在基部具长缘毛，近革质，两面无毛，腺点小且多而密，明显；苞叶同形，边缘在下部1/2被长缘毛。花序头状。花萼管状钟形，长5～6 mm，上面无毛，下面被平展的疏柔毛，上唇的齿披针形，被缘毛或近无缘毛。花冠长6.5～7 mm，冠筒比花萼短。花期8月。

【生长习性】生于山坡、海边低丘上，海拔600～900 m。

【精油含量】水蒸气蒸馏全草的得油率为0.16%～1.59%，干燥茎的得油率为0.43%；超临界萃取全草的得油率为1.66%～4.22%。

【芳香成分】茎：胡怀生等（2018）用水蒸气蒸馏法提取的甘肃庆阳产地椒干燥茎精油的主要成分为：香芹酚（20.11%）、2-乙酮基-3,5-二甲氧基-苯酚（9.21%）、乙酸乙酯（6.54%）、桉油精（5.94%）、正二十五烷（3.54%）、正二十六烷（3.51%）、正二十七烷（3.47%）、正二十四烷（2.96%）、正二十八烷（2.74%）、正二十九烷（2.60%）、正二十三烷（2.18%）、胡椒酮（1.82%）、p-盖烯醇（1.81%）、α-松油醇（1.62%）、正二十二烷（1.38%）、N,N-二甲基苯胺（1.35%）、十八烷（1.04%）、芳樟醇（1.02%）、4-异丙醇-甲苯（1.02%）等。

全草：苗延青等（2011）用水蒸气蒸馏法提取的陕西秦岭山区产地椒阴干全草精油的主要成分为：百里香酚（20.87%）、香荆芥酚（16.58%）、对伞花烃（15.62%）、龙脑（4.65%）、樟脑（3.56%）、里哪醇（2.95%）、间叔丁基苯酚（2.80%）、莰烯（2.74%）、γ-松油烯（2.47%）、1,8-桉叶素（2.40%）、邻叔丁基苯酚（2.36%）、石竹烯氧化物（2.32%）、β-石竹烯（2.21%）、1-松油烯-4-醇（2.06%）、α-蒎烯（1.57%）、α-水芹烯（1.24%）、1-辛烯-3-醇（1.20%）、香芹基甲基醚（1.03%）等。

【利用】全草精油是名贵香料，可用于调配日用化妆品香精。全草可入药，有止咳、消炎、止痛功效，治疗感冒、关节疼痛等症；民间用于驱蚊。

## 黑龙江百里香

*Thymus amurensis* Klok.

**唇形科　百里香属**

**分布：**黑龙江

【形态特征】多年生半灌木。茎纤细，弯曲，在基部分枝。花枝直立或在基部上升，高6～20 cm，节间多少伸长，密被平展或近平展的长毛。叶大多长圆状椭圆形，边缘常具锯齿，两面密被柔毛，侧脉2～3对，明显隆起，腺点稍明显，在枝条基部的叶密集，很小，长3～5 mm，宽1.25～1.5 mm，大多数卵圆形；茎上的叶长5～15 mm，宽1.5～4.5 mm；茎下部的叶先端稍钝，柄不明显。花序头状，常生出疏离的轮伞花序；花梗短于花萼，密被柔毛。花萼狭钟形，长3.75～5 mm，全部被柔毛，下面淡绿色，上面暗紫色，上唇的齿披针形，边缘被长缘毛。花冠长约为花萼的2倍，盛花干时玫瑰红紫色或十分发白。

【生长习性】生于砾石坡地上。

【芳香成分】王炎等（2004）用固相微萃取法提取的内蒙古大兴安岭产黑龙江百里香全草挥发油的主要成分为：百里酚（16.80%）、α-松油醇（15.34%）、龙脑（15.32%）、对聚伞花素（6.48%）、γ-松油烯（3.59%）、芳樟醇（3.56%）、松油醇-4（3.38%）、桉叶油素（2.62%）、吉玛烯D（2.60%）、百里酚甲醚（2.55%）、油酸（2.52%）、香芹酚（2.28%）、9,12-十八碳二烯酸（1.96%）、1-辛烯-3-醇（1.96%）、β-松油醇（1.93%）、石竹烯（1.73%）、十六酸（1.53%）、吉玛烯B（1.02%）等。

【利用】全草精油具有抗菌、防腐等作用，可添加于化妆品中。

## 拟百里香

*Thymus proximus* Serg.

**唇形科　百里香属**

**分布：**新疆

【形态特征】半灌木。茎匍匐，圆柱形；花枝四棱形或近四棱形，密被下曲的柔毛，高2～8 cm，有时分枝。叶椭圆形，稀卵圆形，花枝上的叶大多数长8～12 mm，宽3～5 mm，先端钝，基部渐狭成柄，全缘或具不明显的小锯齿，腺点在下面明显。花序头状或稍伸长，有时在下面具有不发育的轮伞花序；苞叶卵圆形或宽卵圆形，边缘在基部被少数缘毛；花梗长1～4 mm，密被向下弯的柔毛。花萼钟形，长3.5～4.5 mm，下部被疏柔毛，上部无毛，上唇齿三角形或狭三角形，被缘毛。花冠长约7 mm，外被短柔毛。雄蕊稍外伸。花柱外伸，先端2浅裂，裂片近相等。花期7～8月。

【生长习性】生于山沟潮湿地或山顶阳坡，海拔2000～2100 m。

【精油含量】水蒸气蒸馏全草的得油率为0.16%。

【芳香成分】贾红丽等（2008）用水蒸气蒸馏法提取的新疆乌鲁木齐产拟百里香全草精油的主要成分为：百里香酚（27.99%）、p-聚伞花素（25.42%）、γ-松油烯（17.95%）、β-甜没药烯（3.87%）、香芹酚（2.50%）、4-蒈烯（2.39%）、长叶薄荷酮（1.99%）、内冰片（1.68%）、β-月桂烯（1.35%）、石竹烯（1.09%）、α-崖柏烯（1.01%）等。

## 柠檬百里香

*Thymus citriodorus*

**唇形科　百里香属**

**分布：** 原产新西兰，我国有引种栽培

【**形态特征**】半灌木。茎多数，匍匐或上升，被短柔毛。花枝高2～10 cm，在花序下密被向下曲或稍平展的疏柔毛。叶为卵圆形，对生，长4～10 mm，宽2～4.5 mm，先端钝或稍锐尖，基部楔形或渐狭，叶有斑点并带有柠檬味。花序头状，多花或少花，花具短梗。花萼管状钟形或铗钟形；花冠紫红或粉红色，长6.5～8 mm，被疏短柔毛，冠筒伸长，长4～5 mm，向上稍增大。小坚果近圆形或卵圆形。花期7～8月。

【**生长习性**】耐旱、耐寒、喜光，全日照植物。黄斑柠檬百里香是比较不耐寒的品种，耐热性、耐寒性、抗病力较差，白斑种次之，绿色还原种最佳。

【**精油含量**】水蒸气蒸馏叶的得油率为0.85%。

【**芳香成分**】吴爽等（2013）用水蒸气蒸馏法提取的山东泰安产柠檬百里香叶精油的主要成分为：冰片（28.82%）、百里香酚（14.43%）、3,7-二甲基-1,6-辛二烯-3-醇（8.26%）、1-甲基-4-(α-羟基-异丙基)环己烯（8.23%）、樟脑萜（5.10%）、乙酸冰片酯（3.57%）、α-蒎烯（3.12%）、1-甲基-4-异丙基-1-环己烯-4-醇（2.77%）、丁香烯（2.52%）、1-甲基-4-异丙基-1,4-环已二烯（1.86%）、石竹烯氧化物（1.75%）、1-甲基-2-异丙苯（1.74%）、樟脑（1.15%）等。

【**利用**】全草能祛痰止咳、帮助消化、恢复体力、强化免疫系统，并治疗肠胃胀气。可作或调味料蔬菜食用，可泡茶。有驱虫、杀菌作用，可用于沐浴、薰香、皮肤保养。是百里香中最具观赏价值的品种，可用于插花、盆景。茎叶精油具有很强的抗菌、抗氧化活性，可用于食品香料。

## 铺地百里香

*Thymus serpyllum* Linn.

**唇形科　百里香属**

**别名：** 红花百里香、亚洲百里香、地姜、地椒、麝香草

**分布：** 西北、华北、东北地区

【**形态特征**】多年生草本植物，植株矮小，铺地而生。茎多数，匍匐或上升；不育枝从茎的末端或基部生出，被短柔毛；花枝高1.5～10 cm，在花序下密被向下曲或稍平展的疏柔毛，具2～4叶对，基部有脱落的先出叶。叶为卵圆形，长4～10 mm，宽2～4.5 mm，先端钝或稍锐尖，基部楔形或渐狭，全缘或稀有1～2对小锯齿，两面无毛，腺点多少有些明显；苞叶与叶同形，边缘在下部1/3具缘毛。花序头状。花萼管状钟形或狭钟形，下部被疏柔毛，上部近无毛，上唇齿短，三角形。花冠紫红、紫或淡紫、粉红色，长6.5～8 mm，被疏短柔毛，冠筒伸长，向上稍增大。小坚果近圆形或卵圆形，压扁状，光滑。花期7～8月。

【**生长习性**】抗逆性强，耐干旱，耐践踏，再生能力强。适合日照充足、排水性佳的环境。

【**芳香成分**】宋述芹（2012）用顶空固相微萃取法提取的广东深圳产铺地百里香新鲜叶精油的主要成分为：1-甲基-4-(5-甲基-1-亚甲基-4-己烯基)-(S)-环己烯（22.35%）、龙脑（12.47%）、石竹烯（15.01%）、百里香酚（13.02%）、[S-(E,E)]-1-甲基-5-亚甲基-8-(1-甲基乙基)-1,6-环癸二烯（7.26%）、1-甲基-2-(1-甲基乙基)-苯（6.86%）、1,8-桉叶油素（4.39%）、莰烯（4.32%）、1,7,7-三甲基-(1S-内)-双环[2.2.1]庚-2-醇（3.71%）、α-蒎烯（3.03%）、α-石竹烯（2.37%）、1-甲基-5-(1-甲基乙基)-双环[3,1,0]己-2-烯（1.70%）等。

【**利用**】可作可为芳香蔬菜、药用植物、香料作物、蜜源植物、观赏植被及干旱土壤的水土保持植物被大面积种植。叶

片可作蔬菜食用或作为调味品；泡茶能帮够助消化、消除肠胃胀气并解酒；浸剂中加蜂蜜可治痉咳、感冒和喉咙痛。用于泡澡有舒缓和镇定神经之效。在公园、街头绿地及缀花草坪种植，既有观赏价值，还具有杀菌、驱虫、净化空气的作用。可做香袋防虫。枝叶提取精油作药品或化妆品香料，在食品医药化工等领域有着广泛的用途和较高的经济价值。

## 普通百里香
*Thymus vulgaris* Linn.

**唇形科　百里香属**
**分布：**陕西、青海、山西、河北、新疆、内蒙古、甘肃等地

**【形态特征】**茎直立，高40～60 cm，四棱，嫩枝黄色。叶对生，较小，卵形，先端渐尖，叶缘全缘，反卷，蓝绿色，有柄；叶片密被白色细绒毛，叶基部无毛。头状花序，顶生，花冠唇形，花白色，两强雄蕊。花期5～7月。

**【生长习性】**生于低山丘陵阴坡地带。

**【精油含量】**水蒸气蒸馏全草的得油率为0.15%～1.02%。

**【芳香成分】**杨荣华（2001）用同时蒸馏萃取法提取的普通百里香新鲜全草精油的主要成分为：百里酚（46.09%）、γ-萜品烯（14.02%）、p-伞花烯（13.15%）、m-伞花烯（13.15%）、香芹酚（3.39%）、己烷（2.57%）、(E)-2-己烯醛（2.53%）、月桂烯（1.73%）、沉香醇（1.69%）、β-石竹烯（1.53%）、1-辛烯-3-醇（1.20%）、α-崖柏烯（1.15%）、α-萜品烯（1.14%）、顺式水合桧烯（1.06%）等。

**【利用】**全草精油为我国允许使用的食用香料，精油用于烹饪、复合调味品、软饮料和甜酒等；精油具有较强的杀菌力，具有抗氧化、抗菌和防腐作用，可用于治免疫系统慢性病和感染；精油常用于医药卫生制品。

## 异株百里香
*Thymus marschallianus* Willd.

**唇形科　百里香属**
**分布：**新疆

**【形态特征】**半灌木。茎短，多分枝；花枝发达，高可达30 cm；在叶腋中常长出具有丛生小叶的短枝。叶长圆状椭圆形或线状长圆形，长1～2.8 cm，宽1～6.5 mm，先端锐尖或钝，基部渐狭成短柄，全缘或偶有在边缘上部具1～2对不明显的小齿，扁平或稍背卷，绿色，腺点小而在下面明显。轮伞花序。两性花、雌花异株，两性花发育正常，雌性花较退化，花冠较短小，雄蕊不发育。花萼管状钟形，腺点在果期明显，上唇的齿尖三角形，具缘毛。花冠红紫或紫色，也有白色，两性花长约5 mm，下唇开裂。雄蕊4，在雌花中不发育，极短。小坚果卵圆形，黑褐色，长约1 mm，光滑。花果期8月。

**【生长习性】**生于多石斜坡、盆地、山沟及水边。

**【精油含量】**水蒸气蒸馏干燥全草的得油率为1.18%～1.22%。

**【芳香成分】**贾红丽等（2008）用水蒸气蒸馏法提取的新疆阿勒泰产异株百里香干燥全草精油的主要成分为：百里香酚（32.87%）、γ-松油烯（22.41%）、香芹酮（8.02%）、p-聚伞花素（7.72%）、α-萜品油烯（3.33%）、β-甜没药烯（2.57%）、内冰片（2.52%）、1,8-桉油酚（2.11%）、β-香叶烯（1.98%）、α-侧柏烯（1.51%）、反-松烯水合物（1.32%）、顺式-α-蒎烯（1.10%）等。

**【利用】**全草入药，具有发表清热、和中祛湿之功效，常用于治疗感冒、头痛、肺热咳喘、消化不良、胃痛、腹痛吐泻、风湿痹痛。

# 薄荷

*Mentha haplocalyx* Briq.

**唇形科　薄荷属**

**别名：** 薄荷草、薄荷叶、蕃荷菜、见肿消、接骨草、南薄荷、婆荷、仁丹草、人丹草、升阳菜、苏薄荷、土薄荷、野薄荷、夜息花、夜息香、水薄荷、通之草、水益母、鱼香草、香薷草、亚洲薄荷、野仁丹草

**分布：** 全国各地

【形态特征】多年生草本。茎直立，高30～60 cm，下部数节具纤细的须根及水平匍匐根状茎，锐四棱形，具四槽，被微柔毛，多分枝。叶片披针形至卵状披针形，稀长圆形，长3～7 cm，宽0.8～3 cm，先端锐尖，基部楔形至近圆形，边缘在基部以上疏生粗大的牙齿状锯齿，叶面淡绿色，通常沿脉上密生微柔毛。轮伞花序腋生，轮廓球形，花时径约18 mm。花萼管状钟形，外被微柔毛及腺点，萼齿5，狭三角状钻形。花冠淡紫，长4 mm，外面略被微柔毛，冠檐4裂。雄蕊4，伸出于花冠之外。花盘平顶。小坚果卵珠形，黄褐色，具小腺窝。花期7～9月，果期10月。

【生长习性】生于水旁潮湿地，海拔可高达3500 m。生长强健，除极其寒冷的地区外，都可种植。喜温，耐热，耐寒，适宜生长温度为20～30℃，除极其寒冷的地区外，都可种植。喜湿不耐涝，性较耐阴，在阳光充足及日光不直射的明亮处均能生长良好。对土壤要求不严。

【精油含量】水蒸气蒸馏新鲜根的得油率为0.02%，新鲜茎的得油率为0.20%，新鲜叶的得油率为0.45%，新鲜全草的得油率为0.18%～1.00%，干燥全草的得油率为0.52%～2.42%，干燥叶的得油率为3.25%；超临界萃取全草的得油率为1.48%～3.32%；超声波辅助蒸馏萃取的干燥叶的得油率为3.42%，干燥全草的得油率为1.57%。

【芳香成分】**根：** 平晟等（2015）用水蒸气蒸馏法提取的湖北武汉产野生薄荷新鲜根精油的主要成分为：二十四烷（61.10%）、环己烯酮（4.04%）、2,3,4-三甲基正己烷（3.85%）、菲（3.15%）、正二十六烷（2.38%）、十六烷（2.34%）、薄荷酮（2.06%）、十三醛（1.80%）、邻苯二甲酸二丁酯（1.64%）、正二十七烷（1.54%）、1-(4-吗啡啉）环己烯（1.49%）、6'-普伐他（1.37%）、邻苯二甲酸氢叔丁酯（1.36%）、D-柠檬烯（1.23%）、草酸（1.20%）、苯乙醛（1.17%）、乙酸薄荷酯（1.17%）、螺环乙二醇（1.10%）等。

**茎：** 平晟等（2015）用水蒸气蒸馏法提取的湖北武汉产野生薄荷新鲜茎精油的主要成分为：薄荷醇（69.14%）、薄荷酮（12.98%）、2-甲基-5-(1-甲基乙烯基)环己酮（7.00%）、乙酸薄荷酯（2.38%）、6'-普伐他（1.54%）等。

**叶：** 平晟等（2015）用水蒸气蒸馏法提取的湖北武汉产野生薄荷新鲜叶精油的主要成分为：薄荷醇（65.34%）、薄荷酮（10.63%）、2-甲基-5-(1-甲基乙烯基)环己酮（7.77%）、乙酸薄荷酯（6.23%）、3-(三氟甲基)-1H-吲哚（2.58%）、环己烯酮（1.15%）等。

**全草：** 杨瑞萍等（1989）用水蒸气蒸馏法提取的上海、江苏海门和江苏东台产‘海选’和‘73-8’栽培薄荷全草精油的主要成分为：薄荷醇（74.04%～85.81%）、薄荷酮（3.97%～13.85%）、异薄荷酮（0.99%～2.76%）、β-蒎烯（0.35%～1.16%）、柠檬烯（0.43%～1.07%）等。俞桂新等（1998）研究发现野生薄荷全草精油有不同的化学型，第一种化学型为薄荷酮-胡薄荷酮型，新疆、江苏、四川、广东等6个产地的7个样品属于该化学型，主要成分为：胡薄荷酮（31.09%～88.66%）、薄荷酮（26.15%～55.10%），其中四川合川产的薄荷酮较低（1.18%）、柠檬烯（0.97%～5.32%）；第二种化学型为胡椒酮型，有产于新疆阿勒泰的1个样品，精油主要成分为：胡椒酮（31.90%）、1,8-桉叶油素（21.11%）、顺式-罗勒烯（6.71%）、香芹酚（5.96%）、胡椒烯酮（5.48%）、月桂烯（5.41%）、对伞花烃（5.30%）、反式-罗勒烯（3.89%）、氧化胡椒烯酮（3.61%）等；第三种化学型为氧化胡椒酮-氧化胡椒烯酮型，包括产于辽宁、新疆、安徽等地的5个居群的样品，精油主要成分为：氧化胡椒酮（43.83%～72.85%）、氧化胡椒烯酮（0.86%～16.90%）、反式-石竹烯（1.68%～7.51%）等，此外，安徽绩溪的一个样品还含有较高的柠檬烯（22.33%）和薄荷酮（11.08%）；第四种化学型为芳樟醇-氧化胡椒酮型，包括产于新疆乌苏的2个居群的样品，其中一个样品的主要成分为：芳樟醇（61.76%）、乙酸松油酯（16.62%）、氧化胡椒酮（8.76%）、α-松油醇（2.93%）、反式-石竹烯（2.76%）、胡椒酮（1.72%）、柠檬烯（1.69%）等；另一个样品的主要成分为：氧化胡椒酮（66.01%）、芳樟醇（25.87%）、柠檬烯（1.30%）等；第五种化学型为香芹酮型，包括产于云南、四川、贵州等地的4个居群样品，精油主要成分为：香芹酮（38.01%～59.66%）、莰烯（8.27%～18.23%），此外，四川成都产的含量较高的成分还有：反式-石竹烯（7.22%）、二氢香芹酮（5.88%）、β-波旁烯（5.85%）等，四川南川产的含量较高的成分还有：柠檬烯（24.46%）、反式-异柠檬烯（8.35%）、反式-乙酸香芹酯（7.65%）等；贵州道真产的含量较高的成分还有：柠檬烯（27.97%）、反式-异柠檬烯（7.37%）、反式-乙酸香芹酯（5.43%）等；第六种化学型为薄荷醇-乙酸薄荷酯型，包括产于安徽合肥和辽宁沈阳的3个样品，其中，产于安徽合肥的样品富含薄荷醇（80.38%），含量较高的还有薄荷酮（5.60%），为栽培逸为野生；产于辽宁沈阳的2个样品为栽培品种，富含乙酸薄荷酯（59.85%和74.82%）和薄荷醇（33.88%和18.35%）。刘玉萍等（2012）分析青海西宁产野生薄荷新鲜全草精油的主要成分为：薄荷酮（21.82%）、柠檬烯（21.24%）、葛缕酮

（16.00%）、薄荷醇（4.65%）、异胡薄荷酮（4.01%）、异薄荷醇（3.52%）、异胡薄荷醇（2.37%）、胡薄荷酮（1.65%）、异丁香烯（1.54%）、3-辛醇（1.44%）等。阎博等（2015）分析陕西长安产野生薄荷干燥全草精油的主要成分为：(+/-)-薄荷醇（68.40%）、乙酸龙脑酯（16.70%）、(2R,5R)-5-甲基-2-异丙基环己酮（4.70%）、薄荷醇（2.10%）、大根香叶烯D（1.60%）、3-甲基-6-(1-甲基乙基)-2-环己烯-1-酮（1.20%）、6-甲基-3-(1-甲基乙基)-7-氧杂二环[4.1.0]庚烷-2-酮（1.20%）等；陕西周至产野生薄荷干燥全草精油的主要成分为：左旋香芹酮（48.60%）、β-石竹烯（6.30%）、大根香叶烯D（6.10%）、1-辛烯-3-醇（5.70%）、(-)-β-波旁烯（5.10%）、芳樟醇（3.20%）、顺-β-法呢烯（3.10%）、3-辛醇（2.50%）、(2R,5R)-5-甲基-2-异丙基环己酮（1.90%）、正戊酸-(顺)-3-己烯基酯（1.50%）、反式-松香芹醇（1.40%）、α-萜品醇（1.30%）等；陕西户县产野生薄荷干燥全草精油的主要成分为：乙酸松油酯（34.90%）、4-萜烯醇（12.40%）、乙酸-1-辛烯-1-酯（9.30%）、(-)-反式-松香芹乙酸酯（8.10%）、β-石竹烯（7.80%）、乙酸龙脑酯（4.50%）、2-甲基-5-异丙基-二环[3.1.0]己烷-2-醇（3.20%）、2-甲基-5-异丙基-二环[3.1.0]己烷-2-醇（1.40%）、α-萜品醇（1.40%）、(+)-4-蒈烯（1.20%）、(-)-β-波旁烯（1.20%）、反式-松香芹醇（1.20%）、(E)-β-金合欢烯（1.20%）、左旋香芹酮（1.20%）、乙酸-3-辛酯（1.10%）、5-甲基-2-(1-甲基乙烯基)-4-己烯-1-醇乙酸酯（1.10%）、顺-2-亚甲烯基-3-(2-丙烯基)-环己烯醇乙酸酯（1.10%）、反-1-甲基-4-异丙基-2-环己烯-1-醇（1.03%）等。李祖强等（1996）分析云南姚安产薄荷全草精油的主要成分为：环氧辣薄荷烯酮（32.10%）、辣薄荷酮（14.00%）、芳樟醇（11.28%）等。

【利用】是重要的芳香植物。全草精油广泛用于食品、烟草、酒、清凉饮料等食用香料中；精油供药用，有散热解表、麻痹神经、提神醒脑、解热镇痛、抗痉挛、助消化、防腐烂、防晕车、止痛痒及驱害虫等效用，对胆囊炎和肠应激综合征等有良好疗效，也可用作解痉剂、驱风剂和利胆剂等；添加薄荷精油的中成药，如百花油、人丹、清凉油、风油精、清凉润喉片，等是家庭必备之物；精油也广泛用于日化香料中。幼嫩茎尖可作菜食。全草可入药，治感冒发热喉痛、头痛、目赤痛、皮肤风疹搔痒、麻疹不透等症，此外对痈、疽、疥、癣、漆疮亦有效。也可用于观赏。叶还可制作香草酒，浸制香草醋等。

## 唇萼薄荷

*Mentha pulegium* Linn.

**唇形科　薄荷属**

**别名：** 普列薄荷、圆叶薄荷、伏地薄荷

**分布：** 北京、江苏等地有栽培

【形态特征】多年生草本，芳香；地下枝具鳞叶，节上生根。茎高15～50 cm，钝四棱形，有微硬毛，具条纹，常染红紫色，多分枝。茎叶具短柄，被微柔毛，叶片卵圆形或卵形，长8～13 mm，宽5～7 mm，先端钝，基部近圆形，边缘具疏圆齿，但常为全缘，草质，叶面绿色，叶背灰绿色，两面被微柔毛；苞叶筒形，比轮伞花序短，细小。轮伞花序具10～30小花，圆球状，疏散，径1～1.5 cm。花萼管形，外面被微硬毛及腺点，萼齿5，呈二唇形。花冠鲜玫瑰红、紫色或稀有白色，长约4.5 mm，外面被微柔毛，冠筒长3 mm，在上部骤然囊状增大，冠檐4裂。雄蕊4。花柱稍伸出花冠。花盘平顶。子房无毛。花期9月。

【生长习性】生于2000 m以下的低海拔沿海山脉或海岸地区。适合半阴环境。耐寒性强，39℃的高温也不受影响，对湿度不敏感。喜排水良好的土壤，耐干旱瘠薄，但不耐水涝。

【精油含量】水蒸气蒸馏新鲜叶片的得油率为0.33%～0.80%。

【芳香成分】杨瑞萍等（1990）用水蒸气蒸馏法提取的唇萼薄荷新鲜叶片精油的主要成分为：胡薄荷酮（84.04%）、薄荷酮（6.90%）、辛醇-3(1.55%）等。

【利用】全草入药，可治肠胃气胀、腹痛，可作发汗剂。可观赏，是一种优良地被植物，能驱蚂蚁、跳蚤和蚊子，避免杂草生长。修剪草屑可干燥做茶和调料或做香袋。全草和花可提取精油，用于制作肥皂。精油有很强毒性，不能内服。所有的产品孕妇禁用。

## 东北薄荷

*Mentha sachalinensis* (Briq.) Kudo.

**唇形科　薄荷属**

**分布：** 黑龙江、吉林、辽宁、内蒙古

【形态特征】多年生草本。茎直立，高50～100 cm，下部数节具纤细的须根及水平匍匐根茎，钝四棱形，微具槽，具条纹，棱上密被倒向柔毛。叶片椭圆状披针形，长2.5～9 cm，宽1～3.5 cm，先端变锐尖，基部渐狭，边缘有规则的具胼胝尖的浅锯齿，两面沿脉上被微柔毛，余部具腺点，边缘具小纤；苞

叶近披针形。轮伞花序腋生，多花密集，轮廓球形，花时径达1.5 cm；小苞片线形至线状披针形，具缘毛。花萼钟形，外密被长疏柔毛及黄色腺点，萼齿长三角形。花冠淡紫色或浅紫红色，冠檐具4裂片。雄蕊4，伸出花冠很多。花盘平顶。小坚果长圆形，黄褐色，无毛，无肋。花期7～8月，果期9月。

**【生长习性】**生于河旁、湖旁、潮湿草地，海拔170～1100 m。喜气候温和、日照充足、通风良好的环境，宜土壤湿润、排水良好的砂质壤土或土质深厚壤土。

**【精油含量】**水蒸气蒸馏全草的得油率为0.32%～2.20%。

**【芳香成分】**俞桂新等（1995）用水蒸气蒸馏法提取的辽宁沈阳产东北薄荷干燥全草精油的主要成分为：柠檬烯（41.71%）、β-蒎烯（14.94%）、(-)-龙脑（6.25%）、β-水芹烯（4.21%）、α-蒎烯（3.34%）、α-松油醇（2.60%）、反式-侧柏醇（2.30%）、莰烯（2.05%）、反式-石竹烯（1.66%）、松香芹醇（1.54%）、β-月桂烯（1.30%）、内乙酸龙脑酯（1.30%）、3-辛醇（1.17%）、芳樟醇（1.10%）、顺式茉莉酮（1.10%）、松油醇-4(1.06%）、顺式-氧化芳樟醇（1.05%）等；黑龙江哈尔滨产干燥全草精油的主要成分为：薄荷酮（39.40%）、二氢香芹酮（22.16%）、柠檬烯（10.66%）等；内蒙古加格达奇产干燥全草精油的主要成分为：芳樟醇（34.52%）、1,8-叶桉素（10.83%）、对-伞花烃（10.60%）、γ-松油烯（9.05%）等。

**【利用】**全草可提取精油，用于饮料、香烟、牙膏、药品的调味剂；可治呕吐，助消化，减少胃肠气胀。可园林绿化或盆栽观赏。嫩茎叶可作蔬菜食用。全草药用，有祛诸热、散风发汗、清头目、利咽喉等功效，可治疗伤风头痛、失音、咽喉不利、小风惊风、隐疼等。

## 灰薄荷

*Mentha vagans* Boriss.

**唇形科　薄荷属**

**分布：**新疆

**【形态特征】**多年生草本，高40～80 cm；根茎斜行，节上生根；植株全体密被灰白绒毛。茎直立，钝四棱形，带紫红色，基部近圆柱形，撕裂，多分枝，分枝叉开。叶片椭圆形或长圆形，长1～2.5 cm，宽0.5～1.3 cm，有时对折而下弯，先端锐尖或稍钝，基部圆形至浅心形，边缘为锯齿状牙齿。轮伞花序在茎及分枝顶端密集成圆柱形的穗状花序，花序长2～2.5 cm，径约8 mm；苞片丝状。花萼钟形，萼齿5，披针形，先端刺尖，果时闭合。花冠长3～3.5 mm，冠檐4裂。雄蕊4，伸出。花盘平顶。小坚果卵圆状，长0.6 mm，宽0.5 mm，先端圆，褐色，微被毛，具小窝孔。花期7～8月。

**【生长习性】**生于河岸。喜生于气候温和、阳光充足、土壤湿润、土质疏松肥沃、排水良好的地方。

**【芳香成分】**刘艳等（2011）用水蒸气蒸馏法提取的新疆石河子产灰薄荷阴干全草精油的主要成分为：辣薄荷烯酮氧化物（68.50%）、桉树脑（13.50%）、β-月桂烯（2.10%）、石竹烯氧化物（2.00%）、β-蒎烯（2.00%）、桧烯（1.30%）、γ-松油烯（1.10%）等。

**【利用】**民间全草入药，可用来治疗风热感冒、咽喉肿痛和头痛等疾病。

## 假薄荷

*Mentha asiatica* Boriss.

**唇形科　薄荷属**

**别名：**亚洲薄荷、香薷草

**分布：**新疆、四川、西藏

**【形态特征】**多年生草本，高30～150 cm；根茎斜行，节上生根；全株被短绒毛，具臭味。茎直立，稍分枝，钝四棱形。叶片长圆形或长圆状披针形，长3～8 cm，宽1～2.5 cm，有时对折而向下弯，先端急尖，基部常圆形乃至宽楔形，两面为灰蓝色，叶背较浅，边缘疏生浅而不相等的牙齿。轮伞花序在茎及分枝的顶端集合成圆柱状先端急尖的穗状花序，花序长3～8 cm；苞片小，线形或钻形，小苞片钻形。花萼钟形或漏斗形，外面多少带紫红，萼齿5，线形，果时靠合。花冠紫红色，冠檐4裂。雄蕊4。花柱伸出花冠很多。花盘平顶。小坚果褐色，卵珠形，长1 mm，具小窝孔。花期7～8月，果期8～10月。

**【生长习性】**生于河岸、潮湿沟谷、田间及荒地上，常成片生长，海拔50～3100 m。喜生于气候温和、阳光充足、土壤湿润、土质疏松肥沃、排水良好的地方。

**【精油含量】**水蒸气蒸馏全草的得油率在0.42%～1.23%。

**【芳香成分】**俞桂新等（1994）用水蒸气蒸馏法提取的新疆乌鲁木齐产假薄荷全草精油的主要成分为：氧化胡椒酮（63.00%）、氧化胡椒烯酮（30.00%）、内乙酸龙脑酯（1.70%）、百里香酚（1.60%）等；吐鲁番产精油主要成分为：氧化胡椒烯酮（53.90%）、氧化胡椒酮（41.00%）、反式-石竹烯（1.00%）等。

**【利用】**尚未见利用。

## 辣薄荷

*Mentha piperita* Linn.

唇形科　薄荷属

**别名：**椒样薄荷、欧薄荷、欧洲薄荷、胡椒薄荷、胡薄荷、黑薄荷

**分布：**新疆、河北、江苏、浙江、安徽、陕西、四川等地有栽培

【形态特征】多年生草本。茎直立，高30～100 cm，四棱形，微具槽，分枝，常带紫红色，无毛或沿棱上疏生短刚毛。叶片披针形至卵状披针形，长2.5～3 cm，宽0.8～2 cm，先端锐尖，基部近圆形至浅心形，边缘具不等大的锐锯齿，叶面暗绿色，叶背稍淡并密被腺点。轮伞花序在茎及分枝顶端集合成圆柱形先端锐尖的穗状花序，花序长3～7 cm；苞片线状披针形，边缘具睫毛。花萼管状，常染紫色，具腺点，萼齿5，线状钻形。花冠白色，裂片具粉红晕，长4 mm，冠檐具4裂片。雄蕊4，伸出。花柱伸出花冠很多。花盘平顶。小坚果倒卵圆形，长0.7 mm，褐色，顶端具腺点。花期7月，果期8月。

【生长习性】喜生于气候温和、阳光充足、土壤湿润、土质疏松肥沃、排水良好的地方。

【精油含量】水蒸气蒸馏全草的得油率为0.20%～3.50%；超临界萃取干燥叶的得油率为0.09%；亚临界萃取干燥花和叶的得油率为3.11%。

【芳香成分】**叶：**李余先等（2017）用超临界$CO_2$萃取法提取的江苏宿迁产辣薄荷干燥叶精油的主要成分为：芳樟醇（49.90%）、环氧-罗勒烯（19.30%）、倍半水芹烯（9.40%）、荜澄茄烯（4.00%）、β-蒎烯（3.80%）、马鞭草烯（2.60%）、大根香叶烯（2.30%）等。

**全草：**陆长根等（2008）用水蒸气蒸馏法提取的江苏台州产辣薄荷全草精油的主要成分为：薄荷醇（32.53%）、薄荷酮（26.50%）、3,7,7-三甲基二环[4.4.0]庚烷（10.38%）、右旋柠檬烯（7.50%）、桉叶醇（4.05%）、2-异丙基-5-甲基-3-环已烯-1-酮（2.43%）、八氢-7-甲基-3-亚甲基-4-(1-甲基乙基)-1H-环戊基[1,3]环丙基[1,2]苯（2.19%）、4-亚甲基-1-(1-甲基乙基)环已烯（1.56%）、(E)-3,7-二甲基-1,3,6-辛三烯（1.12%）等。李国明等（2017）用同法分析的云南德宏产辣薄荷新鲜全草精油的主要成分为：薄荷酮（14.01%）、月桂醛（4.83%）、肉豆蔻醇（3.05%）、α-甲基戊醛（2.66%）、4-乙酸基-1-萜品烯（2.58%）、红樟油（2.54%）、4-甲基辛酸（1.99%）、γ-松油烯（1.84%）、异佛尔酮（1.58%）、4,4-二甲基-2-环已基-1-酮（1.13%）、α-松油烯（1.10%）、石竹烯（1.09%）等。

【利用】全草精油为我国允许使用的食用香料，大量用于食品、酒类、烟草中；药用有健胃、祛驱风、消炎、镇痛、抗痉挛、利胆等药效，可用作驱风药、胃兴奋剂、麻醉药、防腐剂、抗病毒剂；还可用于治疗肝炎、胆囊炎、胆囊痛、腹痛、神经痛等疾病；能有效地防治化疗期间和化疗后的恶心；制成的清凉保健品有风油精、白花油等；广泛应用于高级化妆品，较大量用于牙膏、漱口水等，有限量地用于香皂、香水、化妆膏霜、须后用品等。叶片常用来调理汤类、炖肉、沙拉和做薄荷冻的原料。全草有疏散风热、解毒散结的功效，治风热感冒、头痛、目赤、咽痛、痄腮。

## 留兰香

*Mentha spicata* Linn.

唇形科　薄荷属

**别名：**四香菜、绿薄荷、香薄荷、香花菜、青薄荷、血香菜、狗肉香、土薄荷、鱼香菜、鱼香、鱼香草、荷兰薄荷、假薄荷、狗肉香菜、心叶留兰香

**分布：**河北、江苏、浙江、广东、广西、四川、贵州、云南、新疆

【形态特征】多年生草本。茎直立，高40～130 cm，绿色，钝四棱形，具槽及条纹，不育枝仅贴地生。叶卵状长圆形或长

圆状披针形，长3～7 cm，宽1～2 cm，先端锐尖，基部宽楔形至近圆形，边缘具尖锐而不规则的锯齿，草质，叶面绿色，叶背灰绿色。轮伞花序生于茎及分枝顶端，呈长4～10 cm、间断但向上密集的圆柱形穗状花序；小苞片线形。花萼钟形，具腺点，萼齿5，三角状披针形。花冠淡紫色，长4 mm，冠筒长2 mm，冠檐具4裂片，裂片近等大，上裂片微凹。雄蕊4，伸出，近等长。花柱伸出花冠很多。花盘平顶。子房褐色，无毛。花期7～9月。

【生长习性】喜温暖、湿润气候。较耐干旱不耐涝。对土壤适应性强，但偏酸性（pH5.5～6.5）为好。

【精油含量】水蒸气蒸馏新鲜全草的得油率为0.08%～0.90%，干燥全草的得油率为0.16%～4.80%。

【芳香成分】何洛强（2010）用水蒸气蒸馏法提取的安徽产留兰香全草精油的主要成分为：L-香芹酮（63.04%）、L-柠檬烯（17.61%）、二氢香芹醇（2.01%）、二氢香芹酮（1.71%）、乙酸二氢香芹酯（1.61%）、β-蒎烯（1.44%）、β-月桂烯（1.23%）等。

【利用】全草精油为我国允许使用的食用香料，主要用于各种糖类、糕点、软饮料、酒类等食品和配制留兰香香精等；在医药上用作芳香杀虫剂；也常用于牙膏、化妆品、口腔用品中。叶、嫩枝或全草入药，治感冒发热、咳嗽、虚劳咳嗽、伤风感冒、头痛、咽痛、神经性头痛、胃肠胀气、跌打瘀痛、目赤辣痛、鼻衄、乌疔、全身麻木及小儿疮疖。嫩茎叶可作调料食用和入肴调味。

## 欧薄荷

*Mentha longifolia* (Linn.) Huds.

**唇形科　薄荷属**

**分布：**西南、新疆、上海、江苏等地

【形态特征】多年生草本，高达100 cm；根茎匍匐，节上生根，具地下枝；植株各部被扁平具横缢的具节毛。茎直立，极分枝，锐四棱形，带白色，具条纹。叶卵圆形至披针形，长达6 cm，宽1.5 cm，先端锐尖，基部圆形至浅心形，边缘具粗大而不整齐的锯齿状牙齿，叶面深绿色，叶背为绿色，两面密被有贴生的绒毛状具节柔毛。轮伞花序在茎及分枝顶端集合组成圆柱形先端锐尖的穗状花序，花序长3～8 cm；苞叶类似苞片，线状钻形。花萼钟形，外面被绒毛状具节柔毛，萼齿5。花冠淡紫色，长4 mm，外面在唇上疏被微柔毛，冠檐4裂。雄蕊4，伸出。花柱超出花冠很多。花盘平顶。花期7～9月。

【生长习性】喜生于气候温和、阳光充足、土壤湿润、土质疏松肥沃、排水良好的地方。

【芳香成分】祖里皮亚·塔来提等（2018）用水蒸气蒸馏法提取的新疆阿克苏产欧薄荷干燥全草精油的主要成分为：左旋香芹酮（44.16%）、右旋萜二烯（20.60%）、薄荷醇（10.93%）、β-丁香油精（3.99%）、2-甲基-5-(1-甲基乙烯基)环己酮（2.48%）、左旋-β-蒎烯（2.10%）、1,3,3-三甲基-三环[2.2.1.0$^{2,6}$]庚烷（1.90%）、2-异丙基-5-甲基-3-环己烯-1-酮（1.62%）、(-)-β-波旁烯（1.62%）、1-甲基-4-(丙-1-烯-2-基)-7-氧杂二环[4.1.0]庚烷-2-酮（1.39%）、芳樟醇（1.32%）、茉莉酮（1.18%）、4-亚甲基-1-(1-甲基乙基)-双环[3.1.0]己烷（1.09%）等。

【利用】全草是维吾尔医常用药材，具有生干生热、湿中补胃、降逆止吐、止泻止痢、散寒止痛、消痔退肿等功效。

## 水薄荷

*Mentha aquatica* Linn.

**唇形科　薄荷属**

**分布：**上海等地有栽培

【形态特征】多年生草本，高10～80 cm。茎方形，被逆生的长柔毛及腺点。单叶对生，叶柄长2～15 mm，密被白色短柔毛；叶片长卵形至椭圆状披针形，长3～7 cm，先端锐尖，基部阔楔形，边缘具细尖锯齿，密生缘毛，叶面被白色短柔毛，叶背被柔毛及腺点。

【生长习性】生于水边、沟边潮湿处。

【精油含量】水蒸气蒸馏新鲜叶片的得油率为0.67%～0.80%。

【芳香成分】杨瑞萍等（1990）用水蒸气蒸馏法提取的上海产水薄荷新鲜叶片精油的主要成分为：月桂烯（25.40%）、薄荷醇（34.07%）、β-蒎烯（8.93%）、柠檬烯（9.39%）、β-蒎烯（8.93%）、薄荷酮（1.96%）、α-蒎烯（1.43%）等。

【利用】全草具清火解毒、杀虫止痒的功效。

## 苏格兰留兰香

*Mentha cardiaca* J. Gerard ex Baker

**唇形科　薄荷属**

**分布：**陕西有栽培

【形态特征】高90～140 cm，匍匐茎紫红色，直立茎较细软，基部紫红色，中上部绿色，节上有茸毛；分枝节位低，分枝数多，全株具有倒伏的柔毛。叶片披针形至椭圆状披针形，长4.5～5.5 cm，宽 2～3 cm，叶基楔形，叶面平展，暗绿色，叶缘锯齿状，两面具腺点及柔毛，羽状网脉。轮伞花序腋生，苞叶和叶相似，愈向茎顶，则节间、苞叶及花序逐渐变短变小。小苞片钻状线形，边缘有纤毛。光滑，有时具腺点。花萼管状钟形至钟形，长 2～2.7 mm，外被腺点。花冠粉红紫色或淡粉红色，长3.7～4.4 mm，冠檐 4 裂。雄蕊 4 枚。小坚果卵圆形，长 0.7 mm，黄褐色，顶端有刚毛。花期 6～7月。

【生长习性】喜温暖、湿润气候。

【精油含量】水蒸气蒸馏全草的得油率为0.16%～0.59%。

【芳香成分】何洛强（2010）用水蒸气蒸馏法提取的苏格兰留兰香全草精油的主要成分为：L-香芹酮（69.41%）、L-柠檬烯（13.61%）、二氢香芹醇（2.31%）、二氢香芹酮（1.78%）、桉叶油素（1.32%）、乙酸二氢香芹酯（1.32%）、3-辛醇（1.10%）等。

【利用】茎叶可提取精油，广泛应用于高级化妆品、高档食品和医药卫生等方面。

## 兴安薄荷

*Mentha dahurica* Fisch. ex Benth.

**唇形科　薄荷属**

**别名：**野薄荷

**分布：**黑龙江、吉林、内蒙古

【形态特征】多年生草本。茎直立，高30～60 cm，单一，稀有分枝，向基部无叶，基部各节有纤细须根及细长的地下枝，沿棱上被倒向微柔毛，四棱形，具槽，淡绿色，有时带紫色。叶片卵形或长圆形，长3 cm，宽1.3 cm，先端锐尖或钝，基部宽楔形至近圆形，边缘在基部以上具浅圆齿状锯齿或近全缘，近膜质，叶面绿色，叶背淡绿色，脉上被微柔毛，余部具腺点。轮伞花序5～13花，通常茎顶2个轮伞花序聚集成头状花序；小苞片线形，上弯，被微柔毛。花萼管状钟形，萼齿5，宽三角形，果时花萼宽钟形。花冠浅红或粉紫色，长5 mm，冠檐4裂。雄蕊4。花盘平顶。子房褐色，无毛。花期7～8月。

【生长习性】生于草甸上，海拔650 m。喜生于气候温和、阳光充足、土壤湿润、土质疏松肥沃、排水良好的地方。

【精油含量】水蒸气蒸馏阴干全草的得油率为0.80%。

【芳香成分】俞桂新等（1993）用水蒸气蒸馏法提取的兴安薄荷阴干全草精油的主要成分为：胡椒酮（69.64%）、柠檬烯（8.90%）、反-石竹烯（4.33%）、芳樟醇（1.86%）、表-双环倍半水芹烯（1.59%）、β-蒎烯（1.54%）、β-蛇床烯（1.26%）、顺-罗勒烯（1.23%）等。

【利用】全草入药，有驱风解热的功效，主治外感风热、头痛、咽喉肿痛、牙痛。精油主要成分胡椒酮为平喘有效成分，可作为平喘药来开发。

## 皱叶留兰香

*Mentha crispata* Schrad. ex Willd.

**唇形科　薄荷属**

**别名：** 皱叶薄荷

**分布：** 原产欧洲，北京、江苏、上海、浙江、云南等地栽培

【形态特征】多年生草本。茎直立，高30～60 cm，钝四棱形，常带紫色，无毛，不育枝仅贴地生。叶卵形或卵状披针形，长2～3 cm，宽1.2～2 cm；先端锐尖，基部圆形或浅心形，边缘有锐裂的锯齿，坚纸质，上面绿色，皱波状，脉纹明显凹陷，下面淡绿色，脉纹明显隆起且带白色。轮伞花序在茎及分枝顶端密集成穗状花序，花序长2.5～3 cm，径约1 cm；苞片线状披针形。花萼钟形，具腺点，萼齿5，三角状披针形，果时稍靠合。花冠淡紫，长3.5 mm，冠澹具4裂片。雄蕊4，伸出，近等长。花盘平顶。子房褐色，无毛。小坚果卵珠状三棱形，长0.7 mm，茶褐色，基部淡褐色，略具腺点，顶端圆。

【生长习性】喜温暖湿润气候，既耐热，又耐寒，但不耐涝，生长适温20～25℃。对土壤的适应性较广，除了过沙、过粘、过碱的土壤外，一般都能种植，但以砂质壤土为好，以pH6.5～7.5为宜。对日照长短不敏感，比较耐阴。在海拔2100 m以下都可以生长。

【芳香成分】郭晓恒等（2014）用顶空固相微萃取法提取的广西产皱叶留兰香新鲜叶精油的主要成分为：桉树脑（35.58%）、D-柠檬烯（16.92%）、β-蒎烯（10.39%）、α-蒎烯（5.14%）、β-水芹烯（4.94%）、香桧烯（3.57%）、2-甲基丁酸乙酯（3.51%）、反式-β-罗勒烯（2.30%）、异丁醛（1.94%）、3-甲基丁酸乙酯（1.92%）、2,6-二甲基对苯二酚（1.79%）、别罗勒烯（1.58%）、3-甲基丁醛（1.37%）、D-(+)-香芹酮（1.10%）等。

【利用】嫩枝、叶常作香料食用。民间以全草药用，治疗风热感冒、头痛、疥疮、瘙痒、脱肛、小儿高热抽搐等症。

## 糙苏

*Phlomis umbrosa* Turcz.

**唇形科　糙苏属**

**别名：** 山芝麻、常山、续断、白苍、小兰花烟

**分布：** 辽宁、内蒙古、河北、山东、山西、陕西、甘肃、四川、湖北、贵州、广东

【形态特征】多年生草本；根粗厚，须根肉质，长至30 cm。茎高50～150 cm，多分枝，四棱形，具浅槽，疏被向下短硬毛，有时上部被星状短柔毛，常带紫红色。叶近圆形至卵状长圆形，长5.2～12 cm，宽2.5～12 cm，先端急尖，稀渐尖，基部浅心形或圆形，边缘为具胼胝尖的锯齿状牙齿，或为不整齐的圆齿，叶面橄榄绿色，叶背较淡，两面疏被疏柔毛及星状疏柔毛；苞叶通常为卵形，边缘为粗锯齿状牙齿，毛被同茎叶。轮伞花序通常4～8花，多数，生于主茎及分枝上；苞片线状钻形，较坚硬，常呈紫红色。花萼管状，外面被星状微柔毛。花冠通常粉红色，下唇较深色，常具红色斑点，冠檐二唇形。花期6～9月，果期9月。

【生长习性】生于疏林下或草坡上，海拔200～3200 m。

【精油含量】水蒸气蒸馏新鲜叶的得油率为0.18%，新鲜花的得油率为0.62%，种子的得油率为0.37%。

【芳香成分】叶：田光辉等（2009）用水蒸气蒸馏法提取的陕西秦巴山产糙苏新鲜叶精油的主要成分为：α-里哪醇（16.48%）、1-辛烯-3-醇（9.37%）、表蓝桉醇（7.63%）、苯乙酮（7.51%）、马鞭草烯酮（7.32%）、石竹烯（6.70%）、甲苯（3.58%）、二苯胺（3.49%）、3-甲基丁酸芳樟酯（2.76%）、邻苯二甲酸二异丁酯（2.60%）、3-亚甲基-7β-甲基-4α-异丙基-2,3,3aα,3bα,4,5,6,7-八氢化-1H-环戊烷[1,3]并环丙烷[1,2]并苯（2.30%）、3-己烯-1-醇（1.88%）、p-薄荷-1-烯-8-醇（1.86%）、2-烯丙基二环[2.2.1]庚烷（1.48%）、1-甲氧基戊烷（1.25%）、1(10)，4-杜松二烯（1.24%）、4-异丙基-1-乙烯基-薄荷-2-烯（1.23%）、葎草-1,6-二烯-3-醇（1.10%）、反式香叶醇（1.00%）等。

**花**：田光辉等（2009）用水蒸气蒸馏法提取的陕西秦巴山产糙苏新鲜花精油的主要成分为：甲苯（17.28%）、邻苯二甲酸二异丁酯（13.38%）、α-里哪醇（12.38%）、二苯胺（7.17%）、1-辛烯-3-醇（6.22%）、亚麻酸乙酯（5.21%）、苯乙酮（3.81%）、蓝桉醇（2.46%）、3-甲基-2,3-二氢化-1-苯并呋喃（2.24%）、2,4-戊二酮（2.03%）、马鞭草烯酮（1.89%）、石竹烯（1.52%）、邻苯二甲酸二丁酯（1.49%）、p-薄荷-1-烯-8-醇（1.37%）、3-甲基丁酸芳樟酯（1.33%）、3-己烯-1-醇（1.27%）、2-烯丙基二环[2.2.1]庚烷（1.02%）等。

**种子**：田光辉等（2009）用水蒸气蒸馏法提取的陕西秦巴山产糙苏种子精油的主要成分为：α-里哪醇（13.38%）、石竹烯氧化物（11.21%）、1-辛烯-3-醇（8.38%）、邻苯二甲酸二异丁酯（8.22%）、亚麻酸乙酯（6.21%）、二苯胺（5.17%）、丁子香酚（4.35%）、3-烯丙基-6-甲氧基苯酚（3.85%）、苯乙酮（3.81%）、瓜菊酮（2.63%）、蓝桉醇（2.46%）、3-甲基-2,3-二氢化-1-苯并呋喃（2.24%）、2,4-戊二酮（2.03%）、马鞭草烯酮（1.89%）、石竹烯（1.52%）、海松-7,15-二烯-3-醇（1.49%）、p-薄荷-1-烯-8-醇（1.37%）、3-甲基丁酸芳樟酯（1.33%）、甲苯（1.32%）、3-己烯-1-醇（1.27%）、2-烯丙基二环[2.2.1]庚烷（1.02%）等。

**【利用】**民间用根入药，有祛风活络、强筋壮骨、消肿、安胎的功效。用于治疗感冒、慢性支气管炎、风湿关节痛、腰痛、跌打损伤、疮疖肿毒。全草入药，用于治疗感冒、风湿关节痛、腰痛、跌打损伤、疮疖肿毒。

## 串铃草

*Phlomis mongolica* Turcz.

**唇形科　糙苏属**
**别名：**蒙古糙苏、毛尖茶、野洋芋
**分布：**河北、山西、陕西、甘肃、内蒙古

**【形态特征】**多年生草本；根木质，粗厚，须根常作圆形、长圆形或纺锤的块根状增粗。茎高40～70 cm，被具节疏柔毛或平展具节刚毛，节上较密。基生叶卵状三角形至三角状披针形，长4～13.5 cm，宽2.7～7 cm，先端钝，基部心形，边缘为圆齿状，茎生叶同形，通常较小，苞叶三角形或卵状披针形；叶面橄榄绿色，叶背略淡。轮伞花序多花密集，多数，彼此分离；苞片线状钻形，坚硬，上弯，先端刺状，被平展具节缘毛。花萼管状，外面脉上被平展具节刚毛，齿圆形，先端微凹，具刺尖。花冠紫色，长约2.2 cm，冠檐二唇形。雄蕊内藏。小坚果顶端被毛。花期5～9月，果期在7月以后。

**【生长习性】**生于山坡草地上，海拔770～2200m。

**【精油含量】**水蒸气蒸馏全草的得油率为0.06%。

**【芳香成分】**盛芬玲等（1997）用水蒸气蒸馏法提取的甘肃武都产串铃草全草精油的主要成分为：甲酸异丙酯（25.24%）、芳樟醇（5.40%）、(顺)-2-乙基-3-丙基环氧乙烷（2.84%）、己醛（2.83%）、6,10,14-三甲基十五酮-2(2.77%）、邻苯二甲酸二丁酯（1.56%）、α-松油醇（1.20%）、顺式-芳樟醇氧化物（1.15%）、氨基甲酸甲酯（1.08%）等。

**【利用】**为有毒植物。花美丽，可供观赏。根或全草可入药，有祛风除湿、活血止痛的功效，主要用于治疗风湿性关节炎、感冒、跌打损伤、体虚发热。

## 萝卜秦艽

*Phlomis medicinalis* Diels

**唇形科　糙苏属**
**别名：**白秦艽
**分布：**四川、西藏

**【形态特征】**多年生草本。茎高20～75 cm，具分枝，不明显的四棱形，常染紫红色，被星状疏柔毛。基生叶卵形或卵状长圆形，长4.5～14 cm，宽4～11 cm，先端圆形，基部深

心形，边缘为粗圆齿；茎生叶卵形或三角形，长5～6 cm，宽2.5～4 cm，先端急尖或钝，基部浅心形至几截形，边缘为不整齐的圆牙齿；苞叶卵状披针形至狭菱状披针形，长3.2～9 cm，宽1.8～3.5 cm，先端渐尖，基部截状阔楔形至截形，边缘为粗牙齿状，叶面被糙伏毛，叶背密被星状短柔毛。轮伞花序多花，通常1～4个生于主茎及分枝上部；苞片线状钻形，先端刺状。花萼管状钟形。花冠紫红色或粉红色，冠檐二唇形。花期5～7月。

【生长习性】生于山坡上，海拔1700～3600 m。

【精油含量】水蒸气蒸馏干燥块根的得油率为0.12%。

【芳香成分】高咏莉等（2009）用水蒸气蒸馏法提取的西藏林芝产萝卜秦艽干燥块根精油的主要成分为：十六烷酸（44.30%）、亚油酸（15.27%）、油酸（4.13%）、十九烷（3.19%）、邻苯二甲酸二异丁酯（2.74%）、二十烷（2.46%）、二十八烷（2.35%）、十八烷（2.32%）、十四烷酸（2.19%）、2-甲基蒽（1.88%）、9,12,15-十八烷三烯-1-醇（1.59%）、邻苯二甲酸二正丁酯（1.49%）、11-十六烯酸（1.10%）、十五烷酸（1.09%）、1-甲基菲（1.06%）等。

【利用】块根入药，有疏风清热、止咳化痰、生肌敛疮的功效，主治咳嗽感冒、咳嗽痰多、疮疡久溃不敛等症。

## 螃蟹甲

*Phlomis younghusbandii* Mukerj.

唇形科　糙苏属

**别名：**露木、露木尔

**分布：**西藏

【形态特征】多年生草本。主根粗厚，纺锤形，侧根局部膨大呈圆球形块根，褐黄色。根茎圆柱形，密生宿存的叶柄基部，自顶上生出单茎。茎丛生，不分枝，高15～20 cm，圆柱形，上部四棱形，疏被贴生星状短绒毛。基生叶披针状长圆形，长5～9 cm，宽2～3.5 cm，先端钝或近圆形，基部心形，边缘具圆齿，茎生叶长圆形，长2～3.5 cm，宽1.2～2 cm，先端圆形或阔楔形，边缘具圆齿，苞叶披针形，长1.8～3.5 cm，宽0.6～1.2 cm，先端钝或急尖，边缘牙齿状至全缘，叶片均具皱纹，叶面被星状糙硬毛及单毛，叶背疏被星状短绒毛。轮伞花序多花，3～5个；苞片刺毛状。花萼管状。小坚果顶部被颗粒状毛被物。花期7月。

【生长习性】生于干燥山坡、灌丛及田野，海拔4300～4600 m。

【精油含量】水蒸气蒸馏根的得油率为1.20%。

【芳香成分】边巴次仁等（2002）用水蒸气蒸馏法提取的西藏山南产螃蟹甲根精油的主要成分为：丁香酚（30.58%）、十六烷酸（12.36%）、9,12-(反,反)十八二烯酸甲酯（9.06%）、3,6-二甲基菲（4.86%）、愈创醇（3.60%）、2,3,5-三甲基菲（3.21%）、十一烷醇（2.36%）、2,4-(反,反)十二碳二烯酮（2.21%）、十八烯酸（2.15%）、正十九烷（2.09%）、乙酸冰片酯（2.02%）、2-甲基蒽（1.96%）、17-甲基睾酮（1.94%）、苍术醇（1.76%）、α,α,4-三甲基-3-环己烯-1-甲醇（1.68%）、4-甲基-1-异丙基环己烯（1.66%）、2-乙基-1-己醇（1.48%）、正二十一烷（1.38%）、冰片（1.23%）、11-烯十六烷酸-14-甲酯（1.18%）、14-甲基十五烷酸甲酯（1.05%）等。

【利用】块根或根为藏医惯用药材，有祛风活络、清热消肿、止咳祛痰等功效，广泛用于治疗感冒、咳嗽、肺炎、支气管炎等疾病。

## 广藿香

*Pogostemon cablin* (Blance) Benth.

**唇形科　刺蕊草属**
**别名：**枝香、南藿香、藿香
**分布：**广东、海南、福建、台湾、广西

【**形态特征**】多年生芳香草本或半灌木。茎直立，高0.3～1 m，四棱形，分枝，被绒毛。叶圆形或宽卵圆形，长2～10.5 cm，宽1～8.5 cm，先端钝或急尖，基部楔状渐狭，边缘具不规则的齿裂，草质，叶面深绿色，被绒毛，老时渐稀疏，叶背淡绿色，被绒毛。轮伞花序10至多花，下部的稍疏离，向上密集，排列成长4～6.5 cm宽1.5～1.8 cm的穗状花序，穗状花序顶生及腋生，密被长绒毛，具总梗；苞片及小苞片线状披针形，密被绒毛。花萼筒状，齿钻状披针形。花冠紫色，长约1 cm。雄蕊外伸，具髯毛。花盘环状。花期4月。

【**生长习性**】喜欢生长在温暖的环境，比较耐寒。应选择肥沃砂质壤土。

【**精油含量**】水蒸气蒸馏根和根茎的得油率为0.10%～0.20%，全草的得油率为0.10%～ 6.00%，叶片的得油率高于茎；超临界萃取全草的得油率为2.10%～2.97%。

【**芳香成分**】**根（根茎）：**罗集鹏等（2000）用水蒸气蒸馏法提取的根精油的主要成分为：广藿香酮（81.71%）、橙花叔醇（2.88%）、十六烷酸（2.21%）、广藿香醇（1.98%）、3,7,11-三甲基-2,6,10-十二烷三烯-1-醇乙酸酯（1.09%）等；根茎精油的主要成分为：广藿香酮（63.45%）、橙花叔醇（5.17%）、广藿香醇（5.15%）、十六烷酸（5.15%）、牻牛儿醇乙酸酯（3.93%）、9,12-十八碳二烯酸（1.96%）、反式-法呢醇（1.63%）、反式，反式-法呢醛（1.40%）等。

**全草：**魏刚等（2003）用水蒸气蒸馏法提取的广东广州产石牌广藿香全草精油的主要成分为：广藿香酮（43.79%）、广藿香醇（15.01%）、顺式-法呢醇（3.15%）、α-愈创木烯（3.10%）、反式-丁香烯（2.72%）、δ-愈创木烯（2.65%）、γ-杜松烯（2.64%）、反式，反式-法呢醇（2.38%）、α-广藿香烯（2.09%）、刺蕊草烯（1.85%）、γ-桉醇（1.82%）、十六酸（1.05%）等；广东湛江产广藿香全草精油的主要成分为：广藿香醇（45.84%）、δ-愈创木烯（13.26%）、α-愈创木烯（9.82%）、α-广藿香烯（6.01%）、刺蕊草烯（5.39%）、反式-丁香烯（2.47%）、广藿香酮（2.19%）、β-广藿香烯（1.61%）、α-丁香烯（1.58%）等。

【**利用**】全草入药，有解暑化湿、行气和胃的功效，用于治疗风寒感冒、呕吐泄泻、胃寒疼痛、恶心作呕、暑热引起的发热头痛、胸闷等症。是藿香正气丸的主要成分。叶或全草提取的精油为我国允许使用的食用香料，作香精原料；药用具有较广的抗菌谱，有镇痛、消炎、防腐作用，用作配制丹、膏、丸、散等多种药物，适应症非常广泛，能治许多常见病；精油也是化妆品和杀虫剂的原料；是一种优良的定香剂。

## 黑刺蕊草

*Pogostemon nigrescens* Dunn

**唇形科　刺蕊草属**
**别名：**紫花一柱香
**分布：**云南

【**形态特征**】直立草本。茎高30～70 cm，少分枝，钝四棱形，密被短柔毛。叶卵圆形，长2.5～6 cm，宽1.5～3 cm，先端急尖或短渐尖，基部钝或圆形，边缘具重圆齿，草质，干时变黑色或带褐色，上面密被贴生的短柔毛，下面被短柔毛沿脉上较密，具腺点。轮伞花序多花，组成下部1～2节稍间断上部稠密的穗状花序，穗状花序顶生，通常长6～10 cm，干时黑色或黑褐色；小苞片钻形，被较硬的缘毛。花萼管状钟形，长

3～3.5 mm，密被灰白短柔毛，萼齿5，钻形，边缘被细刚毛。花冠淡紫或紫色，稍伸出花萼，长4～4.5 mm。雄蕊4，外伸。花盘杯状。小坚果近圆形，腹面具棱。花期9～10月，果期10～11月。

【生长习性】生于山坡、路旁、灌丛及林中，干燥或湿地上，海拔1100～2600 m。

【芳香成分】王嘉琳等（1993）用水蒸气蒸馏法提取的云南产黑刺蕊草全草精油的主要成分为：1-正十七碳烯（7.63%）、β-桉叶醇（7.63%）、正十七烷（4.55%）、δ-荜澄茄烯（3.19%）、β-库毕烯（1.93%）、丁香烯氧化物（1.68%）、十八烷（1.53%）、酞酸二丁酯（1.38%）、α-佛手柑烯（1.22%）、橙花叔醇（1.05%）等。

【利用】云南龙陵用全草入药，用以治腹痛。

## 地笋

*Lycopus lucidus* Turcz.

**唇形科　地笋属**

**别名：**毛叶地笋、毛叶地瓜儿苗、泽兰、地瓜儿苗、地参、地瓜儿、地笋子、地藕、提娄

**分布：**黑龙江、吉林、辽宁、河北、陕西、四川、贵州、云南

【形态特征】多年生草本，高0.6～1.7 m；根茎横走，具节，节上密生须根，先端肥大呈圆柱形，节上具鳞叶及少数须根，或侧生有肥大的具鳞叶的地下枝。茎直立，四棱形，具槽，绿色，常于节上多少带紫红色。叶长圆状披针形，长4～8 cm，宽1.2～2.5 cm，先端渐尖，基部渐狭，边缘具锐尖粗牙齿状锯齿，叶背具凹陷的腺点。轮伞花序轮廓圆球形，花时径1.2～1.5 cm，多花密集；小苞片卵圆形至披针形，先端刺尖。花萼钟形，萼齿5，具刺尖头。花冠白色，外面在冠檐上具腺点，冠檐不明显二唇形。花盘平顶。小坚果倒卵圆状四边形，长1.6 mm，宽1.2 mm，褐色，边缘加厚，腹面具棱，有腺点。花期6～9月，果期8～11月。

【生长习性】生于沼泽地、水边、沟边等潮湿处，海拔320～2100 m。喜温暖湿润气候和肥沃土壤。地下茎耐寒，适应性很强。耐阴，怕干旱，不怕涝。

【精油含量】水蒸气蒸馏干燥地上部分的得油率为0.12%～2.18%；超临界萃取的得油率为0.78%。

【芳香成分】根茎：聂波等（2007）用水蒸气蒸馏法提取的陕西产地笋根茎精油的主要成分为：邻苯二甲酸二丁酯（20.19%）、(Z,Z,Z)-9,12,15-十八碳三烯酸乙酯（6.69%）、亚油酸乙酯（5.69%）、邻苯二甲酸二异辛酯（4.82%）、9-十八碳炔（4.20%）、1,1-二甲基十六酸乙酯（2.67%）、8,11-十八碳二烯酸甲酯（2.55%）、十六烷酸乙酯（2.38%）、1,2,3-三甲氧基-5-(2-丙烯基)苯（2.31%）、十六酸甲酯（2.27%）、2,3-二甲基菲（2.24%）、(Z,Z,Z)-9,12,15-十八碳三烯-1-醇（1.96%）、细辛脑（1.94%）、1,4,7,10-四氮-2,6-吡啶并环烷（1.79%）、(Z,Z)-9,12-十八碳二烯酸（1.72%）、3,4-二甲基-3-环己烯-1-甲醛（1.62%）、2,2′,5,5′-四甲基-1,1′-联苯（1.56%）、2-甲基菲（1.49%）、1-甲基蒽（1.45%）、1,4-二甲基蒽（1.28%）、丁子香烯氧化物（1.27%）、邻苯二甲酸二异丁酯（1.14%）、二（对甲苯基)乙炔（1.03%）、5-十二烷基二氢-2(3H)-呋喃酮（1.00%）等。

**全草**：王英锋等（2011）用水蒸气蒸馏法提取的湖南产地笋干燥地上部分精油的主要成分为：石竹烯氧化物（44.38%）、喇叭烯氧化物（17.05%）、α-石竹烯（5.60%）、α-法呢烯（4.88%）、植醇（2.43%）、石竹烯（2.22%）、γ-杜松烯（2.05%）、六氢法呢基丙酮（1.77%）、β-芹子烯（1.28%）、法呢基丙酮（1.02%）等。

**【利用】**嫩茎叶和根状茎可作为蔬菜食用，还可腌渍、泡菜。根状茎可入药，有活血、益气、行水、利尿的作用，用于治疗身面浮肿、痛肿、经闭、月经不调、跌打损伤、痈疮肿痛、风湿关节痛、吐血、产后腹痛、带下。

## 硬毛地笋

*Lycopus lucidus* Turcz. var. *hirtus* Regel

**唇形科　地笋属**

**别名**：矮地瓜苗、地瓜儿苗、地笋、地笋子、地环、地环子、地喇叭、地石蚕、地瘤、地罗子、地人参、地藕、地牛七、方梗草、观音笋、旱藕、假油麻、接骨草、毛叶地瓜儿苗、冷草、麻泽兰、山螺丝、土人参、水香、土生地、蛇王草、田螺菜、洋参、银条菜、野麻花、野地藕、野生地、硬毛地瓜儿苗、泽兰、竹节草

**分布**：黑龙江、吉林、辽宁、内蒙古、河北、山东、山西、陕西、甘肃、浙江、江苏、江西、安徽、福建、台湾、湖北、湖南、广东、广西、贵州、四川、云南

**【形态特征】**地笋变种。这一变种与原变种不同在于茎棱上被向上小硬毛，节上密集硬毛；叶披针形，暗绿色，叶面密被细刚毛状硬毛，叶缘具缘毛，叶背主要在肋及脉上被刚毛状硬毛，两端渐狭，边缘具锐齿。

**【生长习性】**生于沼泽地、水边等潮湿处，海拔可达2100 m。适宜温暖湿润的气候，不怕涝，耐寒，喜肥，生长适温18～30℃，冬季地上部分枯死。

**【芳香成分】茎**：郑勇龙等（2012）用水蒸气蒸馏法提取的浙江温州产硬毛地笋新鲜茎精油的主要成分为：葎草烯环氧化物Ⅱ（41.81%）、石竹素（18.74%）、Z,Z,Z-1,5,9,9-四甲基-1,4,7-环十一碳三烯（16.12%）、反式石竹烯（4.65%）、β-瑟林烯（3.25%）、(E,Z)-α-金合欢烯（2.07%）、反式-橙花叔醇（1.50%）、法呢基丙酮（1.19%）等。

**叶**：郑勇龙等（2012）用水蒸气蒸馏法提取的浙江温州产硬毛地笋新鲜叶精油的主要成分为：Z,Z,Z-1,5,9,9-四甲基-1,4,7-环十一碳三烯（15.90%）、石竹素（12.58%）、反式石竹烯（11.19%）、葎草烯环氧化物Ⅱ（9.11%）、月桂烯（8.71%）、顺式-Z-α-红没药烯环氧化物（3.35%）、橙花叔醇（2.76%）、α-细辛脑（2.75%）、聚伞花素（2.70%）、γ-萜品烯（2.54%）、(E)-3,7-二甲基-1,3,6-十八烷三烯（2.48%）、T-杜松醇（1.96%）、[1aS-(1aα,3aα,7aβ,7bα)]-十氢-1,1,3a-三甲基-7-甲烯基-1H-环丙[a]萘（1.39%）、(1S-顺)-1,2,3,5,6,8a-六氢-4,7-二甲基-1-(1-甲基乙烯基)-萘（1.32%）、罗勒烯异构体混合物（1.25%）、顺式-α-红没药烯（1.21%）、大牻牛儿烯D（1.20%）、檀紫三烯（1.18%）、β-蒎烯（1.13%）、α-可巴烯（1.05%）等。

**全草**：韩淑萍等（1992）用水蒸气蒸馏法提取的全草精油的主要成分为：月桂烯（26.92%）、蛇麻烯（14.34%）、反式-丁香烯（10.24%）、β-蒎烯（5.37%）、γ-松油烯（4.49%）、丁香烯氧化物（2.44%）、α-蒎烯（2.30%）、β-水芹烯（1.90%）、橙花叔醇（1.55%）、γ-荜澄茄烯（1.50%）、对-聚伞花素（1.41%）、苯甲醛（1.20%）等。

**【利用】**全草入药，为妇科要药，能通经利尿，对产前产后诸病有效；根为金疮肿毒良剂，并治风湿关节痛。根和嫩茎叶可作蔬菜食用。

## 独一味

*Lamiophlomis rotata* (Benth.) Kudo

**唇形科　独一味属**

**别名**：大巴、打布巴

**分布**：甘肃、青海、四川、云南、西藏

**【形态特征】**草本，高2.5～10 cm；根茎伸长，粗厚。叶片常4枚，辐状两两相对，菱状圆形、菱形、扇形、横肾形以至三角形，长4～13 cm，宽4.4～12 cm，先端钝、圆形或急尖，基部浅心形或宽楔形，下延至叶柄，边缘具圆齿，叶面绿色，密被白色疏柔毛，具皱，叶背较淡，仅沿脉上疏被短柔毛。轮伞花序密集排列成有短葶的头状或短穗状花序，长3.5～7 cm，序轴密被短柔毛；苞片披针形、倒披针形或线形，向上渐小，先端渐尖，全缘，具缘毛，小苞片针刺状。花萼管状，干时带紫褐色，萼齿5，短三角形，先端具刺尖。花冠长约1.2 cm，冠筒管状，冠檐二唇形。花期6～7月，果期8～9月。

【生长习性】生于高原或高山上强度风化的碎石滩中或石质高山草甸、河滩地，海拔2700～4500 m。

【精油含量】水蒸气蒸馏干燥地上部分的得油率为0.10%，地下部分的得油率为0.23%。

【芳香成分】**根：**刘海峰等（2006）用水蒸气蒸馏法提取的干燥根精油的主要成分为：十六烷酸（34.51%）、十八碳-9,12-二烯酸（23.92%）、亚油酸乙酯（14.36%）、顺式-9-十八碳烯酸（11.05%）、9-十六碳烯酸（4.35%）、14-十五碳烯酸（2.60%）、十四烷酸（1.02%）等。

**全草：**刘海峰等（2006）用水蒸气蒸馏法提取的干燥地上部分精油的主要成分为：十六烷酸（50.09%）、顺式-9-十八碳烯酸（13.44%）、十八碳-9,12-二烯酸（7.56%）、9-十六碳烯酸（6.20%）、羟脯氨酸（4.63%）、14-十五碳烯酸（3.21%）、亚油酸乙酯（1.70%）、十四烷酸（1.45%）、十五烷酸（1.26%）等。

【利用】民间用全草入药，治跌打损伤、筋骨疼痛、气滞闪腰、浮肿后流黄水、关节积黄水、骨松质发炎。

## 细风轮菜

*Clinopodium gracile* (Benth.) Matsum.

**唇形科　风轮菜属**

**别名：**臭草、苦草、塔花、瘦风轮、细密草、假韩酸菜、假仙菜、剪刀草、箭头草、花花王根草、玉如意、小叶仙人草、野仙人草、野凉粉草、野薄荷

**分布：**江苏、浙江、广西、福建、台湾、安徽、江西、湖南、广东、贵州、云南、四川、湖北、陕西

【形态特征】纤细草本。茎多数，自匍匐茎生出，高8～30 cm，四棱形，具槽，被倒向的短柔毛。最下部的叶圆卵形，细小，长约1 cm，宽0.8～0.9 cm，先端钝，基部圆形，边缘具疏圆齿，较下部或全部叶均为卵形，较大，长1.2～3.4 cm，宽1～2.4 cm，先端钝，基部圆形或楔形，边缘具疏牙齿或圆齿状锯齿，薄纸质，叶面榄绿色，叶背较淡，叶柄基部常染紫红色，密被短柔毛；上部叶及苞叶卵状披针形，先端锐尖，边缘具锯齿。轮伞花序分离，或密集于茎端成短总状花序，疏花；苞片针状。花萼管状。花冠白至紫红色，冠檐二唇形。雄蕊4。花盘平顶。小坚果卵球形，褐色，光滑。花期6～8月，果期8～10月。

【生长习性】生于路旁、沟边、空旷草地、林缘、灌丛中，海拔可达2400 m。

【精油含量】水蒸气蒸馏新鲜全草的得油率为0.50%。

【芳香成分】陈月圆等（2009）用水蒸气蒸馏法提取的广西桂林产细风轮菜新鲜全草精油的主要成分为：反-7,11-二甲基-3-亚甲基-1,6,10-十二碳三烯（21.81%）、1-辛烯-3-醇（16.99%）、顺-3-己烯醇（9.80%）、丙二醇（6.19%）、石竹烯（6.18%）、[1S-(1α,2β,4β)]-1-乙烯基-1-甲基-2,4-二甲基乙基环己烷（4.08%）、反-2-己烯-1-醇（3.11%）、正己醇（3.04%）、石竹烯氧化物（2.93%）、反-3,7,11-三甲基-1,6,10-十二碳三烯-3-醇（2.79%）、2-己烯醛（2.12%）、3,7-二甲基-1,6-辛二烯-3-醇（2.08%）、3-辛醇（1.65%）、3-甲基-6-甲基乙基-2-环己烯-1-酮（1.55%）、α-杜松醇（1.49%）、反-14-十六碳烯醛（1.44%）、α-法呢烯（1.43%）、顺-7,11-二甲基-3-亚甲基-1,6,10-十二碳三烯（1.03%）、3-辛酮（1.00%）等。

【利用】全草入药，治感冒头痛、中暑腹痛、痢疾、乳腺炎、痈疽肿毒、荨麻疹、过敏性皮炎、跌打损伤等症。

## 冠唇花

*Microtoena insuavis* (Hance) Prain ex Dunn

**唇形科　冠唇花属**

**别名：**野藿香、广藿香

**分布：**广东、云南、贵州

【形态特征】直立草本或半灌木。茎高1～2 m，四棱形，被贴生的短柔毛。叶卵圆形或阔卵圆形，长6～10 cm，宽4.5～7.5 cm，先端急尖，基部截状阔楔形，下延至叶柄而成狭翅，薄纸质，叶面榄绿色，叶背略淡，两面均被微短柔毛，脉上较密，边缘具锯齿状圆齿，齿尖具不明显的小突尖，叶柄扁平，长3～8.5 cm，被贴生的短柔毛。聚伞花序二歧，分枝蝎尾状，在主茎及侧枝上组成开展的顶生圆锥花序。花萼花时钟形，小，果时增大。花冠红色，具紫色的盔，冠檐二唇形。雄蕊4，近等长。花盘厚环状。小坚果卵圆状，小，长约1.2 mm，直径约1 mm，腹部具棱，暗褐色。花期10～12月，果期12月至翌年1月。

【生长习性】生于林下或林缘，海拔650～1000 m。

【芳香成分】茎：叶冲等（2011）用顶空固相微萃取法提取的贵州黔南产冠唇花茎精油的主要成分为：β-石竹烯（17.32%）、反式-β-金合欢烯（10.20%）、α-佛手柑油烯（7.56%）、乙酸橙花酯（5.63%）、氧化石竹烯（5.21%）、α-葎草烯（4.29%）、β-甜没药烯（4.26%）、芳姜黄烯（3.62%）、β-花柏烯（2.79%）、香叶醛（2.78%）、大根香叶烯D（2.36%）、Z-柠檬醛（2.06%）、α-芹子烯（1.62%）、β-榄香烯（1.55%）、别香橙烯（1.41%）、反式-β-罗勒烯（1.37%）、δ-杜松烯（1.30%）、α-愈创烯（1.16%）、十五烷（1.14%）、β-芹子烯（1.13%）等。

叶：叶冲等（2011）用顶空固相微萃取法提取的贵州黔南产冠唇花叶精油的主要成分为：香叶醛（16.35%）、β-石竹烯（13.08%）、Z-柠檬醛（11.64%）、反式-β-金合欢烯（10.88%）、乙酸橙花酯（8.44%）、氧化石竹烯（8.34%）、α-葎草烯（2.87%）、反式-β-罗勒烯（2.86%）、1-辛烯-3-醇（2.49%）、乙酸-1-辛烯-3-醇酯（2.09%）、α-佛手柑油烯（1.83%）、乙酸香叶酯（1.29%）、(-)-葎草烯环氧化物Ⅱ（1.19%）、E-香叶酸甲酯（1.13%）等。

花：叶冲等（2011）用顶空固相微萃取法提取的贵州黔南产冠唇花花精油的主要成分为：香叶醛（27.50%）、Z-柠檬醛（21.49%）、反式-β-金合欢烯（10.11%）、乙酸橙花酯（9.99%）、β-石竹烯（5.47%）、氧化石竹烯（4.40%）、乙酸香叶酯（1.63%）、1-辛烯-3-醇（1.56%）、α-佛手柑油烯（1.26%）、α-葎草烯（1.13%）、乙酸-1-辛烯-3-醇酯（1.02%）等。

【利用】全草入药，具有祛风散寒、温中理气之功效，用于治疗风寒感冒、咳喘气急、脘腹胀痛、消化不良、泻痢腹痛、周身麻木、跌打损伤。

## 半枝莲

*Scutellaria barbata* D. Don

**唇形科　黄芩属**

**别名：**并头草、小韩信草、牙刷草、四方草、赶山鞭、瘦黄芩、田基草、水黄芩、狭叶韩信草

**分布：**河北、山东、陕西、河南、江苏、浙江、台湾、福建、江西、湖北、湖南、广东、广西、四川、贵州、云南等地

【形态特征】根茎短粗，生出簇生的须状根。茎直立，高12～55 cm，四棱形。叶柄腹凹背凸，疏被小毛；叶片三角状卵圆形或卵圆状披针形，有时卵圆形，长1.3～3.2 cm，宽0.5～1.4 cm，先端急尖，基部宽楔形或近截形，边缘生有疏而钝的浅牙齿，叶面橄榄绿色，叶背淡绿有时带紫色。花单生于茎或分枝上部叶腋内；苞叶下部者似叶，但较小，长8 mm，上部者更变小，长2～4.5 mm，椭圆形至长椭圆形，全缘。花萼开花时长约2 mm，果时花萼长4.5 mm。花冠紫蓝色，长9～13 mm，外被短柔毛，冠檐2唇形。雄蕊4。花盘盘状，前方隆起。小坚果褐色，扁球形，径约1 mm，具小疣状突起。花果期4～7月。

【生长习性】生于水田边、溪边或湿润草地上，海拔2000 m以下。

【精油含量】同时蒸馏萃取全草的得油率为1.84%；超临界萃取干燥全草的得油率为9.27%～10.28%。

【芳香成分】王兆玉等（2009）用水蒸气蒸馏法提取的干燥全草精油的主要成分为：棕榈酸（34.07%）、亚油酸（13.21%）、叶绿醇（5.90%）、(Z,Z,Z)-9,12,15-亚麻酸（4.78%）、六氢法呢基丙酮（3.12%）、乐斯本（3.04%）、棕榈酸甲酯（1.42%）、(7S,10S,5E)-2,6,10-三甲基-7,10-环氧-2,5,11-十二碳三烯（1.31%）、肉豆蔻酸（1.26%）、(Z,Z,Z)-9,12,15-亚麻酸甲酯（1.08%）、百里香酚（1.02%）等。

【利用】民间用全草煎水服，治妇女病，以代益母草，热天生痱子可用全草泡水洗；此外亦用于治各种炎症（肝炎、阑尾炎、咽喉炎、尿道炎等）、咯血、尿血、胃痛、疮痈肿毒、跌打损伤、蚊虫咬伤，并试治早期癌症。

## 海南黄芩

*Scutellaria hainanensis* C. Y. Wu

**唇形科　黄芩属**

**分布：** 广东、海南

【形态特征】多年生草本；根茎木质，具纤维状须根。茎高60 cm，基部近木质，具纤维状不定根，具1～2直立的分枝，与枝条均钝四棱形，无槽，具细纵条纹，密被微柔毛。叶近革质，宽卵圆形至近圆形，长2.5～5 cm，宽1.8～4.3 cm，先端钝或急尖，基部圆形、宽楔形至浅心形，叶面深绿色，疏被极细微柔毛，叶背淡绿色，常带紫色，密被微柔毛。花对生，于茎或分枝顶排列成长约6 cm的总状花序；苞片卵状披针形，密被短柔毛，先端锐尖。花萼于花时长约2.8 mm，外密被微柔毛。花冠乳白色，长约2 cm，2唇形。雄蕊4，强；花丝扁平。花盘肥厚，前方膨大；花期10月。

【生长习性】生于石山上。

【精油含量】水蒸气蒸馏干燥全草的得油率为0.56%。

【芳香成分】陈欣等（2016）用水蒸气蒸馏法提取的海南昌黎产海南黄芩干燥全草精油的主要成分为：10S,11S-雪松醛-3(12)，4-二烯（15.30%）、石竹烯（7.92%）、邻苯二甲酸单乙基己基酯（6.99%）、2-甲氧基-4-乙烯基苯酚（6.54%）、正十八烷（2.90%）、1-溴二十二烷（2.65%）、邻苯二甲酸二异丁酯（2.49%）、正二十三烷（2.33%）、4,8,8,9-四甲基-1,4-甲亚甲基八氢薁-7-酮（2.19%）、环氧石竹烷（1.97%）、正二十四烷（1.96%）、甲基-L-吡喃阿拉伯糖苷（1.68%）、二十八烷（1.52%）、(-)-α-雪松烯（1.51%）、10,10-二甲基-2,6-二亚甲基二环[7.2.0]十一烷-5-醇（1.47%）、正二十烷（1.47%）、碘十六烷（1.33%）、十四烷（1.20%）、植物醇（1.19%）、石竹烯（1.18%）、正三十烷（1.11%）、顺-1,3-二甲基环己烷（1.03%）、十二烷（1.00%）等。

【利用】海南民间全草供药用。

## 黄芩

*Scutellaria baicalensis* Georgi

**唇形科　黄芩属**

**别名：** 黄金茶、黄芩茶、山茶根、烂心草、土金茶根、条芩、枯芩、香水水草、空心草

**分布：** 黑龙江、辽宁、内蒙古、河北、河南、甘肃、陕西、山西、山东、四川、江苏

【形态特征】多年生草本；根茎肥厚，肉质，径达2 cm，伸长而分枝。茎基部伏地，上升，高15～120 cm，钝四棱形，具细条纹，绿色或带紫色，自基部多分枝。叶坚纸质，披针形至线状披针形，长1.5～4.5 cm，宽0.3～1.2 cm，顶端钝，基部圆形，全缘，叶面暗绿色，叶背色较淡，密被下陷的腺点。花序在茎及枝上顶生，总状，长7～15 cm，常再于茎顶聚成圆锥花序；苞片下部者似叶，上部者远较小，卵圆状披针形至披针形。花冠紫、紫红至蓝色，长2.3～3 cm，外面密被具腺短柔毛；冠檐2唇形。雄蕊4，稍露出。小坚果卵球形，高1.5 mm，径1 mm，黑褐色，具瘤，腹面近基部具果脐。花期7～8月，果期8～9月。

【生长习性】生于向阳草坡地、休荒地上，海拔60～2000 m。宜选择地势高燥、阳光充足、土层深厚、排水良好以及地下水位较低的中性至微碱性的砂质壤土或腐殖质壤土种植。

【精油含量】水蒸气蒸馏干燥地上部分的得油率为0.12%；超声波提取干燥根的得油率为11.15%；超临界萃取根的得油率

为1.46%。

【芳香成分】根：罗兰等（2013）用水蒸气蒸馏法提取的干燥根精油的主要成分为：棕榈酸（17.25%）、亚油酸（14.52%）、芥酸酰胺（10.24%）、苯乙酮（9.11%）、二十一烷（5.61%）、菲（3.75%）、甲苯（2.91%）、蒽（2.37%）、邻苯二甲酸二异丁酯（2.22%）、二十八烷（1.79%）、荧蒽（1.37%）、芘（1.31%）、糠醛（1.29%）、二苯骈呋喃（1.06%）、亚油酸甲酯（1.06%）等。宋双红等（2010）用水蒸气蒸馏法提取的陕西蒲城产黄芩根精油的主要成分为：二苯基胺（26.57%）、丁二酸-甲基-双(1-甲基丙基)酯（9.23%）、1,2-苯二羧酸，丁基-8-甲基壬基酯（8.90%）、2,2'-亚甲基双[6-(1,1-二甲基乙基)]-4-甲基-2-苯酚（5.64%）、柏木烷酮（4.87%）、十五烷（3.52%）、邻苯二甲酸二异丁酯（3.28%）、琥珀酸二异丁基酯（2.48%）、正二十一碳烷（2.10%）、二十碳烷（2.10%）、N,N-二甲基苯胺（1.92%）、3,8-二甲基十一烷（1.86%）、己二酸双(2-甲基丙基)酯（1.85%）、4,6-二甲基十二烷（1.69%）、反式亚甲基丙酮（1.67%）、醋酸，13-十四碳烯酯（1.33%）、三十六烷（1.25%）、β-石竹烯（1.21%）、大根香叶烯D（1.05%）等。

茎叶：宋双红等（2010）用水蒸气蒸馏法提取的陕西蒲城产黄芩茎叶精油的主要成分为：醋酸冰片酯（12.44%）、二苯基胺（11.90%）、β-石竹烯（8.68%）、2,2'-亚甲基双[6-(1,1-二甲基乙基)]-4-甲基-2-苯酚（8.17%）、大根香叶烯D（7.87%）、1-辛烯-3-醇（4.57%）、τ-依兰油醇（4.31%）、十五烷（3.36%）、棕榈酸（2.53%）、甘香烯（2.40%）、樟脑（1.94%）、β-沉香萜醇（1.82%）、δ-杜松烯（1.57%）、香豆满（1.37%）、十一烷（1.12%）、4,6-二甲基十二烷（1.02%）、β-波旁烯（1.01%）等。

花：宋双红等（2010）用水蒸气蒸馏法提取的陕西蒲城产黄芩花精油的主要成分为：大根香叶烯D（17.82%）、β-石竹烯（14.94%）、醋酸冰片酯（8.81%）、2,2'-亚甲基双[6-(1,1-二甲基乙基)]-4-甲基-2-苯酚（7.06%）、棕榈酸（4.42%）、二苯基胺（4.21%）、甘香烯（3.16%）、十五烷（2.60%）、α-B-石竹烯（2.48%）、十八酸（2.22%）、正十六烷（1.73%）、樟脑（1.50%）、δ-杜松烯（1.49%）、α-杜松醇（1.38%）、正十四烷（1.15%）等。

种子：宋双红等（2010）用水蒸气蒸馏法提取的陕西蒲城产黄芩种子精油的主要成分为：棕榈酸（20.31%）、二苯基胺（11.51%）、十八酸（8.20%）、2,2'-亚甲基双[6-(1,1-二甲基乙基)]-4-甲基-2-苯酚（6.62%）、1,8-二氮杂环十四烷-2,9-二酮（5.39%）、十五烷（5.03%）、7,10-十八二烯酸甲酯（3.90%）、乙酸十八酯（3.83%）、二十九(碳)烷（2.25%）、正二十一碳烷（2.03%）、二十碳烷（1.54%）、正十四烷（1.50%）、8-十八烯酸甲酯（1.47%）、十六烷酸甲基酯（1.28%）、四十四烷（1.21%）、法呢烷（1.09%）、十三烷（1.01%）等。

【利用】根供药用，具有清热、燥湿、解毒、止血、安胎等功能，主治热病发烧、感冒、目赤肿痛、肺热、咳嗽、肝炎、湿热黄疸、头痛、肠炎、痢疾以及预防猩红热等症；可解多种中草药中毒。根对防治棉铃虫、梨象鼻虫、天幕毛虫、苹果巢虫均有效。茎可代茶用而称为芩茶。根精油在食品以及高级化妆品等行业中有广泛的应用。

## 藿香

*Agastache rugosa* (Fisch. et Mey.) O. Ktze.

**唇形科　藿香属**

**别名：** 把蒿、八蒿、白荷、白薄荷、薄荷、苍告、大叶薄荷、大薄荷、兜娄婆香、川藿香、茴藿香、合香、红花小茴香、家茴香、鸡苏、拉拉香、猫巴蒿、猫巴虎、猫尾巴香、青茎薄荷、排香草、仁丹草、山茴香、山薄荷、山猫巴、山灰香、苏藿香、水藏叶、土藿香、香薷、香荆芥花、小薄荷、杏仁花、鱼子苏、叶藿香、鱼香、野薄荷、野藿香、野苏子、紫苏草、枝香

**分布：** 全国各地

【形态特征】多年生草本。茎直立，高0.5～1.5 m，四棱形。叶心状卵形至长圆状披针形，长4.5～11 cm，宽3～6.5 cm，向上渐小，先端尾状长渐尖，基部心形，稀截形，边缘具粗齿，纸质，叶面橄榄绿色，叶背略淡，被微柔毛及点状腺体。轮伞花序多花，在主茎或侧枝上组成顶生密集的圆筒形穗状花序；花序基部的苞叶披针状线形，长渐尖，苞片形状与之相似，较小。花萼管状倒圆锥形，被腺微柔毛及黄色小腺体，多少染成浅紫色或紫红色。花冠淡紫蓝色，冠檐二唇形。雄蕊伸出花冠。花盘厚环状。成熟小坚果卵状长圆形，长约1.8 mm，宽约1.1 mm，腹面具棱，先端具短硬毛，褐色。花期6～9月，果期9～11月。

【生长习性】喜温暖湿润的气候，有一定的耐寒性。对土壤要求不严，一般土壤均可生长，以砂质壤土为好。

【精油含量】水蒸气蒸馏全草的得油率为0.10%～1.25%，叶的得油率为0.10%～1.90%，茎的得油率为0.10～0.20%，花的得油率为0.80%～2.35%；超临界萃取叶的得油率为2.53%，茎的得油率为1.28%。

【芳香成分】根：王朝等（2008）用水蒸气蒸馏法提取的吉林长白山产藿香根精油的主要成分为：1-甲氧基-4-(2-丙烯基)-苯（34.07%）、长叶薄荷酮（6.27%）、2-甲基-3-庚烯（2.32%）、1,2-二甲基-4-(2-丙烯基)苯（1.86%）、3,4-二甲基-1,5-环辛二烯（1.48%）等。

全草：任恒鑫等（2014）用水蒸气蒸馏法提取的吉林通化产藿香全草精油的主要成分为：脱氢香薷酮（47.65%）、胡椒酚甲醚（15.01%）、香薷酮（6.16%）、蛇麻烯（5.74%）、n-十六酸（2.47%）、丁子香烯（1.88%）、亚麻酸（1.84%）、β-侧柏酮（1.20%）等。王建刚（2010）用同时蒸馏萃取法提取的吉林省吉林市产藿香干燥茎叶精油的主要成分为：胡椒酚甲醚（47.60%）、十五烷基酸（7.61%）、亚麻酸甲酯（7.17%）、丁香烯（6.59%）、D-柠檬烯（5.91%）、9,12-十八碳二烯酸甲酯（2.72%）、α-红没药醇（1.88%）、丁香油酚甲醚（1.87%）、β-依兰油烯（1.42%）、3-羟基孕烷-20-酮（1.39%）等。

花：雷迎等（2010）用水蒸气蒸馏法提取陕南秦巴山区产藿香新鲜花精油的主要成分为：油酸（10.62%）、α-紫罗兰酮（9.97%）、石竹烯（8.69%）、番松烯（7.33%）、亚油酸乙酯（6.65%）、十六碳酸（6.43%）、α-亚麻酸（2.18%）、乙酸乙酯（1.92%）、3-辛醇（1.78%）、3-叔丁基-4-羟基茴香醚（1.71%）、3-辛烯（1.71%）、2-甲基丁酸芳樟酯（1.68%）、胆固醇（1.68%）、亚油酸（1.67%）、α-水芹烯（1.64%）、2,5-二甲-1,3-己二烯（1.62%）、沉香螺醇（1.59%）、α-蒎烯（1.56%）、里哪基-3-甲基丁酸酯（1.46%）、棕榈酸（1.21%）、α-杜松醇（1.18%）、反式没药烯环氧化物（1.12%）、乙基苯（1.04%）等。

果实：李昌勤等（2010）用固相微萃取技术提取的河南开封产藿香果实精油的主要成分为：蒿脑（90.37%）、石竹烯（3.15%）、D-苧烯（2.02%）等。

【利用】全草入药，是知名的芳香健胃、清咳、解暑药，有祛风解表、消暑化湿、和中止呕、消肿止痛之功效，主治暑湿感冒、腕腹胀满、腹痛呕泻、不思纳食等症。嫩茎叶及花序可食用和做调料，多作配菜和调菜，可蘸酱生食。全株可提取精油，为一名贵香料，多用于香料的定香剂；精油有抑制神经的镇静作用及对常见的皮肤癣病有较强的抗菌作用，中药制剂有藿香正气片，藿香正气水及藿香注射液等。

## 活血丹

*Glechoma longituba*(Nakai)Kupr.

**唇形科　活血丹属**

**别名：**遍地香、遍地金钱、钹儿草、驳骨消、窜地香、穿墙草、大金钱草、大叶金钱、对叶金钱、方便金钱草、肺风草、佛耳草、风灯盏、赶山鞭、过墙风、疳取草、金盏、金钱草、金钱薄荷、金钱菊、金钱艾、接骨消、咳嗽药、连金钱、马蹄筋骨草、马蹄草、破金钱、破铜钱、铜钱玉带、蛇壳草、四方雷公根、十八缺、十八额、铜钱草、通骨消、透骨草、透骨消、退骨草、土荆芥、团经药、胎济草、小过桥风、小毛铜钱菜、蟹壳草、荳口消、野荆芥、钻地风

**分布：**除青海、甘肃、西藏、新疆外，全国各地

【形态特征】多年生草本，具匍匐茎，逐节生根。茎高10～30 cm，四棱形，基部通常呈淡紫红色。叶草质，下部者较小，心形或近肾形；上部者较大，心形，长1.8～2.6 cm，宽2～3 cm，先端急尖或钝三角形，基部心形，边缘具圆齿或粗锯齿状圆齿，叶面被疏粗伏毛或微柔毛。轮伞花序通常2花，稀具4～6花；苞片及小苞片线形，被缘毛。花萼管状，外面被长柔毛。花冠淡蓝、蓝至紫色，下唇具深色斑点，上部渐膨大成钟形，冠檐二唇形。雄蕊4。花盘杯状，微斜，前方呈指状膨大。成熟小坚果深褐色，长圆状卵形，长约1.5 mm，宽约1 mm，顶端圆，基部略成三棱形，果脐不明显。花期4～5月，果期5～6月。

【生长习性】生于林缘、疏林下、草地中、溪边等阴湿处，海拔50～2000 m。喜阴湿，对土壤要求不严，但以疏松、肥沃、排水良好的砂质壤土为佳。适宜在温暖、湿润的气候条件下生长。

【精油含量】水蒸气蒸馏全草的得油率为0.03%～0.70%，新鲜叶的得油率为0.15%，干燥叶的得油率为0.01%。

【芳香成分】叶：陈月华等（2017）用水蒸气蒸馏法提取的河南信阳产活血丹新鲜叶精油的主要成分为：柠檬烯（24.43%）、薄荷酮（15.93%）、胡薄荷酮（12.81%）、γ-榄香烯（11.27%）、石竹烯（6.20%）、α-石竹烯（3.43%）、β-侧柏烯（2.93%）、(E)-3,7-二甲基-1,3,6-辛三烯（2.89%）、2-异丙基-5-甲基-9-亚甲基-双环[4.4.0]癸-1-烯（2.54%）、大根香叶烯D（1.99%）、β-榄香烯（1.43%）、(Z)-3,7-二甲基-1,3,6-辛三烯（1.12%）、α-杜松醇（1.11%）等。

全草：周子晔等（2011）用水蒸气蒸馏法提取的浙江温州产活血丹新鲜茎叶精油的主要成分为：β-石竹烯（14.66%）、早

熟素Ⅰ（11.25%）、喇叭烯（10.60%）、异松莰酮（10.50%）、石竹素（7.02%）、β-荜澄茄油烯（6.34%）、γ-榄香烯（4.68%）、反式斯巴醇（4.53%）、α-石竹烯（3.46%）、异松油烯（2.83%）、橙花叔醇（2.37%）、瓦伦烯（2.20%）、檀紫三烯（2.04%）、n-棕榈酸（1.90%）、β-法呢烯（1.58%）、顺式澳白檀醇（1.53%）、β-榄香烯（1.45%）、叶绿醇（1.35%）、胜红蓟素（早熟素Ⅱ）（1.33%）、十六基环氧乙烷（1.00%）等。吴丽群等（2012）用水蒸气蒸馏法提取的福建产活血丹全草精油的主要成分为：6,10-二甲基-2-异丙烯基螺[4.5]-6-癸烯-8-酮（17.52%）、松莰酮（16.32%）、(+)-喇叭烯（8.23%）、β-葎草烯（7.92%）、石竹烯（5.32%）、1-辛烯-3-醇（3.21%）、双环大根香叶烯（2.86%）、大根香叶烯D（2.74%）、大根香叶烯D-4-醇（2.63%）、二十四烷（2.35%）、二十烷（1.86%）、α-杜松醇（1.78%）、3-己烯-1-醇（1.72%）、月桂烯（1.64%）、α-松油醇（1.53%）、β-波旁烯（1.32%）、香桧烯（1.27%）、γ-杜松烯（1.07%）等。薛晓丽等（2016）用水蒸气蒸馏法提取的吉林省吉林市产活血丹新鲜全草精油的主要成分为：母菊薁（15.63%）、β-可巴烯（6.47%）、1(10)，11-愈创二烯（5.98%）、1(10)，4-杜松二烯（5.31%）、石竹烯（5.20%）、香橙烯（4.92%）、氧化石竹烯（4.43%）、斯巴醇（4.14%）、β-瑟林烯（4.05%）、2-(苯基甲氧基)丙酸甲酯（3.27%）、β-法呢烯（2.54%）、β-榄香烯（2.49%）、葎草烯（2.05%）、杜松烯（1.94%）、澳白檀醇（1.67%）、γ-杜松萜烯（1.64%）、6-芹子烯-4-醇（1.61%）、植醇（1.39%）、十四烷基环氧乙烷（1.38%）、γ-依兰油烯（1.03%）等。

【利用】全草入药，有清热解毒、活血通络、利尿通淋、散瘀消肿的功效，外敷治跌打损伤、骨折、外伤出血、疮疖痈肿丹毒、风癣，内服亦治伤风咳嗽、流感、吐血、咳血、衄血、下血、尿血、痢疾、疟疾、妇女月经不调、痛经、红崩、白带、产后血虚头晕、小儿支气管炎、口疮、胎毒、惊风、子痫子肿、疳积、黄疸、肺结核、糖尿病及风湿关节炎等症；叶汁治小儿惊痫、慢性肺炎。春夏季采摘嫩茎和叶可炒食。

## 姜味草

*Micromeria biflora* (Buch.-Ham. ex D. Don) Benth.

**唇形科　姜味草属**

**别名：**小姜草、灵芝草、柏枝草、桂子香、胡椒草、地胡椒、小香草、小香薷

**分布：**西藏、云南、贵州、广西

【形态特征】半灌木，丛生，具香味，高达30 cm，有圆锥形主根。茎多数，近圆柱形，纤细，密被白色近于平展具节疏柔毛及短柔毛，红紫色。叶小，卵圆形，长4～5 mm，宽2.5～3 mm，先端急尖，基部近圆形或微心形，扁平，或边缘向下卷，全缘，质厚，叶面绿色，常带红色，叶背淡绿色，明显具金黄色腺点。聚伞花序1～5花，常于枝条近顶端具1～2花；苞片及小苞片近等大，线状钻形，绿色，边缘具缘毛。花萼短管状，萼齿5，呈二唇形。花冠粉红色，长6 mm，外疏被微柔毛，冠檐二唇形。雄蕊4。花盘平顶。子房黄褐色。小坚果长圆形，长约1 mm，褐色，无毛。花期6～7月，果期7～8月。

【生长习性】生于石灰岩山地、开旷草地等处，海拔2000～2550 m。

【精油含量】水蒸气蒸馏全草的得油率为0.19%～0.60%；超临界萃取全草的得油率为1.05%。

【芳香成分】李坤平等（2008）用水蒸气蒸馏法提取的贵州兴义野生姜味草全草精油主要成分为：香叶醛（23.35%）、乙

酸香叶酯（15.21%）、橙花醛（14.79%）、5-异丙基-2-甲基-7-氧杂二环[4.0.1]庚-2-醇（8.46%）、环氧芳樟醇（8.22%）、香叶醇（5.07%）、(1R,4R,6R,10S)-4,12,12-三甲基-9-亚甲基-5-氧杂三环[8.2.0.0$^{4,6}$]十二烷（4.39%）、6-乙酰基-4-甲基-4-己烯酸（3.51%）、石竹烯氧化物（2.55%）、(Z)-异丁酸-3,7-二甲基-2-辛烯-1-酯（1.21%）、石竹烯（1.02%）等。

【利用】全草入药，有温中散寒、理气止痛的功效，治胃痛、腹胀、呕吐、腹泻、急性胃炎、急慢性胃肠痛、庙气痛、感冒咳嗽等症，并可预防痢疾。全草精油可作酒类香精。

## 美花圆叶筋骨草

*Ajuga ovalifolia* Bur. et Franch. var. *calantha* (Diels ex Limpricht) C. Y. Wu et C. Chen f. *calantha* (Diels ex Limpricht) C. Y. Wu et C. Chen

**唇形科　筋骨草属**

**分布：** 四川、甘肃

【形态特征】一年生草本。茎直立，高10～30 cm，四棱形，具槽，被白色长柔毛。通常有叶2对，稀为3对。叶柄具狭翅；叶片纸质，宽卵形或近菱形，长4～6 cm，宽3～7 cm，先端钝或圆形，基部下延，边缘中部以上具波状或不整齐的圆齿，具缘毛，叶面黄绿色或绿色，脉上有时带紫，满布具节糙伏毛，叶背较淡，仅沿脉上被糙伏毛。穗状聚伞花序顶生，几呈头状，由3～4轮伞花序组成；苞叶大，叶状，卵形或椭圆形，下部紫绿色、紫红色至紫蓝色，被缘毛，上面被糙伏毛。花萼管状钟形，萼齿5。花冠红紫色至蓝色，冠檐二唇形。雄蕊4，二强。花盘环状，前面呈指状膨大。花期6～8月，果期8月以后。

【生长习性】生于砂质草坡或瘠薄的山坡上，海拔3000～4300 m。

【精油含量】水蒸气蒸馏的干燥全草的得油率为0.30%。

【芳香成分】邓放等（2010）用水蒸气蒸馏法提取的四川小金产美花圆叶筋骨草干燥全草精油的主要成分为：正十六酸（42.79%）、[Z,Z,Z]-9,12,15-十八碳三烯-1-醇（34.39%）、3,7,11,15-四甲基-2-十六烯-1-醇（3.93%）、十四酸（3.15%）、1-辛烯-3-醇（2.29%）、十五酸（1.15%）、6,10,14-三甲基十五酮（1.08%）等。

【利用】为高山野生花卉，具有较好的观赏性。

## 荆芥

*Nepeta cataria* Linn.

**唇形科　荆芥属**

**别名：** 薄荷、凉薄荷、土荆芥、大茴香、香薷、假苏、小荆芥、小薄荷、巴毛、猫薄荷、樟脑草

**分布：** 新疆、山西、河南、山东、江苏、湖北、贵州、广西、云南、四川、陕西、甘肃

【形态特征】多年生植物。茎基部木质化，多分枝，高40～150 cm，基部近四棱形，上部钝四棱形，具浅槽，被白色短柔毛。叶卵状至三角状心脏形，长2.5～7 cm，宽2.1～4.7 cm，先端钝至锐尖，基部心形至截形，边缘具粗圆齿或牙齿，草质，叶面黄绿色，被极短硬毛，叶背略发白，被短柔毛。花序为聚伞状，下部的腋生，上部的组成顶生分枝圆锥花序，聚伞花序呈二歧状分枝；苞叶叶状，或上部的变小而呈披针状，苞片、小苞片钻形，细小。花萼花时管状，齿锥形。花冠白色，下唇有紫点，冠檐二唇形。花盘杯状，裂片明显。小坚果卵形，几三棱状，灰褐色，长约1.7 mm，径约1 mm。花期7～9月，果期9～10月。

【生长习性】多生于宅旁或灌丛中，海拔一般不超过2500 m。适应性强，喜温暖，也较耐热，耐阴，耐贫瘠，耐旱而不耐渍。

【精油含量】水蒸气蒸馏全草的得油率为0.05%～1.40%，花穗的得油率为0.20%～1.50%。

【芳香成分】方明月等（2007）用水蒸气蒸馏法提取的河南开封产荆芥新鲜全草精油的主要成分为：反-柠檬醛（17.80%）、

顺-柠檬醛（15.38%）、对烯丙基茴香醚（14.76%）、α-法呢烯（5.60%）、古巴烯（3.91%）、莳醇（3.81%）、α-石竹烯（2.49%）、反-3,7-二甲基-2,6-辛二烯-1-醇（2.22%）、异石竹烯（2.15%）、6-甲基-5-庚烯-2-酮（1.76%）、β-法呢烯（1.71%）、石竹烯氧化物（1.58%）、1-甲基-4-[5-甲基-1-甲叉-4-己烯基]环己烯（1.13%）等。

【利用】全草可提取精油，用于化妆品香料。全草药用，具有镇痛、镇静、祛风作用，用于防治感冒、治胃痛及贫血；民间用其茶剂治疗感冒、发烧、小孩肚痛、肠胃病、肌肉痉挛和偏头痛等。可作蜜源植物。嫩茎叶可作蔬菜食用；并常被用作调味品。花和叶可制成香草茶，对感冒和失眠有效。

## 康藏荆芥

*Nepeta prattii* Lévl.

**唇形科　荆芥属**

**别名：**小茴香、假苏、野藿香

**分布：**西藏、四川、河北、山西、陕西、甘肃、青海、四川

【形态特征】多年生草本。茎高70～90 cm，四棱形，具细条纹，被倒向短硬毛或变无毛，散布淡黄色腺点。叶卵状披针形至披针形，长6～8.5 cm，宽2～3 cm，向上渐变小，先端急尖，基部浅心形，边缘具密的牙齿状锯齿，叶面橄榄绿色，微被短柔毛，叶背淡绿色，沿脉疏被短硬毛，余部被腺微柔毛及黄色小腺点。轮伞花序生于茎、枝上部3～9节上，顶部的3～6密集成穗状，多花而紧密；苞叶与茎叶同形，向上渐变小，苞片线形或线状披针形。花萼疏被短柔毛及白色小腺点，喉部极斜。花冠紫色或蓝色，冠筒微弯，冠檐二唇形。小坚果倒卵状长圆形，腹面具棱，基部渐狭，褐色，光滑。花期7～10月，果期8～11月。

【生长习性】生于山坡草地，湿润处，海拔1920～4350 m。

【精油含量】水蒸气蒸馏干燥全草的得油率为0.58%；超临界萃取干燥全草的得油率为1.92%～12.28%。

【芳香成分】刘珍伶等（2005）用水蒸气蒸馏法提取的甘肃榆中产康藏荆芥干燥全草精油的主要成分为：桉树醇（14.27%）、α,α,4-三甲基-3-环己烯-1-甲醇（6.19%）、7-乙酰基-2-羟基-2-甲基-5-异丙基二环[4.3.0]壬烷（5.26%）、氧化石竹烯（5.17%）、α-杜松醇（2.05%）、十六烷（1.69%）、十七烷（1.60%）、5,6,7,7a-四氢-4,4,7a-三甲基-2(4H)-苯并呋喃酮（1.40%）、十八烷（1.36%）、n-十六酸（1.29%）、1,2-二甲基-3,5-(1-甲基乙基)-环己烷（1.27%）、二丁基邻苯二甲酸酯（1.21%）、十五烷（1.16%）、4-甲基-l-(1-甲基乙基)-3-环己烯-1-醇（1.08%）等。

【利用】全草药用，有疏风、解表、利湿、止血、止痛的功效。全草精油可用于化妆品、香料。

## 蓝花荆芥

*Nepeta coerulescens* Maxim.

**唇形科　荆芥属**

**分布：**甘肃、青海、四川、西藏

【形态特征】多年生草本；茎高25～42 cm，不分枝或多茎，被短柔毛。叶披针状长圆形，长2～5 cm，宽0.9～2.1 cm，生于侧枝上的小许多，先端急尖，基部截形或浅心形，叶面橄榄绿色，叶背略淡，两面密被短柔毛，叶背满布小的黄色腺点，边缘浅锯齿状，纸质。轮伞花序生于茎端4～10节上，密集成长3～5 cm卵形的穗状花序；苞叶叶状，向上渐变小，近全缘，发蓝色，苞片线形或线状披针形，发蓝色，被睫毛。花萼外面被短硬毛及黄色腺点，口部极斜，齿三角状宽披针形。花冠蓝色，外被微柔毛，冠檐二唇形。花柱略伸出。小坚果卵形，长1.6 mm，宽1.1 mm，褐色，无毛。花期7～8月，果期8月以后。

【生长习性】生于山坡上或石缝中，海拔3300～4400 m。

【精油含量】超临界萃取干燥全草的得油率为0.40%。

【芳香成分】叶菊等（2016）用超临界$CO_2$萃取法提取的青海玉树产蓝花荆芥干燥全草精油的主要成分为：亚麻酸

（25.69%）、十八烷酸（8.11%）、十六烷酸（7.55%）、二十烷（5.18%）、羽扇烯酮（4.45%）、己酸丁酯（4.16%）、N-(2-三氟甲基苯)-3-吡啶甲酰胺肟（3.47%）、羽扇豆醇（3.09%）、溴代十八烷（2.23%）、β-谷固醇（1.91%）等。

【利用】地上部分和种子为藏药，主治血热症，血热上行引起的目赤肿痛、翳障、虫病。

## 藏荆芥

*Nepeta angustifolia* C. Y. Wu

**唇形科　荆芥属**

**分布：**西藏

【形态特征】多年生草本。茎直立，高约60 cm，多分枝，钝四棱形，具细条纹，被向下而近于卷曲的微柔毛。叶无柄，茎叶线状披针形，长4～2 cm，宽0.7～0.8 cm，先端急尖或钝，基部宽楔形至近圆形，边缘近全缘，或疏生1～3对锯齿，两面均具微柔毛及腺点；苞叶与茎叶同形，略近于钻形，向上渐小，全缘。轮伞花序腋生，1～5花；苞片线形，两面被微柔毛。花萼管状，二唇形，外面被微柔毛。花冠蓝色或紫色，长2.5～3 cm，外面被疏柔毛，冠檐二唇形。雄蕊4，前对较短，内藏。小坚果长圆状卵形，长约3 mm，宽约2 mm，先端圆，具成丛柔毛。花期7～9月。

【生长习性】生于山坡草地，海拔4200～4500 m。

【精油含量】水蒸气蒸馏干燥全草的得油率为1.00%。

【芳香成分】茎：胡丹丹等（2016）用顶空萃取法提取的茎精油的主要成分为：荆芥内酯（76.43%）、4-甲基-1-异丙烯-环己烯（11.20%）、里哪醇（3.40%）、桉叶油素（1.67%）等。

叶：胡丹丹等（2016）用顶空萃取法提取的叶精油的主要成分为：荆芥内酯（73.24%）、4-甲基-1-异丙烯-环己烯（14.56%）、里哪醇（2.45%）、β-石竹烯（1.59%）、α-荜澄茄油烯（1.40%）、β-波旁烯（1.00%）等

**全草**：泽仁拉姆等（2011）用水蒸气蒸馏法提取的西藏拉萨产藏荆芥干燥全草精油的主要成分为：荆芥内酯（75.37%）、螺十二烷（3.47%）、2,4-二甲基-1,3-戊二烯（2.70%）、没药醇（1.45%）、5-壬烯-2-酮（1.00%）等。

**花**：胡丹丹等（2016）用顶空萃取法提取的花穗精油的主要成分为：荆芥内酯（79.61%）、4-甲基-1-异丙烯-环己烯（10.92%）、里哪醇（3.42%）等。

【利用】西藏民间用花、叶入药，治抽风症。

## 凉粉草

*Mesona chinensis* Benth.

**唇形科　凉粉草属**
**别名**：仙草、仙人草、仙人冻、仙人伴、薪草
**分布**：台湾、浙江、江西、广东、广西

【形态特征】草本，直立或匍匐。茎高15～100 cm，茎、枝四棱形，有时具槽，被脱落的长疏柔毛或细刚毛。叶狭卵圆形至近圆形，长2～5 cm，宽0.8～2.8 cm，在小枝上者较小，先端急尖或钝，基部急尖、钝或有时圆形，边缘具或浅或深锯齿，纸质或近膜质。轮伞花序多数，组成顶生总状花序；苞片圆形或菱状卵圆形，稀为披针形。花萼开花时钟形，密被白色疏柔毛，二唇形，果时花萼筒状或坛状筒形。花冠白色或淡红色，小，外被微柔毛，冠檐二唇形。雄蕊4，斜外伸，前对较长。花柱远超出雄蕊之上。小坚果长圆形，黑色。花果期7～10月。

【生长习性】生于水沟边及干沙地草丛中。喜温暖湿润气候，当日气温达到20℃以上时，生长旺盛。忌干旱和积水，较耐阴。对土壤条件要求不严，但以深厚、肥沃、疏松、湿润、富含腐殖质的砂壤土为好。

【精油含量】水蒸气蒸馏干燥叶的得油率为0.11%；超临界萃取干燥叶的得油率为0.25%。

【芳香成分】**叶**：陈飞龙等（2012）用水蒸气蒸馏法提取的广东产凉粉草干燥叶精油的主要成分为：十六酸（49.21%）、亚油酸（15.45%）、油酸（5.27%）、十四烷酸（2.53%）、六氢法呢基丙酮（2.14%）、金合欢醇丙酮（2.01%）、十七酸（1.45%）、十八酸（1.41%）、十五酸（1.27%）、4(12)，8(13)-石竹二烯-5β-醇（1.16%）、石竹烯醇-Ⅱ（1.10%）、T-依兰油醇（1.08%）、植醇（1.05%）、松香油（1.03%）等。

**全草**：卢四平等（2014）用超声波辅助水蒸气蒸馏法提取的广东阳江产凉粉草干燥全草精油的主要成分为：O-丁子香酚（13.93%）、n-棕榈酸（12.74%）、α-荜澄茄醇（7.84%）、反式-石竹烯（6.58%）、石竹烯氧化物（5.47%）、亚油酸（3.48%）、白菖烯（3.32%）、亚麻酸（3.17%）、橙花叔醇（2.89%）、(Z,Z,X)-1,5,9,9-四甲基-1,4,7-环十一碳三烯（1.99%）、杜松烯（1.99%）、龙脑（1.98%）、9,17-八面体癸二烯醛（1.87%）、6,10-二甲基-5,9-双烯-2-酮（1.69%）、7-甲氧基-2,2-二甲基色烯（1.58%）、二氢猕猴桃内酯（1.29%）、植酮（1.26%）、[1R-(1α,β,α,7β)]-1,2,3,3a,4,5,6,7-八氢-1,4-二甲基-7-(1-甲基乙烯基)-薁（1.20%）、十四烷酸（1.13%）、左旋乙酸冰片酯（1.09%）等。

【利用】全草药用，有消暑、清热、凉血、解毒功能，用于治疗中暑、糖尿病、黄疸、泄泻、痢疾、高血压病、肌肉疼痛、关节疼痛、急性肾炎、风火牙痛、烧烫伤、丹毒、梅毒和漆过敏等症。民间常用其植株或茎加水煎煮，再加稀淀粉制成冻食用，是消暑解渴的极佳食品。

## 多裂叶荆芥

*Schizonepeta multifida* (Linn.) Briq.

**唇形科　裂叶荆芥属**
**分布**：内蒙古、辽宁、河北、山西、河南、陕西、甘肃

【形态特征】多年生草本。茎高可达40 cm，半木质化，上部四棱形，基部带圆柱形，被白色长柔毛，侧枝通常极短，极似数枚叶片丛生。叶卵形，羽状深裂，有时浅裂至近全缘，长2.1～3.4 cm，宽1.5～2.1 cm，先端锐尖，基部截形至心形，坚纸质，叶面橄榄绿色，被微柔毛，叶背白黄色，被白色短硬毛。花序为由多数轮伞花序组成的顶生穗状花序，长6～12 cm；苞片叶状，下部的较大，上部的渐变小，卵形，先端骤尖，变紫色，小苞片卵状披针形或披针形，带紫色。花萼紫色，基部带黄色。花冠蓝紫色，干后变淡黄色，冠簷二唇形。小坚果扁长圆形，腹部略具棱，褐色。花期7～9月，果期在9月以后。

【生长习性】生于松林林缘、山坡草丛中或湿润的草原上，海拔1300～2000 m。

【精油含量】水蒸气蒸馏花穗的得油率为1.34%。

【芳香成分】藏友维等（1988）用水蒸气蒸馏法提取的多裂叶荆芥花穗精油的主要成分为：胡薄荷酮（41.63%）、薄荷酮（27.67%）、甲基异丙基氢萘酮（2.75%）、4,5-二乙基-3,5-辛二烯（1.82%）、异松油烯（1.64%）、3,5-二甲酰基-2,4-二羟基-6-甲基苯甲酸（1.60%）、马鞭草烯酮（1.42%）、环辛烯酮（1.17%）等。

【利用】全株可提取精油，适于制香皂用。全草入药，可祛痰平喘，对慢性支气管炎及小儿哮喘有一定疗效。

## 裂叶荆芥

*Schizonepeta tenuifolia* (Benth.) Brig.

**唇形科　裂叶荆芥属**

**别名**：香荆芥、假苏、鼠蓂、鼠实、小茴香、姜芥、稳齿菜、四棱杆蒿、荆芥

**分布**：黑龙江、辽宁、河北、河南、山西、陕西、甘肃、青海、四川、贵州、江苏、浙江、江西、湖北、福建、云南

【形态特征】一年生草本。茎高0.3～1 m，四棱形，多分枝，被灰白色疏短柔毛，茎下部的节及小枝基部微红色。叶通常为指状三裂，大小不等，长1～3.5 cm，宽1.5～2.5 cm，先端锐尖，基部楔状渐狭并下延至叶柄，裂片披针形，全缘，草质，叶面暗橄榄绿色，被微柔毛，叶背带灰绿色，被短柔毛，脉上有腺点。花序为多数轮伞花序组成的顶生穗状花序，通常生于主茎上的较长大而多花，生于侧枝上的较小而疏花；苞片叶状，与叶同形，往上渐变小，小苞片线形，极小。花萼管状钟形。花冠青紫色，冠檐二唇形。雄蕊4，花药蓝色。小坚果长圆状三棱形，褐色，有小点。花期7～9月，果期在9月以后。

【生长习性】生于山坡路边或山谷、林缘，海拔540～2700 m。适应性强，喜温暖，较耐热，耐阴，耐贫瘠，耐旱而不耐渍。

【精油含量】水蒸气蒸馏全草的得油率为0.20%～1.30%，干燥叶的得油率为0.84%，干燥茎的得油率为0.14%，花穗或花的得油率为0.61%～1.69%；超临界萃取全草的得油率为1.80%～6.31%；溶剂法萃取全草的得油率为2.28%～2.71%；微波辅助水蒸气蒸馏干燥叶的得油率为1.05%，干燥茎的得油率为0.34%，干燥花穗的得油率为1.56%。

【芳香成分】**茎**：不同研究者用水蒸气蒸馏法提取的裂叶荆芥茎精油的主成分不同，谢练武等（2009）分析的湖北红安产茎精油的主要成分为：α-蛇麻烯（21.42%）、乙基-(E)-9-十六碳烯酯（11.92%）、异戊酸乙酯（9.38%）、(+)-胡薄荷酮（7.68%）、(E,E)-5,7-十二碳二烯（4.36%）、薄荷酮（4.15%）、柠檬油精（3.00%）、薄荷呋喃（2.53%）、(-)-胡薄荷酮（2.49%）、α-菖蒲二烯（2.12%）、乙酸-1-辛烯基酯（1.84%）、2-十一碳烯醛（1.68%）、(Z,E)-α-金合欢烯（1.65%）、亚油酸乙酯（1.48%）、顺式-对-薄荷-2,8-二烯-1-醇（1.31%）、3-辛醇

（1.12%）、异胡薄荷酮（1.11%）、(E)-β-金合欢烯（1.02%）等；吴佳新等（2015）分析的湖北产干燥茎精油的主要成分为：胡薄荷酮（28.26%）、薄荷酮（19.50%）、4-氟苯乙胺（3.54%）、丁炔-1-醇（2.56%）、十六烷酸三甲基硅酯（2.16%）、羟苯乙醇胺（1.16%）、十五烷酮（1.08%）等。

**叶**：谢练武等（2009）用水蒸气蒸馏法提取的湖北红安产裂叶荆芥叶精油的主要成分为：(+)-胡薄荷酮（29.26%）、α-蛇麻烯（17.09%）、薄荷酮（15.09%）、(-)-胡薄荷酮（4.21%）、乙基-(E)-9-十六碳烯酯（3.98%）、柠檬油精（2.98%）、薄荷呋喃（2.43%）、α-菖蒲二烯（2.38%）、乙酸-1-辛烯基酯（2.26%）、(E)-β-金合欢烯（1.73%）、异胡薄荷酮（1.49%）、(Z,E)-α-金合欢烯（1.31%）、异戊酸乙酯（1.28%）等。

**全草**：李学森等（2012）用同时蒸馏萃取法提取的云南德宏产裂叶荆芥干燥全草精油的主要成分为：草蒿脑（44.57%）、刺柏烯（7.90%）、4-甲基肉桂醛（3.87%）、3-甲氧基苯甲醛（3.54%）、反式-α-红没药烯（2.97%）、石竹烯（2.46%）、佳味醇（2.03%）、α-长蒎烯（1.89%）、α-荜澄茄醇（1.81%）、α-榄香烯（1.73%）、6,7-二甲氧基-2,2-二甲基二氢-1-苯并吡喃（1.62%）、棕榈酸异丙酯（1.47%）、5-异香松醇（1.32%）、香橙烯（1.24%）、匙叶桉油烯醇（1.14%）、α-柏木烯（1.12%）、桉树脑（1.08%）、L-α-松油醇（1.05%）等。

**花**：谢练武等（2009）用水蒸气蒸馏法提取的湖北红安产裂叶荆芥花穗精油的主要成分为：(+)-胡薄荷酮（31.36%）、薄荷酮（14.51%）、(E,E)-5,7-十二碳二烯（5.08%）、α-蛇麻烯（5.00%）、柠檬油精（4.50%）、薄荷呋喃（2.95%）、乙基-(E)-9-十六碳烯酯（2.78%）、α-菖蒲二烯（2.47%）、异胡薄荷酮（2.29%）、(E)-β-金合欢烯（2.19%）、乙酸-1-辛烯基酯（2.15%）、2-十一碳烯醛（1.96%）、(-)-胡薄荷酮（1.90%）、亚油酸乙酯（1.73%）、顺式-对-薄荷-2,8-二烯-1-醇（1.53%）等。

**【利用】**全草及花穗为常用中药，有发汗祛风、通血脉、清热解毒、理血之功效，多用于发表，可治风寒感冒、头痛、咽喉肿痛、月经过多、崩漏、小儿发热抽搐、疔疮疥癣、风火赤眼、风火牙痛、湿疹、荨麻疹以及皮肤瘙痒。全草可提取精油，精油是常用的传统解表药，也可用于化妆品、香烟、牙膏、饮料等香精。嫩茎叶和幼嫩花序可作调料与菜食用。

## 丁香罗勒

*Ocimum gratissimum* Linn.

**唇形科　罗勒属**

**别名**：丁香、臭草

**分布**：广东、福建、江苏、上海、浙江、广西有栽培

**【形态特征】**草本，半灌木或灌木，极芳香，茎高0.5～1 m，被长柔毛。叶片卵状矩圆形或矩圆形，长5～12 cm，两面密被柔毛状绒毛。轮伞花序常6花，多数排列成穗状或总状花序，花序单一顶生或多数复合组成圆锥花序；苞片细小，早落。花萼卵珠状或钟状，果时下倾，外面常被腺点。花冠白色或白黄色，冠檐二唇形。雄蕊4，伸出。花盘具齿。小坚果近球形，光滑或有具腺穴陷，湿时具粘液，基部有1白色果脐。

**【生长习性】**喜温暖、潮湿的气候，不耐寒，不耐干旱。

**【精油含量】**水蒸气蒸馏干燥叶的得油率为1.50%～2.03%，

新鲜叶的得油率为0.59%～0.94%，全草的得油率为0.800%～2.10%，花的得油率为1.70%～2.20%，花梗的得油率为1.50%～2.03%。

【芳香成分】朱亮锋等（1993）用水蒸气蒸馏法提取的广东湛江产丁香罗勒全草精油的主要成分为：丁香酚（69.94%）、β-石竹烯（7.43%）、δ-杜松烯（4.79%）、γ-依兰油烯（2.55%）、γ-依兰油烯异构体（1.82%）、β-荜澄茄烯异构体（1.57%）、γ-杜松烯（1.13%）、玷[UNK]烯（1.12%）等。

【利用】全草可入药，有发汗解表、祛风利湿、散瘀止痛的功效，用于治疗风寒感冒、头痛、胃腹胀满、消化不良、胃痛、肠炎腹泻、跌打肿痛、风湿关节痛；外用治蛇咬伤、湿疹、皮炎。全草精油为我国暂时允许使用的食用香料，可用于各种食品的调香；由精油单离的丁香酚用于食品和烟草的加香；精油或丁香酚可用于配制日用香精、化妆品、香皂、牙膏等。鲜叶可作调味品。可供观赏，有很好的驱蚊效果。

## 毛叶丁香罗勒

*Ocimum gratissimum* Linn.var. *suave* willd.

**唇形科　罗勒属**

**别名：** 臭草

**分布：** 江苏、浙江、福建、台湾、广东、广西、云南

【形态特征】丁香罗勒变种。直立灌木，极芳香。茎高0.5～1 m，多分枝，茎、枝均四棱形，干时红褐色。叶长圆形，长5～12 cm，宽1.5～6 cm，向上渐变小，先端长渐尖，基部楔形至长渐狭，边缘疏生具胼胝尖的圆齿，坚纸质，微粗糙，两面密被柔毛状绒毛及金黄色腺点，脉上毛茸密集；花序下部苞叶长圆形，细小。总状花序长10～15 cm，顶生及腋生，由具6花的轮伞花序所组成，花序各部被柔毛；苞片卵圆状菱形至披针形。花萼钟形，萼齿5，二唇形。花冠白黄至白色，冠檐二唇形。雄蕊4，分离。花盘呈4齿状突起。小坚果近球状，径约1 mm，褐色，多绉纹，有具腺的穴陷，基部具一白色果脐。花期10月，果期11月。

【生长习性】适应性强。

【精油含量】水蒸气蒸馏新鲜全草的得油率为0.64%～1.27%。

【芳香成分】喻学俭等（1986）用水蒸气蒸馏法提取的云南西双版纳产毛叶丁香罗勒新鲜全草精油的主要成分为：丁香酚（80.33%）、β-罗勒烯（12.89%）、β-荜澄茄烯（4.24%）等。

【利用】全草精油是调配食品、医药和化工香精的原料；也可单离丁香酚，在香料和制药工业上有广泛用途。全草入药，可治风湿，并有健胃、镇痛之功效。

## 罗勒

*Ocimum basilicum* Linn.

**唇形科　罗勒属**

**别名：** 矮糠、薄荷树、缠头花椒、丁香、光明子、蒿黑、家佩兰、家薄荷、荆芥、九层塔、九重塔、零陵香、兰香、毛罗勒、佩兰、千层塔、气香草、茹香、省头草、甜罗勒、薰草、香菜、香草、香荆芥、香草头、香叶草、翳子香、鱼香、小叶薄荷、鸭草

**分布：** 新疆、吉林、河北、浙江、江苏、江西、湖北、湖南、广东、广西、福建、台湾、贵州、云南、四川、河南、安徽

【形态特征】一年生草本，高20～80 cm。茎直立，钝四棱形，上部微具槽，被倒向微柔毛，绿色，常染有红色，多分枝。叶卵圆形至卵圆状长圆形，长2.5～5 cm，宽1～2.5 cm，先端微钝或急尖，基部渐狭，边缘具不规则牙齿或近于全缘，叶背具腺点。总状花序顶生于茎、枝上，各部均被微柔毛，通常长10～20 cm，由多数具6花交互对生的轮伞花序组成；苞片细小，倒披针形。花萼钟形，萼齿5。花冠淡紫色，或上唇白色下唇紫红色，伸出花萼，冠筒内藏，冠檐二唇形。雄蕊4。小坚果卵珠形，长2.5 mm，宽1 mm，黑褐色，有具腺的穴陷，基部有1白色果脐。花期通常7～9月，果期9～12月。

【生长习性】喜温暖，生长适温为25～28℃，低于18℃时生长缓慢，低于10℃时停止生长。在低温和短日照条件下易抽薹。

【精油含量】水蒸气蒸馏全草或叶的得油率为0.11%～2.66%，新鲜茎杆的得油率为0.05%，鲜花的得油率为0.20%～2.60%，果实的得油率为0.21%；超临界萃取的全草得油率为0.37%～4.96%。

【芳香成分】**茎**：张玄兵等（2013）用固相微萃取法提取的海南海口产‘极香’罗勒干燥茎精油的主要成分为：茴香脑（77.39%）、桉树脑（3.63%）、螺环丙烷-双环-庚-5-酮（2.51%）、(-)-异丁香烯（1.50%）、α-蒎烯（1.33%）、D-樟脑（1.08%）等。

**叶**：宋佳昱等（2016）用顶空固相微萃取法提取的海南儋州产‘绿罗勒’新鲜叶片精油的主要成分为：芳樟醇（68.07%）、左旋-β-蒎烯（3.88%）、4-乙基邻二甲苯（3.61%）、伪柠檬烯（2.58%）、3-亚甲基-2,5-二甲基-1,5-庚二烯（2.42%）、4-萜烯醇（1.53%）、黏蒿三烯（1.40%）、萜品油烯（1.37%）、α-蒎烯（1.36%）、桉树脑（1.05%）等；‘莴苣罗勒’新鲜叶片精油的主要成分为：桉树脑（56.29%）、芳樟醇（19.93%）、二-表-à-雪松烯（5.22%）、莰烯（1.85%）、3-蒈烯（1.80%）等；‘大叶罗勒’新鲜叶片精油的主要成分为：芳樟醇（66.93%）、α-月桂烯（4.03%）、P-伞花烃（2.77%）、檀紫三烯（1.97%）、4-萜烯醇（1.56%）、八氢化-2,5-亚甲基-1H-茚（1.22%）、(1à,4aà,8aà)-1,2,3,4,4a,5,6,8a-八氢-7-甲基-4-亚甲基-1-(1-甲基乙基)-萘（1.04%）、罗勒烯（1.02%）、2-甲基-5-异丙基双环（1.00%）等。张玄兵等（2013）用固相微萃取法提取的海南海口产‘极香’罗勒干燥叶精油的主要成分为：茴香脑（74.05%）、(E)-2,7-二甲基-3-辛烯-5-炔（6.83%）、桉树脑（5.48%）、石竹烯（2.65%）、D-樟脑（1.31%）等。王忠合（2012）用水蒸气蒸馏法提取的广东潮安产罗勒新鲜叶精油的主要成分为：p-烯丙基茴香醚（25.43%）、β-芳樟醇（15.27%）、2-异丙基-5-甲基-9-亚甲基-二环[4.4.0]-癸-1-烯（9.62%）、1α,2,3,4,4aα,5,6,8aα-八氢-7-甲基-4-亚甲基-1-(1-甲乙基)-萘（5.32%）、1α,2,3,4,4aβ,5,6,8aα-八氢-7-甲基-4-亚甲基-1-(1-甲乙基)-萘（5.01%）、1-乙烯基-1-甲基-2,4-表(1-甲乙烯基)-环己烷（4.35%）、桉油精（3.75%）、1-乙烯基-1-甲基-2-(1-甲乙烯基)-4-(1-甲亚乙基)-环己烷（3.37%）、库贝醇（2.14%）、1,2,3,4,5,6,7,8a-八氢-1,4-二甲基-7-(1-甲乙烯基)-薁（1.89%）、十氢-α,α,4a-三甲基-8-亚甲基-2-萘甲醇（1.88%）、石竹烯（1.87%）、表-二环倍半水芹烯（1.50%）、十氢-1,1,7-三甲基-1H-环丙[e]-7-薁酚（1.44%）、1,2,3,4,5,6,7,8-八氢-1,4-二甲基-7-(1-甲乙烯基)-薁（1.32%）、α-石竹烯（1.32%）、橙花叔醇（1.13%）、1,7,7-三甲基-(1R)双环[2,2,1]正庚酮（1.03%）等。

**全草**：不同研究者用水蒸气蒸馏法提取的不同产地罗勒全草精油的主成分不同。帕丽达等（2006）分析的新疆吐鲁番产罗勒新鲜全草精油的主要成分为：芳樟醇（47.98%）、茴香脑（14.50%）、表圆线藻烯（7.57%）、杜松烯醇（7.40%）、桉叶油素（2.22%）、β-古芸烯（2.11%）、异喇叭烯（1.90%）、樟脑（1.40%）、胡萝卜醇（1.26%）、小茴香酮（1.26%）等。袁旭江等（2012）分析的广东广州产罗勒阴干全草精油的主要成分为：对烯丙基茴香醚（83.08%）、芳樟醇（4.73%）、τ-杜松醇（2.72%）、桉叶油素（2.25%）、2,6-二甲基-6-(4-甲基-3-戊烯基)-双环[3.1.1]庚-2-烯（1.12%）等。陈娜等（2017）分析的‘大叶罗勒’新鲜全草精油的主要成分为：肉桂酸甲酯（33.83%）、芳樟醇（22.22%）、桉油精（5.73%）、二十八烷（5.26%）、丙酮醛（3.56%）、T-杜松醇（3.44%）、二十一烷（2.02%）、α-柏木烯（1.73%）、香叶醇（1.61%）、右旋大根香叶烯（1.47%）、乙酸冰片酯（1.30%）、丁香烯（1.20%）等。

**花**：宋述芹等（2008）用水蒸气蒸馏法提取的广东深圳产罗勒花精油的主要成分为：蒿脑（44.61%）、芳樟醇（19.15%）、双环-倍半水芹烯（7.59%）、1-乙烯基-1-甲基-2,4-二度(1-甲基乙烯基)-[1S-(1α,2β,4β)]-环己烷（6.60%）、1-乙烯基-1-甲基-2,4-二度(1-甲基乙烯基)-环己烷（6.30%）、1H-1a,2,3,5,6,7,7a,7b-八氢-1,1,7,7a-四甲基-[1aR-(1aα,7α,7a)]-丙烷萘（2.84%）、[1S-(1α,7α,8β]-1,2,3,5,6,7,8,8a-八氢-1,4-二甲基-7-(1-甲基乙烯基)（1.94%）、樟脑（1.83%）、石竹烯（1.54%）、α-石竹烯（1.54%）等。张玄兵等（2013）用固相微萃取法提取的海南海口产‘极香’罗勒干燥花精油的主要成分为：茴香脑（77.68%）、罗勒烯（6.58%）、桉树脑（2.98%）、4-亚甲基-1-甲基-2-(2-甲基-1-丙烯基)-1-乙烯基环庚烷（2.58%）、D-樟脑（1.71%）等。

**果实**：不同研究者用水蒸气蒸馏法提取的新疆产罗勒果实精油的主成分不同，阿布都许库尔·吐尔逊等（2013）分析的主要成分为：三十一酸甲酯（18.56%）、对烯丙基茴香

醚（7.04%）、γ-谷甾醇（6.52%）、Z,Z,Z-7,10,13-十六碳三烯（5.88%）、1,2-环氧十九烷（5.06%）、3-甲基丁醛（4.78%）、2-呋喃甲醛（4.08%）、吡咯（3.62%）、丙酮（3.22%）、2-甲基丁醛（2.80%）、2-甲基丙醛（2.48%）、苯乙醛（2.32%）、三十六烷（1.98%）、2-甲氧基苯酚（1.64%）、丁子香酚（1.62%）、甲硫醇（1.46%）、5-甲基-2-呋喃甲醛（1.44%）、乙醛（1.30%）、β-谷甾醇（1.28%）、甲苯（1.16%）、1-甲基吡咯（1.06%）、十八酸（1.06%）等；胡尔西丹·伊麻木等（2012）分析的和田产果实精油的主要成分为：亚麻油酸（13.83%）、棕榈酸（13.80%）、长叶薄荷酮（8.31%）、(-)-斯巴醇（6.72%）、正二十一烷（5.34%）、2,2-二甲基-环己酮酸（4.06%）、香茅酸（4.06%）、二十六烷（4.02%）、十四酸（2.74%）、薄荷醇（2.46%）、六氢化法呢基丙酮（1.91%）、τ-杜松醇（1.67%）、斯巴醇（1.52%）、异斯巴醇（1.40%）、β-羟基苯甲醛（1.12%）、5-甲基-2-异丙基环已酮（1.07%）、β-紫罗酮（1.05%）、薄荷呋喃（1.05%）、α-松油醇（1.01%）等。

**【利用】**全草可提取精油，精油主要用作调香原料，配制化妆品、皂用及食用香精；精油具有杀菌消毒、镇定情绪、止咳平喘、舒缓肌肉及神经疲劳、增进肠胃功能、消除睡意、防蚊驱虫等作用。嫩叶可作为调味品或蔬菜食用。叶和花可入茶。全草入药，有疏风行气、发汗解表、散瘀止痛、杀菌的功效，治胃痛、胃痉挛、胃肠胀气、消化不良、肠炎腹泻、外感风寒、头痛、胸痛、跌打损伤、瘀肿、风湿性关节炎、小儿发热、肾脏炎、蛇咬伤，煎水洗湿疹及皮炎。种子入药，名光明子，主治目翳，并试用于避孕。可作为庭院园艺观赏植物栽培。

## 疏柔毛罗勒

*Ocimum basilicum* Linn. var. *pilosum* (Milld.) Benth.

**唇形科　罗勒属**

**别名：**疏毛罗勒、毛罗勒、鱼香草、荆芥、薄荷、薄荷草、薄荷树、蒿黑、香草、矮糠、省头草、光明子

**分布：**河北、河南、浙江、江苏、安徽、江西、福建、台湾、广东、广西、贵州、四川、云南

**【形态特征】**罗勒变种。这一变种与原变种不同在于茎多分枝上升，叶小，长圆形，叶柄及轮伞花序极多疏柔毛，总状花序延长。一年生草本植物，茎高0.2～0.8 m，披疏柔毛，叶片矩圆形。轮伞花序。长10～20 cm，密披疏柔毛，花冠淡紫色。果实小而坚实，外裹一层胶膜，泡入水中吸水润胀成一层厚厚透明胶体。6月开花，7月结实。

**【生长习性】**生长于山坡阴湿处。

**【精油含量】**水蒸气蒸馏全草的得油率为0.57%～3.02%。

**【芳香成分】全草：**王兆玉等（2015）用水蒸气蒸馏法提取的广东汕尾产疏柔毛罗勒盛花期风干全草精油的主要成分为：蒿脑（56.79%）、芳樟醇（10.73%）、α-杜松醇（3.36%）、桉叶脑（3.11%）、乙酸冰片酯（2.89%）、α-紫穗槐烯（1.71%）、β-榄香烯（1.50%）、双环吉玛烯（1.24%）、吉玛烯D（1.12%）、松茸醇（1.06%）等。

**花：**徐洪霞等（2004）用水蒸气蒸馏法提取的安徽宜城产疏柔毛罗勒花精油的主要成分为：甲基黑椒酚（58.76%）、反式-α-香柠檬烯（8.04%）、γ-荜澄茄烯（4.81%）、α-杜松醇（3.98%）、L-芳樟醇（3.90%）、1,8-桉叶油素（3.71%）、L-樟脑（3.23%）、L-龙脑（1.56%）等。

**【利用】**全草可提取精油，精油可用于调配食用香精，也可单离主成分用于食品饮料；精油可用于消毒、灭菌、杀虫等。嫩叶可泡茶饮用。民间全草入药，治疗胃痛、胃肠胀气、消化不良、肠炎腹泻、外感风寒、头痛、胸痛、跌打损伤、瘀肿、风湿性关节炎、肾脏炎等症。

## 台湾罗勒

*Ocimum tashiroi* Hayata

**唇形科　罗勒属**

**分布：**台湾

**【形态特征】**茎四棱形，直立，枝纤细，被短柔毛。上部叶卵圆形，长3 cm，宽2 cm，先端三角状渐尖，基部骤三角形、锐尖、极渐狭至叶柄，除尖头外边缘具锐锯齿，锯齿三角形，叶片两面近无毛，膜质，叶柄长2 cm。总状花序顶生或在枝条顶端呈圆锥状着生，长5～6 cm，轮伞花序生于总状花序节上，具6～8花，交互对生，具一对苞片；苞片卵圆形，先端有指状锯齿，具长硬毛。花萼多少下倾，管状钟形，具平展长硬毛及密集的腺点。花冠筒长2 mm，与花萼等长，冠檐二唇形。雄蕊4，二强。花盘突出呈一较短于子房的腺体。小坚果倒卵珠状，无毛。

**【生长习性】**台湾高山地区。

**【芳香成分】**黄碧兰等（2013）用固相微萃取法提取的海南儋州产台湾罗勒新鲜叶精油的主要成分为：茴香脑（65.14%）、(+)-氧化柠檬烯（12.59%）、松油烯（6.64%）、莰烯（2.59%）、2-环氧癸烷（1.59%）、D-樟脑（1.12%）等。

**【利用】**叶可用于提取精油。

## 碰碰香

*Plectranthus hadiensis* (Forssk.) Schweinf. ex Sprenger var. *tomentosus* (Benth. ex E. Mey.) Codd

**唇形科　马刺花属**

**别名：**绒毛香茶菜、延命草

**分布：**原产非洲、欧洲，我国有零星引种栽培

**【形态特征】**为多年生灌木状草本植物。蔓生，多分枝，全株被有细密的白色绒毛，茎细瘦，匍匐状，棕色，嫩茎绿色。叶交互对生，卵形或倒卵形，光滑，厚革质，边缘有些疏齿，绿色。花小，伞形花瓣，花有深红色、粉红色、白色、蓝色等。

**【生长习性】**喜阳光，全年可全日照培养，但也较耐阴。喜温暖，怕寒冷，冬季需要0℃以上的温度。喜疏松、排水良好的土壤，不耐水湿。

**【精油含量】**水蒸气蒸馏新鲜叶的得油率为0.15%。

**【芳香成分】根：**孔维维等（2013）用顶空固相微萃取法提取的陕西西安产碰碰香新鲜根精油的主要成分为：莰烯（17.42%）、1,3,3-三甲基三环[2.2.1.02,6]庚烷（12.91%）、(+)-香橙烯（11.95%）、[1αR-(1αα,7α,7αβ,7bα)]-1α,2,3,5,6,7,7α,7b-八氢-1,1,4,7-四甲基-1H-环丙[e]薁（3.57%）、桉叶醇（3.42%）、左旋-β-蒎烯（3.32%）、(1R)-1,7,7-三甲基-双环[2.2.1]庚烷-2-酮（1.59%）、[1S-(1α,4α,7α)]-1,2,3,4,5,6,7,8-八氢-1,4-二甲基-7-薁（1.57%）等。

**茎：**孔维维等（2013）用顶空固相微萃取法提取的陕西西安产碰碰香新鲜茎精油的主要成分为：柠檬烯（27.56%）、[3aS-(3αα,3bβ,4β,7α,7αS)]-八氢-7-甲基-3-甲基-4-(1-甲基乙基)-1H-环戊二烯并[1,3]环丙烷并[1,2]苯（9.38%）、乙酸龙脑酯（9.12%）、乙酸葑醇（5.26%）、[4αR-(4αα,7α,8αβ)]-十氢-4a-甲基-1-亚甲基-7-(1-甲基乙基)-萘（3.71%）、(1S-顺)-1,2,3,5,6,8a-六氢-4,7-二甲基-1-(1-甲基乙基)-萘（3.60%）、(+)-香橙烯（3.55%）、γ-榄香烯（3.53%）、可巴烯（2.98%）、3,7-二甲基-1,6-辛二烯-3-醇（1.67%）、α-荜澄茄烯（1.39%）、(1S-顺)-1,2,3,4,5,6,7,8-八氢-1,4-二甲基-7-(1-甲基亚乙基)-薁（1.23%）等。

**叶：**赵小珍等（2016）用水蒸气蒸馏法提取的新鲜叶精油的主要成分为：柠檬烯（36.86%）、7-异丙基-十氢-菲-甲醇（9.85%）、芳樟醇（4.66%）、谷甾醇（4.43%）、罗汉松-7-烯-3a-醇（3.89%）、乙酸龙脑酯（2.81%）、十六碳烯酸乙酯（2.20%）、依兰烯（2.01%）、萜品油烯（1.88%）、镰叶芹醇（1.88%）、去氢白菖烯（1.69%）、香树烯（1.61%）、石竹烯（1.47%）、异丁子香烯（1.36%）、蛇床烯（1.33%）、香紫苏醇（1.32%）、全顺式-5,8,11,14-二十碳四烯酸（1.25%）、双环倍半水芹烯（1.24%）、苍术醇（1.24%）、异长叶烯-8-醇（1.23%）、可巴烯（1.20%）、马兜铃烯（1.02%）等。

【利用】宜盆栽观赏，闻之令人神清气爽。叶片可泡茶、泡酒、炖汤、生食；打汁加蜜生食缓解喉咙痛；煮成茶饮可缓解肠胃胀气及感冒；捣烂后外敷可消炎消肿并可保养皮肤。全草可提取精油，精油可用于香水、化妆品、保健品、食品添加剂和防腐剂等的生产。

## 米团花

*Leucosceptrum canum* Smith

**唇形科　米团花属**

**别名：** 山蜂蜜、渍糖树、羊巴巴、渍糖花、蜜蜂树花、明堂花、白杖木

**分布：** 云南、四川

【形态特征】大灌木至小乔木，高1.5～7 m，树皮灰黄色或褐棕色，光滑，片状脱落，新枝被浓密的绒毛。叶片纸质或坚纸质，椭圆状披针形，长10～23 cm或以上，宽5～9 cm或以上，先端渐尖，基部楔形，边缘具浅锯齿或锯齿，幼时两面密被星状绒毛及丛卷毛，老时叶面仅中脉被微柔毛，叶背被浓密星状绒毛及丛卷毛。花序由轮伞花序排列成顶生稠密圆柱状穗状花序；苞片大，近肾形，外被星状绒毛，果时脱落，小苞片微小，线形。花萼钟形。花冠白色或粉红至紫红，筒状，冠檐二唇形。小坚果长圆状三棱形，顶端平截，背面平滑，腹面具稀疏的半透明小突起，果脐小。花期11月至翌年3月，果期3～5月。

【生长习性】生于干燥的开阔荒地、路边及谷地溪边、林缘、小乔木灌丛中及石灰岩上，海拔1000～2600 m。

【芳香成分】葛婧等（2014）用水蒸气蒸馏法提取的云南产米团花干燥花精油的主要成分为：邻苯二甲酸二(2-乙基)己酯（41.77%）、邻苯二甲酸二丁酯（21.03%）、邻苯二甲酸二异丁酯（16.05%）、邻苯二甲酸二甲酯（15.92%）、邻苯二甲酸丁基异丁酯（2.88%）等。

【利用】蜜源植物。

## 迷迭香

*Rosmarinus officinalis* Linn.

**唇形科　迷迭香属**

**别名：** 油安草

**分布：** 云南、新疆、贵州、广西、北京有栽培

【形态特征】灌木，高达2 m。茎及老枝圆柱形，皮层暗灰色，不规则的纵裂，块状剥落，幼枝四棱形，密被白色星状细绒毛。叶常在枝上丛生，叶片线形，长1～2.5 cm，宽1～2 mm，先端钝，基部渐狭，全缘，向背面卷曲，革质，上面稍具光泽，近无毛，下面密被白色的星状绒毛。花近无梗，对生，少数聚集在短枝的顶端组成总状花序；苞片小，具柄。花萼卵状钟形，二唇形。花冠蓝紫色，冠檐二唇形。花盘平顶，具相等的裂片。子房裂片与花盘裂片互生。花期11月。

【生长习性】喜夏季冷凉，冬天严寒，日夜温差大的生境。喜温暖，生长最适温度为9～30℃。耐干旱，忌高温高湿环境。喜阳光充足和良好通风条件。对土壤要求不严，除盐碱、低洼地外，一般都能生长，但以疏松肥沃、有机质含量较高、排水较好的壤土为好。

【精油含量】水蒸气蒸馏全草或茎叶的得油率为0.40%～2.90%，干燥叶的得油率为2.35%～4.04%，干燥茎的得油率为0.21%～0.68%，鲜花的得油率为0.66%；同时蒸馏萃取干燥叶的得油率为4.18%；超临界萃取全草的得油率为1.18%～8.87%；有机溶剂萃取全草的得油率为2.00%～3.00%；超声辅助萃取干燥全草的得油率为1.54%；亚临界萃取干燥花的得油率为4.12%。

【芳香成分】叶：李利红等（2012）用水蒸气蒸馏法提取的河南禹州产迷迭香叶精油的主要成分为：α-蒎烯（37.15%）、莰烯（18.05%）、桉树脑（12.28%）、樟脑（7.30%）、α-水芹烯（3.82%）、4-蒈烯（3.55%）、β-月桂烯（2.72%）、龙脑（2.27%）、β-蒎烯（1.76%）、乙酸龙脑酯（1.63%）、α-松油醇（1.34%）、β-石竹烯（1.10%）等。郭伊娜等（2007）用同法分析的广西产迷迭香新鲜叶精油的主要成分为：1,8-桉叶油素（28.08%）、α-蒎烯（25.30%）、莰烯（10.24%）、樟脑（6.59%）、β-蒎烯（4.87%）、α-水芹烯（4.27%）、β-月桂烯（3.56%）、α-松油烯（3.24%）、α-侧柏烯（2.47%）、γ-松油烯（2.19%）、龙脑（1.65%）、萜品油烯（1.31%）、马鞭草烯酮（1.14%）、α-松油醇（1.06%）等。毕志成等（2013）用同法分析的湖南岳阳产迷迭香干燥叶精油的主要成分为：(1S)-4,6,6-三甲基-双环[3.1.1]-庚-2-烯-2-甲醇（30.01%）、龙脑（14.60%）、α-松油醇（6.70%）、1,8-桉叶素（4.53%）、樟脑（4.38%）、石竹烯（4.18%）、顺-Z-α-红没药烯环氧化物（2.63%）、香叶醇（2.59%）、乙酸龙脑酯（2.29%）、(R)-4-甲基-1-(1-甲乙基)-3-环己烯-1-醇（2.02%）等。

**全草：**林霜霜等（2017）用水蒸气蒸馏法提取的福建产迷迭香新鲜全草精油的主要成分为：1,8-桉叶素（20.69%）、乙酸龙脑酯（11.37%）、2-莰醇（10.96%）、3,7-二甲基-2,6-辛二烯-1-醇（7.94%）、马苄烯酮（6.82%）、芳樟醇（4.40%）、D-樟脑（4.06%）、邻异丙基甲苯（2.82%）、(+)-柠檬烯（2.72%）、(-)-4-萜品醇（2.38%）、氧化石竹烯（2.21%）、甲基丁香酚（2.04%）、2,6-二甲基-1,3,5-庚三烯（1.89%）、反式石竹烯（1.65%）、(S)-顺式-马鞭草烯醇（1.36%）、乙酸香叶酯（1.34%）、3-松莰酮（1.34%）、月桂烯（1.06%）等。

**花：**郭伊娜等（2007）用水蒸气蒸馏法提取的广西产迷迭香花精油的主要成分为：1,8-桉叶油素（27.65%）、α-蒎烯（17.58%）、莰烯（13.19%）、樟脑（11.97%）、龙脑（8.48%）、乙酸龙脑酯（4.29%）、α-松油烯（3.70%）、α-水芹烯（2.03%）、马鞭草烯酮（1.70%）、α-松油醇（1.24%）、1-松油烯-4-醇（1.23%）、β-蒎烯（1.13%）、β-月桂烯（1.02%）等。

【利用】是一种名贵的芳香植物。全草精油可药用，具有良好的抗氧化、抗菌杀菌、解除疼痛、振作精神的作用，可治疗神经性疾患和制作治疗头痛、风湿的药膏；外用可作为治疗风湿关节炎、肌肉疼痛的止痛擦剂；常作为卫生医药用品的加香；精油可用于调配空气清洁剂、香水、香皂等化妆品原料；精油为我国允许使用的食用香料，主要用于食品调味。可作观赏植物地栽或盆栽。叶作为调味品或西菜香料食用，在西餐中广泛使用；叶可泡酒；花可装饰菜肴及汤品。茎叶可入药，具有滋补、提神、收敛、镇定、抗炎、驱风、防止老化、提高活力、养发等功效，用于治疗头痛、偏头痛、经前期紧张症。

## 香蜂花

*Melissa officinalis* Linn.

**唇形科　蜜蜂花属**

**别名：**柠檬香蜂草、柠檬香薄荷、蜜蜂花

**分布：**原产苏联、伊朗至地中海及大西洋沿岸我国间有引种栽培

【形态特征】多年生草本。茎直立或近直立，多分枝，分枝大多数在茎中部或以下作塔形开展，四棱形，具四浅槽，被柔毛，下部逐渐变无毛。叶具柄，被长柔毛，叶片卵圆形，在茎上的一般长达5 cm，宽3～4 cm，枝上的较小，长1～3 cm，宽0.8～2 cm，先端急尖或钝，基部圆形至近心形，边缘具锯齿状圆齿或钝锯齿，近膜质或草质，叶面被长柔毛。轮伞花序腋生，

具短梗，2～14花；苞片叶状，比叶小很多，被长柔毛及具缘毛。花萼钟形，二唇形。花冠乳白色，被柔毛。雄蕊4，内藏或近伸出。花柱先端相等2浅裂。花盘浅4裂，裂片与子房裂片互生。小坚果卵圆形。花期6～8月。

【生长习性】喜光，耐寒性强，也可忍耐高温多湿。对土壤要求不严格，耐干旱，但不耐水涝。

【精油含量】水蒸气蒸馏干燥叶的得油率为0.64%；微波辅助水蒸气蒸馏干燥叶的得油率为0.95%。

【芳香成分】叶：刘劲芸等（2012）用同时蒸馏萃取法提取的云南德宏产香蜂花干燥叶精油的主要成分为：香叶醛（24.54%）、橙花醛（21.98%）、β-石竹烯（8.94%）、反式马鞭草烯醇（4.59%）、1,3,4-三甲基-3-环己烯-1-甲醛（4.10%）、檀香醇（2.78%）、苯乙酸香叶酯（2.24%）、苯乙醛（1.50%）、马鞭草烯基乙基醚（1.47%）、邻苯二甲酸二丁酯（1.47%）、三十六烷（1.44%）、丁酸芳樟酯（1.34%）、α-葎草烯（1.23%）、棕榈酸（1.21%）、长叶烯（1.10%）、6-甲基-5-庚烯-2-酮（1.09%）、反式香苇醇（1.05%）、三十二烷（1.00%）等。

全草：杨娟等（2012）用水蒸气蒸馏法提取的新疆产香蜂花全草精油的主要成分为：(E)-3,7-二甲基-2,6-辛二烯-1-醇乙酸酯（26.48%）、(Z)-柠檬醛（15.46%）、(E)-橙花醇（14.51%）、(E)-柠檬醛（14.43%）、异茴香醚（7.88%）、棕榈酸（6.93%）、(Z)-橙花醇（2.56%）、六氢法呢基丙酮（1.73%）、芳樟醇（1.53%）、石竹烯氧化物（1.37%）、橙花醇乙酸酯（1.33%）等。

【利用】叶入药，具有补肾壮阳、润肠通便、行气止痛的作用，主要用于阳痿、腰膝痿弱、便秘、头痛、牙痛等症的治疗。为蜜源植物。可加工作调味品及酿酒。适宜庭院观赏和园林香化。可作调料和蔬菜食用。用于提取精油，可用于香水工业。

## 甘牛至

*Origanum majorana* Linn.

**唇形科　牛至属**

**别名：** 甜牛至、香花薄荷、马玉兰、马月兰花、马郁草、马郁兰、马约兰草、甜墨角兰、多节墨角兰、茉莉栾那

**分布：** 广东、广西、上海、山东、新疆等地有栽培

【形态特征】多年生草本植物。高约35～65 cm，茎直立，棱形或四方形，草绿色。叶对生，具叶柄，倒卵形至阔椭圆形，长0.6～2.5 cm，先端宽钝形，全缘有光泽，被毛。花序圆锥状，小穗长圆形，3～5成一簇；苞片白色毛；花萼倾斜，下部有一裂片，小或不发育。花冠白色至粉红色或紫色，长约4 mm，上唇瓣直立，下唇瓣三裂而开张；雄蕊4，柱头2裂。小坚果卵球状，光滑；种子长椭圆形，光滑，黑褐色。

【生长习性】喜温和潮湿的季节，不耐高温多湿气候，耐寒力强，适应性很强。喜肥沃排水良好的砂质壤土或土质深厚壤土，以中性至碱性土壤为佳。

【精油含量】水蒸气蒸馏全草的得油率为0.05%～2.50%。

【芳香成分】朱雯琪等（2010）用水蒸气蒸馏法提取的上海产甘牛至新鲜全草精油的主要成分为：4-松油醇（32.46%）、芳樟醇（12.94%）、β-松油烯（8.20%）、α-松油醇（4.49%）、桧烯（3.24%）、β-石竹烯（3.08%）、二环大根香叶烯（2.64%）、水合桧烯（2.29%）、异松油烯（2.06%）、对蓋二烯-醇（1.95%）、α-松油烯（1.39%）、月桂烯（1.18%）等。

【利用】全草精油为我国允许使用的食用香料，酊剂常用于苦味酒配方中；精油用来调配辛辣调味品等食品香精，也是配制化妆品香精的常用香料。叶可作为芳香蔬菜直接食用或做调味香料。叶的水浸出液或煎水，对风湿痛有疗效；并可作为齿龈疾病的含漱剂和皮肤细菌感染的洗涤剂。叶入药，具有防腐、消炎、祛痰、预防感染等功效。花和茎可泡茶。

# 牛至

*Origanum vulgare* Linn.

**唇形科　牛至属**

**别名：**白花茵陈、川香薷、滇香薷、地藿香、接骨草、罗罗香、满天星、满坡香、满山香、糯米条、披萨草、琦香、乳香草、山薄荷、苏子草、署草、随经草、土香薷、土茵陈、五香草、小叶薄荷、小田草、香炉草、香薷、香菇草、香菇、香藕、希腊牛至、茵陈、野薄荷、野荆芥、玉兰至、止痢草

**分布：**河南、湖北、湖南、江西、云南、贵州、四川、甘肃、新疆、陕西、广东、广西、上海、安徽、江苏、浙江、福建、台湾、西藏

【形态特征】多年生草本或半灌木，茎直立或近基部伏地，通常高25～60 cm，多少带紫色，四棱形，具倒向或微蜷曲的短柔毛。叶片卵圆形或长圆状卵圆形，长1～4 cm，宽0.4～1.5 cm，先端钝，基部宽楔形至近圆形或微心形，全缘或有远离的小锯齿，叶面亮绿色，常带紫晕，具腺点，叶背淡绿色，被柔毛及凹陷的腺点；苞叶常带紫色。花序呈伞房状圆锥花序，多花密集，由多数小穗状花序所组成；苞片长圆状倒卵形至倒披针形，锐尖，绿色或带紫晕，全缘。花萼钟状。花冠紫红、淡红至白色，管状钟形，冠檐二唇形。雄蕊4。花盘平顶。小坚果卵圆形，褐色，花期7～9月，果期10～12月。

【生长习性】生于路旁、山坡、林下及草地，海拔500～3600 m。喜温暖、光照，较耐寒、耐湿、抗干旱。对土壤要求不严，但以土层深厚、土壤肥沃、排灌方便的壤土或砂壤土为好，适宜微酸疏松的土壤。

【精油含量】水蒸气蒸馏干燥根的得油率为0.10%，全草或叶的得油率为0.10%～3.20%，花的得油率为0.32%；超临界萃取的叶的得油率为0.70%～3.45%。

【芳香成分】**根：**韩飞等（2015）用水蒸气蒸馏法提取的湖北团风产牛至干燥根精油的主要成分为：棕榈酸（58.23%）、亚油酸（12.11%）、亚麻酸（3.66%）、香芹酚（3.27%）、肉豆蔻酸（2.53%）、西松烯（2.52%）、十五烷酸（2.09%）、邻苯二甲酸二异辛酯（2.02%）、十八烷基乙烯基醚（1.78%）、植酮（1.35%）、邻苯二甲酸二异丁酯（1.21%）、麝香草酚（1.08%）、(Z)-11-十四碳烯-1-醇（1.02%）等。

**茎：**韩飞等（2015）用水蒸气蒸馏法提取的湖北团风产牛至干燥茎精油的主要成分为：棕榈酸（60.18%）、亚油酸（14.25%）、香芹酚（6.02%）、油酸（5.65%）、麝香草酚（3.46%）、1,19-二十碳二烯（2.67%）、斯巴醇（1.86%）、石竹素（1.59%）、Z,Z-10,12-十六碳二烯醇乙酸酯（1.52%）、十七烷酸（1.24%）、十五烷酸（1.07%）等。

**全草：**邓雪华等（2007）用水蒸气蒸馏法提取的湖北麻城产牛至新鲜全草精油的主要成分为：香芹酚（37.80%）、百里香酚（13.38%）、对聚伞花素（7.90%）、1-甲氧基-4-甲基-2-[1-甲基乙基]苯（7.78%）、对松油烯（3.73%）、石竹烯（3.70%）、对薄荷-1-烯-4-醇（2.88%）、2-异丙基-5-甲基苯甲醚（2.03%）、β-芳樟醇（1.57%）、3-辛醇（1.47%）、莰烯（1.43%）、3-辛酮（1.40%）、1-辛烯-3-醇（1.39%）、石竹烯氧化物（1.39%）、α-松油烯（1.01%）等。宫海燕等（2018）用同法分析的新疆和田昆仑山产牛至干燥全草精油的主要成分为：β-香茅醇（85.30%）、香茅醇乙酸酯（5.20%）、顺式-玫瑰醚（1.80%）、β-香茅醛（1.20%）、喇叭茶醇（1.20%）等；河南商丘产牛至干燥全草精油的主要成分为：百里香酚（42.90%）、香茅醇（12.20%）、β-石竹烯（7.80%）、p-伞花烃-2-醇（7.50%）、m-伞花烃（7.40%）、百里香酚甲醚（4.20%）、石竹烯氧化物（2.20%）、γ-萜品烯（1.90%）、l-莰醇（1.20%）等；安徽产牛至干燥全草精油的主要成分为：1,8-桉树脑（20.80%）、β-石竹烯（10.20%）、丁子香酚甲醚（9.80%）、香茅醇（8.80%）、β-芳樟醇（5.50%）、α-蛇麻烯（4.90%）、1,2-二甲氧基-4-(2-甲氧基-1-丙烯基)苯（3.62%）、顺式-细辛醚（3.21%）、石竹烯氧化物（2.50%）、肉豆蔻醚（2.50%）、p-伞花烃-2-醇（2.40%）、β-甜没药烯（2.20%）、柠檬烯（1.80%）、α-侧柏酮（1.70%）、α-玷㞪烯（1.70%）、α-反式-香柑油烯（1.60%）、百里香酚（1.50%）、细辛醚（1.30%）、β-蒎烯（1.10%）等；新疆伊犁产牛至干燥全草精油的主要成分为：石竹烯氧化物（32.90%）、β-石竹烯（17.70%）、香茅醇（10.20%）、大根香叶烯（9.80%）、β-甜没药烯（6.80%）、α-蛇麻烯（5.60%）、α-松油醇（3.90%）、(E,E)-α-金合欢烯（3.80%）、丁子香酚甲醚（3.40%）、萜烯-4-醇（2.70%）、β-芳樟醇（3.20%）等。

**花：**张潇月等（2009）用水蒸气蒸馏法提取的干燥花精油的主要成分为：香荆芥酚（45.79%）、百里香酚（22.81%）、香荆芥酚甲醚（5.94%）、对-聚伞花素（4.86%）、β-石竹烯（4.20%）、百里酚甲醚（2.88%）、石竹烯氧化物（1.34%）、2-蒈烯（1.20%）、松油烯-4-醇（1.15%）等。

【利用】全草可提取精油，精油为我国允许使用的食用香料，广泛用于食品的香辛调味料；精油具有强的广谱抗真菌和杀菌作用，常用于卫生制品；叶片和花精油为强力止痛剂、天然防腐剂、杀菌剂，具促消化、抗氧化及驱风祛痰等作用，主治解表、理气、化湿、伤风感冒、发热、呕吐、腹泻等。全草入药，可预防流感，治中暑、感冒、头痛身重、腹痛、呕吐、胸膈胀满、气阻食滞、小儿食积腹胀、腹泻、月经过多、崩漏带下、皮肤瘙痒及水肿等症。是很好的蜜源植物。嫩叶可作蔬菜食用或用于做肉类的芳香调料。

## 排草香

*Anisochilus carnosus* (L. f.) Benth. et Wall

**唇形科　排草香属**

**别名：** 耙草、排草、香根异唇花

**分布：** 广东、广西、福建等地

【形态特征】一年生草本。茎直立，高30～60 cm，具分枝，四棱形，被长柔毛，上部近无毛。叶卵状长圆形或圆形，长宽5～7 cm，先端钝至圆，基部心形或圆形，边缘具细圆齿，肉质，具皱纹，两面被白色绒毛，满布血红色腺点但上面较密集。穗状花序长2.5～7.5 cm，果时四角形，后来呈圆筒形，着生于茎及分枝顶端，不明显组成圆锥花序。花萼被微柔毛，果时萼筒膨大，萼檐二唇形。花冠淡紫色，长约9 mm，外密被短柔毛，冠筒细长，中部下弯，喉部扩大，冠檐二唇形。雄蕊4，花药卵圆形。花柱超出雄蕊，裂片钻形。花期3月。

【生长习性】适应性极强，耐热耐寒，耐肥耐瘠，不择土壤，但宜在较肥沃壤土中种植。

【芳香成分】根：焦豪妍等（2013）用水蒸气蒸馏法提取的广东广州产排草香新鲜根精油的主要成分为：α-香附酮（36.85%）、香芹酚（27.82%）、桔利酮（6.31%）、桉叶油醇（4.81%）、1,4-二甲基-1,2,3,4-四氢萘（4.38%）、2-甲基-4-(2,6,6-三甲基-1-环己烯-1-基)-2-丁烯醛（1.90%）、(+)-喇叭烯（1.89%）、去氢香树烯（1.54%）、愈创木烯（1.45%）等。

全草：焦豪妍等（2013）用水蒸气蒸馏法提取的广东广州产排草香新鲜茎叶精油的主要成分为：α-香附酮（44.48%）、香芹酚（18.47%）、桔利酮（6.69%）、2-甲基-4-(2,6,6-三甲基-1-环己烯-1-基)-2-丁烯醛（3.89%）、桉叶油醇（3.44%）、1,4-二甲基-1,2,3,4-四氢萘（3.32%）、去氢香树烯（3.06%）、(+)-喇叭烯（2.85%）、愈创木烯（2.12%）、亚麻酸乙酯（1.62%）、抗坏血酸二棕榈酸酯（1.60%）、2,6-二甲基四嗪（1.57%）、T-杜松醇（1.31%）等。

【利用】根茎入药，治水肿、浮肿病。全草精油可用于制作香精、防腐剂、高级佳酿、高级美容化妆香料。嫩叶可作为蔬菜食用。作盆景或庭院观赏种植。

## 到手香

*Coleus amboinicus* Lour.

**唇形科　鞘蕊花属**

**别名：** 左手香、印度薄荷

**分布：** 广东有栽培

【形态特征】多年生草本，高可达1 m，茎四棱形，较粗壮，直径为0.2～0.9 cm，多分枝，密被灰白色长柔毛。叶对生，近肉质，阔卵形至近圆形或肾形，长4～10 cm，宽3～9 cm，厚0.1～0.3 cm，下部的叶较小，先端钝尖，基部圆形至截平，顶端钝至圆，边缘具不整齐的钝锯齿，叶柄长1.0～4.5 cm，叶两面及叶柄均密被灰白色短柔毛，叶背的柔毛比叶面的柔毛短而密；叶有较浓的香味。

【生长习性】以疏松肥沃的砂质壤土最佳，排水需良好。耐阴、耐旱，喜高温。

【精油含量】水蒸气蒸馏干燥地上部分的得油率为1.20%。

【芳香成分】王玲等（2005）用水蒸气蒸馏法提取的广

东阳西产到手香干燥地上部分精油的主要成分为：香芹酚（57.82%）、β-石竹烯（15.24%）、γ-松油烯（10.01%）、α-佛手柑烯（8.69%）、间-伞花烃（5.65%）、α-石竹烯（2.32%）、氧化石竹烯（1.13%）等。

【利用】全草药用，有清凉、消炎、祛风、解毒等功效，可用于治感冒、发烧、扁桃腺炎、喉咙发炎、肺炎、寒热、头痛、呕吐泻泄等；外用于治火刀伤；民间还用来治蜂伤、硫酸泼伤、烫伤等。

## 白花枝子花

*Dracocephalum heterophyllum* Benth.

**唇形科　青兰属**
**别名：**异叶青兰、白花夏枯草、白甜蜜蜜
**分布：**山西、内蒙古、宁夏、四川、青海、甘肃、新疆、西藏

【形态特征】茎中部以下具长的分枝，高10～15 cm，有时高达30 cm，四棱形或钝四棱形，密被倒向的小毛。茎下部叶宽卵形至长卵形，长1.3～4 cm，宽0.8～2.3 cm，先端钝或圆形，基部心形，叶背疏被短柔毛或几无毛，边缘被短睫毛及浅圆齿；茎中部叶与基生叶同形，边缘具浅圆齿或尖锯齿；茎上部叶变小，锯齿常具刺而与苞片相似。轮伞花序生于茎上部叶腋，具4～8花，各轮花密集；苞片倒卵状匙形或倒披针形，疏被小毛及短睫毛，边缘每侧具3～8个小齿，齿具长刺。花萼浅绿色，外面疏被短柔毛，下部较密，边缘被短睫毛。花冠白色，外面密被白色或淡黄色短柔毛，二唇近等长。花期6～8月。

【生长习性】生于山地草原及半荒漠的多石干燥地区，海拔1100～5000 m。

【精油含量】水蒸气蒸馏全草的得油率为0.06%～0.70%。

【芳香成分】岳会兰等（2008）用水蒸气蒸馏法提取的青海海东产白花枝子花新鲜全草精油的主要成分为：D-苧烯（24.93%）、香茅醇（18.71%）、顺式-罗勒烯（12.65%）、反式-罗勒烯（10.25%）、反式-柠檬醛（3.90%）、单环倍半萜烯（3.76%）、顺式-柠檬醛（3.67%）、α-菲兰烯（3.42%）、β-蒎烯（3.22%）、乙酸香茅酯（2.10%）、香叶烯（2.07%）、β-石竹烯（2.00）、乙酸橙花酯（1.66%）、α-红没药醇（1.32%）等；杨平荣等（2015）用同法分析的甘肃甘南产全草精油的主要成分为：桉油精（22.18%）、桃金娘烯醇（11.28%）、顺式松油醇（6.92%）、4-异丙基苯甲醛（5.79%）、(S)-顺式-马鞭草烯醇（4.91%）、4-(1-甲基乙基)-2-环乙烯-1-酮（4.74%）、顺式松油醇（4.19%）、6,6-二甲基-2-亚甲基二环[3.1.1]-3-庚醇（4.13%）、(1α,2β,5α)-2,6,6-三甲基二环[3.1.1]庚烷-3-酮（4.03%）、2(10)-蒎烯-3-酮（3.20%）、环氧石竹烯（2.61%）、(-)-桃金娘烯基乙酸酯（2.26%）、龙脑烯醛（2.23%）、四氢-5-三甲基-5-(4-甲基-3-环己烯-1-基)-2-呋喃甲醇（1.69%）、甜没药醇（1.52%）、马鞭草烯醇（1.32%）、(1R,4R,6R)-1,3,3-三甲基-2-氧杂二环[2.2.2]辛烷-6-醇（1.26%）、α-松油醇（1.16%）、1,1,3,3,5,5,7,7,9,9,11,11,13,13,15,15-十六甲基八硅氧烷（1.11%）、[1R-(1R*,3E,7E,11R*)]-1,5,5,8-四甲基-12-氧杂二环[9.1.0]十二碳-3,7-二烯（1.00%）等。

【利用】新疆用全草入药，对治疗慢性气管炎有明显的镇咳平喘作用。

## 甘青青兰

*Dracocephalum tanguticum* Maxim.

**唇形科　青兰属**
**别名：**唐古特青兰、陇塞青兰
**分布：**西藏、青海、四川、甘肃

【形态特征】多年生草本，有臭味。茎直立，高35～55 cm，钝四棱形，上部被倒向小毛，中部以下几无毛，节多，在叶腋中生有短枝。叶片轮廓椭圆状卵形或椭圆形，基部宽楔形，长2.6～7.5 cm，宽1.4～4.2 cm，羽状全裂，裂片2～3对，线形，顶生裂片全缘，内卷。轮伞花序生于茎顶部5～9节上，通常具4～6花，形成间断的穗状花序；苞片似叶，但极小，只有一对裂片，两面被短毛及睫毛。花萼中部以下密被伸展的短毛及金黄色腺点，常带紫色。花冠紫蓝色至暗紫色，长2.0～2.7 cm，外面被短毛。花期6～8月或8～9月（南部）。

【生长习性】生于干燥河谷的河岸、田野、草滩或松林边缘，海拔1900～4000 m。

【精油含量】水蒸气蒸馏全草的得油率为0.33%～0.64%，新鲜花的得油率为0.51%；超临界萃取干燥全草的得油率为1.21%。

【芳香成分】**全草：**黄小平等（2007）用水蒸气蒸馏法提取的四川康定产甘青青兰阴干全草精油的主要成分为：石竹烯氧化物（11.87%）、大根香叶酮（8.81%）、桉叶油素（8.73%）、(-)-反式-醋酸松香芹酯（8.20%）、1-甲基-2-[1-甲基乙基]-苯（4.60%）、石竹烯（4.07%）、τ-杜松醇（3.72%）、3,7-二甲基-1,6-辛二烯-3-醇（3.34%）、1,5,5,8-四甲基-[1R-{1Rα,3E,7E,11Rα}]-12-氧杂双环[9.1.0]十二碳-3,7-二烯（2.84%）、丁子香酚（2.54%）、4-甲基-1-[1-甲基乙基]-3-环已烯-1-醇（2.07%）、(-)-斯巴醇（1.97%）、1R,3Z,9S-4,11,11-三甲基-8-亚甲基-双环[7.2.0]十一碳-3-烯（1.83%）、异丙基环已烯酮（1.73%）、4-(1-甲基乙基)-1-环己烯-1-甲醛（1.58%）、氧化异香树烯（1.46%）、6,6-二甲基-2-亚甲基-1S-[1α,3α,5α]-双环[3.1.1]庚烷-3-醇（1.33%）、α-石竹烯（1.32%）、2-甲基-3-苯基丙醇（1.09%）、(+)-α-松油醇（1.08%）、3,7,11-三甲基-1,6,10-十二碳三烯-3-醇（1.03%）等。肖远灿等（2015）用同法分析的青海湟中产新鲜枝叶精油的主要成分为：乙酸芳樟酯

(36.16%)、芳樟醇(7.94%)、α-松油醇(6.88%)、乙酸香叶酯(5.14%)、大根香叶烯D(4.61%)、(1α,4aα,8aα)-1,2,3,4,4a,5,6,8a-八氢-7-甲基-4-亚甲基-1-(1-甲基乙基)-1-萘(2.69%)、2-甲基-3,4-二乙烯基-1-环己烯(2.68%)、橙花醇乙酸酯(2.58%)、2-甲基-Z,Z-3,13-十八碳二烯醇(2.28%)、8,11-二十碳二烯酸甲酯(2.08%)、α-杜松醇(1.91%)、8-十六碳炔(1.80%)、橙花醇(1.43%)、(E)-橙花叔醇(1.33%)、T-木罗醇(1.27%)、桉树脑(1.15%)、牻牛儿酮(1.15%)等。

**花**:肖远灿等(2015)用水蒸气蒸馏法提取的青海湟中产新鲜花精油的主要成分为:乙酸芳樟酯(31.67%)、芳樟醇(10.19%)、α-松油醇(6.62%)、桉树脑(5.72%)、大根香叶烯D(4.76%)、乙酸香叶酯(3.93%)、2-甲基-Z,Z-3,13-十八碳二烯醇(2.36%)、2-甲基-3,4-二乙烯基-1-环己烯(2.03%)、橙花醇乙酸酯(1.96%)、8,11-二十碳二烯酸甲酯(1.90%)、8-十六碳炔(1.81%)、β-月桂烯(1.76%)、β-蒎烯(1.65%)、(Z)-β-罗勒烯(1.61%)、n-丁基苯(1.21%)、橙花醇(1.20%)、(1α,4aα,8aα)-1,2,3,4,4a,5,6,8a-八氢-7-甲基-4-亚甲基-1-(1-甲基乙基)-1-萘(1.13%)、(1R,2R,5S)-rel-2,6,6-三甲基-二环[3.1.1]庚烷-3-酮(1.02%)等。

**【利用】**全草入药,治胃炎、肝炎、头晕、神疲、关节炎及疖疮。

## 岷山毛建草

*Dracocephalum purdomii* W. W. Smith

**唇形科　青兰属**

**分布:**四川、甘肃

**【形态特征】**茎高约7~15 cm,被柔毛。基出叶约6,具长柄,疏被毛,叶片卵状长圆形,先端近圆形,基部截形或心形,长达3 cm,宽达1.5 cm,边缘密生钝齿,两面疏被伏毛;茎生叶2对,与基出叶相似,但较小。轮伞花序顶生,密集成球形,直径约3 cm;苞片长约为萼的2/3,倒披针形或狭长圆形,边缘被长睫毛,上部具5齿,齿具长刺。花萼长1.1~1.5 cm,筒直。花冠深蓝色,长2.2~2.5 cm,外面密被白色长柔毛,冠筒基部细,冠檐二唇形,上唇2裂,下唇具斑点,3裂。雄蕊稍伸出,花丝被白色柔毛。花期7~8月。

**【生长习性】**生于海拔2250~3300 m的高山谷地多石处。

**【芳香成分】**汪涛等(2002)用水蒸气蒸馏法提取的甘肃漳县产岷山毛建草干燥全草精油的主要成分为:正十六烷酸(7.34%)、十六烷酸乙酯(6.81%)、3,5-双烯-豆甾烷(5.80%)、N,N-二苯基[1,1-联苯]-4,4′肼(5.26%)、二十九烷(4.62%)、邻苯二甲酸二丁酯(2.56%)、三十二烷(2.36%)、二十七烷(1.79%)、十八酸乙酯(1.73%)、二十二酸乙酯(1.47%)、9,12-十八碳二烯酸乙酯(1.37%)、十八烯-1(1.22%)、十九酸乙酯(1.17%)、6,10,14-三甲基-2-十五烷酮(1.17%)、三十三烷(1.14%)等。

**【利用】**全草入药,可清热消炎、凉血止血,主治外感风热、头痛寒热、喉痛咳嗽、黄疸肝炎等。民间将其蒸后代茶饮。

## 全缘叶青兰

*Dracocephalum integrifolium* Bunge

**唇形科　青兰属**

**别名:**全叶青兰

**分布:**新疆

**【形态特征】**茎多数,不分枝,直立或基部伏地,高17~37 cm,紫褐色,钝四棱形,被倒向的小毛。叶多少肉质,披针形或卵状披针形，先端钝或微尖，基部宽楔形或圆形，长1.5～3 cm，宽4～8 mm，两面无毛，边缘被睫毛，全缘。轮伞花序生茎顶部3～6对叶腋中，疏松或密集成头状；苞片倒卵形或倒卵状披针形，被睫毛，两侧具4～5小齿。花萼红紫色，筒部密被小毛，上部变疏，被睫毛。花冠蓝紫色，长14～17 mm，外面密被白色柔毛。花丝疏被短柔毛。小坚果长圆形，褐色，光滑，长约2 mm。花期7～8月。

**【生长习性】**生于云杉冷杉混交林下或森林草原中，海拔1400～2450 m。

**【芳香成分】**刘建英等（2012）用顶空固相微萃取法提取的新疆裕民产全缘叶青兰盛花期全草精油的主要成分为：γ-杜松烯（10.14%）、伞花烃（9.76%）、1,8-桉树脑（9.35%）、τ-杜松醇（4.27%）、异长叶烯-8-醇（2.88%）、斯巴醇（2.55%）、α-可巴烯（2.22%）、丁酸己酯（2.21%）、(1R)-(-)-桃金娘烯醛（1.90%）、芳樟醇氧化物(Ⅱ)(1.79%)、2-甲基丁酸己酯（1.73%）、胡薄荷酮（1.73%）、L-芳樟醇（1.69%）、库贝醇（1.62%）、β-波旁烯（1.48%）、6,6-二甲基-2-亚甲基二环[2.2.1]庚-3-酮（1.48%）、(1S) -顺式菖蒲烯（1.43%）、α-依兰油烯（1.30%）、2(10)-蒎烯（1.23%）、大根香叶烯D(1.20%)、芳樟醇氧化物（1.20%）、反式松香芹醇（1.11%）、2(S)-羟基-γ-丁内酯（1.11%）、α-荜澄茄油烯（1.09%）、反-2-己烯基异戊酸酯（1.07%）、菖蒲二烯（1.00%）等。

**【利用】**新疆用全草入药，对治疗慢性气管炎有明显的镇咳平喘作用。

## 香青兰

*Dracocephalum moldavica* Linn.

**唇形科　青兰属**

**别名：**巴德兰吉、布牙、臭兰香、臭仙欢、臭蒿、小兰花、香花花、香花子、山薄荷、山青兰、紫澡、摩眼子、蓝秋花、玉米草、枝子花、野青兰、磨苯、青兰

**分布：**黑龙江、吉林、辽宁、内蒙古、河北、山西、河南、陕西、甘肃、青海

**【形态特征】**一年生草本，高6～40 cm。茎数个，中部以下具分枝，不明显四棱形，被倒向的小毛，常带紫色。基生叶卵圆状三角形，先端圆钝，基部心形，具疏圆齿，具长柄；下部茎生叶与基生叶近似，披针形至线状披针形，先端钝，基部圆形或宽楔形，长1.4～4 cm，宽0.4～1.2 cm，两面脉上疏被小毛及黄色小腺点，边缘通常具三角形牙齿或疏锯齿，有时基部的牙齿成小裂片状，分裂较深，常具长刺。轮伞花序生于茎或分枝上部5～12节处，通常具4花；苞片长圆形。花萼被金黄色腺点及短毛，脉常带紫色。花冠淡蓝紫色，外面被白色短柔毛，冠檐二唇形。小坚果长约2.5 mm，长圆形，顶平截，光滑。

**【生长习性】**生于干燥山地、山谷、河滩多石处，海拔

220～2700 m。宜选择土壤较肥沃湿润、排水良好的壤土为好。

【精油含量】水蒸气蒸馏全草的得油率为0.04%～1.12%，新鲜花的得油率为0.15%。

【芳香成分】不同研究者用水蒸气蒸馏法提取的香青兰全草精油主成分不同。谭红胜等（2008）分析的新疆产新鲜全草精油的主要成分为：柠檬醛（18.18%）、棕榈酸（16.48%）、β-柠檬醛（13.25%）、香叶醇乙酸酯（9.02%）、3,7-二甲基-2,6-辛二烯-1-醇（4.56%）、亚麻酸（3.21%）、顺式牻牛儿醇（2.59%）、顺式乙酸橙花醇酯（2.53%）、顺-9-顺-12-十八碳二烯酸（2.50%）、植物醇（2.02%）、β-芳樟醇（1.76%）、6,6-二甲基-二环[3.1.1]庚烷-2-甲醇（1.53%）、(2,6,6-三甲基-2-环己烯)-1-甲醇（1.53%）、六氢金合欢基丙酮（1.47%）、1,2-二甲氧基-4-(2-丙烯）苯（1.26%）、2,4-二叔丁烷苯酚（1.20%）、丁香烯氧化物（1.11%）、十四烷酸（1.09%）、顺式-5-四氢乙烯-α,α,5-三甲基-2-呋喃醇（1.04%）等。盛晋华等（2014）分析的内蒙古产野生香青兰干燥全草精油的主要成分为：1,3,3-三甲基-2-草酸双环[2.2.2]辛烷（17.68%）、4-异丙烯-1-环己烯-1-甲醛（15.85%）、β,4-二甲基-3-环己烯-1-乙醇（8.50%）、2,6-二叔丁基-4-甲氧基苯酚（5.57%）、[1S-(1α,2β,5α)]-4,6,6-三甲基-双环[3.1.1]庚-3-烯-2-醇（5.44%）、1-对-薄荷烯-4-醇（5.12%）、4-烯丙基-2-甲氧基苯酚（3.90%）等；栽培香青兰蒙青兰1号干燥全草精油的主要成分为：(E)-3,7-二甲基-2,6-辛二烯-1-醇（12.38%）、(E)-3,7-二甲基-2,6-辛二烯醛（11.69%）、4-烯丙基-2-甲氧基苯酚（9.04%）、(Z)-3,7-二甲基-2,6-辛二烯醛（8.78%）、(Z)-3,7-二甲基-2,6-辛二烯-1-醇（7.97%）、(2E)-3,7-二甲基辛-2,6-二烯酸（6.50%）、2,6-二叔丁基-4-甲氧基苯酚（5.04%）等。

【利用】全草入药，有清热燥湿、凉肝止血的功能，主治感冒、头痛、咽喉痛、气管炎哮喘、黄疸、吐血、衄血、痢疾、心脏病、神经衰弱、狂犬咬伤等症。全草可提取精油，精油可调配食用和日用香精，用于食品和化妆品。

## 山香

*Hyptis suaveolens* (Linn.) Poit.

**唇形科　山香属**

**别名：**白骨消、逼死蛇、臭屎婆、臭草、大还魂、狗母苏、假藿香、黄黄草、毛麝香、毛老虎、山粉圆、山薄荷、蛇百子、香苦草、药黄草

**分布：**广西、广东、海南、福建、台湾

【形态特征】一年生多分枝草本，茎高60～160 cm，钝四棱形，具四槽，被平展刚毛。叶卵形至宽卵形，长1.4～11 cm，宽1.2～9 cm，生于花枝上的较小，先端近锐尖至钝形，基部圆形或浅心形，常稍偏斜，边缘为不规则的波状，具小锯齿，薄纸质，叶面榄绿色，叶背较淡，两面均被疏柔毛。聚伞花序2～5花，有些为单花，着生于渐变小叶腋内，成总状花序或圆锥花序排列于枝上。花萼外被长柔毛及淡黄色腺点，萼齿5。花冠蓝色，长6～8 mm，冠檐二唇形。雄蕊4。花盘阔环状。子房裂片长圆形。小坚果常2枚成熟，扁平，长约4 mm，宽约3 mm，暗褐色，具细点，基部具二着生点。花果期全年。

【生长习性】生于开旷荒地上。

【精油含量】水蒸气蒸馏茎的得油率为0.60%，叶的得油率为0.80%～1.60%；微波法提取干燥茎的得油率为1.70%，干燥叶的得油率为1.50%；超声波法提取茎的得油率为1.60%，叶的得油率为1.20%。

【芳香成分】茎：黄秀香等（2006）用超声波法提取的广西南宁产山香茎精油的主要成分为：桉树脑（61.99%）、石竹烯（15.58%）、1-辛烯-3-醇（4.96%）、6-甲基-5-庚烯-2-酮（4.90%）、可巴烯（2.29%）、(Z,E)-3,7,11-三甲基-1,3,6,10-十二碳四烯（2.04%）、3-辛醇（1.65%）、1,3,3-三甲基-二环[2.2.1]庚-2-酮（1.02%）等。

叶：黄秀香等（2006）用水蒸气蒸馏法提取的自然晾干叶精油的主要成分为：石竹烯（25.39%）、(8β,13β)-贝壳杉-16-烯（21.51%）、1,8-桉树脑（15.35%）、[4aS-(4aα,4bβ,7α,8aα)]-1,1,4b,7-四甲基-7-乙烯基-1,2,3,4,4a,4b,5,6,7,8,8a,9-十二氢菲（6.35%）、2,6-二甲基-6-(4-甲基-3-戊烯基)二环[3.1.1]庚-2-烯（5.06%）、可巴烯（4.45%）、吉玛烯D（4.23%）、石竹烯氧化物（3.18%）、7-异丙基-1,1,4a-三甲基-1,2,3,4,4a,9,10,10a-八氢菲（3.13%）、1,3,3-三甲基-2-氧杂二环[2.2.2]辛-6-醇（2.85%）、[1S-(1α,2β,4β)]-1-乙烯基-1-甲基-2,4-二(1-甲基乙烯基)-环己烷（2.42%）、α-石竹烯（2.34%）、邻苯二甲酸二-(2-甲基丙基)酯（1.80%）、1-辛烯-3-醇（1.67%）、桉叶基-4(14),11-双烯（1.64%）、4-甲基-1-(1-甲基乙基)-3-环己烯-1-醇（1.44%）、Z-α-反式-香柠檬醇（1.30%）、(3β,5α)-胆甾-14-烯-3-醇（1.25%）、

蓝桉醇（1.09%）、[2R-(2α,4aα,8aβ)]-4a,8-二甲基-2-(1-甲基乙烯基)-1,2,3,4,4a,5,6,8a-八氢萘（1.09%）等。

**果实**：梁正芬等（2010）用水蒸气蒸馏法提取的海南海口产山香新鲜果实精油的主要成分为：熊果酸（30.66%）、(Z)-9-十八烯-1-醇磷酸酯钾盐（6.33%）、油酸（5.58%）、3,5-二烯豆甾醇（3.39%）、棕榈酸（3.00%）、α-香树精（1.77%）、β-谷甾醇（1.68%）、β-香树素（1.68%）、二十一碳烯（1.35%）、亚油酸（1.17%）等。

【利用】全草及种子入药，有散瘀止痛，祛风解表的功效，治赤白痢、乳腺炎、痈疽、感冒发烧、头痛、胃肠胀气、风湿骨痛、蜈蚣及蛇咬伤、刀伤出血、跌打肿痛、烂疮、皮肤瘙痒、皮炎及湿疹等症。

## 神香草

*Hyssopus officinalis* Linn.

**唇形科　神香草属**

**别名**：柳薄荷、药用神香草、牛膝草、海索草

**分布**：北京、上海有引种栽培

【形态特征】半灌木，高20～80 cm。茎多分枝，钝四棱形，具条纹，被短柔毛。叶线形，披针形或线状披针形，长1～4 cm，宽2～7 mm，先端钝，基部渐狭至楔形，具腺点，中脉边缘粗糙且有短的糙伏毛，稍内卷。轮伞花序具3～7花，腋生，常偏向于一侧，组成长4 cm的伸长的顶生穗状花序，在上部者较密集，在下部者远离，有时在主轴顶端聚集成圆锥花序；苞片及小苞片线状钻形，锐尖，被微柔毛。花萼管状，常具色泽，脉间具腺点。花冠浅蓝至紫色，长约1 cm，冠檐二唇形。雄蕊4。花盘平顶。子房无毛。花期6月。

【生长习性】对土壤适应的范围比较广，以日照充足，通风、排水良好的基质为佳，尤其适于石灰质的土壤及干燥地区种植。发芽期和扦插期要保持湿润，适于热带海拔高地方。

【精油含量】水蒸气蒸馏阴干花穗的得油率为0.50%～0.70%，干燥花和叶的得油率为0.69%；超临界萃取干燥叶和花的得油率为2.56%～5.50%；有机溶剂萃取干燥叶和花的得油率为1.09%；亚临界萃取干燥叶和花的得油率为2.91%；超声辅助水蒸气蒸馏干燥花和叶的得油率为0.74%。

【芳香成分】**全草**：祖丽菲亚·吾斯曼等（2015）用水蒸气蒸馏法提取的新疆产神香草干燥地上部分精油的主要成分为：亚油酸（13.83%）、棕榈酸（13.80%）、5-甲基-2-(1-甲基亚乙基)环己酮（8.31%）、(-)-斯巴醇（6.72%）、四十四烷（5.34%）、香茅酸（4.06%）、二十六烷（4.02%）、二十四烷（3.28%）、二十烷（3.06%）、豆蔻酸（2.74%）、薄荷脑（2.46%）、植酮（1.91%）、二十二烷（1.85%）、Tau-杜松醇（1.67%）、(+)-斯巴醇（1.52%）、二十一烷（1.32%）、2,4-二羟基-3,6-二甲基-苯甲醛（1.12%）、左旋薄荷酮（1.07%）、5,6,7,7a-四氢-3,6-乙酸乙酯-2(4H)-苯并呋喃酮（1.05%）、α-萜品醇（1.01%）等；用超临界$CO_2$萃取法提取的干燥地上部分精油的主要成分为：γ-谷甾醇（31.88%）、二十八烷（19.95%）、亚麻酸（16.28%）、正三十六烷（15.94%）、三十一烷（12.22%）、棕榈酸（10.66%）、9,12,15-十八烷三烯酸乙酯（9.06%）、亚麻酸乙酯（8.77%）、环八锌硫化物（7.47%）、双[二（三甲基硅氧基）苯基硅氧基]三甲基硅氧基苯基硅氧烷　（4.33%）、4,4′-亚甲基双[2,6-二（1,1-二甲基乙基）]苯酚（3.98%）、(3π24Z)-二十烷酸-5,24(28)-二烯-3-醇（3.85%）、亚油酸乙酯（3.71%）、叶绿醇（3.32%）、2-乙基己基十一烷基亚硫酸酯　（2.78%）、棕榈酸乙酯（2.30%）、邻苯二甲酸（2.27%）、2-甲基邻苯二甲酸辛酯（2.27%）、抗氧剂（2.05%）、二甲基双（4-乙酰基苯氧基)硅烷（1.69%）、亚麻

酸甲酯（1.37%）、正二十七烷（1.35%）、苯基聚三甲基硅氧烷（1.30%）等。

**花：**王兆松等（2006）用水蒸气蒸馏法提取的新疆额敏野生神香草阴干花穗精油的主要成分为：松香芹酮（38.53%）、β-蒎烯（34.04%）、3-莰烷酮（9.27%）、β-月桂烯（3.54%）、桃金娘己酯（2.94%）、松烯（2.94%）、顺式-水合桧烯（1.82%）、顺式-罗勒烯（1.63%）、α-蒎烯（1.07%）等。

**【利用】**全草可提取精油，精油有镇定的功能，可治感冒、支气管炎等；是制造香水及洗涤、化妆用品的重要原料；可调配食用香精，主要用作甜酒香料。叶做香辛料或调味料；茎叶和花作成泡酒的配香；本身也可酿酒；叶可制作香草茶。花美丽，常作观赏。全草药用，具镇静止咳、祛痰抗菌、消炎、止汗的功效，能制成祛痰剂、发汗剂、刺激剂、健胃剂、驱风剂、驱虫剂、利尿剂、缓下剂、强壮剂等多种内服药剂；外用可治疗跌打损伤，并可有效去除眼圈旁的黑痣。

## 硬尖神香草

*Hyssopus cuspidatus* Boriss.

**唇形科　神香草属**

**别名：**神香草

**分布：**新疆

**【形态特征】**半灌木，高30～60 cm。茎基部粗大，木质，褐色，常扭曲，有不规则剥落的皮层，自基部帚伏分枝，幼茎基部带紫，四棱形。叶线形，长1.5～4.5 cm，宽2～4 mm，先端锥尖，基部渐狭，叶面绿色，叶背灰绿色，边缘有极短的糙伏毛。穗状花序多花，生于茎顶，由轮伞花序组成，通常10花，常偏向于一侧而呈半轮伞状；苞片及小苞片线形。花萼管状，散布黄色腺点，萼齿5。花冠紫色，长约12 mm，外面被微柔毛及黄色腺点，冠檐二唇形，。雄蕊4。花盘平顶。子房顶端具腺点。小坚果长圆状三棱形，长2.5 mm，宽0.7 mm，褐色，先端圆，具腺点，基部具一白痕。花期7～8月，果期8～9月。

**【生长习性】**生于砾石及石质山坡干旱草地上，海拔1100～1800 m。

**【精油含量】**水蒸气蒸馏全草的得油率为0.60%～0.90%。

**【芳香成分】**符继红等（2008）用水蒸气蒸馏法提取的新疆产硬尖神香草全草精油的主要成分为：2-异丙基-5-甲基-9-亚甲基双环[4.4.0]癸-1-烯（11.59%）、γ-榄香烯（8.53%）、1-氟代甲烷-3-硝基萘（7.57%）、α-蒎烯（4.18%）、2-乙基-1,4-二甲基苯（3.86%）、6-异亚丙基-1-甲基二环[3.1.0]己烷（3.60%）、里哪醇（3.29%）、反-石竹烯（3.23%）、已醛（2.68%）、1,3-二甲基苯（2.54%）、2-呋喃甲醛（2.47%）、1-辛烯-3-酮（2.10%）、苯乙醛（1.89%）、2,3,5,6-四甲基苯酚（1.88%）、顺-1,1,3,4-四甲基环戊烷（1.75%）、1-α-萜品醇（1.72%）、冰片烯（1.56%）、β-金合欢烯（1.55%）、(-)-β-榄香烯（1.50%）、邻苯二甲基二异丁酯（1.47%）、p-薄荷-1,5-二烯-8-醇（1.46%）、2-戊基呋喃（1.46%）、2-甲氧基-4-(2-丙烯基)苯酚（1.41%）、2-甲基-5-(1-甲基乙烯基)-2-环已烯-1-酮（1.31%）、十三烷酸（1.24%）、邻苯二甲酸丁基辛基酯（1.21%）、5-甲基-2-(1-甲基亚乙基)环已酮（1.12%）、2-乙烯基-2,5-二甲基-4-已烯-1-酮（1.12%）、3,5-辛二烯-2-酮（1.12%）、1-甲基-4-(1-甲基乙基)苯（1.05%）等。

**【利用】**全草入药，有清热解毒、消炎的功效，治感冒发烧、咳嗽。全草精油具有清除异常粘液质、促进机体自然随和、止咳化痰、平喘利肺的功效。

## 肾茶

*Clerodendranthus spicatus* (Thunb.) C. Y. Wu

**唇形科　肾茶属**

**别名：**猫须草、猫须公

**分布：**广西、云南、广东、福建、台湾、四川等地有栽培

**【形态特征】**多年生草本。茎直立，高1～1.5 m，四棱形，具浅槽及细条纹，被倒向短柔毛。叶卵形或卵状长圆形，长1.2～5.5 cm，宽0.8～3.5 cm，先端急尖，基部宽楔形至截状楔形，边缘具粗牙齿或疏圆齿，齿端具小突尖，纸质，叶面榄绿色，叶背灰绿色，两面均被短柔毛及散布凹陷腺点。轮伞花序6花，在主茎及侧枝顶端组成总状花序；苞片圆卵形，先端骤尖，全缘，下面密被短柔毛，边缘具小缘毛。花萼卵珠形，外面被微柔毛及突起的锈色腺点，二唇形。花冠浅紫或白色，上唇疏布锈色腺点，冠筒狭管状，冠檐大，二唇形。雄蕊4。花盘前方呈指状膨大。小坚果卵形，深褐色，具皱纹。花果期5～11月。

**【生长习性】**常生于林下潮湿处，有时也见于无荫平地上，海拔上达1050 m。

**【精油含量】**超临界萃取肾茶干燥全草的得油率为0.80%。

**【芳香成分】叶：**马知伊（2013）用同时蒸馏萃取法提取的广东潮州产肾茶新鲜叶精油的主要成分为：柏木醇（53.64%）、斯巴醇（4.13%）、1-辛烯-3-醇（3.92%）、α-柏木烯（3.53%）、蓝桉醇（3.24%）、β-柏木烯（2.51%）、6-乙烯基-2,2,6-三甲基-2H-吡喃-3(4H)-酮（1.84%）、顺式-1-甲基-2-(1-甲基乙基)-环丁烷乙醇（1.48%）、(E,E)-1,5-二甲基-8-(1-甲基乙缩醛)，1,5-环癸二烯（1.20%）、1,1,4,7-四甲基十氧-1H-环丙烷[e]薁-4-醇（1.17%）、香树烯（1.12%）、1-(2,6,6-三甲基-1,3-环已二烯-1-基)-2-丁烯-1-酮（1.02%）、芹子烯（1.01%）等。

**全草：**刘斌等（2015）用水蒸气蒸馏法提取的云南西双版纳产肾茶干燥全草精油的主要成分为：2,4-二甲基-2-戊醇（19.33%）、棕榈酸（16.04%）、3-吡咯啉（10.69%）、邻苯二甲酸二丁酯（10.07%）、叶绿醇（7.98%）、9-二十炔（4.34%）、草酸（2.08%）、1,2-二甲基萘（1.96%）、肉豆蔻基三甲基溴化铵

（1.43%）、十三烷（1.36%）、邻苯二甲酸二异丁酯（1.36%）、环己二烯-1,4-二酮（1.35%）、十一醛（1.23%）、邻甲基苄醇（1.18%）、香兰素（1.15%）、1,3-二甲基萘（1.15%）、2-丁基辛醇（1.08%）等。

【利用】地上部分入药，治急慢性肾炎、膀胱炎、尿路结石及风湿性关节炎，对肾脏病有良效。

## 长穗荠苎

*Mosla longispica* (C. Y. Wu) C. Y. Wu et H. W. Li

**唇形科　石荠苎属**

**分布：** 江西

【形态特征】一年生草本。茎直立，高约40 cm，自基部向上多分枝，其上复再分枝，小枝几为花序所占，茎、枝均四棱形，褐红色，疏被污黄或白色蜷曲短柔毛。叶线形，长0.7～1.5 cm，宽2.5～6 mm，先端钝或急尖，基部渐狭，边缘具疏齿，坚纸质，叶面榄绿色，密被污黄色短疏柔毛，有时近无毛，具稀疏腺点，叶背略淡，密被腺点。顶生的穗状花序多数，主茎上的较长，侧枝上的较短；苞片卵状披针形，先端突渐尖。花萼钟形，外面密被灰黄色柔毛。花冠浅红色，冠筒短，向上渐宽，冠檐二唇形。雄蕊4。花盘前方呈指状膨大。小坚果仅1枚成熟，灰色，球形，具深穴伏雕纹。花末、初果期11月。

【生长习性】生于路旁，海拔达1000 m。

【精油含量】水蒸气蒸馏全草的得油率为3.60%。

【芳香成分】胡珊梅等（1993）用水蒸气蒸馏法提取的江西南昌产长穗荠苎全草精油的主要成分为：百里香酚（19.79%）、芳樟醇（16.16%）、柠檬烯（14.18%）、Δ3-蒈烯（9.63%）、1,8-桉叶油素（9.23%）、对-聚伞花素（6.56%）、香桧烯（6.25%）、β-月桂烯（3.28%）、α-金合欢烯（2.59%）、α-松油烯（2.40%）、β-蒎烯（2.28%）、α-蒎烯（1.26%）、蛇麻烯（1.00%）等。

## 杭州石荠苎

*Mosla hangchowensis* Matsuda

**唇形科　石荠苎属**

**别名：** 杭州荠苧

**分布：** 我国特有、分布区域较窄浙江

【形态特征】一年生草本。茎高50～60 cm，多分枝，茎、枝均四棱形，被短柔毛及棕色腺体。叶披针形，长1.5～4.2 cm，宽0.5～1.3 cm，先端急尖，基部宽楔形，边缘具疏锯齿，纸质，叶面榄绿色，叶背灰白色，两面均被短柔毛及棕色凹陷腺点。总状花序顶生于主茎及分枝上；苞片大，宽卵形或近圆形，长

5～6 mm，宽4～5 mm，下面具凹陷的腺点，边缘具睫毛，绿色或紫色。花萼钟形，长约3.5 mm，宽约2.5 mm，外被疏柔毛，萼齿5。花冠紫色，外面被短柔毛，冠檐二唇形。雄蕊4。花柱超出花冠上唇。花盘前方呈指状膨大。小坚果球形，直径约2.1 mm，淡褐色，具深窝点。花果期6～9月。

【生长习性】生于开阔地、林缘或林下。抗旱能力强。

【精油含量】水蒸气蒸馏干燥全草的得油率为2.90%。

【芳香成分】张少艾等（1989）用水蒸气蒸馏法提取的江苏苏州灵岩山采种，上海种植的刚显蕾的杭州石荠苎干燥全草精油的主要成分为：香荆芥酚（50.00%）、对伞花烃（16.00%）、α-侧柏醇（10.00%）、β-月桂烯（8.00%）、α-香柠檬烯（6.00%）、百里香酚（3.00%）、丁香酚（1.00%）等。

【利用】全草为江浙民间常用中草药，具有补肺益脾、清热、消肿、解毒等功效，主治暑热中暑、感冒咳嗽、痈疽疮肿等。

## 石荠苎

*Mosla scabra* (Thumb.) C. Y. Wu et H. W. Li

**唇形科　石荠苎属**

**别名：**不脸草、斑点荠苎、北风头上一枝香、痱子草、干汗草、假紫苏、荆苏麻、母鸡窝、蜻蜓花、沙虫药、水苋菜、土荆芥、土香菇草、小苏金、野土荆芥、野香菇、野薄荷、野苏叶、野藿香、野荆芥、野升麻、野棉花、月斑草、叶进根、紫花草

**分布：**吉林、辽宁、江苏、安徽、浙江、福建、台湾、江西、湖北、湖南、广东、贵州、四川、陕西、甘肃

【形态特征】一年生草本。茎高20～100 cm，多分枝，茎、枝均四棱形，具细条纹，密被短柔毛。叶卵形或卵状披针形，长1.5～3.5 cm，宽0.9～1.7 cm，先端急尖或钝，基部圆形或宽楔形，边缘近基部全缘，自基部以上为锯齿状，纸质，叶面榄绿色，被灰色微柔毛，叶背灰白色，密布凹陷腺点。总状花序生于主茎及侧枝上，长2.5～15 cm；苞片卵形，先端尾状渐尖。花萼钟形，外面被疏柔毛，二唇形。花冠粉红色，冠筒向上渐扩大，冠檐二唇形。雄蕊4。花盘前方呈指状膨大。小坚果黄褐色，球形，直径约1 mm，具深雕纹。花期5～11月，果期9～11月。

【生长习性】生于山坡、路旁或灌丛下，海拔50～1150 m。耐干旱瘠薄，适应性强，土壤湿润肥沃又排水良好的地方生长较好。

【精油含量】水蒸气蒸馏全草的得油率为0.18%～3.50%，干燥叶的得油率为2.52%，干燥茎的得油率为0.21%。

【芳香成分】不同研究者用水蒸气蒸馏法提取的石荠苧全草精油的成分不同，吴国欣等（2003）分析的福建闽侯产新鲜全草精油的主要成分为：甲基丁香油酚（64.94%）、石竹烯（9.33%）、葎草烯（6.46%）、β-金合欢烯（4.64%）、侧柏酮（3.24%）、桧烯（1.59%）、肉豆蔻醚（1.02%）等；林文群等（1998）分析的福建福州产石荠苧全草精油的主要成分为：侧柏酮（22.50%）、丁香烯（14.47%）、异胡薄荷酮（13.50%）、葎草烯（11.24%）、甲基丁香油酚（8.43%）、香桧醇（4.12%）、β-金合欢烯（2.43%）、次丁香烯（2.08%）、异丁香酚甲醚（1.94%）、萜品烯-4-醇（1.82%）、榄香脂素（1.24%）、1,6-亚甲基萘-1-醇-1-(2-H)（1.21%）、柠檬烯（1.16%）、芳樟醇（1.10%）、α-蒎烯（1.07%）、4-甲氧基二苯基乙炔（1.07%）等；李伟等（1997）分析的江苏南京产石荠苧晾干全草精油的主要成分为：1,8-桉叶油素（57.90%）、二氢香芹酮（5.88%）、β-2-蒎烯（4.85%）、β-荜澄茄油烯（4.21%）、芳樟醇（3.69%）、桧烯（3.40%）、反石竹烯（2.93%）、百里香酚（2.36%）、(-)-α-蒎烯（1.88%）、α-蛇麻烯（1.55%）、δ-蒈烯（1.48%）、反-二氢香芹酮（1.10%）、α-崖柏酮（1.10%）、γ-榄香烯（1.06%）等；朱甘培等（1992）分析的四川万县产石荠苧阴干全草精油的主要成分为：肉豆蔻醚（29.56%）、1,8-桉叶油素（23.74%）、反式石竹烯（9.13%）、葎草烯（6.39%）、柠檬烯（4.92%）、聚伞花素（2.50%）、百

里香酚（2.05%）、β-蒎烯（2.03%）、香荆芥酚（1.81%）、玷玔烯（1.29%）、2,4,5-三甲氧基-1-丙烯苯（1.11%）、α-佛手柑油烯（1.06%）、香桧烯（1.00%）等。朱亮锋等（1993）分析的广东鼎湖山产石荠苧全草精油的主要成分为：麝香草酚（23.59%）、香芹酚（4.50%）、佛手烯（2.76%）、(Z,E)-α-金合欢烯（2.72%）、乙酸麝香草酯（2.21%）、芹菜脑（1.37%）、β-荜澄茄烯异构体（1.28%）、玷玔烯（1.07%）、2-甲基-5-(1-甲基乙基)-2,5-环己二烯-1,4-二酮（1.00%）等。

【利用】民间用全草入药，有发表散寒、止血、清暑利湿、祛风行气、消肿的功效，治感冒、中暑发高烧、痱子、皮肤瘙痒、疟疾、便秘、内痔、便血、疥疮、湿脚气、外伤出血、跌打损伤；根可治疮毒，又可杀虫。全草可提取精油，在香精香料、医药、化妆品等行业具有广阔的开发利用前景。

## 石香薷

*Mosla chinensis* Maxim.

**唇形科　石荠苎属**

**别名：**独行千里、广香薷、华荠苧、还魂草、江香薷、辣椒草、蓼刀竹、凉荠、满山香、青香薷、荠苧、七星剑、山茵陈、痧药草、沙药、石苏、石艾、土荆芥、土黄连、土香薷、土香草、蚊子草、五香草、香草、香荠、香薷、香薷草、香菇草、细叶香薷、细叶七星剑、小香薷、小叶香薷、小茴香、野香薷、野紫苏、野荆芥、种芥

**分布：**河南、山东、江苏、安徽、浙江、福建、台湾、江西、湖北、湖南、广东、广西、贵州、四川

【形态特征】直立草本。茎高9～40 cm，被白色疏柔毛。叶线状长圆形至线状披针形，长1.3～3.3 cm，宽2～7 mm，先端渐尖或急尖，基部渐狭或楔形，边缘具浅锯齿，叶面榄绿色，叶背较淡，两面均被疏短柔毛及棕色凹陷腺点。总状花序头状，长1～3 cm；苞片覆瓦状排列，圆倒卵形，长4～7 mm，宽3～5 mm，先端短尾尖，全缘，两面被疏柔毛，下面具凹陷腺点，边缘具睫毛。花萼钟形，外面被白色绵毛及腺体，萼齿5，钻形。花冠紫红、淡红至白色，长约5 mm，略伸出于苞片，外面被微柔毛。花盘前方呈指状膨大。小坚果球形，直径约1.2 mm，灰褐色，具深雕纹，花期6～9月，果期7～11月。

【生长习性】生于草坡或林下，海拔至1400 m。

【精油含量】水蒸气蒸馏全草的得油率为0.23%～4.00%；超临界萃取全草的得油率为2.04%～3.56%；溶剂萃取全草的得油率为1.40%～2.24%；不同方法提取茎的得油率为0.08%～1.55%，花序的得油率为1.40%～2.31%，果实的得油率为0.07%。

【芳香成分】**全草：**林崇良等（2012）用水蒸气蒸馏法提取的浙江温州产石香薷新鲜全株精油的主要成分为：麝香草酚（39.99%）、香荆芥酚（36.88%）、对聚伞花素（6.05%）、α-石竹烯（5.63%）、γ-萜品烯（4.05%）、(Z,E)-α-法呢烯（1.05%）等。舒任庚等（2010）用同法分析的江西新余产石香薷全草精油的主要成分为：香荆芥酚（49.91%）、百里香酚（16.89%）、香荆芥酚乙酸酯（7.22%）、对-聚伞花素（7.16%）、γ-萜品烯（4.82%）、百里酚乙酸酯（3.23%）、α-石竹烯（2.38%）、2-蒈烯（1.56%）、β-月桂烯（1.02%）等。

**果实：**舒任庚等（2009）用水蒸气蒸馏法提取的干燥果实精油的主要成分为：香荆芥酚（57.01%）、百里香酚（30.72%）、乙酸百里香酚（2.56%）、乙酸香荆芥酚（2.14%）、α-石竹烯（1.62%）等。

【利用】民间用全草入药，有发汗解表、和中利湿的功效，治中暑发热、感冒恶寒、胃痛呕吐、急性肠胃炎、痢疾、跌打瘀痛、下肢水肿、颜面浮肿、消化不良、皮肤湿疹瘙痒、多发性疖肿、毒蛇咬伤。全草可提取精油，精油具有广谱抗菌活性，有镇咳祛痰作用，可作为天然防腐剂、食品添加剂使用。

## 苏州荠苎

*Mosla soochowensis* Matsuda

**唇形科　石荠苎属**

**别名：**苏州荠苧、土荆芥、天香油、香草

**分布：**江苏、浙江、安徽、江西

【形态特征】一年生草本。茎高12～50 cm，多分枝，茎、枝均四棱形，被疏短柔毛。叶线状披针形或披针形，长1.2～3.5 cm，宽0.2～1.0 cm，先端渐尖，基部渐狭成楔形，边缘具细锯齿但近基部全缘，叶面榄绿色，被微柔毛，略被腺点，叶背略淡，脉上满布深凹腺点。总状花序长2～5 cm，疏花；苞片小，近圆形至卵形，长1.5～2.5 mm，先端尾尖，上面被微柔毛，下面满布凹腺点。花萼钟形，外面被疏柔毛及黄色腺体，萼齿5，二唇形。花冠紫色，长6～7 mm，外面被微柔

毛，冠檐二唇形。雄蕊4。花盘前方呈指状膨大。小坚果球形，直径约1 mm，褐色或黑褐色，具网纹。花期7～10月，果期9～11月。

【生长习性】生于草坡或路旁。

【精油含量】水蒸气蒸馏干燥全草的得油率为0.38%～1.85%；超临界萃取干燥全草的得油率为3.46%；石油醚萃取干燥全草的得油率为1.81%。

【芳香成分】施淑琴等（2010）用水蒸气蒸馏法提取的浙江金华产苏州荠苎阴干全草精油的主要成分为：侧柏桐（56.41%）、4-甲基-1-(1-甲基乙基)二环[3.1.0]己烷-3-酮（6.24%）、石竹烯（5.04%）、4-甲基-1-(1-甲基乙基)二环[3.1.0]-2-己烯（4.75%）、苯乙酮（2.55%）、4-甲基-1-(1-甲基乙基)-3-环己烯-1-醇（2.22%）、α-石竹烯（2.02%）、(Z)-7,11-二甲基-3-亚甲基-1,6,10-十二碳三烯（1.53%）、1-甲基-4-(1-甲基乙基)-1,4-环己二烯（1.23%）、[S-(E,E)]- 1,1-甲基-5-亚甲基-8-(1-甲基乙基)-1,6-癸二烯（1.20%）、D-柠檬烯（1.09%）、[1S-(1α,7α,8aα)]-1,2,3,5,6,7,8,8a-八氢-1,8a-二甲基-7-(1-甲基乙烯基)萘（1.09%）等。谈献和等（2003）用同法分析的浙江丽水产苏州荠苎阴干全草精油的主要成分为：甲基丁香酚（42.98%）、龙脑烯（12.52%）、橙花烯（11.35%）、二氢香芹酮（9.24%）、侧柏酮（7.65%）、γ-杜松烯（5.28%）等。吴巧凤等（2006）用同法分析的江苏产苏州荠苎干燥全草精油的主要成分为：百里香酚（44.66%）、对-聚伞花素（16.32%）、γ-松油烯（7.13%）、1,8-桉叶油素（5.76%）、百里香酚乙酸酯（5.20%）等。

【利用】地上部分入药，有解表理气、解毒消炎、利尿镇痛的功效，用于治感冒、中暑、乳蛾、痧气腹痛、胃气痛；外用于治蜈蚣咬伤。

## 台湾荠苎

*Mosla formosana* Maxim.

**唇形科　石荠苎属**

**分布：** 台湾

【形态特征】茎直立，具分枝，茎、枝均锐四棱形，具浅槽。叶卵形或卵状披针形，长1.5～3 cm，宽0.7～1.5 cm，先端钝或锐尖，基部阔楔形，边缘具稍大的圆齿状锯齿，叶面榄绿色，叶背较淡，两面近无毛，叶背满布凹陷腺点。总状花序生于茎、枝及小枝顶上，长3～9 cm；苞片披针形，下面满布腺点。花萼外面沿脉被小疏柔毛，萼齿5，呈二唇形。花冠长约5 mm，冠檐二唇形。雄蕊4。小坚果黄褐色，卵球形，长约1 mm，具疏网纹，基生果脐小，点状，不明显。花后期及初果期10月。

【生长习性】喜温暖湿润环境。

【精油含量】水蒸气蒸馏全草的得油率为0.18%～0.28%。

【芳香成分】朱亮峰等（1993）用水蒸气蒸馏法提取的台湾产台湾荠苎全草精油的主要成分为：莳萝脑（62.00%）、葛缕醇（9.00%）、对伞花烃（4.00%）、葛缕酮（3.00%）、榄香脂素（2.00%）等。

## 小鱼仙草

*Mosla dianthera* (Buch.-Ham.) Maxim.

**唇形科　石荠苎属**

**别名：** 臭草、大叶香薷、痱子草、干汗草、霍乱草、红花月味草、假鱼香、姜芥、热痱草、石荠苎、石荠苧、四方草、山苏麻、疏花荠苧、土荆芥、小本土荆芥、香花草、香薷、月味草、野荆芥、假荆芥

**分布：** 江苏、浙江、安徽、福建、台湾、江西、湖北、湖南、广东、海南、广西、云南、贵州、四川、陕西、河南等地

【形态特征】一年生草本。茎高至1 m，四棱形，具浅槽，近无毛，多分枝。叶卵状披针形或菱状披针形，有时卵形，长1.2～3.5 cm，宽0.5～1.8 cm，先端渐尖或急尖，基部渐狭，边

缘具锐尖的疏齿，近基部全缘，纸质，叶面榄绿色，叶背灰白色，散布凹陷腺点。总状花序生于主茎及分枝的顶部，多数，长3～15 cm；苞片针状或线状披针形，先端渐尖，基部阔楔形。花萼钟形，外面脉上被短硬毛，二唇形。花冠淡紫色，长4～5 mm，外面被微柔毛，冠檐二唇形。雄蕊4。小坚果灰褐色，近球形，直径1～1.6 mm，具疏网纹。花果期5～11月。

【生长习性】生于山坡、路旁或水边，海拔175～2300 m。

【精油含量】水蒸气蒸馏全草的得油率为0.26%～1.30%。

【芳香成分】不同研究者用水蒸气蒸馏法提取的不同产地小鱼仙草全草精油的成分不同，吴翠萍（2006）分析的福建宁德产的主要成分为：香荆芥酚（27.23%）、香芹酮（12.33%）、百里香酚（11.03%）、β-石竹烯（7.25%）、柠檬烯（6.21%）、2-甲基-5-(1-异丙基)-乙酰苯酚（5.93%）、间伞花烃（4.98%）、葎草烯（4.50%）、γ-萜品烯（3.87%）、(Z,E)-α-金合欢烯（3.14%）、乙酰百里香酚（1.34%）、肉豆蔻醚（1.04%）等。毛红兵等（2012）分析的浙江温州产小鱼仙草新鲜全草精油的主要成分为：3,4,5-三甲氧基苯甲腈（29.67%）、2,4,6-三甲氧基苯甲腈（13.75%）、(-)-异丁香烯（9.17%）、二环庚烯（8.32%）、[S-(R*,S*)]-3-(1,5-二甲基-4-己烯基)-6-亚甲基-环己烯（7.36%）、可巴烯（6.72%）、4-二甲代苯氨基乙烯三腈（5.28%）、α-葎草烯（4.10%）、(Z,E)-3-甲基-3,7,11-十二碳四烯（3.37%）、(E)-7,11-二甲基-3-亚甲基-1,6,10-十二碳三烯（2.91%）、白菖烯（1.90%）、2,4,5-三甲氧基苯甲醛（1.11%）等。陈利军等（2016）分析的河南信阳产小鱼仙草阴干全草精油的主要成分为：桉树脑（64.68%）、β-蒎烯（7.96%）、(Z)-3,7-二甲基-1,3,6-辛三烯（5.24%）、β-水芹烯（4.67%）、4-甲基-1-(1-甲基乙基)-二环[3.1.0]己-2-烯（3.34%）、1S-α-蒎烯（2.77%）、[S-(E,E)]-1-甲基-5-亚甲基-8-(1-甲基乙基)-1,6-环癸二烯（2.33%）、α-石竹烯（1.40%）、双环吉玛烯（1.12%）、3,7-二甲基-1,6-辛二烯-3-醇（1.07%）、石竹烯（1.07%）、苯乙酮（1.04%）等。

【利用】民间用全草入药，治感冒发热、中暑头痛、恶心、无汗、热痱、皮炎、湿疹、疮疥、痢疾、肺积水、肾炎水肿、多发性疖肿、外伤出血、鼻衄、痔瘘下血等症；外用治湿疹，痱子、皮肤瘙痒、疮疖、蜈蚣咬伤。半阴干的全草烧烟可以熏蚊。

## 丹参

*Salvia miltiorrhiza* Bunge

**唇形科　鼠尾草属**

**别名：**奔马草、赤参、赤丹参、大红袍、大叶活血丹、红根、红根赤参、红根红参、活血根、木羊乳、壬参、山参、烧酒壶根、血参根、野苏子根、血参、夏丹参、五风花、阴行草、郁蝉草、紫丹参、紫参、逐乌

**分布：**四川、山西、陕西、山东、河南、河北、江苏、浙江、安徽、江西、湖南等地

【形态特征】多年生直立草本；根肥厚，肉质，外面朱红色，内面白色，长5～15 cm，直径4～14 mm。茎直立，高40～80 cm，四棱形，具槽，密被长柔毛，多分枝。叶常为奇数羽状复叶，长1.5～8 cm，宽1～4 cm，卵圆形或宽披针形，先端锐尖或渐尖，基部圆形或偏斜，边缘具圆齿，草质，两面被疏柔毛。轮伞花序6花或多花，组成长4.5～17 cm具长梗的顶生或腋生总状花序；苞片披针形，先端渐尖，基部楔形，全缘。花萼钟形，带紫色。花冠紫蓝色，冠檐二唇形。退化雄蕊线形。花柱远外伸。花盘前方稍膨大。小坚果黑色，椭圆形，长约3.2 cm，直径1.5 mm。花期4～8月，花后见果。

【生长习性】生于山坡、林下草丛或溪谷旁，海拔120～1300 m。喜气候温和，光照充足，空气湿润，土壤肥沃。年平均气温为17.1℃，平均相对湿度为77%的条件下，生长发育良好。适宜在土质肥沃的砂质壤土上生长，土壤酸碱度适应性较广。

【精油含量】水蒸气蒸馏干燥花的得油率为0.09%；超临界萃取干燥根及根茎的得油率为2.64%～9.07%。

【芳香成分】**根：**不同研究者用水蒸气蒸馏法提取的丹参根精油的成分不同，梁嘉钰等（2018）分析的干燥根精油的主要成分为：(4βS-反式)-4β,5,6,7,8,8α,9,10-八氢-4β,8,8-三甲基-1-(1-甲基乙基)-2-菲酚（68.39%）、蛇麻烷-1,6-二烯-3-醇（6.42%）、3,5,6,7,8,8α-六氢-4,8α-二甲基-6-(1-甲基乙烯基)-2(1H)萘酮（6.41%）、7-异丙基-1,1,4α-三甲基-1,2,3,4,4α,9,10α-八氢-菲（2.92%）、1,2-苯二甲酸，丁基2-乙基己基酯（2.23%）、10-十八碳烯酸甲酯（1.45%）、1,3,5-三环戊基苯（1.44%）等。冯蕾等（2009）分析的白花丹参干燥根精油的主要成分为：蛇麻烷（27.78%）、合铁锈醇（26.13%）、1R-[1α.(R*),4a,8aα]-α-乙烯基十氢-α,5,5,8a-四甲基-2-亚甲基，1-萘丙醇（17.37%）、四氢除虫菊酮（1.31%）、7-异丙基-1,1,4a-三甲基-1,2,3,4,4a,9,10,10a-八氢菲内酯（1.23%）、顺-八氢-2-(1H)萘酮（1.21%）等；紫花丹参根精油的主要成分为：合铁锈醇（44.39%）、7-异丙基-1,1,4a-三甲基-1,2,3,4,4a,9,10,10a-八氢菲内酯（23.41%）、苯乙醛（2.74%）、8-己基-十五烷（2.28%）、2,4-二叔丁基苯酚（2.08%）、大根香叶烯D（1.12%）等。

**茎：**冯蕾等（2010）用水蒸气蒸馏法提取的山东泰安产白花丹参茎精油的主要成分为：大根香叶烯D（14.50%）、石竹烯（10.09%）、乙酸异龙脑酯（2.22%）、苯乙醛（1.88%）、1-甲基-1-乙基-2,4-双-(1-甲基乙烯基)-环己烷（1.65%）、沉香醇（1.65%）、草烷-1,6二烯-3-醇（1.52%）、δ-杜松烯（1.15%）等。

全草：陈燕文等（2017）超声辅助石油醚萃取法提取的山东济南产丹参盛花期干燥地上部分精油的主要成分为：4,4,6a,6b,8a,11,12,14b-八甲基-十八氢-2H-亚环庚-3-烯-3-酮（12.80%）、β-石竹烯氧化物（11.63%）、正二十七烷（5.26%）、十六烷酸乙酯（5.01%）、正二十四烷（4.78%）、亚油酸甲酯（4.36%）、异植醇（4.19%）、正二十六烷（1.99%）、齐墩果酸（1.91%）、β-石竹烯（1.85%）、3-甲基-2-丁烯酸-3-十三烷基酯（1.80%）、棕榈醛（1.79%）、鲨烯（1.70%）、熊果-9(11),12-二烯-3-酮（1.62%）、2,6,6-三甲基-双环[3.1.1]庚烷（1.40%）、6,10,14-三甲基-2-十五烷酮（1.36%）、植醇（1.24%）、正二十一烷（1.09%）、油酸甲酯（1.09%）、1,3-双（1,1-二甲基乙基)苯（1.03%）、豆甾-3,5-二烯（1.02%）等。

叶：冯蕾等（2010）用水蒸气蒸馏法提取的山东泰安产白花丹参叶精油的主要成分为：大根香叶烯D（15.93%）、2,4-二叔丁基苯酚（10.58%）、(+)-环异洒剔烯（3.20%）、草烷-1,6二烯-3-醇（2.33%）、异石竹烯（2.14%）、4-羟基-2-甲氧基苯乙烯（1.40%）等。

花：冯蕾等（2010）用水蒸气蒸馏法提取的山东泰安产白花丹参花精油的主要成分为：石竹烯（21.21%）、大根香叶烯D（15.85%）、葎草烯（6.93%）、侧柏烯（5.30%）、香叶基丙酮（3.11%）、乙酸异龙脑酯（2.81%）、蒎烯（2.07%）、环丁烷并[1,2：3,4]二环戊烯（1.99%）、1-甲基-1-乙基-2,4-双-(1-甲基乙烯基)-环己烷（1.95%）、松萜（1.89%）、沉香醇（1.83%）、2-甲基苯乙酮（1.57%）、(+)-环异洒剔烯（1.04%）等。

【利用】根入药，为强壮性通经剂，有祛瘀、生新、活血、调经等效用，主治子宫出血、月经不调、血瘀、腹痛、经痛、经闭；对治疗冠心病有良好效果；亦治神经性衰弱失眠、关节痛、贫血、乳腺炎、淋巴腺炎、关节炎、疮疖痛肿、丹毒、急慢性肝炎、肾盂肾炎、跌打损伤、晚期血吸虫病肝脾肿大、癫痫；外用可洗漆疮。嫩叶可作蔬菜食用。

## 康定鼠尾草

*Salvia prattii* Hemsl.

**唇形科　鼠尾草属**

**分布：** 四川、青海

【形态特征】多年生直立草本；根部肥大。茎高达45 cm，不分枝，略被疏柔毛。茎生叶较少，几全部为基生叶，均具长柄，叶片长圆状戟形或卵状心形，长3.5～9.5 cm，宽2～5.3 cm，先端钝，基部心形或近戟形，边缘有不整齐的圆齿，纸质，两面被微硬伏毛，密被深紫色腺点。轮伞花序2～6花，于茎顶排列成总状花序；苞片椭圆形或倒卵形，先端突尖，全缘，叶面被微硬毛，叶背有紫色脉纹和柔毛。花萼钟形，外被长柔毛，具深紫色腺点，二唇形。花冠红色或青紫色，长4～5 cm，外面被柔毛，冠檐二唇形。花柱伸出花冠之外。花盘环状。小坚果倒卵圆形，长3 mm，顶端圆，黄褐色，无毛。花期7～9月。

【生长习性】生于山坡草地上，海拔3750～4800 m。以日照充足、通风良好、排水良好的砂质壤土或土质深厚壤土为佳。

【精油含量】水蒸气蒸馏花的得油率为0.42%。

【芳香成分】毕森等（2010）用水蒸气蒸馏法提取的青海玉树产康定鼠尾草花精油的主要成分为：二苯胺（21.53%）、芳樟醇（9.87%）、2-丙酮基-3-蒈烯（7.53%）、1,3,3-三甲基-2-丁酮-环己二烯（5.09%）、杜松二烯（4.07%）、西柏三烯-酮（2.85%）、1,3,7,7-四甲基-六氢化-苯并吡喃（2.81%）、1-甲基-5-甲撑-8-异丙基-环癸二烯（2.42%）、α-杜松醇（2.12%）、斯巴醇（2.04%）、α-香柠檬烯（1.91%）、四氢-咔哒烯（1.87%）、异橄香烯（1.57%）、α-松油醇（1.54%）、乙酸龙脑酯（1.53%）、萜烯醇（1.47%）、樟脑（1.45%）、棕榈酸（1.36%）、蓝桉醇（1.23%）、γ-橄香烯（1.20%）、降姥鲛-2-酮（1.03%）等。

【利用】全草为临床常用药，具有活血祛瘀、调经止痛、清热安神等功效，有着抗菌、消炎、活血化瘀、促进伤口愈合等作用。

## 蓝花鼠尾草

*Salvia farinacea* Benth.

**唇形科　鼠尾草属**

**别名：** 粉萼鼠尾草、一串蓝、蓝丝线

**分布：** 原产北美、北京等地有引种栽培

【形态特征】多年生草本，高度30～60 cm，植株呈丛生状，植株被柔毛。茎为四角柱状，且有毛，下部略木质化，呈亚低木状。叶对生，长椭圆形，长3～5 cm，灰绿色，叶面有凹凸状织纹，且有折皱，灰白色，香味刺鼻浓郁。具有长穗状花序，长约12 cm，花小，紫色，花量大。花期夏季。

【生长习性】喜温暖、湿润和阳光充足环境，耐寒性强、怕

炎热、干燥。宜在疏松、肥沃且排水良好的砂壤土中生长。发芽土温20～23℃，生长适温18～23℃。

【芳香成分】李小龙等（2014）用动态顶空采集法提取的北京延庆产蓝花鼠尾草新鲜花香气的主要成分为：2-乙基-1-己醇（42.39%）、戊醛（14.49%）、乙醛（9.07%）、2-乙基己醛（6.98%）、2-甲基戊酸丁酯（5.82%）、β-月桂烯（5.66%）、7-甲基-十三烷（5.16%）、壬醛（4.10%）、甲苯（4.00%）、对二甲苯（3.87%）、辛醛（3.84%）、2-辛烯（4.43%）、α,α-二甲基苯甲醇（3.34%）、3-庚酮（3.24%）、庚醛（3.11%）、4-异丙基甲苯（2.88%）、乙苯（2.81%）、2-庚烯醛（2.75%）、癸烷（2.68%）、苯甲醛（2.65%）、三甲基乙酸对硝基苯酯（2.61%）、2-甲基丁腈（2.48%）、十六烷（2.45%）、十三烷（2.42%）等。

【利用】盆栽适用于花坛、花境和园林景点的布置，也可点缀岩石旁、林缘空隙地。

## 荔枝草

*Salvia plebeia* R. Br.

**唇形科　鼠尾草属**

**别名：**波罗子、凤眼草、隔冬青、过冬青、沟香薷、鼓胀草、蛤蟆草、黑紫苏、蚧肚草、赖师草、癞子草、癞团草、癞肚皮棵、癞疙宝草、癞头草、癞蛤蟆草、癞肚子苗、麻鸡婆草、毛苦菜、荠苎、荠苧、青蛙草、山茴香、天明精、土犀角、雪见草、雪里青、野茄子、野猪菜、野芝麻、野芥菜、猪婆草、皱皮葱、皱皮草、皱皮大菜、旋涛草、泽泻

**分布：**除西藏、新疆、青海、甘肃外，全国各地

【形态特征】一年生或二年生草本；主根肥厚。茎直立，高15～90 cm，粗壮，多分枝，被向下的灰白色疏柔毛。叶椭圆状卵圆形或椭圆状披针形，长2～6 cm，宽0.8～2.5 cm，先端钝或急尖，基部圆形或楔形，边缘具圆齿、牙齿或尖锯齿，草质，叶面被稀疏的微硬毛，叶背被短疏柔毛，余部散布黄褐色腺点。轮伞花序6花，多数，在茎、枝顶端密集组成总状或总状圆锥花序；苞片披针形，全缘。花萼钟形，散布黄褐色腺点，二唇形。花冠淡红色、淡紫色、紫色、蓝紫色至蓝色，稀白色，长4.5 mm，冠檐二唇形。花盘前方微隆起。小坚果倒卵圆形，直径0.4 mm，成熟时干燥，光滑。花期4～5月，果期6～7月。

【生长习性】生于山坡、路旁、沟边、田野潮湿的土壤上，海拔可至2800 m。

【精油含量】水蒸气蒸馏干燥全草的得油率为0.19%。

【芳香成分】卢汝梅等（2008）用水蒸气蒸馏法提取的广西崇左产荔枝草干燥全草精油的主要成分为：β-桉叶醇（22.55%）、γ-桉叶醇（10.91%）、(-)-去氢白菖蒲烯（7.40%）、沉香螺醇（5.41%）、β-杜松烯（4.78%）、γ-杜松烯（3.30%）、石竹烯（2.95%）、α-古芸烯（2.01%）、α-荜澄茄油烯（1.97%）、α-紫穗槐烯（1.94%）、玷㶲烯（1.91%）、(-)-匙叶桉油烯醇（1.82%）、正十六烷酸（1.72%）、1,6-二甲基-4-异丙基萘（1.50%）、1,5,5-三甲基-(6E)-6-[(2E)-2-丁二烯基]-1-环己烯（1.28%）、1,2,3,4,4a,7-六氢-1,6-二甲基-4-异丙基萘（1.15%）、(-)-别香树烯（1.06%）、γ-古芸烯（1.01%）等。

【利用】全草入药，民间广泛用于治疗跌打损伤、无名肿毒、流感、咽喉肿痛、小儿惊风、吐血、鼻衄、乳痈、淋巴腺炎、哮喘、腹水肿胀、肾炎水肿、疔疮疖肿、痔疮肿痛、子宫脱出、尿道炎、高血压、一切疼痛及胃癌等症。

## 墨西哥鼠尾草

*Salvia leucantha* Cav.

**唇形科　鼠尾草属**
**别名：**紫绒鼠尾草
**分布：**各地有引种栽培

【形态特征】为多年生草本，株高约30～70 cm，茎直立多分枝，茎基部稍木质化。叶对生，披针形，上具绒毛，有香气。轮伞花序，顶生，花白至紫色，具绒毛。花期秋季，果期冬季。

【生长习性】全日照。生长适温18～26℃。喜疏松、肥沃的壤土，喜湿润。

【精油含量】水蒸气蒸馏干燥带花全草的得油率为0.21%。

【芳香成分】王会利等（2014）用水蒸气蒸馏法提取的云南昆明产墨西哥鼠尾草干燥带花全草精油的主要成分为：十六烷酸乙酯（6.50%）、1,8-桉叶素（6.10%）、3,7-愈创二烯（4.69%）、反式-β-金合欢烯（4.49%）、大香叶烯D（4.21%）、β-石竹烯（3.50%）、十四碳烯（2.86%）、去氢白菖烯（2.71%）等。

【利用】适于公园、庭园、路边、花坛栽培观赏，也可作干花和切花。

## 南欧丹参

*Salvia sclarea* Linn.

**唇形科　鼠尾草属**
**别名：**莲座鼠尾草、香紫苏、香丹参、麝香丹参
**分布：**陕西、河南、河北等省有栽培

【形态特征】多年生草本，株高1.5～2 m，全株被短绒毛，有强烈龙涎香气。单叶对生，卵圆形至长椭圆形，绉缩，边缘有锯齿。轮伞花序，花紫红色，花冠筒内有一毛环。小坚果圆形，光滑。

【生长习性】耐寒，耐旱，耐瘠薄。幼苗能抗-8～-10℃低温。

【精油含量】水蒸气蒸馏全株的得油率为0.10%～1.50%，新鲜花序的得油率为0.10%～0.12%。

【芳香成分】**全草：**李智宇等（2011）用水蒸气蒸馏法提取的南欧丹参全草精油的主要成分为：乙酸芳樟酯（15.11%）、芳樟醇（9.32%）、乙酸橙花酯（6.02%）、橙花醇（5.89%）、香紫苏醇（4.85%）、顺式-β-罗勒烯（4.14%）、α-月桂烯（3.52%）、甲酸芳樟酯（2.63%）、甲酸香叶酯（2.43%）、1,8-桉叶素（2.26%）、α-葎草烯（1.62%）、β-蒎烯（1.51%）、萜品油烯（1.50%）、乙酸薰衣草酯（1.36%）、α-蒎烯（1.29%）、β-波旁烯（1.29%）、斯巴醇（1.19%）、氧化石竹烯（1.15%）、δ-荜澄茄烯（1.13%）、β-桉叶醇（1.09%）、反式-石竹烯（1.07%）等。

**花：**翟周平（2002）用陕西产南欧丹参新鲜花序精油的主要成分为：乙酸芳樟酯（65.023%）、芳樟醇（16.982%）、β-桉叶油醇（2.96%）、α-松油醇（2.79%）、乙酸香叶酯异构体（1.74%）、β-荜澄烯（1.40%）、香附烯（1.12%）、β-石竹烯（1.03%）等。

【利用】全草提取的精油为我国允许使用的食用香料，主要用于配制食用香精；广泛应用于日用化妆品、食品、配酒、软饮料以及烟草等高档香精的加香中。

## 撒尔维亚

*Salvia officinalis* Linn.

**唇形科　鼠尾草属**
**别名：**鼠尾草、药用鼠尾草、洋苏叶
**分布：**我国有栽培

【形态特征】多年生草本；根木质。茎直立，基部木质，四棱形，被白色短绒毛，多分枝。叶片长圆形或卵圆形，长1～8 cm，宽0.6～3.5 cm，先端锐尖或突尖，稀有变锐尖，基部圆形或近截形，边缘具小圆齿，坚纸质，两面具细皱，被白色短绒毛。轮伞花序2～18花，组成顶生长4～18 cm的总状花序；

最下部苞片叶状，上部的宽卵圆形，先端渐尖，基部圆形。花萼钟形，脉上及边缘被短绒毛，余部满布金黄色腺点，多少带紫色。花冠紫色或蓝色，长1.8～1.9 cm，外被短绒毛，冠檐二唇形。花柱外伸。花盘前方稍膨大。小坚果近球形，径约2.5 mm，暗褐色，光滑。花期4～6月。

【生长习性】以日照充足、通风良好、排水良好的砂质壤土或土质深厚壤土为佳。

【精油含量】水蒸气蒸馏叶或全草的得油率为0.11%～1.32%；溶剂萃取叶或全草的得油率为4.90%；超临界萃取的叶或全草的得油率为2.20%。

【芳香成分】赵文军等（2007）用水蒸气蒸馏法提取的新疆产撒尔维亚阴干全草精油的主要成分为：α-崖柏酮（46.36%）、樟脑（20.13%）、1,8-桉树脑（5.94%）、β-崖柏酮（5.76%）、泪柏醇（3.62%）、α-蒎烯（3.47%）、香橙烯（2.97%）、莰烯（2.91%）、冰片（1.47%）、α-葎草烯（1.35%）等。

【利用】全草可提取精油，精油主要用于调味品、食品的调味和加香，也可用作化妆品香精。叶的浸液作咽喉炎的嗽剂。

## 皖鄂丹参

*Salvia paramiltiorrhiza* H. W. Li et X. L. Huang

**唇形科　鼠尾草属**
**别名：**皖鄂鼠尾草、拟丹参
**分布：**安徽、湖北等地

【形态特征】一年生或二年生草本。花萼二唇形。花冠黄色，冠檐二唇形。花盘前面略膨大或近等大。子房4全裂。小坚果卵状三棱形或长圆状三棱形，无毛，光滑。花期5～6月，果期6～7月。

【生长习性】生于低海拔的山坡、灌丛或草丛中。

【芳香成分】何方奕（1997）用同时蒸馏萃取法提取的安徽阜阳产皖鄂丹参干燥全草精油的主要成分为：表-2-布布基尔酮（19.30%）、去氢白菖烯（7.72%）、δ-荜澄茄烯（6.75%）、(+)-δ-瑟林烯（4.26%）、α-木罗烯（3.69%）、α-玷理烯（2.82%）、α-依兰烯（2.18%）、喇叭茶萜醇（1.92%）、2-异丙基-5-甲基-9-亚甲基-二环[4.4.0]癸-1-烯（1.84%）、菲（1.78%）、卡达烯（1.76%）、α-雪松烯（1.66%）、反-石竹烯（1.36%）、5-羟基卡拉烯（1.29%）、芳樟醇（1.28%）、γ-荜澄茄烯（1.26%）、α-荜澄茄油烯（1.17%）、(-)-橙花叔醇（1.11%）、α-葎草烯（1.02%）等。

【利用】根、茎部分是临床上常用的中药，能清热凉血、祛淤止痛、活血通经、清心除烦，常用于治疗心绞痛、冠心病、风湿等疾病；在民间还用于治疗痔疮。

## 紫背贵州鼠尾草

*Salvia cavaleriei* Levl. var. *erythrophylla* (Hemsl.) Stib.

**唇形科　鼠尾草属**
**别名：**紫背鼠尾草、紫参、毛丹参、女菀
**分布：**湖北、四川、广西、陕西、湖南、云南

【形态特征】贵州鼠尾草变种。一年生草本。茎单一或基部多分枝，高12～32 cm，细瘦，四棱形，青紫色，上部略被微柔毛。叶大多数基出，常为1～2对羽片的羽状复叶，稀为单叶，边缘具整齐的粗圆齿或圆齿状牙齿，叶背紫色，两面被疏柔毛，稀近无毛，叶柄常被开展疏柔毛。轮伞花序2～6花，疏离，组成顶生总状花序，或总状花序基部分枝而成总状圆锥花序；苞片披针形，全缘，带紫色，近无毛。花萼筒状，二唇形。花冠暗紫或白色，冠檐二唇形，上唇长圆形，先端微缺。花柱微伸出花冠，先端不相等2裂，后裂片较短。花盘前方略膨大。小坚果长椭圆形，长0.8毫mm，黑色，无毛。花期7～9月。

【生长习性】生于林下、路旁、草坡，海拔700～2000 m。

【精油含量】水蒸气蒸馏干燥全草的得油率为0.25%。

【芳香成分】蔡亚玲等（2006）用水蒸气蒸馏法提取的湖北建始产紫背贵州鼠尾草干燥全草精油的主要成分为：植醇（5.70%）、喇叭烯（5.65%）、[1S-(1α,4aα,8aα)]-1,2,4a,5,8,8a-六氢-4,7-二甲基-1-(1-甲基乙基)-萘烯（3.72%）、别香木兰烯（2.81%）、β-丁香烯（2.77%）、δ-愈创木烯（2.57%）、二苯胺（2.56%）、吉玛-1(10),4(14),11-三烯-5β-醇（2.32%）、α-没药烯（2.18%）、4-(2,6,6-三甲基-1-环己烯-1-烷)-3-丁烯-2-酮（2.10%）、杜松烯（1.92%）、愈创木醇（1.67%）、γ-杜松烯（1.66%）、1,1,4a-三甲基-7-异丙基-1,2,3,4,4a,9,10,10a-八氢菲（1.62%）、α-石竹烯（1.59%）、β-没药烯（1.45%）、2-异丙烯基-4α,8-二甲基-1,2,3,4,4α,5,6,7-并苯烯（1.36%）、α-檀香醇（1.31%）、芹子-4,11-二烯（1.14%）、α-芹子烯（1.12%）等。

【利用】全草具有调经活血、化瘀止痛的功效。

## 水棘针

*Amethystea caerulea* Linn.

**唇形科　水棘针属**
**别名：**土荆芥、细叶山紫苏
**分布：**吉林、辽宁、内蒙古、河北、河南、山东、山西、陕西、甘肃、新疆、安徽、湖北、四川、云南

【形态特征】一年生草本，基部有时木质化，高0.3～1 m，呈金字塔形分枝。茎四棱形，紫色，灰紫黑色或紫绿色，被疏柔毛或微柔毛。叶柄紫色或紫绿色，具狭翅；叶片纸质或近膜质，三角形或近卵形，3深裂，稀不裂或5裂，裂片披针形，叶面绿色或紫绿色，被疏微柔毛或几无毛，叶背略淡，无毛。花序为由松散具长梗的聚伞花序所组成的圆锥花序；苞叶与茎叶同形，变小；小苞片微小，线形，具缘毛。花萼钟形，外面被乳头状突起及腺毛。花冠蓝色或紫蓝色，冠檐二唇形。雄蕊4。

花盘环状。小坚果倒卵状三棱形，背面具网状皱纹，腹面具棱。花期8～9月，果期9～10月。

【生长习性】生于田边旷野、河岸沙地、开阔路边及溪旁，海拔200～3400 m。

【芳香成分】赵淑春等（1992）用索氏法提取的水棘针种子精油的主要成分为：二十碳二烯酸（41.60%）、十八碳酸乙酯（19.34%）、十六碳酸（7.58%）、十六碳酸乙酯（7.58%）、γ-榄香烯（2.78%）、1-十七碳烯（2.07%）等。

【利用】全草具有疏风解表、宣肺平喘之功效，用于治疗感冒、咳嗽气喘。

## 山菠菜

*Prunella asiatica* Nakai

**唇形科　夏枯草属**

**别名：** 灯笼头

**分布：** 黑龙江、吉林、辽宁、山西、山东、江苏、浙江、安徽、江西

【形态特征】多年生草本，具有匍匐茎；茎多数，从基部发出，高20～60 cm，钝四棱形，具疏柔毛，紫红色。茎叶卵圆形或卵圆状长圆形，长3～4.5 cm，宽1～1.5 cm，先端钝或近急尖，基部楔形或渐狭，叶面绿色，叶背淡绿色；花序下方的1～2对叶较狭长，近于宽披针形。轮伞花序6花，聚集于枝顶组成长3～5 cm的穗状花序，每一轮伞花序下方均承以苞片；苞片向上渐变小，扁圆形，宽大，先端染红色。花萼先端红色或紫色，陀螺状。花冠淡紫或深紫色，冠筒中部以上骤然增大，冠檐二唇形。雄蕊4。花盘近平顶。子房棕褐色。小坚果卵珠状，长1.5 mm，宽1 mm，棕色。花期5～7月，果期8～9月。

【生长习性】生于路旁、山坡草地、灌丛及潮湿地上，海拔可达1700 m。

【芳香成分】王海波等（1994）用水蒸气蒸馏法提取的江西天目山产山菠菜干燥果穗精油的主要成分为：十六烷酸（51.52%）、1,6-环癸酮二烯（11.22%）、9,17-十八碳二烯（6.81%）、9,12-十八碳二烯酸（3.81%）、6,10-二甲苯-2-十一烷酮（3.11%）、三十六烷（2.11%）、新植二酸（1.96%）、硫代硫酸（1.85%）、3,7,11,15-三甲基-2-十六烷-1-醇（1.58%）、1,2-苯甲二酸二丁酯（1.55%）、α-木罗烯（1.36%）、十四碳酸（1.23%）、顺-石竹烯（1.04%）等。

【利用】全草入药，江苏民间用作利尿、降血压、治淋病及瘰病。可当茶饮。

## 夏枯草

*Prunella vulgaris* Linn.

**唇形科　夏枯草属**

**别名：** 棒槌草、百花草、滁州夏枯草、春夏枯、大头花、灯笼草、牯牛岭、古牛草、金疮小草、榔头草、毛虫药、麦穗夏枯草、牛低头、乃东、丝线吊铜钟、铁线夏枯草、铁线夏枯、铁色草、土枇杷、夏枯头、夕句、小本蛇药草、燕面、羊蹄尖

**分布：** 陕西、甘肃、新疆、河南、湖北、湖南、江西、浙江、福建、台湾、广东、广西、云南、贵州、四川、山东、山西、安徽、西藏

【形态特征】多年生草木；根茎匍匐。茎高20～30 cm，下部伏地，自基部多分枝，钝四棱形，其浅槽，紫红色。茎叶卵状长圆形或卵圆形，长1.5～6 cm，宽0.7～2.5 cm，先端钝，基部圆形、截形至宽楔形，下延至叶柄成狭翅，边缘具不明显的波状齿或几近全缘，草质，叶面橄榄绿色，叶背淡绿色；花序下方的一对苞叶似茎叶。轮伞花序密集组成顶生的穗状花序，每一轮伞花序下承以苞片；苞片宽心形，膜质，浅紫色。花萼钟形，筒倒圆锥形。花冠紫、蓝紫或红紫色，冠檐二唇形。雄蕊4。花盘近平顶。小坚果黄褐色，长圆状卵珠形，长1.8 mm，宽约0.9 mm，微具沟纹。花期4～6月，果期7～10月。

【生长习性】生于荒坡、草地、溪边及路旁等湿润地上，海拔高可达3000 m。适应性较强，喜温暖湿润和阳光充足环境，略耐阴。对土壤要求不严，以疏松、肥沃和排水良好的砂质壤

土为宜。

【精油含量】水蒸气蒸馏全草的得油率为0.31%。

【芳香成分】**全草**：贺莉娟等（2007）用水蒸气蒸馏法提取的夏枯草全草精油的主要成分为：薄荷酮（25.99%）、紫苏醛（7.05%）、麝香草酚（5.01%）、β-异丙基苯（4.94%）、胡薄荷酮（2.06%）、香芹酚（1.87%）、土曲霉酮（1.75%）、石竹烯（1.74%）、广藿香醇（1.60%）、桉油精（1.01%）等。

**果穗**：王海波等（1994）用同法分析的上海产夏枯草干燥果穗精油的主要成分为：十六烷酸（17.16%）、1,6-环癸酮二烯（10.94%）、三十六烷（4.04%）、2,6,10-三甲苯十二烷酮（2.82%）、新植二酸（2.60%）、正二十一烷（2.22%）、十二醛（2.07%）、IsochiapinB（2.06%）、9,12-十八碳二烯酸（1.95%）、1,1'-二氧十二烷（1.95%）、1,2-苯甲二酸二丁酯（1.29%）等。

【利用】全株入药，治中风、筋骨痛及肝病。果穗入药，有清肝、散结功效，用于治疗瘰疬、瘿瘤、乳痈、乳癌、目痛、头目眩晕、甲亢、甲状腺癌、急性黄疸型肝炎、血崩、带下等。盆栽观赏。果穗可泡茶饮，能祛暑散热、降压、明目。嫩茎叶可作蔬菜食用。

## 硬毛夏枯草

*Prunella hispida* Benth.

**唇形科　夏枯草属**

**分布：**云南、四川

【形态特征】多年生草本，具密生须根的匍匐地下根茎。茎直立，基部常伏地，高15～30 cm，钝四棱形，具条纹，密被扁平的具节硬毛。叶卵形至卵状披针形，长1.5～3 cm，宽1～1.3 cm，先端急尖，基部圆形，边缘具浅波状至圆齿状锯齿，两面均密被具节硬毛。轮伞花序通常6花，多数密集组成顶生的穗状花序，每一轮伞花序其下承以苞片，苞片宽大，近心脏形，膜质。花萼紫色，管状钟形。花冠深紫至蓝紫色，冠檐二唇形。雄蕊4，伸出于冠筒。花柱丝状。花盘近平顶。子房棕褐色，无毛。小坚果卵珠形，长1.5 mm，宽1 mm，背腹略扁平，顶端浑圆，棕色，无毛。花果期6月至翌年1月。

【生长习性】生于路旁，林缘及山坡草地上，海拔1500～3800 m。

【芳香成分】王海波等（1994）用水蒸气蒸馏法提取的云南丽江产硬毛夏枯草干燥果穗精油的主要成分为：十六烷酸（34.85%）、9,12-十八碳二烯酸（10.84%）、3,7,11,15-四甲基-2-十六烷-1-醇（5.82%）、1,2-苯甲二酸二丁酯（2.15%）、环己醇（2.07%）、6,10-二甲苯-2-十一烷酮（2.01%）、正三十六烷（1.61%）等。

【利用】全草具清肝、散结等功效，在民间广泛作为夏枯草的代用品。

## 川藏香茶菜

*Rabdosia pseudoirrorata* C. Y. Wu

**唇形科　香茶菜属**

**分布：**四川、西藏

【形态特征】丛生小灌木，高30～50 cm，极多分枝。幼枝四棱形，具条纹，带褐色，被贴生极短柔毛，老枝近圆柱形，浅灰褐色，脱皮。茎叶对生，长圆状披针形或卵形，长0.7～2.5 cm，宽0.6～1.5 cm，先端钝，基部渐狭成楔形，边缘在中部两边有4～6圆齿状锯齿，坚纸质，叶面榄绿色，叶背较淡，两面密被贴生极短柔毛及腺体。聚伞花序生于茎枝上部渐变小的苞叶或苞片腋内，3～7花；下部苞叶与茎叶同形，向上渐变小而全缘，小苞片卵形或线形。花萼钟形，外被短柔毛及腺点。花冠浅紫色，外被短柔毛，冠檐二唇形。雄蕊4。花盘环状。小坚果卵状长圆形，灰白色。花果期7～9月。

【生长习性】生于山坡林缘、碎石间、石岩上或灌丛中，海拔3300～4300 m。

【精油含量】水蒸气蒸馏全草的得油率为0.30%。

【芳香成分】李兆琳等（1990）用水蒸气蒸馏法提取的西藏产川藏香茶菜全草精油的主要成分为：十六烷酸（18.00%）、9-十七烷醇（11.00%）、贝壳杉-16-醇（10.30%）、2',5'-二甲基巴豆苯酮（8.00%）、2-氧化硬脂酸甲酯（5.30%）、9-辛基十七烷（3.50%）、邻苯二甲酸二丁酯（2.70%）、10-甲基-10-己基二十烷（2.60%）、二十三烷（2.30%）、苯甲酸苄酯（2.10%）、间甲氧基苯乙酮（2.00%）、水合桧烯（1.70%）、3-己烯醛（1.53%）等。

【利用】叶及花入药，有驱蛔虫、祛翳之效。

## 大萼香茶菜

*Rabdosia macrocalyx* (Dunn) Hara

**唇形科　香茶菜属**

**分布：**安徽、江苏、浙江、江西、福建、湖南、广东、广西、台湾等地

【形态特征】多年生草本；根茎木质，疙瘩状。茎直立，高0.4～1.5 m，下部近圆柱形，上部钝四棱形，被贴生的微柔毛。茎叶对生，卵圆形，长5～15 cm，宽2～8.5 cm，先端长渐尖，基部宽楔形，骤然渐狭下延，边缘在基部以上有整齐的圆齿状锯齿，齿尖具硬尖，坚纸质，叶面榄绿色，叶背淡绿色，散布淡黄色腺点。总状圆锥花序长6～15 cm，顶生及在茎上部叶腋内腋生，排列成尖塔形的复合圆锥花序；苞叶卵圆形，向上渐变小，苞片及小苞片线形。花萼宽钟形。花冠浅紫、紫或紫红色，外疏被短柔毛及腺点。雄蕊4。花盘环状。成熟小坚果卵球形，长约1.5 mm，褐色，无毛。花期7～8月，果期9～10月。

【生长习性】生于林下、灌丛中、山坡或路旁等处，海拔600～1700 m。

【精油含量】水蒸气蒸馏阴干全草的得油率为0.41%。

【芳香成分】石浩等（2002）用水蒸气蒸馏法提取的浙江天目山产大萼香茶菜阴干全草精油的主要成分为：邻苯二甲酸二丁酯（27.87%）、邻苯二甲酸二异丁酯（5.29%）、2,4-二(1-苯乙基)苯酚（4.11%）、N-苯基-1-萘胺（4.09%）、2-甲氧基-4-乙烯基-苯酚（4.06%）、植醇（2.88%）、2-(1-苯乙基)-苯酚（2.69%）、(Z,Z)-9,12-十八碳二烯酸（2.57%）、(Z)-3-己烯-1-醇（1.99%）、里哪醇（1.75%）、1-辛烯-3-醇（1.43%）、苯乙醇（1.40%）、苯并噻唑（1.25%）、十八酸（1.19%）、苄醇（1.10%）等。

【利用】民间用全草作清热、消炎、抗肿瘤等药用。

## 鄂西香茶菜

*Rabdosia henryi* (Hemsl.) Hara

**唇形科　香茶菜属**

**分布：**湖北、四川、陕西、甘肃、山西、河南、河北

【形态特征】多年生草本；根茎木质，有时呈疙瘩状。茎高30～150 cm，钝四棱形，具四浅槽，上部多分枝。茎叶对生，菱状卵圆形或披针形，中部者长约6 cm，宽约4 cm，向两端渐

变小，先端渐尖，顶端一齿伸长，基部在中部以下骤然收缩或近截形，下延成具渐狭长翅的假柄，边缘具圆齿状锯齿，齿尖具胼胝体，坚纸质，叶面榄绿色，叶背淡绿色。圆锥花序顶生于侧生小枝上，长6～15 cm，由聚伞花序组成，具3～5花；苞叶叶状，苞片及小苞片线状披针形，微小。花萼宽钟形。花冠白或淡紫色，具紫斑。雄蕊4。花盘环状。成熟小坚果扁长圆形，长约1.3 mm，褐色，无毛，有小疣点。花期8～9月，果期9～10月。

【生长习性】生于谷地、山坡、林缘、溪边、路旁，海拔260～2600 m。

【精油含量】水蒸气蒸馏叶的得油率为0.16%～0.70%，花的得油率为0.80%，果实的得油率为0.14%。

【芳香成分】**叶：**田光辉等（2005）用水蒸气蒸馏法提取的陕西太白山产鄂西香茶菜叶精油的主要成分为：3-烯丙基-6-甲氧基苯酚（14.53%）、(3A)-3-(2-亚丙烯基)-1-环丁烯（12.25%）、1-辛烯-3-醇（10.90%）、乙酸乙酯（5.93%）、苯乙醛（2.37%）、苯甲醇（2.20%）、海松-7,15-二烯-3-醇（1.62%）、β-里哪醇（1.60%）、3-己烯-1-醇（1.55%）、苯乙醇（1.49%）、石竹烯氧化物（1.41%）等。

**花：**田光辉等（2005）用水蒸气蒸馏法提取的陕西太白山产鄂西香茶菜花精油的主要成分为：(3β)-乙酰氧基雄甾-5-烯-7-酮（12.36%）、甲苯（5.12%）、(13R)-赖百当-8,13-二醇-14-烯（5.00%）、1-丁醇（4.13%）、苯乙醇（2.27%）、3-[2-(5-羟甲基-5,9a-二甲基-2-乙烯基十氢-1-萘基)乙基]-3-丁烯-1-醇（2.16%）、乙酸乙酯（2.04%）、7-异丙基-1,1,4a-三甲基-1,2,3,4,4a,9,10,10a-八氢化菲（1.76%）、对薄荷-1-烯-4-醇（1.73%）、石竹烯氧化物（1.58%）、(13R)-8,13-环氧赖百当-14-烯（1.56%）、1-辛烯-3-醇（1.42%）、β-里哪醇（1.41%）、8,13-环氧赖百当-14-烯-3-酮（1.31%）等。

**果实：**田光辉等（2005）用水蒸气蒸馏法提取的陕西太白山产鄂西香茶菜果实精油的主要成分为：对薄荷-1-烯-4-醇（7.03%）、甲苯（6.38%）、磷酸三丁酯（6.37%）、石竹烯氧化物（5.85%）、苯乙醛（4.93%）、乙酸乙酯（3.66%）、亚麻酸（3.49%）、香豆冉（3.43%）、海松-7,15-二烯-3-醇（3.29%）、邻氨基苯甲酸-1,5-二甲基-1-乙烯基-4-己烯酯（2.51%）、正十六碳酸（2.41%）、1-辛烯-3-醇（2.29%）、苯乙醇（1.97%）、丁子香酚（1.93%）、苯乙酮（1.92%）、对薄荷-1-烯-8-醇（1.77%）、石竹烯（1.29%）、瓜菊酮（1.29%）、7-异丙基-1,1,4a-三甲基-1,2,3,4,4a,9,10,10a-八氢化菲（1.03%）等。

【利用】全草具有抗菌、消炎等作用，民间用于治疗急性黄疸型肝炎、急性胆囊炎、跌打损伤、毒蛇咬伤、脓疱疹等。

## 蓝萼毛叶香茶菜

*Rabdosia japonica* (Burm.f.) Hara var. *glaucocalyx* (Maxim.) Hara

**唇形科　香茶菜属**

**别名：**蓝萼香茶菜、山苏子、回菜花

**分布：**黑龙江、吉林、辽宁、山东、河北、山西

【形态特征】毛叶香茶菜变种。多年生草本；根茎木质，粗大。茎直立，高0.4～1.5 m，钝四棱形，具四槽及细条纹，多分枝，分枝具花序。茎叶对生，卵形或阔卵形，长4～13 cm，宽2.5～7 cm，先端具卵形的顶齿，基部阔楔形，边缘有粗大具硬尖头的钝锯齿，坚纸质，叶面暗绿色，叶背淡绿色，疏被短柔毛及腺点。圆锥花序在茎及枝上顶生，由具3～7花的聚伞花序组成；下部一对苞叶卵形，叶状，向上变小，小苞片微小，线形。花萼钟形，常带蓝色。花冠淡紫、紫蓝至蓝色，冠檐二唇形。雄蕊4。花盘环状。成熟小坚果卵状三棱形，长1.5 mm，黄褐色，顶端具疣状凸起。花期7～8月，果期9～10月。

【生长习性】生于山坡、路旁、林缘、林下及草丛中，海拔可达1800 m。阳性耐阴植物，略喜阴；抗寒性强，耐干旱、瘠

薄，萌蘖力强，适应性广，一般能耐-20℃的低温和 50℃的高温，适宜生长温度为 10～40℃。对土壤要求不严，土层深厚肥沃、pH 6.5～8.0的砂质壤土最适宜生长。

【精油含量】水蒸气蒸馏干燥全草的得油率为0.60%。

【芳香成分】丁兰等（2004）用水蒸气蒸馏法提取的甘肃天水产蓝萼毛叶香茶菜全草精油的主要成分为：2 -乙氧基丙烷（15.49%）、2-甲基己烷（8.06%）、水杨酸甲酯（3.58%）、甲基丁二酸双(1-甲基丙基)酯（3.08%）、丁二酸二乙基酯（2.80%）、正己烷（2.71%）、α-石竹烯（2.39%）、丁子香酚（2.30%）、2,3,3-三甲基-环丁酮（2.24%）、十六烷酸乙酯（2.13%）、6,10-二甲基-2-十一酮（2.11%）、3-羟基-1-辛烯（1.81%）、乙基环戊烷（1.75%）、亚油酸乙酯（1.68%）、(Z,Z,Z)-9,12,15-十八碳三烯酸甲酯（1.60%）、十八烷酸乙酯（1.57%）、3-乙基-戊烷（1.56%）、3,7-二甲基-1,6-辛二烯-3-醇（1.50%）、2,2,4-三甲基-戊烷（1.32%）、2,2-二甲基-己烷（1.25%）、4-(2,6,6-三甲基-1-环己烯-1-基)-3-丁烯-2-酮（1.12%）、苯二甲酸二(2-甲基丙基)酯（1.10%）等。

【利用】全草为民间常用药，具有健胃、清热解毒、活血、抗菌消炎和抗癌活性。嫩茎叶可作蔬菜食用。

## 疏花毛萼香茶菜

*Rabdosia eriocalyx* (Dunn) Hara var. *laxiflora* C. Y. Wu et H. W. Li

**唇形科　香茶菜属**
**分布：** 云南

【形态特征】毛萼香茶菜变种。多年生草本或灌木，高0.5～3 m，具匍匐茎。茎钝四棱形，具浅槽，常带紫红色，密被贴生微柔毛。叶对生，卵状椭圆形或卵状披针形，长2.5～18 cm，宽0.8～6.5 cm，先端渐尖，基部阔楔形或近圆形骤然变狭，边缘具圆齿状锯齿或牙齿，有时全缘，坚纸质，叶面榄绿色，叶背较淡。穗状圆锥花序顶生及腋生，长2.5～35 cm，到处密被白色卷曲短柔毛，由密集多花的聚伞花序组成；苞片小，线形。花萼钟形，萼齿5，卵形。花冠淡紫或紫色，冠筒基部具浅囊状突起。小坚果卵形，极小，污黄色。花期7～11月，果期11～12月。

【生长习性】生于石灰岩山上林下，海拔约1000 m。

【精油含量】水蒸气蒸馏阴干全草的得油率为0.10%。

【芳香成分】纳智（2005）用水蒸气蒸馏法提取的云南西双版纳产疏花毛萼香茶菜阴干全草精油的主要成分为：植醇（16.23%）、(Z)-3-己烯-1-醇（7.64%）、1-辛烯-3-醇（5.01%）、石竹烯（4.78%）、α-荜澄茄油烯（4.30%）、喇叭茶醇（3.34%）、(E)-3,7,11,15-四甲基-2-十六碳烯-1-醇（3.29%）、α-芹子烯（2.34%）、α-金合欢烯（2.05%）、杜松烯（1.88%）、棕榈酸（1.59%）、(E)-2-己烯-1-醇（1.39%）、角鲨烯（1.36%）、芳樟醇（1.34%）、β-榄香烯（1.33%）、α-杜松醇（1.26%）、α-石竹烯（1.19%）等。

【利用】尚未利用。有研究表明，全草可显著提高肿瘤病灶清除率。

## 内折香茶菜

*Rabdosia inflexa* (Thunb.) Hara

**唇形科　香茶菜属**
**别名：** 香薄荷、山薄荷、山薄荷香茶菜
**分布：** 吉林、辽宁、河北、河南、浙江、江苏、江西、湖南、四川、安徽、山东

【形态特征】多年生草本；根茎木质，疙瘩状。茎曲折，直立，高0.4～1.5 m，自下部多分枝，钝四棱形，具四槽，褐色，具细条纹。茎叶三角状阔卵形或阔卵形，长3～5.5 cm，宽2.5～5 cm，先端锐尖或钝，基部阔楔形，骤然渐狭下延，边缘在基部以上具粗大圆齿状锯齿，齿尖具硬尖，坚纸质，叶面橄榄绿色，叶背淡绿色。狭圆锥花序长6～10 cm，花茎及分枝顶端及上部茎叶腋内着生，整体常呈复合圆锥花序，花序由具3～5花的聚伞花序组成；苞叶卵圆形；小苞片线形或线状披针形，微小。花萼钟形。花冠淡红至青紫色，外被短柔毛及腺点。雄蕊4。花柱丝状。花盘环状。成熟小坚果未见，花期8～10月。

【生长习性】生于山谷溪旁疏林中或阳处，海拔达1200 m。

【芳香成分】杨东娟等（2009）用水蒸气蒸馏法提取的广东潮州产内折香茶菜新鲜叶精油的主要成分为：香芹酚（76.45%），其次为石竹烯（5.65%）、1-甲基-4-(1-异丙基)-1,4-环己二烯（3.68%）、2,6-二甲基-6-(4-甲基-3-戊烯基)-双环[3.1.1]-2-庚烷（2.74%）、α-石竹烯（2.13%）、1-甲基-2-(1-异丙基)-苯（1.94%）、α-杜松醇（1.52%）、酞酸二丁酯（1.46%）、氧化石竹烯（1.11%）等。

【利用】民间常用于清热、解毒、除湿、散血和治疗刀伤、烫伤、消肿痛等疾病。

## 碎米桠

*Rabdosia rubescens* (Hemsl.) Hara

**唇形科　香茶菜属**

**别名：**冬凌草、破血丹、野藿香花、山香草、雪花草、野藿香、六月令、山荏、延命草、彩花草

**分布：**湖北、陕西、甘肃、河南、河北、山西、贵州、浙江、安徽、江西、广西、湖南、四川

【形态特征】小灌木，高0.3～1.2 m。茎直立，多数，基部近圆柱形，褐色，皮层纵向剥落，上部多分枝，茎上部及分枝均四棱形，具条纹，褐色或带紫红色。茎叶对生，卵圆形或菱状卵圆形，长2～6 cm，宽1.3～3 cm，先端锐尖或渐尖，基部宽楔形，骤然渐狭下延成假翅，边缘具粗圆齿状锯齿，齿尖具胼胝体，膜质至坚纸质，叶面榄绿色，叶背淡绿色。聚伞花序3～5花，在茎及分枝顶上排列成狭圆锥花序；苞叶菱状卵圆形至披针形，向上渐变小，小苞片钻状线形。花萼钟形，明显带紫红色。花冠外疏被微柔毛及腺点。花盘环状。小坚果倒卵状三棱形，长1.3 mm，淡褐色，无毛。花期7～10月，果期8～11月。

【生长习性】生于山坡、灌木丛、林地、砾石地及路边等向阳处，海拔100～2800 m。阳性耐阴植物，略喜阴。抗寒性强，既能耐-20℃的低温，又能耐50℃的高温，适宜温度为25～30℃。耐干旱、瘠薄，适应性强，对土壤要求不严，土层深厚、土壤肥沃、pH6.5～8.0的砂质壤土最佳。

【精油含量】水蒸气蒸馏的全草的得油率在0.05%～0.56%；微波萃取的干燥全草的得油率为0.10%。

【芳香成分】刘建华等（2005）用水蒸气蒸馏法提取的贵州产碎米桠全株精油的主要成分为：1,8-桉树脑（18.95%）、α-蒎烯（4.66%）、芳樟醇（4.39%）、石竹烯氧化物（4.07%）、樟脑（3.86%）、薄荷酮（3.15%）、β-蒎烯（2.45%）、丙酸芳樟酯（2.13%）、苧烯（2.09%）、萜品烯-4-醇（2.02%）、1-辛烯-3-醇（1.95%）、水杨酸甲酯（1.77%）、α-苧酮（1.70%）、二氢鸡蛋果素Ⅱ（1.65%）、L-冰片（1.60%）、对伞花烃（1.39%）、3-辛醇（1.27%）、β-石竹烯（1.26%）、苯甲醛（1.23%）、壬醛（1.12%）、长叶薄荷酮（1.09%）等。周卿等（2012）用同法分析的贵州产碎米桠干燥全草精油的主要成分为：(S)-1-甲基-4-(5-甲基-1-亚甲基-4-己烯基)环己烯（14.90%）、α-香柑油烯（14.66%）、石竹烯（9.72%）、石竹烯氧化物（7.57%）、1-甲基-5-亚甲基-8-(1-甲基乙基)-1,6-环癸二烯（7.18%）、2,6-二甲基-6-(4-甲基-3-戊烯基)-二环[3.1.1]庚-2-烯（5.51%）、橙花叔醇（4.66%）、(E)-β-金合欢烯（3.50%）、(1Z,4Z,7Z)-1,5,9,9-四甲基-1,4,7-环十一三烯（2.61%）、莰烯（2.49%）、棕榈酸（2.48%）、R,R,R-(E)-3,7,11,15-四甲基-2-十六烯-1-醇（1.56%）、β-榄香烯（1.51%）、十六炔（1.25%）、1,5,5,8-四甲基-12-氧杂二环[9.1.0]十二碳-3,7-二烯（1.16%）、4,7-二甲基-1-(1-异丙基)-1,2,3,5,6,8a-六氢萘（1.13%）、(+)-环异萨替文烯（1.09%）、β-荜澄茄油烯（1.08%）等。

【利用】作为园林植物栽培。贵州凤岗用全草入药，治感冒头痛、风湿筋骨痛、关节痛。

## 尾叶香茶菜

*Rabdosia excisa* (Maxim.) Hara

**唇形科　香茶菜属**

**别名：** 龟叶草、狗日草、高丽花、野苏子

**分布：** 黑龙江、吉林、辽宁、河南

**【形态特征】** 多年生草本；根茎疙瘩状。茎直立，多数，高0.6～1 m，四棱形，具四槽，有细条纹，黄褐色，有时带紫色。茎叶对生，圆形或圆状卵圆形，长4～13 cm，宽3～10 cm，先端具深凹，凹缺中有一顶齿，基部宽楔形或近截形，骤然渐狭下延至叶柄，边缘在基部以上具粗大的牙齿状锯齿，齿尖具胼胝体，叶面暗绿色，叶背淡绿色，散布淡黄色腺点。圆锥花序顶生或于上部叶腋内腋生，长6～15 cm；苞叶与茎叶同形，较小，小苞片线形，微小。花萼钟形，萼齿5。花冠淡紫、紫或蓝色，外被短柔毛及腺点。花盘环状。成熟小坚果倒卵形，褐色，顶端圆，有毛和腺点。花期7～8月，果期8～9月。

**【生长习性】** 生于林缘、林荫下、路边、草地上，海拔550～1100 m。耐寒，耐瘠薄，适应性强。

**【精油含量】** 水蒸气蒸馏阴干未开花地上部分的得油率为0.10%，新鲜全草的得油率为0.19%；超临界萃取阴干全草的得油率为0.21%，新鲜全草的得油率为0.44%。

**【芳香成分】** 那微等（2005）用水蒸气蒸馏法提取的吉林临江产尾叶香茶菜阴干未开花地上部分精油的主要成分为：正十六碳酸（36.95%）、1,2-苯二酸-丁基-2-甲基丙酯（25.82%）、叶绿醇（11.13%）、十九烷（5.99%）、亚麻酸（3.63%）、香橙烯（2.80%）、棕榈酸（1.99%）、顺-4-甲基-β-环己烯醇（1.58%）、6,10,14-三甲基-2-十五烷酮（1.50%）、二丁基邻苯二甲酸（1.39%）、亚油酸（1.34%）、棕榈酸丁酯（1.27%）、十八醛（1.18%）、蓝桉醇（1.15%）、二十七烷（1.14%）、环辛烯（1.08%）等。

**【利用】** 全草精油具有抑菌作用。嫩苗、嫩梢可作蔬菜食用。

## 溪黄草

*Rabdosia serra* (Maxim.) Hara

**唇形科　香茶菜属**

**别名：**溪沟草、山羊面、台湾延胡索、大叶蛇总管

**分布：**黑龙江、吉林、辽宁、山西、河南、陕西、甘肃、四川、贵州、广西、广东、湖南、江西、安徽、浙江、江苏、台湾

**【形态特征】**多年生草本；根茎肥大。茎直立，高达2 m，钝四棱形，具四浅槽，有细条纹，带紫色；上部多分枝。茎叶对生，卵圆形或至披针形，长3.5～10 cm，宽1.5～4.5 cm，先端近渐尖，基部楔形，边缘具粗大内弯的锯齿，草质，叶面暗绿色，叶背淡绿色，散布淡黄色腺点。圆锥花序生于茎及分枝顶上，长10～20 cm；苞叶在下部者叶状，向上渐变小呈苞片状，披针形至线状披针形。花萼钟形，萼齿5。花冠紫色，冠檐二唇形。雄蕊4。花盘环状。成熟小坚果阔卵圆形，顶端圆，具腺点及白色髯毛。花果期8～9月。

**【生长习性】**常成丛生于山坡、路旁、田边、溪旁、河岸、草丛、灌丛、林下砂壤土上，海拔120～1250 m。

**【精油含量】**水蒸气蒸馏晾干茎叶的得油率为0.40%。

**【芳香成分】**黄浩等（2006）用水蒸气蒸馏法提取的江西赣南产溪黄草晾干茎叶精油的主要成分为：1,8-桉叶油素（34.99%）、金合欢醇（9.46%）、枞油烯（6.57%）、异甲基苯（5.01%）、α-葎草烯（4.97%）、孜然芹醛（4.95%）、α-萜品醇（3.56%）、E-肉桂酸甲酯（2.06%）、α-蒎烯（1.97%）、龙脑（1.77%）、芳樟醇（1.61%）、莰烯（1.44%）、蛇麻烯环氧化物Ⅱ（1.14%）、萜品烯-4-醇（1.14%）、E-丁香烯（1.12%）、β-蒎烯（1.04%）等。

**【利用】**全草入药，治急性肝炎、急性胆囊炎、跌打瘀肿等症。

## 细锥香茶菜

*Rabdosia coetsa* (Buch.-Ham. ex D. Don) Hara

**唇形科　香茶菜属**

**别名：**癞克巴草、地疳、六稜麻、野苏麻

**分布：**西藏、云南、四川、贵州、湖南、广西、广东

**【形态特征】**多年生草本或半灌木。茎直立，高0.5～2 m，多分枝，钝四棱形，具四槽。茎叶对生，卵圆形，长3～9 cm，宽1.5～6 cm，先端渐尖，基部宽楔形渐狭，边缘在基部以上具圆齿，叶面绿色，叶背淡绿色，散布腺点。狭圆锥花序长5～15 cm，顶生或腋生，由3～5花的聚伞花序组成；最下一对苞叶叶状，卵圆形，苞片卵圆状披针形，小苞片微小，钻形。花萼钟形，外被微柔毛及腺点。花冠紫、紫蓝色，冠檐二唇形。雄蕊4。花柱丝状。花盘环状。成熟小坚果倒卵球形，径约1 mm，褐色。花果期10月至翌年2月。

**【生长习性】**生于草坡、灌丛、林中旷地、路边、溪边、河

岸、林缘及常绿阔叶林中，海拔650～2700 m。

【精油含量】水蒸气蒸馏干燥全草的得油率为2.74%。

【芳香成分】吴洁等（2014）用水蒸气蒸馏法提取的贵州开阳产细锥香茶菜干燥全草精油的主要成分为：十六酸（27.99%）、亚油酸（18.86%）、亚麻酸甲酯（17.37%）、新植二烯（7.48%）、六氢合金欢丙酮（6.45%）、十四烷酸（3.43%）、角鲨烯（1.04%）等。

【利用】四川叙永用全草入药，治刀伤。

## 显脉香茶菜

*Rabdosia nervosa* (Hemsl.) C. Y. Wu. et H. W. Li

**唇形科　香茶菜属**

**别名：** 蓝花柴胡、大叶蛇总管、大萼香茶菜

**分布：** 陕西、河南、湖北、江苏、浙江、安徽、江西、广东、广西、贵州、四川

【形态特征】多年生草本，高达1 m；根茎稍增大呈结节块状。茎自根茎生出，直立，四棱形，明显具槽。叶交互对生，披针形至狭披针形，长3.5～13 cm，宽1～2 cm，先端长渐尖，基部楔形至狭楔形，边缘有具胼胝尖的粗浅齿，薄纸质，叶面绿色，叶背较淡。聚伞花序3～15花，于茎顶组成疏散的圆锥花序；苞片狭披针形，叶状，密被微柔毛，小苞片线形。花萼紫色，钟形，密被微柔毛，萼齿5。花冠蓝色，冠檐二唇形。雄蕊4，二强，伸出于花冠外。花盘盘状。小坚果卵圆形，长1～1.5 mm，宽约1 mm，顶端被微柔毛。花期7～10月，果期8～11月。

【生长习性】生于山谷、草丛或林下荫处，海拔60～1000 m。

【精油含量】水蒸气蒸馏茎叶的得油率为0.26%，果实的得油率为1.23%。

【芳香成分】全草：杨道坤（2001）用水蒸气蒸馏法提取的江西宜丰产显脉香茶菜茎叶精油的主要成分为：贝壳杉-16-烯（23.20%）、罗汉松-8,11,13-三烯-15-酸-13-异丙甲酯（9.68%）、贝壳杉-16-醇（5.62%）、5,16-二烯-18-贝壳杉醇（4.36%）、2-氧代硬脂酸甲酯（3.51%）、绿叶烯（3.50%）、十六碳酸（2.03%）、β-松油烯醇（1.70%）、糠醛（1.22%）、脱氢二异丁香油酚（1.13%）、苯甲醛（1.09%）等。

**果实：**田光辉等（2008）用同法分析的陕西秦巴山产显脉香茶菜果实精油的主要成分为：石竹烯（16.55%）、3-己烯-1-醇（11.49%）、3-辛烯-3-醇（7.89%）、α-萜品醇（7.18%）、α-里哪醇（6.13%）、3-戊烯-2-酮（4.68%）、桉树脑（4.26%）、β-紫罗兰酮（4.05%）、正己醇（3.98%）、里哪基-3-甲基丁酸酯（3.87%）、2,5-二甲基-1,3-己二烯（3.26%）、呋喃甲醇（3.07%）、顺式-香叶醇（2.65%）、正庚醛（2.56%）、反-橙花叔醇（2.23%）、2-戊酮（2.21%）、苯甲醛（1.73%）、1-辛烯-3-醇（1.67%）、乙酸乙酯（1.18%）、3-辛烯（1.13%）等。

【利用】茎叶入药，治急性传染性肝炎、毒蛇咬伤、脓疱疮、湿疹及皮肤瘙痒等症。

## 线纹香茶菜

*Rabdosia lophanthoides* (Buch.-Ham. ex D. Don) Hara

**唇形科　香茶菜属**

**别名：** 茵陈草、熊胆草、土黄连、涩疙瘩、黑疙瘩、草三七、小癞疙瘩、黑节草、碎兰花

**分布：** 西藏、云南、四川、贵州、广西、广东、福建、江西、湖北、湖南、浙江

【形态特征】多年生柔弱草本，基部匍匐生根，具小球形块根。茎高15～100 cm，四棱形，具槽，常下部具多数叶。茎叶卵形或长圆状卵形，长1.5～8.8 cm，宽0.5～5.3 cm，先端钝，

基部楔形，圆形或阔楔形，稀浅心形，边缘具圆齿，草质，叶面榄绿色，密被具节微硬毛，叶背淡绿色，被具节微硬毛，满布褐色腺点。圆锥花序顶生及侧生，由聚伞花序组成，聚伞花序11～13花，分枝蝎尾状；苞叶卵形，下部的叶状，较小，上部的苞片状，最下一对苞叶卵形，极小，其余的卵形至线形。花萼钟形，满布红褐色腺点，萼齿5。花冠白色或粉红色，具紫色斑点。花果期8～12月。

**【生长习性】**生于沼泽地上或林下潮湿处，海拔500～2700 m。

**【精油含量】**水蒸气蒸馏干燥全草的得油率为0.39%。

**【芳香成分】**姚煜等（2006）用水蒸气蒸馏法提取的江西宜丰产线纹香茶菜干燥全草精油的主要成分为：石竹烯（13.17%）、2-异丙基-5-甲基-苯甲醚（12.05%）、1-甲基-4-(5-甲基-1-亚甲基-4己烯基)-环己烯（11.84%）、百里香酚（10.95%）、香荆芥酚（8.91%）、2-甲基-5-(1-甲基乙烯基)-2-环己烯-1酮（8.30%）、氧化石竹烯（5.36%）、顺式细辛脑（4.51%）、细辛脑（2.57%）、α-石竹烯（2.31%）、1-甲酸基-2,2-二甲基-3-反式-(3-甲基-2-丁烯基)-6-亚甲基-环己烷（1.39%）、2,6-二甲基-6-(4-甲基-3-戊烯基)-2-降蒎烯（1.38%）等。

**【利用】**全草入药，治急性黄疸型肝炎、急性胆囊炎、咽喉炎、妇科病、瘤型麻风，可解草乌中毒。

## 狭基线纹香茶菜

*Rabdosia lophanthoides* (Buch.-Ham. ex D. Don) Hara var. *gerardiana* (Benth.) H. Hara

**唇形科　香茶菜属**

**别名：**石疙瘩、沙虫叶、白线草、沙虫草、粪虫叶、猪屎粑、野苏麻、熊胆草、风血草

**分布：**西藏、云南、四川、甘肃、贵州、广西、广东、湖南

**【形态特征】**线纹香茶菜变种。这一变种与原变种不同在于植株高大，高30～150 cm；叶大，卵形，长达20 cm，宽达8.5 cm，先端渐尖，基部楔形。

**【生长习性】**生于杂木林下及灌丛中，海拔430～2900 m。

**【芳香成分】**叶其馨等（2006）用水蒸气蒸馏法提取的狭基线纹香茶菜阴干全草精油的主要成分为：十六碳酸（31.78%）、9,12,15-十八碳三烯酸甲酯（11.48%）、海松-8(14)，15-二烯（7.85%）、9,12-十八碳二烯酸（5.59%）、雄甾-4,16-二烯-3-酮（4.11%）、铁锈醇（3.19%）、13β-甲基-13-乙烯基罗汉松-7-烯-3β-醇（3.08%）、6,10,14-三甲基十五酮（2.27%）、松香三烯（1.63%）、十四碳酸（1.21%）等。

**【利用】**根或全草入药，治急性黄疸型肝炎、急性胆囊炎，并可驱蛔虫。

## 香茶菜

*Rabdosia amethystoides* (Benth.) Hara

**唇形科　香茶菜属**

**别名：**稜角三七、四稜角、铁稜角、铁角稜、铁丁角、铁龙角、铁钉头、铁生姜、石哈巴、蛇总管、山薄荷、痱子草

**分布：**广东、广西、贵州、福建、台湾、江西、浙江、江苏、安徽、湖北

**【形态特征】**多年生直立草本；根茎肥大，疙瘩状。茎高0.3～1.5 m，四棱形，具槽，密被柔毛，草质。叶卵状圆形至披针形，大小不一，主茎中、下部的较大，侧枝及主茎上部的较小，先端渐尖、急尖或钝，基部骤然收缩后长渐狭或阔楔状渐狭而成具狭翅的柄，除基部全缘外具圆齿，草质，叶面榄绿色，被短刚毛，叶背较淡，密被白色或黄色小腺点。花序为由聚伞花序组成的顶生圆锥花序，多花；苞叶与茎叶同型，较小，苞片卵形或针状，小。花萼钟形，满布白色或黄色腺点。花冠白色、蓝白色或紫色，上唇带紫蓝色。花盘环状。成熟小

坚果卵形，黄栗色，被黄色及白色腺点。花期6～10月，果期9～11月。

【生长习性】生于林下或草丛中的湿润处，海拔200～920m。喜温暖湿润的环境，适应性强。以疏松、土层深厚的砂质壤土为佳。

【精油含量】水蒸气蒸馏阴干花期全草的得油率为0.28%。

【芳香成分】根（根茎）：许可等（2013）用水蒸气蒸馏法提取的浙江永嘉产香茶菜新鲜根精油的主要成分为：棕榈酸（50.70%）、Z-11-十六碳烯酸（21.53%）、乙二醇十八烷基醚（11.23%）、邻苯二甲酸二异丁酯（6.51%）、十四烷基环氧乙烷（3.59%）、乙二醇月桂酸酯（2.29%）、2-辛基-辛醛环丙烷（2.18%）、4-甲基-3-十二烯-1-醇（1.98%）等；新鲜根茎精油的主要成分为：5-异长叶烯醇（10.68%）、顺式-1,2-二乙烯基-4-(1-甲基亚乙基)-环己烷（10.02%）、乙二醇十八烷基醚（9.73%）、二十七烷（9.43%）、邻苯二甲酸二异丁酯（8.68%）、二十烷（6.69%）、二十八烷（5.35%）、邻苯二甲酸丁基-2-乙基己基酯（5.24%）、2,6,10-三甲基十四烷（5.12%）、(Z)-2,6,10-三甲基-1,5,9-十一碳三烯（4.49%）、4-(2,6,6-三甲基环己基)-3-甲基-2-丁醇（2.73%）、γ-广藿香烯（2.49%）、植物醇（2.42%）、乙二酸环丁基十七烷基酯（2.41%）、11-(1-乙基丙基)-二十一烷（2.30%）、11,13-二甲基-12-十四烯醋酸酯（1.74%）、3-十六碳炔（1.23%）、邻苯二甲酸-2-环己基丁酯（1.22%）、2,6,10,14,18-五甲基-2,6,10,14,18-二十碳五烯（1.03%）等。

茎：许可等（2013）用水蒸气蒸馏法提取的浙江永嘉产香茶菜新鲜茎精油的主要成分为：二十一烷（27.56%）、十九烷（17.88%）、十七烷（13.42%）、十五烷酸（13.27%）、十六烷（12.08%）、四十三烷（11.39%）、乙二醇十八烷基醚（2.95%）、2,3,5-三甲基-癸烷（1.46%）等。

叶：许可等（2013）用水蒸气蒸馏法提取的浙江永嘉产香茶菜新鲜叶精油的主要成分为：植物醇（25.75%）、二十一烷（7.86%）、植酮（7.05%）、顺,顺,顺-7,10,13-十六碳三烯醛（6.84%）、棕榈酸（6.53%）、二十八烷（4.43%）、十四醛（4.24%）、三十四烷（3.48%）、四十四烷（3.38%）、二十四烷（3.37%）、8-庚基-十五烷（3.24%）、邻苯二甲酸二异丁酯（2.98%）、5-十六碳炔（2.44%）、细辛醚（2.19%）、法呢基丙酮（2.16%）、8-十七碳烯（2.07%）、邻苯二甲酸二异辛酯（2.06%）、2-蒈烯（1.82%）、顺-7-十二烯-1-醇（1.81%）、10,12-十八碳二炔酸（1.79%）、(E)-9-二十碳烯（1.53%）、正十八烷（1.24%）等。

全草：梁利香等（2015）用水蒸气蒸馏法提取的湖北小林产香茶菜阴干花期全草精油的主要成分为：2-甲氧基-4-乙烯基苯酚（33.08%）、1,2,3,4-四甲基-5-亚甲基-1,3-环戊二烯（13.83%）、2,3,4,6-四甲基-苯酚（11.43%）、1-甲基-4-(1-异丙基)-1,4-环己二烯（7.10%）、3-甲基-5-(1-异丙基)-苯酚-氨基甲酸甲酯（6.90%）、1-甲氧基-4-甲基-2 -(1-异丙基)-苯（6.12%）、α-石竹烯（4.80%）、石竹烯（4.41%）、3-甲基-4-异丙基苯酚（1.96%）、(R)-4-甲基-1-(1-异丙基)-3-环己烯-1-醇（1.22%）、氧化石竹烯（1.17%）、[S-(E,E)]-1-甲基-5-亚甲基-8-(1-异丙基)-1,6-环癸二烯（1.08%）等。

花：许可等（2013）用水蒸气蒸馏法提取的浙江永嘉产香茶菜新鲜花序精油的主要成分为：二十一烷（18.42%）、二十八烷（13.72%）、二十四烷（11.61%）、四十三烷（10.36%）、四十四烷（10.17%）、邻苯二甲酸二异丁酯（9.56%）、邻苯二甲酸二丁酯（5.14%）、2,6,10,15-四甲基十七烷（4.50%）、乙二酸烯丙基十八烷基酯（4.08%）、十六烷（2.45%）、植物醇（2.41%）、三十五烷（2.04%）、邻苯二甲酸正丁异辛酯（1.60%）、α-细辛脑（1.47%）、硬脂酸乙烯酯（1.32%）、十九烷（1.15%）等。

【利用】全草入药，治闭经、乳痈、跌打损伤、毒蛇咬伤。根入药，治劳伤、筋骨酸痛、疮毒、蕲蛇咬伤等症。精油具有较强的抗菌、消炎、抗癌等活性。嫩茎叶可食用。

## 小叶香茶菜

*Rabdosia parvifolia* (Batal.) Hara

**唇形科　香茶菜属**

**分布：** 四川、甘肃、陕西、西藏

【形态特征】小灌木，高0.5～5 m，多分枝，老枝圆柱形，灰黄色，皮剥落，幼枝四棱形，被白色贴生短绒毛，具条纹。叶对生，小，长圆状卵形、卵形或阔卵形，长0.4～1.5 cm，宽0.4～1.4 cm，先端圆形，基部截状短渐狭，边缘全缘或具大而粗的圆齿，纸质，叶面榄绿色，被极短腺微柔毛，叶背灰白色，密被贴生短绒毛。聚伞花序腋生，1～7花。花萼钟形，密被白色短绒毛。花冠浅紫色，外面被疏柔毛，冠檐二唇形。雄蕊及花柱微伸出。小坚果小，褐色，光滑。花期6～10月，果期7～11月。

【生长习性】生于干旱灌丛中，海拔1650～2800 m。

【精油含量】水蒸气蒸馏全草的得油率为0.30%。

【芳香成分】李兆琳等（1990）用水蒸气蒸馏法提取的西藏产小叶香茶菜全草精油的主要成分为：贝壳杉-16-醇（31.97%）和罗汉松-8,11,13-三烯-15-酸-13-异丙甲酯（11.33%）、5,16-二烯-18-贝壳杉醇（2.96%）、γ-绿叶烯（1.66%）、十六烷酸（1.47%）、3-苯甲酰苯基香豆素（1.22%）、2-氧代硬脂酸甲酯（1.09%）等。

【利用】民间外用作消炎药。

## 皱叶香茶菜

*Rabdosia rugosa* (Wall.) Hara

**唇形科　香茶菜属**

**别名：** 藿香

**分布：** 西藏、四川、云南

【形态特征】灌木，直立，多分枝。老枝近圆柱形，扭曲，灰褐色，具不规则剥落的皮层，幼枝细弱，钝四棱形，棕褐色，具细条纹，极密被星状绒毛。茎叶对生，卵圆形或椭圆形，长1～3.5 cm，宽0.5～1.8 cm，先端钝，基部宽楔形至近圆形，边缘在基部以上具细圆齿，坚纸质，叶面榄绿色，明显具皱，密被星状绒毛，叶背厚被灰白色绒毛。聚伞花序位于下部者腋生，常呈长二歧状，多花，位于上部者通常3～5花，全体组成圆锥花序；苞叶卵圆形，全缘。花萼钟形，外极密被星状绒毛。花冠白色，具玫瑰红或紫斑，外疏被星状绒毛及腺点。雄蕊4。花盘环状。成熟小坚果长圆状三棱形，栗褐色。

【生长习性】生于灌丛中，海拔1000～2700 m。

【精油含量】水蒸气蒸馏全草的得油率为0.30%。

【芳香成分】李兆琳等（1990）用水蒸气蒸馏法提取的西藏产皱叶香茶菜全草精油的主要成分为：2-甲基-2-丁烯（6.06%）、麦由酮（5.27%）、△2-蒈烯（5.24%）、碳酸二戊酯（4.88%）、白菖烯（3.64%）、苯乙醇（3.15%）、甲酸-顺-3-己烯酯（2.90%）、香树烯（2.52%）、十六烷酸（1.87%）、贝壳杉-16-烯（1.85%）、6,7-脱氧-8-叠氮吗啡醇（1.63%）、β-石竹烯（1.60%）、4-甲基-1-己烯（1.34%）、2-甲基丁醛（1.27%）、反-2-己烯醇-1(1.16%)、邻苯二甲酸二丁酯（1.11%）、β-蒎烯（1.06%）、β-松油烯醇（1.05%）、1-戊烯醇-3(1.03%)、3-甲基丁醛（1.00%）等。

## 总序香茶菜

*Rabdosia racemosa* (Hemsl) Hara

**唇形科　香茶菜属**
**分布：** 湖北、四川

【形态特征】多年生草本；根茎木质。茎直立，高0.6～1 m，钝四棱形，具四槽，常带紫红色，具细条纹，略被微柔毛。茎叶对生，菱状卵圆形，长3～11 cm，宽1.2～4.5 cm，先端长渐尖，基部楔形，长渐狭下延，边缘具粗大牙齿或锯齿状牙齿，坚纸质或近膜质，叶面深绿色，叶背淡绿色，散布淡黄色腺点。花序总状或假总状，顶生及腋生；小苞片微小，线形。花萼花时钟形，外被微柔毛及腺点。花冠白色或微红，外疏被短柔毛及腺点。雄蕊4。花盘环状。成熟小坚果倒卵珠形，淡黄褐色。花期8～9月，果期9～10月。

【生长习性】生于山坡草地、林下，海拔700～1500 m。

【芳香成分】丁兰等（2004）用水蒸气蒸馏法提取的甘肃兰州产总序香茶菜干燥全草精油的主要成分为：双(2-乙基己基)邻苯二甲酯（20.11%）、1,2-苯二甲酸二甲基乙基酯（9.34%）、邻苯二甲酸二乙酯（8.35%）、十二烷（7.59%）、癸烷（4.93%）、正十四烷（4.52%）、正十六烷（3.41%）、正十六烷酸（2.38%）、6,10,14-三甲基十五-2-酮（2.29%）、苯甲醛（2.08%）、正十八烷（1.89%）、苯并噻唑（1.86%）、(all-E)-2,6,10,15,19,23-六甲基-2,6,10,14,18,22-二十四碳六烯（1.76%）、4b,5,6,7,8,8a,9,10-八氢化-4b,8,8-三甲基-1-(1-甲基乙基)-2-菲酚（1.48%）、苯乙醛（1.34%）、己二酸双(2-乙基己基)酯（1.21%）、十六酸丁酯（1.04%）、2,4-二甲基-6-苯基吡啶（1.00%）等。

【利用】民间多用于清热解毒、散瘀消肿。

## 长毛香科科

*Teucrium pilosum* (Pamp.) C. Y. Wu et S. Chow

**唇形科　香科科属**
**别名：** 铁马鞭
**分布：** 浙江、湖南、湖北、江西、四川、贵州、广西

【形态特征】多年生草本，具匍匐茎。茎直立，细弱，扭曲，常不分枝，高0.5～1 m，遍被白色长柔毛。叶片卵圆状披针形或长圆状披针形，长5～8 cm，宽1.5～2.5 cm，先端渐尖，基部截平或近心形，边缘为稍不整齐的具重齿的细圆锯齿。假穗状花序顶生于主茎及分枝上，被明显的长柔毛，由上下密接具2花但有时参差若3～4花成一轮的轮伞花序所组成；苞片线状披针形，被长柔毛。花萼钟形，长4 mm，宽3 mm，外被长柔毛，夹有浅黄色腺点，萼齿5。花冠淡红色，长1.2～1.5 cm，外面在伸出部分疏被长柔毛，散布浅黄色腺点。花盘小，盘状，微显波状边缘。子房圆球形，4裂。花期7～8月。

【生长习性】生于山坡林缘、河边，海拔340～2500 m。

【芳香成分】陈青等（2010）用固相微萃取技术提取的贵州贵阳产长毛香科科全草精油的主要成分为：石竹烯氧化物（21.52%）、α-甜没药萜醇（20.35%）、α-蒎烯氧化物（18.25%）、1-辛烯-3-醇（7.26%）、α-甜没药萜醇氧化物B（5.92%）、α-依兰烯（5.47%）、α-荜澄茄烯（3.28%）、β-倍半水芹烯（2.76%）、别香橙烯（1.49%）、表蓝桉醇（1.40%）、α-姜黄烯（1.12%）等。

【利用】四川巫溪用根茎入药，治痧症。

## 大唇香科科

*Teucrium labiosum* C. Y. Wu et S. Chow

**唇形科　香科科属**
**别名：** 山苏麻、野薄荷
**分布：** 云南、贵州、四川

【形态特征】多年生草本，具匍匐茎。茎长60 cm左右，四棱形，无槽，密被紫色小钩毛。叶柄密被紫色小钩毛；叶片卵圆状椭圆形，长3～6 cm，宽1.5～2.5 cm，先端钝或急尖，基部楔形至阔楔形下延，边缘具带重齿的圆齿。假穗状花序形成于主茎及腋出短枝上部，由偏向于一侧、具2花的轮伞花序所组成；苞叶下部者与叶同形但较小，向上渐呈苞片状，苞片卵圆形，全缘，下面密被短柔毛。花萼钟形，长5 mm，外面被短柔毛，喉部内面有一睫毛毛环，二唇形。花冠白色，长达2 cm，外被疏柔毛。花盘微小，浅盘状，全缘。子房球形，4浅裂，被泡状毛。小坚果倒卵形，长1.1 mm，黄棕色。花期7～8月。

**【生长习性】**生于山地林下，海拔约1150 m。

**【芳香成分】**陈青等（2010）用固相微萃取技术提取的贵州贵阳产大唇香科科全草精油的主要成分为：大牻牛儿烯D（26.66%）、1-辛烯-3-醇（13.19%）、α-蒎烯（12.53%）、β-芹子烯（5.93%）、大牻牛儿烯B（5.89%）、1,2-二异丙烯基环丁烷（4.31%）、β-蒎烯（3.75%）、反式-橙花叔醇（3.64%）、α-金合欢烯（3.39%）、桧烯（3.14%）、反式-β-罗勒烯（2.44%）、δ-杜松烯（1.65%）、α-崖柏烯（1.56%）、β-香叶烯（1.56%）等。

**【利用】**全草入药，有发表、清热解毒的功效，主治感冒、肺痈、痢疾。

## 二齿香科科

*Teucrium bidentatum* Hemsl.

**唇形科　香科科属**

**别名：**白花石蚕、细沙虫草

**分布：**台湾、湖北、四川、贵州、广西、云南

**【形态特征】**多年生草本。茎直立，基部近圆柱形，上部四棱形，无槽，高60～90 cm。叶片卵圆形、卵圆状披针形至披针形，长4～11 cm，宽1.5～4 cm，先端渐尖至尾状渐尖，基部楔形或阔楔形下延，边缘中部以上具3～4对粗锯齿，叶背具细乳突。轮伞花序具2花，在茎及腋生短枝上组成假穗状花序，长1.5～4.5 cm；苞片微小，卵圆状披针形，边缘被小缘毛。花萼钟形，前方基部一面膨，二唇形。花冠白色，长约1 cm，中裂片近圆形，内凹，先端圆，基部渐收缢。雄蕊肾形。花柱稍超出雄蕊。花盘小，盘状，全缘。子房球形，4浅裂。小坚果卵圆形，长1.2 mm，宽1 mm，黄棕色，具网纹，合生面为果长1/2。

**【生长习性】**生于山地林下，海拔950～1300 m。

**【芳香成分】**陈青等（2010）用固相微萃取技术提取的贵州贵阳产二齿香科科全草精油的主要成分为：大牻牛儿烯D（27.88%）、1-辛烯-3-醇（13.79%）、α-蒎烯（13.07%）、大牻牛儿烯B（6.20%）、β-芹子烯（6.08%）、1,2-二异丙烯基环丁烷（4.51%）、β-蒎烯（3.87%）、反式-橙花叔醇（3.69%）、桧烯（3.28%）、α-金合欢烯（2.81%）、反式-β-罗勒烯（2.59%）、β-香叶烯（1.58%）、δ-杜松烯（1.69%）等。

**【利用】**贵州兴仁用根配方入药，治痢疾及白斑。

## 庐山香科科

*Teucrium pernyi* Franch.

**唇形科　香科科属**

**别名：**双判草、野薄荷、见血雀、喜相红、白花石蚕、凉粉草

**分布：**江苏、浙江、安徽、河南、福建、江西、湖北、湖南、广东、广西

**【形态特征】**多年生草本，具匍匐茎。茎直立，基部近圆柱形，上部四棱形，无槽，高60～100 cm，密被短柔毛。叶片卵圆状披针形，长3.5～8.5 cm，宽1.5～3.5 cm，先端短渐尖或渐尖，基部圆形或阔楔形下延，边缘具粗锯齿，两面被微柔毛。轮伞花序常2花，松散，偶达6花，于茎及腋生短枝上组成穗状花序；苞片卵圆形，被短柔毛。花萼钟形，下方基部一面膨，二唇形。花冠白色，有时稍带红晕，长1 cm，中裂片椭圆状匙形，内凹，先端急尖。花盘小，盘状，全缘。子房球形，密被泡状毛。小坚果倒卵形，长1.2 mm，棕黑色，具极明显的网纹，合生面不达小坚果全长的1/2。

**【生长习性】**生于山地及原野，海拔150～1120 m。

**【精油含量】**水蒸气蒸馏干燥全草的得油率为0.50%。

**【芳香成分】**张凯等（2016）用水蒸气蒸馏法提取的湖南祁东产庐山香科科干燥全草精油的主要成分为：十六

烷酸（28.85%）、乙酸桃金娘烯酯（11.68%）、1-辛烯-3-醇（8.04%）、α-杜松醇（6.15%）、[1S-(1α,4aβ,8aα)]-4,7-二甲基-1-异丙基-1,2,4a,5,8,8a-六氢化萘（4.68%）、植物醇（3.07%）、(1R,2S,7R,8R)-2,6,6,9-四甲基-三环[5.4.0.0$^{2,8}$]-9-十一烯（2.78%）、[1S-(1α,3α,5α)]-6,6-二甲基-2-亚甲基-二环[3.1.1]庚烷-3-醇（2.51%）、6,10,14-三甲基-2-十五酮（2.00%）、喇叭茶醇（1.90%）、(1S-顺)-1,2,3,4-四氢-1,6-二甲基-4-异丙基-萘（1.55%）、邻苯二甲酸丁基十二烷基酯（1.27%）、正十四酸（1.23%）、松香芹酮（1.07%）、芳樟醇（1.00%）等。

【利用】以全草或根部入药，具有清肺解毒、凉肝熄风、活血消肿的功效。

## 血见愁

*Teucrium viscidum* Blume.

**唇形科　香科科属**

**别名：**布地棉、冲天泡、方枝苦草、肺形草、假紫苏、四方草、四棱香、山黄荆、山藿香、水苏麻、蛇药、血芙蓉、削炎草、野薄荷、野苏麻、贼子草、皱面草、贱子草

**分布：**江苏、浙江、福建、台湾、江西、湖南、广东、广西、云南、四川、西藏

【形态特征】多年生草本，具匍匐茎。茎直立，高30～70 cm。叶片卵圆形至卵圆状长圆形，长3～10 cm，先端急尖或短渐尖，基部圆形、阔楔形至楔形，下延，边缘为带重齿的圆齿，有时数齿间具深刻的齿弯，两面近无毛。假穗状花序生于茎及短枝上部，在茎上者如圆锥花序，长3～7 cm，密被腺毛，由密集具2花的轮伞花序组成；苞片披针形，密被腺长柔毛。花萼小，钟形，长2.8 mm，宽2.2 mm，外面密被腺长柔毛，果时呈圆球形。花冠白色，淡红色或淡紫色，长6.5～7.5 mm。花盘盘状。子房圆球形，顶端被泡状毛。小坚果扁球形，长1.3 mm，黄棕色，合生面超过果长的1/2。不同产地花期6～11月。

【生长习性】生于山地林下润湿处，海拔120～1530 m。

【精油含量】水蒸气蒸馏阴干全草的得油率为0.30%。

【芳香成分】韦志英等（2010）用水蒸气蒸馏法提取的广西南宁产血见愁阴干全草精油的主要成分为：植醇（17.38%）、β-荜澄茄油烯（14.31%）、δ-杜松烯（13.82%）、β-桉叶烯（9.83%）、芹子烯（6.63%）、α-香柠檬烯（4.06%）、α-荜澄茄烯（2.60%）、榄香烯（2.48%）、τ-榄香烯（1.46%）、α-杜松醇（1.29%）、τ-杜松烯（1.12%）、δ-榄香烯（1.04%）、摩勒醇（1.00%）等。

【利用】全草入药，有凉血解毒、去痰生新等功效，用于治风湿性关节炎、跌打损伤、肺脓疡、急性胃肠炎、消化不良、冻疮肿痛、吐血、外伤出血、毒蛇咬伤、疔疮疖肿等症。

## 白香薷

*Elsholtzia winitiana* Craib

**唇形科　香薷属**

**别名：**毛香薷、香薷、四方蒿

**分布：**云南、广西

【形态特征】直立草本，高1～1.7 m。枝钝四棱形，具浅槽及细条纹，密被白色卷曲长柔毛。叶长圆状披针形，长4～10 cm，宽1.5～3.5 cm，先端渐尖，基部楔形，边缘具圆锯齿，薄纸质，叶面灰绿色，叶背灰白色，两面极密被灰色柔毛。穗状花序顶生及腋生，长3～9 cm，着生于茎、枝及小枝顶上，多数密集排列成圆锥花序；苞叶位于穗状花序下部者长圆状倒披针形，先端渐尖，外面被白色短柔毛及腺点，向上变小呈苞片状，苞片钻状披针形。花萼钟形，长约1 mm，外面密被白色柔毛。花冠白色，外被柔毛及腺点。小坚果小，长圆形，淡棕黄色，顶端圆形，下部稍狭。花期11～12月，果期翌年1～3月。

【生长习性】生于林中旷处、草坡或灌丛中，海拔600～2200 m。

【精油含量】水蒸气蒸馏全草的得油率为0.60%～1.40%。

【芳香成分】朱甘培（1990）用水蒸气蒸馏法提取的云南西双版纳产白香薷阴干全草精油的主要成分为：香薷酮（79.80%）、对二甲苯（8.01%）、间二甲苯（3.06%）、反式-石竹烯（1.12%）等。

【利用】民间用全草入药，有消炎止痛的功效，用于消炎、驱虫。全草可提取精油。

## 长毛香薷

*Elsholtzia pilosa* (Benth.) Benth.

**唇形科　香薷属**
**别名：** 大薷
**分布：** 四川、贵州、云南

**【形态特征】** 平铺草本，高10～50 cm。茎简单或分枝，钝四棱形，具四槽，被疏柔毛状刚毛。叶卵形或卵状披针形，长1～4.5 cm，宽0.3～2.5 cm，先端钝，基部楔形或近圆形，边缘具圆锯齿，近基部全缘，草质，叶面绿色，被疏柔毛状刚毛，叶背散布淡黄色腺点。穗状花序在茎及枝上顶生，长2.5～6 cm，由密集覆瓦状排列多花的轮伞花序所组成；苞片钻形或线状钻形，长5～6 mm，具肋，边缘被具节缘毛。花萼钟形，长约2 mm，密被疏柔毛。花冠粉红色，长约4 mm，外面被短柔毛。雄蕊4。花柱稍外露。小坚果长圆形，淡黄色，无毛。花果期8～10月。

**【生长习性】** 生于松林下、林缘、山坡草地、河边路旁、岩石上或沼泽草地边缘，海拔1100～3200 m。

**【精油含量】** 水蒸气蒸馏阴干全草的得油率为0.40%。

**【芳香成分】** 朱甘培（1990）用水蒸气蒸馏法提取的云南丽江产长毛香薷阴干全草精油的主要成分为：1,8-桉叶油素（30.74%）、樟脑（4.72%）、δ-荜澄茄烯（3.73%）、2,4-戊二酮-3-羟基苯甲酸酯（3.65%）、甲基丁香油酚（3.54%）、顺式-石竹烯（3.52%）、肉豆蔻醚（2.81%）、香薷酮（2.68%）、榄香脂素（2.59%）、异蒎莰酮（2.31%）、β-蒎烯（2.29%）、γ-荜澄茄烯（1.52%）、葎草烯（1.52%）、柠檬烯（1.20%）、莰烯（1.09%）等。

## 大黄药

*Elsholtzia penduliflora* W. W. Smith

**唇形科　香薷属**
**别名：** 大黑头草、垂花香薷、野苏子棵、野芝麻、黄药
**分布：** 云南

**【形态特征】** 半灌木，高1～2 m，芳香。小枝钝四棱形，具槽及条纹，干时褐色，细弱，略被卷曲微柔毛及明亮腺点。叶披针形至卵状披针形，长6～18 cm，宽1.6～4.3 cm，先端渐尖，基部渐狭或楔形，或圆形而稍偏斜，或为心形，边缘具整齐细锯齿，膜质，叶面橄绿色，叶背淡绿色，密布淡黄色腺点。穗状花序顶生或腋生，长5～15 cm，由具6～12花的轮伞花序所组成；苞片线形或线状长圆形。花萼钟形，长约3 mm，外面密被腺点，果时呈管状钟形，长达5 mm。花冠小，白色，长约5.5 mm，两面近无毛。雄蕊4。小坚果长圆形，长约1.25 mm，腹面具棱，棕色，无毛。花期9～11月，果期10月至翌年1月。

**【生长习性】** 生于山谷边、密林中、开旷坡地及荒地上，海拔约1100～2400 m。

【精油含量】水蒸气蒸馏阴干全草的得油率为0.68%。

【芳香成分】周维书等（1990）用水蒸气蒸馏法提取的云南西双版纳产大黄药阴干全草精油的主要成分为：1,8-桉叶油素（71.71%）、β-蒎烯（7.34%）、α-蒎烯（3.91%）、香桧烯（2.80%）、柠檬烯（2.36%）、β-去氢香薷酮（1.70%）、月桂烯（1.20%）、松油烯-4-醇（1.09%）等。

【利用】全草入药，煎服有清火祛痰之效，又能治炭疽、外伤感染、流感、流脑、感冒、咽喉炎、扁桃腺炎、乳腺炎、肺炎、支气管炎、疟疾等症。果实可炒食及榨油。茎叶可作猪饲料。

## 东紫苏

*Elsholtzia bodinieri* Vaniot

**唇形科　香薷属**

**别名：**半边红花、长寿茶、凤尾茶、山茶、山茶叶、松茶、铁线夏枯草、土茶、小山茶、小叶茶、小香茶、小松毛茶、小香薷、牙刷草、野山茶、云松茶、鸭子草、锈山茶、香苏茶

**分布：**甘肃、青海、四川、云南、贵州等地

【形态特征】多年生草本，高25～30 cm。短枝上具对生的鳞状叶，茎及枝多呈暗紫色，圆柱形，具细条纹。在匍枝上的正常叶细小，倒卵形或长圆形，长3.5～5 mm，宽2～3 mm，全缘或具退化的钝齿，两面均被白色柔毛，茎枝上的叶披针形或倒披针形，长0.8～2.5 cm，宽0.4～0.7 cm，先端钝，基部渐狭，边缘在上部具钝锯齿，近革质，叶面绿色，叶背淡绿色，两面常染紫红色，叶背满布凹陷腺点。穗状花序单生于茎及枝顶端，长2～3.5 cm；苞片覆瓦状排列，连合成杯状，外面被柔毛及腺点。花萼管状，被白色长柔毛及腺点。花冠玫瑰红紫色，被长柔毛及腺点。小坚果长圆形，棕黑色。花期9～11月，果期12月至翌年2月。

【生长习性】生于松林下或山坡草地上，海拔1200～3000 m。

【精油含量】水蒸气蒸馏全草的得油率为0.15%～3.28%。

【芳香成分】付立卓等（2010）用水蒸气蒸馏法提取的云南产东紫苏全草精油的主要成分为：桉油素（25.00%）、反式-松香芹醇（4.45%）、喇叭茶醇（3.48%）、4-甲基-1-(1-甲基乙基)-3-环己烯-1-醇（3.39%）、6,6-二甲基双环[3.3.1]-庚-2-烯-2-甲醇（3.09%）、1-甲基-4-(1-甲基乙基)-1,3-环己烯（2.86%）、邻-异丙基苯（2.68%）、氧化石竹烯（2.39%）、桧酮（2.29%）、4-(1-甲基乙基)-苯甲醇（2.18%）、α-松油醇（2.11%）、桃金娘烯醛（2.05%）、斯巴醇（1.98%）、β-蒎烯（1.72%）、(-)-松油烯-4-醇（1.63%）、4-(1-甲基乙基)-1,4-环己烯-1-甲醇（1.53%）、(+)-诺蒎酮（1.50%）、1,2,4-三乙酰丁三醇（1.45%）、(1S-顺)-1,2,3,5,6,8a-六氢-4,7-二甲基-1-(1-甲基乙基)-萘（1.36%）、石竹烯（1.32%）、顺-2-甲基-5-(1-甲基乙基)-2环己烯-1-醇（1.21%）、1,3,4-三甲基-2-甲氧基苯（1.20%）、(S)-2-甲基-5-(1-甲基乙烯基)-2-环己烯-1-酮（1.09%）、4-(1-甲基乙基)-苯甲醛（1.03%）等。胡浩斌等（2006）用同法分析的甘肃子午岭产东紫苏开花前期的新鲜地上部分精油的主要成分为：百里香酚（19.83%）、香荆芥酚（13.96%）、香薷醇（6.38%）等。周林宗等（2010）用同法分析的云南牟定产东紫苏全草精油的主要成分为：香薷酮（41.73%）、对甲氧基苯酚（8.88%）等。

【利用】全草入药，有发散解表、清热利湿、理气和胃的功效，用于治外感风寒、感冒发热、头痛身痛、咽喉痛、虚火牙痛、消化不良、尿闭等症。嫩尖可当茶饮用，有清热解毒之效。蜜源植物。

## 高原香薷
*Elsholtzia feddei* Lévl.

**唇形科　香薷属**
**别名：** 小红苏、野木香叶、矮蒿
**分布：** 河北、山西、陕西、甘肃、青海、四川、云南等地

**【形态特征】** 细小草本，高3～20 cm。茎自基部分枝。叶卵形，长4～24 mm，宽3～14 mm，先端钝，基部圆形或阔楔形，边缘具圆齿，叶面绿色，叶背较淡，或常带紫色，两面被短柔毛。穗状花序长1～1.5 cm，生于茎、枝顶端，偏于一侧，由多花轮伞花序组成；苞片圆形，长宽约3 mm，先端具芒尖，外面被柔毛；边缘具缘毛，脉紫色。花萼管状，长约2 mm，外面被白色柔毛，萼齿5。花冠红紫色，长约8 mm，外被柔毛及稀疏的腺点。雄蕊4。小坚果长圆形，长约1 mm，深棕色。花果期9～11月。

**【生长习性】** 生于路边、草坡及林下，海拔2800～3200 m。

**【精油含量】** 水蒸气蒸馏风干茎叶的得油率为0.38%；超临界萃取干燥全草的得油率为2.05%。

**【芳香成分】** 张继等（2004）用水蒸气蒸馏法提取的甘肃岷县产高原香薷全草精油的主要成分为：2-甲基-5-(1-甲基乙基)-环己烯（41.14%）、α-石竹烯（17.90%）、D-柠檬烯（12.86%）、7,11-二甲基-1,6,10-十二碳三烯（4.70%）、石竹烯（4.39%）、o-薄荷-8-烯（1.36%）、6,6-二甲基-二环[3.1.1]庚烷（1.28%）、2-羟基-5-甲基苯甲醛（1.12%）、3,7-二甲基-1,3,6-辛三烯（1.03%）等。

**【利用】** 云南昭通用全草治感冒。

## 光香薷
*Elsholtzia glabra* C. Y. Wu et C. Huang

**唇形科　香薷属**
**分布：** 云南、四川

**【形态特征】** 灌木，高1.5～2.5 m。小枝钝四棱形，具四槽，除花梗基部疏生微柔毛外，余部光滑无毛。叶菱状披针形，长6～15 cm，宽2～4.6 cm，先端渐尖，基部楔状下延，边缘在基部以上有圆齿状锯齿，近基部全缘，叶面榄绿色，叶背淡绿色，两面满布松脂状腺点。穗状花序于茎、枝上顶生，长5～13 cm，细长，由具短梗多花的轮伞花序所组成，单一，或有时基部具2小分枝而呈三叉状；苞片钻形，微小，早落。花萼钟形，外面密被灰色绒毛及腺点，萼齿5，三角状钻形。花冠白色，长约4 mm，外面被短柔毛及腺点。雄蕊4，前对较长，均伸出。小坚果长圆形，长约1 mm，淡褐色。花期10月。

**【生长习性】** 生于山谷灌丛边或疏林下，海拔1900～2400 m。

**【精油含量】** 水蒸气蒸馏阴干全草的得油率为0.70%。

**【芳香成分】** 朱甘培（1990）用水蒸气蒸馏法提取的云南宾川产光香薷阴干全草精油的主要成分为：1,8-桉叶油素+异松油烯（62.84%）、β-蒎烯（7.86%）、柠檬烯（3.27%）、α-蒎烯（2.61%）、石竹烯氧化物（1.53%）、甲基丁香油酚（1.41%）、α-松油醇（1.36%）、松油烯-4-醇（1.11%）、辛烯-1-醇-3(1.00%）等。

## 海州香薷
*Elsholtzia splendens* Nakai ex F. Maekawa

**唇形科　香薷属**
**别名：** 香草、香薷、半边脸、香茅、铜草、紫花香菜
**分布：** 辽宁、江西、河北、山东、山西、河南、江苏、浙江、广东、贵州、云南

**【形态特征】** 直立草本，高30～50 cm。茎直立，污黄紫色，被近2列疏柔毛，多分枝，先端具花序。叶卵状三角形至披针形，长3～6 cm，宽0.8～2.5 cm，先端渐尖，基部或阔或狭楔形，边缘疏生锯齿，叶面绿色，疏被小纤毛，脉上较密，叶背较淡，沿脉上被小纤毛，密布凹陷腺点。穗状花序顶生，偏向一侧，长3.5～4.5 cm，由多数轮伞花序所组成；苞片近圆形或宽卵圆形，长约5 mm，宽6～7 mm，先端具尾状骤尖，染紫色。花萼钟形，长2～2.5 mm，外面被白色短硬毛，具腺点。花冠玫瑰红紫色，长6～7 mm，近漏斗形，外面密被柔毛。雄蕊4。小坚果长圆形，长1.5 mm，黑棕色，具小疣。花果期9～11月。

**【生长习性】** 生于山坡路旁或草丛中，海拔200～300 m。以向阳、土层深厚、排水良好、有灌溉条件的肥沃土壤为宜。

**【精油含量】** 水蒸气蒸馏全草的得油率为0.10%～1.87%。

**【芳香成分】** 胡珊梅等（1993）用水蒸气蒸馏法提取的江苏连云港产海州香薷全草精油的主要成分为：香薷酮（85.27%）、β-石竹烯（2.20%）、去氢香薷酮（2.00%）、γ-榄香烯（1.54%）、3-辛醇（1.36%）、优葛缕酮（1.04%）等。糜留西等（1993）用同法分析的湖北罗田产海州香薷新鲜全草精油的主要成分为：麝香草酚（35.34%）、反式-罗勒烯（28.93%）、对伞花烃（15.14%）、β-金合欢烯（9.22%）等。

【利用】全草入药，具发表解暑、散湿行水的功效，用于治暑湿感冒、恶寒发热无汗、腹痛、呕吐、浮肿、脚气等症。全草精油具有广谱抗菌和杀菌作用。

## 吉龙草

*Elsholtzia communis* (Coll. et Hemsl.) Diels

**唇形科　香薷属**

**分布：** 云南、贵州

【形态特征】草本，高约60 cm，全株有浓烈的柠檬醛香气。茎直立，下部近圆柱形，上部钝四棱形，常带紫红色，密被下曲的白色短柔毛，多分枝。叶卵形至长圆形，先端钝，基部近圆形或宽楔形，边缘具锯齿，草质，叶面被白色柔毛，叶背被短柔毛及淡黄色小腺点。穗状花序生于茎枝顶上，圆柱形，长1～4.5 cm，宽0.8～1 cm，紧密，由多数轮伞花序组成；下部的苞叶与叶同形，上部呈苞片状，线形，密被白色疏柔毛。花萼圆柱形，外面密被灰白绵状长柔毛。花冠长3 mm，漏斗形，外面被疏柔毛及腺点。小坚果长圆形，长约0.7 mm。散生棕色毛。花果期10～12月。

【生长习性】在海拔800～1000 m，年平均气温18～20℃，年雨量1000～1500 mm的热带山区砂壤土上生长发育良好。以土壤较疏松且肥厚的缓坡、丘陵地为宜，忌排水不良的低地或洼地。种子发芽适温19～23℃。

【精油含量】水蒸气蒸馏全草的得油率为0.24%～1.73%，叶片的得油率为0.56%～2.91%，茎杆的得油率为0.07%～0.32%；同时蒸馏萃取花期干燥全株的得油率为2.40%。

【芳香成分】朱甘培等（1990）用水蒸气蒸馏法提取的云南西双版纳产吉龙草阴干全草精油的主要成分为：牻牛儿醛（40.85%）、橙花醛（29.56%）、牻牛儿醇（5.27%）、葎草烯（4.00%）、橙花醇（3.78%）、顺-石竹烯（3.26%）、石竹烯氧化物（1.10%）、芳樟醇（1.06%）等。芦燕玲等（2013）用同时蒸馏萃取法提取云南西双版纳产吉龙草花期无叶干燥全株精油的主要成分为：丁子香酚（9.09%）、E-柠檬醛（8.12%）、Z-柠檬醛（6.64%）、正十六酸（6.46%）、5,5-二甲基-2-丙基-1,3-环庚二烯（4.80%）、Z,Z-9,12-十八二烯酸（3.22%）、2-甲氧基氧芴（2.62%）、外-1,12-二甲基四环[8.3.0.0.0]十三烷基-11-烯（2.28%）、罗勒烯（2.81%）、姥鲛烷（2.08%）、苯甲醛（1.76%）、反-茴香脑（1.65%）、2,6-双（1,1-二甲基乙基）臭樟脑（1.62%）、十九烷（1.46%）、1,4-二甲氧基蒽（1.45%）、橙花醇（1.29%）、香叶酸（1.22%）、牻牛儿醇（1.19%）、3-甲基十四烷（1.15%）、二丁基酞酸酯（1.04%）等。

【利用】全草精油可作香料工业原料。全草药用，治感冒及消化不良。幼嫩茎叶可作蔬菜食用。多为庭园及宅旁栽培。

## 鸡骨柴

*Elsholtzia fruticosa* (D. Don) Rehd.

**唇形科　香薷属**

**别名：** 双翎草、老妈妈棵、瘦狗还阳草、山野坝子、香芝麻叶、紫油苏、大柴胡、小花香棵、扫地茶、沙虫药、灌木香薷、酒药花

**分布：** 四川、西藏、湖北、云南、贵州、广西、陕西、甘肃等地

【形态特征】直立灌木，高0.8～2 m，多分枝。茎、枝钝四棱形，具浅槽，黄褐色或紫褐色，老时皮层剥落。叶披针形或椭圆状披针形，通常长6～13 cm，宽2～3.5 cm，先端渐尖，基部狭楔形，边缘在基部以上具粗锯齿，近基部全缘，叶面榄绿色，被糙伏毛，叶背淡绿色，被弯曲的短柔毛，两面密布黄色腺点。穗状花序圆柱状，长6～20 cm，顶生或腋生，由轮伞花序组成；苞叶下部者多少叶状，向上渐呈苞片状，披针形至狭披针形或钻形。花萼钟形，外面被灰色短柔毛，果时圆筒状。花冠白色至淡黄色，外面被蜷曲柔毛，间夹有金黄色腺点。小

坚果长圆形，腹面具棱，顶端钝，褐色。花期7～9月，果期10～11月。

**【生长习性】**生于山谷侧边、谷底、路旁、开旷山坡及草地中，海拔1200～3200 m。

**【精油含量】**水蒸气蒸馏干燥全草的得油率为0.75%～4.35%；超临界萃取的全草得油率为2.87%。

**【芳香成分】茎：**王雪芬等（2008）用水蒸气蒸馏法提取的陕西宁陕产鸡骨柴阴干茎精油的主要成分为：棕榈酸（65.05%）、植醇（2.75%）、丁香烯氧化物（2.58%）、丁香烯（2.53%）、匙叶桉油烯醇（1.61%）、异植醇（1.33%）、肉豆蔻酸（1.22%）、十五烷酸（1.02%）、δ-杜松烯（1.02%）、γ-雪松烯（1.01%）等。

**叶：**王雪芬等（2008）用水蒸气蒸馏法提取的陕西宁陕产鸡骨柴阴干叶精油的主要成分为：1,8-桉树脑（24.73%）、丁香烯（8.51%）、邻伞花烃（6.13%）、γ-松油烯（5.11%）、绿化白千层烯（3.66%）、辛烯-3-醇乙酸酯（2.58%）、柠檬烯（2.44%）、芳樟醇（2.13%）、γ-雪松烯（2.09%）、L-β-蒎烯（2.05%）、δ-杜松烯（1.94%）、丁香烯氧化物（1.81%）、γ-姜黄烯（1.75%）、异薄荷醇（1.61%）、1-甲氧基萘（1.57%）、α-松油醇乙酸酯（1.09%）、香茅醇甲酸酯（1.08%）、α-葎草烯（1.07%）等。

**花：**王雪芬等（2008）用水蒸气蒸馏法提取的陕西宁陕产鸡骨柴阴干花精油的主要成分为：1,8-桉树脑（21.90%）、丁香烯（8.79%）、γ-松油烯（4.57%）、邻伞花烃（3.98%）、芳樟醇（3.80%）、反-β-罗勒烯（3.34%）、匙叶桉油烯醇（2.98%）、丁香烯氧化物（2.96%）、α-姜黄烯（2.61%）、柠檬烯（2.41%）、甘香烯（2.39%）、松油烯-4-醇（2.37%）、δ-杜松烯（1.70%）、γ-雪松烯（1.50%）、杜松醇（1.38%）、α-葎草烯（1.33%）、辛烯-3-醇乙酸酯（1.29%）、L-β-蒎烯（1.17%）、γ-松油醇（1.06%）、α-杜松醇（1.03%）等。

**【利用】**云南用根入药，治风湿关节痛；贵州用叶入药，外敷可治脚癣、白壳癞及疥疮。全草精油具有很强的杀虫防蛀功能。

## 毛穗香薷

*Elsholtzia eriostachya* Benth.

**唇形科　香薷属**

**别名：**黄花香薷、齐柔

**分布：**西藏、青海、四川、云南、甘肃

**【形态特征】**一年生草本，高15～37 cm。茎四棱形，常带紫红色，分枝能育，茎、枝均被微柔毛。叶长圆形至卵状长圆形，长0.8～4 cm，宽0.4～1.5 cm，先端略钝，基部宽楔形至圆形，边缘具细锯齿或锯齿状圆齿，草质，两面黄绿色，叶背较淡，两面被小长柔毛。穗状花序圆柱状，长1～5 cm，于茎及小枝上顶生，由多花密集的轮伞花序所组成；下部苞叶与叶近同形但变小，上部苞叶呈苞片状，宽卵圆形，先端具小突尖，外被疏柔毛，边缘具缘毛，覆瓦状排列。花萼钟形，外面密被淡黄色串珠状长柔毛，果时圆筒状。花冠黄色，外面被微柔毛，边缘具缘毛。小坚果椭圆形，长1.4 mm，褐色。花果期7～9月。

**【生长习性】**生于山坡草地，海拔3500～4100 m。

**【精油含量】**水蒸气蒸馏全草的得油率为0.35%～0.41%。

**【芳香成分】**涂永勤等（2008）用水蒸气蒸馏法提取的四川小金产毛穗香薷干燥全草精油的主要成分为：(1α,4aβ,8aα)-7-甲基-4-亚甲基-1-(1-甲基乙基)-1,2,3,4,4a,5,6,8a-八氢萘（14.01%）、[3S-(3α,5aα,7aα,11aα,11bα)]-3,8,8,11a-四甲基-十二氢-5H-3,5a-环氧萘[2,1-c]氧杂环庚三烯（8.12%）、2-甲基-3-亚甲基-环戊烷羧酸甲酯（7.30%）、石竹烯（4.90%）、α-杜松醇（4.11%）、醋酸-(5α,16β)-D-雌甾-16-酯（3.96%）、α-香柠檬烯（3.52%）、吉玛烯B（3.08%）、1,7-二甲基-4-异丙基-2,7-环癸二烯（2.67%）、植醇（2.11%）、δ-杜松醇（1.90%）、桉叶油-4(14)，11-二烯（1.88%）、δ-杜松烯（1.82%）、石竹烯氧化物（1.58%）、(5aα,9aβ,9bβ)-6,6,9a-三甲基-5,5a,6,7,8,9,9a,9b-八氢萘[l,2-c]并呋喃-l-[3]（1.45%）、(5α,16β)-D-雌甾烷-16-酸（1.41%）、(2R-顺)-α,α,4,8-四甲基-l,2,3,4,4a,5,6,7-八氢-2-萘甲醇（1.29%）、1,4a-二甲基-7-(1-甲基乙缩醛)-十氢-1-萘酚（1.04%）等。

**【利用】**全草是常用藏药，有解暑、防伤口腐烂、治疗痈疮、胃病等功效。

# 密花香薷

*Elsholtzia densa* Benth.

**唇形科　香薷属**

**别名：**咳嗽草、野紫苏、臭香菇、蟋蟀巴

**分布：**云南、河北、山西、陕西、甘肃、青海、四川、西藏、新疆等地

**【形态特征】**草本，高20～60 cm。茎直立，多分枝，茎及枝均四棱形，具槽，被短柔毛。叶长圆状披针形至椭圆形，长1～4 cm，宽0.5～1.5 cm，先端急尖或微钝，基部宽楔形或近圆形，边缘在基部以上具锯齿，草质，叶面绿色叶背较淡，两面被短柔毛。穗状花序长圆形或近圆形，长2～6 cm，宽1 cm，密被紫色串珠状长柔毛，由密集的轮伞花序组成；最下的一对苞叶与叶同形，向上呈苞片状，卵圆状圆形，被具节长柔毛。花萼钟状，果时膨大近球形。花冠小，淡紫色，长约2.5 mm，萼、密被紫色串珠状长柔毛。小坚果卵珠形，长2 mm，宽1.2 mm，暗褐色，腹面略具棱，顶端具小疣突起。花果期7～10月。

**【生长习性】**生于林缘、高山草甸、林下、河边及山坡荒地，海拔1800～4100 m。

**【精油含量】**水蒸气蒸馏全草的得油率为0.35%，新鲜茎的得油率为0.15%，新鲜叶的得油率为0.33%，新鲜花的得油率为0.35%；超声辅助水蒸气蒸馏全草的得油率为0.41%；超临界萃取干燥全草的得油率为1.55%。

**【芳香成分】茎：**包锦渊等（2014）用水蒸气蒸馏法提取的青海门源产密花香薷新鲜茎精油的主要成分为：棕榈酸（19.42%）、(-)-斯巴醇（8.87%）、[S-(E,E)]-1-甲基-5-亚甲基-8-(1-甲基乙基)-1,6-环癸二烯（8.79%）、6-亚甲基二环[3.1.0]己烷（8.03%）、亚麻酸（4.44%）、大根香叶烯B（4.12%）、亚油酸（3.25%）、(Z)-3-甲基-2-(2-戊烯基)-2-环戊烯-1-酮（3.14%）、2-甲基-5-异丙基苯酚（2.58%）、α-法呢烯（2.05%）、(Z)-3,7-二甲基-1,3,6-辛三烯（2.04%）、邻苯二甲酸异十八烷基酯（1.65%）、(Z,Z,Z)-1,5,9,9-四甲基-1,4,7-环十一碳三烯（1.64%）、1-甲氧基-4-(1-丙烯基)苯（1.26%）、1-甲基-4-(1-甲基乙基)-1,4-环已二烯（1.13%）等。

**叶：**包锦渊等（2014）用水蒸气蒸馏法提取的青海门源产密花香薷新鲜叶精油的主要成分为：(-)-斯巴醇（11.08%）、2,3,5,6-四甲基苯酚（10.38%）、[S-(E,E)]-1-甲基-5-亚甲基-8-(1-甲基乙基)-1,6-环癸二烯（10.06%）、6-亚甲基二环[3.1.0]已烷（10.01%）、2,6-二甲基-6-(4-甲基-3-戊烯基)-双环[3.1.1]庚-2-烯（3.27%）、α-石竹烯（2.99%）、α-法呢烯（2.77%）、(Z)-3,7-二甲基-1,3,6-辛三烯（2.50%）、2-甲基-5-异丙基苯酚（2.14%）、邻苯二甲酸异十八烷基酯（1.75%）、(Z,Z,Z)-1,5,9,9-四甲基-1,4,7-环十一碳三烯（1.71%）、1-甲基-4-(1-甲基乙基)-1,4-环已二烯（1.42%）、亚麻酸（1.35%）、石竹烯（1.19%）、(Z)-3-甲基-2-(2-戊烯基)-2-环戊烯-1-酮（1.06%）、1-羟基-1,7-二甲基-4-异丙基-2,7-环癸二烯（1.06%）等。

**全草：**张继等（2005）用水蒸气蒸馏法提取的甘肃岷县产全草精油的主要成分为：(-)-斯巴醇（23.84%）、大根香叶烯D（18.83%）、D-柠檬烯（11.17%）、2,5,5-三四基-1,3,6-庚三烯（6.30%）、6-亚甲基-双环[3,1,0]已烷（5.90%）、α-石竹烯（5.77%）、氧化石竹烯（3.94%）、石竹烯（3.36%）、4-羰基-3,5-二甲基环已-1-烯（2.88%）、α-3-环已烯-1-甲醇（2.06%）、1,2,3,5,6,8a-六氢萘（1.99%）、6,10,14-三甲基-十五碳-2-酮（1.48%）、1-丁基-1H-吡咯（1.12%）等。刘艺等（2012）分析的新疆产密花香薷全草精油的主要成分为：α-没药醇（14.97%）、榄香烯（9.04%）、β-芹子烯（8.97%）、(+)-γ-古芸烯（6.37%）、α-愈创木烯（5.92%）、广藿香烯（3.96%）、α-依兰烯（3.90%）、布藜醇（3.60%）、石竹烯（2.15%）、(Z)-2,6-二甲基-6,8-壬二烯-4-酮（2.12%）、雅槛蓝（树）油烯（2.02%）、苍术醇（1.66%）、(E,E)-，7-二甲基-10-(1-甲基亚乙基)-3,7-环癸二烯-1-酮（1.64%）、(-)-别香树烯（1.24%）、13-正-顺式-桉叶-6-烯-11-酮（1.18%）、γ-荜澄茄烯（1.16%）、1,8-二甲基-4-异丙烯基螺[4.5]癸-7-烯（1.10%）、2,6-二甲基-3,7-辛二烯-2,6-二醇（1.09%）等。

**花：**包锦渊等（2014）用水蒸气蒸馏法提取的青海门源产密花香薷新鲜花精油的主要成分为：2,3,5,6-四甲基苯酚（16.26%）、6-亚甲基二环[3.1.0]已烷（12.77%）、(-)-斯巴醇（12.04%）、(Z)-3,7-二甲基-1,3,6-辛三烯（6.52%）、[S-(E,E)]-1-甲基-5-亚甲基-8-(1-甲基乙基)-1,6-环癸二烯（5.03%）、1-甲基-4-(1-甲基乙基)-1,4-环已二烯（4.72%）、α-法呢烯（3.52%）、2,6-二甲基-6-(4-甲基-3-戊烯基)-双环[3.1.1]庚-2-烯（2.98%）、2-甲基-5-异丙基苯酚（2.85%）、柠檬烯（2.64%）、邻苯二甲酸异十八烷基酯（2.11%）、(Z,Z,Z)-1,5,9,9-四甲基-1,4,7-环十一碳三烯（1.96%）、α-石竹烯（1.73%）、亚麻酸（1.28%）、石竹烯（1.24%）等。

**【利用】**全草入药，具有消炎、生肌、止血、止痒、去腐生新的功效，藏医用全草治胃病、疮疥、梅药性鼻炎、喉炎、疮疥痈肿、皮肤瘙痒。西藏代香薷用，兼可外用于治脓疮及皮肤病。

## 矮株密花香薷

*Elsholtzia densa* Benth. var. *calycocarpa* (Diels) C. Y. Wu et S. C. Huang

**唇形科　香薷属**
**别名：** 萼果香薷
**分布：** 甘肃、陕西、西藏、青海、四川等地

【形态特征】密花香薷变种。与原变种不同在于植株矮小，扭曲，红色，基部多分枝，枝平出上升；叶较小而狭，但非披针形。一年生草本植物，全株有香气。高10～50 cm，全株有香气。茎直立或倾斜，四棱形，被柔毛。叶对生；具柄；叶片卵形、椭圆形至披针形，先端尖或钝，边缘有锯齿，基部渐狭，两面均被短柔毛，叶背具黄褐色油点。穗状花序顶生，圆柱状；花小，淡紫红色；苞片椭圆形；萼钟形，5齿裂，具柔毛；花冠4裂，具柔毛；雄蕊4，其中2枚突出。小坚果长椭圆形，长约2 mm。花期7～10月。

【生长习性】生于山坡荒地、山地河谷、田边、溪旁等较潮湿处，海拔2200～3500 m。

【精油含量】水蒸气蒸馏干燥全草的得油率为0.20%～0.70%。

【芳香成分】孙丽萍等（2000）用水蒸气蒸馏法提取的甘肃天祝产矮株密花香薷干燥全草精油的主要成分为：香薷醇（23.90%）、樟脑醌（9.25%）、百里香酚（6.83%）、3-甲基-2-环戊烯酮（3.48%）、香荆芥酚（3.01%）、反-Δ8-蓋烯（2.67%）、异薄荷醇（1.26%）等。

【利用】民间以全草入药，有发汗、解暑、利湿、利尿等功能，可消炎止血，治伤风感冒、肾炎、浮肿、腹泻等症。精油在药用方面已研制出镇痛、消炎、止血、抑菌的膏剂，在临床上对各类痔疮有明显的疗效。

## 细穗密花香薷

*Elsholtzia densa* Benth var. *ianthina* (Maxim. ex Kanitz) C. Y. Wu et S. C. Huang

**唇形科　香薷属**
**分布：** 辽宁、河北、山西、陕西、甘肃、青海

【形态特征】密花香薷变种。与原变种不同在于植株高大；叶较狭，披针形；花序一般较细长。花期6月下旬至7月上旬，果期7月下旬至8月上旬。

【生长习性】生于山坡及荒地，海拔1000～3000 m。

【精油含量】水蒸气蒸馏的全草的得油率为1.40%。

【芳香成分】丁晨旭等（2004）用水蒸气蒸馏法提取的青海产细穗密花香薷全草精油的主要成分为：三环[4.3.1.1$^{3,8}$]十一烷-1-醇（33.84%）、2,3,5,6-四甲基酚（22.44%）、[3aS-(3aα,3bβ,4β,7α,7aS*)]-八氢-7-甲基-3亚甲基-4-(1-甲基乙基)-1H-环戊二烯并[1,3]环丙[1,2]苯（7.86%）、石竹烯（5.96%）、3-苯基-2-丁酮（4.76%）、顺式，顺式，顺式-1,1,4,8-四甲基-4,7,10-环十一三烯（3.91%）、1-甲基-4-(1-甲基乙基)-1,4-环己二烯（2.79%）、2.6-二甲基-6-(4-甲基-3-戊烯基)-二环[3.1.1]庚-2-烯（2.73%）、1-甲基-2-(1-甲基乙基)苯（1.70%）、十氢-1,5-二甲基-萘（1.46%）、5,9,9-三甲基-螺旋[3.5]壬-5-烯-1-酮（1.13%）等。

【利用】全草为藏药，防伤口感染，治肛门虫、胃虫、阴道虫，防虫蝇。

## 木香薷

*Elsholtzia stauntoni* Benth.

**唇形科　香薷属**
**别名：** 柴荆芥、香荆芥、山荆芥、荆芥、臭荆芥、野荆芥
**分布：** 甘肃、陕西、山西、河南、河北等地

【形态特征】直立半灌木，高0.7～1.7 m。多分枝，小枝下部近圆柱形，上部钝四棱形，具槽及细条纹，带紫红色，被灰白色微柔毛。叶披针形至椭圆状披针形，长8～12 cm，宽2.5～4 cm，先端渐尖，基部渐狭至叶柄，边缘除基部及先端全缘外具锯齿状圆齿，叶面绿色，叶背白绿色，密布细小腺点。穗状花序长3～12 cm，生于茎枝及侧生小花枝顶上，由具5～10花、近偏向于一侧的轮伞花序所组成；苞叶除最下方一对叶状外，均呈苞片状，披针形或线状披针形，长2～3 mm，常染紫色。花萼管状钟形，外面密被灰白色绒毛。花冠玫瑰红紫色，长约9 mm，外面被白色柔毛及稀疏腺点。小坚果椭圆形，光滑。花果期7～10月。

【生长习性】生于谷地溪边或河川沿岸，草坡及石山上，海拔700～1600 m。喜阳光充足，也耐阴；喜温暖，耐寒性强；喜水湿，耐干旱但不耐水涝。宜生于肥沃湿润而排水良好的壤土，中度以下盐碱土及瘠薄土壤也能适应。

【精油含量】水蒸气蒸馏茎的得油率为0.12%，叶的得油率为0.90%～1.40%，全草的得油率为0.47%～3.40%，花穗的得油率为0.44%～1.00%。

【芳香成分】**全草：** 郑尚珍等（1999）用水蒸气蒸馏法提取的甘肃天水产木香薷阴干全草精油的主要成分为：1,8-桉叶油素（22.35%）、反式-石竹烯（13.86%）、2-(2',3'-环氧-3'-甲

基丁基)-3-甲基呋喃（10.67%）、顺式-石竹烯（10.29%）、冰片烯（5.36%）、莰醌（4.60%）、苯甲醇（3.71%）、反式-β-罗勒烯（3.21%）、香桧烯（2.35%）、β-金合欢烯（2.18%）、1-苯基乙酮（2.00%）、αγ-郁金烯（1.16%）、β-库毕烯（1.09%）、长叶薄荷酮（1.04%）等。

**花：**杨红澎等（2009）用用水蒸气蒸馏法提取的河北承德产木香薷新鲜花精油的主要成分为：4-异丙基-苯甲醇（48.32%）、2-甲基-5-戊酮（3）基-呋喃（22.87%）、2-甲基-5-异戊酮基-呋喃（6.40%）、2-乙基-5-异丁酮基-呋喃（3.56%）、氧化-β-石竹烯（3.46%）、β-石竹烯（3.00%）、苯乙酮（2.80%）、桉树脑（1.49%）、γ-萜品烯（1.37%）、2-甲基-5-戊酮（4）基-呋喃（1.36%）、芳樟醇（1.26%）等。

**果实：**田晔林等（2017）用用水蒸气蒸馏法提取的新鲜幼果精油的主要成分为：百里香酚（43.50%）、石竹烯（16.86%）、2,6,6-三甲基-1-环己烯基乙醛（6.00%）、氧化石竹烯（4.54%）、苯乙酮（3.32%）、蛇麻烯（2.62%）、对-聚散花素（2.52%）、2-烯丙基双环[2.2.1]庚烷（1.61%）、沉香醇（1.52%）、萜品烯（1.41%）、石竹素（1.30%）、1-辛烯-3-醇（1.14%）等。

**【利用】**全草是中草药中常见的解表药，具发汗解表、祛暑化湿、利尿消肿的功能，主治外感暑热、身热、头痛发热、伤暑霍乱吐泻、水肿等症。作兽药可治水肿、发汗、呕逆、肺热等。种子可榨油，可用于调制干性油、油漆及工业用。花、茎、叶可提取精油作香料；全草精油具有广谱抗菌和杀菌作用，对痢疾、肠胃炎、风湿性关节炎、感冒、牙痛、晕车等有较好的疗效。茎叶可作调料。适宜在公园、庭园湖畔、溪边及林缘、草坪上栽植。

## 鼠尾香薷

*Elsholtzia myosurus* Dunn

**唇形科　香薷属**
**别名：**密花香薷、大香花棵
**分布：**四川、云南

**【形态特征】**芳香灌木，高0.8～1.5 m。小枝钝四棱形，具槽，密被星芒状微柔毛。叶披针形或倒披针形，长4.5～10 cm，宽1～2.5 cm，先端急尖或渐尖，基部楔形，边缘在基部以上具细锯齿，基部全缘，叶面绿色，被微柔毛、腺毛及毡状毛，叶背灰白色，密被星芒状绒毛。穗状花序长4～13 cm，由多数轮伞花序所组成；苞片钻形或线形，与序轴密被星芒状微柔毛。花萼钟形，长约2 mm，外面密被星芒状绒毛，果时圆筒状。花冠白至绿黄色，长约5 mm，外面被短柔毛及淡黄色腺点。小坚果长圆形，长约1.5 mm，黄色，光滑无毛。花期9～10月，果期11月。

**【生长习性】**生于山坡、荒地及沟谷中，海拔2600～3000 m。

**【精油含量】**水蒸气蒸馏干燥全草的得油率为1.20%。

**【芳香成分】**赵仁等（1999）用水蒸气蒸馏法提取的云南昆明产鼠尾香薷干燥全草精油的主要成分为：1,8-桉叶油素（45.31%）、γ-松油烯（12.95%）、柠檬烯（5.52%）、β-蒎烯（4.81%）、1-辛烯-5-醇（3.35%）、α-蒎烯（3.31%）、对-聚伞花素（2.80%）、β-反式-罗勒烯（2.20%）、松油烯-4-醇（1.93%）、α-松油烯（1.65%）、芳樟醇（1.52%）、1-辛烯-3-醇（1.48%）、反式-石竹烯（1.41%）、α-松油醇（1.09%）等。

**【利用】**全株入药，有止咳、解表的功能，主治感冒、百日咳、支气管炎、肾盂肾炎、小儿疳积等症。

## 水香薷

*Elsholtzia kachinensis* Prain

**唇形科　香薷属**
**别名：**湿地香薷、水薄荷、猪菜草、安南木、水香菜
**分布：**云南、广东、广西、四川、江西、湖南

**【形态特征】**柔弱平铺草本，长10～40 cm。茎平卧，被柔毛，有分枝。叶卵圆形或卵圆状披针形，长1～3.5 cm，宽0.5～2 cm，先端急尖或钝，基部宽楔形，边缘在基部以上具圆

锯齿，草质，叶面绿色，叶背淡绿色，密布腺点。穗状花序于茎及枝上顶生，开花时常作卵球形，长1.5～2.5 cm，宽达2 cm，由具4～6花的轮伞花序组成，密集而偏向一侧；苞片阔卵形，长3～4 mm，宽4～5 mm，先端具钻状突尖尖头，全缘，外面被具节疏柔毛。花萼长约1.5 mm，管状，外被疏柔毛及腺点。花冠白至淡紫或紫色，长约7 mm，外面被疏柔毛。小坚果长圆形，栗色，被微柔毛。花果期10～12月。

【生长习性】生于河边、路旁、林下、山谷或水中，常见于湿润处，海拔1200～2800 m。喜温暖湿润环境，在肥沃疏松的砂质壤土上生长良好。

【精油含量】水蒸气蒸馏干燥全草的得油率为0.36%～0.50%，新鲜全草的得油率为0.55%。

【芳香成分】不同研究者用水蒸气蒸馏法提取的水香薷全草精油成分不同。吉卯祉（1990）分析的云南西双版纳产水香薷阴干全草精油的主要成分为：β-去氢香薷酮（78.33%）、乙酸辛烯酯（5.43%）、香芹酮（4.87%）、反式-丁香烯（3.16%）、反式-石竹烯（2.10%）、石竹烯氧化物（1.03%）等；崔范洙等（2012）分析的贵州都匀产水香薷新鲜全草精油的主要成分为：枯酸（16.66%）、1-辛烯-3-乙酸酯（15.82%）、桉油精（9.27%）、D-香芹酮（6.97%）、石竹烯氧化物（4.93%）、D-柠檬烯（3.48%）、四甲基-1,4-苯醌（3.38%）、[Z]-叶醇（3.12%）、反式-石竹烯（2.99%）、1-辛烯-3-醇（2.90%）、3-辛酮（2.36%）、α-长蒎烯（1.72%）、芳姜黄烯（1.65%）、δ-荜澄茄烯（1.54%）、香芹芥酚甲醚（1.48%）、α-萜品烯醇（1.37%）、橙花醇（1.35%）、α-葎草烯（1.21%）、羽毛柏烯（1.08%）、乙酸龙脑酯（1.06%）等。李贵军等（2012）分析的云南施甸产水香薷晾干全草精油的主要成分为：1,4-二甲氧基苯（39.50%）、白苏酮（13.95%）、叶绿醇（9.90%）、金合欢烯（5.20%）、正二十六醇（3.62%）、9-己基十七烷（3.53%）、石竹烯（3.32%）、十八烷（2.85%）、2,6,10-三甲基十四烷（2.81%）、二十八烷（2.78%）、二十七烷（2.66%）、二十一烷（2.64%）、3-甲基-1H-吲哚（2.53%）、十七烷（2.42%）、2,6,10-三甲基十五烷（2.28%）等。白晓莉等（2011）用同时蒸馏萃取法提取的云南产水香薷新鲜全草精油的主要成分为：油酸乙酯（24.22%）、乙酸丁香酚酯（11.71%）、邻苯二甲酸丁基酯-2-乙基己基酯（11.43%）、十六酸乙酯（8.66%）、邻苯二甲酸二丁酯（5.51%）、α-愈创木烯（3.97%）、3-烯丙基-6-甲氧基苯酚佳味备酚（3.24%）、棕榈酸（2.80%）、脱氢香薷酮（2.21%）、肉豆蔻酸（1.70%）、硬脂酸乙酯（1.50%）等。

【利用】嫩茎叶或全草是云南省众多少数民族推崇的一种野生蔬菜。

## 四方蒿

*Elsholtzia blanda* (Benth.) Benth.

**唇形科　香薷属**

**别名：**沙虫药、四棱蒿、黑头草、扫把茶、铁扫把、白香薷、大香薷、滇香薷、鸡肝散、鸡骨柴、蔓坝、野苏、荆芥、野薄荷

**分布：**云南、贵州、广西、四川等地

【形态特征】直立草本，高1～1.5 m。茎、枝四棱形，具槽，密被短柔毛。叶椭圆形至椭圆状披针形，长3～16 cm，宽0.8～4.5 cm，先端渐尖，基部狭楔形，边缘具锯齿，叶面绿色，被微柔毛及腺点，叶背灰绿色。穗状花序顶生或腋生，近偏向一侧，一般长4～8 cm，最长可达20 cm，由7～10花的多数轮伞花序所组成；苞叶除花序下部一对叶状外均呈苞片状，钻形至披针状钻形，长1.5～3 mm，外被短柔毛。花萼圆柱形，长2～2.5 mm，外被平伏毛；果时基部略膨大，卵球形。花冠白色，长3～4 mm，外面被平伏毛。小坚果长圆形，长约0.8 mm，黄褐色，光滑。花期6～10月，果期10～12月。

【生长习性】生于林中旷处、沟边或路旁，海拔800～2500 m。以湿润环境为好。

【精油含量】水蒸气蒸馏新鲜全草的得油率为0.42%～0.88%，干燥全草的得油率为1.08%～3.66%，新鲜茎的得油率为0.10%，新鲜果序的得油率为0.81%；石油醚萃取阴干全草的得油率为4.15%。

【芳香成分】程必强等（1989）用水蒸气蒸馏法提取云南勐腊产四方蒿营养生长期新鲜全草精油的主要成分为：芳樟醇（33.15%）、1,8-桉叶油素（17.79%）、苯乙酮（10.07%）、反-氧化芳樟醇（9.03%）、樟脑（4.45%）、乙酸香叶酯（3.59%）、龙脑（3.43%）、α-松油醇（2.59%）、顺-氧化芳樟醇（2.23%）、δ-杜松醇（2.12%）、松油烯-4-醇（1.63%）、β-罗勒烯（1.47%）等。方洪钜等（1993）用同法分析的云南西双版纳产四方蒿全草精油的主要成分为：1,8-桉叶油素（27.58%）、α-水芹烯（9.12%）、乙酸龙脑酯（6.38%）、樟烯（5.99%）、芳樟醇（5.37%）、α-松油烯（5.13%）等。任平等（2002）用同法分析的四川南部产四方蒿阴干全草精油的主要成分为：蛇麻烯（12.02%）、β-蒎烯（11.98%）、异蒎莰酮（10.03%）、叶绿醇（8.12%）、石竹烯氧化物（6.27%）等。

【利用】叶、花或全草入药，有清热解毒、止血镇痛等功效，治夜盲症、痢疾、感冒、咽喉炎、扁桃腺炎、风火牙痛、龋齿痛、急性胃肠炎、腹痛、创伤出血、火烧伤、腋臭、小儿疳积、急慢性肾盂肾炎等症。

## 穗状香薷

*Elsholtzia stachyodes* (Link) C. Y. Wu

**唇形科　香薷属**

**分布：**陕西、湖北、四川、贵州、云南、广西、广东、浙江、安徽

【形态特征】柔弱草本，高0.3～1 m。茎直立，钝四棱形，具槽，黄褐色或常带紫红色，幼时略被卷曲白色短柔毛，多分枝，分枝具花序。叶菱状卵圆形，长2.5～6 cm，宽1.5～3.5 cm，先端骤渐尖，基部楔形或阔楔形，下延至叶柄成狭翅，边缘在基部以上具缺刻状锯齿，薄纸质，叶面绿色，散布白色短柔毛，叶背淡绿色，散布淡黄色凹陷腺点。穗状花序顶生及腋生，由疏花多少不连续的轮伞花序所组成；苞片钻状线形，具肋，常超出花冠。花萼钟形，长约1.5 mm，外面密被白色柔毛，果时略增大，管状钟形。花冠白色，有时为紫红色，外面被短柔毛。小坚果椭圆形，淡黄色。花果期9～12月。

【生长习性】生于开旷山坡、路旁、荒地、林中旷处或石灰岩上，海拔800～2800 m。

【精油含量】水蒸气蒸馏阴干全草的得油率为0.80%。

【芳香成分】朱甘培（1990）用水蒸气蒸馏法提取的云南宾川产穗状香薷阴干全草精油的主要成分为：百里香酚（40.29%）、对-聚伞花素（33.91%）、冰片烯（4.22%）、胡薄荷酮（2.58%）、顺式-石竹烯（2.26%）、松油烯-4-醇（1.67%）、月桂烯（1.56%）、侧柏烯（1.31%）、葎草烯（1.10%）等。

【利用】蜜源植物。

## 香薷

*Elsholtzia ciliata* (Thunb.) Hyland.

**唇形科　香薷属**

**别名：**半边苏、水芳草、德昌香薷、臭荆芥、山苏子、蜜蜂草、鱼香草、香菇草、土香薷、小苏子、水荆芥、排香草、香菜、蚂蟥痧、野芝麻、野坝子

**分布：**除新疆和青海外，全国各地

【形态特征】直立草本，高0.3～0.5 m。茎钝四棱形，具槽，常呈麦秆黄色，老时变紫褐色。叶卵形或椭圆状披针形，长3～9 cm，宽1～4 cm，先端渐尖，基部楔状下延成狭翅，边缘具锯齿，叶面绿色，疏被小硬毛，叶背淡绿色，散布松脂状腺点。穗状花序长2～7 cm，宽达1.3 cm，偏向一侧，由多花的轮伞花序组成；苞片宽卵圆形或扁圆形，长宽约4 mm，先端具芒状突尖，疏布松脂状腺点，边缘具缘毛。花萼钟形，长约1.5 mm，外面被疏柔毛，疏生腺点。花冠淡紫色，外面被柔毛，上部夹生有稀疏腺点。小坚果长圆形，长约1 mm，棕黄色，光滑。花期7～10月，果期10月至翌年1月。

【生长习性】生于路旁、山坡、荒地、林内、河岸，海拔达3400 m。对环境适应能力强，喜温暖气候。一般土壤均可栽培，在肥沃疏松、排水良好的砂质土壤中长势良好。怕旱，不宜重茬。

【精油含量】水蒸气蒸馏全草的得油率为0.03%～1.30%；超临界萃取全草的得油率为1.14%～3.60%。

【芳香成分】**茎：**金哲等（2008）用同时蒸馏萃取法提取的东北野生香薷茎精油的主要成分为：去氢香薷酮（44.68%）、香薷酮（18.02%）、棕榈酸（14.41%）、苯乙酮（3.43%）、亚麻酸（3.02%）、亚油酸（2.78%）、1-甲氧基-4-(1-丙烯基)苯（2.77%）、2-乙酰基-5-甲基呋喃（2.04%）、1,5,9,9-四甲基-1,4,7-环十一烷三烯（1.62%）、1,2-苯二甲酸-丁基-2-甲代丙烯基酯（1.49%）、芳樟醇（1.48%）、邻苯二甲酸二异丁基酯（1.16%）等。

**叶：**金哲等（2008）用同时蒸馏萃取法提取的东北野生香薷叶精油的主要成分为：去氢香薷酮（50.31%）、香薷酮（20.39%）、1,5,9,9-四甲基-1,4,7-环十一烷三烯（6.41%）、棕榈酸（6.03%）、亚麻酸（1.88%）、芳樟醇（1.72%）、苯乙酮（1.22%）、叶绿醇（1.11%）等。

**全草：**梁利香等（2015）用水蒸气蒸馏法提取的河南信

阳产野生香薷盛花期阴干全草精油的主要成分为：愈创木酚（64.05%）、去氢香薷酮（20.90%）、4-(1-异丙基)-苯甲醇（6.20%）、石竹烯（2.92%）、3-甲基-4-异丙苯酚（1.16%）等。薛晓丽等（2016）用同法分析的吉林省吉林市产香薷新鲜全草精油的主要成分为：脱氢香薷酮（34.32%）、桉油精（12.69%）、香薷酮（6.57%）、2-(苯基甲氧基)丙酸甲酯（5.90%）、石竹烯（3.83%）、1,1,5-三甲基-1,2-二氢萘（2.39%）、乙酸龙脑酯（2.11%）、(-)-莰烯（1.88%）、香树烯（1.79%）、β-波旁烯（1.62%）、β-蒎烯（1.14%）、α-可巴烯（1.03%）、葎草烯（1.02%）等。向平等（2017）用同法分析的贵州贵阳产香薷新鲜茎叶精油的主要成分为：柠檬烯（23.20%）、芳樟醇（21.05%）、β-蛇床烯（7.78%）、玫瑰呋喃（5.56%）、反-罗勒烯（4.43%）、大根香叶烯（3.89%）、α-松油醇（3.86%）、香芹酮（3.09%）、1-辛烯-3-醇（3.03%）、香叶醛（2.55%）、柠檬醛（2.05%）、苯乙酮（1.41%）、β-石竹烯（1.36%）、3-辛酮（1.26%）、3-辛醇（1.13%）等。

**花：**金哲等（2008）用同时蒸馏萃取法提取的东北野生香薷含种子花精油的主要成分为：去氢香薷酮（57.19%）、香薷酮（19.93%）、1,5,9,9-四甲基-1,4,7-环十一烷三烯（2.50%）、苯乙酮（2.10%）、芳樟醇（1.43%）等。向平等（2017）用水蒸气蒸馏法提取的贵州贵阳产香薷新鲜花精油的主要成分为：柠檬烯（29.27%）、芳樟醇（23.10%）、β-蛇床烯（11.52%）、玫瑰呋喃（4.95%）、大根香叶烯（3.72%）、香芹酮（3.05%）、香叶醛（2.16%）、α-松油醇（2.12%）、β-石竹烯（1.84%）、柠檬醛（1.61%）、γ-桉叶醇（1.50%）、伞花烃（1.29%）等。

**【利用】**全草入药，具有发汗解暑、行水散热、温胃调中的功效，治急性肠胃炎、腹痛吐泻、夏秋阳暑、头痛发热、恶寒无汗、霍乱、水肿、鼻衄、口臭等症；民间常用它治疗痨伤、吐血、感冒和疮毒等症。嫩茎叶作为蔬菜食用，也可作为调料食用。嫩叶可喂猪。可作为蜜源植物。全草精油具有广谱抗菌、抗病毒的作用，临床上用于防治流行性感冒；可作为保健药物牙膏和空气清新剂的原料使用。种子可榨油，用于调制干性油，油漆及工业用。

## 岩生香薷

*Elsholtzia saxatilis* (Kom.) Nakai

**唇形科　香薷属**

**分布：**黑龙江、吉林、辽宁、山东

**【形态特征】**直立草本，高10～20 cm。茎淡紫色，钝四棱形，具槽，密被微柔毛，多分枝。叶披针形至线状披针形，长1～4.5 cm，宽0.1～1 cm，先端渐尖或略钝，基部楔形下延至叶柄，边缘具疏而钝或不明显的锯齿，叶面绿色，叶背较淡，两面常带紫色，两面极疏被微柔毛，叶背密布凹陷腺点。穗状花序长1～2.5 cm，生于茎及小枝顶端，不明显偏向一侧，多少呈四面向；苞片阔卵形，长4 mm，宽约6 mm，先端骤然芒尖，外面疏布腺点，脉纹带紫色，边缘具缘毛。花萼管状，外面被柔毛。花冠玫瑰紫色，外面被柔毛。小坚果长圆形，栗色，无毛。花期9～10月，果期10～11月。

**【生长习性】**多生于石缝中。

**【精油含量】**水蒸气蒸馏全草的得油率为0.19%～1.15%。

**【芳香成分】**唐晓军等（2014）用水蒸气蒸馏法提取的全草精油的主要成分为：香薷酮（77.70%）、反式石竹烯（5.46%）、去氢香薷酮（3.97%）、棕榈酸（1.88%）、辛醇（1.24%）、百里酚（1.03%）、α-葎草烯（1.01%）等。

**【利用】**蜜源植物。

## 野拔子

*Elsholtzia rugulosa* Hemsl.

**唇形科　香薷属**

**别名：**矮香薷、白背蒿、把子草、半边香、草拨子、臭香薷、地檀香、狗巴子、狗尾巴香、蒿巴巴棵、旱生香薷、倮倮茶、苦里芭茶、腊悠麻、青牛藤、扫把茶、铁苏苏、铁苏棵、细皱香薷、小铁苏、小紫苏、小山苏、小小苏、小香芝麻叶、香芝麻蒿、香芝麻、香苏草、野巴子、野坝子、野苏、野香苏、野坝草、野巴蒿、野苏子、野坝蒿、皱叶香薷

**分布：**四川、广西、贵州、云南

**【形态特征】**唇形科香薷属植物。草本至半灌木。茎高0.3～1.5 m，多分枝，枝钝四棱形，密被白色微柔毛。叶卵形、椭圆形至近菱状卵形，长2～7.5 cm，宽1～3.5 cm，先端急尖或

微钝，基部圆形至阔楔形，边缘具钝锯齿，近基部全缘，坚纸质，上面橄绿色，被粗硬毛，微皱，下面灰白色，密被灰白色绒毛。穗状花序着生于主茎及侧枝的顶部，长3～12 cm或以上，由具梗的轮伞花序所组成；下部1～2对苞叶叶状，小，上部呈苞片状，披针形或钻形，全缘，被灰白绒毛。花萼钟形，外面被白色粗硬毛。花冠白色，有时为紫或淡黄色，长约4 mm，外面被柔毛。小坚果长圆形，稍压扁，长约1 mm，淡黄色，光滑无毛。花果期10～12月。

【生长习性】生于山坡草地、旷地、路旁、林中或灌丛中，海拔1300～2800 m。

【精油含量】水蒸气蒸馏全草的得油率在0.40%～1.60%；超声波辅助萃取全草的得油率为1.40%；微波辅助水蒸气蒸馏干燥叶的得油率为2.01%。

【芳香成分】彭永芳等（2009）用超声波辅助法提取的云南大理产野拔子全草精油的主要成分为：脱氢香薷酮（55.03%）、香薷酮（7.84%）、氧化石竹烯（4.02%）、2-甲基-4-叔丁基苯酚（2.92%）、石竹烯（1.79%）、2-甲氧基苯酚（1.63%）、二苯胺（1.57%）、2-乙酰基-5-甲基呋喃（1.05%）、1a,2,3,4,4a,5,6,7b-八氢-1,1,4,7-四甲基-环丙苷薁（1.00%）等。赵勇等（1998）用水蒸气蒸馏法提取的云南弥渡产野拔子新鲜全草精油的主要成分为：芳樟醇（34.18%）、百里酚（22.12%）、橙花叔醇（20.21%）等。黄彬第等（2004）用超临界$CO_2$萃取法提取的四川川南产阴干野拔子全草精油的主要成分为：百里香酚（10.11%）、1,8-桉叶油酸（9.23%）、香荆芥酚（8.51%）、苯甲醛（5.54%）、甲基百里醚（3.95%）、2-呋喃卡波克斯醛（3.80%）、异蒎莰酮（3.70%）、2,3-2H-苯并呋喃（3.46%）、萘（3.41%）、反式-石竹烯（3.26%）、苯乙醇（3.22%）、2-(2',3'-环氧-3'-甲基丁基)-3-甲基呋喃（2.27%）、香茅醇（2.23%）、芳樟醇（2.08%）、紫苏醛（2.01%）、对聚伞花烃（1.68%）、冰片烯（1.65%）、顺式-金合欢烯（1.63%）、丁香油酚（1.55%）、榄香脂素（1.37%）、4-己酰基间苯二酚（1.33%）、2-己烯醛（1.30%）、γ-荜澄蒎烯（1.23%）、1-苯基乙酮（1.21%）、反式-3-己烯-1-醇（1.18%）、十八碳烯酸乙酯（1.13%）、叶绿醇（1.10%）、正十七烷（1.05%）、9-十六碳烯酸（1.01%）等。

【利用】枝叶可入药，具有清热解毒、消食化积等功效，民间用于治伤风感冒、消化不良、腹痛腹胀、上吐下泻、胃肠炎、绞肠痧、伤寒发热、痢疾、鼻衄、咳血、产后腹痛、外伤出血、烂疮、蛇咬伤等症。适作冬季蜜源植物。

## 野草香

*Elsholtzia cypriani* (Pavol.) S. Chow ex Hsu

**唇形科　香薷属**

**别名：**狗尾草、狗尾巴草、狗屎香、鱼香菜、野苏麻、野狗芝麻、野香苏、野白木香、野薄荷、粪水药、常山、木姜花、满山香、木浆花、牛膝

**分布：**陕西、河南、安徽、湖北、湖南、贵州、四川、广西、云南等地

【形态特征】草本，高0.1～1 m。茎、枝绿色或紫红色，钝四棱形，具浅槽，密被下弯短柔毛。叶卵形至长圆形，长2～6.5 cm，宽1～3 cm，先端急尖，基部宽楔形，下延至叶柄，边缘具圆齿状锯齿，草质，叶面深绿色，被微柔毛，叶背淡绿色，密被短柔毛及腺点。穗状花序圆柱形，长2.5～10.5 cm，于茎、枝或小枝上顶生，由多数密集的轮伞花序组成；苞片线形，长达3 mm，被短柔毛。花萼管状钟形，长约2 mm，外面密被短柔毛，花后伸长，长管状。花冠玫瑰红色，长约2 mm，外面被柔毛。小坚果长圆状椭圆形，黑褐色，略被毛。花果期8～11月。

【生长习性】生于田边、路旁、河谷两岸、林中或林边草地，海拔400～2900 m。

【精油含量】水蒸气蒸馏全草的得油率为1.90%～2.65%，花的得油率为0.51%。

【芳香成分】**叶：**侯颖辉等（2017）用水蒸气蒸馏法提取的贵州贵阳产野草香新鲜叶精油的主要成分为：(E)-柠檬醛（36.98%）、(Z)-柠檬醛（30.91%）、石竹烯（6.65%）、橙花醇（5.94%）、香叶醇（5.26%）、Z,Z,Z-1,5,9,9-四甲基-1,4,7-环十一碳三烯（2.52%）、氧化石竹烯（1.85%）、3,7-二甲基-3,6-辛二烯醛（1.69%）、芳樟醇（1.24%）等。

**全草：**朱甘培（1990）用水蒸气蒸馏法提取的云南大理产野草香阴干全草精油的主要成分为：β-去氧香薷酮（86.82%）、反式-石竹烯（2.19%）等。郑尚珍等（2004）用同法分析的四川南部产野草香阴干全草精油的主要成分为：对聚伞花素醇（20.61%）、5-甲基糠醛（10.43%）、糠醛（10.13%）、α-石竹烯（5.22%）、3-辛酮（5.22%）、桉叶油素（4.50%）、芳樟

醇（4.04%）、苯乙酮（3.38%）、3-辛酮（2.87%）、麝香草酚（2.36%）、乙酸（2.31%）、乙酸-1-(1-辛烯）酯（1.95%）、2,2-二甲基-1,3-二氧五环（1.90%）、4-乙酰基-1,(6),2,(4)-二脱水-β-(D)-吡喃甘露糖（1.75%）、香芹酮（1.48%）、呋喃（1.17%）、1-(2-呋喃基)-乙酮（1.02%）、2-呋喃甲醇（1.02%）等。向平等（2017）用同法分析的贵州贵阳产野草香新鲜茎叶精油的主要成分为：环氧玫瑰呋喃（52.35%）、百里醌（17.75%）、β-石竹烯（7.74%）、胡椒酮（4.96%）、环氧石竹烯（1.54%）、β-蛇床烯（1.48%）、1,8-桉叶素（1.40%）等。

**花**：侯颖辉等（2017）用水蒸气蒸馏法提取的贵州贵阳产野草香新鲜花序精油的主要成分为：(E)-柠檬醛（44.65%）、(Z)-柠檬醛（37.05%）、石竹烯（3.46%）、橙花醇（1.95%）、3,7-二甲基-3,6-辛二烯醛（1.59%）、葎草烯（1.26%）、芳樟醇（1.18%）、(Z)-3,7-二甲基-3,6-辛二烯醛（1.13%）、右旋大根香叶烯（1.11%）等。向平等（2017）用同法分析的贵州贵阳产野草香新鲜花精油的主要成分为：环氧玫瑰呋喃（56.07%）、百里醌（13.96%）、β-石竹烯（7.31%）、胡椒酮（4.12%）、玫瑰呋喃（2.97%）、环氧石竹烯（2.14%）、β-蛇床烯（1.46%）等。

**【利用】**全草或叶入药，有清热解毒作用，治伤风感冒、疔疮、鼻渊及蛾子等症。花穗可止血。嫩茎叶是傣族人民喜食的传统蔬菜。全草精油具有显著的抗菌、祛痰、抗过敏等作用，可直接用作食品、烟草、化妆品的香精，也可作为香料工业的重要原料。

## 野苏子

*Elsholtzia flava* (Benth.) Benth.

**唇形科　香薷属**
**别名：**修仙果、大野坝艾、大叶香芝麻、大叶香薷
**分布：**湖北、四川、贵州、云南、浙江

**【形态特征】**直立半灌木，高0.6～2.6 m。茎分枝，枝钝四棱形，具浅槽及细条纹，密被灰白色短柔毛。叶阔卵形或近圆形，长8～15 cm，宽5.2～8.2 cm，先端骤尾状渐尖，基部圆形或微心形，偏斜，边缘为具小突尖的圆齿状锯齿，叶面榄绿色，被短柔毛，叶背淡绿色，密布淡黄色腺点。穗状花序顶生或腋生，长6～12 cm，由多花的轮伞花序组成；下部苞叶与叶同形，向上变小，呈苞片状，阔卵圆形，长宽约3 mm，先端具小突尖。花萼钟形，外面被短柔毛及腺点，果时管状钟形，长达6.5 mm。花冠黄色，长约6.5 mm，外面被白色柔毛及腺点。小坚果长圆形，长约1 mm，黑褐色。花期7～10月，果期9～11月。

**【生长习性】**生于开旷耕地、路边、沟谷旁、灌丛中或林缘，海拔1050～2900 m。

**【精油含量】**水蒸气蒸馏阴干全草的得油率为1.15%。

**【芳香成分】**朱甘培（1990）用水蒸气蒸馏法提取的云南昆明产野苏子阴干全草精油的主要成分为：异蒎莰酮+香薷酮（20.43%）、β-蒎烯+香桧烯（14.53%）、γ-榄香烯（3.90%）、γ-荜澄茄烯+β-库毕烯（3.50%）、反式-β-罗勒烯（3.33%）、δ-荜澄茄烯（3.02%）、反式-松香芹醇（2.26%）、柠檬烯（1.69%）、榄香脂素（1.58%）、α-松油醇+桃金娘醛（1.18%）、α-蒎烯（1.15%）等。

**【利用】**全草入药，代紫苏用于发表。种子可榨油。

## 异叶香薷

*Elsholtzia heterophylla* Diels

**唇形科　香薷属**
**分布：**云南

**【形态特征】**草本，高0.3～0.8 m。茎劲直，暗紫色，钝四棱形，具浅槽，疏被白色具节疏柔毛。叶两型，匍匐枝上的叶小，宽椭圆形或近圆形，长0.2～0.6 cm，宽0.2～0.4 cm，边缘疏生钝齿；茎上叶披针形或椭圆形，长1.3～2.6 cm，宽0.3～0.7 cm，两端渐尖，边缘具浅锯齿或圆齿状锯齿，干时略

向叶背反卷，叶背密布凹陷腺点。穗状花序单生于茎顶，圆柱形，长2.5～4 cm；苞片覆瓦状排列，宽扇形，干膜质，带紫色，两枚连合成杯状。花萼管状，长3.5～4 mm，外面被疏柔毛及腺点。花冠玫瑰红紫色，长10～12 mm，外面疏被柔毛及腺点。小坚果长圆形，长约1.5 mm，棕黑色，光滑。花果期10～12月。

【生长习性】生于村旁、田边、沼泽及河沟附近，海拔1200～2400 m。

【精油含量】水蒸气蒸馏阴干全草的得油率为1.25%。

【芳香成分】朱甘培（1990）用水蒸气蒸馏法提取的云南大理产异叶香薷阴干全草精油的主要成分为：香薷酮（51.71%）、葎草烯（6.13%）、α-松油醇（3.33%）、顺式-石竹烯（1.84%）、肉豆蔻醚（1.46%）、1,8-桉叶油素（1.26%）、苯乙酮（1.23%）、芳樟醇（1.02%）等。

【利用】全草入药，治外感风寒、感冒发热、头痛身痛、咽喉痛、虚火牙痛、消化不良、腹泻、目痛、急性结膜炎、尿闭及肝炎等症。

## 紫花香薷

*Elsholtzia argyi* Lévl.

**唇形科　香薷属**

**别名：**野薄荷、牙刷花、臭草、荆芥草、假紫苏、土荆芥、金鸡草

**分布：**浙江、江苏、安徽、福建、江西、广东、广西、湖南、湖北、四川、贵州等地

【形态特征】草本，高0.5～1 m。茎四棱形，具槽，紫色，槽内被白色短柔毛。叶卵形至阔卵形，长2～6 cm，宽1～3 cm，先端短渐尖，基部圆形至宽楔形，边缘在基部以上具圆齿或圆齿状锯齿，近基部全缘，叶面绿色，被疏柔毛，叶背淡绿色，满布凹陷的腺点。穗状花序长2～7 cm，生于茎、枝顶端，偏向一侧，由具8花的轮伞花序组成；苞片圆形，长宽约5 mm，先端骤然短尖，被白色柔毛及黄色透明腺点，常带紫色。花萼管状，长约2.5 mm，被白色柔毛，边缘具长缘毛。花冠玫瑰红紫色，长约6 mm，外面被白色柔毛。小坚果长圆形，长约1 mm，深棕色，外面具细微疣状凸起。花果期9～11月。

【生长习性】生于山坡灌丛中、林下、溪旁及河边草地，海拔200～1200 m。对多种重金属具有较强的耐性。

【精油含量】水蒸气蒸馏干燥全草的得油率为1.60%。

【芳香成分】朱甘培（1992）用水蒸气蒸馏法提取的浙江产紫花香薷干燥全草精油的主要成分为：柠檬烯（25.24%）、牻牛儿醛（17.18%）、橙花醛（13.67%）、顺式-β-金合欢烯（6.70%）、β-反式-罗勒烯（5.65%）、1-辛烯-5-醇（5.11%）、反式-石竹烯（3.60%）、石竹烯氧化物（1.81%）、苯乙酮（1.54%）、γ-松油烯（1.39%）、松油烯-4-醇（1.24%）、6-甲基-5-庚烯-2-酮（1.21%）、β-顺式-罗勒烯（1.20%）等。

【利用】全草药用，能祛风、散寒、解表。对重金属污染土壤有一定修复效果。

## 小野芝麻

*Galeobdolon chinense* (Benth.) C. Y. Wu

**唇形科　小野芝麻属**

**别名：**假野芝麻

**分布：**江苏、安徽、浙江、江西、福建、台湾、湖南、广东、广西

【形态特征】一年生草本，根有时具块根。茎高10～60 cm，四棱形，具槽，密被污黄色绒毛。叶卵圆形至阔披针形，长1.5～4 cm，宽1.1～2.2 cm，先端钝至急尖，基部阔楔形，边缘为具圆齿状锯齿，草质，叶面橄榄绿色，密被贴生的纤毛，叶背较淡，被污黄色绒毛。轮伞花序2～4花；苞片极小，线形，长约6 mm，早落。花萼管状钟形，长约1.5 cm，外面密被绒毛，萼齿披针形，先端渐尖呈芒状。花冠粉红色，长约2.1 cm，外面被白色长柔毛。雄蕊花丝扁平，花药紫色。花柱丝状。花盘杯状。小坚果三棱状倒卵圆形，长约2.1 mm，直径0.9 mm，顶端截形。花期3～5月，果期在6月以后。

【生长习性】生于疏林中，海拔50～300 m。

【芳香成分】蒋受军等（2002）用水蒸气蒸馏法提取的浙江乐清产小野芝麻全草精油的主要成分为：十六烷酸（27.51%）、α-石竹烯（20.10%）、石竹烯（12.13%）、愈创-1(5),11-二烯（5.00%）、亚麻酸甲酯（3.87%）、1,5,5,8-四甲基-12-氧杂二环（3.50%）、六氢化金合欢基丙酮（2.99%）、石竹烯氧化物（2.58%）、9,12-十八烷二烯酸（2.21%）、1-乙烯基-戊酮（2.21%）、4-乙烯基-α,α,4-三甲基-3-(1-甲乙烯基)-环己烷甲醇（1.94%）、倍半水芹烯（1.85%）、α-蒎烯（1.56%）、8,11,14-二十三烯酸（1.51%）、α-荜澄茄油烯（1.22%）等。

【利用】全草为民间草药，具有清热解毒、凉血止血、止咳等功效，临床上主要用于治疗肺结核等症。

## 芳香新塔花

*Ziziphora clinopodioides* Lam.

**唇形科　新塔花属**
**别名：** 唇香草、新塔花、小叶薄荷、山薄荷、苏则
**分布：** 新疆

【形态特征】半灌木草本植物，具浓郁的薄荷香味。茎直立或斜向上，4 棱，紫红色，从基部分枝，密生向下弯曲的短柔毛。叶对生，腋间具数量不等的小叶；叶片宽椭圆形、卵圆形、长圆形、披针形或卵状披针形，长 0. 6～2 cm，宽 3～10 mm，基部楔形延伸成柄，先端渐尖，全缘，两面具稀的柔毛，叶背面叶脉明显，具黄色腺点。花序轮伞状，着生在茎及枝条的顶端，集成球状；苞片小，叶状，边缘具稀疏的睫毛；花萼筒形，长 5～7 mm，外被白色的毛，萼齿 5 个；花冠紫红色，长约 10 mm，冠筒伸出于萼外，内外被短柔毛。小坚果卵圆形。

【生长习性】生于砾石坡地及半荒漠草滩上。

【精油含量】水蒸气蒸馏全草的得油率为0.38%～1.26%。

【芳香成分】周晓英等（2011）用水蒸气蒸馏法提取的新疆乌鲁木齐产芳香新塔花干燥全草精油的主要成分为：胡薄荷酮（59.32%）、顺-5-甲基-2-(1-甲基乙基)环己酮（10.65%）、辛烷（6.04%）、反-5-甲基-2-(1-甲基乙基)环己酮（4.32%）、对二甲苯（2.19%）、反式-1,2-二甲基环己烷（1.88%）、乙基环己烷（1.23%）、D-柠檬烯（1.02%）等。

【利用】全草为民间中草药，具有疏散风热、清利头目、宁心安神、利水清热、壮骨强身、清胃消食之功能，主治感冒发热、目赤肿痛、头痛咽痛、心悸失眠等症。维吾尔医习用药材，主要用于高血压、冠心病的治疗及调节心血管系统功能。全草精油具有广泛的抗菌活性及抗氧化作用。

## 南疆新塔花

*Ziziphora pamiroalaica* Juz. ex Nevski

**唇形科　新塔花属**
**别名：** 帕米尔新塔花
**分布：** 新疆

【形态特征】半灌木，极芳香。茎从茎基长出，多数，通常从基部上升或有时平卧而弓形弯曲，通常曲折，高7～30 cm，被稍坚硬、疏散、短而下弯的毛，通常带红色。叶长2～15 mm，宽1.7～7 mm，长圆状卵圆形至近圆形，通常两侧对折，先端钝或近急尖，极全缘，在上部每边具1～2小齿，稍厚，带灰色或暗绿色；脉在下面稍突起，具明显的腺点；苞叶与叶同形，但常常较小，通常不超出花萼，常反折。花序头状，球形，径1.2～2.8 cm，十分密集。花萼绿色或淡或深紫色，长4～6 mm，直立或稍弯曲，密被柔软白色长毛。花冠玫瑰红色，具有稍外伸的冠筒及宽大的冠檐。花药从冠筒长长地伸出，紫色。

【生长习性】生于砾石地上，河谷及峡谷斜坡上。

【精油含量】水蒸气蒸馏全草的得油率为0.90%。

【芳香成分】邢思雷等（2010）用水蒸气蒸馏法提取的新疆乌恰产南疆新塔花全草精油的主要成分为：(+)-(R)-胡薄荷酮（45.90%）、(+)-异薄荷酮（24.10%）、(+)-新薄荷脑（10.10%）、百里香酚（9.40%）、薄荷酮-D3（1.80%）、甲基异丙基苯（1.70%）、龙脑（1.60%）等。

【利用】全草精油具有广泛的抗菌活性及抗氧化作用。

## 齿叶薰衣草

*Lavandula dentata* Linn.

**唇形科　薰衣草属**
**别名：** 锯齿薰衣草
**分布：** 湖北、上海等地有栽培

【形态特征】多年生草本。多年生中型直立灌木，株高可达1 m，冠幅可达1 m。叶多，绿色，茎短且纤细，丛生，全草味道芬芳；叶灰绿色，线形至披针形，有齿裂，叶背有白色绒毛，叶缘有规则的圆锯齿形。花穗少，短，淡紫色，花带樟脑的香气，花期长，花两性，管状小花较细小，雄蕊4枚，每层轮生的小花彼此间较不紧密，最顶端没有小花，只有和花色一样的苞叶，不明显。上苞叶唇形，小，淡紫色。

【生长习性】半耐寒，较耐热。适宜于微碱性或中性的砂质土。全日照植物，需要充足的阳光及适湿的环境。

【精油含量】水蒸气蒸馏干燥带花全草的得油率为0.66%～0.67%，新鲜花穗的得油率为0.40%。

【芳香成分】全草：王会利等（2014）用水蒸气蒸馏法提取的云南昆明产齿叶薰衣草干燥带花全草精油的主要成分为：1,8-桉叶素（31.81%）、β-蒎烯（7.42%）、反式-松香芹醇（6.01%）、芳樟醇（5.36%）、反式-马鞭草烯醇（3.74%）、α-蒎烯（3.63%）、桃金娘烯醇（3.17%）等。

花：郝俊蓉等（2006）用同法分析的上海产齿叶薰衣草新鲜花穗精油的主要成分为：柠檬烯（44.92%）、β-蒎烯（10.16%）、反式松香芹醇（7.32%）、桃金娘烯醛（4.28%）、α-蒎烯（3.14%）、δ-松香芹酮（2.35%）、石竹烯氧化物（2.13%）、龙脑（1.86%）、芳樟醇氧化物（1.28%）、马鞭草烯酮（1.05%）、芳樟醇（1.04%）等。

【利用】庭园观赏植物。花、叶用于香枕香袋中，能驱虫且香味持久。全草和花精油具有抗菌、抗氧化性、治疗高血压、镇静催眠和神经保护等作用；泡澡使用有镇定与舒缓神经的功效。花、叶适宜泡茶。

## 西班牙薰衣草

*Lavandula stoechas* Linn.

**唇形科　薰衣草属**

**别名：**法国薰衣草

**分布：**西藏、青海等地有栽培

【形态特征】小型灌木。花序是由宽大的苞片密叠而成，中间还塞满毛絮，花序末端的兔耳是它最大的特征，这是苞片特化的结果，是用来吸引昆虫的彩色大旗；苞片大小会因为气候与营养状况、品种差异等有变化。花形特殊，谢后有宿存苞片，常被制成干燥花，芳香；依品种不同，花有蓝、紫、桃红、粉红、白色与渐层等变化。平地花期为2～5月，中高海拔山区花期为4～10月。

【生长习性】喜欢充足阳光，忌高温多湿，生长期间保持微湿。耐寒性中等程度，喜好温度5～10℃。

【精油含量】水蒸气蒸馏新鲜花穗的得油率为0.72%。

【芳香成分】郝俊蓉等（2006）用水蒸气蒸馏法提取的上海产西班牙薰衣草新鲜花穗精油的主要成分为：樟脑（36.12%）、葑酮（32.80%）、1,8-桉叶油素（7.62%）、α-蒎烯（2.06%）、δ-大根香叶烯（1.48%）、莰烯（1.17%）、9,17-十八二烯醇（1.00%）等。

【利用】庭院观赏植物。全草和花可提取精油，精油可供沐浴香熏等用。

## 薰衣草

*Lavandula angustifolia* Mill.

**唇形科　薰衣草属**

**别名：**拉文达香草、穗状薰衣草、狭叶薰衣草、苿薰衣草、香水植物、灵香草、香草、黄香草、拉文德

**分布：**新疆、陕西、江苏等地有栽培

【形态特征】半灌木或矮灌木，分枝，被星状绒毛，老枝褐色，皮层作条状剥落，具有长的花枝及短的更新枝。叶线形或披针状线形，在花枝上的叶较大，长3～5 cm，宽0.3～0.5 cm，被灰色星状绒毛，干时灰白色或橄绿色，在更新枝上的叶小，簇生，长不超过1.7 cm，宽约0.2 cm，密被灰白色星状绒毛，均先端钝，基部渐狭成极短柄，全缘，边缘外卷。轮伞花序通常具6～10花，在枝顶聚集成穗状花序，长约3～5 cm；苞片菱状卵圆形，先端渐尖成钻状，干时常带锈色，被星状绒毛。花萼卵状管形或近管形，长4～5 mm。花冠长约为花萼的2倍。花盘4浅裂，裂片与子房裂片对生。小坚果4，光滑。花期6月。

【生长习性】喜阳光，需日照充足，通风良好。为长日照植物，以全年日照时数在2000 h以上为宜。极耐寒、耐热，喜冬季比较温暖湿润、夏季比较凉爽干燥的环境。耐旱、耐瘠薄、抗盐碱、怕涝。对土壤要求不严，石砾土、微酸性土、偏碱性土均能生长。宜选择地势高燥、排水良好的土壤。

【精油含量】水蒸气蒸馏全草的得油率为0.69%～2.30%，干燥茎的得油率为0.12%，叶的得油率为0.31%～1.38%，花穗

的得油率为0.28%～2.67%，新鲜花的得油率为0.56%～1.41%；超临界萃取花穗的得油率为2.00%～6.12%；有机溶剂萃取全草的得油率为3.42%～3.84%。

【芳香成分】茎：王强等（2013）用水蒸气蒸馏法提取的新疆伊犁产干燥茎精油的主要成分为：1,8-桉树脑（16.82%）、丙酸乙酯（16.39%）、十六烷酸（15.55%）、乙酸龙脑酯（6.78%）、石竹烯氧化物（6.07%）、龙脑（5.49%）、芳樟醇（5.18%）、对檀香醇（4.47%）、隐品酮（3.49%）、乙酸芳樟酯（3.45%）、α-檀香烯（3.25%）、莰烯（2.86%）、樟脑（2.75%）、伞花烃（2.71%）、乙酸橙花酯（2.09%）等。

叶：王强等（2013）用水蒸气蒸馏法提取的新疆伊犁产干燥叶精油的主要成分为：p-伞花烃（16.40%）、3-丁基-1-环己烯（12.40%）、石竹烯氧化物（5.80%）、4-松油醇（5.72%）、α-蒎烯（4.16%）、芳樟醇（3.83%）、α-檀香烯（3.53%）、乙酸橙花酯（2.93%）、反式-芳樟醇氧化物（2.74%）、1-松油醇（2.64%）、乙酸龙脑酯（2.36%）、隐品酮（2.16%）、对檀香醇（2.16%）、香芹酮（1.74%）、β-蒎烯（1.67%）、伞花烃（1.57%）、龙脑（1.16%）、枯醇（1.06%）、δ-杜松烯（1.06%）、α-水芹烯（1.00%）等。郝瑞芬等（2016）用同法分析的新疆伊犁产'法国蓝'叶精油的主要成分为：氧化石竹烯（18.05%）、表双环倍半水芹烯（14.35%）、龙脑（11.92%）、乙酰薰衣草酯（7.06%）、对伞花烃（4.50%）、依兰油烯（3.94%）、1,7-二甲基-7-(4-甲基-3-苯基)-三环[2.2.1.0$^{2,6}$]己烷（3.85%）、柠檬烯（3.18%）、莰烯（2.82%）、桉叶油醇（2.60%）、樟脑（2.02%）、对异丙基苯甲醛（1.97%）、3-蒈烯（1.85%）、左旋乙酸冰片酯（1.80%）、芳樟醇（1.58%）、1,6-二甲基-4-(1-甲基乙基)-1,2,3,4,4a,7-六氢萘（1.47%）、α-蒎烯（1.29%）、乙酸芳樟酯（1.25%）、石竹烯（1.07%）等；'蓝白花'薰衣草叶精油的主要成分为：硬脂酸（17.65%）、油酸（12.74%）、顺式-十八碳烯酸（7.47%）、棕榈酸（6.87%）、氧化石竹烯（6.38%）、龙脑（4.04%）、表双环倍半水芹烯（3.91%）、柠檬烯（2.70%）、己二酸二异辛酯（1.84%）、对伞花烃（1.82%）、3-蒈烯（1.81%）、1,7-二甲基-7-(4-甲基-3-苯基)-三环[2.2.1.0$^{2,6}$]己烷（1.74%）、桉叶油醇（1.63%）、石竹烯（1.26%）、对异丙基苯甲醛（1.13%）、依兰油烯（1.12%）、乙酰薰衣草酯（1.05%）、3-(六氢化-1H-氮杂-1-基)-1,1-二氧-1,2-苯并异噻唑（1.03%）、十八烯酸（1.00%）等；'杂花'叶精油的主要成分为：桉叶油醇（48.66%）、樟脑（25.69%）、龙脑（7.32%）、α-蒎烯（2.92%）、β-蒎烯（2.84%）、1,7-二甲基-7-(4-甲基-3-苯基)-三环[2.2.1.0$^{2,6}$]己烷（2.80%）、依兰油烯（2.61%）、表双环倍半水芹烯（2.16%）、β-水芹烯（1.56%）、莰烯（1.37%）、α-松油醇（1.24%）等。

全草：万传星等（2008）用水蒸气蒸馏法提取的新疆产薰衣草全草精油的主要成分为：芳樟醇（33.16%）、乙酸芳樟酯（32.64%）、α-反式-罗勒烯（8.07%）、反式-石竹烯（7.13%）、乙酸薰衣草酯（3.23%）、龙脑（2.38%）、1,8-桉叶油素（1.70%）、4-萜品醇（1.60%）、大根香叶烯D（1.36%）、α-金合欢烯（1.24%）、α-顺式-罗勒烯（1.18%）、乙酸-1-辛烯-3-酯（1.10%）等。

花：王强等（2013）用水蒸气蒸馏法提取的新疆伊犁产薰衣草干燥花精油的主要成分为：乙酸芳樟酯（21.08%）、芳樟醇（15.06%）、石竹烯氧化物（7.79%）、乙酸橙花酯（5.46%）、1,8-桉树脑（4.34%）、顺式-芳樟醇氧化物（4.14%）、龙脑（4.13%）、α-松油醇（3.17%）、反式-芳樟醇氧化物（3.10%）、隐品酮（3.03%）、α-檀香烯（2.42%）、乙酸香叶酯（2.10%）、乙酸龙脑酯（1.27%）、乙酸异冰片酯（1.10%）、脱氢芳樟醇（1.08%）、对檀香醇（1.08%）等。徐洁华等（2012）用同法分析的新疆伊犁产薰衣草花穗精油的主要成分为：芳樟醇（37.03%）、乙酸芳樟酯（22.34%）、乙酸薰衣草酯（14.55%）、α-松油醇（4.03%）、乙酸香叶酯（2.05%）、(E)-3,7-二甲基-1,3,6-十八烷三烯（2.01%）、辛烯-1-醇乙酸酯（1.91%）、薰衣草醇（1.71%）、顺-芳樟醇氧化物（1.56%）、石竹烯氧化物（1.51%）、反-芳樟醇氧化物（1.36%）等。林霜霜等（2017）用同法分析的新疆产薰衣草干燥花精油的主要成分为：丁酸沉香酯（33.92%）、芳樟醇（29.29%）、5-甲基-2-(1-甲基乙烯基)-4-己烯-1-醇乙酸酯（11.58%）、薰衣草醇（4.61%）、α-松油醇+合成右旋龙脑（2.90%）、1-辛烯-3-醇乙酸酯（2.09%）、反式石竹烯（1.75%）、(E)-β-罗勒烯（1.65%）、乙酸香叶酯（1.13%）、石竹素（1.10%）、3,7-二甲基-2,6-辛二烯-1-醇（1.04%）等。

【利用】全草及花精油是重要的天然香料，用于多种化妆品及香皂的加香中；用作医药，有抗菌、消炎、防腐、镇痛、利尿、纤解压力、抗惊厥、镇静等作用，是治疗失眠症的最佳精油，还可减轻头痛、肌肉疼痛、关节肿胀、经痛和肠胃不适等。栽培供观赏。叶片用作配菜和芳香调味。

## 杂薰衣草

*Lavandula angustifolia* Mill. × L. latifolia Medik.

**唇形科　薰衣草属**

**别名：** 阿勃列阿力斯、阿西

**分布：** 山东、江苏等地有栽培

【形态特征】株形紧凑，株高65～100 cm，冠幅 65～110 cm，叶线状披针形至宽披针形，淡绿色。花穗呈圆锥形，主穗长 28 -35 cm，主穗有 15～17轮花，第一轮有小花 18～40朵，顶轮 15～16朵，花穗呈圆锥形；侧分枝力强，苞片淡绿色；花萼紫色；花冠紫色。北京地区盛花期6月25日至7月5日。

【生长习性】适应性强，生长势强，对土壤要求不严。喜光照，忌涝，怕盐碱。抗寒性稍弱。

【精油含量】水蒸气蒸馏全草的得油率为1.20%～1.70%，新鲜花穗的得油率为1.68%～6.60%。

【芳香成分】全草：朱亮锋等（1993）用水蒸气蒸馏法提取的全草精油的主要成分为：乙酸异壬酯（33.79%）、乙酸芳樟酯（9.15%）、α-松油醇（9.09%）、α-蒎烯（7.91%）、1,8-桉叶油素（7.36%）、柠檬烯（7.34%）、芳樟醇（5.55%）、樟脑（2.39%）、苯甲酸苯甲酯（1.94%）、2-辛酮（1.18%）、莰烯（1.04%）等。

花：郝俊蓉等（2006）用水蒸气蒸馏法提取的上海产杂薰衣草新鲜花穗精油的主要成分为：1,8-桉叶油素（36.11%）、芳樟醇（24.39%）、樟脑（9.44%）、龙脑（6.77%）、α-松油醇（3.48%）、β-蒎烯（3.23%）、4-松油醇（2.23%）、反式-β-罗勒烯（2.10%）、α-没药醇（1.54%）、月桂烯（1.49%）、α-蒎烯（1.45%）、乙酸芳樟酯（1.14%）、桧烯（1.09%）等。廖祯妮等（2014）用同法分析的云南昆明产杂薰衣草‘CASO8’新鲜花精油的主要成分为：桉叶油醇（38.72%）、α-红没药醇（25.53%）、樟脑（8.41%）、β-蒎烯（7.33%）、芳樟醇（4.61%）、α-蒎烯（3.87%）、α-松油醇（2.21%）、红没药醇氧化物（1.17%）等。

【利用】全草及花精油为香料工业最常用的精油之一，我国允许使用的食用香料。

## 绉面草

*Leucas zeylanica* (Linn.) R. Br.

**唇形科　绣球防风属**

**别名：** 蜂窝草、蜂巢草、打毒金、半夜花

**分布：** 广东、广西

【形态特征】直立草本，高约40 cm。茎多毛枝，具刚毛或柔毛状硬毛，四棱形，具沟槽。叶片长圆状披针形，长3.5～5 cm，宽0.5～1 cm，先端渐尖，基部楔形而狭长，疏生圆齿状锯齿，纸质，叶面绿色，叶背淡绿色，密布淡黄色腺点，两面疏生糙伏毛。轮伞花序腋生，着生于枝条的上端，小圆球状，径约1.5 cm，少花，各部疏被刚毛；苞片线形，疏生刚毛，先端微刺尖。花萼管状钟形，略弯曲，上部有时微糙而具稀疏刚毛。花冠白色，或白色具紫斑，或浅棕色、红色、蓝色，长约1.2 cm，外密被白色长柔毛。花盘等大，波状。子房无毛。小坚果椭圆状近三棱形，栗褐色，有光泽。花果期全年。

【生长习性】生于砂质、壤质的滨海地、田地、路旁以及缓坡地等向阳旷处，海拔在250 m以下。

【精油含量】水蒸气蒸馏果实的得油率为2.17%。

【芳香成分】田光辉等（2009）用水蒸气蒸馏法提取的广西大明山产绉面草果实精油的主要成分为：油酸（12.57%）、棕榈酸（10.36%）、1-辛烯-3-醇（7.96%）、石竹烯（5.98%）、2,4,6-三甲基-1,3,6-庚三烯（5.63%）、反式-里哪醇氧化物（4.47%）、α-紫罗兰酮（3.66%）、2,2'-二甲基-5,5'-二(1-甲基乙烯基)-1,1'-(联二环己基)-3,3'-二酮（2.31%）、2,2-二甲基-3-(2-甲基烯丙基)-环丙羧酸（2.29%）、顺式香叶醇（2.12%）、Z,Z-1,5-二甲基-1,4-戊二烯-3-酮（1.98%）、1,2-苯二甲酸二异戊酯（1.78%）、乙酸乙酯（1.69%）、蓝桉醇（1.62%）、S-1-甲基-4-(1-甲基乙烯基)-环己烯（1.57%）、苯乙醇（1.53%）、番松烯（1.45%）、α,5β-2-亚甲基胆甾基-3-醇（1.40%）、(-)-斯巴醇（1.33%）、1-(1-甲基乙氧基)-2-丙酮（1.25%）、王草素（1.25%）、7,11-二甲基-3-亚甲基-1,6,10-十二碳三烯（1.21%）、4,6,6-三甲基-双环[3.1.1]庚-3-烯-2-酮（1.12%）、胆固醇（1.08%）等。

【利用】全草入药，民间用于治感冒、咳嗽、风火牙痛、肠胃不适及百日咳等症。

## 紫花野芝麻
*Lamium maculatum* Linn.

**唇形科　野芝麻属**
**分布：**甘肃

【形态特征】多年生草本，茎拱形至蔓性生长，有走茎，着地易生根。冠幅达60 cm以上。单叶对生，叶片卵形，叶缘锯齿明显。轮伞花序，花冠唇形，花朵淡紫近白色。观赏品种以观叶为主，常呈银白色，叶缘绿色。

【生长习性】宜栽培于阴处或半阴处。土壤要求疏松、排水良好，pH值5.8～6.2；施肥量中等。生长温度15～18℃，不耐寒，冬季保持5℃以上。

【芳香成分】朱庆华等（2010）用水蒸气蒸馏法提取的甘肃彰县产紫花野芝麻全草精油的主要成分为：二十九烷（9.08%）、三十一烷（9.04%）、5,6,7,7a-四氢-4,4,7a-三甲基-2-四氢苯并呋喃（5.53%）、正三十六烷（4.72%）、6,10,14-三甲基-2-十五烷酮（4.60%）、正十二烷（3.91%）、邻苯二甲酸丁酯（3.83%）、3,5,22-三烯-豆甾烷（3.82%）、正二十七烷（3.06%）、正十四烷（2.39%）、正十六烷（2.34%）、癸烷（2.11%）、正十八烷（1.92%）、正二十二烷（1.80%）、正三十烷（1.72%）、1-环戊基-3-乙氧基-2-丙酮（1.65%）、正十七烷（1.42%）、1-亚甲基-4-(1-甲基乙烯基)环己烷（1.34%）、1-甲基-3-(1-甲乙基)苯（1.24%）、正二十五烷（1.21%）、二(2-甲基丙基)-1,2-苯二甲酸酯（1.19%）、正二十八烷（1.17%）、正十九烷（1.00%）等。

【利用】用于绿地中花镜配色，压边，也可作地被，作组合盆栽的陪衬用叶材。

## 大花益母草
*Leonurus macranthus* Maxim.

**唇形科　益母草属**
**别名：**芜蔚子
**分布：**辽宁、吉林、河北

【形态特征】多年生草本。茎直立，高60～120 cm，茎、枝钝四棱形，具槽，有贴生的倒向糙伏毛。下部茎叶心状圆形，长7～12 cm，宽6～9 cm，3裂，裂片上常有深缺刻，先端锐尖，基部心形，草质或坚纸质，两面均疏被短硬毛；茎中部叶通常卵圆形，先端锐尖；花序上的苞叶小，卵圆形或卵圆状披针形，先端长渐尖，边缘具锯齿。轮伞花序腋生，8～12花，组成长穗状；小苞片刺芒状，被糙硬毛。花萼管状钟形，外面被糙伏毛。花冠淡红或淡红紫色，长2.5～2.8 cm，冠筒逐渐向上增大，外面密被短柔毛。花盘平顶。小坚果长圆状三棱形，长2.5 mm，黑褐色，顶端截平，基部楔形。花期7～9月，果期9月。

【生长习性】生于草坡及灌丛中，海拔400 m以下。

【精油含量】水蒸气蒸馏的全草的得油率为0.05%。

【芳香成分】全草：王晓光等（1991）用水蒸气蒸馏法提取的北京产大花益母草全草精油的主要成分为：反式-石竹烯（10.38%）、棕榈酸（3.51%）、β-波旁烯（2.42%）、1-辛烯-3-醇（2.32%）、蛇麻烯（2.02%）、玷玾烯（1.51%）、金合欢基丙酮（1.16%）、植醇（1.13%）、β-荜澄茄烯（1.00%）、γ-榄香烯（1.00%）等。

果实：康琛等（2010）用水蒸气蒸馏法提取的陕西西安产大花益母草干燥成熟果实精油的主要成分为：环己酮（11.11%）、柏木脑（5.80%）、左旋乙酸龙脑酯（2.39%）、乙酸正丁酯（2.06%）、六氢合金欢丙酮（1.93%）、丁香烯（1.38%）、α-蒎烯（1.34%）、薄荷脑（1.04%）等。

【利用】全草具有活血调经、利尿等作用，在民间常作为益母草的替代品，治疗痛经、闭经等妇科疾病。

## 细叶益母草
*Leonurus sibiricus* Linn.

**唇形科　益母草属**
**别名：**四美草、龙串彩、红龙串彩、石麻、益母草、风车草、风草草、风葫芦草
**分布：**内蒙古、山西、陕西、河北等地

【形态特征】一年生或二年生草本。茎直立，高20～80 cm，钝四棱形，微具槽，有糙伏毛。茎最下部的叶早落，中部的叶轮廓为卵形，长5 cm，宽4 cm，基部宽楔形，掌状3全裂，上面绿色，疏被糙伏毛，下面淡绿色，被疏糙伏毛及腺点。花序最上部的苞叶轮廓近于菱形，3全裂成狭裂片。轮伞花序腋生，多花，花时轮廓为圆球形，径3～3.5 cm，多数，向顶渐次密集组成长穗状；小苞片刺状，向下反折，长4～6 mm，被短糙伏毛。花萼管状钟形，长8～9 mm，中部密被疏柔毛。花冠粉红至紫红色，长约1.8 cm。花盘平顶。小坚果长圆状三棱形，长2.5 mm，顶端截平，基部楔形，褐色。花期7～9月，果期9月。

【生长习性】生于石质及砂质草地上及松林中，海拔可达1500 m。

【精油含量】水蒸气蒸馏的全草的得油率为0.13%。

【芳香成分】王晓光等（1991）用水蒸气蒸馏法提取的细叶益母草全草精油的主要成分为：反式-石竹烯（22.80%）、γ-榄香烯（6.50%）、石竹烯氧化物（5.82%）、蛇麻烯（5.85%）、植醇（4.65%）、1-辛烯-3-醇（2.89%）、顺式-石竹烯（1.79%）、δ-杜松烯（1.59%）、玷𤫩烯（1.18%）、金合欢基丙酮（1.07%）等。

【利用】全草入药，有活血、祛瘀、调经、消水的功效，主治月经不调、胎漏难产、胞衣不下、产后血晕、瘀血腹痛、痈肿疮疡。

## 益母草

*Leonurus artemisia* (Lour.) S. Y. Hu

**唇形科　益母草属**

**别名：**爱母草、艾草、臭艾、臭艾花、茺蔚、茺蔚子、大样益母草、地落艾、地母草、灯笼草、红花艾、红花益母草、红花外一丹草、红艾、红梗玉米膏、黄木草、九塔花、九重楼、假青麻草、鸡母草、坤草、六角天麻、山麻、三角胡麻、三角小胡麻、四楞子棵、童子益母草、铁麻子、溪麻、野麻、益母蒿、益母艾、益母花、野天麻、野芝麻、野故草、云母草、鸭母草、燕艾、玉米草、野麻、益母夏枯

**分布：**全国各地

【形态特征】一年生或二年生草本。茎直立，通常高30～120 cm，钝四棱形，微具槽，有倒向糙伏毛。茎下部叶轮廓为卵形，基部宽楔形，掌状3裂，叶面绿色，有糙伏毛，叶背淡绿色，被疏柔毛及腺点；茎中部叶轮廓为菱形，较小，分裂成3个或多个长圆状线形的裂片；花序最上部的苞叶线形或线状披针形，长3～12 cm，宽2～8 mm。轮伞花序腋生，具8～15花，轮廓为圆球形，径2～2.5 cm，组成长穗状花序；小苞片刺状，有贴生的微柔毛。花萼管状钟形，有贴生微柔毛。花冠粉红至淡紫红色，长1～1.2 cm。花盘平顶。小坚果长圆状三棱形，长2.5 mm，顶端截平而略宽大，淡褐色。花期6～9月，果期9～10月。

【生长习性】生长于多种生境，尤以阳处为多，海拔可高达3400 m。喜温暖较湿润环境，耐严寒。喜阳光，以较肥沃的土壤为佳，需要充足水分条件，但不宜积水，怕涝。

【精油含量】水蒸气蒸馏新鲜全草的得油率为0.08%，干燥全草的得油率为0.10%～0.85%，干燥果实的得油率为1.50%；酶法提取干燥全草的得油率为2.30%～4.05%；微波辅助水蒸气蒸馏干燥全草的得油率为0.11%。

【芳香成分】茎：范会等（2017）用顶空固相微萃取法提取的贵州遵义产益母草新鲜茎精油的主要成分为：反式石竹烯（19.99%）、柠檬烯（17.80%）、植酮（12.03%）、β-荜澄茄烯（7.01%）、石竹烯氧化物（5.62%）、α-葎草烯（4.77%）、α-蒎烯（4.62%）、2,7,7-三甲基二环[3.1.1]庚-2-烯-6-基醇乙酸酯（3.88%）、β-月桂烯（3.78%）、柠檬醛（2.81%）、3,7-二甲基-2,6-辛二烯醛（2.01%）、δ-杜松烯（1.60%）、棕榈酸（1.55%）、β-红没药烯（1.50%）、α-可巴烯（1.25%）、芳樟醇（1.11%）、β-瑟林烯（1.10%）等。

叶：范会等（2017）用顶空固相微萃取法提取的贵州遵义产益母草新鲜新鲜叶精油的主要成分为：反式石竹烯（19.16%）、β-荜澄茄烯（15.88%）、植酮（12.74%）、石竹烯氧化物（9.95%）、新植二烯（9.91%）、2,7,7-三甲基二环[3.1.1]庚-2-烯-6-基醇乙酸酯（5.42%）、α-葎草烯（4.90%）、α-蒎烯（3.42%）、α-可巴烯（3.09%）、β-波旁烯（2.62%）、双环大根香叶烯（2.19%）、3-甲基-2-(3,7,11-三甲基十二烷基)呋喃（1.64%）、β-瑟林烯（1.56%）、δ-杜松烯（1.23%）、β-榄香烯（1.08%）等。

花：范会等（2017）用顶空固相微萃取法提取的贵州遵义产益母草新鲜花精油的主要成分为：反式石竹烯（38.59%）、植酮（12.87%）、β-荜澄茄烯（9.77%）、α-葎草烯（8.76%）、石竹

烯氧化物（3.85%）、1,4,4a,5,6,7,8,8a-八氢-9,9-二甲基-1,4-亚甲基酞嗪（2.66%）、2,6,6-三甲基-2-环己烯-1-甲醛（2.60%）、δ-杜松烯（2.04%）、β-瑟林烯（1.66%）、α-蒎烯（1.65%）、α-可巴烯（1.60%）、双环大根香叶烯（1.31%）等。

全草：雷培海等（2005）用水蒸气蒸馏法提取的贵州贵阳产益母草新鲜全草精油的主要成分为：1-辛烯-3-醇（18.96%）、吉玛烯D（10.78%）、α-蒎烯（9.57%）、β-石竹烯（7.31%）、双环吉玛烯（3.37%）、石竹烯氧化物（3.28%）、芳樟醇（2.38%）、壬醛（1.70%）、α-葎草烯（1.54%）、苯甲醛（1.34%）、别雪松醇（1.31%）、δ-杜松烯（1.20%）、水杨酸甲酯（1.06%）、六氢金合欢基丙酮（1.01%）等。孙玲等（2016）用同法分析的干燥全草精油的主要成分为：反式-石竹烯（15.13%）、叶绿醇（5.45%）、棕榈酸（4.83%）、石竹烯氧化物（4.16%）、1-辛烯-3-醇（3.99%）、葎草烯（3.08%）、γ-榄香烯（3.06%）、顺式-石竹烯（2.12%）、邻苯二甲基二丁酯（1.12%）、δ-杜松烯（1.02%）等。

果实：高佳等（2009）用水蒸气蒸馏法提取的干燥成熟果实精油的主要成分为：四十四烷（21.97%）、二十四烷（16.08%）、2,4,4,6-四甲基-2-庚烯（10.80%）、二十一烷（10.78%）、二十烷（9.14%）、十七烷（7.56%）、十六烷（4.87%）、三十六烷（4.61%）、十二烷（2.10%）、十四烷（2.03%）、2-(4-甲基-3-环己烯-1-基)-2-丙醇（1.34%）等。

【利用】全草为常用中药，有活血调经、利尿消肿的功效，用于治疗月经不调、痛经、经闭、产后出血过多、恶露不尽、产后子宫收缩不全、胎动不安、子宫脱垂及赤白带下、水肿尿少、急性肾炎水肿。果实为茺蔚子入药，可利尿，治眼疾，亦可用于治肾炎水肿及子宫脱垂。嫩苗入药称童子益母草，功用同益母草，并有补血作用。花治贫血体弱。嫩苗可作蔬菜食用。

## 紫苏

*Perilla frutescens* (Linn.) Britton

**唇形科　紫苏属**

**别名：** 白苏、白紫苏、薄荷、赤苏、赤紫苏、臭苏、大紫苏、假紫苏、苏、桂荏、荏、荏子、红紫苏、红苏、红勾苏、黑苏、鸡苏、水升麻、香苏、青苏、野紫苏、野苏麻、野苏、野藿麻、聋耳麻、香荽、皱苏、孜珠

**分布：** 全国各地

【形态特征】一年生直立草本。茎高0.3～2 m，绿色或紫色，钝四棱形，具四槽，密被长柔毛。叶阔卵形或圆形，长7～13 cm，宽4.5～10 cm，先端短尖或突尖，基部圆形或阔楔形，边缘有粗锯齿，膜质或草质，两面绿色或紫色，或仅叶背紫色，叶面被疏柔毛，叶背被贴生柔毛。轮伞花序2花，组成长1.5～15 cm、密被长柔毛、偏向一侧的总状花序；苞片宽卵圆形或近圆形，长宽约4 mm，先端具短尖，外被红褐色腺点，边缘膜质。花萼钟形，下部被长柔毛，夹有黄色腺点。花冠白色至紫红色，长3～4 mm，略被微柔毛。花盘前方呈指状膨大。小坚果近球形，灰褐色，直径约1.5 mm，具网纹。花期8～11月，果期8～12月。

【生长习性】选择阳光充足、排灌方便、疏松肥沃的壤土种植为好。喜温耐寒，苗期可耐1～2℃的低温，比较耐湿，对土壤要求不严格。

【精油含量】水蒸气蒸馏干燥叶或全草的得油率为0.10%～1.62%，新鲜叶的得油率为0.01%～0.18，干燥叶的得油率为0.38%～0.94%，茎的得油率为0.08%～0.38%，果实的得油率为0.11%～0.15%，种子的得油率为1.70%；同时蒸馏萃取干燥茎的得油率为0.02%，干燥叶的得油率为0.82%，干燥花蕾的得油率为0.27%，干燥果实的得油率为0.01%；超临界萃取干燥叶或全草的得油率为2.50%～5.13%；超声波萃取干燥叶的得油率为2.16%；纤维素酶辅助水蒸气蒸馏干燥叶的得油率为0.49%。

【芳香成分】茎：刘飞等（2012）用水蒸气蒸馏法提取的云南腾冲产紫苏新鲜茎精油的主要成分为：戊基-2-呋喃酮（18.34%）、二异丁基邻苯二甲酸（8.94%）、正十六酸（6.45%）、2,5-二(1-甲基丙基)-苯酚（5.74%）、1,1,4,4-四甲基-2,5-二亚甲基-环己烷（3.42%）、十六烷（3.33%）、油酸甲酯（2.88%）、芳樟醇（2.31%）、二十一烷（2.31%）、十九烷（2.29%）、十五烷（2.27%）、二十四烷（2.23%）、间位-伞花烃（1.99%）、十八烷（1.91%）、二十烷（1.91%）、τ-杜松醇（1.81%）、(-)-δ-杜松醇（1.61%）、二(2-甲基丙基)-4-甲基苯基-1,2-二甲醛（1.55%）、十七烷（1.53%）、二丁基邻苯二甲酸（1.53%）、亚油酸（1.49%）、4-异丙基-1-甲基-2-环己烯基-1-醇（1.47%）、二十三烷（1.39%）、1,2,4-三丙基苯（1.33%）、乙烯基戊基甲醇（1.25%）、13,16-十八二炔酸甲酯（1.20%）、苯甲醛（1.17%）、棕榈酸甲酯（1.14%）等。王健等（2013）同时蒸馏萃取法提取的云南丽江产紫苏干燥茎精油的主要成分为：2-己酰呋喃（28.16%）、十五烷酸（12.66%）、环己醇（5.02%）、石竹烯（4.70%）、双环[3.3.1]-1-壬醇（4.59%）、苄醇（3.75%）、芳樟醇（3.38%）、2-甲氧基-二苯并呋喃（2.90%）、β-榄香烯（2.84%）、2,6-二叔丁基萘（2.34%）、杜松脑（2.33%）、石竹素（2.25%）、苯乙醇（2.16%）、1-(1,3α,4,5,6,7-六氢-4-羟基-3,8-二甲基-5-薁基)乙酮（1.88%）、水杨酸甲酯（1.87%）、(E)-β-香柠檬烯（1.85%）、大马士酮（1.83%）、4-(2-甲基环己烯)-2-丁烯醛（1.73%）、肉豆蔻酸（1.57%）、4-甲基戊酸（1.17%）、α-葎草烯（1.17%）、β-瑟林烯（1.15%）、α-荜澄茄醇（1.05%）等。

叶：不同研究者用水蒸气蒸馏法提取的紫苏叶精油的成分不同。胡济维（2010）分析的湖北蕲春产紫苏干燥叶精油的主要成分为：甲基紫苏酮（51.98%）、芹菜脑（11.63%）、龙

脑（9.99%）、石竹烯（9.07%）等。邵平等（2012）分析的浙江杭州产紫苏自然晾干叶精油的主要成分为：紫苏醛（89.48%）、D-柠檬烯（5.05%）、石竹烯（2.91%）等。唐英等（2013）分析的江苏产紫苏干燥叶精油的主要成分为：芹菜脑（44.72%）、2-己酰呋喃（15.29%）、β-石竹烯（12.17%）、双[(2R,3aS,4R,7aS)-八氢-7,8,8-三甲基-4,7-亚甲基苯并呋喃-2-基]醚（8.14%）、(-)-紫苏醛（7.56%）、(-)-环氧石竹烯（4.46%）、氧化石竹烯（1.43%）、α-石竹烯（1.31%）等。向福等（2015）分析的重庆丰都产栽培紫苏阴干叶精油的主要成分为：紫苏酮（34.66%）、2,6-二甲基-6-(4-甲基-3-戊烯基)-二环[3.1.1]-2-庚烯（20.20%）、石竹烯（19.84%）、[S-(E,E)]-1-甲基-5-亚甲基-8-(1-甲基乙基)-1,6-环已二烯（6.11%）、1-(2-呋喃基)-1-丁酮（4.97%）、芹菜脑（4.50%）、Z,Z,Z-1,5,9,9-四甲基-1,4,7-环十一碳三烯（1.79%）、[S-(Z)]-3,7,11-三甲基-1,6,10-辛三烯-3-醇（1.52%）、γ-榄香烯（1.30%）、石竹烯氧化物（1.01%）等；甘肃庆阳产栽培紫苏阴干叶精油的主要成分为：1-(1H-间二氮茂-4-基)-1-戊酮（29.30%）、2,6-二甲基-6-(4-甲基-3-戊烯基)-二环[3.1.1]-2-庚烯（11.41%）、石竹烯（10.38%）、3,7-二甲基-1,5,7-辛三烯-3-醇（6.59%）、石竹烯氧化物（5.09%）、(1S)-4,6,6-三甲基-二环[3.1.1]七碳-3-烯-2-酮（2.08%）、(1S-exo)-2-甲基-3-亚甲基-2-(4-甲基-3-戊烯基)-二环[2.2.1]庚烷（1.99%）、紫苏酮（1.91%）、6,10,14-三甲基-2-十五烷酮（1.79%）、[S-(Z)]-3,7,11-三甲基-1,6,10-辛三烯-3-醇（1.47%）、1-甲基-4-(1-甲基乙烯基)-环已醇（1.08%）等；河北保定产栽培紫苏阴干叶精油的主要成分为：2,6,10,14,18,22-二十四碳六烯（24.83%）、石竹烯（19.77%）、2 2,6-二甲基-6-(4-甲基-3-戊烯基)-二环[3.1.1]-2-庚烯（9.65%）、石竹烯氧化物（6.42%）、3,7-二甲基-1,5,7-辛三烯-3-醇（2.98%）、三甲基硅酯棕榈酸（2.85%）、α-法呢烯（2.59%）、α-石竹烯（2.01%）、(1S-exo)-2-甲基-3-亚甲基-2-(4-甲基-3-戊烯基)-二环[2.2.1]庚烷（1.96%）、(1S-顺式)-1,2,3,5,6,8a-六氢-4,7-二甲基-1-(1-甲基乙基)-萘（1.79%）、[1S-[1α,2α(Z)，4α]]-2-甲基-5-(2-甲基-3-二环[2.2.1]亚甲基（1.61%）、2-烯丙基-1,4-二甲氧基-3-甲基-苯（1.09%）等；湖北英山产野生紫苏阴干叶精油的主要成分为：1-乙基-2-甲基-1H-咪唑（50.32%）、1,3-二甲基-1-环已烯（20.86%）、石竹烯（8.42%）、2,6-二甲基-6-(4-甲基-3-戊烯基)-二环[3.1.1]-2-庚烯（7.22%）、3,7-二甲基-1,6-辛二烯-3-醇（2.02%）、2-呋喃甲酰乙腈（1.71%）、2-糠酸-丁基-3-炔-2-基酯（1.19%）、石竹烯氧化物（1.03%）、[S-(E,E)]-1-甲基-5-亚甲基-8-(1-甲基乙基)-1,6-环已二烯（1.01%）等。魏长玲等（2016）分析的江苏睢宁产栽培紫苏阴干叶精油的主要成分为：香薷酮（39.64%）、2-丙烯基-4-甲基苯酚（23.67%）、石竹烯（12.36%）、紫苏酮（5.27%）、氧化石竹烯（5.16%）、α-金合欢烯（2.53%）等；广东茂名产栽培紫苏阴干叶精油的主要成分为：β-细辛醚（25.95%）、石竹烯（19.18%）、α-金合欢烯（13.45%）、α-蛇麻烯（11.23%）、洋芹醚（5.67%）、氧化石竹烯（2.78%）、紫苏醛（2.27%）等；重庆涪陵产栽培紫苏阴干叶精油的主要成分为：紫苏烯（52.15%）、石竹烯（21.13%）、α-金合欢烯（10.23%）、反式-紫苏醇（4.18%）、大根香叶烯D（3.73%）、紫苏酮（2.01%）、丁子香酚（1.88%）、α-蛇麻烯（1.71%）、芳樟醇（1.70%）等。钟颖等（2017）分析的山东泰山产野生白苏干燥叶精油的主要成分为：2,6-二甲基-6-(4-甲基-3-戊烯基)-双环[3.1.1]庚-2-烯（18.22%）、紫苏酮（18.15%）、戊基苯酚（17.31%）、石竹烯（14.78%）、芳樟醇（7.68%）、大牻牛儿烯 D（3.23%）、1-辛烯-3-醇（2.43%）、2-(1-丁烯基-3-基-双环[2,2,1]庚烷)（2.34%）、葎草烯（2.04%）、3,7,11-三甲基-1,6,10-十二烷三烯-3-醇（1.44%）、丁香酚（1.41%）、2,2,5-三甲基-3-己酮（1.37%）、α-法呢烯（1.36%）、1,1-三甲基-2-戊烯基-1-丙烷（1.11%）等。王健等（2013）用同时蒸馏萃取法提取的云南丽江产紫苏干燥叶精油的主要成分为：2-己酰呋喃（50.45%）、4-(2-甲基环己烯)-2-丁烯醛（22.62%）、1-金刚烷-(3-甲基苯氧基)酯（7.28%）、石竹烯（5.53%）、芳樟醇（2.71%）、石竹素（2.58%）、棕榈酸甲酯（1.25%）等。

**全草**：刘信平等（2008）用水蒸气蒸馏法提取的湖北恩施产紫苏新鲜全草精油的主要成分为：紫苏醛（49.14%）、D-柠檬烯（9.30%）、(Z,E)-α-法呢烯（7.60%）、α-石竹烯（7.19%）、1-甲酰基-2,2-二甲基-3-反-(3-甲基-2-丁烯)-6-亚甲基-环己烷（6.61%）、4-异丙基-1-环己烯-甲醇（2.05%）、1-辛烯-3-醇（1.90%）、α-里哪醇（1.23%）等。智亚楠等（2016）用同法分析的河南信阳产白苏风干全草精油的主要成分为：榄香素（55.36%）、肉豆蔻醚（21.70%）、石竹烯（16.77%）、ZZZ-1,5,9,9-四甲基-1,4,7-环十一碳三烯（2.00%）等。朱亮锋等（1993）用同法分析的广东阳山产紫苏全草精油的主要成分为：α-柠檬醛（39.76%）、β-柠檬醛（26.22%）、芳樟醇（11.27%）等。张晓琦等（2014）分析的陕西秦巴山区产白苏干燥茎叶精油的主要成分为：3-己烯-1-醇（25.00%）、1-己醇（14.78%）、3,7-二甲基-1,6-辛二烯-3-醇（9.90%）、乙酸丙酯（9.00%）、十六酸（6.20%）、[Z,Z,Z]-2.3-二羟基十八碳三烯酸丙酯（3.20%）、苯乙醇（3.15%）、石竹烯（3.00%）、正二十七烷（2.60%）、喇叭醇（2.10%）、α-松油醇（1.75%）、十二酸（1.65%）、苯乙醛（1.50%）、噻唑（1.50%）、叶绿醇（1.36%）、2.6-二甲基-2.6-二辛烯醇（1.12%）等。

**花**：林硕等（2009）用水蒸气蒸馏法提取的浙江江山产紫苏花精油的主要成分为：紫苏醛（49.23%）、石竹烯（18.53%）、芳樟醇（11.30%）、β-法呢烯（8.99%）、姜黄二酮（4.55%）、α-荜澄茄烯（2.67%）、石竹烯氧化物（1.76%）、α-红没药烯（1.55%）、1-羟甲基-4-异丙烯基环己烷（1.43%）等。王健等

（2013）用同时蒸馏萃取法提取的云南丽江产紫苏干燥花蕾精油的主要成分为：2-己酰呋喃（44.40%）、紫苏烯（7.29%）、芳樟醇（7.25%）、4-(2-甲基环己烯)-2-丁烯醛（6.14%）、石竹烯（5.06%）、石竹素（5.04%）、顺-丁香烯（4.83%）、棕榈酸甲酯（2.42%）、1-辛烯-3-醇（1.66%）、1-金刚烷-(3-甲基苯氧基)酯（1.61%）、油酸甲酯（1.35%）、糠偶因（1.27%）、α-葎草烯（1.23%）等。

**果实**：刘飞等（2012）用水蒸气蒸馏法提取的云南腾冲产紫苏新鲜果实精油的主要成分为：肉豆蔻醚（30.80%）、戊基-2-呋喃酮（14.77%）、(Z)-β-金合欢烯（11. 96%）、4,11,11-三甲基-8-亚甲基二环[7.2.0]十一-4-烯（9.79%）、二异丁基邻苯二甲酸（4.47%）、苯乙醛（4.41%）、β-金合欢烯（2.78%）、二丁基邻苯二甲酸（2.75%）、4-甲基辛酸（2.73%）、丁基辛基邻苯二甲酸（2.73%）、α-佛手柑烯（2.88%）、β-没药烯（1.73%）、橙花叔醇（1.71%）、2-甲基-3-亚甲基-2-(4-甲基-3-戊烯基)-(1s-外)-二环[2.2.1]己烷（1.36%）、乙烯基戊基甲醇（1.18%）、石竹烯氧化物（1.01%）等。胡怀生（2014）用同法分析的甘肃庆阳产黑紫苏干燥果实精油的主要成分为：鲸蜡烷（37.01%）、正二十烷（11.59%）、正十九烷（9.61%）、2,6,10-三甲基十二烷（8.95%）、正十四烷（6.59%）、正十三烷（5.14%）、邻苯二甲酸二异辛酯（2.87%）、甘油（2.54%）、肉豆蔻酸（.98%）、十七烷基-三氟乙酸酯（1.46%）、5-丙基癸烷（1.34%）、2-甲基-5-丙基壬烷（1.33%）、o-癸-羟胺（1.25%）、4,6-二甲基十二烷（1.18%）、2-甲基十一烷（1.11%）、2,3,7-三甲基辛烷（1.11%）、柠檬烯（1.07%）等。王健等（2013）用同时蒸馏萃取法提取的云南丽江产紫苏干燥果实精油的主要成分为：2-己酰呋喃（41.47%）、苯乙醛（19.46%）、反式角鲨烯（5.53%）、4-(2-甲基环己烯)-2-丁烯醛（4.41%）、环己醇（3.81%）、壬醛（3.12%）、石竹烯（2.64%）、芳樟醇（2.46%）、棕榈酸（2.13%）、苯甲醛（1.50%）、石竹素（1.28%）、4-甲基戊酸（1.11%）、2-正-己基呋喃（1.01%）等。

**种子**：蒋翔等（2010）用水蒸气蒸馏法提取的陕西南部产白苏种子精油的主要成分为：紫苏酮（10.32%）、异白苏烯酮（9.73%）、丁香烯（7.69%）、α-里哪醇（6.32%）、瓜菊酮（5.28%）、金合欢烯（3.86%）、马鞭草烯酮（3.19%）、3-烯丙基-6-甲氧基苯酚（2.96%）、2,4,6-三甲基-1,3,6-庚三烯（2.76%）、油酸（2.72%）、4,4-二甲基环己二烯酮（2.68%）、1-辛烯-3-醇（2.13%）、棕榈酸（2.02%）、3-叔丁基-4-羟基茴香醚（1.87%）、沉香螺醇（1.82%）、1,2-苯二甲酸二异戊酯（1.72%）、2,3,4-三甲基-2-环戊烯酮（1.68%）、3-甲基-2,3-二氢化-1-苯并呋喃（1.64%）、3-甲基丁酸芳樟酯（1.53%）、反式-里哪醇氧化物（1.47%）、3-甲基-2-戊烯基环戊-2-烯酮（1.28%）、石竹烯氧化物（1.21%）、亚麻酸乙酯（1.21%）、海松-7,15-二烯-3-醇（1.15%）、顺式香叶醇（1.12%）、2,4-戊二酮（1.08%）、2-烯丙基二环[2.2.1]庚烷（1.02%）等。熊运海等（2010）用同法分析的湖南长沙产紫苏种子精油的主要成分为：D-柠檬烯（25.17%）、4,11,11-三甲基-8-亚甲基-二环十一碳烯（14.98%）、2,6-二甲基-6-(4-甲基-3-戊烯基)-二环[3.1.1]庚-2-烯（11.28%）、石竹烯氧化物（5.74%）等。

【利用】为重要的香料植物，叶精油广泛用于食品香精、皂用香精；为提取柠檬醛的原料。全草、叶、茎、果实均可入药，叶为发汗、镇咳、芳香性健胃利尿剂，有镇痛、镇静、解毒作用，治风寒感冒、咳嗽、头痛、胸腹胀满、因鱼蟹中毒腹痛呕吐等症；茎有平气安胎之功，治气滞腹胀、妊娠呕吐、胎动不安；果实有润肺，消痰的功能，治气喘、咳嗽、痰多、胸闷等。叶可作蔬菜或作调味品供食用。种子可榨油，供食用或供工业用。

## 回回苏

*Perilla frutescens* var. *crispa* (Thunb.) Decne.

**唇形科　紫苏属**
**别名**：鸡冠紫苏
**分布**：全国各地

【形态特征】紫苏变种。与原变种不同在于叶具狭而深的锯齿，常为紫色；果萼较小。

【生长习性】发芽适宜温度25℃左右，喜光，喜土壤肥沃的土壤。

【精油含量】水蒸气蒸馏全草的得油率为0.20%～1.57%。

【芳香成分】**叶**：魏长玲等（2016）用水蒸气蒸馏法提取的湖南汉寿栽培回回苏阴干叶精油的主要成分为：紫苏醛（47.48%）、石竹烯（14.66%）、α-金合欢烯（9.15%）、紫苏酮（9.10%）、右旋柠檬烯（6.01%）、芳樟醇（3.43%）、反式-紫苏醇（3.41%）、α-蛇麻烯（1.51%）等；广西玉林产栽培回回苏阴干叶精油的主要成分为：细辛醚（28.33%）、石竹烯（23.84%）、α-蛇麻烯（9.71%）、洋芹醚（6.52%）、α-金合欢烯（4.67%）、

紫苏醛（2.75%）、氧化石竹烯（1.94%）、橙花叔醇（1.03%）、甲基丁子香酚（1.02%）等。

全草：蔡伟等（2010）用水蒸气蒸馏法提取的浙江杭州产回回苏阴干全草精油的主要成分为：紫苏醛（18.82%）、Z-丁香烯（14.32%）、紫苏醇（11.40%）、紫苏酮（11.27%）、芹菜脑（9.98%）、柠檬烯（8.14%）、丁香烯氧化物（2.50%）、1,4-二甲基-1,4-二乙基-2,5-环已二烯（1.53%）、芳樟醇（1.20%）等。

【利用】茎，叶入药，治感冒、恶寒发热、咳嗽气喘、胸腹胀满、气郁、食滞等症；果实能下气、消痰、润肺、宽肠；茎能顺气、消食、止痛、安胎；叶能解表、散寒。可用于观赏栽培。

## 野生紫苏

*Perilla frutescens* (Linn.) Britton var. *acuta* (Thunb.) Kudo.

**唇形科　紫苏属**

**别名：**白丝草、红香师菜、蚊草、蛤树、紫禾草、臭草、香丝菜、野香丝、野猪疏、青叶紫苏、紫苏、苏麻、苏菅

**分布：**山西、河北、湖北、江西、浙江、江苏、福建、台湾、广东、广西、云南、贵州、四川

【形态特征】紫苏变种。与原变种不同在于果萼小，长4～5.5 mm，下部被疏柔毛，具腺点；茎被短疏柔毛；叶较小，卵形，长4.5～7.5 cm，宽2.8～5 cm，两面被疏柔毛；小坚果较小，土黄色，直径1～1.5 mm。花期8～11月，果期8～12月。

【生长习性】生于山地路旁、村边荒地，或栽培于舍旁。

【芳香成分】魏长玲等（2016）用水蒸气蒸馏法提取的安徽亳州产野生紫苏阴干叶精油的主要成分为：紫苏醛（49.17%）、石竹烯（18.79%）、α-金合欢烯（17.57%）、反式-紫苏醇（3.78%）、大根香叶烯D（1.95%）、紫苏酮（1.91%）、α-蛇麻烯（1.82%）、氧化石竹烯（1.31%）等；湖南汉寿产野生紫苏阴干叶精油的主要成分为：紫苏酮（71.23%）、石竹烯（8.83%）、芳樟醇（5.18%）、α-金合欢烯（4.83%）、紫苏醛（1.58%）等。胡彦等（2010）用吹扫捕集技术提取的四川广安产野生紫苏叶精油的主要成分为：柠檬烯（77.90%）、石竹烯（14.33%））、顺-3-己烯醛（4.90%）、胡椒酮（1.71%）等。

【利用】全草可供药用及食用。

## 泰国大风子

*Hydnocarpus anthelminthica* Pierr. ex Gagnep.

**大风子科　大风子属**

**别名：**驱虫大风子，大风子，麻风子，大疯子

**分布：**广西、云南、海南、台湾均有栽培

【形态特征】常绿大乔木，高7～30 m；树干通直，树皮灰褐色；小枝粗壮，节部稍膨大。叶薄革质，卵状披针形或卵状长圆形，长10～30 cm，宽3～8 cm，先端长渐尖，基部圆形，稀宽楔形，偏斜，边全缘，叶面绿色，叶背淡绿色，干后赤褐色。萼片5，基部合生，卵形，两面被毛；花瓣5，基部近离生，卵状长圆形，长1.2～1.5 cm；鳞片离生，线形，几与花瓣等长，边缘具睫毛；雄花：2～3朵，呈假聚伞花序或总状花序，长3～4 cm；雄蕊5；雌花单生或2朵簇生，黄绿色或红色，有芳香；子房卵形或倒卵形，被赭色刚毛。浆果球形，直径8～12 cm，外果皮木质，性脆；种子多数。花期9月，果期11月至次年6月。

【生长习性】喜温暖湿润环境。

【芳香成分】陆宽等（2014）用水蒸气蒸馏法提取的干燥种仁精油的主要成分为：1,8-桉树油（17.28%）、茴香烯（9.28%）、异硫氰酸烯丙酯（7.76%）、双环[7.1.0]癸烷（4.73%）、丹皮酚（3.25%）、左旋樟脑（2.98%）、壬醛（2.75%）、水杨醛（2.74%）、β-萜品烯（2.58%）、对甲氧基苯甲醛（2.11%）、草蒿脑（1.92%）、苯甲醛（1.89%）、甘菊蓝（1.62%）、里哪醇（1.60%）、己醛（1.58%）、辛醛（1.56%）、2-甲基萘（1.56%）、正辛醛（1.55%）、4-萜烯醇（1.52%）、茴香酮（1.39%）、3-巯基-5-甲基-1,2,4-三氮唑（1.27%）、甲基壬基甲酮（1.25%）、尼泊金甲酯（1.13%）、金刚烷-2-氨基甲酰基-4,8-二酮（1.12%）、间异丙基甲苯（1.05%）等。

【利用】木材供建筑、家具等用。种子药用，具有祛风燥湿、攻毒杀虫之功效，治麻风病要药，也用于治疗疥癣、杨梅疮等。

## 巴豆

*Croton tiglium* Linn.

**大戟科　巴豆属**

**别名：**巴仁、江子、巴果、红子仁、猛子仁、刚子、巴菽、双眼龙、老阳子、巴霜刚子

**分布：**四川、云南、广西、贵州、湖北、浙江、福建、江西、湖南、广东、海南等地

【形态特征】灌木或小乔木，高3～6 m；嫩枝被稀疏星状柔毛，枝条无毛。叶纸质，卵形，稀椭圆形，长7～12 cm，宽3～7 cm，顶端短尖，稀渐尖，有时长渐尖，基部阔楔形至近圆形，稀微心形，边缘有细锯齿，有时近全缘，干后淡黄色至淡褐色；基部两侧叶缘上各有1枚盘状腺体；托叶线形，早落。总状花序，顶生，长8～20 cm，苞片钻状，长约2 mm；雄花：花蕾近球形，疏生星状毛或几无毛；雌花：萼片长圆状披针形，长约2.5 mm，几无毛；子房密被星状柔毛，花柱2深裂。蒴果椭圆状，长约2 cm，直径1.4～2 cm，被疏生短星状毛或近无毛；种子椭圆状，长约1 cm，直径6～7 mm。花期4～6月。

【生长习性】生于村旁、山地疏林、旷野、溪旁、林缘。喜温暖湿润气候，不耐寒，怕霜冻。喜阳光，在气温17～19℃、年雨量1000 mm、全年日照1000h、无霜期300d以上的地区适宜栽培。土层深厚、疏松肥沃、排水良好的砂质壤上栽培为宜。

【精油含量】水蒸气蒸馏新鲜叶的得油率为3.40%，枝叶的得油率为0.08%。

【芳香成分】叶：张少梅等（2008）用水蒸气蒸馏法提取的广西临桂产巴豆新鲜叶精油的主要成分为：2-甲基苯甲醛（24.75%）、十六烷酸（17.77%）、叶绿醇（17.09%）、2-甲氧基-4-乙烯基苯酚（6.54%）、十五烷醛（5.56%）、亚麻酸（4.95%）、亚麻酸（4.95%）、3,7,11,15-四甲基-2-十六烯-1-醇（4.10%）、十二烷酸（1.58%）、十四烷酸（1.41%）、5,4,4,7a-三甲基5,6,7,7a-四氢-2(4H)-苯丙呋喃酮（1.06%）、1-壬烯-4-醇（1.01%）等。

枝叶：邓益媛等（2014）用水蒸气蒸馏法提取的湖北产巴豆干燥枝叶精油的主要成分为：十六酸（44.00%）、棕榈酸（9.21%）、2-十一酮（6.28%）、6,10-二甲基-2-十一烷酮（4.56%）、橙花基丙酮（4.29%）、邻苯二甲酸单乙基己基酯

4.29%）、 2-十三烷酮（4.26%）、植物醇（3.97%）、法呢基丙酮（3.20%）、硬脂酸（2.95%）、三十烷酸（2.94%）、 石竹素（1.80%）、十二醇（1.73%）等。

**果实**：胡静等（2008）用石油醚萃取法提取的巴豆干燥成熟果实精油的主要成分为：亚油酸（55.90%）、油酸（25.91%）、13-二十二碳烯酸（7.40%）、棕榈酸（2.41%）、硬脂酸（1.56%）、花生酸（1.42%）、9,12-十六碳二烯酸甲酯（1.29%）、肉豆蔻酸（1.13%）等。

【利用】成熟果实药用，有大毒，作峻泻药；外用于治恶疮、疥癣等；根、叶入药，治风湿骨痛等。民间用枝、叶作杀虫药或毒鱼。

## 鸡骨香

*Croton crassifolius* Geisel.

**大戟科　巴豆属**

**别名**：千人打、土沉香、黄牛香、鸡角香、透地龙

**分布**：海南、广东、广西、福建

【形态特征】灌木，高20～50 cm；1年生枝、叶背、花序和果均密被星状绒毛。叶卵形至长圆形，长4～10 cm，宽2～6 cm，顶端钝至短尖，基部近圆形至微心形，边缘有不明显的细齿，长叶残存的毛基粗糙，干后色暗；叶片基部中脉两侧或叶柄顶端有2枚具柄的杯状腺体；托叶钻状，早落。总状花序顶生，长5～10 cm；苞片线形，边缘有线形撕裂齿，齿端有细小头状腺体；雄花：萼片外面被星状绒毛；花瓣长圆形，边缘被绵毛；雄蕊14～20枚；雌花：萼片外面被星状绒毛；子房密被黄色绒毛，花柱4深裂，线形。果近球形，直径约1 cm；种子椭圆状，褐色，长约5 mm。花期11月至翌年6月。

【生长习性】生于沿海丘陵山地较干旱山坡灌木丛中。

【精油含量】水蒸气蒸馏根的得油率为0.30%～4.06%。

【芳香成分】杨先会等（2007）用水蒸气蒸馏法提取的海南海口产鸡骨香根精油的主要成分为：匙叶桉油烯醇（23.70%）、六氢-2,5,5-三甲基-2H-2,4a-乙醇萘-8(5H)-酮（7.89%）、(+)-表-二环倍半水芹烯（6.50%）、2,4,5,6,7,8-六氢-1,4,9,9-四甲基-[3aR(3aα,4β,7α)]-3H-3a,7-甲烷甘菊环（5.74%）、6,10,11,11-四甲基-二环[6.3.0.$1^{2,3}$]-7-十一烯（4.24%）、1,2,3,4,5,6,7,8-八氢-1,4-二甲基-7-(1-甲基乙烯基)-甘菊环（3.57%）、γ-榄香烯（3.02%）、1-乙烯基-1-甲基-2,4-酚丁-(1-甲基乙烯基)-[1S-(1α,2β,4β)]-环己烷（3.02%）、1a,2,3,4,4a,5,6,7b-八氢-1,1,4,7-四甲基-[1aR-(1aα,4α,4aβ,7bα)]-1H-环丙甘菊环（2.67%）、1,2,3,4-四甲基-5-亚甲基-1,3-茂（2.57%）、α-荜澄茄醇（2.44%）、4(14)，11-双烯桉叶烷（2.21%）、1,2,3,4,4a,5,6,8a-八氢-7-甲基-4-亚甲基-1-(1-甲基乙基)-(1α,4aβ,8aα)-萘（2.14%）、8-O-环异长叶松烯（1.78%）、蓝桉醇（1.44%）、十氢-1,1,7-三甲基-4-亚甲基-[1aR-(1aα,4aβ,7α,7aβ,7bα)]-1H-环丙甘菊环（1.43%）、1,2,3-三甲基-2-环戊烯-1-羧酸（1.32%）、可巴烯（1.30%）、4-亚甲基-1-甲基-2-(2-甲基-1-丙烯基)-1-乙烯基-环庚烷（1.30%）、1,2,3,3a,4,5,6,7-八氢-1,4-二甲基-7-(1-甲基乙烯基)-[1R-(1α,3aβ,4α,7β)]-甘菊环（1.21%）、十氢-4,8,8-三甲基-9-

亚甲基-[1S-(1α,3aβ,4α,8aβ)]-1,4-亚甲基甘菊环（1.21%）、(+)-3,8-二甲基-5-(1-甲基乙烯基亚基)-1,2,3,4,5,6,7,8-八氢甘菊环-6-酮（1.19%）等。

【利用】根入药，有理气止痛、祛风除湿之效，治风湿关节痛、腰腿痛、胃痛、疝痛、痛经、跌打肿痛。

## 毛果巴豆

*Croton lachnocarpus* Benth.

**大戟科　巴豆属**

**别名：**小叶双眼龙、细叶双眼龙、桃叶双眼龙、巡山虎

**分布：**江西、湖南、贵州、广东、广西

【形态特征】灌木，高1～3 m；1年生枝条、幼叶、花序和果均密被星状柔毛。叶纸质，长圆形至椭圆状卵形，稀长圆状披针形，长4～13 cm，宽1.5～5 cm，顶端钝、短尖至渐尖，基部近圆形至微心形，边缘有不明显细锯齿，齿间弯缺处常有1枚细小有柄杯状腺体，成长叶稍粗糙，叶背密被星状柔毛；叶基部或叶柄顶端有2枚具柄杯状腺体。总状花序1～3个，顶生，长6～15 cm，苞片钻形，长约1 mm；雄花：萼片卵状三角形，被星状毛；花瓣长圆形；雄蕊10～12枚；雌花：萼片披针形，被星状柔毛；子房被黄色绒毛，花柱线形。蒴果稍扁球形，直径6～10 mm；被毛；种子椭圆状，暗褐色，光滑。花期4～5月。

【生长习性】生于海拔100～900m山地疏林或灌丛中。

【芳香成分】宁德生等（2013）用水蒸气蒸馏法提取的广西阳朔产毛果巴豆干燥叶精油的主要成分为：反式-橙花叔醇（9.48%）、α-松油醇（7.51%）、乙酸松油酯（6.72%）、桉树醇（6.43%）、倍半水芹烯（5.18%）、α-红没药烯（5.01%）、α-香柠檬烯（3.29%）、(Z)-α-金合欢烯（3.18%）、石竹烯（3.02%）、姜黄烯（2.94%）、六氢法呢基丙酮（2.89%）、α-石竹烯（2.81%）、芳樟醇（2.51%）、龙脑（2.31%）、桧脑（2.21%）、α-依兰油烯（2.18%）、十五醛（1.98%）、斯巴醇（1.80%）、乙酸乙酯（1.70%）、α-金合欢烯（1.63%）、柏木脑（1.61%）、金合欢基丙酮（1.48%）、α-水芹烯（1.36%）、1-环丙烯基-1-戊醇（1.29%）、顺-α-红没药烯（1.23%）、α-雪松烯（1.13%）、α-蒎烯（1.01%）、o-伞花烃（1.01%）、β-环氧石竹烷（1.00%）等。

【利用】民间以根和叶入药，有祛风去湿、散瘀止痛、消肿解毒之功效，用于治风湿性关节炎、跌打肿痛、肌肉痹痛、蛇伤、产后风瘫等。根与种仁有毒。

## 石山巴豆

*Croton euryphyllus* W. W. Smith

**大戟科　巴豆属**

**分布：**广西、四川、贵州、云南等地

【形态特征】灌木，高3～5 m；嫩枝、叶和花序均被很快脱落的星状柔毛，枝条淡黄褐色。叶纸质，近圆形至阔卵形，长6.5～8.5 cm，宽6～8 cm，顶端短尖或钝，有时尾状，基部心形，稀阔楔形，边缘具粗钝锯齿，齿间有时有具柄腺体；叶柄顶端有2枚具柄腺体；托叶线形，早落。花序总状，长达15 cm，有时基部有分枝，苞片线状三角形，早落；花蕾的顶端被毛；雄花：萼片披针形；花瓣比萼片小，边缘被绵毛；雄蕊约15枚；雌花：萼片披针形；花瓣细小，钻状；子房密被星状毛，花柱2裂，几无毛。蒴果近圆球状，长1.2～1.5 cm，直径约1.2 cm，密被短星状毛；种子椭圆状，暗灰褐色。花期4～5月。

【生长习性】生于海拔200～2400 m疏林中。

【芳香成分】宁德生等（2013）用水蒸气蒸馏法提取的广西平果产石山巴豆干燥叶精油的主要成分为：α-松油醇（17.57%）、桉树醇（11.13%）、乙酸松油酯（9.07%）、倍半水芹烯（8.52%）、α-红没药烯（5.15%）、龙脑（4.48%）、十五醛（4.36%）、桧脑（3.28%）、金合欢基丙酮（2.76%）、姜黄烯（2.50%）、α-依兰油烯（2.12%）、芳樟醇（1.72%）、斯巴醇（1.57%）、顺-α-红没药烯（1.53%）、乙酸乙酯（1.50%）、红没药醇（1.35%）、石竹烯（1.33%）、杜松醇（1.27%）、α-蒎烯（1.08%）等。

【利用】根入药，用于治风湿骨痛、跌打损伤。

## 蓖麻

*Ricinus communis* Linn.

**大戟科　蓖麻属**
**别名：** 大麻子、老麻了、草麻
**分布：** 全国各地

【形态特征】一年生粗壮草本或草质灌木，高达5 m；小枝、叶和花序通常被白霜。叶轮廓近圆形，长和宽达40 cm或更大，掌状7～11裂，裂缺几达中部，裂片卵状长圆形或披针形，顶端急尖或渐尖，边缘具锯齿。叶柄中空，长可达40 cm，基部和顶端各具2枚盘状腺体；托叶长三角形。总状花序或圆锥花序，长15～30 cm或更长；苞片阔三角形，膜质，早落；雄花：花萼裂片卵状三角形；雄蕊束众多；雌花：萼片卵状披针形；子房卵状，柱红色，密生乳头状突起。蒴果卵球形或近球形，长1.5～2.5 cm；种子椭圆形，微扁平，平滑，斑纹淡褐色或灰白色；种阜大。花期几全年或6～9月（栽培）。栽培品种多。

【生长习性】海拔20～2300 m的村旁疏林或河流两岸冲积地常有逸为野生。对土壤的适应能力比较强，耐旱，抗碱，一般土壤只要排水良好均能生长，但以肥沃的土壤为好。

【芳香成分】陈月华等（2012）用水蒸气蒸馏法提取的河南信阳产蓖麻阴干叶精油的主要成分为：壬醛（14.72%）、二环[3.2.0]庚-2-酮（7.77%）、2,4-癸二烯醛（6.24%）、(E)-4-(266-三甲基-1-环己烯-1-基)-3-丁烯-2-酮（6.06%）、(E)-2-癸醛（5.97%）、(E)-6,10-二甲基-5,9-十一碳二烯-2-酮（5.06%）、(E,E)-2,4-癸二烯醛（4.53%）、(E)-2-辛烯醛（2.87%）、1-辛醇（2.18%）、1-辛烯-3-醇（2.07%）、6,10,14-三甲基-2-十五烷酮（1.73%）、(E)-2-壬醛（1.66%）、苯乙醛（1.60%）、3-甲基-1-丁醇丙酸酯（1.54%）、2,6,6-三甲基-1-环己烯-1-甲醛（1.50%）、(E,Z)-2,6-壬二烯醛（1.38%）、(E,E)-2,4-庚二烯醛（1.37%）、4-(2,2-二甲基-6-亚甲基环己烯)-3-丁烯-2-酮（1.31%）、顺-11-十四碳烯-1-醇（1.27%）等。

【利用】种子可提取蓖麻油，在工业上用途广，在医药上作缓泻剂。叶、根、种子均可入药，具有祛湿通络、泻下、消肿、拔毒等功效，用于治疗大便燥结、风湿疼痛、阴囊肿痛、脚气等。种子误食过量导致中毒。

## 重阳木

*Bischofia polycarpa* (Lévl.) Airy Shaw

**大戟科　重阳木属**

**别名：** 乌杨、茄冬树、红桐、水枧木

**分布：** 秦岭和淮河流域以南至广东、广西、福建

【形态特征】落叶乔木，高达15 m，胸径50 cm，有时达1 m；树皮褐色，纵裂；老枝褐色，皮孔锈褐色；芽小，顶端稍尖或钝，具有少数芽鳞；全株无毛。三出复叶；顶生小叶通常较两侧的大，小叶片纸质，卵形或椭圆状卵形，有时长圆状卵形，长5～14 cm，宽3～9 cm，顶端突尖或短渐尖，基部圆或浅心形，边缘具钝细锯齿；托叶小，早落。花雌雄异株，组成总状花序；花序通常着生于新枝的下部；雄花序长8～13 cm；雌花序3～12 cm；雄花：萼片半圆形，膜质；花丝短；雌花：萼片同雄花，有白色膜质的边缘。果实浆果状，圆球形，直径5～7 mm，成熟时褐红色。花期4～5月，果期10～11月。

【生长习性】生于海拔1000 m以下山地林中，长江中下游平原或农村四旁常见。

【精油含量】水蒸气蒸馏新鲜叶的得油率为0.11%。

【芳香成分】孙若琼等（2010）用水蒸气蒸馏法提取的江苏徐州产重阳木新鲜叶精油的主要成分为：樟脑（10.42%）、2-己烯酸（8.08%）、二十七烷（7.63%）、邻苯二甲酸二丁酯（7.46%）、己二酸二乙酯（5.17%）、2,6,10-三甲基-十四碳烷（4.41%）、己二酸二异丁酯（4.14%）、3,7,11-四甲基-1-十二烷（3.30%）、α-甲基-α-[4-甲基-3-戊烯]环氧甲醇（2.52%）、香豆烷（2.40%）、芳樟醇（2.37%）、二丁基戊二酸（2.34%）、乙基戊二酸（1.86%）、α-松油醇（1.84%）、τ-杜松醇（1.81%）、芳樟醇乙酯（1.56%）、2,2,7,7-四甲基辛烷（1.52%）、2-(3H)-香豆酮（1.46%）、1,1-二甲基-十四-氢硫化物（1.35%）、异癸丁基酞酸酯（1.28%）、1-三十七戊醇（1.21%）、二十六烯（1.19%）、植醇（1.07%）、γ-桉叶烯（1.02%）、2-亚甲基胆甾烷-3-醇（1.00%）等。

【利用】常栽培为行道树。木材适于建筑、造船、车辆、家具等用材。果肉可酿酒。种子可榨油，供食用，也可作润滑油和肥皂油。

## 大戟

*Euphorbia pekinensis* Rupr.

**大戟科　大戟属**

**别名：** 京大戟、湖北大戟

**分布：** 广布于全国（除台湾、云南、西藏和新疆），北方尤为普遍

【形态特征】多年生草本。茎单生或多分枝，高40～90 cm。叶互生，椭圆形，少为披针形或披针状椭圆形，先端尖，基部渐狭或呈楔形或近圆形或近平截，全缘；总苞叶4～7枚，长椭圆形，先端尖；伞幅4～7，长2～5 cm；苞叶2枚，近圆形，先端尖。花序单生于二歧分枝顶端；总苞杯状，边缘4裂；腺体4，半圆形或肾状圆形，淡褐色。雄花多数，伸出总苞之外；雌花1枚；子房幼时被较密的瘤状突起。蒴果球状，长约4.5 mm，直径4.0～4.5 mm，被稀疏的瘤状突起，成熟时分裂为3个分果爿；花柱宿存且易脱落。种子长球状，暗褐色或微光亮，腹面具浅色条纹；种阜近盾状。花期5～8月，果期6～9月。

【生长习性】生于山坡、灌丛、路旁、荒地、草丛、林缘和疏林内。

【精油含量】水蒸气蒸馏干燥根的得油率为0.30%。

【芳香成分】李雪飞等（2013）用水蒸气蒸馏法提取的干燥根精油的主要成分为：沉香螺旋醇（49.23%）、四甲基环癸二

烯异丙醇（20.66%）、2-甲基-3β-羟基-5α-甾醇（7.29%）、3-乙基-3-羟基-5α-雄甾烷-17-酮（6.10%）、(3β,5α)-2-亚甲基-3-羟基胆甾烷（4.05%）、β-榄香烯（1.70%）、τ-(1)-环氧化古芸烯（1.43%）、姜烯（1.19%）等。

【利用】根入药，有逐水通便、消肿散结的功效，用于治水肿胀满、痰饮，外治疗疮疖肿。可作兽药用。有毒，宜慎用。

## 地锦

*Euphorbia humifusa* Willd. ex Schlecht.

**大戟科　大戟属**

**别名：**地锦草、铺地锦、田代氏大戟

**分布：**除海南外、分布于全国

【形态特征】一年生草本。茎匍匐，自基部以上多分枝，基部常红色或淡红色，长达20～30 cm，被柔毛。叶对生，矩圆形或椭圆形，长5～10 mm，宽3～6 mm，先端钝圆，基部偏斜，略渐狭，边缘常于中部以上具细锯齿；叶面绿色，叶背淡绿色，有时淡红色，两面被疏柔毛。花序单生于叶腋；总苞陀螺状，边缘4裂，裂片三角形；腺体4，矩圆形，边缘具白色或淡红色附属物。雄花数枚；雌花1枚；子房三棱状卵形。蒴果三棱状卵球形，长约2 mm，直径约2.2 mm，成熟时分裂为3个分果爿，花柱宿存。种子三棱状卵球形，长约1.3 mm，直径约0.9 mm，灰色，每个棱面无横沟，无种阜。花果期5～10月。

【生长习性】生于原野荒地、路旁、田间、沙丘、海滩、山坡等地。喜温暖湿润气候，稍耐荫蔽，较耐湿。

【芳香成分】张伟等（2012）用顶空固相微萃取法提取的河南开封产地锦阴干全草精油的主要成分为：棕榈酸（20.35%）、植醇（16.41%）、2-甲氧基-4-乙烯苯酚（10.98%）、金合欢丙酮（8.10%）、N-[9-硼杂双环[3.3.1]-9-基]-丙胺（6.72%）、棕榈酸甲酯（4.28%）、吡喃酮（3.53%）、二氢猕猴桃内酯（3.25%）、α-紫罗酮（2.66%）、α-亚麻酸（2.63%）、亚麻酸甲酯（2.49%）、邻苯二甲酸二丁酯（2.20%）、月桂酸（1.54%）、可巴烯（1.48%）、邻苯二甲酸异壬酯（1.34%）、脱氢紫罗酮（1.13%）等。

【利用】全草入药，有清热解毒、利尿、通乳、止血及杀虫作用。嫩苗可作蔬菜食用。

## 甘肃大戟

*Euphorbia kansuensis* Prokh.

**大戟科　大戟属**

**别名：**月腺大戟、阴山大戟

**分布：**内蒙古、河北、山西、陕西、宁夏、甘肃、青海、江苏、河南、湖北、四川等地

【形态特征】多年生草本，全株无毛。根肉质。茎单一直立，高20～60 cm。叶互生，线形、线状披针形或倒披针形，变化较大，较典型的呈长圆形，长6～9 cm，宽1～2 cm，先端圆或渐尖，基部渐狭或呈楔形；总苞叶3～8枚，同茎生叶；苞叶2枚，卵状三角形，长2～2.5 cm，宽2.2～2.7 cm，先端尖，基部平截或略内凹。花序单生二歧分枝顶端；总苞钟状，边缘4裂，裂片三角状卵形，全缘；腺体4，半圆形，暗褐色。蒴果三角状球形，长5.0～5.8 mm，直径5～6 mm，具微皱纹；成熟时分裂为3个分果爿。种子三棱状卵形，长与直径均约4 mm；淡褐色至灰褐色，光滑，腹面具一条纹；种阜具柄。花果期4～6月。

【生长习性】生于山坡、草丛、沟谷、灌丛或林缘。

【精油含量】水蒸气蒸馏干燥根的得油率为0.03%。

【芳香成分】芮和恺等（1992）用水蒸气蒸馏法提取的干燥根精油的主要成分为：己酸（9.35%）、2-呋喃羧醛（7.49%）、苯甲醛（3.28%）、己醛（2.43%）、4-甲氧基-4-(1-丙烯基)苯（1.65%）、5-甲基-2-呋喃羧醛（1.50%）、1,2-二甲氧基苯

（1.33%）、1-(2-呋喃基)乙酮（1.29%）、4-甲基戊酸（1.24%）等。

【利用】块根入药，为藏药‘川布’,具有退热、排脓、利胆、泻肠胃积滞实热等功效。

## 甘遂

*Euphorbia kansui* T. N. Liou ex S. B. Ho

**大戟科　大戟属**

**别名：**主田、重泽、甘藁、陵藁、甘泽、苦泽、白泽、鬼丑、陵泽

**分布：**河南、山西、陕西、甘肃、宁夏

【形态特征】多年生草本。根末端呈念珠状膨大。茎高20～29 cm。叶互生，线状披针形、线形或线状椭圆形，长2～7 cm，宽4～5 mm，先端钝或尖，基部渐狭，全缘；总苞叶3～6枚，倒卵状椭圆形，先端钝或尖，基部渐狭；苞叶2枚，三角状卵形。花序单生于二歧分枝顶端；总苞杯状；边缘4裂，裂片半圆形；腺体4，新月形，两角不明显，暗黄色至浅褐色。雄花多数，明显伸出总苞外；雌花1枚。蒴果三棱状球形，长与直径均3.5～4.5 mm；花柱宿存，易脱落，成熟时分裂为3个分果爿。种子长球状，长约2. 5 mm，直径约2 mm，灰褐色至浅褐色；种阜盾状，无柄。花期4～6月，果期6～8月。

【生长习性】生于荒坡、沙地、田边、低山坡、路旁等。

【芳香成分】邵霞等（2013）用水蒸气蒸馏法提取的陕西宝鸡产甘遂干燥块根精油的主要成分为：二叔丁对甲酚（49.97%）、十六烷（4.60%）、6,10,14-三甲基-2-十五烷基酮（4.08%）、十八烷（4.06%）、十六酸甲酯（3.78%）、十六酸乙酯（3.50%）、2,6,10,14-四甲基-十六烷（2.96%）、三十四烷（2.91%）、正二十七烷（2.81%）、苯乙烯（2.05%）等。

【利用】根为著名中药，有泻水逐痰、消肿散结的功能，主治各种水肿等。全株有毒，根毒性大，宜慎用。

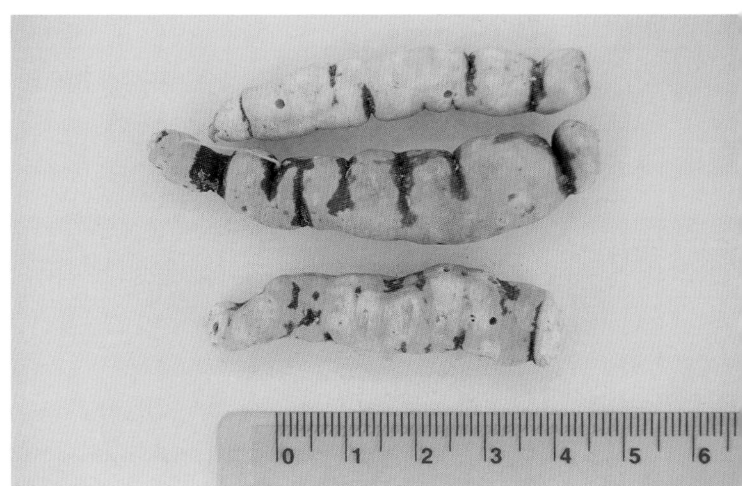


## 狼毒大戟

*Euphorbia fischeriana* Steud.

**大戟科　大戟属**

**别名：**狼毒

**分布：**黑龙江、吉林、辽宁、内蒙古、山东

【形态特征】多年生草本，除生殖器官外无毛。根肉质。茎单一不分枝，高15～45 cm。叶互生，下部鳞片状，呈卵状长圆形，长1～2 cm，宽4～6 mm，向上渐大；茎生叶长圆形，长4～6.5 cm，宽1～2 cm，先端圆或尖，基部近平截；总苞叶同茎生叶，常5枚；伞幅5，长4～6 cm；次级总苞叶常3枚，卵形；苞叶2枚，三角状卵形。序单生二歧分枝的顶端；总苞钟状，具白色柔毛，边缘4裂，裂片圆形；腺体4，半圆形，淡褐色。雄花多枚，伸出总苞之外；雌花1枚。蒴果卵球状，直径6～7 mm，被白色长柔毛；成熟时分裂为3个分果爿。种子扁球状，直径约4 mm，灰褐色；种阜无柄。花果期5～7月。

【生长习性】生于海拔100～600 m的草原、干燥丘陵坡地、多石砾干山坡及阳坡稀疏的松林下。

【精油含量】水蒸气蒸馏干燥根的得油率为0.20%。

【芳香成分】邢有权等（1991）用水蒸气蒸馏法提取的黑龙江双城产狼毒干燥根精油的主要成分为：7,10-十八二烯酸甲酯（30.44%）、十六碳酸乙酯（23.38%）、全氢化菲（5.97%）、松香芳三烯（5.64%）、山达海松二烯（3.79%）、对-正壬基-苯酚（2.95%）、异海松二烯（2.06%）、2,6,10-三甲基十五烷（1.37%）、1,1-二异己基-乙烯（1.24%）、2-甲基-十四酸甲酯（1.12%）等。

【利用】根入药，主治结核类、疮瘘癣类等，有毒。

## 乳浆大戟

*Euphorbia esula* Linn.

**大戟科　大戟属**

**别名：**新疆大戟、线叶大戟、猫眼草、烂疤眼、华北大戟、太鲁阁大戟、岷县大戟、东北大戟、松叶乳汁大戟、宽叶乳浆大戟、乳浆草

**分布：**除海南、西藏、云南、贵州外，全国各地

【形态特征】多年生草本。茎单生或丛生，高30～60 cm。叶线形至卵形，长2～7 cm，宽4～7 mm，先端尖或钝尖，基部楔形至平截；不育枝叶常为松针状；总苞叶3～5枚，与茎生叶同形；伞幅3～5，长2～5 cm；苞叶2枚，常为肾形，少为卵形或三角状卵形，长4～12 mm，宽4～10 mm。花序单生于二歧分枝的顶端；总苞钟状，边缘5裂，裂片半圆形至三角形，边缘被毛；腺体4，新月形，两端具角，褐色。雄花多枚，苞片宽线形；雌花1枚。蒴果三棱状球形，直径5～6 mm，具3个纵沟；成熟时分裂为3个分果爿。种子卵球状，长2.5～3.0 mm，直径2.0～2.5 mm，成熟时黄褐色；种阜盾状，无柄。花果期4～10月。

【生长习性】生于路旁、杂草丛、山坡、林下、河沟边、荒山、沙丘及草地。

【芳香成分】王武宝等（2005）用水蒸气蒸馏法提取的新疆乌鲁木齐产乳浆大戟阴干全草精油的主要成分为：雪松烯（40.48%）、4-甲烯基-1-异丙基双环[3.1.0]环-3-醇（14.15%）、十六烷酸（10.36%）、维生素A醇（4.99%）、3,7,11,15-四甲基-2-十六碳烯-1-醇（4.24%）、2,6-二甲基十七烷（1.97%）、1-二十二烷醇（1.50%）、6,10,14-三甲基-2-十五烷酮（1.49%）、1,2-二乙氧基乙烷（1.42%）、二十二烷（1.40%）、十二烷（1.27%）、二十五烷（1.21%）、十六烷（1.11%）、十四烷酸（1.04%）等。王欣等（2016）用同法分析的陕西产乳浆大戟全草精油的主要成分为：3,4,4-三甲基-2-环戊烯-1-酮（12.67%）、苯乙醛（12.36%）、α,α-1-甲基-4-三甲基-3-环己烯基-1-甲醇（4.47%）、正己醛（3.99%）、反,反-2,4-庚二烯醛（3.44%）、甲基庚烯酮（3.17%）、2-甲氧基-4-乙烯基苯酚（3.11%）、2-己烯醛（2.46%）、2-氧代己酸乙酯（2.31%）、6-甲基-2-(2-环氧乙基)-5-庚烯-2-醇（2.22%）、1-辛烯-3-醇（2.15%）、3-甲基苯甲醛（1.88%）、苯甲醛（1.65%）、(E)-2-辛烯醛（1.54%）、斯巴醇（1.43%）、正己醇（1.22%）、(E)-2-庚烯醛（1.20%）、3,5,5-三甲基-1-己烯（1.18%）、(R)-1-异丙基-4-甲基-3-环己烯-1-醇（1.12%）、反-2-(2-(5-甲基-5-乙烯基)-四氢呋喃)-2-丙醇（1.09%）等。

【利用】全草入药，具拔毒止痒之效。种子可榨油，工业用。

## 续随子

*Euphorbia lathyris* Linn.

**大戟科　大戟属**

**别名：** 千金子、千两斤、菩萨豆、拒冬、联步

**分布：** 黑龙江、吉林、辽宁、内蒙古、陕西、甘肃、新疆、河北、河南、山东、山西、江苏、安徽、江西、浙江、福建、台湾、湖南、湖北、广西、云南、贵州、四川、西藏

【形态特征】二年生草本，全株无毛。茎直立，基部单一，略带紫红色，顶部二歧分枝，灰绿色，高可达1 m。叶交互对生，下部密集，上部稀疏，线状披针形，长6～10 cm，宽4～7 mm，先端渐尖或尖，基部半抱茎，全缘；总苞叶和茎叶均为2枚，卵状长三角形，先端渐尖或急尖，基部近平截或半抱茎，全缘。花序单生，近钟状，边缘5裂，裂片三角状长圆形；腺体4，新月形，两端具短角，暗褐色。雄花多数；雌花1枚。蒴果三棱状球形，直径约1 cm，成熟时不开裂。种子柱状至卵球状，长6～8 mm，直径4.5～6.0 mm，褐色或灰褐色，无皱纹，具黑褐色斑点；种阜无柄，极易脱落。花期4～7月，果期6～9月。

【生长习性】生于水田、低湿旱田及地边。喜温暖、光照及中生环境，抗逆性较强。宜湿润，怕水涝。对土壤要求不严，沙壤土、黄土、白膳土、麦田土均可，但以砂壤腐殖土最佳。

【精油含量】水蒸气蒸馏干燥成熟种子的得油率为0.10%～0.61%。

【芳香成分】祝洪艳等（2009）用水蒸气蒸馏法提取的四川产续随子干燥成熟种子精油的主要成分为：(E)-9-十八烯酸甲酯（10.73%）、(E)-9-十八烯酸（10.60%）、新西柏烯（8.47%）、桉树脑（7.40%）、油酸乙酯（5.30%）、1-甲氧基-9-十八烯（4.05%）、1-甲氧基-4-(1-丙烯基)苯（2.63%）、二十一烷（2.50%）、9-十六烯醇（1.78%）、正壬醛（1.55%）、十九烷（1.46%）、二十八烷（1.08%）、十六烷酸甲酯（1.08%）等。

【利用】种子可榨油，用于制肥皂和润滑油。种子入药，具利尿、泻下和通经作用，用于治水肿、痰饮、积滞胀滞、二便不通、血瘀经闭；外用治癣疮类。全草有毒。

## 地构叶

*Speranskia tuberculata* (Bunge) Baill.

**大戟科　地构叶属**

**别名：** 透骨草、珍珠透骨草、瘤果地构叶

**分布：** 辽宁、吉林、内蒙古、河北、河南、山西、陕西、甘肃、山东、江苏、安徽、四川

【形态特征】多年生草本；茎直立，高25～50 cm，分枝较多，被伏贴短柔毛。叶纸质，披针形或卵状披针形，长1.8～5.5 cm，宽0.5～2.5 cm，顶端钝尖，基部阔楔形或圆形，边缘具疏离圆齿或有时深裂，齿端具腺体，叶面疏被短柔毛，叶背被柔毛或仅叶脉被毛；托叶卵状披针形。总状花序长6～15 cm，上部有雄花20～30朵，下部有雌花6～10朵；苞片卵状披针形或卵形；雄花：2～4朵生于苞腑；共萼裂片卵形；共瓣倒心形，具爪；雄蕊8～15；雌花：1～2朵生于苞腋；花萼裂片卵状披针形。蒴果扁球形，长约4 mm，直径约6 mm，被柔毛和具瘤状突起；种子卵形，长约2 mm，顶端急尖，灰褐色。花果期5～9月。

【生长习性】生于海拔800～1900 m的山坡草丛或灌丛中。

【精油含量】水蒸气蒸馏干燥全草的得率为0.21%。

【芳香成分】高海翔等（2000）用水蒸气蒸馏、乙醚萃取法提取的甘肃陇南产地构叶干燥全草精油的主要成分为：十六烷酸乙酯（13.21%）、6-甲基-5-庚烯-2-酮（7.87%）、十二烷（4.13%）、9,12,15-十八烷三烯酸乙酯（3.87%）、6-甲基-庚二烯-2-酮（3.08%）、乙酸乙酯（2.99%）、6,10-二甲基-5,9-十一烷二烯-2-酮（2.50%）、1,1-二乙氧基己烷（2.33%）、桉叶油素（1.75%）、樟脑（1.61%）、亚油酸乙酯（1.60%）、丁二酸二乙酯（1.54%）、戊酸乙酯（1.52%）、4-甲基-1,5-二叔丁基苯酚（1.38%）、2,7-二甲基-2,6-辛二烯（1.36%）、苯甲醛（1.07%）、2,6,6-三甲基-1-醛基-1-环己烯（1.05%）、2,2,6-三甲基环己酮（1.01%）、3,7-二甲基-2,6-辛二烯醛（1.00%）等。

【利用】地上部分作为'透骨草'入药，有散风祛湿、活血、舒筋止痛的功效，民间主要用于治疗跌打损伤，风湿痹痛。

## 地杨桃

*Sebastiania chamaelea* (Linn.) Muell. Arg.

**大戟科　地杨桃属**

**别名：** 荔枝草、坡荔枝

**分布：** 广东、广西、海南

【形态特征】多年生草本。茎高20～60 cm，多分枝，具锐纵棱。叶互生，厚纸质，线形或线状披针形，长20～55 mm，宽2～10 mm，顶端钝，基部略狭，边缘有密细齿，两侧有小腺体，叶背被柔毛；托叶宿存，卵形，顶端渐尖，具缘毛。花单性，聚集成侧生或顶生的穗状花序，雄花多数，螺旋排列，雌花1或数朵。雄花：苞片卵形，顶端尖，具细齿；萼片3，卵形，顶端短尖，边缘具细齿。雌花：苞片披针形，具齿，两侧腺体长圆形，顶端钝；萼片3，阔卵形，边缘具撕裂状的小齿，基部有小腺体。蒴果三棱状球形，直径3～4 mm，分果爿背部

具2纵列的小皮刺，中轴宿存；种子近圆柱形。花期几乎全年。

【生长习性】生于旷野草地、溪边或沙滩上。

【芳香成分】郭玲等（2004）用水蒸气蒸馏法提取的海南海口产地杨桃阴干全草精油的主要成分为：3,7-二甲基-6辛酮（30.86%）、3,7-二甲基-2,6-辛二烯-1-醇（19.95%）、n-棕榈酸（12.12%）、3,7-二甲基-6-辛烯-1-醇（9.96%）、2,6-辛二烯-1-醇，3,7-二甲基乙酯（8.59%）、4-乙烯基-α,α,4-三甲基-3-(1-甲乙基)-环己烷甲醇（6.67%）、2,6-二甲基-2,6-辛二烯（3.54%）、1-乙烯基-1-甲基-2,4-二顺-(1-甲乙基)-环己烷（3.17%）、大根香叶烯D（2.31%）、丁香酚（1.88%）等。

【利用】民用广泛用全株入药，治疗眩晕和头痛，尤其治疗美尼尔氏综合征效果明显。树汁具有收敛、强壮之功效。

## 海漆

*Excoecaria agallocha* Linn.

**大戟科　海漆属**

**分布：**广西、广东、海南、台湾、福建

【形态特征】常绿乔木，高2～3 m；具皮孔。叶互生，厚，近革质，椭圆形或阔椭圆形，少有卵状长圆形，长6～8 cm，宽3～4.2 cm，顶端钝尖，基部钝圆或阔楔形；叶柄顶端有2腺体；托叶卵形，顶端尖。花单性，雌雄异株，聚集成腋生、单生或双生的总状花序，雄花序长3～4.5 cm，雌花序较短。雄花：苞片阔卵形，肉质，两侧各具1腺体，每一苞片内含1朵花；小苞片2，披针形，两侧各具1腺体；萼片3，线状渐尖。雌花：苞片和小苞片与雄花的相同；萼片阔卵形或三角形，顶端尖。蒴果球形，具3沟槽，长7～8 mm，宽约10 mm；分果爿尖卵形，顶端具喙；种子球形，直径约4 mm。花果期1～9月。

【生长习性】生于滨海潮湿处，属湿地植物。

【芳香成分】刘文波等（2008）用正丁醇萃取法提取的海南东寨港产海漆风干茎精油的主要成分为：(Z)-13-二十二烯酰胺（11.04%）、邻苯二甲酸二丁酯（7.40%）、(4-芳基顺式)-4,4a,5,6,7,8-六氢化-4a,5-二甲基-3-(1-甲基亚乙基)-2(3氢)-萘亚甲基酮（7.12%）、3,5,6,7,8,8a-六氢化-4,8a-二甲基-6-(1-甲基乙烯基)-2(1氢)萘亚甲基酮（6.65%）、邻苯二甲酸二异壬酯（6.65%）、(Z)-9-十八烯酰胺（6.10%）、羽扇-20(29)烯-3-酮（5.70%）、苯并[b]萘并[2,3-d]呋喃（5.23%）、β-香树精（4.77%）、豆甾-4-烯-3-酮（4.10%）、9-苯基-5H-苯并环庚烯（2.76%）、右型-Friedoolean-14-烯-3-酮（2.59%）、羊毛甾醇

(2.58%)、蓝桉醇(2.42%)、2-(1-苯乙基)-苯酚(2.17%)、二氢化脱氧瓜蒌镰菌醇(1.98%)、2,3,4,9-四氢化-1-甲基-1-氢-吡啶并[3,4-b]吲哚(1.65%)、1,2-苯联羧酸丁基癸基酯(1.37%)、γ-谷甾醇(1.34%)等。

【利用】乳汁有毒性，可引起皮肤红肿、发炎、眼睛失明。乳汁用作箭毒或毒鱼。

## 鸡尾木

*Excoecaria venenata* S. Lee et F. N. Wei

**大戟科　海漆属**
**别名：** 东方绿白
**分布：** 广西

【形态特征】灌木，高1～2 m；小枝有纵棱，绿色或有时带紫红色。叶对生或兼有互生，薄革质，狭披针形或狭椭圆形，长9～15 cm，宽1.5～2(3)cm，顶端渐尖，尖头呈镰刀状，基部渐狭或楔形，边缘有疏细齿，嫩时带红色或仅于背面的脉呈红紫色，老时两面均绿色；托叶卵形，顶端略尖，花单性，聚集成腋生、长8～30 mm的总状花序，雄花苞片阔三角形，顶端凸尖，基部具2腺体，每一苞片内通常有花1朵；小苞片2，线形，顶端略尖，基部具2腺体；萼片3，线状披针形，边缘具疏细齿。蒴果球形，具3棱，直径约7 mm；种子近球形，直径约4 mm，表面有雅致的斑纹；果柄长约2 mm。花期8～10月。

【生长习性】为石灰岩地区特有植物，生于山地林下或灌丛中。

【芳香成分】卢昕等(2006)用乙醚萃取法提取的广西崇左产鸡尾木新鲜叶片精油的主要成分为：香橙烯(19.38%)、亚油酸(9.63%)、7,11,15-三甲基-3-甲烯基-十六烷四烯-1,6,10,14-(E,E)(8.89%)、N,N-二乙基-9-十八碳烯酰胺(8.07%)、β-岩藻甾醇(7.21%)、山嵛酸(6.30%)、α-生育酚(5.91%)、三十烷(3.45%)、脱氢香橙烯(2.94%)、二十八烷(2.87%)、二十九烷(2.72%)、棕榈酸(1.92%)、叶绿醇(1.76%)、环桉烯醇(1.74%)、菧烷(1.50%)、α-蛇床烯(1.31%)等。

【利用】茎、叶含挥发性的有毒物质，接触皮肤会引起红肿、脱皮等。鲜叶捣烂外敷，可治牛皮癣，并有良好的疗效。

## 蝴蝶果

*Cleidiocarpon cavaleriei* (Lévl.) Airy Shaw

**大戟科　蝴蝶果属**
**别名：** 山板栗
**分布：** 广西、贵州、云南

【形态特征】乔木，高达25 m；幼嫩枝、叶疏生微星状毛，后变无毛。叶纸质，椭圆形，长圆状椭圆形或披针形，长6～22 cm，宽1.5～6 cm，顶端渐尖，稀急尖，基部楔形；小托叶2枚，钻状，干后黑色；叶柄基部具叶枕；托叶钻状。圆锥状花序，长10～15 cm，密生灰黄色微星状毛，雄花7～13朵密集成团伞花序，雌花1～6朵；苞片披针形，小苞片钻状；雄花：花萼裂片3～5枚；雌花：萼片5～8枚，卵状椭圆形或阔披针形，被短绒毛；副萼5～8枚，披针形或鳞片状。果呈偏斜的卵球形或双球形，直径3～5 cm，基部骤狭呈柄状，外果皮革质，不开裂；种子近球形，直径约2.5 cm，种皮骨质。花果期5～11月。

【生长习性】生于海拔150～1000 m的山地或石灰岩山的山坡或沟谷常绿林中。

【精油含量】水蒸气蒸馏新鲜根的得油率为0.08%，新鲜茎的得油率为0.75%，新鲜叶的得油率为0.05%，阴干花的得油率为0.80%，干燥果皮的得油率为0.03%，阴干果仁的得油率为0.14%；甲醇萃取的叶的得油率为2.06%。

【芳香成分】根：苏秀芳等(2009)用水蒸气蒸馏法提取的广西龙州产蝴蝶果新鲜根精油的主要成分为：十六烷酸

（18.74%）、(Z,Z)9,12-十八碳二烯酸（12.81%）、1,2-苯二羧酸双(2-甲基丙基)酯（10.59%）、二丁基邻苯二甲酸酯（7.42%）、二十四烷（6.72%）、乙基环辛烷（5.51%）、3-甲基十六烷（5.22%）、二十八烷（4.37%）、9-辛基十七烷（4.06%）、2-亚甲基环[2.2.1]庚烷（4.00%）、6-亚戊基-4,5-断雄甾烷-4,17β-二醇（3.85%）、环氧十三烷-2-酮（3.43%）、13β-甲基-13-乙烯基-罗汉松-7-烯-3β-醇（3.29%）、2,6-双（1,1-二甲基乙基)-4-亚甲基环已氰基-2,5-二烯-1-酮（2.96%）、二十九烷（1.46%）、十八烷酸（1.37%）、13-甲基环氧十四烷-2-酮（1.12%）等。

**茎：**苏秀芳等（2007）用水蒸气蒸馏法提取的广西龙州产蝴蝶果新鲜茎精油的主要成分为：十六烷酸乙酯（13.19%）、正十六烷酸（11.11%）、十八碳烯酸乙酯（6.18%）、正十八烷（4.98%）、(Z,Z)-9,12-十八碳二烯酸（4.90%）、十八碳二烯酸乙酯（4.21%）、(E)-9-十八碳烯酸（3.94%）、十五烷酸乙酯（3.79%）、十六烷（3.63%）、2-丙烯酸正十五酯（3.45%）、邻羟基苯甲酸甲酯（3.33%）、十七烷（3.12%）、1,2-苯二羧酸二(2-甲基丙基)酯（3.03%）、十九烷（2.95%）、二十烷（2.83%）、壬醛（2.03%）、二叔丁基对甲酚（1.75%）、(Z,Z,Z)-9,12,15-十八碳三烯酸甲酯（1.71%）、(Z,Z,Z)-9,12,15-十八碳三烯-1-醇（1.69%）、(E)-9-十八碳烯酸乙酯（1.59%）、十八烷酸乙酯（1.59%）、邻苯二甲酸二丁酯（1.48%）、2,6,10,14-四甲基十五烷（1.46%）、三十六烷（1.26%）、(E)-9-二十碳烯（1.26%）、3-乙基十氢-3,4a,7,7,10a-五乙基-1H-萘[2,1-b]吡喃-8(4aH)-酮（1.16%）、叶绿醇（1.14%）、环十四烷（1.04%）等。

**叶：**苏秀芳等（2008）用水蒸气蒸馏法提取的广西龙州产蝴蝶果新鲜叶精油的主要成分为：二丁基羟基甲苯（10.58%）、邻苯二甲酸二乙酯（9.64%）、十六烷酸（3.70%）、苯甲酸（3.46%）、叶绿醇（1.93%）、2-甲基-1,2,3,4-四氢异喹啉-6,7二醇（1.68%）、邻苯二甲酸二丁酯（1.46%）、双(2-乙基己基)邻苯二甲酸酯（1.11%）、1,2-苯二羧酸二丙基酯（1.08%）等。

**花：**苏秀芳等（2008）用水蒸气蒸馏法提取的广西龙州产蝴蝶果阴干花精油的主要成分为：十六烷酸（59.89%）、(Z,Z)9,12-十八碳二烯酸（13.82%）、(Z,Z,Z)-9,12,15-十八碳三烯-1-醇（6.58%）、双(2-乙基)邻苯二甲酸酯（5.59%）、3-甲基-(2-内-3-外)-双环[2.2.1]庚烷-2-甲醛（2.68%）、[S-(Z)]-3,7,11-三甲基-1,6,10-十二碳三烯-3-醇（2.24%）、2,4-二甲基-2,4-庚二烯醛（1.70%）、十八烷酸（1.69%）、1-(2-甲氧基乙氧基)丁烷（1.46%）、十六烷酸乙酯（1.24%）等。

**果实：**苏秀芳等（2009）用水蒸气蒸馏法提取的广西龙州产蝴蝶果干燥果皮精油的主要成分为：正十六烷酸（55.45%）、(E)-9-十八碳烯酸（13.46%）、(Z,Z)-9,12-十八碳二烯酸（9.85%）、十八烷酸（8.48%）、9,12,15-十八碳三烯酸（7.23%）、四十三烷（3.54%）、1,2-苯二羧酸双(2-甲基丙基)酯（1.99%）等。

**种子：**苏秀芳等（2009）用水蒸气蒸馏法提取的广西龙州产蝴蝶果阴干果仁精油的主要成分为：(E)-9-十八碳烯酸（23.15%）、正十六烷酸（21.20%）、(Z,Z)-9,12-十八碳二烯酸（19.26%）、3-甲基十七烷（6.80%）、十戚烷（5.07%）、十六烷（4.08%）、二十八烷（3.66%）、十四烷酸（3.44%）、1,2苯二羧酸丁基-2-乙基己基酯（3.02%）、6-丙基十三烷（3.01%）、二十四烷（1.30%）、三十六烷（1.30%）、n-庚烯基环己烷（1.11%）、3-(犬二烷基氨基)丙腈（1.09%）等。

【利用】种子煮熟并除去胚后可食用。木材适做家具等。可栽培作行道树或庭园绿化树。

## 假奓包叶

*Discocleidion rufescens* (Franch.) Pax et Hoffm.

**大戟科　假奓包叶属**

**别名：**金沙叶、艾桐、老虎麻

**分布：**陕西、甘肃、湖北、湖南、四川、贵州、广西、广东

【形态特征】灌木或小乔木，高1.5～5 m；小枝、叶柄、花序均密被白色或淡黄色长柔毛。叶纸质，卵形或卵状椭圆形，长7～14 cm，宽5～12 cm，顶端渐尖，基部圆形或近截平，稀浅心形或阔楔形，边缘具锯齿，叶面被糙伏毛，叶背被绒毛；叶柄具2枚线形小托叶，边缘具黄色小腺体。总状花序或下部多分枝呈圆锥花序，长15～20 cm，苞片卵形；雄花3～5朵簇生于苞腋；花萼裂片3～5，卵形，顶端渐尖；雄蕊35～60枚；腺体小，棒状圆锥形；雌花1～2朵生于苞腋，苞片披针形；花萼裂片卵形；花盘具圆齿；子房被黄色糙伏毛。蒴果扁球形，直径6～8 mm，被柔毛。花期4～8月，果期8～10月。

【生长习性】生于海拔250～1000 m林中或山坡灌丛中。

【精油含量】水蒸气蒸馏根皮的得油率为1.19%，茎皮的得油率为1.24%，干燥叶的得油率为0.13%，果壳的得油率为1.11%，种子的得油率为1.16%。

【芳香成分】根：田棣等（2011）用水蒸气蒸馏法提取的陕西咸阳产假参包叶根皮精油的主要成分为：邻苯二甲酸二乙酯（43.57%）、n-十六酸（11.14%）、正已醛（7.63%）、棕榈醛（5.27%）、(9Z)-9,17-十八碳二烯-1-醛（4.84%）、(Z,Z,Z)-9,12,15-十八碳三烯-1-醇（4.83%）、正已醇（4.74%）、甲苯（3.55%）、苯乙醛（3.28%）等。

茎：田棣等（2011）用水蒸气蒸馏法提取的陕西咸阳产假参包叶茎皮精油的主要成分为：邻苯二甲酸二乙酯（15.13%）、水杨酸甲酯（14.63%）、α,α,5α-三甲基-5-乙烯基-2-呋喃甲醇（10.28%）、(E)-3,7-二甲基-2,6-辛二烯-1-醇（9.24%）、3,7,-二甲基-1,6-辛二烯-3-醇（8.94%）、2,2,6-三甲基-6-乙烯基-3-羟基-二氢吡喃（7.80%）、α,α,5β-三甲基-5-乙烯基-2-呋喃甲醇（7.04%）、糠醛（4.57%）、苯乙醛（4.27%）、(-)-顺-桃金娘烷醇（3.95%）、甲苯（1.39%）等。

叶：贾晓妮等（2008）用水蒸气蒸馏法提取的陕西咸阳产假参包叶干燥叶精油的主要成分为：叶绿醇（39.30%）、n-十六酸（11.72%）、(Z,Z,Z)-9,12,15-十八碳三烯-1-醇（9.46%）、Z-3-十四(碳)烯-5-炔（5.78%）、β-蒎烯（3.63%）、环丁烷（3.40%）、13β-甲基-13-乙烯基-罗汉松烷-7-烯-3-酮（1.73%）、6,9,12,15-二十二碳四烯酸甲酯（1.55%）、4-乙烯基-2-甲氧基-苯酚（1.35%）、(Z,Z)-9,12-十八碳二烯酸（1.15%）、(5β)-孕甾-14-烯-3-酮（1.09%）、(-)-顺-桃金娘烷醇（1.02%）等。

果实：田棣等（2011）用水蒸气蒸馏法提取的陕西咸阳产假参包叶果壳精油的主要成分为：邻苯二甲酸二乙酯（17.30%）、糠醛（11.75%）、苯乙醛（8.83%）、1,5,9,13-四甲基十四醇（8.83%）、(-)-顺-桃金娘烷醇（5.02%）、n-十六酸（4.10%）、十六酸甲酯（3.91%）、3,7-二甲基-1,6-辛二烯-3-醇（3.70%）、3,5-二（1,1-二甲基）乙基苯酚（3.61%）、α,α,5-三甲基-5-乙烯基-2-呋喃甲醇（2.69%）、甲苯（1.47%）等。

种子：田棣等（2011）用水蒸气蒸馏法提取的陕西咸阳产假参包叶种子精油的主要成分为：邻苯二甲酸二乙酯（41.94%）、苯乙醛（12.79%）、正二十烷（5.83%）、正十六烷（4.92%）、2,6,11-三甲基十二烷（4.33%）、3,5-二（1,1-二甲基）乙基苯酚（4.17%）、5,7-二甲基十一烷（3.69%）、4,6-二甲基十二烷（1.92%）、乙苯（1.41%）等。

【利用】茎皮纤维可作编织物。叶有毒，牲畜误食会导致肝、肾损害。

## 麻疯树

*Jatropha curcas* Linn.

**大戟科　麻疯树属**

**别名：** 膏桐、小桐子、芙蓉树、黑皂、亮桐、臭油桐、黄肿树、假白榄、小油桐

**分布：** 云南、四川、贵州、广东、广西、海南、台湾、福建、海南等地

【形态特征】灌木或小乔木，高2～5 m，树皮平滑；枝条苍灰色，无毛，疏生突起皮孔。叶纸质，近圆形至卵圆形，长7～18 cm，宽6～16 cm，顶端短尖，基部心形，全缘或3～5浅裂，叶面亮绿色，叶背灰绿色；叶柄长6～18 cm；托叶小。花序腋生，长6～10 cm，苞片披针形；雄花：萼片5枚，基部合生；花瓣长圆形，黄绿色，合生至中部，内面被毛；腺体5枚，近圆柱状；雄蕊10枚；雌花：萼片离生；花瓣和腺体与雄花同；子房3室，无毛，花柱顶端2裂。蒴果椭圆状或球形，长2.5-3 cm，黄色；种子椭圆状，长1.5～2 cm，黑色。花期9～10月。

【生长习性】为喜光阳性植物，具有很强的耐干旱、耐瘠薄

能力，对土壤条件要求不严，生长迅速，抗病虫害。

【精油含量】超临界萃取干燥叶的得油率为0.53%，干燥树皮的得油率为0.56%，干燥种子的得油率为0.78%；乙醇加热回流法提取干燥叶的得油率为0.54%，干燥树皮的得油率为0.58%，干燥种子的得油率为0.74%。

【芳香成分】茎：和丽萍等（2010）用超临界$CO_2$萃取法提取的云南石屏产麻疯树干燥树皮精油的主要成分为：棕榈酸（12.95%）、亚油酸（8.56%）、硬脂酸（2.32%）、油酸（2.10%）、邻苯二甲酸二辛酯（2.07%）、5-豆甾烯-3-醇（1.53%）等。

叶：何嵋等（2007）用水蒸气蒸馏法提取的云南元阳产麻疯树叶精油的主要成分为：异植醇（14.33%）、亚麻酸甲酯（7.20%）、十六酸甲酯（7.18%）、9,12,15-十八碳三烯酸甲酯（3.89%）、棕榈酸丁酯（3.89%）、9,12-十八碳二烯酸甲酯（3.25%）、(Z,Z)-9,12-十八碳二烯酸（3.30%）、6,10,14-三甲基-2-十五酮（2.64%）、十八酸丁酯（1.80%）、6-异丙烯基-4,8a-二甲基-4a,5,6,7,8a-六氢-1H-萘-2-酮（1.63%）、十六酸乙酯（1.39%）、(Z)-9-十六碳烯酸甲酯（1.05%）等。

种子：何嵋等（2007）用水蒸气蒸馏法提取的云南元阳产麻疯树种子精油的主要成分为：(Z,Z)-9,12-十八碳二烯酸（68.35%）、十六酸（6.43%）、角鲨烯（2.28%）、2,4-癸二烯醛（1.49%）、2-甲基-庚烷（1.45%）、辛烷（1.26%）、(Z)-2-癸烯醛（1.25%）、乙酸丁酯（1.20%）等。马惠芬等（2012）用乙醇加热回流法提取的云南建水产麻疯树干燥种子精油的主要成分为：油酸甘油酯（15.54%）、b-谷甾醇（13.36%）、亚油酸（5.43%）、反油酸（4.61%）、5-羟甲基康醛（4.43%）、棕榈酸乙酯（3.57%）、2-棕榈酸单甘酯（3.08%）、角鲨烯（2.70%）、1-十四碳烯（2.05%）、十八碳烯（1.64%）、亚油酸乙酯（1.48%）、二十三烷（1.44%）、十四烷（1.36%）、十六烷（1.27%）、鲸蜡烯（1.27%）、二十五烷（1.13%）、棕榈酸（1.09%）、二十四烷（1.01%）等；云南元阳产麻疯树干燥种子精油的主要成分为：油酸乙酯（32.57%）、反油酸（28.40%）、亚油酸乙酯（17.47%）、棕榈酸（6.60%）、亚油酸（4.72%）、棕榈酸乙酯（3.09%）、硬脂酸乙酯（1.89%）、顺-9-十八碳烯酸甲酯（1.06%）等。

【利用】种子油供工业或医药用，作为生物柴油是中国重点开发的绿色能源树种。叶有清热、解痉、止吐、止血、排脓生肌的功效，治跌打肿痛、骨折、创伤、皮肤瘙痒、湿疹、急性胃肠炎；外用止血，治伤口溃疡、瘙痒。

## 木奶果

*Baccaurea ramiflora* Lour.

**大戟科　木奶果属**

**别名：**白皮、山萝葡、野黄皮树、山豆、木荔枝、大连果、黄果树、木来果、树葡萄、枝花木奶果、麦穗

**分布：**海南、广东、广西、云南

【形态特征】常绿乔木，高5～15 m，胸径达60 cm；树皮灰褐色；小枝被糙硬毛，后变无毛。叶片纸质，倒卵状长圆形、倒披针形或长圆形，长9～15 cm，宽3～8 cm，顶端短渐尖至急尖，基部楔形，全缘或浅波状，叶面绿色，叶背黄绿色，两面均无毛。花小，雌雄异株，无花瓣；总状圆锥花序腋生或茎生，被疏短柔毛，雄花序长15 cm，雌花序长30 cm；苞片卵形或卵状披针形，棕黄色；雄花：萼片4～5，长圆形；雌花：萼片4～6，长圆状披针形。浆果状蒴果卵状或近圆球状，长2～2.5 cm，直径1.5～2 cm，黄色后变紫红色，内有种子1～3颗；种子扁椭圆形或近圆形，长1～1.3 cm。花期3～4月，果期6～10月。

【生长习性】生于海拔100～1300 m的山地林中。

【芳香成分】根：徐静等（2007）用水蒸气蒸馏法提取的海南屯昌产木奶果根精油的主要成分为：丁基甲氧基苯（21.77%）、正十六碳酸（8.36%）、龙脑（6.01%）、(Z,Z)-9,12-十八碳二烯酸（5.75%）、(+)-2-松油醇（5.75%）、(1S)-4,6,6-三甲基-双环[3.1.1]庚-3-烯-2-酮（4.98%）、(Z,Z,Z)-9,12,15-十八碳三烯-1-醇（3.57%）、香叶酸（3.40%）、十四碳酸（2.86%）、3,5,9-三甲基-癸-2,4,8-三烯-1-醇（2.52%）、2-(2-乙基己基)-邻苯二甲酸酯（2.48%）、樟脑（2.47%）、(顺)-9-(反)-11-十四碳二烯基-1-乙酯（2.43%）、3,4-二甲基-3-环戊烯-1-羧乙基醛（2.26%）、十二碳酸（2.26%）、(E)-9-十八碳酸（2.10%）、2,6-二甲氧基-4-(2-丙烯基)-苯酚（2.00%）、1-甲基-6-亚甲基双环[3.2.0]庚烷（1.81%）、3,7-二甲基-2,6-辛二烯-1-醇（1.47%）、邻苯二甲酸二丁酯（1.41%）、(R)-4-甲基-1-(1-甲基乙基)-3-环己烯-1-醇（1.39%）、1aR-(1aα,4α,4aβ,7bα)-1a,2,3,4,4a,5,6,7b-八氢-1,1,4,7-四甲基-1H-环丙基甘菊环（1.33%）、9-十六碳酸（1.20%）、2-甲氧基-4-(1-丙烯基)-苯酚（1.15%）、(R)-3,7-二甲基-6-辛烯-1-醇（1.12%）、1,2-苯二甲酸-丁基-2-甲基丙烯基酯（1.08%）、3-叔丁基-4-羟基苯甲醚（1.06%）等。

叶：徐静等（2007）用水蒸气蒸馏法提取的海南屯昌产木奶果叶精油的主要成分为：正十六碳酸（24.77%）、丁基甲氧基苯（23.73%）、(Z,Z)-9,12-十八碳二烯酸（6.96%）、(Z,Z,Z)-9,12,15-十八碳三烯酸甲酯（6.49%）、2-(2-乙基己基)-邻苯二甲酸酯（4.22%）、(E)-9-十八碳酸（3.43%）、十四碳酸（3.24%）、十八碳酸（3.15%）、3-叔丁基-4-羟基苯甲醚（2.93%）、5,6,7,7a-四氢-4,4,7a-三甲基-2(4H)-苯并呋喃酮（2.60%）、十二碳酸（2.29%）、邻苯二甲酸二丁酯（1.94%）、1-氯十八烷（1.51%）、(E,E)-6,10,14-三甲基-5,9,13-十五碳三烯-2-酮（1.40%）、叶绿醇（1.29%）、4-(2,6,6-三甲基环己烷-1,3-烯基)-3-烯-2-酮（1.27%）、5-羟基-2-甲基-4H-吡喃-4-酮（1.24%）、1,2-苯二甲酸-2-(2-甲基丙基)-酯（1.19%）、(E)-6,10-二甲基-5,9-二烯-十一碳-2-酮（1.02%）等。

果实：徐静等（2007）用水蒸气蒸馏法提取的海南屯昌产木奶果果实精油的主要成分为：正十六碳酸（29.53%）、丁基甲氧基苯（17.47%）、(Z,Z)-9,12-十八碳二烯酸（11.59%）、(Z,Z,Z)-9,12,15-十八碳三烯酸（6.46%）、9-十八碳烯酸（6.16%）、2-(2-乙基己基)-邻苯二甲酸酯（5.67%）、苯酚（2.76%）、2-乙基苯酚（2.50%）、十八碳酸（2.50%）、十四碳酸（2.16%）、香草醛（1.97%）、正癸酸（1.93%）、蒽（1.92%）、4-甲基苯酚（1.64%）、3,4-二甲基苯酚（1.52%）、3-甲基苯酚（1.42%）等。

【利用】果实成熟时可吃。木材可作家具和细木工用料。可作行道树。

## 木薯

*Manihot esculenta* Crantz

**大戟科　木薯属**

**别名：** 树葛

**分布：** 福建、台湾、广东、海南、广西、贵州、云南等地

【形态特征】直立灌木，高1.5～3 m；块根圆柱状。叶纸质，轮廓近圆形，长10～20 cm，掌状深裂几达基部，裂片3～7片，倒披针形至狭椭圆形，顶端渐尖，全缘；托叶三角状披针形，全缘或具1～2条刚毛状细裂。圆锥花序顶生或腋生，长5～8 cm，苞片条状披针形；花萼带紫红色且有白粉霜；雄花：花萼裂片长卵形；雌花：花萼裂片长圆状披针形；子房卵形，具6条纵棱，柱头外弯。蒴果椭圆状，长1.5～1.8 cm，直径1～1.5 cm，表面粗糙，具6条狭而波状纵翅；种子长约1 cm，多少具三棱，种皮硬壳质，具斑纹，光滑。花期9～11月。

【生长习性】适应性强，耐旱耐瘠。在年平均温度18℃以上，无霜期8个月以上的地区，山地、平原均可种植。最适于在年平均温度27℃左右，年降雨量1000～2000 mm，pH6.0～7.5，阳光充足、土层深厚、排水良好的地方生长。

【精油含量】有机溶剂萃取茎的得油率为0.33%，叶的得油率为1.73%。

【芳香成分】茎：胡力飞等（2010）用有机溶剂萃取法提取的海南文昌产木薯茎精油的主要成分为：棕榈酸（31.39%）、油酸（8.94%）、亚油酸（5.57%）、十八酸（5.32%）、植醇（4.82%）、二十二烷酸（4.57%）、亚麻酸甲酯（4.15%）、正二十一碳烷（4.10%）、(正)二十四(碳)烷（4.03%）、乙酸（2.37%）、花生酸（2.29%）、新植二烯（2.14%）、4-甲基-2,6-二叔丁基苯酚（1.07%）等。

叶：胡力飞等（2010）用有机溶剂萃取法提取的海南文昌产木薯叶精油主要成分为：棕榈酸（16.85%）、植醇（15.02%）、异植醇（11.21%）、角鲨烯（8.84%）、亚麻酸（7.40%）、新植二烯（6.60%）、油酸（3.86%）、4-甲基-2,6-二叔丁基苯酚（3.00%）、邻苯二甲酸二异辛酯（2.91%）、亚油酸（2.90%）、黑燕麦内酯（1.75%）等。

【利用】块根是工业淀粉原料之一，可作粮食、精酿酒、醋之用。木薯渣可用来发酵生产酒精。块根可食用，因有低毒，需经漂浸处理后食用。

## 雀儿舌头

*Leptopus chinensis* (Bunge) Pojark.

**大戟科　雀儿舌头属**

**别名：**黑钩叶、断肠草

**分布：**除黑龙江、新疆、福建、海南、广东外，全国各地

【形态特征】直立灌木，高达3 m；茎上部和小枝具棱。叶片膜质至薄纸质，卵形、近圆形、椭圆形或披针形，长1～5 cm，宽0.4～2.5 cm，顶端钝或急尖，基部圆或宽楔形，叶面深绿色，叶背浅绿色；托叶小，卵状三角形，边缘被睫毛。花小，雌雄同株，单生或2～4朵簇生于叶腋；萼片、花瓣和雄蕊均为5；雄花：萼片卵形或宽卵形，浅绿色，膜质；花瓣白色，匙形，膜质；花盘腺体5；雌花：花瓣倒卵形，萼片与雄花同；花盘环状。蒴果圆球形或扁球形，直径6～8 mm，基部有宿存的萼片；果梗长2～3 cm。花期2～8月，果期6～10月。

【生长习性】生于海拔一般为500～3400 m的山地灌丛、林缘、路旁、岩崖或石缝中。喜光，耐干旱，在土层瘠薄、水分少的石灰岩山地亦能生长。

【芳香成分】茎：龙跃等（2003）用水蒸气蒸馏法提取的干燥茎精油的主要成分为：十六碳酸（12.07%）、二甲萘（5.60%）、三甲萘（5.10%）、甲基萘（4.43%）、邻苯二甲酸二丁酯（4.19%）、2-十二酮（3.07%）、十四烷酸（2.73%）、苯甲醇（2.72%）、5,6,7,7a-四氢-4,4,7a-三甲基-2-苯骈呋喃酮（2.52%）、十二烷酸（2.52%）、4,4-二苯基氨基脲（2.39%）、苯甲醛（2.20%）、2-羟基-4-甲氧基苯甲醛（2.12%）、邻苯二甲酸二异丁酯（2.06%）、菲（1.72%）、萸（1.53%）、异丁子香酚（1.44%）、水杨酸己酯（1.37%）、对甲氧基苯酚（1.11%）等。

叶：龙跃等（2003）用水蒸气蒸馏法提取的干燥叶精油的主要成分为：十六碳酸（7.20%）、邻苯二甲酸二异辛酯（4.97%）、顺利碳酸乙酯（3.38%）、二苯胺（2.87%）、5,6,7,7a-四氢-4,4,7a-三甲基-2-苯骈呋喃酮（2.63%）、邻苯二甲酸丁辛酯（2.47%）、11,14,17-二十碳三烯酸甲酯（2.47%）、5,6-环氧紫罗兰酮（2.14%）、1,7-二甲萘（2.13%）、苯甲醛（1.99%）、辛基甲基酮（1.89%）、2,6-二甲萘（1.55%）、甲基萘（1.55%）、紫罗兰酮（1.35%）、萸（1.20%）、茄酮（1.15%）、十六碳酸甲酯（1.00%）等。

【利用】为水土保持林优良的林下植物。可做庭园绿化灌木。嫩枝叶有毒，可作杀虫农药。

## 龙脷叶

*Sauropus spatulifolius* Beille

**大戟科　守宫木属**

**别名：**龙舌叶、龙味叶

**分布：**广西、广东、福建有栽培

【形态特征】常绿小灌木，高10～40 cm；茎粗糙；枝条圆柱状，蜿蜒状弯曲，多皱纹；幼时被腺状短柔毛，老渐无毛。叶通常聚生于小枝上部，常向下弯垂，鲜时近肉质，干后近革质或厚纸质，匙形、倒卵状长圆形或卵形，有时长圆形，长4.5～16.5 cm，宽2.5～6.3 cm，顶端浑圆或钝，有小凸尖，稀凹

缺，基部楔形或钝，稀圆形，叶面鲜时深绿色，叶脉处呈灰白色，干时黄白色；托叶三角状耳形，宿存。花红色或紫红色，雌雄同枝，2～5朵簇生于落叶的枝条中部或下部，或茎花，有时组成短聚伞花序；苞片披针形，多；长约2 mm；萼片6,2轮，倒卵形；花盘腺体6；雌花：无花盘；子房近圆球状。花期2～10月。

【生长习性】生于山谷、山坡湿润肥沃的丛林中。喜温暖湿润的气候。以排水良好的砂质壤上或粘质壤上栽培为佳。

【精油含量】水蒸气蒸馏干燥叶的得油率为0.03%。

【芳香成分】汪小根等（2007）用水蒸气蒸馏法提取的广东广州产龙脷叶干燥叶精油的主要成分为：棕榈酸（28.43%）、3,7,11,15-四甲基-2-十六碳烯-1-醇（17.11%）、金合欢基丙酮（8.82%）、1-辛烯-3-醇（戊基乙烯基甲醇）(7.78%）、广藿香醇（7.56%）、6,10-二甲基-5,9-十一碳二烯-2-酮（7.36%）、(all-E)-2,6,10,15,19,23-六甲基-2,6,10,14,18,22-二十四碳六烯（5.03%）、5,5-二甲基-4-(3-甲基-1,3-丁二烯)-1-氧杂螺[2,5]辛烷（4.20%）、六氢法呢基丙酮（3.17%）、3-乙基-5-(2'-乙基丁基)十八烷（2.93%）、正二十七碳烷（2.44%）、2-甲基-2-(4-甲基-3-戊烯基)环丙烷甲醇（2.13%）、6,11-二甲基-2,6,10-十二碳三烯-1-醇（1.82%）等。

【利用】叶可药用，可治咳嗽、喉痛、急性支气管炎等。

## 守宫木

*Sauropus androgynus* (Linn.) Merr.

**大戟科　守宫木属**

**别名：** 越南菜、树豌豆尖、同序守宫木、树仔菜、甜菜

**分布：** 云南、海南、广东、福建、四川等地有栽培

【形态特征】大灌木，高1～3 m；小枝绿色，上部具棱，老渐圆柱状；全株均无毛。叶片近膜质或薄纸质，卵状披针形、长圆状披针形或披针形，长3～10 cm，宽1.5～3.5 cm，顶端渐尖，基部楔形、圆或截形；托叶2，长三角形或线状披针形。雄花：1～2朵或几朵与雌花簇生于叶腋；花盘浅盘状，腺体6，6浅裂，裂片倒卵形，覆瓦状排列；雌花：通常单生于叶腋；花萼6深裂，裂片红色，倒卵形或倒卵状三角形，顶端钝或圆，基部渐狭而成短爪，覆瓦状排列；无花盘；雌蕊扁球状。蒴果扁球状或圆球状，直径约1.7 cm，乳白色，宿存花萼红色；种子三棱状，长约7 mm，宽约5 mm，黑色。花期4～7月，果期7～12月。

【生长习性】适应性强，耐热、耐旱、耐贫瘠，极少病虫害。但不耐霜冻和0℃以下低温，适宜生长温度为25～30℃。对土壤适应性广，能在贫瘠的土壤中生长。

【精油含量】水蒸气蒸馏叶的得油率0.01%。

【芳香成分】林初潜等（1999）用水蒸气蒸馏法提取的广东广州产守宫木叶精油的主要成分为：香芹酚甲醚（49.35%）、百里香酚（14.67%）、丁基化羟基甲苯（10.50%）、乙酸水合桧烯酯（5.11%）、柏木烯醇（3.10%）、1,8-桉叶油素（1.51%）、乙酸-α-松油酯（1.34%）、松油醇-4(1.33%）、伞花醇-8(1.27%）等。

【利用】嫩枝和嫩叶可作蔬菜食用。过量或长期食用或生食均可中毒。

## 算盘子

*Glochidion puberum* (Linn.) Hutch.

**大戟科　算盘子属**

**别名：**漆大姑、算盘珠、野南瓜、天雷不打石、红毛馒头果、柿子椒、狮子滚球、百家桔、矮子郎

**分布：**陕西、甘肃、江苏、安徽、浙江、江西、福建、台湾、河南、湖南、湖北、广东、广西、海南、四川、贵州、云南、西藏等地

【形态特征】直立灌木，高1～5 m，多分枝；小枝灰褐色；小枝、叶背、萼片外面、子房和果实均密被短柔毛。叶片纸质或近革质，长圆形、长卵形或倒卵状长圆形，稀披针形，长3～8 cm，宽1～2.5 cm，顶端钝、急尖、短渐尖或圆，基部楔形至钝，叶面灰绿色，叶背粉绿色；托叶三角形。花小，雌雄同株或异株，2～5朵簇生于叶腋内；雄花：萼片6，狭长圆形或长圆状倒卵形；雄蕊3，合生呈圆柱状；雌花：萼片6，较雄花短而厚；子房圆球状。蒴果扁球状，直径8～15 mm，边缘有8～10条纵沟，成熟时带红色；种子近肾形，具三棱，长约4 mm，硃红色。花期4～8月，果期7～11月。

【生长习性】生于海拔300～2200 m的山坡、溪旁灌木丛中或林缘。

【精油含量】水蒸气蒸馏新鲜果实的得油率为0.46%。

【芳香成分】张赛群等（2007）用水蒸气蒸馏法提取的贵州大方产算盘子新鲜果实精油主要成分为：棕榈酸（66.68%）、桉油精（5.64%）、丁香酚（4.50%）、十五烷酸（2.02%）、癸酸（1.58%）、α-雪松醇（1.56%）、壬酸（1.54%）、壬醛（1.03%）等。

【利用】种子可榨油，供制肥皂或作润滑油。根、茎、叶和果实均可药用，有活血散瘀、消肿解毒之效，治痢疾、腹泻、感冒发热、咳嗽、食滞腹痛、湿热腰痛、跌打损伤、氙气（果）等。也可作农药。全株可提制栲胶。叶可作绿肥。置于粪池可杀蛆。为酸性土壤的指示植物。

## 铁苋菜

*Acalypha australis* Linn.

**大戟科　铁苋菜属**

**别名：**海蚌含珠、蚌壳草

**分布：**长江和黄河中下游以及东北、华北、华南等地

【形态特征】一年生草本，高0.2～0.5 m，小枝细长，被贴毛柔毛。叶膜质，长卵形、近菱状卵形或阔披针形，长3～9 cm，宽1～5 cm，顶端短渐尖，基部楔形，稀圆钝，边缘具圆锯，叶背具短柔毛；托叶披针形，具短柔毛。雌雄花同序，花序腋生，稀顶生，长1.5～5 cm，雌花苞片1～4枚，卵状心形，苞腋具雌花1～3朵；雄花生于花序上部，排列呈穗状或头状，雄花苞片卵形，苞腋具雄花5～7朵，簇生；雄花：花萼裂片4枚，卵形；雄蕊7～8枚；雌花：萼片3枚，长卵形，具疏毛。蒴果直径4 mm，具3个分果爿，果皮具疏生毛和小瘤体；种子近卵状，长1.5～2 mm，种皮平滑，假种阜细长。花果期4～12月。

【生长习性】生于海拔20～1900 m的平原或山坡较湿润耕地和空旷草地，有时石灰岩山疏林下。喜温暖、湿润、光照充足的生长环境，不耐干旱、高温、渍涝和霜冻，较耐荫，生长适温 15～25℃。对土壤要求不严格，以向阳、土壤肥沃和偏碱性的潮湿地种植为宜。

【精油含量】有机溶剂萃取干燥地上部分的得膏率为1.60%。

【芳香成分】王晓岚等（2006）用石油醚浸提法提取福建闽侯产铁苋菜干燥地上部分浸膏，再经水蒸气蒸馏提取的精油的主要成分为：乙酸龙脑酯（10.71%）、龙脑（10.34%）、棕榈油酸乙酯（8.70%）、亚油酸（8.15%）、棕榈酸（7.92%）、柏木烷酮（6.19%）、γ-石竹烯（3.25%）、α-亚麻酸乙酯（3.20%）、α-松油醇（3.02%）、十四碳烷（2.77%）、十三碳烷（2.76%）、十五碳烷（2.47%）、亚油酸乙酯（2.43%）、十六碳烷（2.27%）、

植物蛋白胨（2.01%）、α-金合欢烯（1.60%）、硬脂酸（1.56%）、沉香萜醇（1.50%）、肉豆蔻酸乙酯（1.46%）、石竹烯氧化物（1.46%）、金合欢醇（1.42%）、十七碳烷（1.35%）、植物醇（1.28%）、柠檬烯（1.21%）、棕榈酸甲酯（1.02%）等。

【利用】开花前的嫩茎、嫩叶可作蔬菜食用。全草入药，具有清热解毒、利湿消积、收敛止血的功效，用于治肠炎、细菌性痢疾、阿米巴痢疾、小儿疳积、吐血、衄血、尿血、便血、子宫出血、痈疖疮疡、外伤出血、湿疹、皮炎、毒蛇咬伤等。是国家三类新药苋菜黄连素胶囊的主要原料。

## 山地五月茶

*Antidesma montanum* Bl.

**大戟科　五月茶属**

**别名：** 南五月茶、山五月茶

**分布：** 广东、海南、广西、贵州、云南和西藏等地

【形态特征】乔木，高达15 m；幼枝、叶脉、叶柄、花序和花萼被短柔毛或疏柔毛外，其余无毛。叶片纸质，椭圆形、长圆形、倒卵状长圆形、披针形或长圆状披针形，长7～25 cm，宽2～10 cm，顶端具长或短的尾状尖，或渐尖有小尖头，基部急尖或钝；托叶线形。总状花序顶生或腋生，长5～16 cm；雄花：花萼浅杯状，3～5裂，裂片宽卵形，顶端钝，边缘具有不规则的牙齿；雄蕊3～5，着生于花盘裂片之间；花盘肉质，3～5裂；雌花：花萼杯状，3～5裂，裂片长圆状三角形；花盘小，分离；子房卵圆形，花柱顶生。核果卵圆形，长5～8 mm；果梗长3～4 mm。花期4～7月，果期7～11月。

【生长习性】生于海拔700～1500 m的山地密林中。

【芳香成分】周丹等（2012）用水蒸气蒸馏法提取的海南兴隆产山地五月茶干燥地上部分精油的主要成分为：十六烷酸（34.73%）、(E)-9-十八烯酸（13.26%）、亚油酸（10.73%）、邻苯二甲酸二丁酯（6.74%）、6,10,14-三甲基-2-十五烷酮（5.37%）、十四烷酸（5.17%）、Z-11-十六烯酸（3.73%）、十五烷酸（3.54%）、十二烷酸（3.43%）、(Z,Z,Z)-9,12,15-十八碳三烯酸-1-醇（2.78%）、十八烷酸（2.37%）、己酸-(E)-2-己烯酯（2.13%）、4,4,6-三甲基-2-环己烯-1-醇（1.84%）、叶绿醇（1.37%）、14-十五烯酸（1.23%）、十七烷酸（1.13%）等。

【利用】全草入药，有抗炎、抗菌、镇痛、生津、活血、收敛、解毒的功效，主治食少泄泻、津伤口渴、跌打损伤、痈肿疮毒等；民间用于治疗眼疾。

## 喜光花

*Actephila merrilliana* Chun

**大戟科　喜光花属**

**分布：**广东、海南

【形态特征】灌木，高1～2 m，有皮孔。叶片近革质，长椭圆形、倒卵状披针形或倒披针形，长7～20 cm，宽2～5.5 cm，顶端钝或短渐尖，基部楔形或宽楔形，叶面具光泽，绿色，叶背淡绿色；托叶三角状披针形，黄褐色。雄花：单生或几朵簇生于叶腋，直径5～9 mm；萼片宽卵形；花瓣5，远比萼片小，匙形或线形，全缘；雄蕊5；雌花：单朵腋生；直径1.5 cm；萼片5，倒卵形或长倒卵形，黄绿色，膜质；花瓣5，线形或披针形；花盘环状，肥厚；子房卵圆形，花柱3，顶端2裂。蒴果扁圆球形，直径约2 cm，无毛，有宿存的萼片，外果皮渴色，薄壳质，内面黄白色；种子三棱形，长约1 cm。花果期几乎全年。

【生长习性】散生于山坡、山谷荫湿的林下或溪旁灌木丛中。

【精油含量】水蒸气蒸馏干燥叶的得油率为0.67%，新鲜果实的得油率为0.65%。

【芳香成分】叶：宋小平等（2007）用水蒸气蒸馏法提取的海南三亚产喜光花干燥叶精油的主要成分为：n-棕榈酸（37.61%）、3,8-二甲基-十二烷（7.28%）、四十四烷（5.07%）、溴二十二烷（4.55%）、1,54-二溴五十四烷（4.30%）、12-十七烷基醇（3.49%）、6-乙烯基四氢-2,2,6-三甲基-2H-吡喃-3-醇（3.13%）、3,7,11-三甲基-1,6,10-十二碳三烯-3-醇（3.11%）、1-氯二十七烷（3.04%）、3,7-二甲基-1,6-辛二烯-3-醇（2.91%）、2-己烯醛（2.90%）、苯甲基乙醇（2.81%）、苯乙基乙醇（2.72%）、6,10,14-三甲基-2-十五酮（2.53%）、(4-辛基-十二烷基)环戊烷（2.39%）、1-丁醇（2.17%）、1-己醇（2.10%）、1-二十醇（2.00%）、改性丁醇羟基茴香醚（1.24%）等。

果实：阚素琴等（2009）用水蒸气蒸馏法提取的海南五指山产喜光花新鲜果实精油的主要成分为：2,2-二甲基丙酸辛酯（8.53%）、2-甲基丙酸-2-乙基己酯（6.86%）、4-甲基-2-庚酮（4.33%）、2-乙基己基马来酸酯（4.16%）、1-乙氧基-4-甲基-2-戊酮（4.01%）、7-甲基-4-十一碳烯（3.44%）、二(2-乙基己基)亚甲基琥珀酸酯（3.40%）、(E)-6-甲基-3-十一碳烯（3.38%）、5,5-二甲基-1-己烯（3.02%）、乙氧基异辛烷（2.31%）、2-[(2-乙基己基)氧]乙醇（2.30%）、1,3,5,7-环辛四烯（2.27%）、甲氧基乙酸-3-十三烷基酯（2.08%）、4,6,8-三甲基-1-壬烯（2.02%）、1-(2,2-二甲基环戊基)乙酮（1.97%）、2,2-二甲基丙酸-2-乙基己酯（1.93%）、2-乙基-4-甲基-1-戊醇（1.76%）、5-甲基-2-十一碳烯（1.69%）、2-甲基-1-庚烯（1.66%）、(E)-3-辛烯（1.63%）、1,1'-氧化二辛烷（1.49%）、2-乙氧基-2-甲基丁烷（1.44%）、(E)-3-己烯酸甲酯（1.40%）、2-(1,1-二甲基乙氧基)四氢-2H-吡喃（1.17%）、(2-甲基丁基)环氧乙烷（1.07%）、3,5-二甲基-2-辛酮（1.07%）、1-丁氧基-2-丙醇（1.04%）等。

【利用】种子可榨油。全草入药，民间用于治疗痔疮和消炎。

## 白背叶

*Mallotus apelta* (Lour.) Muell. Arg.

**大戟科　野桐属**

**别名：**酒药子树、野桐、白背桐、吊粟、白帽顶

**分布：**河南、安徽、浙江、江西、湖南、云南、福建、广东、广西、海南等地

【形态特征】灌木或小乔木，高1～4 m；小枝、叶柄和花序均密被淡黄色星状柔毛和散生橙黄色颗粒状腺体。叶互生，卵形或阔卵形，稀心形，长和宽均6～25 cm，顶端急尖或渐尖，基部截平或稍心形，边缘具疏齿，叶面干后黄绿色或暗绿色，叶背被灰白色星状绒毛；基部有褐色斑状腺体2个。花雌雄异株，雄花序圆锥状或穗状，苞片卵形，多朵簇生于苞腋；雄花：花萼裂片4，卵形或卵状三角形；雄蕊50～75枚；雌花序穗状，苞片近三角形；雌花：花萼裂片3～5枚，卵形或近三角形。蒴果近球形，密生被灰白色星状毛的软刺，黄褐色或浅黄色；种子近球形，褐色或黑色，具皱纹。花期6～9月，果期8～11月。

【生长习性】生于海拔30～1000 m的山坡或山谷灌丛中。

【精油含量】水蒸气蒸馏根的得油率为0.05%，果实的得油率为0.42%；微波法提取干燥果实的得油率为5.80%。

【芳香成分】根：李吉来等（2003）用水蒸气蒸馏法提取的根精油的主要成分为：棕榈酸（54.16%）、十五烷酸（5.25%）、广藿香醇（4.48%）、肉豆蔻酸（4.19%）、2-戊基呋喃（2.75%）、黑松醇（1.91%）、癸醛（1.80%）等。

叶：朱斌等（2008）用水蒸气蒸馏法提取的广西金秀产白背叶干燥叶精油的主要成分为：橙花叔醇（8.74%）、己二酸二异辛酯（8.08%）、冰片基胺（6.79%）、1,6-辛二烯-3-醇（5.57%）、2,7-二甲基-1,6-辛二烯（5.18%）、2-异丙基-5-甲基-环己烷乙酯（4.27%）、3,7,11-三甲基-2,6,10-十二烷三烯酸甲酯（3.87%）、2,6-辛二烯-1-醇（3.21%）、氧化芳樟醇（3.19%）、壬醛（2.55%）、2,6,10-十二烷三烯酸（2.47%）、2-羟甲基萘（2.41%）、棕榈酸（2.17%）、1,3,7-辛三烯（2.03%）、1,1,3,3,5,5,7,7,9,9,11,11,13,13,15,15-十六甲基-环戊烯（2.02%）、α-甲基-α-(4-甲基-3-戊烯基)-环氧乙烷甲醇（1.81%）、1-羟甲基-3-环己烯（1.50%）、β-月桂烯（1.48%）、4,7-亚甲基苯并呋喃（1.43%）、6,10,14-三甲基-2-十五烷酮（1.42%）、1,4-二甲氧基-2,3-甲基苯（1.33%）、萘（1.33%）、叶绿醇（1.27%）、α-金合欢烯（1.26%）、蓝桉醇（1.21%）、3-硝基-4-羟基嘧啶（1.20%）、1H-环丙[e]薁（1.01%）等。

【利用】为撂荒地的先锋树种。茎皮可供编织。种子油可供制油漆，或合成大环香料、杀菌剂、润滑剂等原料。

## 山苦茶

*Mallotus oblongifolius* (Miq.) Muell. Arg.

**大戟科　野桐属**

**别名：**鹤鸪茶、鹧鸪茶、毛茶、禾姑茶、端午茶、五月茶

**分布：**海南、广东

【形态特征】灌木或小乔木，高2～10 m，干后有零陵香味；小枝具颗粒状腺体。叶互生或有时近对生，长圆状倒卵形，长5～15 cm，宽2～6 cm，顶端急尖或尾状渐尖，下部渐狭，基部圆形或微心形，全缘或上部边缘微波状；托叶卵状披针形，被星状毛，早落。花雌雄异株；雄花序总状，顶生，苞片卵状披针形，雄花1～5朵簇生于苞腋；雄花：花萼裂片3枚，阔卵形，不等大；雄蕊25～45枚。雌花序总状，顶生，苞片钻形；雌花：花萼佛焰苞状，一侧开裂，被星状毛和腺体；子房球形，密生软刺和微柔毛。蒴果扁球形，直径约1.4 cm，具3个分果爿；种子球形，直径约5 mm，具斑纹。花期2～4月，果期6～11月。

【生长习性】生于海拔200～1 000m山坡灌丛或山谷疏林中或林缘。

【芳香成分】叶：林连波等（2001）用水蒸气蒸馏法提取的海南万宁产山苦茶叶精油的主要成分为：正十六碳酸（20.78%）、(Z,Z)-9,12-十八碳二烯酸（7.69%）、γ-榄香烯（6.40%）、叶绿醇（5.66%）、1,2,3,5,6,8a-六氢-萘（4.26%）、邻-苯二甲酸二丁酯（3.92%）、1,2,3,4,4a,5,6,8a-八氢-萘（3.64%）、石竹烯氧化物（3.33%）、4,11,11-三甲基-8-亚甲基二环[7,2,0]十一-4-烯（3.06%）、α-石竹烯（2.35%）、葎草烯（2.29%）、15-冠（醚）-5(1.93%）、1-丁烷硼酸（1.82%）、丁酸（1.81%）、1,6,10-十二三烯（1.79%）、3,6,9,12-四氧十六烷-1-醇（1.76%）、柯巴烯（1.69%）、4-甲基-2-庚酮（1.65%）、1,6-二去氧半乳糖醇（1.63%）、δ-蛇床烯（1.47%）、1,2,3,5,6,7,8,8a-八氢-薁（1.42%）、2-萘甲醇（1.34%）、1-甲基-4-亚甲基环庚烷（1.20%）、L-丝氨酸（1.14%）、3-甲基-3-乙基环己醇（1.05%）等。

果实：李晓霞等（2018）用水蒸气蒸馏法提取的海南保亭产山苦茶干燥果皮精油的主要成分为：棕榈酸（43.57%）、亚油酸（11.19%）、α-葎草烯（5.56%）、(-)-葎草烯环氧化物Ⅱ（2.97%）、反式-丁香烯（2.29%）、丁香烯氧化物（2.09%）、δ-杜松烯（1.84%）、匙叶桉油烯醇（1.72%）、α-愈创木烯（1.55%）、δ-愈创木烯（1.52%）、α-紫穗槐烯（1.50%）、α-檀香萜烯（1.34%）、γ-依兰油烯（1.14%）等。

【利用】全草可作为提取精油的原料。海南居民习惯用叶子来泡茶，以解油腻、助消化、消暑热、防感冒、健脾养胃，还能用来防腐。

## 叶下珠

*Phyllanthus urinaria* Linn.

**大戟科　叶下珠属**

**别名：**珍珠草、阴阳草、假油树、珠仔草、蓖萁草、日开夜闭、叶后珠

**分布：**河北、山西、陕西、华东、华中、华南、西南等地

【形态特征】一年生草本，高10～60 cm，茎直立，基部多分枝；枝具翅状纵棱。叶片纸质，因叶柄扭转而呈羽状排列，长圆形或倒卵形，长4～10 mm，宽2～5 mm，顶端圆、钝或急尖而有小尖头，叶背灰绿色，边缘有1～3列短粗毛；托叶卵状披针形。花雌雄同株；雄花：2～4朵簇生于叶腋，通常仅上面1朵开花；苞片1～2枚；萼片6，倒卵形；雄蕊3；花盘腺体6；雌花：单生于叶腋内；萼片6，卵状披针形，黄白色；花盘圆盘状，边全缘；子房卵状，有鳞片状凸起。蒴果圆球状，直径1～2 mm，红色，表面具小凸刺，有宿存的花柱和萼片，开裂后轴柱宿存；种子长1.2 mm，橙黄色。花期4～6月，果期7～11月。

【生长习性】通常生于海拔500 m以下旷野平地、旱田、山地路旁或林缘，在云南海拔1100m的湿润山坡草地亦见有生长。适宜在相对潮湿、温差较小的环境生长。

【精油含量】超临界萃取干燥全草的得油率为9.00%。

【芳香成分】谢惜媚等（2006）用无水乙醚超声萃取法提取广东广州产叶下珠新鲜全草浸膏，再用顶空固相微萃取富集挥发油的主要成分为：2-己-烯醛（19.75%）、3-己烯-1-醇（13.89%）、苯乙醇（9.76%）、2-己烯-1-醇（8.03%）、正己醇（7.94%）、2-己烯酸（5.11%）、己酸（3.51%）、E-3-己烯酸（3.32%）、水杨酸甲酯（3.29%）、苯甲醇（2.12%）、丁子香酚（2.06%）、叶绿醇（1.60%）、8-羟基芳樟醇（1.45%）、香草醛（1.08%）等。

【利用】全草药用，有解毒、消炎、清热止泻、利尿之功效，可治赤目肿痛、肠炎腹泻、痢疾、肝炎、小儿疳积、肾炎水肿、尿路感染等。嫩茎、嫩叶可作蔬菜食用。

## 余甘子

*Phyllanthus emblica* Linn.

**大戟科　叶下珠属**

**别名：**油甘子、余甘、牛甘子、滇橄榄、油柑、庵摩勒、米含、望果、庵婆罗果、喉甘子、油柑子、叶下珠

**分布：**江西、福建、台湾、广东、海南、广西、贵州、云南、四川等地

【形态特征】乔木，高达23 m，胸径50 cm；树皮浅褐色；枝条具纵细条纹，被黄褐色短柔毛。叶片纸质至革质，二列，线状长圆形，长8～20 mm，宽2～6 mm，顶端截平或钝圆，基部浅心形而稍偏斜，叶面绿色，叶背浅绿色，干后带红色或淡褐色，边缘略背卷；托叶三角形，褐红色，边缘有睫毛。多朵雄花或和1朵雌花组成腋生的聚伞花序；萼片6；雄花：萼片膜质，黄色，长倒卵形或匙形；雄蕊3；花盘腺体6，近三角形；雌花：萼片长圆形或匙形；花盘杯状，边缘撕裂。蒴果呈核果状，圆球形，直径1～1.3 cm，外果皮肉质，绿白色或淡黄白色，内果皮硬壳质；种子略带红色。花期4～6月，果期7～9月。

【生长习性】生于海拔200～2300 m的山地疏林、灌丛、荒地或山沟向阳处。极喜光，耐干热瘠薄环境，萌芽力强。

【精油含量】水蒸气蒸馏果肉的得油率为0.23%；超临界萃取果实的得油率为1.32%～2.50%。

【芳香成分】叶：董勤等（2009）用水蒸气蒸馏法提取的广东粤东产余甘子干燥叶精油的主要成分为：十六酸（41.34%）、反亚麻酸（14.14%）、亚麻酸（10.61%）、十八酸（9.24%）、叶绿醇（2.67%）、异植醇（2.64%）、二十五烷（2.64%）、二十七烷（1.38%）、二十九烷（1.37%）、5-氧脯氨酸（1.23%）、蓝桉醇（1.09%）等。

果实：赵谋明等（2007）用超临界$CO_2$萃取法提取的广东惠州产野生余甘子果实精油的主要成分为：β-波旁烯（38.23%）、二十六烷（17.20%）、麝香草酚（10.94%）、二十五烷（8.51%）、β-丁香烯（5.39%）、2,3-二羟基丙酸（4.36%）、十六烷酸（2.65%）、二十烷醇（1.80%）、6-甲基-5-庚烯-2-醇（1.70%）、甲基丁香酚（1.25%）等。

【利用】果实可作为水果生食或加工成蜜饯、饮料食用。根、叶、树皮、果实均可药用，根清热解毒，用于治腹泻、高血压、梅毒、下疳、蜈蚣咬伤；叶用于治皮肤湿疹、痔疮；树皮用于治口疮、痔疮、阴囊湿疹、外伤出血；成熟果实用于治感冒发热、血热血瘀、肝胆病、消化不良、腹痛、咳嗽、喉痛、白喉、口干。树皮、叶、幼果可提制栲胶。木材供农具和家具用材，又为优良的薪炭柴。种子油供制肥皂。叶晒干供枕芯用料。可作产区荒山荒地酸性土造林的先锋树种和庭园风景树。

## 假灯心草

*Juncus setchuensis* Buchen.var. *effusoides* Buchen.

**灯心草科　灯心草属**

**别名：**龙须草、野灯心、野席草、水灯心、老虎须、拟灯心草

**分布：**陕西、甘肃、浙江、江苏、湖北、安徽、湖南、广西、四川、贵州、云南等地

【形态特征】野灯心草变种。多年生草本，高25～65 cm；根状茎短而横走。茎常弧形弯斜，具浅纵沟。叶全部为低出叶，呈鞘状或鳞片状，包围在茎的基部，长1～9.5 cm，基部红褐色至棕褐色；叶片退化为刺芒状。聚伞花序假侧生；花多朵排列紧密或疏散；总苞片叶状，生于顶端，常弯曲，顶端尖锐；小苞片2枚，三角状卵形，膜质；花淡绿色；花被片卵状披针形，顶端锐尖，边缘宽膜质；雄蕊3枚；花药长圆形，黄色。蒴果通常圆球形，比花被片长，顶端极钝，成熟时黄褐色至棕褐色，果皮较薄。种子斜倒卵形，长0.5～0.7 mm，棕褐色。花期5～7月，果期6～9月。

【生长习性】生于海拔560～1700 m的阴湿山坡、山沟、林下及路旁潮湿地。

【精油含量】水蒸气蒸馏根的得油率为0.20%，晾干茎的得油率为0.25%。

【芳香成分】根：徐敏等（2008）用水蒸气蒸馏法提取的浙江云和产假灯心草根精油主要成分为：十六烷酸（29.95%）、3,7,11,15-四甲基-2-烯-十六醇（26.55%）、2,6,10,14-四甲基十六烷（13.10%）、9,12-二烯十八烷酸（8.62%）、2,6,10,15-四甲基十七烷（7.32%）、6,10,14-三甲基-2-十五烷酮（4.08%）、1-(3-甲基丁基)环五烷（2.57%）、二十二烷（2.55%）等。

茎：徐敏等（2008）用水蒸气蒸馏法提取的浙江云和产假灯心草晾干茎精油的主要成分为：十六烷酸（43.19%）、3,7,11,15-四甲基-2-烯-十六醇（14.16%）、2-甲基二十烷（13.98%）、十五烷酸（5.72%）、6,10,14-三甲基-2-十五烷酮（5.70%）、二十二烷（3.81%）、2,3-二甲基十七烷（2.81%）、邻苯二甲酸单(2-乙基)己酯（2.48%）、1-十六烷醇（1.96%）等。

【利用】全草入药，有清热、利尿、安神的功效，用于治疗小便赤涩、热淋、肾炎水肿、头昏、齿痛、鼻衄、咽痛、心烦失眠、消渴、梦遗等病症。

## 枸骨

*Ilex cornuta* Lindl. et Paxt. Flow. Garn.

**冬青科　冬青属**

**别名：**苦丁茶，刺儿猫，老虎刺，八角刺，乌不宿，狗骨刺，猫儿香，老鼠树

**分布：**江苏、上海、安徽、浙江、江西、湖北、湖南等地

【形态特征】常绿灌木或小乔木，高0.6～3 m。叶片厚革质，二型，四角状长圆形或卵形，长4～9 cm，宽2～4 cm，先端具3枚尖硬刺齿，中央刺齿常反曲，基部圆形或近截形，两侧各具1～2刺齿，叶面深绿色，叶背淡绿色；托叶胼胝质，宽三角形。花序簇生于2年生枝的叶腋内，基部宿存鳞片近圆形，被柔毛，具缘毛；苞片卵形，被短柔毛和缘毛；花淡黄色，4基数。雄花：基部具1～2枚阔三角形的小苞片；花萼盘状；花冠辐状，花瓣长圆状卵形。雌花：基部具2枚小的阔三角形苞片；花萼与花瓣像雄花。果球形，直径8～10 mm，成熟时鲜红色，基部具宿存花萼，顶端宿存柱头盘状；分核4，轮廓倒卵形或椭圆形，内果皮骨质。花期4～5月，果期10～12月。

【生长习性】生于海拔150～1900 m的山坡、丘陵等的灌丛中、疏林中以及路边、溪旁和村舍附近。适应性强，喜光耐阴，耐寒性较差。喜排水良好的湿润肥沃的酸性土壤。

【精油含量】水蒸气蒸馏干燥叶的得油率为0.03%。

【芳香成分】毋福海等（2004）用水蒸气蒸馏法提取的枸骨干燥叶精油的主要成分为：丙酸芳樟酯（11.92%）、苯甲醇（9.88%）、苯乙醇（9.45%）、苯甲醛（9.41%）、2-庚烯醛（9.36%）、贝壳杉-16-烯（5.52%）、香叶醇（2.33%）、5-乙烯基-α,α,5-三甲基-顺-2-四氢呋喃甲醇（2.04%）、4,4,7a-三甲基-5,6,7,7a-四氢-2(4H)-苯并呋喃（1.89%）、香茅醇（1.74%）、芳樟醇（1.67%）、l-辛醇（1.19%）、4-(2,6,6-三甲基-2-环己-1-烯基)-3-丁烯-2-酮（1.02%）等。王文娟等（2016）用同法分析的安徽黄山产枸骨叶精油的主要成分为：β-桉叶醇（35.25%）、榄香醇（23.48%）、泪柏醚（4.00%）、2,6-二叔丁基对甲苯酚

(3.90%)、桉叶油醇(2.83%)、13-表-泪柏醚(1.50%)、1,6-二甲基-4-(1-甲基乙基)-萘(1.33%)、2,3,4,4a,5,6-六氢化-1,4a-二甲基-7-(1-甲基乙基)-萘(1.18%)、叶醇(1.01%)等;超临界$CO_2$萃取法提取的叶精油的主要成分为:蒲公英甾醇(65.27%)、羽扇烯酮(8.09%)、白桦酯醇(4.15%)等。

【利用】根、枝叶、树皮和果入药,根有滋补强壮、活络、清风热、祛风湿之功效;树皮补阴、益肝肾;枝叶有补肝肾、养气血的功效,治风湿痹痛、跌打损伤、肺痨咳嗽、劳伤失血、腰膝痿弱;果实有滋阴、益精、活络的功效,用于治阴虚身热、淋浊、崩带、筋骨疼痛等症。嫩叶晒干泡茶饮用,称苦丁茶,具有散风热、除烦渴的功效。种子油可作肥皂原料。树皮可作染料和提取栲胶。木材可用作牛鼻栓。供庭园观赏栽培。

## 海南冬青

*Ilex hainanensis* Merr.

**冬青科　冬青属**

**别名:** 山绿茶

**分布:** 广东、广西、海南、贵州、云南

【形态特征】常绿乔木,高5~8 m;2至3年生枝近四棱形,多皱。叶生于1~2年生枝上,叶片薄革质或纸质,椭圆形或卵状长圆形,长5~9 cm,宽2.5~5 cm,先端骤然渐尖,基部钝,全缘,叶面绿色,叶背淡绿色,干时橄榄色或褐橄榄色。聚伞花序簇生或假圆锥花序生于2年生枝的叶腋内,苞片三角形。雄花序:具1~5花,近伞形花序状,小苞片2枚;花5或6基数,淡紫色;花萼盘状;花冠辐状,花瓣卵形。雌花序为具1~3花的聚伞花序,具2枚小苞片;花萼与花瓣同雄花。果近球状椭圆形,幼时绿色,干时具纵棱槽,宿存花萼;宿存柱头;分核5~6,椭圆体形,内果皮木质。花期4~5月,果期7~10月。

【生长习性】生于海拔500~1000 m的山坡密林或疏林中。

【芳香成分】茎:张龙等(2013)用水蒸气蒸馏法提取的广西上林产海南冬青新鲜茎精油的主要成分为:芳樟醇(42.09%)、萜品油烯(23.80%)、橙花醇(12.07%)、β-环柠檬醛(4.54%)、苯乙醛(4.24%)、3-己烯-1-醇(3.28%)、2,4-己二烯(3.20%)、顺-α,α-5-三甲基-5-乙烯基四氢化呋喃-2-甲醇(1.99%)、正辛醇(1.31%)、α-松油醇(1.30%)、β-紫罗兰酮(1.02%)、乙酸己酯(1.00%)等。

叶:张龙等(2013)用水蒸气蒸馏法提取的广西上林产海南冬青新鲜叶精油的主要成分为:芳樟醇(29.81%)、2,4-己二烯(19.48%)、α-松油醇(10.43%)、香叶醇(8.06%)、正己醇(6.59%)、橙花醇(3.04%)、3-氨基巴豆腈(2.56%)、β-大马士酮(2.56%)、邻苯二甲酸丁基异丁基(1.95%)、青叶醛(1.87%)、罗勒烯(1.55%)、(Z)-己酸-3-己烯酯(1.15%)、萜品油烯(1.12%)、反式-橙花叔醇(1.06%)等。

【利用】为广西少数民族民间中草药,具有清热解毒、平肝潜阳、活血化瘀的功效。

## 扣树

*Ilex kaushue* S. Y. Hu

**冬青科　冬青属**

**别名:** 苦丁茶

**分布:** 湖北、湖南、广东、广西、海南、四川、云南等地

【形态特征】常绿乔木,高8 m;小枝褐色,具纵棱及沟槽;顶芽大,圆锥形,芽鳞边缘具细齿。叶生于1~2年生枝上,叶片革质,长圆形至长圆状椭圆形,长10~18 cm,宽4.5~7.5 cm,先端尖,基部钝或楔形,边缘具重锯齿或粗锯齿,叶面亮绿色,叶背淡绿色。聚伞状圆锥花序或假总状花序生于当年生枝叶腋内,具近圆形苞片,具缘毛;雄花:聚伞状圆锥花序,具3~7花,小苞片卵状披针形;花萼盘状;花瓣4,卵状长圆形。雌花未见。果序假总状,腋生;果球形,直径9~12 mm,成熟时红色,外果皮干时脆。分核4,轮廓长圆形,具网状条纹及沟,侧面多皱及洼点,内果皮石质。花期5~6月,果期9~10月。

【生长习性】生于海拔1000~1200 m的密林中。

【精油含量】水蒸气蒸馏叶的得油率为0.01%~2.20%。

【芳香成分】何方奕等(2007)用同时蒸馏萃取法提取的干燥叶精油的主要成分为:2,6-二叔丁基对甲酚(64.67%)、2-羟基苯甲醛(7.56%)、3,7-二甲基-1,6-辛二烯-3-醇(3.79%)、叔丁对甲氧酚(3.46%)、甲基-双(1-甲基乙基)琥珀酸酯(2.99%)、己酸(2.95%)、5,6,7,7a-四氢化-4,4,7a-三甲基-2(4H)-苯并呋喃(1.70%)、双(2-甲基丙基)琥珀酸酯(1.37%)、四氢化-6-乙烯基-2,2,6-三甲基-2H-吡喃-3-醇(1.15%)、1,3,4,5,6,7-六氢化-1,1,5,5-四甲基-2H-2-4a-亚甲基萘(1.04%)、(+)-α-松油醇(1.01%)等。

【利用】叶为民间传统用药，具有防治心血管疾病、抗氧化、降血脂、抗病毒以及降血糖等保健及药用功效。

## 毛冬青

*Ilex pubescens* Hook et Arn.

**冬青科　冬青属**

**别名：**细叶冬青、茶叶冬青、山冬青、密毛冬青、密毛假黄杨

**分布：**江西、广东、广西、安徽、福建、浙江、台湾、湖南、海南、香港、贵州

【形态特征】常绿灌木或小乔木，高3～4 m；小枝近四棱形，灰褐色，密被长硬毛，具纵棱脊。叶生于1～2年生枝上，叶片纸质或膜质，椭圆形或长卵形，长2～6 cm，宽1～3 cm，先端尖，基部钝，边缘具细锯齿或近全缘，叶面绿色，叶背淡绿色，干时橄榄绿色，两面被长硬毛。花序簇生于1～2年生枝的叶腋内，密被长硬毛。雄花序：具1或3花的聚伞花序，具2枚小苞片；花4或5基数，粉红色；花萼盘状，被长柔毛；花冠辐状，花瓣4～6枚，卵状长圆形。雌花序：簇生，被长硬毛，具小苞片；花6～8基数；花萼盘状，被长硬毛；花冠辐状，花瓣5～8枚，长圆形。果球形，成熟后红色，干时具纵棱沟。分核6，稀5或7枚，轮廓椭圆体形。花期4～5月，果期8～11月。

【生长习性】生于海拔60～1000 m的山坡常绿阔叶林中或林缘、灌木丛中及溪旁、路边。

【芳香成分】尹文清等（2011）用石油醚回流法提取的干燥叶精油的主要成分为：异丁香油酚（28.97%）、邻苯二酸辛酯（7.16%）、肉桂醛（5.61%）、庚二烯醛（4.95%）、苯二酸二丁酯（3.15%）、邻-苯二酸二乙酯（3.02%）、十七烷（2.90%）、三十四烷（2.76%）、二十四烷（2.64%）、乙酸苯酯（2.25%）、(E)-2-甲氧基-5-(1-丙烯基)-苯酚（2.24%）、生物碱（1.96%）、十八烷（1.79%）、酞酸（1.45%）、丁香油酚（1.41%）、橙花叔醇（1.13%）、二十一烷（1.04%）、十八烷酸甲酯（1.04%）等。

【利用】根入药，有清热解毒、活血通络的功效，用于治疗风热感冒、肺热喘咳、咽痛、乳蛾、牙龈肿痛、胸痹心痛、中风偏瘫、血栓闭塞性脉管炎、丹毒、烧烫伤、痈疽、中心性视网膜炎。

## 铁冬青

*Ilex rotunda* Thunb.

**冬青科　冬青属**

**别名：**救必应、熊胆木、白银香、白银木、过山风、红熊胆、羊不食、消癀药、白木香

**分布：**江苏、安徽、浙江、江西、福建、台湾、湖北、湖南、广东、香港、广西、海南、贵州、云南等地

【形态特征】常绿灌木或乔木，高可达20 m，胸径达1 m；顶芽圆锥形，小。叶仅见于当年生枝上，薄革质或纸质，卵形、倒卵形或椭圆形，长4～9 cm，宽1.8～4 cm，先端短渐尖，基部楔形或钝，全缘，稍反卷，叶面绿色，叶背淡绿色；叶柄具下延的狭翅；托叶钻状线形。聚伞花序或伞形状花序具2～13花，单生于当年生枝的叶腋内。雄花序：花白色，4基数；花萼盘状；花冠辐状。雌花序：具3～7花，花白色，5～7基数；花萼浅杯状；花冠辐状，花瓣倒卵状长圆形。果近球形，直径4～6 mm，成熟时红色；分核5～7，椭圆形，背面具3纵棱及2沟，稀2棱单沟，内果皮近木质。花期4月，果期8～12月。

【生长习性】生于海拔400～1100 m的山坡常绿阔叶林中和林缘。暖温带树种。喜湿润肥沃、排水良好的酸性土壤。适应性较强，耐阴，耐瘠，耐旱，耐霜冻。

【芳香成分】黎锦城等（2001）用超临界$CO_2$萃取法提取的铁冬青干燥树皮精油的主要成分依次为：(23)-乙基胆甾-5-烯-3β-醇（11.45%）、9-十八碳烯酸（10.89%）、十六酸（9.35%）、(角)鲨烯（9.14%）、邻苯二甲酸二丁酯（8.89%）、巴

查烷-3β-醇（5.30%）、亚油酸（4.41%）、β-豆甾醇（3.26%）、α-香树脂素（3.00%）、亚油酸乙酯（2.86%）、正二十烷（2.78%）、23-甲基胆固醇对称性（同分）异构体（2.76%）、十六酸乙酯（1.99%）、十七烷（1.88%）、油酸乙酯（1.71%）、顺式细辛醚（1.53%）、邻苯二甲酸二异丁酯（1.05%）等。

【利用】叶和树皮入药，有凉血散血、清热利湿、消炎解毒、消肿镇痛之功效，治暑季外感高热、烫火伤、咽喉炎、肝炎、急性肠胃炎、胃痛、关节痛等。兽医用治胃溃疡，感冒发热和各种痛症、热毒、阴疮。枝叶作造纸糊料原料。树皮可提制染料和栲胶。木材作细工用材。为优良观果树种。

## 香冬青

*Ilex suaveolens* (Lévl.) Loes.

**冬青科　冬青属**

**别名：**冻青、四季青、冻生、冬青木、万年枝、大叶冬青、紫柄冬青、冬青

**分布：**安徽、浙江、江西、福建、湖北、湖南、广东、广西、四川、贵州、云南等地

【形态特征】常绿乔木，高达15 m；当年生小枝褐色，具棱角。叶片革质，卵形或椭圆形，长5～6.5 cm，宽2～2.5 cm，先端渐尖，具三角状的尖头，基部宽楔形，下延，叶缘疏生小圆齿，略内卷，干后叶面橄榄绿色，叶背褐色，两面无毛；叶柄具翅。花未见。具3个果的聚伞状果序单生于叶腋，果序梗具棱。成熟果红色，长球形，长约9 mm，直径约6 mm，宿存花萼直径约2 mm，5裂，裂片阔三角形，无缘毛，宿存柱头乳头状；分核4，长圆形，长约8 mm，背部宽3 mm，内果皮石质。

【生长习性】生于海拔600～1600 m的常绿阔叶林中。

【芳香成分】廖立平等（2003）用水蒸气蒸馏法提取的香冬青干燥叶精油的主要成分为：2-甲基-1-戊烯-3-醇（28.55%）和十六碳酸（23.91%）、苯甲醇（4.87%）、3-羰基-α-紫罗兰醇（3.68%）、二氢猕猴桃内酯（2.25%）、4-(5-羟基-2,6,6-三甲基-环己烯基)-3-丁烯-2-酮（1.48%）、十四碳酸（1.41%）、1-羟基-3-甲基-2-丁酮（1.15%）、4-羟基-3,5-二甲基苯甲醛（1.15%）、6,10,14-三甲基-2-十五碳酮（1.05%）、苯乙醇（1.15%）、1-羟基-芳樟醇（1.12%）、己酸（1.03%）等。

【利用】庭园观赏栽培。叶可供药用，具有清热解毒、收敛生肌、凉血消肿的功效，用于治肺炎、急性咽喉炎症、痢疾、胆道感染、外治烧伤、下肢溃疡、皮炎、湿疹、手脚皲裂等。

## 扁豆

*Lablab purpureus* (Linn.) Sweet

**豆科　扁豆属**

**别名：**藊豆、火镰扁豆、膨皮豆、藤豆、沿篱豆、鹊豆、猪耳豆、皮扁豆、豆角、白扁豆

**分布：**各地广泛栽培

【形态特征】多年生缠绕藤本。全株几无毛，茎长可达6 m，常呈淡紫色。羽状复叶具3小叶；托叶披针形；小托叶线形；小叶宽三角状卵形，长、宽约6～10 cm，侧生小叶两边不等大，偏斜，先端急尖或渐尖，基部近截平。总状花序直立，长15～25 cm；小苞片2，近圆形；花2至多朵簇生于每一节上；花萼钟状；花冠白色或紫色，旗瓣圆形，翼瓣宽倒卵形，具截平的耳，龙骨瓣呈直角弯曲，基部渐狭成瓣柄。荚果长圆状镰形，长5～7 cm，宽1.4～1.8 cm，扁平，顶端有弯曲的尖喙，基部渐狭，豆荚有绿白、浅绿、粉红或紫红等色。种子3～5颗，扁平，长椭圆形，白色或紫黑色，种脐线形。花期4～12月。

【生长习性】喜温暖湿润、阳光充足的环境，种子适宜发芽温度为22～23℃，植株能耐35℃左右高温，根系发达强大、耐旱力强，对各种土适应性好，在排水良好而肥沃的砂质土壤或

壤土种植能显着增产，河边路旁、田边地头、房前屋后均可栽培，低洼地、盐碱地不宜栽培。

【芳香成分】王艳等（2015）用顶空固相微萃取法提取的东北产扁豆未成熟新鲜果实挥发油的主要成分为：1-壬醇（27.46%）、青叶醛（21.75%）、已醛（8.04%）、2,5,5-三甲基-2-环己烯酮（4.89%）、反-2-壬烯醛（4.14%）、茶香螺烷（2.95%）、棕榈酸甲酯（2.81%）、反-2-顺-6-壬二烯醛（2.58%）、(反,反)-2,4-已二烯醛（2.27%）、反-2-顺-6-壬二烯醇（2.06%）、叶绿醇（1.82%）、水杨酸甲酯（1.41%）、2,3-辛二酮（1.17%）、4-甲基-5-癸醇（1.13%）、9-二十炔（1.13%）等。

【利用】嫩荚作蔬菜食用。白花和白色种子入药，有消暑除湿、健脾止泻之效，主治脾虚兼湿，食少便溏，湿浊下注，妇女带下过多，暑湿伤中，吐泻转筋等症。

## 补骨脂

*Psoralea corylifolia* Linn.

**豆科　补骨脂属**

**别名：** 故子、黑故子、破故子、破故纸

**分布：** 云南、河北、甘肃、江西、四川、安徽、广东、广西、贵州、河南、山西、陕西

【形态特征】一年生直立草本，高60～150 cm。枝坚硬，疏被白色绒毛，有明显腺点。叶为单叶，有时有1片长约1～2 cm的侧生小叶；托叶镰形；叶宽卵形，长4.5～9 cm，宽3～6 cm，先端钝或锐尖，基部圆形或心形，边缘有粗而不规则的锯齿，两面有黑色腺点。花序腋生，有花10～30朵，组成密集的总状或小头状花序；苞片膜质，披针形，被绒毛和腺点；花萼被白色柔毛和腺点，萼齿披针形，花冠黄色或蓝色，花瓣明显具瓣柄，旗瓣倒卵形；雄蕊10。荚果卵形，长5 mm，具小尖头，黑色，表面具不规则网纹，不开裂，果皮与种子不易分离；种子扁。花果期7～10月。

【生长习性】常生长于山坡、溪边、田边。喜温暖湿润气候，喜光，一般土壤均适合生长，以土层深厚、肥沃、排水良好、富含有机质的壤土或砂壤土为佳。

【精油含量】水蒸气蒸馏干燥果实的得油率为0.10%～0.20%。

【芳香成分】吉力等（1995）用水蒸气蒸馏法提取的补骨脂干燥成熟果实精油的主要成分为：补骨脂酚（27.53%）、石竹烯氧化物（21.08%）、反-石竹烯（12.32%）、α-荜澄茄醇（2.35%）、乙酸乙酯（1.92%）、葎草烯（1.05%）、δ-荜澄茄烯+去氢白菖烯（1.02%）等。

【利用】成熟果实入药，具有补肾助阳、温脾止泻的功效，常用于治疗腰膝冷痛、阳痿滑精、黎明泄泻等。果实精油具有抗癌、抑菌作用。

## 菜豆

*Phaseolus vulgaris* Linn.

**豆科　菜豆属**

**别名：** 豆角、长角豆、带豆、裙带豆、油豆角

**分布：** 吉林、黑龙江主产、全国各地均有栽培

【形态特征】一年生缠绕或近直立草本。羽状复叶具3小叶；托叶披针形，长约4 mm；小叶宽卵形或卵状菱形，侧生的偏斜，长4～16 cm，宽2.5～11 cm，先端长渐尖，有细尖，基部圆形或宽楔形，全缘，被短柔毛。总状花序比叶短，有数朵生于花序顶部的花；小苞片卵形；花萼杯状，长3～4 mm；花冠白色、黄色、紫堇色或红色；旗瓣近方形，宽9～12 mm，翼瓣倒卵形，龙骨瓣长约1 cm，先端旋卷。荚果带形，稍弯曲，长10～15 cm，宽1～1.5 cm，略肿胀，通常无毛，顶有喙；种子4～6，长椭圆形或肾形，长0.9～2 cm，宽0.3～1.2 cm，白色、褐色、蓝色或有花斑，种脐通常白色。花期春夏季。

【生长习性】喜温暖气候，短日照植物，耐光能力强。

【芳香成分】果实：王艳等（2014）用固相微萃取法提取的吉林长春产‘白云峰’菜豆新鲜果皮（青荚皮）挥发油的主要成分为：2-己烯醛（40.57%）、3-辛酮（14.70%）、己醇（12.17%）、己醛（11.21%）、3-己烯-1-醇（2.46%）、棕榈酸（1.67%）、3-辛醇（1.49%）、反-2-戊烯醛（1.34%）、1-辛烯-3-醇（1.12%）、反-2-壬烯醛（1.01%）等；新鲜未成熟果实（青荚）挥发油的主要成分为：2-己烯醛（40.01%）、3-辛酮（14.05%）、己醇（12.64%）、己醛（11.40%）、3-己烯-1-醇（2.54%）、棕榈酸（1.59%）、3-辛醇（1.47%）、1-辛烯-3-醇（1.41%）、反-2-戊烯醛（1.33%）、反-2-壬烯醛（1.09%）等。

种子：王艳等（2014）用固相微萃取法提取的吉林长春产‘白云峰’菜豆新鲜种子（青荚豆粒）挥发油的主要成分为：2-己烯醛（27.76%）、己醇（22.66%）、己醛（15.33%）、3-甲基-1-丁醇（8.61%）、1-辛烯-3-醇（7.65%）、3-己烯-1-醇（4.17%）、反-2-壬烯醛（2.78%）、邻苯二甲醚（1.38%）、3-辛醇（1.14%）、4-甲基-5-癸醇（1.01%）等。

【利用】幼嫩青荚作为蔬菜食用，也可加工成速冻蔬菜。不可生食，食用时要加热至熟透，否则会中毒。

## 白花草木犀

*Melilotus albus* Medic. ex Desr.

**豆科　草木犀属**

**别名：** 白香草木犀、白甜车轴草、辟汗草

**分布：** 东北、华北、西北及西南各地

【形态特征】一二年生草本，高70～200 cm。茎直立，圆柱形，中空，多分枝，几无毛。羽状三出复叶；托叶尖刺状锥形，长6～10 mm，全缘；小叶长圆形或倒披针状长圆形，长15～30 cm，宽6～12 mm，先端钝圆，基部楔形，边缘疏生浅锯齿，顶生小叶稍大。总状花序长9～20 cm，腋生，具花40～100朵，排列疏松；苞片线形，花长4～5 mm；萼钟形，长约2.5 mm；花冠白色，旗瓣椭圆形，稍长于翼瓣，龙骨瓣与冀瓣等长或稍短。荚果椭圆形至长圆形，长3～3.5 mm，先端锐尖，具尖喙表面脉纹细，网状，棕褐色，老熟后变黑褐色；有种子1～2粒。种子卵形，棕色，表面具细瘤点。花期5～7月，果期7～9月。

【生长习性】生于田边、路旁荒地及湿润的砂地。适合在湿润和半干燥气候地区生长，适宜种植于偏碱性土壤上，耐瘠薄、耐盐碱、抗寒和抗旱能力均较强。适合于粗糙、排水量好的土壤。

【精油含量】水蒸气蒸馏干燥地上部分的得油率为0.11%。

【芳香成分】孟祥平等（2014）用水蒸气蒸馏法提取的新疆伊犁产白花草木犀干燥地上部分精油的主要成分为：樟脑（15.62%）、(-)-4-萜品醇（11.92%）、桉叶醇（11.32%）、龙脑（10.31%）、3,3,6-三甲基-1,4-庚二烯-6-醇（4.51%）、2-丁酰呋喃（3.71%）、松油醇（3.66%）、长叶薄荷酮（3.35%）、水杨酸甲酯（2.40%）、正己醇（2.06%）、侧柏酮（2.06%）、3,3,6-三甲基-1,5-庚二烯-4-醇（1.84%）、石竹烯氧化物（1.81%）、香荆芥酚（1.50%）、(E,E)-6,10,14-三甲基-5,9,13-十五烷三烯-2-酮（1.48%）、苯甲醛（1.36%）、百里香酚（1.29%）、(E)-4-(2,6,6-三甲基-1-环己烯-1-基)-3-丁烯-2-酮（1.16%）、石竹烯（1.10%）、辣薄荷酮（1.09%）、等。

【利用】是优良的牧草与绿肥。全草药用，具有清热解毒、利湿、敛阴止汗的功效，用于治暑热胸闷、小儿惊风、疟疾、痢疾、浮肿、腹痛、淋病和皮肤疮疡等。果实能治风火牙痛。国外民间用花、叶制成软膏作外伤药，煎服治浮肿，腹痛及疟疾。茎可作纤维原料。可作土壤改良及水土保持植物。

## 印度草木犀

*Melilotus indica* (Linn.) All.

**豆科　草木犀属**

**别名：** 辟汉草、省头草、野苜蓿、铁扫把、小花草木犀

**分布：** 华中、西南、华南各地

【形态特征】一年生草本，高20～50 cm。茎直立，作之字形曲折，自基部分枝。羽状三出复叶；托叶披针形，边缘膜质，基部扩大成耳状，有2～3细齿；小叶倒卵状楔形至狭长圆形，长10～30 mm，宽8～10 mm，先端钝或截平，有时微凹，基部楔形，边缘在2/3处以上具细锯齿。总状花序细，长1.5～4 cm，具花15～25朵；苞片刺毛状，甚细；花小，长约2.2～2.8 mm；萼杯状，长约1.5 mm；花冠黄色，旗瓣阔卵形，先端微凹，与翼瓣、龙骨瓣近等长，或龙骨瓣稍伸出。荚果球形，长约2 mm，表面具网状脉纹，橄榄绿色，熟后红褐色；有种子1粒。种子阔卵形，径1.5 mm，暗褐色。花期3～5月，果期5～6月。

【生长习性】生于旷地、路旁及盐碱性土壤。

【芳香成分】茎：杨再波等（2011）用微波辅助顶空固相微萃取法提取的贵州都匀产印度草木犀茎挥发油的主要成分为：二氢香豆素（55.29%）、3,4-二氢香豆素（5.97%）、十六醛（4.44%）、1,2-二乙基环丁烷（2.06%）、1-辛烯-3-醇（1.40%）、1-十六醇（1.35%）、十四醛（1.27%）、己醛（1.20%）、壬醛（1.15%）、苯乙醇（1.14%）、2-戊基呋喃（1.07%）等。

叶：杨再波等（2011）用微波辅助顶空固相微萃取法提取的贵州都匀产印度草木犀叶挥发油的主要成分为：二氢香豆素（48.15%）、3,4-二氢香豆素（11.84%）、β-紫罗兰酮（3.11%）、反式-石竹烯（3.05%）、δ-杜松烯（1.66%）、二苯酚基丙烷（1.19%）、硬脂酸（1.09%）、α-葎草烯（1.03%）等。

花：杨再波等（2011）用微波辅助顶空固相微萃取法提取的贵州都匀产印度草木犀花挥发油的主要成分为：二氢香

豆素（27.44%）、对异丙基苯甲醚（6.20%）、3,4-二氢香豆素（6.08%）、麝香草酚（5.19%）、2-甲基-5-异丙基-苯酚（3.57%）、反式-石竹烯（3.52%）、双环大牻牛儿烯（3.10%）、(+)-斯巴醇（2.81%）、(-)-石竹烯氧化物（2.33%）、α-芹子烯（1.75%）、β-广藿香烯（1.75%）、α-葎草烯（1.72%）、β-紫罗兰酮（1.71%）、α-古芸烯（1.53%）、δ-杜松烯（1.47%）、香芹酚（1.36%）、1,3-二甲基双环[3.3.0]辛-3-烯-2-酮（1.16%）、β-甜没药烯（1.01%）、β-芹子烯（1.00%）等。

【利用】抗碱力强，味苦不适口，通常作保土植物，改良后也用作牧草。全草入药，有清热解毒、敛阴止汗的功效，用于治疗皮肤瘙痒、虚汗。

## 白车轴草

*Trifolium repens* Linn.

**豆科　车轴草属**

**别名：** 白三叶草、白花苜蓿、白荷兰翘摇、三消草、螃蟹花、金花草、菽草翘摇

**分布：** 黑龙江、吉林、辽宁、新疆、四川、云南、贵州、湖北、江西、江苏、浙江等地

【形态特征】短期多年生草本，生长期达5年，高10～30 cm。茎匍匐蔓生，上部稍上升，全株无毛。掌状三出复叶；托叶卵状披针形，膜质，基部抱茎成鞘状；小叶倒卵形至近圆形，长8～30 mm，宽8～25 mm，先端凹头至钝圆，基部楔形渐窄至小叶柄。花序球形，顶生，具花20～80朵，密集；苞片披针形，膜质，锥尖；花长7～12 mm；萼钟形，萼齿5，披针形；花冠白色、乳黄色或淡红色，具香气。旗瓣椭圆形，比翼瓣和龙骨瓣长近1倍，龙骨瓣比翼瓣稍短。荚果长圆形；种子通常3粒。种子阔卵形。花果期5～10月。

【生长习性】在湿润草地、河岸、路边呈半自生状态。抗热抗寒性强，喜光及温暖湿润气候，生长最适宜温度为20～25℃，能耐半阴，有较强的适应性，对土壤要求不严，只要排水良好，各种土壤皆可生长，尤喜富含钙质及腐殖质黏质土壤，在酸性和碱性土壤上均能适应。

【精油含量】水蒸气蒸馏阴干花的得油率为0.32%。

【芳香成分】叶：王胜碧等（2011）用同时蒸汽蒸馏萃取法提取的贵州安顺产白车轴草新鲜叶柄精油的主要成分为：异丙基乙醚（29.30%）、1-辛烯-3-醇（26.41%）、二十烷（9.01%）、2-羟基丙腈（7.23%）、3-己烯醇（7.10%）、丙酮酸丁酯（5.39%）、2-己烯醛（4.86%）、正十六酸（2.23%）、1-庚烯-3-醇（1.97%）、11-癸基二十四烷（1.72%）、3,7-二甲基-1,6-辛二烯-3-醇（1.18%）、2-癸烯-1-醇（1.18%）、植物醇（1.18%）、6,10-二甲基-2-十一酮（1.05%）、苯乙醛（1.05%）、1-(1-羟基-1-庚基)-2-亚甲基-3-戊基环丙烷（1.05%）等。

全草：曹桂云等（2009）用水蒸气蒸馏法提取的山东长清产白车轴草全草精油的主要成分为：植物醇（39.53%）、4-甲基-2-(2-甲基丙烯基)环庚烷（6.02%）、丙酸乙酯（5.72%）、1,7-二甲基三环$[2.2.1.0^{2,6}]$庚烷（4.22%）、9-辛基-三十烷（4.14%）、香橙烯（4.10%）、十六酸（3.34%）、1-辛烯-3-醇（3.25%）、三十烷（2.65%）、4,6,10-三甲基-2-十五烷酮（2.56%）、7-(4-甲基-3-戊烯）三环$[2.2.1.0^{2,6}]$庚烷（1.74%）、2,4-庚二烯（1.12%）、二十八烷（1.11%）、亚硫酸-2-丙基十八酯（1.10%）、亚硫酸丁基十七酯（1.06%）、N-苯基-2-萘（1.02%）等。

花：王胜碧等（2010）用同时蒸汽蒸馏萃取法提取的贵州安顺产白车轴草盛花期鲜花精油的主要成分为：1-辛烯-3-醇（15.35%）、异丙基乙醚（10.03%）、3-己烯醇（9.47%）、苯乙醇（7.74%）、苯乙醛（6.01%）、正十六酸（4.77%）、3,7-二甲基-1,6-辛二烯-3-醇（3.32%）、四十四烷（2.62%）、6,10,14-三甲基-2-十五酮（2.56%）、9-辛基十七烷（2.56%）、2-己烯醛（2.49%）、二十烷（2.00%）、十八烷酸（1.86%）、己基过氧化氢（1.66%）、植物醇（1.59%）、苯甲醇（1.52%）、10-甲基二十烷（1.45%）、2-甲基丁酸（1.31%）、2-羟基丙腈（1.31%）、2-癸烯-1-醇（1.17%）、(Z)-乙酸-3-己烯-1-酯（1.17%）、3,7-二甲基癸烷（1.10%）、3,4,5,6-四甲基辛烷（1.10%）、2-甲氧基-3-烯丙基苯酚（1.10%）、邻苯二甲酸氢叔丁酯（1.03%）等。

【利用】为优良牧草。可作为绿肥、堤岸防护草种、草坪装饰种。蜜源植物。全草可入药，具有清热凉血、安神镇痛、祛痰止咳的功效。花的酊剂可用于治疗感冒，全草酊剂具收敛止血作用，用作外伤的止血和促进创伤愈合的药物。嫩叶可食。

## 红车轴草

*Trifolium pratense* Linn.

**豆科　车轴草属**

**别名：** 红三叶、红花苜蓿、红花草、红菽草、红荷兰翘摇、金雀菜、三叶草

**分布：** 全国各地

【形态特征】短期多年生草本，生长期2～9年。茎具纵棱，直立或平卧上升。掌状三出复叶；托叶近卵形，膜质，基部抱茎，具锥刺状尖头；小叶卵状椭圆形至倒卵形，长1.5～5 cm，宽1～2 cm，先端钝，有时微凹，基部阔楔形，两面疏生褐色长柔毛，叶面上常有V字形白斑。花序球状或卵状，顶生；托叶扩展成焰苞状，具花30～70朵，密集；花长12～18 mm；萼钟

形，被长柔毛，萼齿丝状，锥尖；花冠紫红色至淡红色，旗瓣匙形，先端圆形，微凹缺，基部狭楔形，明显比翼瓣和龙骨瓣长，龙骨瓣稍比翼瓣短；子房椭圆形。荚果卵形；通常有1粒扁圆形种子。花果期5～9月。

【生长习性】逸生于林缘、路边、草地等湿润处。喜凉爽湿润气候，夏天不过于炎热、冬天不十分寒冷的地区最适宜生长。气温超过35℃生长受到抑制，冬季最低气温达-15℃则难以越冬。耐湿性良好，耐旱能力差。在pH6～7、排水良好、土质肥沃的黏壤土中生长最佳。

【精油含量】水蒸气蒸馏全草的得油率为0.23%。

【芳香成分】茎：何春兰等（2018）用顶空固相微萃取法提取的贵州产红车轴草干燥茎挥发油的主要成分为：6,10,14-三甲基-2-十五烷酮（10.60%）、2,6-二叔丁基对甲酚（8.79%）、顺式-β-金合欢烯（5.18%）、2,6,10-三甲基-十五烷（5.00%）、十九烷（4.09%）、2-己基-1-癸醇（2.52%）、β-桉叶烯（2.19%）、十七烷（2.09%）、十四烷（2.08%）、壬醛（2.02%）、3-壬烯-5-酮（1.79%）、2,6,10,14-四甲基十五烷（1.74%）、芹子烯（1.69%）、二氢猕猴桃内酯（1.65%）、叶绿醇（1.61%）、十六烷（1.57%）、(E)-6,10-二甲基-5,9-十一烷二烯-2-酮（1.46%）、石竹烯（1.31%）、环戊基甲基-环己烷（1.28%）、十五醛（1.20%）等。

叶：何春兰等（2018）用顶空固相微萃取法提取的贵州产红车轴草干燥叶挥发油的主要成分为：石竹烯（5.10%）、β-桉叶烯（4.71%）、6,10,14-三甲基-2-十五烷酮（4.65%）、4-甲基-1-(1-甲基乙基)二环[3.1.0]己烷-3-酮（4.36%）、1-羟基-(2,6-二丁基-4-苯乙酸）酯-环丙甲酸（3.87%）、芹子烯（3.77%）、(E)-β-金合欢烯（3.61%）、桉叶油醇（3.09%）、二氢猕猴桃内酯（3.02%）、3-羟基-3-乙基-17-甾烷酮（2.84%）、十九烷（2.64%）、植醋酸（2.42%）、γ-依兰油烯（2.39%）、α-姜黄烯（2.12%）、叶绿醇（1.99%）、石竹素（1.79%）、十四烷（1.59%）、2,6,10-三甲基-十五烷（1.41%）、1-十六烷醇（1.37%）、4,4-二甲基-四环[6.3.2.0$^{2,5}$.0$^{1,8}$]十三烷-9-醇（1.34%）、4,7-二甲基-1-(1-甲基乙基)-1,2,3,5,6,8a-六氢-萘（1.31%）、(E)-6,10-二甲基-5,9-十一烷二烯-2-酮（1.21%）、2-甲基-5-(1-甲基乙烯基)-2-环己烯-1-醇（1.20%）、3-壬烯-5-酮（1.17%）、2,6,10,14-四甲基十五烷（1.13%）、α-松油醇（1.06%）、十七烷（1.06%）等。

全草：何春兰等（2018）用顶空固相微萃取法提取的贵州产红车轴草干燥全草挥发油主要成分为：别香橙烯（14.71%）、6,10,14-三甲基-2-十五烷酮（5.05%）、(E)-β-金合欢烯（4.45%）、蓝桉醇（4.29%）、β-桉叶烯（4.08%）、桉叶油醇（3.62%）、芹子烯（3.39%）、石竹烯（3.18%）、1,6-二甲基-4-(1-甲基乙基)-1,2,3,4,4a,7,8,8a-八氢-1-萘酚（2.76%）、绿花烯（2.72%）、1,1,4,7-四甲基-1a,2,3,4,4a,5,6,7b-八氢-1H-环丙[e]薁（2.49%）、芳姜黄烯（2.25%）、左旋-β-榄香烯（1.97%）、4,7-二甲基-1-(1-甲基乙基)-1,2,3,5,6,8a-六氢-萘（1.92%）、叶绿醇（1.79%）、4-亚甲基-1-甲基-2-(2-甲基-1-丙烯-1-基)-1-乙烯基-环庚烷（1.39%）、二氢猕猴桃内酯（1.30%）、二环己基甲酮（1.28%）、壬醛（1.24%）、表蓝桉醇（1.17%）、石竹素（1.16%）、十四烷（1.07%）、[(E,7R,11R)-3,7,11,15-四甲基-2-十六碳烯基]乙酸酯（1.06%）、2-莰酮（1.03%）等；云南产干燥全草精油主要成分为：(E)-β-金合欢烯（6.78%）、6,10,14-三甲基-2-十五烷酮（6.75%）、石竹烯（5.47%）、芹子烯（5.27%）、β-桉叶烯（4.89%）、1,1,7-三甲基-4-亚甲基-十氢-1H-环丙[e]薁（3.30%）、左旋-β-榄香烯（3.02%）、芳姜黄烯（2.75%）、3-羟基-3-乙基-17-甾烷酮（2.70%）、叶绿醇（2.08%）、二氢猕猴桃内酯（1.99%）、β-甜没药烯（1.95%）、壬醛（1.92%）、香叶基丙酮（1.65%）、十七烷（1.65%）、石竹素（1.64%）、十四烷（1.55%）、[(E,7R,11R)-3,7,11,15-四甲基-2-十六碳烯基]乙酸酯（1.48%）、2-莰酮（1.39%）、α-蒎烯（1.32%）、青蒿酮（1.29%）、酞酸二乙酯（1.23%）、2,6-二甲基-6-(4-甲基-3-戊烯基)双环[3.1.1]庚-2-烯（1.21%）、4,4-二甲基-四环[6.3.2.0(2,5).0(1,8)]十三烷-9-醇（1.19%）、乙酸冰片酯（1.08%）、7-甲基-4-亚甲基-1-(1-甲基乙基)-1,2,3,4,4a,5,6,8a-八氢-萘（1.06%）、巴伦西亚橘烯（1.05%）、胡木烷-1,6-二烯-3-醇（1.03%）等；湖南产干燥全草精油主要成分为：芹子烯（7.38%）、6,10,14-三甲基-2-十五烷酮（6.48%）、β-桉叶烯（6.02%）、左旋-β-榄香烯（5.51%）、(E)-β-金合欢烯（5.31%）、石竹烯（5.01%）、9,17-十八碳二烯醛（4.37%）、4,7-二甲基-1-(1-甲基乙基)-1,2,3,5,6,8a-六氢-萘（2.36%）、3-羟基-3-乙基-17-甾烷酮（2.19%）、叶绿醇（1.87%）、壬醛（1.68%）、二氢猕猴桃内酯（1.61%）、石竹素（1.60%）、β-甜没药烯（1.46%）、十四烷（1.39%）、α-蒎烯（1.38%）、五氟丙酸异长叶醇（1.30%）、[(E,7R,11R)-3,7,11,15-四甲基-2-十六碳烯基]乙酸酯（1.30%）、香叶基丙酮（1.29%）、乙酸冰片酯（1.17%）、7-甲基-4-亚甲基-1-(1-甲基乙基)-1,2,3,4,4a,5,6,8a-八氢-萘（1.17%）、2-莰酮（1.03%）等。马强等（2005）用水蒸气蒸馏

法提取的湖北恩施产红车轴草全草精油主要成分为：六氢金合欢基丙酮（16.85%）、植醇（14.52%）、2-莰醇（8.40%）、邻苯二甲酸二丁酯（4.41%）、十六烷酸（3.97%）、石竹烯氧化物（2.82%）、十五烷酸（2.20%）、樟脑（2.19%）、2-蒎烯-10-醇（1.63%）、菲（1.54%）、桉叶-4(14),7(11)-二烯（1.51%）、金合欢基丙酮（1.42%）、六氢金合欢醇（1.39%）、八氢-4a,8a-二甲基-7-(1-异丙基)-1(2H)-萘（1.34%）、异植醇（1.28%）、反-β-紫罗兰酮（1.16%）、十四烷醛（1.14%）、(Z,Z)-9,12-十八烷二烯酸（1.08%）、雪松醇（1.06%）、蓝桉醇（1.03%）等。

**花**：何春兰等（2018）用顶空固相微萃取法提取的贵州产红车轴草干燥花挥发油的主要成分为：2,6-二叔丁基对甲酚（10.03%）、6,10,14-三甲基-2-十五烷酮（6.86%）、十九烷（5.65%）、α-姜黄烯（5.06%）、2,6,10-三甲基-十五烷（4.03%）、十七烷（2.86%）、2,6,10,14-四甲基十五烷（2.66%）、β-桉叶烯（2.49%）、壬醛（2.19%）、二氢猕猴桃内酯（2.19%）、石竹烯（1.96%）、4,7-二甲基-1-(1-甲基乙基)-1,2,3,5,6,8a-六氢-萘（1.84%）、邻苯二甲酸二乙酯（1.84%）、十四烷（1.73%）、芹子烯（1.73%）、绿花烯（1.72%）、二十八烷（1.50%）、3-壬烯-5-酮（1.48%）、十三醛（1.46%）、γ-依兰油烯（1.38%）、癸醛（1.35%）、(-)-α-蒎烯（1.32%）、β-甜没药烯（1.26%）、石竹素（1.15%）、苯甲醛（1.08%）、邻-异丙基苯（1.07%）、(Z)-7-十六碳烯醛（1.00%）、邻苯二甲酸二异丁酯（1.00%）等。

【**利用**】为优良的饲料和牧草。可作绿肥。蜜源植物。常用于花坛镶边或布置花境、缀花草坪、庭园绿化及江堤湖岸等固土护坡绿化。嫩叶可食用或作调味品。全草入药，具清热、凉血、宁心功效。全草有小毒。

## 刺槐

*Robinia pseudoacacia* Linn.

**豆科　刺槐属**
**别名**：洋槐、贵州刺槐、刺儿槐、槐树、德国槐、黑洋槐树
**分布**：全国各地

【**形态特征**】落叶乔木，高10～25 m。具托叶刺；冬芽小，被毛。羽状复叶长10～40 cm；小叶2～12对，常对生，椭圆形、长椭圆形或卵形，先端圆，微凹，具小尖头，基部圆至阔楔形，全缘，叶面绿色，叶背灰绿色；小托叶针芒状。总状花序腋生，长10～20 cm，下垂，花多数，芳香；花萼斜钟状，萼齿5，密被柔毛；花冠白色，各瓣均具瓣柄，旗瓣近圆形，反折，内有黄斑，翼瓣斜倒卵形，基部一侧具圆耳，龙骨瓣镰状，三角形，先端钝尖。荚果褐色，或具红褐色斑纹，线状长圆形，长5～12 cm，宽1～1.7 cm，扁平，先端上弯，具尖头，果颈短，沿腹缝线具狭翅；花萼宿存，有种子2～15粒；种子褐色至黑褐色，近肾形，种脐圆形，偏于一端。花期4～6月，果期8～9月。

【**生长习性**】强阳性树种，适应性强，适应较干燥而凉爽的气候，在空气湿度较高的沿海地区生长更佳。对土壤要求不严，石灰性，酸性及轻盐碱土均能正常生长，以肥沃、深厚、湿润而排水量好的冲积砂质壤土生长最佳。具有抗盐，盐碱能力。根系浅，易风倒。

【**精油含量**】水蒸气蒸馏新鲜花的得油率为0.15%～0.20%；超临界萃取干燥花的得油率为2.16%；有机溶剂萃取新鲜花的得膏率为0.20%～0.30%。

【**芳香成分**】**叶**：白鹏华等（2018）用水蒸气蒸馏法提取的天津产刺槐新鲜叶精油的主要成分为：正二十七烷（19.72%）、正二十五烷（12.36%）、植物醇（10.41%）、正二十三烷（10.39%）、α-亚麻酸（7.93%）、棕榈酸（6.70%）、1,19-二十碳二烯（4.58%）、1,15-十六碳二烯（4.24%）、香叶醇（4.20%）、芳樟醇（3.83%）、十八烷（3.82%）、1-辛烯-3-醇（3.36%）、正二十一烷（2.81%）、2-丙烯酸十三烷酯（2.18%）、桉树醇（1.90%）、β-石竹烯（1.57%）等。

**花**：张素英等（2008）用水蒸气蒸馏法提取的贵州遵义产刺槐花精油的主要成分为：苯酚（30.18%）、苯乙醇（15.09%）、6,10,14-三甲基-2-十五烷酮（8.16%）、3,7-二甲基-1,6-辛二烯-3-醇（6.26%）、2-氨基苯甲酸甲酯（5.44%）、邻苯二甲酸二异丁基酯（2.89%）、棕榈酸（2.87%）、苯甲醇（2.45%）、2-甲氧基-苯酚（2.24%）、α,α,4-三甲基-3-环己烯-1-甲醇（1.56%）、1,1,2,2-四氯乙烷（1.40%）、苯乙醛（1.30%）、3-辛酮（1.20%）、2-氨基-2,4,6-环庚三烯-1-酮（1.16%）、苯甲醛（1.01%）等。韩丛聪等（2017）用顶空固相微萃取法提取分析了山东济南产不同品种刺槐新鲜花的香气成分，‘紫艳青山’的主要成分为：β-罗勒烯（43.21%）、β-月桂烯（6.29%）、别罗勒烯（4.02%）、α-蒎烯（3.67%）、β-蒎烯（2.56%）、N–甲基甲酰苯胺（2.30%）、β-倍半水芹烯（2.29%）、(E)-4,8-二甲基-1,3,7-壬三烯（1.57%）、2,6-二甲基-1,3,5,7-辛四烯（1.53%）、邻氨基苯甲酸甲酯（1.31%）、d-柠檬烯（1.17%）、惕各酸甲酯（1.05%）等；‘多彩青山’的主要成分为：β-罗勒烯（10.96%）、α-蒎烯（5.82%）、β-月桂烯（4.37%）、十二烷（4.05%）、邻二甲苯（3.65%）、2-甲基丁酸甲酯（3.24%）、β-蒎烯（2.99%）、2,6,10–三甲基十二烷（2.43%）、甲氧基苯基肟（1.90%）、1-辛烯–3–醇（1.82%）等；‘L2F’的主要成分为：β-罗勒烯（35.25%）、β-月桂烯（9.05%）、间二甲苯（8.92%）、α-蒎烯（6.18%）、β-蒎烯（4.26%）、别罗勒烯（3.48%）、d-柠檬烯（1.93%）、α-金合欢烯（1.68%）、β-倍半水芹烯（1.58%）、N–甲基甲酰苯胺（1.54%）、2,6-二甲基-1,3,5,7-辛四烯（1.47%）等；‘L68F’的主要成分为：

β-罗勒烯（36.24%）、α-蒎烯（4.82%）、α-金合欢烯（4.17%）、β-月桂烯（3.90%）、别罗勒烯（3.55%）、β-蒎烯（3.12%）、β-倍半水芹烯（2.99%）、N–甲基甲酰苯胺（1.57%）、2-甲基丁酸甲酯（1.16%）、惕各酸甲酯（1.04%）等。

【利用】为优良固沙保土树种，习见为行道树和庭院观赏树。木材宜作枕木、车辆、建筑、矿柱、坑木、支柱、桩木、桥梁、农具、地板等用材。速生薪炭林树种。优良的蜜源植物。树皮可作造纸、纺织、提取栲胶。种子可榨油供工业用。花浸膏可用于调制各种花香型香精。花、叶、果实、树脂、根、树皮、枝均可入药，槐木有凉血、止血、清肝明目的功效，主治吐血、衄血、便血、痔疮出血、血痢、崩漏、风热目赤、高血压。花蕾入药，称‘槐米’。果实入药，称‘槐角’,可防止高血压病的脑出血，预防视网膜出血，有止血作用，对肠出血、痔疮出血、膀胱出血等有治疗作用。嫩叶、花蕾可食用，花蕾或花生食有小毒，不宜多食。

## 多花刺槐

*Robinia neomexicana* A.Gray var. *luxurians* Dieck

**豆科　刺槐属**
**别名：**香花槐
**分布：**辽宁、甘肃、湖南、山东、华北等地

【形态特征】新墨西哥刺槐变种。为中小乔木，树干通直，树冠卵形，树姿挺拔开张，分枝密度中等，树干直，树皮开裂，纵裂，树皮绿灰色。复叶长度中，小叶叶片中，小叶形状长卵形，先端钝圆具短芒尖，边缘全缘，绿色，托叶刺短。雌雄同株，总状花序，花序浓密，花序轴无毛，花萼有毛，萼被裂片与萼筒长度等长，花萼筒中下部褐色，花冠长，紫红色，花冠鲜艳亮丽。荚果中等大小，有刺毛，数量少。

【生长习性】生长速度快，繁殖容易，栽植成活率高。适宜多种气候和土壤条件。抗性强，耐干旱瘠薄，耐盐碱，抗病虫害能力强。

【芳香成分】韩丛聪等（2017）用顶空固相微萃取法提取的山东济南产多花刺槐新鲜花挥发油的主要成分为：(E)-4,8-二甲基-1,3,7-壬三烯（35.27%）、β-罗勒烯（15.07%）、1-辛烯–3–醇（14.26%）、水杨酸甲酯（6.57%）、α-金合欢烯（3.15%）、别罗勒烯（1.41%）等。

【利用】是优良景观和城镇绿化树种。

## 粘枝刺槐

*Robinia viscosa* Vent.

**豆科　刺槐属**
**别名：**粘毛刺槐
**分布：**辽宁、甘肃、湖南和华北等地

【形态特征】大乔木，树冠卵形，分枝稀疏，树干直，树皮不开裂，树皮黑褐色。枝条直，斜展，当年生枝条无毛。复叶长度中，小叶叶片中，小叶形状椭圆形，先端圆具短芒尖，边缘全缘，绿色，托叶刺无或极短。花序密度中等，长度短，花序轴有毛，花萼有毛，萼被裂片与萼筒长度等长，花萼筒中下部褐色，花冠长，红色，无二次开花。荚果中等大小，有刺毛，数量中。

【生长习性】耐干旱，耐瘠薄，耐轻度盐碱，适宜多种土壤和气候条件。

【芳香成分】韩丛聪等（2017）用顶空固相微萃取法提取的山东济南产粘枝刺槐新鲜花挥发油的主要成分为：十一烷（24.05%）、(E)-4,8-二甲基-1,3,7-壬三烯（11.23%）、α-蒎烯（7.89%）、1-辛烯–3–醇（7.89%）、β-月桂烯（7.77%）、水杨酸甲酯（7.01%）、十三烷（6.44%）、β-罗勒烯（4.55%）、β-蒎烯（3.72%）、3-辛酮（2.19%）、3-戊酮（1.35%）、d-柠檬烯（1.33%）、别罗勒烯（1.33%）等。

【利用】观赏、材用、生态防护、蜜源和饲用价值。

## 大豆

*Glycine max* (Linn.) Merr.

**豆科　大豆属**
**别名：**毛豆、菜用大豆、青毛豆、黄豆、菽
**分布：**全国各地

【形态特征】一年生草本，高30～90 cm。茎直立，或上部近缠绕状。叶通常具3小叶；托叶宽卵形，被黄色柔毛；小叶纸质，宽卵形，近圆形或椭圆状披针形，顶生一枚较大，先端渐尖或近圆形，基部宽楔形或圆形，侧生小叶斜卵形；小托叶披针形。总状花序有5～8朵花，下部的花有时单生或成对生于叶腋间；苞片、小苞片披针形，被糙伏毛或刚毛；花萼密被长硬毛或糙伏毛；花紫色、淡紫色或白色，旗瓣倒卵状近圆形，翼瓣蓖状，龙骨瓣斜倒卵形。荚果肥大，长圆形，稍弯，黄绿色，长4～7.5 cm，宽8～15 mm；种子2～5颗，近球形，淡绿、黄、褐和黑色等多样，种脐明显，椭圆形。花期6～7月，果期7～9月。

【生长习性】喜湿润，但又忌渍。喜土层深厚、肥沃、排水良好的土壤。

【芳香成分】**花：**宋志峰等（2014）用静态顶空萃取法提取的吉林长春产不同品种大豆新鲜花的香气成分，'吉育47'的主要成分为：1-辛烯-3-醇（74.20%）、2,4-二甲基己烷（6.54%）、2,6,10-三甲基-十二烷（5.65%）、3-辛醇（2.24%）、3-辛酮（2.04%）、癸烷（1.62%）、正壬醛（1.26%）等；'吉育89'的主要成分为：1-辛烯-3-醇（37.86%）、3-辛酮（26.63%）、3-辛醇（9.46%）、1-己醇（6.86%）、2,4-二甲基己烷（5.90%）、3-己烯-1-醇（2.53%）、癸烷（1.40%）、正壬醛（1.23%）、2-戊基呋喃（1.06%）等；'杂交豆1号'的主要成分为：1-辛烯-3-醇（49.59%）、3-辛酮（15.59%）、3-辛醇（10.71%）、2,4-二甲基己烷（8.60%）、1-己醇（2.61%）、癸烷（2.44%）、2,6,10-三甲基-十二烷（1.87%）、正壬醛（1.78%）、3-己烯-1-醇（1.53%）等；'吉农17'的主要成分为：1-辛烯-3-醇（41.48%）、3-辛酮（26.45%）、3-辛醇（5.73%）、2,4-二甲基己烷（6.41%）、1-己醇（5.71%）、反式-2-己烯醛（1.78%）、癸烷（1.59%）、正壬醛（1.36%）、2,6,10-三甲基-十二烷（1.26%）、十三烷（1.25%）、3-己烯-1-醇（1.22%）、2-戊基呋喃（1.16%）等；'吉农26'的主要成分为：3-辛酮（38.87%）、3-辛醇（22.76%）、1-辛烯-3-醇（13.75%）、1-己醇（6.12%）、2,4-二甲基己烷（4.90%）、3-己烯-1-醇（2.20%）、2,6,10-三甲基-十二烷（2.06%）、反式-2-己烯醛（1.21%）、癸烷（1.18%）、2-戊基呋喃（1.08%）、正壬醛（1.02%）等。

**种子：**李大婧等（2011）用固相微萃取技术提取的江苏南京产'新大粒1号'大豆新鲜种子精油的主要成分为：己醛（20.06%）、(Z)-3-己烯醇（13.54%）、青叶醛（11.88%）、己醇（11.80%）、乙醇（7.62%）、(E)-2-己烯醇（6.14%）、正戊醇（4.11%）、(Z)-2-戊烯醇（3.97%）、1-戊烯-3-醇（3.30%）、1-戊烯-3-酮（2.37%）、1-辛烯-3-酮（2.18%）、(E)-2-戊烯醛（1.66%）、戊醛（1.55%）等。

【利用】是重要粮食作物之一，种子除供直接食用外，可作酱、酱油和各种豆制食品。茎、叶、豆粕及粗豆粉作肥料和牲畜饲料。豆粕经加工制成的组织蛋白、浓缩蛋白、分离蛋白和纤维蛋白可为多种食品、造纸、塑胶工业、人造纤维、火药等的原料。种子榨油，除主要供食用外，并为润滑油、油漆、肥皂、瓷釉、人造橡胶、防腐剂等重要原料；榨油后的下脚料可提出许多重要产品。种子药用，有滋补养心、祛风明目、清热利水、活血解毒等功效。新鲜未成熟豆荚煮熟后食用种子，或制成罐头、速冻制品等食用。

## 凤凰木

*Delonix regia* (Boj.) Raf.

**豆科　凤凰木属**

**别名：**凤凰花、凤凰树、红花楹、火树

**分布：**云南、广西、广东、福建、台湾等地有栽培

【形态特征】高大落叶乔木，高达20余米；树皮灰褐色；分枝多。叶为二回偶数羽状复叶，长20～60 cm，具托叶；羽片对生，15～20对，长达5～10 cm；小叶25对，密集对生，长圆形，两面被绢毛，先端钝，基部偏斜，边全缘。伞房状总状花序顶生或腋生；花直径7～10 cm，鲜红至橙红色；花托盘状或短陀螺状；萼片5，里面红色，边缘绿黄色；花瓣5，匙形，红色，具黄及白色花斑，长5～7 cm，宽3.7～4 cm，开花后向花萼反卷；雄蕊10枚；红色。荚果带形，扁平，长30～60 cm，宽3.5～5 cm，稍弯曲，暗红褐色，成熟时黑褐色；种子20～40颗，横长圆形，平滑，坚硬，黄色染有褐斑。花期6～7月，果期8～10月。

【生长习性】为热带树种。喜高温多湿和阳光充足环境，生长适温20～30℃，不耐寒，冬季温度不低于10℃。以深厚肥沃、富含有机质的砂质壤土为宜；怕积水，排水需良好，较耐干旱；耐瘠薄土壤。

【精油含量】水蒸气蒸馏新鲜叶的得油率为0.01%。

【芳香成分】刘尧等（2008）用水蒸气蒸馏法提取的凤凰木

新鲜叶精油的主要成分为：植醇（66.17%）、角鲨烯（13.51%）、(E)-3,7,11-三甲基-1,6,10-十二碳三烯-3-醇（2.46%）等。

【利用】为南方城市的植物园和公园观赏树或行道树。树脂用于工艺。木材可作小型家具和工艺原料。树皮入药，有平肝潜阳、解热的功效，治眩晕，心烦不宁。根入药，治风湿痛。茎皮的水提取物对猫和猴有催吐作用和中枢神经的抑制作用。花的醇、水提取物有灭蛔虫作用。花和种子有毒，忌食。

## 刺果甘草

*Glycyrrhiza pallidiflora* Maxim.

**豆科　甘草属**

**分布：**东北、华北各地及陕西、江苏、山东

【形态特征】多年生草本。根和根状茎无甜味。茎直立，多分枝，高1～1.5 m，具条棱，密被黄褐色鳞片状腺点，几无毛。叶长6～20 cm；托叶披针形；叶柄密生腺点；小叶9～15枚，披针形或卵状披针形，叶面深绿色，叶背淡绿色，两面均密被鳞片状腺体，顶端具短尖，基部楔形，边缘钩状细齿。总状花序腋生，花密集成球状；苞片卵状披针形，膜质，具腺点；花萼钟状，密被腺点；花冠淡紫色、紫色或淡紫红色，旗瓣卵圆形，基部具短瓣柄，龙骨瓣稍短于翼瓣。果序椭圆状，荚果卵圆形，长10～17 mm，宽6～8 mm，顶端具突尖，外面被刚硬的刺。种子2枚，黑色，圆肾形。花期6～7月，果期7～9月。

【生长习性】常生于河滩地、岸边、田野、路旁的低海拔地区。土壤多为砂质土，以中性或微碱性为宜。喜光、耐旱、耐热、耐盐碱、耐寒。

【精油含量】水蒸气蒸馏根的得油率为0.67%。

【芳香成分】根：张继等（2002）用水蒸气蒸馏法提取的甘肃兰州产刺果甘草根精油的主要成分为：亚油酸乙酯（32.77%）、十六烷酸乙酯（10.02%）、2,3,7-三甲基-奎烷（6.49%）、5-甲基-二十一烷（5.74%）、二十三烷（3.80%）、1-环已基壬烯（3.70%）、二十烷（3.63%）、十八酸乙酯（3.59%）、三十二烷（3.39%）、二十八烷（2.39%）、9,12,15-十八碳三烯酸乙酯（2.38%）、环二十烷（2.31%）、邻苯二甲酸二丁酯（2.11%）、2,6,10,14-四甲基-十七烷（2.08%）、2,6,10,14-四甲基-十六烷（2.04%）、3,5,24-三甲基-四十烷（2.03%）、2,6,10,15-四甲基-十七烷（1.95%）、十六烷酸甲酯（1.54%）、2-甲基丙基-环已烷（1.49%）、E-3-十五烯-2-醇（1.34%）、3-环已基-十二烷（1.26%）、5,5-二甲基-1-已烯（1.17%）、三氯二十二烷基-硅烷（1.08%）、十七烷（1.03%）等。

叶：张继等（2004）用水蒸气蒸馏法提取的甘肃兰州产刺果甘草叶精油的主要成分为：5-(2-丙烯基)-1,3-苯并间二氧杂环戊烯（19.02%）、3,7-二甲基-1,6-辛二烯-3-醇（17.70%）、[1R-(1R*,4Z,9S*)]-4,11,11-三甲基-8-亚甲基-二环[7.2.0]十一碳-4-烯（11.53%）、2,3,6-三甲基-1,6-庚二烯（8.36%）、2-十一酮（4.24%）、香豆素-7,8-二醇（3.81%）、2-甲基-6-亚甲基-7-辛烯-2-醇（3.47%）、3,7,11,15-四甲基-2-十六烯-1-醇（3.43%）、2-氨基苯甲酸-3,7-二甲基-1,6-辛二烯-3-酯（3.32%）、十五烷（2.47%）、三十烷（2.42%）、(E)-乙酸-3,7-二甲基-2,6-辛二烯-1-酯（2.36%）、1-十六炔（2.05%）、(Z)-乙酸-3,7-二甲基-2,6-辛二烯-1-酯（2.04%）、二十烷（1.82%）、β-蒎烯（1.79%）、1-甲基-5-(1-甲基乙烯基)-环已烯（1.61%）、α-丁香烯（1.56%）、桉油醇（1.52%）、二十七烷（1.48%）、4-丙酸基十三烷（1.22%）、4-甲基-1-(1-甲基乙基)-3-环已烯-1-醇（1.06%）等。

【利用】茎叶作绿肥。常见中药材，可以起到脾胃、滋阴润肺、治疗延后疼痛等保健效果。

## 甘草

*Glycyrrhiza uralensis* Fisch.

**豆科　甘草属**

**别名：**甜草、美草、密甘、密草、乌拉尔甘草、国老、甜根子

**分布：**东北、华北、西北各地及山东

【形态特征】多年生草本；根与根状茎具甜味。茎直立，多分枝，高30～120 cm，密被鳞片状腺点、刺毛状腺体及绒毛。

叶长5～20 cm；托叶三角状披针形；小叶5～17枚，近圆形，叶面暗绿色，叶背绿色，两面均密被黄褐色腺点及短柔毛，顶端钝，具短尖，基部圆，全缘或微呈波状，多少反卷。总状花序腋生，具多数花；苞片、花萼密被黄色腺点及短柔毛；苞片长圆状披针形，褐色，膜质；花萼钟状；花冠紫色、白色或黄色，旗瓣长圆形，翼瓣短于旗瓣，龙骨瓣短于翼瓣。荚果弯曲呈镰刀状或呈环状，密集成球，密生瘤状突起和刺毛状腺体。种子3～11，暗绿色，圆形或肾形。花期6～8月，果期7～10月。

【生长习性】常生于干燥草原、干旱沙地、河岸砂质地、山坡草地、盐渍化草地和向阳坡上。适应性强，抗逆性强。喜光照充足、降雨量较少、夏季酷热、冬季严寒、昼夜温差大的生态环境。耐旱、耐热、耐盐碱、耐寒。适宜在土层深厚、土质疏松、排水良好的砂质土壤中生长。

【精油含量】水蒸气蒸馏干燥根茎的得油率为0.03%，干燥叶的得油率为0.17%；超临界萃取种子的得油率为1.69%。

【芳香成分】根（根茎）：禹晓梅（2010）用水蒸气蒸馏法提取的甘肃产甘草干燥根及根茎精油的主要成分为：二十酸（32.02%）、乙烷基环丁醇（14.82%）、5-甲基-2-甲基乙基-环己醇（8.70%）、2-戊烷基呋喃（7.99%）、3-羟基-3,7-二甲基-1,6辛烯醇（6.09%）、薄荷醇（6.00%）、2-十二烯（2.19%）、α,α-4-三甲基-3-环己烯-1-甲醇（1.82%）、十五醇（1.49%）、二丁基邻苯二甲酸酯（1.27%）、9-二十烯（1.12%）、2-庚酮（1.01%）等。周能等（2012）分析的干燥根及根茎精油的主要成分为：棕榈酸（29.30%）、亚油酸（11.40%）、已醛（3.08%）、油酸（2.02%）、肉豆蔻酸（1.56%）、4-萜烯醇（1.32%）、硬脂酸（1.26%）、十五烷酸（1.08%）等。周倩等（2017）用同法分析的内蒙古产甘草干燥根及根茎精油的主要成分为：L-抗坏血酸-2,6-二棕榈酸酯（54.10%）、亚油酸（26.40%）、亚麻酸（13.25%）、顺,顺-7,10-十六碳烯（1.35%）等。

叶：马君义等（2005）用水蒸气蒸馏法提取的甘肃兰州产人工栽培的六年生甘草干燥叶精油的主要成分为：十九烷（12.89%）、二十烷（12.23%）、1-十七烯（12.05%）、2,6,11-三甲基十二烷（7.54%）、十八烷（7.46%）、二十二烷（5.89%）、E-萜烷（5.54%）、二十三烷（4.92%）、十六烷基-环氧乙烷（3.09%）、十四烷基-环氧乙烷（1.23%）、α-杜松醇（1.08%）等。

种子：付玉杰等（2005）用超临界$CO_2$萃取法提取的内蒙古鄂托克前旗产甘草干燥种子精油的主要成分为：邻苯二甲酸二丁酯（24.62%）、β-谷甾醇乙酸酯（13.59%）、亚油酸（11.29%）、十七烷（4.52%）、十五烷（4.16%）、十六烷（3.66%）、十四烷（3.26%）、十八烷（3.09%）、N-苯基-1-萘胺（2.25%）、十三烷（2.15%）、豆甾醇乙酸酯（2.13%）、十九烷（2.03%）、二十烷（1.43%）、十二烷（1.38%）等。

【利用】根和根状茎供药用，具有补脾益气、止咳祛痰、清热解毒、缓急定痛和调和药性之功效，用于治疗脾胃虚弱、倦怠乏力、心悸气短、咳嗽痰多、咽喉肿痛、十二指肠溃疡、肝炎、癔病、脘腹、四肢挛急疼痛、痈肿疮毒、缓解药物毒性、烈性、食物中毒，艾滋病等。

根及根茎浸膏作为矫味剂用于烟草的加香；浸膏入药，有明显的镇咳、祛痰作用。根茎或根茎提取物作为甜味剂可用于食品中。

## 洋甘草

*Glycyrrhiza glabra* Linn.

**豆科　甘草属**

**别名：**欧甘草、光果甘草

**分布：**东北、华北、西北各地

【形态特征】多年生草本；根与根状具甜味。茎直立，多分枝，高0.5～1.5 m，密被淡黄色鳞片状腺点和白色柔毛。叶长5～14 cm；托叶线形；小叶11～17枚，卵状长圆形、长圆状披针形、椭圆形，长1.7～4 cm，宽0.8～2 cm，叶面密被淡黄色鳞片状腺点，顶端圆或微凹，具短尖，基部近圆形。总状花序腋生，具多数密生的花；苞片披针形，膜质；花萼钟状，疏被淡黄色腺点和短柔毛；花冠紫色或淡紫色，旗瓣卵形或长圆形。荚果长圆形，扁，长1.7～3.5 cm，宽4.5～7 mm，微作镰形弯。种子2～8颗，暗绿色，光滑，肾形，直径约2 mm。花期5～6月，果期7～9月。

【生长习性】多生长在干旱、半干旱的砂土、沙漠边缘和黄土丘陵地带的河岸阶地、沟边、田边、路旁。适应性强，抗逆性强，抗寒、抗盐碱、耐热、耐旱。喜光照充足、降雨量较少、夏季酷热、冬季严寒、昼夜温差大的生态环境。适宜在土层深厚、土质疏松、排水良好的砂质土壤中生长，较干旱的盐渍化土壤上亦能生长。

【芳香成分】根：赵甜甜等（2013）用同时蒸馏萃取法提取的新疆产洋甘草干燥根精油的主要成分为：棕榈酸（22.68%）、植酮（15.88%）、正己醛（13.68%）、氧化石竹烯（8.95%）、四甲基辛烷（5.74%）、2,2'-亚甲基双-(4-甲基-6-叔丁基苯酚)（5.28%）、2-正戊基呋喃（4.94%）、β-大马酮（3.67%）、苯乙烯（3.55%）、壬醛（3.25%）、(1R,3E,7E,11R)-1,5,5,8-四甲基-12-杂氧环[9.1.0]-3,7-二烯烃-十二烷（2.87%）、α-荜澄茄醇（2.32%）、苯甲醛（2.28%）、邻苯二甲酸十六丙酯（2.20%）、2,3-二甲基十二烷（1.52%）、11-环戊烷-十一烷酸甲酯（1.18%）等。

叶：赵甜甜等（2013）用同时蒸馏萃取法提取的新疆产洋甘草干燥叶精油的主要成分为：氧化石竹烯（21.80%）、植酮（7.45%）、四甲基辛烷（6.13%）、苄基丙酮（5.59%）、橙花叔醇（5.50%）、α-荜澄茄醇（4.96%）、β-大马酮（4.24%）、白菖酮（3.73%）、1-二乙烯基-乙酮（3.66%）、苯甲醛（3.48%）、叶绿醇（3.46%）、苯乙酮（2.94%）、青叶醛（2.90%）、二氢猕猴桃内酯（2.69%）、苯并环丁烯（2.49%）、苯甲酸苄酯（2.16%）、β-紫罗兰酮（2.09%）、1-羟基-1,4a-二甲基-7-(1-二甲基乙烯基)十烷烃（1.93%）、苯乙醛（1.86%）、3-甲基-2-丁烯醛（1.84%）、棕榈酸（1.80%）、香叶基丙酮（1.55%）、1,6～2苯甲酸酯（1.19%）、4-[2,2,6-三甲基-7-氧杂二环[4.1.0]庚-1-基]-3-丁烯-2-酮（1.17%）、苯甲醇（1.08%）等。马君义等（2006）用水蒸气蒸馏法提取的甘肃兰州人工栽培的洋甘草干燥叶精油的主要成分为：2,4-二甲基-己烷（9.38%）、3-甲基-庚烷（7.36%）、2-甲基-庚烷（7.21%）、庚烷（7.13%）、3-甲基-己烷（6.60%）、3,3,4-三甲基-己烷（6.53%）、辛烷（6.14%）、3-乙基-戊烷（5.24%）、2,3-二甲基-戊烷（4.63%）、2-甲基-己烷（4.61%）、甲基-环己烷（4.18%）、3-乙基-己烷（3.76%）、2,3-二甲基-己烷（3.64%）、己烷（2.95%）、3,3-二甲基-己烷（2.56%）、甲基-环戊烷（2.46%）、3,4-二甲基-己烷（2.22%）、1,2-二甲基-环戊烷（1.56%）、2,2,4-三甲基-戊烷（1.52%）、3,3-二甲基-戊烷（1.30%）、1-甲氧基-4-(1-丙烯基)-苯（1.17%）、2-甲基-戊烷（1.04%）等。

【利用】根和根状茎供药用，有补脾、益气、清热解毒、祛痰止喘、缓急止痛、调和诸药的功效，用于治疗脾胃虚弱、倦怠乏力、心悸气短、咳嗽多痰、脘腹及四肢痉挛急痛、痈肿疮毒、缓解药物毒性及烈性。

## 胀果甘草

*Glycyrrhiza inflata* Batal.

**豆科　甘草属**

**分布：**内蒙古、新疆、甘肃

【形态特征】多年生草本；根与根状茎有甜味。茎直立，多分枝，高50～150 cm。叶长4～20 cm；托叶小三角状披针形，褐色；小叶3～9枚，卵形、椭圆形或长圆形，长2～6 cm，宽0.8～3 cm，先端锐尖或钝，基部近圆形，叶面暗绿色，叶背淡绿色，两面被黄褐色腺点，边缘波状。总状花序腋生，具多数疏生的花；苞片长圆状坡针形，密被腺点及短柔毛；花萼钟状，密被橙黄色腺点及柔毛；花冠紫色或淡紫色，旗瓣长椭圆形。荚果椭圆形或长圆形，长8～30 mm，宽5～10 mm，二种子间胀膨或与侧面不同程度下隔，被褐色的腺点和刺毛状腺体，疏被长柔毛。种子1～4枚，圆形，绿色，径2～3 mm。花期5～7月，果期6～10月。

【生长习性】多生长于北温带低海拔地区的平原、山区或河谷。土壤多为砂质土，以中性或微碱性为宜。喜光、耐旱、耐热、耐盐碱、耐寒。

【精油含量】水蒸气蒸馏的阴干叶的得油率为0.14%。

【芳香成分】根：马君义等（2005）用水蒸气蒸馏法提取的甘肃兰州产栽培6年的胀果甘草干燥根精油的主要成分为：3-甲基庚烷（8.27%）、4-甲基庚烷（7.95%）、2-甲基庚烷（7.38%）、庚烷（6.99%）、辛烷（6.45%）、2,4-二甲基己烷（6.22%）、3-乙基戊烷（5.39%）、3-甲基己烷（5.17%）、2-甲基己烷（4.52%）、甲基环己烷（4.33%）、2,3-二甲基己烷（4.17%）、2,5-二甲基己烷（3.23%）、2,3-二甲基戊烷（3.00%）、3-乙基己烷（2.92%）、2,3,4-三甲基己烷（2.86%）、正己烷（2.78%）、甲基环戊烷（2.62%）、2,2,3,3-四甲基丁烷（1.90%）、1,2-二甲基环戊烷（1.76%）、3,3-二甲基戊烷（1.54%）、3-甲基戊烷（1.02%）、2-甲基-3-苯基-丙醛（1.00%）等。

叶：马君义等（2007）用水蒸气蒸馏法提取的甘肃兰州产栽培6年的胀果甘草阴干叶精油的主要成分为：十九烷（9.75%）、二十九烷（7.98%）、孑丁香烯（7.36%）、(1α,2β,5α)-2,6,6-三甲基-二环[3.1.1]庚烷（5.83%）、2,6,11-三甲基-十二烷（5.31%）、1-氯-十八烷（4.81%）、十八烷（4.70%）、(E)-乙酸-3,7-二甲基-2,6-辛二烯-1-酯（4.64%）、二十烷（3.44%）、1-二十二烯（3.43%）、(-)-E-蒎烷（3.07%）、孑丁香氧化物（2.82%）、二十一烷（2.77%）、2-氨基苯甲酸-3,7-二甲基-1,6-辛二烯-3-酯（2.58%）、十七烷（2.58%）、甲壬酮（2.48%）、1-二十七醇（1.78%）、1-十八烯（1.74%）、3,7-二甲基-1,6-辛二烯-3-醇（1.68%）、2,6,10,14-四甲基-十六烷（1.58%）、1-十九烯（1.54%）、4-甲基-1-(1-甲基己基)-3-环己烯-1-醇（1.24%）、2-甲基-Z,Z-3,13-十八碳二烯醇（1.22%）、1-十七烯（1.17%）、Z-2-十八烯-1-醇（1.15%）、叶绿醇（1.15%）、(+)-α-萜品醇（1.01%）等。

【利用】根和根状茎供药用。是适口性较好的牧草，山羊、骆驼喜食。

## 干花豆

*Fordia cauliflora* Hemsl.

**豆科　干花豆属**

**别名：** 虾须豆、水罗伞、土甘草、玉郎伞

**分布：** 广东、广西

【形态特征】灌木，高达2 m。茎粗壮；芽着生叶腋上方，具多数钻形芽苞片。羽状复叶长达50 cm以上。托叶钻形，稍弯曲；小叶达12对，长圆形至卵状长圆形，中部叶较大，最下部

1～2对叶较小，先端长渐尖，基部钝圆，全缘，叶背淡白色，密被平伏细毛；小托叶丝状，宿存。总状花序长15～40 cm，着生侧枝基部或老茎上，生花节球形，簇生3～6朵花；苞片圆形，甚小，小苞片小，圆形；花长10～13 mm；花萼钟状；花冠粉红色至紫红色，旗瓣圆形。荚果棍棒状，扁平，长7～10 cm，宽2～2.5 cm，革质，具尖喙，有种子1～2粒；种子圆形，扁平，棕褐色，光滑，种阜膜质。花期5～9月，果期6～11月。

【生长习性】生于山地灌木林中。

【精油含量】水蒸气蒸馏新鲜叶的得油率为0.16%。

【芳香成分】刘金磊等（2012）用水蒸气蒸馏法提取的功效桂林产干花豆新鲜叶精油的主要成分为：4-乙烯基愈创木酚（22.40%）、甘菊烷烃（16.10%）、2-甲基-6-羧基喹啉（8.14%）、2,5,5,8a-四甲基-3,4,4a,5,6,8a-六氢-2H-1-苯并吡喃（7.54%）、1-甲基环乙烯（4.51%）、香橙烯（3.26%）、杜烯（3.23%）、羽扇醇（2.73%）、5-异丙醇-1,2-二甲基-环乙烯-2-烯醇（2.69%）、异丙基环已烯酮（2.44%）、3,4-二甲氧基苯乙烯（2.31%）、豆甾醇（2.06%）、降冰片烯（1.68%）、桉叶醇（1.67%）、水芹烯（1.57%）、蓝桉醇（1.55%）、1,2-二甲基-3,5-二乙烯环已烷（1.52%）、甲基丙烯基甲醇（1.45%）、异戊烯醇（1.37%）、苯乙酮（1.27%）、甲基环乙烯（1.17%）等。

【利用】根、叶入药，有散瘀消肿、止痛宁神、润肺化痰的功效，用于治疗中风偏瘫、小儿智力低下及老年痴呆症等；对于治疗脑外伤、小儿疳积、产后及病后虚弱、产妇身体复原、跌打肿痛、骨折、风湿关节肿痛等病症疗效明显。民间用作滋补食品，或取根煎服，或取枝、根煮熟后食用。

## 葛

*Pueraria lobata* (Willd.) Ohwi

**豆科　葛属**

**别名：**野葛，葛藤

**分布：**除新疆、青海及西藏外、几乎遍及全国

【形态特征】粗壮藤本，长可达8 m，全体被黄色长硬毛，有粗厚的块状根。羽状复叶具3小叶；托叶背着，卵状长圆形，具线条；小托叶线状披针形；小叶三裂，偶尔全缘，顶生小叶宽卵形或斜卵形，先端长渐尖，侧生小叶斜卵形，稍小。总状花序长15～30 cm，中部以上有颇密集的花；苞片线状披针形至线形，远比小苞片长；小苞片卵形；花2～3朵聚生于花序轴的节上；花萼钟形，被黄褐色柔毛，裂片披针形；花冠紫色，旗瓣倒卵形，翼瓣镰状，龙骨瓣镰状长圆形。荚果长椭圆形，长5～9 cm，宽8～11 mm，扁平，被褐色长硬毛。花期9～10月，果期11～12月。

【生长习性】常见于草坡灌丛，疏林地及林缘，也能生长于石缝，荒坡，石骨子地，砾石地，喀斯特溶岩上，喜生于温暖潮湿而向阳的地方。不择土质，微酸性的红壤、黄壤、花岗岩砾土、砂砾土及中性泥沙土、紫色土均能生长，以肥沃湿润的土壤生长最好。

【精油含量】水蒸气蒸馏茎的得油率为0.17%，叶的得油率为0.11%～0.12%，花的得油率为0.07%。

【芳香成分】根：张斌（2010）用水蒸气蒸馏法提取的干燥根精油的主要成分为：二十酸（28.83%）、(Z,Z)-9,12-十八碳二烯酸（14.05%）、苯亚甲基丙二醛（4.60%）、9,12-十八碳二

烯酸乙酯（4.51%）、己醛（3.52%）、(E)-3,7-二甲基-2,6-辛二烯醛（2.29%）、水芹烯（1.91%）、松油醇（1.72%）、2-异丙烯基-5-甲基-4-己烯醛（1.55%）、十七烷（1.45%）、2-戊基呋喃（1.42%）、莰醇（1.42%）、二十一烷（1.40%）、4,6-二甲基十二烷（1.36%）、右旋柠烯（1.26%）、二十二烷（1.02%）等。

**茎：**王淑惠等（2002）用水蒸气蒸馏法提取的河北易县产葛当年生茎精油的主要成分为：十六酸（36.21%）、9,10-十八碳二烯酸（9.99%）、十八酸（3.55%）、六氢金合欢基丙酮（1.30%）、十四酸（1.06%）等。

**叶：**王淑惠等（2002）用水蒸气蒸馏法提取的河北易县产葛叶精油的主要成分为：植物醇（30.17%）、六氢金合欢基丙酮（8.61%）酸二丁酯（3.37%）顺,反-金合欢醇（2.01%）十六酸（1.45%）β-紫罗酮（1.07%）等。

**花：**王淑惠等（2002）用水蒸气蒸馏法提取的河北易县产葛花精油的主要成分为：六氢金合欢基丙酮（15.89%）、十六酸甲酯（3.86%）、酸二丁酯（2.14%）、十六酸（1.73%）、2,6-二异丁基对甲酚（1.58%）等。梁倩等（2012）用同法分析的江西宜丰产葛新鲜花精油的主要成分为：棕榈酸（68.23%）、6,10,14-三甲基-2-十五烷酮（8.10%）、正二十五烷（5.32%）、硬脂酸（5.02%）、肉豆蔻酸（3.58%）、亚油酸（3.19%）、甲苯（2.35%）、棕榈酸甲酯（1.53%）等。

【利用】根、叶、蔓、花、果（葛谷）均可入药，是清热、解毒的良药；根有解表退热、生津止渴、止泻的功能，能改善高血压病人的颈项强痛、头晕、头痛、耳鸣及肢麻等症状，用于治疗冠心痛、心绞痛、急性肠梗阻及破伤风等。茎皮纤维供织布和造纸用。根可蒸食或与肉炖汤。嫩叶、花均可作蔬菜食用。根可提取淀粉，是很好的食品，用于配制饮料、作为保健食品、解酒。是一种良好的水土保持植物。

## 粉葛

*Pueraria montana* (Willd.) Ohwi var. *thomsonii* (Benth.) Wiersema ex D. B. Ward

**豆科　葛属**
**别名：**甘葛藤、甘葛
**分布：**云南、四川、西藏、江西、广西、广东、海南

【形态特征】葛变种。藤本。根肥大。茎枝被黄褐色短毛或杂有长硬毛。三出复叶，具长柄；托叶披针状长椭圆形，有毛；小叶片菱状卵形至宽卵形，有时3裂，长9～21 cm，宽8～18 cm，先端短渐尖，基部图形。总状花序腋生；小苞片卵形；花萼钟状，长1.2～1.5 cm，萼齿5，披针形，较萼筒长，被黄色长硬毛；花冠紫色，长1.3～1.8 cm。荚果长椭圆形，扁平；长10～12 cm，宽1～1.2 cm，密被黄褐色长硬毛。种子肾形或圆形。花期6～9月，果期8～10月。

【生长习性】生长于山坡、路边草丛中及较阴湿的地方，栽培或野生于山野灌丛和疏林中。适应性强，在向阳湿润的荒坡、林边都可栽培。土壤以深厚、肥沃、疏松的夹砂土较好。

【芳香成分】李耀华等（2014）用水蒸气蒸馏法提取的湖南产粉葛干燥根精油的主要成分为：亚油酸（50.88%）、棕榈酸（30.12%）、肉豆蔻醚（9.61%）、乙基棕榈酸（1.63%）等。

【利用】块根供食用。根入药，有解肌退热、生津止渴、透疹、升阳止泻、通经活络、解酒毒的功效，常用于治外感发热头疼、项背强痛、口渴、消渴、麻疹不透、热痢、泄泻、眩晕头疼、中风偏瘫、胸痹心痛、酒毒伤中。块根可提取淀粉。

## 葛麻姆

*Pueraria lobata* (Willd.) Ohwi var. *montana* (Lour.) Van

**豆科　葛属**
**分布：**云南、四川、贵州、湖北、浙江、江西、湖南、福建、广东、广西、海南、台湾

【形态特征】葛变种。与原变种之区别在于顶生小叶宽卵形，长大于宽，长9～18 cm，宽6～12 cm，先端渐尖，基部近圆形，通常全缘，侧生小叶略小而偏斜，两面均被锈色长

柔毛，叶背毛较密；花冠长12～15 mm，旗瓣圆形。荚果长4～9 cm，宽0.8 cm。种籽棕色。花期7～9月，果期10～12月。

【生长习性】生于旷野灌丛中或山地疏林下。

【芳香成分】周艳晖等（2004）用水蒸气蒸馏法提取的广东连南产葛麻姆花精油的主要成分为：5,5-二甲基-3-(1-甲乙基)-2-环己烯-1-酮（10.18%）、六氢法呢基丙酮（5.61%）、香橙烯氧化物-(1)（4.59%）、壬醛（4.43%）、1-(2-呋喃)-2-甲基-3-丁烯-1,2-二醇（3.47%）、沉香醇（3.40%）、2-丙基-1-戊醇（3.25%）、反-橙花树醇（2.68%）、4,11,11-三甲基-8-亚甲基-环[7,2,0]十一碳-4-烯（2.53%）、绿花白千层醇（2.11%）、桉油精（1.90%）、5-甲基-2-异丙烯基-4-己烯-1-醇（1.78%）、对-1-烯-4-薄荷醇（1.77%）、叶绿醇（1.61%）、薄荷醇（1.51%）、广藿香醇（1.43%）、石竹烯氧化物（1.41%）、表雪松醇（1.36%）、2,6-二甲基-3,7-辛二烯-2,6-二醇（1.28%）、9,12-十八碳二烯酸（1.26%）、正-十六烷醇（1.19%）、反,反-4-甲基-3-氧杂二环[4,4,0]癸烷（1.10%）、D-苧烯（1.09%）等。

【利用】瑶医用花入药用于治疗患有肝区隐痛、乏力、低热等症状的肝炎患者。花可代茶饮。

## 苦葛

*Pueraria peduncularis* (Grah. ex Benth.) Benth.

**豆科　葛属**
**别名：** 云南葛藤、白苦葛、红苦葛
**分布：** 西藏、云南、四川、贵州、广西

【形态特征】缠绕草本，各部被疏或密的粗硬毛。羽状复叶具3小叶；托叶基着，披针形，早落；小托叶小，刚毛状；小叶卵形或斜卵形，长5～12 cm，宽3～8 cm，全缘，先端渐尖，基部急尖至截平。总状花序长20～40 cm，苞片和小苞片早落；花白色，3～5朵簇生于花序轴的节上；萼钟状，被长柔毛，上方的裂片极宽；花冠长约1.4 cm，旗瓣倒卵形，基部渐狭，具2个狭耳，无痂状体，翼瓣稍比龙骨瓣长，龙骨瓣顶端内弯扩大，无喙，颜色较深；对旗瓣的1枚雄蕊稍宽，和其他的雄蕊紧贴但不连合。迹果线形，长5～8 cm，宽6～8 mm，直，光亮，果瓣近纸质，近无毛或疏被柔毛。花期8月，果期10月。

【生长习性】生于荒地、杂木林中。

【精油含量】有机溶剂萃取干燥根的得油率为0.35%。

【芳香成分】曾明等（2002）用有机溶剂萃取法提取的云南巍山产苦葛干燥根精油的主要成分为：7,10-十八碳二烯酸甲酯（10.98%）、(Z,Z,Z)-8,11,l4-二十碳三烯酸（9.72%）、十六酸甲酯（9.32%）、(Z,Z,Z)-9,12,15-十八碳三烯酸甲酯（7.88%）、二十四酸甲酯（7.70%）、十九酸乙酯（4.31%）、二十五酸甲酯（4.07%）、二十六酸甲酯（3.86%）、十八酸甲酯（3.64%）、十六酸乙酯（3.00%）、二十二酸甲酯（2.64%）、二十三酸甲酯（1.83%）、二十酸甲酯（1.47%）、(E,Z)-2,4-二烯癸醛（1.38%）、十七酸甲酯（1.16%）等。

【利用】根、花供药用，有清热、透疹、生津止渴的功效，治麻疹、口疮、消渴。

## 含羞草
*Mimosa pudica* Linn.

**豆科　含羞草属**
**别名：** 知羞草、怕丑草、呼喝草、感应草、怕羞草
**分布：** 台湾、福建、广东、广西、云南等地

【形态特征】披散、亚灌木状草本，高可达1 m；茎具分枝，有散生、下弯的钩刺及倒生刺毛。托叶披针形，长5～10 mm，有刚毛。羽片和小叶触之即闭合而下垂；羽片通常2对，指状排列于总叶柄之顶端，长3～8 cm；小叶10～20对，线状长圆形，长8～13 mm，宽1.5～2.5 mm，先端急尖，边缘具刚毛。头状花序圆球形，直径约1 cm，具长总花梗，单生或2～3个生于叶腋；花小，淡红色，多数；苞片线形；花萼极小；花冠钟状，裂片4，外面被短柔毛；雄蕊4枚，伸出于花冠之外。荚果长圆形，长1～2 cm，宽约5 mm，扁平，稍弯曲，荚缘波状，具刺毛；种子卵形，长3.5 mm。花期3～10月；果期5～11月。

【生长习性】生于旷野荒地、灌木丛中。喜温暖湿润、阳光充足的环境，适生于排水良好、富含有机质的砂质壤土，株体健壮，生长迅速，适应性较强。

【精油含量】水蒸气蒸馏干燥全草的得油率为0.48%；循环超声波法提取干燥全草浸膏的得率为9.83%。

【芳香成分】袁珂等（2006）用水蒸气蒸馏法提取的海南三亚产含羞草干燥全草精油的主要成分为：2,4-二(1-苯乙基)苯酚（11.62%）、二十六烷（9.15%）、N,N-二苯基-肼酰胺（8.98%）、二十七烷（7.18%）、1H-吲哚-3-乙醇（4.54%）、十九烷（4.02%）、二十四烷（3.93%）、邻苯二甲酸二异丁酯（3.93%）、邻苯二甲酸丁基-2-甲基丙基酯（3.56%）、十七烷（3.42%）、二十烷（3.42%）、二十一烷（3.42%）、醋酸乙酯（3.16%）、二十二烷（2.99%）、十四烷（2.57%）、十六烷酸（1.54%）、3-环己基十一烷（1.29%）、十三烷（1.12%）、1-二十碳烯（1.03%）等。

【利用】长江流域常栽培供观赏。全草供药用，有安神镇静，清热解毒的功能，用于治吐泻、失眠、小儿疳积、目赤肿痛、深部脓肿；鲜叶捣烂外敷治带状泡疹。根有毒，有止咳化痰、利湿通络、和胃、消积的功效，用于治咳嗽痰喘、风湿关节痛、小儿消化不良。

## 合欢
*Albizia julibrissin* Durazz.

**豆科　合欢属**
**别名：** 芙蓉树、绒花树、蓉花树、马缨树、马缨花、夜关门、夜合槐、夜合
**分布：** 东北至华南及西南各地

【形态特征】落叶乔木，高可达16 m，树冠开展；小枝有棱角，嫩枝、花序和叶轴被绒毛或短柔毛。托叶线状披针形，较小叶小，早落。二回羽状复叶，总叶柄近基部及最顶一对羽片着生处各有1枚腺体；羽片4～20对；小叶10～30对，线形至长圆形，长6～12 mm，宽1～4 mm，向上偏斜，先端有小尖头，有缘毛，有时在下面或仅中脉上有短柔毛；中脉紧靠上边缘。头状花序于枝顶排成圆锥花序；花粉红色；花萼管状；花冠长8 mm，裂片三角形，长1.5 mm，花萼、花冠外均被短柔毛；花丝长2.5 cm。荚果带状，长9～15 cm，宽1.5～2.5 cm，嫩荚有柔毛，老荚无毛。花期6～7月；果期8～10月。

【生长习性】生于山坡。生长迅速，能耐砂质土及干燥气候。喜光，喜温暖湿润和阳光充足环境，适应性强，耐干旱瘠薄，不耐水涝和严寒，宜在肥沃、排水量好的砂质壤土中生长。

【精油含量】水蒸气蒸馏荚果的得油率为0.50%；超临界萃取干燥茎皮的得油率为5.40%，干燥茎的得油率为0.22%～0.56%，干燥叶的得油率为0.69%～0.91%。

【芳香成分】茎：卫强等（2016）用超临界$CO_2$-环己烷萃取法提取的安徽合肥产合欢干燥茎精油的主要成分为：水杨

酸甲酯（14.08%）、3,7-二甲基-1,6-辛二烯-3-醇（9.20%）、甲基环己烷（6.16%）、甲苯（6.12%）、叶绿醇（5.96%）、2-羟基苯甲酸甲酯（5.18%）、二十一烷（4.96%）、邻苯二甲酸二异丁酯（3.96%）、Z-香叶醇（2.90%）、二十八烷（2.20%）、邻苯二甲酸二丁酯（2.10%）、肉桂酸乙酯（1.96%）、间二甲苯（1.88%）、十八醛（4.60%）、香叶基芳樟醇（1.52%）、十六酸乙酯（1.36%）、3-烯丙基-6-甲氧基-苯酚（1.26%）、亚油酸乙酯（1.24%）、E-2-辛烯醛（1.20%）、苯乙醛（1.10%）、亚麻酸乙酯（1.04%）、反式-α,α,5-三甲基-5-乙烯基四氢化呋喃-2-甲醇（1.00%）等；用超临界$CO_2$-乙醚萃取法提取的干燥茎精油的主要成分为：间二甲苯（28.35%）、三十四烷（6.60%）、α-甲基-α-[4-甲基-3-戊烯基]环氧乙烷基甲醇（5.02%）、反式角鲨烯（2.20%）、1,3-二羟基-5-戊基苯（2.20%）、壬醛（1.52%）、3-甲基-2,4-戊二醇（1.50%）、正庚醛（1.40%）、2,6,10,15-四甲基十七烷（1.30%）等。吴刚等（2005）用同法分析的干燥茎皮精油的主要成分为：棕榈酸（9.05%）、9,12-十八烯酸甲酯（5.99%）、胡椒碱（4.68%）、棕榈酸乙酯（4.09%）、十七烷（3.81%）、十五烷（3.41%）、己酸（3.11%）、油酸乙酯（3.03%）、二十七烷（1.83%）、二十九烷（1.81%）、三十一烷（1.74%）、二十烷（1.48%）、硬脂酸乙酯（1.45%）、8-十七烯（1.37%）、三十六烷（1.31%）、1-甲基-4-(5-甲基-1-亚甲基-4-己烯)-环己烯（1.29%）、二十二烷（1.26%）、十九烷（1.00%）等。王丽梅等（2016）用顶空固相微萃取法提取的干燥树皮挥发油的主要成分为：桉树脑（15.02%）、壬醛（5.62%）、右旋龙脑（5.21%）、10-甲基十九烷（4.48%）、2,6,10,14-四甲基十五烷（3.91%）、β-月桂烯（3.56%）、己酸（3.51%）、石竹烯（3.12%）、α-萜品烯（2.44%）、2-正戊基呋喃（2.16%）、2,6,10-三甲基十五烷（1.88%）、α-法呢烯（1.78%）、樟脑（1.72%）、异丙烯基甲苯（1.54%）、α-水芹烯（1.40%）、三十六烷（1.29%）、香叶基丙酮（1.26%）、邻异丙基甲苯（1.18%）、对烯丙基苯酚（1.17%）、2,6,10,14-四甲基二十烷（1.15%）、顺式芳樟醇氧化物（1.12%）、α-荜澄茄醇（1.09%）、1,2-环氧十二烷（1.08%）、异戊二烯（1.07%）、β-水芹烯（1.03%）等。

**叶**：卫强等（2016）用超临界$CO_2$-环己烷萃取法提取的安徽合肥产合欢干燥叶精油的主要成分为：1,1-二乙氧基乙烷（13.84%）、十六烷酸（6.62%）、三十四烷（6.04%）、二十一烷（5.24%）、二十七烷（4.36%）、2-羟基-1,3-丙二醇硬脂酸酯（2.76%）、1-(1-甲基乙氧基)丁烷（2.16%）、2,4-二叔丁基苯酚（1.80%）、2-乙氧丙烷（1.76%）、邻苯二甲酸二异辛酯（1.68%）、邻苯二甲酸二丁酯（1.62%）、十六碳酰胺（1.52%）、1-氯二十七烷（1.52%）、亚麻酸甘油酯（1.42%）、2,4,5-三甲基-1,3-二氧戊环（1.42%）、3-乙基-5-(2-乙基丁基)-十八烷（1.40%）、6,6-二甲基二环[3.1.1]庚烷-2-甲醇（1.34%）、十八酰胺（1.24%）、仲丁基醚（1.24%）、1-(1-乙氧基乙氧基)丁烷（1.14%）、十六烷（1.10%）、2,6,10,15-四甲基十七烷（1.04%）、十五烷（1.04%）等；用超临界$CO_2$-乙醚萃取的干燥叶精油的主要成分为：叶绿醇（45.70%）、骆驼蓬碱乙烯酯（4.59%）、1-己基-6-羟基-4-甲基六氢嘧啶-2-硫酮（4.46%）、邻苯二甲酸-2-环己基乙丁酯（3.04%）、二十八烷（2.82%）、十四醛（2.66%）、甲苯（2.26%）、甲基环己烷（1.82%）、异植物醇（1.25%）、6,10,14-三甲基-2-十五烷酮（1.07%）等。

**花**：王丽梅等（2016）用顶空固相微萃取法提取的干燥花挥发油的主要成分为：桉树脑（21.90%）、壬醛（7.89%）、十六烷（6.91%）、右旋龙脑（6.78%）、十七烷（4.31%）、石竹烯（4.01%）、右旋杜松烯（3.13%）、α-法呢烯（2.72%）、α-荜澄茄醇（2.67%）、正己醛（2.52%）、十五烷（2.38%）、樟脑（2.18%）、三烯-蛔蒿素（2.16%）、十四烷（2.13%）、橙花叔醇（2.04%）、异戊二烯（2.01%）、茴香脑（1.89%）、(Z)-3,7-二甲基-1,3,6-十八烷三烯（1.10%）、2,6,10,14-四甲基十七烷（1.05%）、α-水芹烯（1.01%）、己酸（1.01%）等。王一卓等（2012）用水蒸气蒸馏法提取的江苏产合欢干燥花序精油的主要成分为：二十一烷（24.73%）、植酮（22.97%）、二十八烷（16.12%）、二十四烷（8.44%）、棕榈酸甲酯（6.69%）、邻苯二甲酸二异丁酯（5.23%）、反亚油酸甲酯（3.64%）、2,6-二叔丁基对甲苯酚（2.65%）、邻苯二甲酸二丁酯（2.32%）、11,14,17-二十碳三烯酸甲酯（1.56%）、二十七烷（1.55%）、3-乙酰氧基-7,8-环氧羊毛甾烷-11-醇（1.36%）、2,2'-亚甲基-基-双（4-甲基-6-叔丁基苯酚)(1.11%）等。

**果实**：吕金顺等（2003）用水蒸气蒸馏法提取的甘肃天水产合欢果实精油主要成分为：1,1-二乙氧基乙烷（24.87%）、乙酸乙酯（12.38%）、甲酸乙酯（4.93%）、乙醛（4.49%）、2-甲氧基苯酚（3.76%）、乙醇（3.74%）、丙酮（3.34%）、苯酚（3.00%）、苯甲醇（2.55%）、2-甲基丁醛（2.05%）、3-甲基丁醛（1.76%）、正十六酸（1.70%）、苯乙酮（1.56%）、苯甲醛（1.41%）、3-甲基-2-戊酮（1.35%）、2-乙基-6-甲基吡嗪（1.13%）、萘（1.07%）、2-乙氧基丁烷（1.02%）等。

【利用】常植为城市行道树、观赏树。木材供家具，农具和车船之用。嫩叶可食。老叶可以洗衣服。树皮供药用，有强壮、兴奋、镇痛、驱虫及利尿作用，可安神解郁、和血止痛，主治心神不安、失眠、肺脓疡、咯脓痰、筋骨损伤、痈疖肿痛；以皮为材料的中成药夜宁糖浆、舒神灵胶囊、养血安神糖浆和安神糖浆等，都是疏肝理气、安神养心的药品。花及花蕾均可入药，称‘合欢米’,有安神、活血、止痛、养心、开胃、理气、解郁之效，主治神经衰弱、失眠健忘、胸闷不舒；以合欢花为材料的中成药有益神宁片、滋肾宁神丸，适用于治肝肾两虚、耳鸣耳聋。花可用于药膳。

## 花榈木

*Ormosia henryi* Prain

**豆科　红豆树属**

**别名：**红豆树、花梨木、亨氏红豆、臭桶柴、海南檀、降香檀

**分布：**安徽、浙江、江西、湖南、湖北、广东、四川、贵州、云南

【形态特征】常绿乔木，高16 m，胸径可达40 cm。小枝、叶轴、花序密被茸毛。奇数羽状复叶，长13～35 cm；小叶1～3对，革质，椭圆形或长圆状椭圆形，长4.3～17 cm，宽2.3～6.8 cm，先端钝或短尖，基部圆或宽楔形，叶缘微反卷。圆锥花序顶生，或总状花序腋生；长11～17 cm；花长2 cm，径2 cm；花萼钟形，5齿裂；花冠中央淡绿色，边缘绿色微带淡紫，旗瓣近圆形，翼瓣倒卵状长圆形，淡紫绿色，龙骨瓣倒卵状长圆形。荚果扁平，长椭圆形，长5～12 cm，宽1.5～4 cm，顶端有喙，果瓣革质，紫褐色，有种子4～8粒，稀1～2粒；种子椭圆形或卵形，长8～15 mm，种皮鲜红色。花期7～8月，果期10～11月。

【生长习性】生于山坡、溪谷两旁杂木林内，海拔100～1300 m。喜温暖，有一定的耐寒性。全光照或阴暗均能生长，以明亮的散射光为宜。喜湿润土壤，忌干燥。

【芳香成分】茎：董晓敏等（2010）用水蒸气蒸馏法提取的木材精油的主要成分为：β-桉叶醇（59.05%）、α-乙酸松油酯（6.59%）、2,6-二叔丁基对甲酚（3.76%）、3-(1-甲酰-3,4-亚甲二氧基)苯甲酸甲酯（3.10%）、2-甲基苯并呋喃（2.05%）、正二十烷（1.87%）、十八烷（1.70%）、二十二烷（1.39%）、β-芹子烯（1.35%）、α-桉叶醇（1.34%）、佛术烯（1.25%）等。

叶：倪斌等（2012）用水蒸气蒸馏法提取的海南海口产花榈木新鲜叶精油的主要成分为：环己甲酸乙烯酯（5.10%）、三十烷（3.76%）、5,6,7,7a-四氢-4,4,7a-三甲基-2(4H)-苯呋喃酮（3.44%）、二十八烷（3.08%）、棕榈酸（2.35%）、二十四烷（2.26%）、榄香素（2.25%）、二十烷（2.17%）、十七烷（1.92%）、二十六烷（1.86%）、二十三烷（1.75%）、十四烷（1.67%）、顺式-14-二十九烯（1.48%）、(N-2-羟基-(三氟甲基)吡啶-3-甲酰胺（1.42%）、4-(2,2,6-三甲基-7-氧杂二环)-3-丁烯-2-酮（1.41%）、β-桉叶醇（1.37%）、十六烷（1.26%）、1,7,11-三甲基-4-异丙基环十四烷（1.22%）、1-二十二烯（1.02%）等。

【利用】木材可作轴承及细木家具用材。根、枝、叶入药，能祛风散结、解毒去瘀，用于治疗跌打损伤、腰肌劳损、风湿关节痛、产后血瘀疼痛、白带、流行性腮腺炎、丝虫病；根皮外用治骨折；叶外用治烧烫伤。为绿化或防火树种。木材精油具有活血化瘀，祛风消肿的功效。

## 牛蹄豆

*Pithecellobium dulce* (Roxb.) Benth.

**豆科　猴耳环属**

**分布：**台湾、广东、广西、云南有栽培

【形态特征】常绿乔木，中等大；枝条通常下垂，小枝有由托叶变成的针状刺。羽片1对，每一羽片只有小叶1对，羽片和小叶着生处各有凸起的腺体1枚；羽片柄及总叶柄均被柔毛；小叶坚纸质，长倒卵形或椭圆形，长2～5 cm，宽2～25 mm，大小差异甚大，先端钝或凹入，基部略偏斜，无毛。头状花序小，于叶腋或枝顶排列成狭圆锥花序式；花萼漏斗状，长1 mm，密被长柔毛；花冠白色或淡黄，长约3 mm，密被长柔毛，中部以下合生；花丝长8～10 mm。荚果线形，长10～13 cm，宽约1 cm，膨胀，旋卷，暗红色；种子黑色，包于白色或粉红色的肉质假种皮内。花期3月；果期7月。

【生长习性】广布于热带干旱地区。阳性植物，需强光。生育适温23～32℃，生长快。耐热、耐旱、耐瘠、耐碱、抗风、抗污染、易移植。

【精油含量】水蒸气蒸馏新鲜叶的得油率为0.30%，新鲜茎的得油率为0.10%。

【芳香成分】茎：刘冰晶等（2012）用水蒸气蒸馏法提取的海南海口产牛蹄豆新鲜茎精油的主要成分为：9-甲基十九烷（77.05%）、1,2-苯二甲酸二丁酯（22.95%）等。

叶：刘冰晶等（2012）用水蒸气蒸馏法提取的海南海口产牛蹄豆新鲜叶精油的主要成分为：叶绿醇（16.93%）、1,2-苯二甲酸单(2-乙基己基)酯（14.28%）、吲哚（11.66%）、2,3-苯并二氢呋喃（11.48%）、3-甲基正己烷（6.78%）、吡啶（5.64%）、n-棕榈酸（4.34%）、1,2-苯二甲酸二丁酯（3.40%）、庚烷（3.03%）、甲苯（2.07%）、(Z,Z,Z)-7,10,13-十六烷三烯醇（1.51%）、9-甲基十九烷（1.16%）、吡咯（1.09%）、十四醛（1.00%）等。

【利用】木材可为箱板和一般建筑用材。荚果可作饲料。假种皮在墨西哥用来制柠檬水。适作遮阴树、行道树、园景树。

## 胡卢巴

*Trigonella foenum-graecum* Linn.

**豆科　胡卢巴属**

**别名：**葫芦巴、芦巴子、苦豆、苦草、苦朵菜、芳草、小木夏、香耳、香草、香豆、香苜蓿、芸香、芸香草

**分布：**全国各地

【形态特征】一年生草本，高30～80 cm。茎直立，多分枝。羽状三出复叶；托叶全缘，膜质；小叶长倒卵形、卵形至长圆状披针形，近等大，长15～40 mm，宽4～15 mm，先端钝，基部楔形，边缘上半部具三角形尖齿。花1～2朵着生叶腋，长13～18 mm；萼筒状，长7～8 mm，被长柔毛；花冠黄白色或淡黄色，基部稍呈堇青色，旗瓣长倒卵形，先端深凹，明显地比翼瓣和龙骨瓣长。荚果圆筒状，长7～12 cm，径4～5 mm，先端具细长喙，背缝增厚，表面有明显的纵长网纹，有种子10～20粒。种子长圆状卵形，长3～5 mm，宽2～3 mm，棕褐色，表面凹凸不平。花期4～7月，果期7～9月。

【生长习性】生于田间、路旁。适应性强，抗寒，喜冷凉、干旱、日照充足的气候，苗期需水较多。对土壤要求不严，宜选择排水良好、疏松肥沃的砂质壤土上栽培，在较瘠薄的土地上也能生长。耐旱怕涝。适宜土壤pH5.5～7.5。

【精油含量】水蒸气蒸馏全草的得油率为0.87%；超临界萃取种子的得油率为2.81%～5.96%；超声波萃取种子的得油率为

2.61%；微波萃取的茎叶得油率为3.37%。

【芳香成分】全草：姚健等（2006）用水蒸气蒸馏与溶剂萃取相结合的方法提取的全草精油的主要成分为：(Z,Z,Z)-9,12,15-十八碳三烯酸乙酯（16.32%）、9,12-十八碳二烯酸乙酯（14.56%）、正十六酸（7.61%）、十六酸乙酯（7.54%）、9,12,15-十八碳三烯酸-2-羟基-1-(羟甲基)乙酯（5.75%）、十六酸丁酯（4.52%）、叶绿醇（3.51%）、十八酸乙酯（2.81%）、双(2-甲基丙基)-1,2-苯二甲酸酯（2.63%）、9,12-十八碳二烯酸-2-羟基-1-(羟甲基)乙酯（2.13%）、二十九烷（1.82%）、6,10,14-三甲基-2-十五酮（1.79%）、二十酸乙酯（1.60%）、十八酸甲酯（1.59%）、三十二烷（1.51%）、十九烷（1.29%）、1-甲氧基-4-(1-丙烯基)苯（1.25%）等。刘世巍等（2013）用超声-索氏法提取的宁夏固原产胡卢巴干燥茎叶精油的主要成分为：丁基羟基甲苯（66.04%）、邻苯二甲酸二乙酯（3.81%）、[1aR-(1aα,1bα,2α,4aα,7aα,7bα,8α,9α,9aα)]-1,1a,1b,2,4a,7a,7b,8,9,9a-十氢-2,4a,7b-三羟基-3-(羟甲基)-1,1,6,8-四甲基-5H-环丙烷[3,4]苯[1,2-e]甘菊环-5-酮（2.70%）、异别胆酸乙酯（2.24%）、17-三十五碳烯（2.23%）、12,15-十八碳二烯酸甲酯（1.47%）、5,6,7,8,9,10-六氢-9-甲基-螺旋[2H-1,3-苯并噁嗪-4,1'-环己烷]-2-硫酮（1.14%）、3-(十八基氧)丙基油酸酯（1.00%）等。

种子：雍建平等（2011）用索氏（乙醚）法提取的宁夏产胡卢巴种子精油的主要成分为：2,3-二羟基丙醛（7.95%）、棕榈酸乙酯（4.32%）、正十五烷（4.31%）、2-甲基-戊醇（3.45%）、9-(2'，2'-二甲基丙烷油亚肼基)-3,6-二氯-2,7-双-[2-(二乙基氨基)-乙氧基]芴（2.64%）、1,2-苯环二羧酸，单-2-乙基己基酯（2.12%）、(E)-9-十八烯酸乙酯（2.11%）、3-硝基丙酸（1.81%）、3-甲基戊酸（1.55%）、2,2-二甲基-3-丙基-环氧乙烷（1.39%）、丁酸-1,5-二甲基-1-乙烯基-4-己烯基酯（1.12%）等。陈灵等（2015）用顶空固相微萃取法提取的四川产胡卢巴干燥成熟种子精油的主要成分为：正己醇（32.61%）、惕各醇（19.18%）、正戊醇（4.49%）、惕各醛（4.06%）、2-正戊基呋喃（3.48%）、1,3-二甲基-1-环己烯（3.20%）、仲丁醇（3.19%）、2-甲基-3-丁烯-2-醇（3.14%）、乙酸己酯（2.42%）、乙基乙烯基甲醇（2.04%）、梨醇酯（2.03%）、1-辛烯-3-醇（1.85%）、正己醛（1.84%）、乙酸戊酯（1.69%）、丙位己内酯（1.46%）等；山西产胡卢巴干燥成熟种子精油的主要成分为：正己酸（10.96%）、千里酸乙酯（10.23%）、正己醛（8.88%）、3-丙烯基-愈创木酚（5.26%）、壬醛（4.94%）、正己醇（4.63%）、惕各醇（4.38%）、正十四烷（2.64%）、正十五烷（2.41%）、黄樟素（2.39%）、甲基丁香酚（2.05%）、惕各醛（1.82%）、萘（1.82%）、正十六烷（1.45%）、2-正戊基呋喃（1.43%）、异辛醇（1.08%）、癸醛（1.02%）等。苏勇等（2012）用搅拌棒磁子萃取-热脱附法提取的胡卢巴种子酊剂的主要挥发性成分为：棕榈酸乙酯（21.81%）、苯乙酸苯乙酯（19.94%）、戊酸（6.58%）、硬脂酸乙酯（5.06%）、薄荷脑（5.05%）、己酸（4.40%）、辛酸乙酯（2.96%）、肉豆蔻酸乙酯（2.87%）、十五酸乙酯（2.30%）、苯乙酸乙酯（2.27%）、月桂酸乙酯（2.18%）、癸酸乙酯（1.94%）、壬酸乙酯（1.26%）、苯甲酸苄酯（1.26%）、异戊酸（1.19%）、香兰素（1.06%）、己酸乙酯（1.05%）等。李源栋等（2017）用超临界$CO_2$萃取法提取的安徽泗县产胡卢巴干燥种子净油的主要成分为：葫芦巴内酯（12.74%）、亚油酸（12.27%）、乙酸（7.03%）、糠醇（6.47%）、亚油酸乙酯（5.59%）、5-羟甲基糠醛（5.31%）、棕榈酸（4.33%）、油酸（3.49%）、甲酸（3.05%）、2,3-二氢苯并呋喃（2.87%）、4-环戊烯-1,3-二酮（2.01%）、油酸乙酯（1.85%）、棕榈酸乙酯（1.77%）、2-甲基-1,3-环戊二酮（1.47%）、亚麻酸乙酯（1.36%）、3-羟基-6-甲基吡啶（1.13%）、丙酮酸甲酯（1.06%）等。

【利用】种子浸膏是一种常用的烟用天然香料；种子的浸汁可制润肤剂，磨成粉和油可按摩头皮及做护唇膏。全草精油广泛应用于石油、化妆品和食品医疗及烟草行业。嫩茎、叶可作蔬菜食用。茎、叶或种子晒干磨粉掺入面粉中蒸食作增香剂。种子粉碎可做咖啡的代用品或用于咖喱食品的调香。全草可作饲料。全草入药，具温肾、祛寒、明目之效，可防高山反应，外用防脓肿。种子供药用，有补肾壮阳，祛痰除湿的功效，有降低血糖、利尿、抗炎等活性；外敷可治皮肤感染；可制作口服避孕药物；是生产降糖药，固肾壮阳药以及抗癌药等的原料。干全草可驱除害虫。种子可泡茶滋补强身。种子也可提取黄色染料。

## 截叶铁扫帚

*Lespedeza cuneata* (Dum.-Cours.) G. Don

**豆科　胡枝子属**

**别名：**截叶胡枝子、夜关门

**分布：**陕西、甘肃、山东、台湾、湖北、河南、湖南、广东、四川、云南、西藏等地

【形态特征】多年生落叶小灌木，高达1 m。茎直立或斜升，被毛，上部分枝。叶密集，柄短；小叶楔形或线状楔形，长1～3 cm，宽2～5 mm，先端截形成近截形，具小刺尖，基部楔形。总状花序腋生，具2～4朵花；总花梗极短；小苞片卵形或狭卵形，长1～1.5 mm，先端渐尖，边具缘毛；花萼狭钟形，密被伏毛，5深裂，裂片披针形；花冠淡黄色或白色，旗瓣基部有紫斑，有时龙骨瓣先端带紫色；闭锁花簇生于叶腋。荚果宽卵形或近球形，被伏毛，长2.5～3.5 mm，宽约2.5 mm。花期7～8月，果期9～10月。

【生长习性】适应性强，适生于热带、亚热带和暖温带地区，种子在0～5℃开始萌发，最适温度为20～25℃。较喜热、喜光。对土壤及地形要求不严，从砂壤土至黏土均能正常生长，适应的pH为4.0～8.0。具有较强的抗旱能力和较强的耐水淹能力，耐热又耐寒，耐瘠。

【精油含量】水蒸气蒸馏干燥叶的得油率为0.02%，茎枝的得油率为0.01%。

【芳香成分】叶：朱晓勤等（2010）用水蒸气蒸馏法提取的福建永春产截叶铁扫帚干燥叶精油的主要成分为：4-甲氧基-6-(2-丙烯基)-1,3-苯并间二氧杂环戊烯（6.93%）、6,10,14-三甲基-2-十五烷酮（6.40%）、雪松醇（4.80%）、n-十六酸（3.96%）、丁香烯（3.87%）、叶绿醇（3.66%）、丙酮香叶酯（2.25%）、(Z,Z,Z)-1,5,9,9-四甲基-1,4,7-环十一碳烯（2.03%）、石竹烯氧化物（1.87%）、法尼基丙酮（1.73%）、2-甲氧基-4-乙烯基苯酚（1.71%）、2,6-二甲基-6-(4-甲基-3-戊烯基)-二环[3.1.1]-2-庚烯（1.36%）、(内型)-3-苯基-2-丙烯酸-1,7,7-三甲基二环[2.2.1]庚-2-醇酯（1.24%）、4-(2,6,6-三甲基-1-环己烯-1-基)-2-丁酮（1.18%）、丁香酚甲醚（1.03%）、(1S-顺式)-1,2,3,5,6,8a-六氢-4,7-二甲基-1-(1-甲基乙基)萘（1.02%）等。

茎枝：朱晓勤等（2010）用水蒸气蒸馏法提取的福建永春产截叶铁扫帚茎枝精油的主要成分为：n-十六酸（33.21%）、亚油酸甲酯（6.63%）、亚油酸（5.54%）、3-甲基-4-异丙基苯酚（5.07%）、醋酸冰片酯（4.11%）、麝香草酚（3.45%）、丁羟甲苯（2.73%）、十四烷酸（1.88%）、3,5-二氯苯胺（1.56%）、3,5,6,7,8,8a-六氢-4,8a-二甲基-6-异丙基-2-(1H)-萘酮（1.27%）、十五烷酸（1.10%）、[1aR-(1aα,4α,4aβ,7bα)]-1a,2,3,4,4a,5,6,7b-八氢化-1,1,4,7-四甲基-1H-环丙烯并[e]薁（1.07%）等。

【利用】为各种家畜所喜食的饲用植物。是荒山绿化和水土保持植物。可作为绿肥。嫩茎叶可作蔬菜食用。根及全株均可药用，有明目益肝、活血清热、利尿解毒的功效，治病毒性肝炎、痢疾、慢性支气管炎、小儿疳积、风湿关节、夜盲、角膜溃疡、乳腺炎。可作兽药，治疗牛痢疾、猪丹毒等疾病。民间常用植株作扫帚。

## 白刺花

*Sophora davidii* (Franch.) Skeels

**豆科　槐属**

**别名：**铁马胡烧、狼牙槐、狼牙刺、马蹄针、马鞭采、白刻针、苦刺

**分布：**华北、陕西、甘肃、河南、江苏、浙江、湖北、湖南、广西、四川、贵州、云南、西藏

【形态特征】灌木或小乔木，高1～4 m。枝多开展，不育枝末端明显变成刺，有时分叉。羽状复叶；托叶钻状，部分变成刺，疏被短柔毛，宿存；小叶5～9对，形态多变，一般为椭圆状卵形或倒卵状长圆形，长10～15 mm，先端圆或微缺，常具芒尖，基部钝圆形。总状花序着生于小枝顶端；花长约15 mm，较少；花萼钟状，稍歪斜，蓝紫色，萼齿5；花冠白色或淡黄色，有时旗瓣稍带红紫色，旗瓣倒卵状长圆形，基部具细长柄，反折，翼瓣单侧生，倒卵状长圆形，龙骨瓣比翼瓣稍短，镰状倒卵形。荚果非典型串珠状，稍压扁，长6～8 cm，宽6～7 mm，有种子3～5粒；种子卵球形，深褐色。花期3～8月，果期6～10月。

【生长习性】生于河谷沙丘和山坡路边的灌木丛中，海拔2500 m以下。耐旱性强。喜温暖湿润和阳光充足的环境，耐寒冷，耐瘠薄，但怕积水，稍耐半阴，不耐阴。对土壤要求不严。

【精油含量】水蒸气蒸馏干燥花的得油率为0.22%。

【芳香成分】李贵军等（2013）用水蒸气蒸馏法提取的云南曲靖产白刺花干燥花精油的主要成分为：棕榈酸（11.98%）、棕榈酸甲酯（11.17%）、亚油酸甲酯（10.82%）、亚油酸（8.42%）、亚麻酸甲酯（8.01%）、正二十九烷（4.44%）、正二十四烷（4.01%）、硬脂酸（3.58%）、硬脂酸甲酯（3.55%）、亚麻酸乙酯（2.61%）、正三十烷（1.58%）、正二十烷酸甲酯（1.34%）、正二十六烷（1.12%）等。

【利用】是水土保持树种。可供观赏。花是传统的野生蔬菜。根入药，具有清热解毒、利湿消肿、凉血止血之功效，常用于治痢疾、膀胱炎、血尿、水肿、喉炎、衄血。果实入药，具有理气消积、抗癌之功效，常用于治疗消化不良、胃痛、腹痛、表皮癌和白血病。花入药，具有清热解毒、凉血消肿之功效，

常用于治痈肿疮毒。叶入药，具有凉血、解毒、杀虫之功效，常用于治衄血、便血、疔疮肿毒、疥癣、烫伤、阴道滴虫。

##  槐

*Sophora japonica* Linn.

**豆科　槐属**

**别名：** 国槐、槐树、守宫槐、槐花木、槐花树、豆槐、金药树

**分布：** 辽宁以南各地

【形态特征】乔木，高达25 m；树皮灰褐色，具纵裂纹。羽状复叶长达25 cm；叶柄基部膨大，包裹着芽；托叶有卵形、叶状、线形或钻状；小叶4～7对，对生或近互生，纸质，卵状披针形或卵状长圆形，长2.5～6 cm，宽1.5～3 cm，先端具小尖头，基部宽楔形或近圆形，稍偏斜，叶背灰白色；小托叶2枚，钻状。圆锥花序顶生，常呈金字塔形，长达30 cm；小苞片2枚，似小托叶；花萼浅钟状；花冠白色或淡黄色，旗瓣近圆形，紫色脉纹，翼瓣卵状长圆形，龙骨瓣阔卵状长圆形。荚果串珠状，长2.5～5 cm或稍长，径约10 mm，种子1～6粒，肉质果皮，卵球形，淡黄绿色，干后黑褐色。花期7～8月，果期8～10月。

【生长习性】中等喜光，喜温凉气候和深厚、排水良好的砂质土壤，在高温多湿或石灰性、酸性及轻盐碱土上均能正常生长，在干燥，瘠薄的山地或低洼积水处生长不良。耐毒气。

【精油含量】水蒸气蒸馏花的得油率为0.26%～0.41%；超临界萃取干燥茎的得油率为0.09%，干燥叶的得油率为0.16%，鲜花的得油率为2.30%，干燥花的得油率为1.50%。

【芳香成分】茎：卫强等（2016）用超临界$CO_2$萃取法提取的安徽合肥产‘龙爪槐’干燥茎精油的主要成分为：1-己醇（5.92%）、3-烯丙基-6-甲氧基苯酚（4.63%）、3-甲基-正丁醛（4.12%）、3-己烯-1-醇（3.30%）、8-丙氧基-香松烷（3.01%）、E-1-(2,6,6-三甲基-1,3-环己二烯-1-基)-2-丁烯-1-酮（2.96%）、呋喃甲醛（2.82%）、3,7-二甲基-1,6-辛二烯-3-醇（2.82%）、2-(1,1-二甲基乙基)-3-甲基-环氧乙烷（2.79%）、6,10,14-三甲基-2-十五烷酮（2.79%）、2-甲基-肉桂醛（2.76%）、1-庚三醇（2.71%）、戊基-环丙烷（2.67%）、2,5,5,6,8α-五甲基-反式-4α,5,6,7,8,8α-六氢-γ-色烯（2.62%）、Z-3,7-二甲基-2,6-辛二烯-1-醇（2.41%）、5-(1-甲基亚丙基)-1,3-环戊二烯（1.44%）、蝶呤-6-羧酸（1.36%）、反-2-甲基-环戊醇（1.35%）、4-甲基-2,4,6-环庚三烯-1-酮（1.32%）、1,7-二甲基-4-(1-甲基乙基)-螺[4.5]癸-6-烯-8-酮（1.31%）、苯甲基肼羧酸酯（1.30%）、2-(5-乙基-5-甲基-草脲胺-2-基)丙烷-2-醇（1.30%）、顺式-2,3,4,4α,5,6,7,8-八氢-1,1,4α,7-四甲基-1H-苯并环庚烯-7-醇（1.27%）、E-2-十八碳烯-1-醇（1.24%）、香叶基乙烯基乙醚（1.20%）、环丙烷羧酸-癸酯（1.18%）、4,4-二甲基-环己-2-烯-1-醇（1.16%）、苯甲醛（1.09%）、1,2,3-三甲基-苯（1.02%）、2,6,10,10-四甲基-1-氧杂-螺[4.5]癸-6-烯（1.02%）等。

枝：张艳焱等（2014）用水蒸气蒸馏法提取的贵州龙里产槐新鲜枝条精油的主要成分为：棕榈酸（39.53%）、亚油酸（16.04%）、油酸（6.98%）、1-己醇（6.78%）、硬脂酸（3.45%）、(E)-十三烯-1-醇（2.53%）、正己醛（1.74%）、2-己烯醛（1.57%）、大马士酮（1.34%）、茶香螺烷B（1.06%）等。

叶：卫强等（2016）用超临界$CO_2$萃取法提取的安徽合肥产‘龙爪槐’干燥叶精油的主要成分为：十六烷酸（7.86%）、

Z,Z-9,12-十八碳二烯酸（5.80%）、2-甲氧基-4-乙烯基苯酚（5.32%）、4-乙基-2-甲氧基-苯酚（5.20%）、Z-3-己烯-1-醇（5.11%）、植醇（4.77%）、E-1-(2,6,6-三甲基-1,3-环己二烯-1-基)-2-丁烯-1-酮（4.47%）、2,3-二氢-香豆酮（3.47%）、6,10,14-三甲基-2-十五烷酮（3.32%）、2-亚异丙基-3-甲基-3,5-己二烯醛（3.26%）、顺-2-(5-甲基-5-乙烯基四氢-2-呋喃基)-2-丙醇（2.61%）、Z-(13,14-环氧）十四烷-11-烯-1-醇乙酸酯（2.55%）、α-甲基-α-[4-甲基-3-戊烯基]环氧乙烷甲醇（2.39%）、苯乙醛（2.18%）、4-乙基-苯酚（2.10%）、3,7-二甲基-1,5,7-辛三烯-3-醇（1.96%）、1-己烷（1.44%）、1,3,3-三甲基环己-1-烯-4-甲醛（1.42%）、n-十六烷醛（1.42%）、2,4-二（1,1-二甲基乙基)-苯酚（1.40%）、苯乙醇（1.39%）、十四烷酸（1.35%）、4-(2,6,6-三甲基环己-1,3-二烯基)丁-3-烯-2-酮（1.34%）、13-十七碳烯-1-醇（1.30%）、6,10-二甲基-5,9-十一碳二烯-2-酮（1.26%）、丁香油酚（1.25%）、8-丙氧基-香松烷（1.22%）、3-己烯-1-醇-1-苯甲酸酯（1.17%）、3,7,11-三甲基-1,6,10-十二碳三烯-3-醇（1.15%）等。

**花**：杨海霞等（2010）用水蒸气蒸馏法提取的河南产槐树干燥花蕾（槐米）精油的主要成分为：8-十七碳烯（26.36%）、[S-(R*,S*)]-5-(1,5-二甲基-4-己烯基)-2-甲基-1,3-环己二烯（12.09%）、石竹烯（11.97%）、2-甲氧基-3-(2-丙烯基)苯酚（8.46%）、(E)-7,11-二甲基-3-亚甲基-1,6,10-十二碳三烯（8.24%）、1-(1,5-二甲基-4-己烯基)-4-甲苯（7.18%）、[S-(R*,S*)]-3-(1,5-二甲基-4-己烯基)-6-亚甲基环己烯（6.29%）、环氧石竹烯（5.30%）、环十六烷（1.14%）、1-甲氧基-4-(1-丙烯基)苯（1.10%）等。田锐等（2010）用微波辅助水蒸气蒸馏法提取的陕西延安产野生槐花精油的主要成分为：丁二酸双丁酸酯（11.46%）、6,10,14-三甲基-2-十五烷酮（6.42%）、环丙基甲醇（6.37%）、8-十八烯醛（5.70%）、环丁醇（5.60%）、十五醛（5.12%）、10-甲基-1-十一烯（3.58%）、乙二醇十八烷基醚（3.48%）、十八醛（3.01%）、双（仲丁基)-2-甲基丁二酸（2.70%）、丙氨酸（2.56%）、3-甲基-3-十一烯（2.49%）、正十九烷醇（2.00%）、10-甲基十九烷（1.96%）、2,4,6-三甲基辛烷（1.77%）、2-甲基-6-丙基十二烷（1.64%）、正十五烷（1.49%）、2,6,11-三甲基十二烷（1.12%）、正二十烷（1.08%）等。朱广琪等（2015）用水蒸气蒸馏法提取的安徽黄山产槐新鲜花精油的主要成分为：正己醇（11.12%）、芳樟醇（8.50%）、棕榈酸（6.12%）、反式-橙花叔醇（5.81%）、6,10,14-三甲基-2-十五烷酮（5.54%）、顺式-3-己烯醇（3.42%）、二十七烷（3.24%）、4,8-二甲基-十一烷（3.21%）、1-辛烯-3-醇（2.93%）、氨茴酸甲酯（2.46%）、己醛（2.16%）、香叶醇（2.02%）、苯乙醇（1.96%）、α-松油醇（1.90%）、2-己烯醛（1.67%）、反式-2-己烯-1-醇（1.52%）、2,6-二叔丁基对甲酚（1.30%）、反式-2,4-癸二烯醛（1.23%）、顺式-α,α-5-三甲基-5-乙烯基四氢化呋喃-2-甲醇（1.08%）等。

【**利用**】花蕾、果实、树皮、枝叶均可入药，枝条具有散瘀止血、清热燥湿、祛风杀虫的功效，用于治疗崩漏、赤白带下、心痛、目赤、痔疮、疥癣等。是良好的行道树和观赏树。木材可供建筑，家具、车辆、造船、农具、雕刻用材。花是优良的蜜源。花蕾可作黄色染料。花可作蔬菜食用。

## 苦豆子

*Sophora alopecuroides* Linn.

**豆科　槐属**

**别名**：苦豆根、苦豆草、欧苦参、香豆、苦甘草、西豆根、草槐、白头蒿子

**分布**：宁夏、新疆、内蒙古、山西、陕西、甘肃、青海、河南、西藏

【**形态特征**】草本，或亚灌木状，高约1 m。枝被白色长柔毛。羽状复叶；托叶钻状；小叶7～13对，对生或近互生，纸质，披针状长圆形或椭圆状长圆形，长15～30 mm，宽约10 mm，先端钝圆或急尖，常具小尖头，基部宽楔形或圆形，叶面被疏柔毛，叶背毛被较密。总状花序顶生；花多数，密生；苞片似托叶；花萼斜钟状；花冠白色或淡黄色，旗瓣通常为长圆状倒披针形，翼瓣卵状长圆形，龙骨瓣与翼瓣相似。荚果串珠状，长8～13 cm，直，具多数种子；种子卵球形，稍扁，褐色或黄褐色。花期5～6月，果期8～10月。

【**生长习性**】多生于干旱沙漠和草原边缘地带。耐旱、耐碱性强，生长快。

【**精油含量**】水蒸气蒸馏干燥全草的得油率为1.90%～2.10%。

【**芳香成分**】根：陈文娟等（2006）用水蒸气蒸馏法提取的宁夏盐池产苦豆子根精油的主要成分为：邻苯二甲酸二甲酯（38.48%）、3-羟基-2-丁酮（19.21%）、乙酸乙酯（16.50%）、异己烷（5.91%）、邻苯二甲酸二乙酯（4.78%）、安息香酸甲酯（3.85%）、乙醛（1.25%）、3-甲氧基戊环（1.24%）等。

全草：盖静等（2011）用水蒸气蒸馏法提取的甘肃武威产苦豆子全草精油的主要成分为：1,3-二甲基苯（12.33%）、2-己烯醛（12.30%）、壬醛（7.02%）、糠醛（5.61%）、Z-3-己烯-1-醇（5.03%）、2-戊基呋喃（3.11%）、(E)-2-癸烯醛（2.02%）、(E,E)-2,4-庚二烯醛（1.48%）、辛醛（1.48%）、1,3-环己二烯-1-羧基醛（1.48%）、2,6,6-三甲基-1-环己烯-1-甲醛（1.46%）、苯乙醛（1.27%）、2,6,6-三甲基-1,3-环己二烯-1-甲醛（1.19%）、E-2-己烯-1-醇（1.12%）、1-甲氧基-4-(1-丙烯基)苯（1.00%）等。

种子：王凯等（2010）用水蒸气蒸馏法提取的宁夏盐池产苦豆子种子精油的主要成分为：乙丁醚（12.06%）、4-甲基-4-

羟基-2-戊酮（10.57%）、萘（6.26%）、庚烷（5.79%）、1-亚甲基-1H-茚（5.43%）、己醛（5.05%）、2-乙基环丁醇（5.05%）、2-甲基萘（4.33%）、2-甲氧基-4-乙烯基苯酚（4.28%）、乙烯基环丁烷（4.08%）、3-薄荷烯（3.97%）、3,4,5,6-四甲基辛烷（3.54%）、己基过氧化物（3.04%）、十五碳烷（2.92%）、1,3,5-环庚三烯（2.57%）、2-乙烯基萘（2.15%）、环庚烷三烯酚酮（1.78%）、戊基乙烯基甲醇（1.26%）、甲酸-2,5-二甲基-(Z)-3-己烯-1-醇酯（1.14%）、4-甲基-1-戊醇（1.13%）等。

【利用】在黄河两岸常栽培以固定土砂。种子入药，有清热燥湿、止痛、杀虫的功效，治湿热泻痢、胃热、胃脘痛、吞酸。种子有杀虫效果。是重要蜜源植物。

## 苦参

*Sophora flavescens* Ait.

**豆科　槐属**

**别名：**苦骨、苦槐、水槐、地槐、野槐、白茎地骨、虎麻、岑茎、禄白、陵郎、山槐

**分布：**全国各地

【形态特征】草本或亚灌木，通常高1～2 m。茎具纹棱。羽状复叶长达25 cm；托叶披针状线形；小叶6～12对，互生或近对生，纸质，形状椭圆形、卵形、披针形至披针状线形，长3～6 cm，宽0.5～2 cm，先端钝或急尖，基部宽楔开或浅心形。总状花序顶生，长15～25 cm；花多数；苞片线形；花萼钟状，明显歪斜；花冠白色或淡黄白色，旗瓣倒卵状匙形，翼瓣单侧生，强烈皱褶，龙骨瓣与翼瓣相似，稍宽。荚果长5～10 cm，种子间稍缢缩，呈不明显串珠状，稍四棱形，成熟后开裂成4瓣，有种子1～5粒；种子长卵形，稍压扁，深红褐色或紫褐色。花期6～8月，果期7～10。

【生长习性】生于山坡、砂地草坡灌木林中或田野附近，海拔1500 m以下。适应性强。

【精油含量】水蒸气蒸馏根的得油率为0.60%。

【芳香成分】王秀坤等（1994）用水蒸气蒸馏法提取的苦参根精油的主要成分为：二十烷（17.03%）、十九烷（14.33%）、十八烷（13.11%）、n-十七烷（12.90%）、2,6,10,14-四甲基十七烷（12.06%）、2,6,10,14-四甲基十六烷（6.31%）、2,6,10,14-四甲基十五烷（4.27%）、n-十六烷（3.99%）、香叶基丙酮（3.72%）、1-辛烯-5-醇（1.70%）、α-松油醇（1.37%）、月桂酸（1.06%）、1,8-桉叶油素（1.02%）等。

【利用】根入药，有清热利湿、抗菌消炎、健胃驱虫之效，常用作治疗皮肤瘙痒、神经衰弱、消化不良及便秘等症。种子可作农药用作杀虫剂。枝条、茎皮、根皮纤维可用于制绳、人造棉、造纸原料、织麻袋等。种子可榨油，作润滑油及工业用油。

## 越南槐

*Sophora tonkinensis* Gapnep.

**豆科　槐属**

**别名：**柔枝槐、广豆根、山豆根

**分布：**广西、贵州、云南

【形态特征】灌木，茎纤细，有时攀缘状。分枝多。羽状复叶长10～15 cm；小叶5～9对，革质或近革质，对生或近互生，椭圆形或卵状长圆形，长15～25 mm，宽10～15 mm，下部的叶渐小，顶生小叶大，先端钝，骤尖，基部圆形或微凹成浅心形。总状花序或基部分枝近圆锥状，顶生，长10～30 cm；苞片小，钻状，被毛；花长10～12 mm；花萼杯状，基部有脐状花托；花冠黄色，旗瓣近圆形，翼瓣长圆形或卵状长圆形，龙骨瓣最大，常呈斜倒卵形或半月形。荚果串珠状，稍扭曲，长3～5 cm，直径约8 mm，疏被短柔毛，沿缝线开裂成2瓣，有种子1～3粒；种子卵形，黑色。花期5～7月，果期8～12。

【生长习性】生于亚热带或温带的石山或石灰岩山地的灌木林中，海拔1000～2000 m。适合生长在平均气温为19～21℃，最适宜生长温度为25～30℃，年平均相对湿度在75%以上的土层深厚、质地疏松、排水良好的砂质石灰岩壤土。

【芳香成分】郭志峰等（2008）用水蒸气蒸馏法提取的干燥根及根茎精油的主要成分为：棕榈酸（14.41%）、(Z,Z)-9.12-十八碳二烯酸（13.79%）、1-(1-环己烯-1-基)-乙酰酮和己酸（8.50%）、己醛（5.01%）、醋酸乙酯（5.00%）、壬酸（3.26%）、2,4-二（1,1-二甲基乙基）噻吩（2.91%）、2-呋喃甲醛（2.60%）、4-甲氧基-6-[2-丙烯基]-1,3-苯并间二氧杂环戊烯（2.54%）、1-[2-羟基-4-甲氧基苯基]乙酮（2.06%）、苯乙醛（2.05%）、1,2-苯二甲酸丁基环己基酯（1.92%）、3-甲基-4-辛烯（1.76%）、2-丙烯酸-3-(3,4-二甲氧基苯基)甲基酯（1.49%）、1-(1-环己烯-1-基)-乙酮和己酸（1.41%）、3,4-二氢-8-羟基-3-甲基-1H-2-苯并吡喃-1-酮（1.31%）、2,4-壬二烯醛（1.21%）、[3R-(3α,3αβ,6α,7β,8aα)]-八氢-3,6,8,8-四甲基-1H-3a,7-甲醇（1.21%）、萸（1.21%）、4-乙酰氧基-3-甲氧基苯乙烯（1.16%）、S-(Z)-3,7,11-三甲基-1,6,10-十二碳三烯-3-醇（1.10%）、二氢-5-戊基-2[3H]-呋喃酮（1.08%）等。杜莹等（2014）用同法分析的广西桂林产越南槐干燥根及根茎精油的主要成分为：己醛（26.46%）、月桂烯（12.74%）、2-戊-呋喃（8.65%）、2(10)-蒎烯（8.47%）、麝香草酚（3.85%）、(2E,4E)-2,4-癸二烯醛（3.79%）、甲酸己酯（2.51%）、环己烯（2.20%）、(E)-2-烯醛（2.00%）、(E)-2-壬烯醛（1.84%）、桧烯（1.79%）、右旋柠檬烯（1.59%）、壬醛（1.42%）、乙烯基戊基甲醇（1.42%）等。

【利用】根可入药，具有清热解毒、消炎止痛之效，用于治泻火解毒、利咽消肿、止痛杀虫、治咽喉肿痛、齿龈肿痛、肺热热咳、烦渴、黄疸。

## 背扁黄耆

*Astragalus complanatus* Bunge.

**豆科　黄耆属**

**别名：**背扁黄芪、沙苑子、扁茎黄芪、白蒺藜、沙苑蒺藜子、潼蒺藜、沙蒺藜、蔓黄耆、夏黄耆

**分布：**东北、华北及河南、宁夏、甘肃、江苏、四川

【形态特征】茎平卧，单1至多数，长20～100 cm，有棱，分枝。羽状复叶具9～25片小叶；托叶离生，披针形；小叶椭圆形或倒卵状长圆形，长5～18 mm，宽3～7 mm，先端钝或微缺，基部圆形，叶面无毛，叶背疏被粗伏毛。总状花序生3～7花，较叶长；苞片钻形；花萼钟状，被灰白色或白色短毛；花冠乳白色或带紫红色，旗瓣近圆形，翼瓣长圆形，龙骨瓣近倒卵形。荚果略膨胀，狭长圆形，长达35 mm，宽5～7 mm，两端尖，背腹压扁，微被褐色短粗伏毛，有网纹，果颈不露出宿萼外；种子淡棕色，肾形，长1.5～2 mm，宽2.8～3 mm，平滑。花期7～9月，果期8～10月。

【生长习性】生于海拔1000～1700 m的路边、沟岸、草坡及干草场。

【精油含量】水蒸气蒸馏干燥种子的得油率为2.59%。

【芳香成分】朱凤妹等（2009）用同时蒸馏浸提法提取的干燥种子精油的主要成分为：4,4a,5,6,7,8-己二烯-2(3H)-萘烷酮（23.93%）、(1aα,7α,7aα,7bα)-1,1a,4,5,6,7,7a,7b-八氢-1,1,7,7a-四甲基-2H-环丙基[a]萘-2-酮（21.21%）、[3aR-(3a,α,4β,7α)]-2,4,5,6,7,8-六氢-1,4,9,9-四甲基-3H-3a,7-菊环烃甲醇（10.41%）、东苍术酮（6.00%）、2,4,6,7,8,8a-己二烯-5(1H)-甙菊环烃（3.05%）、7R,8R-8-羟基-4-异丙叉-7(2.90%）、(1ar,4b,7ar,7b3)-1a,2,4,5,6,7,7a,7b-八氢-1,1,7,7a-四甲基-(+)-1H-环丙基[a]萘-4-醇（2.89%）、1H-环丙基[e]甙菊环烃，萘烷（2.41%）、脱氢香橙烯（2.35%）、依兰烯（1.78%）、4,4-二甲基-3-(3-甲基-3-亚乙基)-2-亚甲基-二环[4.1.0]庚烷（1.60%）、1,7,7-三甲基二环[2.2.1]庚烯（1.22%）等。

【利用】种子入药，有补肾固精、清肝明目之效，主治腰膝酸痛、遗精早泄、遗尿、尿频、白带、神经衰弱及视力减退、糖尿病等症。全株可作绿肥、饲料。是水土保持的优良草种。

## 黄耆

*Astragalus membranaceus* (Fisch.) Bunge

**豆科　黄耆属**

**别名：**绵芪、绵黄芪、北芪、东北黄芪、膜荚黄芪、蒙古黄芪、黄芪、膜荚黄耆

**分布：**东北、华北、西北各地

【形态特征】多年生草本，高50～100 cm。茎直立，上部多分枝，有细棱，被白色柔毛。羽状复叶有13～27片小叶，长

5～10 cm；托叶离生，卵形至线状披针形；小叶椭圆形或长圆状卵形，长7～30 mm，宽3～12 mm，先端钝圆或微凹，基部圆形，叶面绿色，叶背被伏贴白色柔毛。总状花序稍密，有10～20朵花；苞片线状披针形，背面被白色柔毛；小苞片2；花萼钟状，外面被柔毛；花冠黄色或淡黄色，旗瓣倒卵形，翼瓣长圆形，龙骨瓣半卵形。荚果薄膜质，稍膨胀，半椭圆形，长20～30 mm，宽8～12 mm，顶端具刺尖，两面被白色或黑色细短柔毛，果颈超出萼外；种子3～8颗。花期6～8月，果期7～9月。

【生长习性】生于林缘、灌丛或疏林下，亦见于山坡草地或草甸中。喜干旱，适应性强。

【精油含量】水蒸气蒸馏新鲜根的得油率为0.64%，干燥根的得油率为0.43%。

【芳香成分】徐怀德等（2011）用水蒸气蒸馏法提取的陕西子洲产黄耆新鲜根精油的主要成分为：正己醇（27.50%）、邻二甲苯（13.62%）、(E)-2-己烯-1-醇（10.39%）、(E)-2-己烯醛（8.67%）、正己醛（5.40%）、乙苯（4.99%）、对-甲乙苯（4.51%）、间-甲乙苯（2.76%）、(E,E)-2,4-癸二烯醛（2.12%）、1,2,4-三甲苯（1.94%）、己酸（1.47%）、己-2-烯醛（1.17%）、(Z)-2-戊烯醇（1.12%）、1-辛烯-3-醇（1.06%）、2,2,4-三甲基-5-己基-3-醇（1.04%）等；干燥根精油的主要成分为：正己醛（13.69%）、正己醇（9.67%）、己-2-烯醛（9.24%）等。

【利用】根为常用中药材，有增强免疫功能、抗衰老、提高机体抗应激能力、促进机体代谢、强心、保护心肌、降压作用，主治表虚自汗、脾虚泄泻、脱肛、中气下陷、消渴、痈疽久不收口等。根可生食或与肉类煮食或做汤。

## 海南黄檀

*Dalbergia hainanensis* Merr. et Chun

**豆科　黄檀属**
**别名：**海南檀、花梨公、花梨木
**分布：**海南

【形态特征】乔木，高9～16 m；树皮暗灰色，有槽纹。羽状复叶长15～18 cm；叶轴、叶柄被褐色短柔毛；小叶3～5对，纸质，卵形或椭圆形，长3～5.5 cm，宽2～2.5 cm，先端短渐尖，常钝头，基部圆或阔楔形。圆锥花序腋生，略被褐色短柔毛；花初时近圆形，极小；副萼状小苞片阔卵形至近圆形；花萼长约5 mm，萼齿5，不相等；花冠粉红色，旗瓣倒卵状长圆形，翼瓣菱状长圆形，内侧有下向的耳，龙骨瓣较短，具耳。荚果长圆形，倒披针形或带状，长5～9 cm，宽1.5～1.8 cm，直或稍弯，顶端急尖，基部楔形，渐狭下延为一短果颈，果瓣被褐色短柔毛，对种子部分不明显凸起，有网纹，有种子1～2粒。

【生长习性】生于山地疏或密林中。喜高温，也能耐轻霜及短期-1℃左右极端低温。喜光。对土壤肥力的要求不甚苛刻，一般肥力中等以上的红壤、赤红壤、砖红壤、均可生长成材，在肥沃立地生长更快。能适应石灰岩山地环境，萌芽力强。

【芳香成分】朱亮锋等（1993）用树脂吸附法收集的花头香的主要成分为：苯乙腈（24.25%）、苯乙醇（11.56%）、苯甲酸甲酯（6.95%）、苯甲酸（6.42%）、7-辛烯-4-醇（5.98%）、芳樟醇（3.03%）、苯甲醛（2.73%）、柠檬烯（2.19%）、5-甲基-3-庚酮（2.00%）、对羟基苯甲酸甲酯（1.53%）、N-苯基-1-萘胺（1.38%）、6-甲基-3-庚烯醇（1.20%）等。

【利用】可作为行道树或庭园观赏树。木材可为家具用材，是制作各种珍贵家具、名画框边、古董座架、高级工艺品、乐器和雕刻、镶嵌、美工装饰的上等材料。花为蜜源。心材药用，有止血、止痛的功效，用于治疗胃气痛、刀伤出血。

## 降香

*Dalbergia odorifera* T. Chen

**豆科　黄檀属**
**别名：**降香檀、降香黄檀、花梨木、紫降香、黄花梨、降香木
**分布：**海南、福建、广东、广西

【形态特征】乔木，高10～15 m；除幼嫩部分、花序及子房略被短柔毛外，全株无毛；树皮褐色，粗糙，有纵裂槽纹。羽状复叶长12～25 cm；小叶3～6对，近革质，卵形或椭圆形，复叶顶端的1枚小叶最大，往下渐小，先端尖，钝头，基部圆或阔楔形。圆锥花序腋生，长8～10 cm，分枝呈伞房花序状；基生小苞片近三角形，副萼状小苞片阔卵形；花萼下方1枚披针形，余阔卵形；花冠乳白色或淡黄色，均具瓣柄，旗瓣倒心形，翼瓣长圆形，龙骨瓣半月形。荚果舌状长圆形，长

4.5～8 cm，宽1.5～1.8 cm，基部骤然收窄与纤细的果颈相接，果瓣革质，对种子的部分明显凸起，状如棋子，厚可达5 mm，有种子1～2粒。

【生长习性】生于中海拔有山坡疏林中、林缘或旷地上。适生性强，生长适温20～30℃，可抗0℃低温；较耐旱而不耐涝；喜光照。对土壤条件要求不严，干旱瘦瘠的地方乃至陡坡、山脊、石头边都可生长，以地势开阔、土层深厚肥沃的微酸性坡地较好。

【精油含量】水蒸气蒸馏心材的得油率为0.61%～5.01%，叶的得油率为0.37%；超临界萃取心材的得油率为1.12%～4.05%，叶的得油率为3.96%；有机溶剂萃取心材的得油率为2.76%～8.12%。

【芳香成分】根：程必强等（1996）用水蒸气蒸馏法提取的云南西双版纳产降香根精油的主要成分为：橙花叔醇（60.26%）、葎草烯环氧化物（12.96%）等。

茎：郭丽冰等（2007）用水蒸气蒸馏法提取的湖南产降香心材精油的主要成分为：橙花叔醇（38.24%）、2,4-二甲基-2,4-庚二烯醛（25.83%）、2,4-二甲基-2,6-庚二烯醛（18.48%）等。赵夏博等（2012）分析的海南产降香心材精油的主要成分为：氧化石竹烯（54.22%）、7,11-二甲基-10-十二碳烯-1-醇（14.11%）、6,11-二甲基-2,6,10-十二碳三烯-1-醇（10.24%）、橙花叔醇（10.22%）、1,5,5,8-四甲基-12-氧化双环[9.1.0]十二烷-3,7-丁二烯（3.47%）、2-丁基-3-甲基-5-(2-甲基-2-丙烯基)环己酮（2.63%）等。

叶：毕和平等（2004）用水蒸气蒸馏法提取的海南乐东产降香干燥叶精油的主要成分为：2-甲氧基-4-乙烯基苯酚（21.73%）、n-棕榈酸（13.97%）、苯酚（6.69%）、苯甲基乙醇（6.67%）、5-乙烯基四氢-α,α,5-三甲基-2-呋喃甲醇（5.62%）、2-甲基-6-羟基喹啉（5.24%）、叶绿醇（4.87%）、吲哚（4.80%）、2,3-二氢-苯基-呋喃（4.33%）、3-甲氧基-嘧啶（3.60%）、十四酸（3.46%）、苯乙基乙醇（3.43%）、6,10,14-三甲基-2-十五酮（3.06%）、2-甲氧基-苯酚（2.14%）、6-乙烯基四氢-2,2,6-三甲基-2H-吡喃-3-醇（2.07%）、1,2,3,4-四甲基-5-亚甲基-1,3-环戊二烯（2.00%）、苯甲醛（1.95%）、苯并噻唑（1.88%）、1-丁醇（1.48%）、14-甲基-十五酸甲酯（1.02%）等。

花：陈丽霞等（2011）用石油醚萃取法提取的海南万宁产降香干燥花精油的主要成分为：三十四烷（22.01%）、邻苯二甲酸二丁酯（14.02%）、9,12-十八碳二烯酸（14.00%）、α-香树精（8.37%）、三十六烷（8.33%）、三十烷（6.13%）、1,4-二甲基金刚烷（5.49%）、邻苯二甲酸二异辛酯（4.37%）、二十一烷（3.23%）、1-三十烷醇（2.57%）、二十五烷（2.49%）、三十一烷（1.72%）、二十七烷（1.55%）、二十八烷醇（1.45%）、二十四烷（1.39%）等。

果实：郭璇等（2011）用同步蒸馏萃取法提取的海南琼海产降香果实精油的主要成分为：p,p,p-三苯基-亚胺磷（35.30%）、二(1-甲基乙基)过氧化物（16.40%）、1-甲基-1H-吡咯（5.20%）、3,3,6-三甲基-1,5-庚二烯-4-酮（4.70%）、4-乙烯基-2-甲氧基-苯酚（3.90%）、1H-吡咯（3.90%）、2-β-蒎烯（3.50%）、甲酸戊酯（2.00%）、3-(1-甲乙基)苯酚（2.00%）、缩水甘油（1.70%）、苯酚（1.60%）、1H-吲哚（1.40%）、乙酸乙酯（1.30%）、β-紫罗兰酮（1.30%）、β-大马烯酮（1.20%）、橙花叔醇异构体（1.10%）、食用西番莲素II（1.00%）等。

【利用】木材为上等家具良材。根部心材供药用，为有理气、止血、行瘀、定痛作用的传统中草药，是良好的镇痛剂，临床上用于治疗吐血、咯血、金疮出血、跌打损伤、痈疽疮肿、风湿腰腿痛、心胃气痛等症。心材香脂为名贵调香原料，也可入药，有降血压、抗冠心病等作用。

## 斜叶黄檀

*Dalbergia pinnata* (Lour.) Prain

**豆科　黄檀属**

**别名：**斜叶檀、罗望子叶黄檀、羽叶檀

**分布：**海南、广西、云南、西藏

【形态特征】乔木，高5～13 m，或有时具长而曲折的枝条成为藤状灌木。嫩枝密被褐色短柔毛，渐变无毛。羽状复叶长12～15 cm；叶轴、叶柄和小叶柄均密被褐色短柔毛；托叶披针形；小叶10～20对，纸质，斜长圆形，先端圆形，微凹缺，基部偏斜，一侧楔形，另侧近圆形。圆锥花序腋生，具伞房状的分枝；苞片和小苞片卵形；花萼钟状，萼齿卵形；花冠白色，各瓣均具长柄，旗瓣卵形，反折，翼瓣基部戟形，龙骨瓣具下面的耳。荚果薄，膜质，长圆状舌形，长2.5～6.5 cm，1～1.4 cm，顶端圆，具小凸尖，基部阔楔形，具纤细果颈，荚瓣绿色，有种子1～4粒；种子狭长，长约18 mm，宽约4 mm。花期1～2月。

【生长习性】生于山地密林中，海拔1400 m以下。

【精油含量】超临界萃取心材的得油率为4.76%。

【芳香成分】张苏慧等（2018）用超临界$CO_2$萃取法提取的海南产斜叶黄檀干燥心材精油的主要成分为：榄香素（92.33%）、甲基丁香酚（3.18%）、4-烯丙基-2,6-二甲氧基苯酚（1.27%）等。

【利用】全株药用，有消肿止痛的功效，治风湿、跌打、扭挫伤。枝叶精油用作香料。木材可制作工艺品。

## 印度黄檀

*Dalbergia sissoo* Roxb.

**豆科　黄檀属**

**别名：** 印度檀

**分布：** 福建、广东、海南、台湾有栽培

【形态特征】乔木；树皮灰色，粗糙，分枝多，被白色短柔毛。羽状复叶长12～15 cm；托叶披针形，早落；小叶1～2对，近革质，近圆形或有时菱状倒卵形，长3.5～6 cm，先端圆，具短尾尖，两面淡绿色。圆锥花序近伞房状，腋生；基生小苞片披针形。副萼状小苞片阔卵形，早落；花长8～10 mm，芳香；花萼筒状，被柔毛；花冠淡黄色或白色，各瓣均具长柄，旗瓣阔倒卵形，翼瓣和龙骨瓣倒披针形，无耳。荚果线状长圆形至带状，长4～8 cm，6～12 mm，果瓣薄革质，干时淡褐色，无毛，对种子部分略具网纹，有种子12粒；种子肾形，扁平。花期3～4月。

【生长习性】喜高温，也能耐轻霜及短期-1℃左右极端低温。喜光，幼树需有稀疏庇荫。对土壤肥力的要求不甚苛刻，一般肥力中等以上的红壤、赤红壤、砖红壤、均可生长，在肥沃立地生长更快。能适应石灰岩山地环境，萌芽力强。

【精油含量】水蒸气蒸馏心材的得油率为0.06%；超声法提取阴干花的得油率为0.23%。

【芳香成分】姬国玺等（2013）用超声萃取法提取的广东遂溪产印度黄檀阴干花精油的主要成分为：邻苯二甲酸二(2-乙基-己基)酯（37.11%）、5-羟基-7-甲氧基-2-(4-甲氧苯基)-4H-1-苯并吡喃-4-酮（7.85%）、十九烷（6.99%）、(+)-δ-桉叶烯（5.83%）、棕榈酸（4.00%）、(Z,Z)-9,12-十八碳二烯酸（3.68%）、羽扇烯酮（2.67%）、二十七烷（2.10%）、6,6'-亚甲基二(2-叔丁基-4-甲基苯酚)（1.93%）、齐墩果-12-烯-3-酮（1.86%）、4,9,13,17-四甲基-4,8,12,16-十八碳四烯醛（1.79%）、硬脂酸（1.64%）、二十碳二烯（1.41%）、十四烷酸乙酯（1.18%）等。

【利用】可作庭园观赏树。心材宜作雕刻、细工、地板及家具用材。

## 多叶棘豆

*Oxytropis myriophylla* (Pall.) DC.

**豆科　棘豆属**

**别名：** 狐尾藻棘豆

**分布：** 黑龙江、吉林、辽宁、内蒙古、河北、山西、陕西、宁夏等地

【形态特征】多年生草本，高20～30 cm，全株被长柔毛。茎缩短，丛生。轮生羽状复叶长10～30 cm；托叶膜质，卵状

披针形，密被黄色长柔毛；小叶25～32轮，每轮4～8片或有时对生，线形、长圆形或披针形，先端渐尖，基部圆形，两面密被长柔毛。多花组成总状花序；苞片披针形，长8～15 mm，被长柔毛；花长20～25 mm；花萼筒状，被长柔毛，萼齿披针形；花冠淡红紫色，旗瓣长椭圆形，基部下延成瓣柄。荚果披针状椭圆形，膨胀，长约15 mm，宽约5 mm，先端喙长5～7 mm，密被长柔毛，隔膜稍宽，不完全2室。花期5～6月，果期7～8月。

【生长习性】生于砂地、平坦草原、干河沟、丘陵地、轻度盐渍化沙地、石质山坡或海拔1200～1700 m的低山坡。对土壤条件要求不严，耐旱，耐瘠薄，喜生于砾石性较强，或砂质型土壤，或固定风沙土壤上。

【芳香成分】赵丹庆等（2009）用水蒸气蒸馏法提取的干燥全草精油的主要成分为：1-甲氧基-4-[1-丙烯基]-苯（4.73%）、6,10,14-三甲基-2-十五烷酮（3.97%）、己醛（3.43%）、2-己烯醛（2.05%）、庚醛（1.30%）、辛醛（1.29%）等。

【利用】全草入药，有清热解毒、消肿、祛风湿、止血之功效。中等饲用植物。

## 甘肃棘豆

*Oxytropis kansuensis* Bunge

**豆科　棘豆属**

**别名：**田尾草、旋巴草、疯马豆、马绊肠

**分布：**宁夏、内蒙古、甘肃、青海、四川、云南、西藏

【形态特征】多年生草本，高 8～20 cm，茎细弱，铺散或直立，基部的分枝斜伸而扩展，疏被黑色短毛和白色糙伏毛。羽状复叶长 4～13 cm；托叶草质，卵状披针形；小叶17～29，卵状长圆形、披针形，先端急尖，基部圆形，两面疏被贴伏白色短柔毛。多花组成头形总状花序；疏被白色间黑色短柔毛；苞片膜质，线形，疏被黑色的白色柔毛；花长约12 mm；花萼筒状，密被贴伏黑色间有白色长柔毛；花冠黄色，旗瓣宽卵形，翼瓣长长圆形，龙骨瓣喙短三角形。荚果纸质，长圆形或长圆状卵形，长8～12 mm，宽约4 mm，密被贴伏黑色短柔毛。种子11～12颗，淡褐色，扁圆肾形，长约1 mm。花期6～9月，果期8～10月。

【生长习性】生于海拔2200～5300 m的路旁、高山草甸、高山林下、高山草原、山坡草地、河边草原、沼泽地、高山灌丛下、山坡林间砾石地及冰碛丘陵上。

【精油含量】水蒸气蒸馏全草的得油率为0.04%。

【芳香成分】梁冰等（1994）用水蒸气蒸馏法提取的甘肃永登产甘肃棘豆花期全草精油的主要成分为：棕榈酸（26.06%）、6,10,14-三甲基十五酮-2(7.75%)、碳十九双烯醛异构体（6.03%）、肉豆蔻酸（4.13%）、顺-法呢醇（3.89%）、月桂酸（2.63%）、12-甲基肉豆蔻酸（2.09%）、3,7,11,15-四甲基十六烯-2-醇-1(1.86%)、正二十九烷（1.47%）、β-金合欢烯（1.37%）、正二十五烷（1.30%）、十六醛（1.19%）、甲基丁香酚（1.10%）、正二十七烷（1.07%）等。

【利用】全草入药，具解毒医疮、止血利尿之功效，临床用于治各种内出血、水肿、疮疡。有毒，牲畜采食后易产生嗜好和慢性中毒。

## 镰荚棘豆

*Oxytropis falcata* Bunge

**豆科　棘豆属**

**别名：**镰形棘豆、镰萼棘豆、达夏

**分布：**甘肃、青海、新疆、四川、西藏等地

【形态特征】多年生草本，高1～35 cm，具粘性和特异气味。茎缩短，多分枝，丛生。羽状复叶长5～20 cm；托叶膜质，长卵形，密被长柔毛和腺点；小叶25～45，对生或互生，线状

披针形、线形，先端钝尖，基部圆形，叶面疏被白色长柔毛，叶背密被淡褐色腺点。6～10花组成头形总状花序；苞片草质，长圆状披针形，密被褐色腺点和长柔毛；花长20～25 mm；花萼筒状，密被柔毛和腺点；花冠蓝紫色或紫红色，旗瓣倒卵形，翼瓣斜倒卵状长圆形。荚果革质，宽线形，微蓝紫色，略成镰刀状弯曲，长25～40 mm，宽6～8 mm，喙长4～6 mm，被腺点和短柔毛。种子多数，肾形，长2.5 mm，棕色。花期5～8月，果期7～9月。

【生长习性】生于海2700～5200 m的高山灌丛草地、山坡草地、山坡砂砾地、冰川阶地、河岸阶地上。

【精油含量】石油醚萃取阴干全草的得油率为3.80%。

【芳香成分】王栋等（2010）用水蒸气蒸馏法提取的西藏班戈产镰荚棘豆全草精油的主要成分为：正二十一烷（22.20%）、6,10,14-三甲基-2-十五烷酮（5.40%）、2-甲基苄基氰化物（5.10%）、3,7-二甲基-4,6-辛二烯-3-醇（3.70%）、4a,8-四甲基-2-萘甲醇（3.70%）、2-丙烯酸-3-苯基丁酯（3.00%）、(+)-外-双环倍半水芹烯（2.70%）、二十五烷（2.60%）、2,5-二苯基噁唑（2.40%）、二十九烷（2.10%）、4a-三甲基-8-亚甲基-2-萘甲醇（2.00%）、(E)-3,7,11-三甲基-1,6,10-十二碳三烯-3-醇（1.80%）、十七碳烷（1.70%）、氧化石竹烯（1.60%）、正二十四烷（1.50%）、6-乙烯基-6-甲基-1-(1-甲基乙基)-3-(1-甲基亚乙基)环己烯（1.30%）、对-薄荷-1-烯-8-醇（1.20%）、1,2-二甲氧基-4-(2-丙烯基)苯（1.20%）、2-丙烯酸-3-苯基-2-苯乙酯（1.10%）、1,2,3,5,6,8-六氢-4,7-二甲基-1-(1-甲基乙基)萘（1.00%）等。

【利用】全草入药，可治刀伤。

## 小花棘豆

*Oxytropis glabra* (Lam.) DC.

**豆科　棘豆属**

**别名：**马绊肠、醉马草、绊肠草、苦马豆

**分布：**内蒙古、山西、陕西、甘肃、青海、新疆、西藏等地

【形态特征】多年生草本，高20～80 cm。茎分枝多，直立或铺散。羽状复叶长5～15 cm；托叶草质，卵形或披针状卵形；小叶11～27，披针形或卵状披针形，先端尖或钝，基部宽楔形或圆形，叶背微被贴伏柔毛。多花组成稀疏总状花序，长4～7 cm；苞片膜质，狭披针形，疏被柔毛；花长6～8 mm；花萼钟形，被贴伏白色短柔毛；花冠淡紫色或蓝紫色，旗瓣圆形，翼瓣先端全缘。荚果膜质，长圆形，膨胀，下垂，长10～20 mm，宽3～5 mm，喙长1～1.5 mm，腹缝具深沟，背部圆形，疏被贴伏白色短柔毛或混生黑、白柔毛，后期无毛，1室；果梗长1～2.5 mm。花期6～9月，果期7～9月。

【生长习性】生于海拔440～3400 m的山坡草地、石质山坡、河谷阶地、冲积川地、草地、荒地、田边、渠旁、沼泽草甸、盐土草滩上。

【精油含量】水蒸气蒸馏阴干全草的得油率为3.00%。

【芳香成分】任永丽等（2008）用水蒸气蒸馏法提取的青海贵南产小花棘豆阴干全草精油的主要成分为：(Z,Z,Z)-9,12,15-十八碳三烯-1-醇（13.50%）、(E)-1-(2,6-二羟基-4-甲氧基)-3-苯基-2-烯-1-酮（7.60%）、十六碳酸乙酯（5.30%）、2-[4-羟基苯烯基]-苯并呋喃-6-羟基-3-酮（5.10%）、1,2-苯二甲酸异丁酯（5.09%）、亚麻油酸乙酯（4.35%）、23,24-双氢豆甾醇（4.31%）、(E)-1-(2,6-二羟基-4-甲氧基)-3-苯基-2-丙烯-1-酮（4.05%）、4-己酰基间苯二酚（2.78%）、N-丁基-苯基-丙烯酰胺（2.38%）、(E)-15-十六碳烯醛（1.93%）、2-苯基-5,7-二羟基双氢黄酮（1.90%）、2-苯基-N-(2-苯乙基)-2-丙烯酰胺（1.86%）、十五碳酸乙酯（1.60%）、(E)-3-二十碳烯（1.59%）、油酸乙酯（1.50%）、3-苯基-2-丙烯酸乙酯（1.41%）等。

【利用】全草药用，有毒，能麻醉、镇静、止痛，主治关节痛、牙痛、神经衰弱、皮肤痛痒。牲畜误食后可中毒。

## 金合欢

*Acacia farnesiana* (Linn.) Willd.

**豆科　金合欢属**

**别名：**银荆、勒子树、光夹含羞草、圣诞树、澳洲白色金合欢、鸭皂树、牛角花、消息花、荆球化、番苏木、刺毬毛

**分布：**台湾、浙江、福建、广东、海南、广西、四川、云南

【形态特征】灌木或小乔木，高2～4 m；树皮粗糙，褐色，多分枝，小枝常呈“之”字形弯曲，有小皮孔。托叶针刺状。二回羽状复叶长2～7 cm，叶轴糟状，被灰白色柔毛，有腺体；羽片4～8对，长1.5～3.5 cm；小叶通常10～20对，线状长圆形，长2～6 mm，宽1～1.5 mm，无毛。头状花序1或2～3个簇生于叶腋，直径1～1.5 cm；苞片位于总花梗的顶端或近顶部；花黄色，有香味；花萼长1.5 mm，5齿裂；花瓣连合呈管状，长约2.5 mm，5齿裂；子房圆柱状，被微柔毛。荚果膨胀，近圆柱状，长3～7 cm，宽8～15 mm。褐色，无毛，劲直或弯曲；种子多颗，褐色，卵形，长约6 mm。花期3～6月；果期7～11月。

【生长习性】多生于阳光充足、土壤较肥沃、疏松的地方。极喜光、喜温热气候，耐瘠薄，在砂质土及黏质土壤均能生长，喜酸性土壤，在钙质土上生长不良。耐干旱又耐短期水淹。深根性，能耐12级台风。

【精油含量】石油醚萃取鲜花的得膏率为0.60%。

【芳香成分】宁振兴等（2013）用水蒸气蒸馏法提取的广西南宁产金合欢干燥花精油的主要成分为：棕榈酸（21.33%）、顺-11-十八碳烯酸（12.68%）、亚油酸（5.24%）、3-羟基苯甲酸（4.16%）、硬脂酸（3.68%）、儿茶酚（3.52%）、苯甲酸（3.38%）、苯甲醛（3.14%）、2-单棕榈酸甘油（2.27%）、衣康酸酐（1.30%）、2,3-二甲基-3,5-二羟基-6-甲基-4H-吡喃-4-酮（1.27%）、二十烷（1.25%）等。任洪涛等（2010）用石油醚萃取法提取的云南新平产金合欢鲜花净油的主要成分为：水杨酸甲酯（19.21%）、对丙烯基苯酚（8.05%）、正十九烷（6.59%）、香草酸甲酯（5.74%）、9Z,12Z,15Z-十八碳三烯-1-醇（5.20%）、苯甲醇（4.90%）、4-甲氧基苄醇（4.76%）、脱氢松香酸甲酯（2.95%）、龙胆酸甲酯（2.71%）、姜酮（2.52%）、(E)-3-甲基-4-癸烯酸（2.43%）、莰烯（2.29%）、贝壳杉-16-烯（2.28%）、金合欢醇（1.86%）、植醇（1.51%）、β-紫罗兰酮（1.38%）、正二十一烷（1.31%）、植酮（1.21%）、乙酸丁酯（1.03%）、β-蒎烯（1.01%）、乙烯基-1,4-戊二烯（1.00%）等。

【利用】花浸膏和净油是十分珍贵的高档香料，可作为食品添加剂；净油可用于调配美发油、唇膏和香粉；也可用于高档香皂的加香；花精油主要用于高级香水及化妆品香精中。茎流出的树脂供药用或作胶合剂。根及荚果可为黑色染料。木材可作家具、室内装饰材、车船、木梭、农具等。可植作绿篱。枝芽浸液药用，可治毒疮。果实可提取鞣质，也可作饲料，药用，用于抗癌、防癌及制避孕药。根入药，有祛痰、消炎，截疟等作用。树皮可提取栲胶、单宁胶。树胶可代阿拉伯树胶使用，广泛应用于胶水、乳化剂、墨水、印染、糖果、制药等工业。叶可作饲料、绿肥。为蜜源植物。嫩叶可作野菜食用。种子可以食用、饲料、油用、胶用。为荒山造林先锋树种、水土保持、防护林树种。

## 银荆

*Acacia dealbata* Link

**豆科　金合欢属**

**别名：**银白金合欢、圣诞树、澳洲白色金合欢、鱼骨松、鱼骨槐

**分布：**云南、浙江、广西、福建有栽培

【形态特征】无刺灌木或小乔木，高15 m；嫩枝及叶轴被灰色短绒毛，被白霜。二回羽状复叶，银灰色至淡绿色，有时在叶尚未展开时，稍呈金黄色；腺体位于叶轴上着生羽片的地

方；羽片10～25对；小叶26～46对，密集，间距不超过小叶本身的宽度，线形，长2.6～3.5 mm，宽0.4～0.5 mm，叶背或两面被灰白色短柔毛。头状花序直径6～7 mm，复排成腋生的总状花序或顶生的圆锥花序；花淡黄或橙黄色。荚果长圆形，长3～8 cm，宽7～12 mm，扁压，无毛，通常被白霜，红棕色或黑色。花期4月；果期7～8月。

【生长习性】为喜光树种，不耐阴。喜温暖湿润气候，对土壤pH要求不严，微酸性、中性、微碱性土均能生长，以土层深厚疏松、排水良好、肥沃的砂质壤土生长为好。耐寒性较强，能耐-8℃的低温。

【精油含量】石油醚萃取鲜花的得膏率为0.80%。

【芳香成分】任洪涛等（2010）用石油醚萃取法提取的云南昆明产银荆鲜花净油的主要成分为：8-十七烯（33.48%）、13-十四烯醛（9.27%）、(Z)-13-十八烯醛（7.65%）、十六醛（4.67%）、棕榈酸（4.60%）、大茴香酸甲酯（3.35%）、正十九烷（2.81%）、7,10,13-十六碳三烯酸甲酯（2.80%）、(E,E)-乙酸金合欢醇酯（2.80%）、正十七烷（2.40%）、十四醛（1.53%）、泪杉醇（1.22%）、(Z)-9-十八烯醛（1.12%）、1-十九烯（1.11%）、Z-7-十六碳烯醛（1.08%）等。

【利用】适作荒山绿化先锋树及水土保持树种。可作蜜源植物。可作绿化观赏植物。

## 羽叶金合欢

*Acacia pennata* Willd.

**豆科　金合欢属**

**别名：**南蛇筋藤、臭菜、蛇藤、加力酸藤

**分布：**云南、广东、福建、广西

【形态特征】攀缘、多刺藤本；小枝和叶轴均被锈色短柔毛。总叶柄基部及叶轴上部羽片着生处稍下均有凸起的腺体1枚；羽片8～22对；小叶30～54对，线形，长5～10 mm，宽0.5～1.5 mm，彼此紧靠，先端稍钝，基部截平，具缘毛，中脉靠近上边缘。头状花序圆球形，直径约1 cm，具1～2 cm长的总花梗，单生或2～3个聚生，排成腋生或顶生的圆锥花序，被暗褐色柔毛；花萼近钟状，长约1.5 mm，5齿裂；花冠长约2 mm；子房被微柔毛。果带状，长9～20 cm，宽2～3.5 cm，无毛或幼时有极细柔毛，边缘稍隆起，呈浅波状；种子8～12颗，长椭圆形而扁。花期3～10月；果期7月至翌年4月。

【生长习性】多生于低海拔的疏林中，常攀附于灌木或小乔木的顶部。喜温耐热。

【精油含量】水蒸气蒸馏新鲜嫩茎叶的得油率为0.11%～2.69%。

【芳香成分】叶：李贵军等（2014）用水蒸气蒸馏法提取的云南曲靖产羽叶金合欢晾干嫩叶精油的主要成分为：亚麻醇（15.75%）、1-十六炔（14.96%）、豆蔻酸（14.53%）、1,2,4-三硫杂环戊烷（9.19%）、1,2,4,6-四硫杂环庚烷（6.33%）、环戊酮乙二缩酮（3.57%）、1,2,4,5-四硫杂环已烷（2.55%）、正十五酸（2.40%）、顺式蒎烷（2.11%）、亚麻酸（2.09%）、邻苯二甲酸单乙基己基酯（1.80%）、正三十四烷（1.62%）、3-(2-甲基丙基)-1,4-二酮吡嗪并[1,2-a]六氢吡咯（1.19%）、2-(三甲硅基)乙醇（1.10%）、8-庚基十五烷（1.07%）、1,2,3,5,6-五硫杂环庚烷（1.06%）等。

茎叶：刘锡葵（2006）用水蒸气蒸馏法提取的云南昆明产羽叶金合欢新鲜嫩茎叶精油的主要成分为：噻啶（79.51%）、三硫杂环戊烷（3.63%）、3,5-二甲基-1,2,4-三硫醇烷（异构体）(2.18%）、三硫杂环已烷（2.17%）、1,2,4,6-四硫环庚烷（2.09%）、3,5-二甲基-1,2,4-三硫醇烷（1.96%）、植醇（1.17%）、5-甲基-1,2,4,6-四硫环庚烷（1.15%）、N-甲基-2,5-二甲基-3,4-二硫代吡唑烷（1.08%）等。

【利用】藤茎入药，有毒，治急性过敏性渗出性皮炎。嫩茎叶可作为芳香蔬菜食用。

## 鬼箭锦鸡儿

*Caragana jubata* (Pall.) Poir.

**豆科　锦鸡儿属**
**别名：** 藏锦鸡儿、鬼箭愁
**分布：** 内蒙古、河北、山西、新疆

【形态特征】灌木，直立或伏地，高0.3～2 m，基部多分枝。树皮深褐色、绿灰色或灰褐色。羽状复叶有4～6对小叶；托叶先端刚毛状，不硬化成针刺；叶轴长5～7 cm，宿存，被疏柔毛。小叶长圆形，长11～15 mm，宽4～6 mm，先端圆或尖，具刺尖头，基部圆形，绿色，被长柔毛。苞片线形；花萼钟状管形，长14～17 mm，被长柔毛；花冠玫瑰色、淡紫色、粉红色或近白色，长27～32 mm，旗瓣宽卵形，基部渐狭成长瓣柄，翼瓣近长圆形，耳狭线形，龙骨瓣先端斜截平而稍凹，瓣柄与瓣片近等长，耳短，三角形；子房被长柔毛。荚果长约3 cm，宽6～7 mm，密被丝状长柔毛。花期6～7月，果期8～9月。

【生长习性】生于海拔2400～3000 m的山坡、林缘。

【精油含量】超临界萃取干燥全草的得油率为0.85%。

【芳香成分】黄星等（2001）用超临界$CO_2$萃取法提取的西藏拉萨产鬼箭锦鸡儿干燥全草精油的主要成分为：姜烯（35.78%）、α-雪松醇（14.34%）、顺-石竹烯（6.41%）、十八碳二烯酸（5.49%）、β-甜没药烯（4.88%）、十六醇（2.39%）、香桧烯（2.00%）、棕榈酸（1.74%）、二十三烯（1.70%）、2-顺-9-十八烯酰基乙醇（1.40%）、二十一烷（1.05%）等。

【利用】根及枝叶入药，具有清热解毒、降压之功效，用于治疗乳痈、疮疖肿痛、高血压病。

## 锦鸡儿

*Caragana sinica* (Buc'hoz) Rehd.

**豆科　锦鸡儿属**
**别名：** 娘娘袜
**分布：** 河北、陕西、江苏、江西、浙江、福建、河南、湖北、湖南、广西、四川、贵州、云南

【形态特征】灌木，高1～2 m。树皮深褐色；小枝有棱。托叶三角形，硬化成针刺，长5～7 mm；叶轴脱落或硬化成针刺，针刺长7～25 mm；小叶2对，羽状，有时假掌状，上部1对常较下部的为大，厚革质或硬纸质，倒卵形或长圆状倒卵形，长1～3.5 cm，宽5～15 mm，先端圆形或微缺，具刺尖或无刺尖，基部楔形或宽楔形，叶面深绿色，叶背淡绿色。花单生；花萼钟状，长12～14 mm，宽6～9 mm，基部偏斜；花冠黄色，常带红色，长2.8～3 cm，旗瓣狭倒卵形，具短瓣柄，翼瓣稍长于旗瓣，瓣柄与瓣片近等长，耳短小，龙骨瓣宽钝；子房无毛。荚果圆筒状，长3～3.5 cm，宽约5 mm。花期4～5月，果期7月。

【生长习性】生于山坡和灌丛。喜光，亦较耐阴。耐寒性强，在-50℃的低温环境下可安全越冬。耐干旱瘠薄，对土壤要求不严，在轻度盐碱土中能正常生长，忌积水。

【芳香成分】孙慧玲等（2010）用固相微萃取法提取的贵州都匀产锦鸡儿茎挥发油的主要成分为：Z-5-十九碳烯（31.65%）、8-十七碳烯（15.82%）、二十八烷（9.48%）、十七烷（7.66%）、二十二烷（5.85%）、6,9-十七碳二烯（5.15%）、十九烷（5.02%）、二十一烷（3.45%）、棕榈酸（2.96%）、十八烷（2.31%）、(E)-5-十八碳烯（2.12%）、十六烷（1.47%）、棕榈酸甲酯（1.14%）、6,10,14-三甲基-2-十五烷酮（1.07%）、10-二十碳烯（1.05%）、乙酸（1.05%）、二十烷（1.03%）等。

【利用】根入药，有滋补强壮、活血调经、祛风利湿的功效，用于治疗高血压、头昏头晕、耳鸣眼花、体弱乏力、月经不调、白带、乳汁不足、风湿关节痛、跌打损伤。花入药，有祛风活血、止咳化痰的功效，用于治疗头晕耳鸣、肺虚咳嗽、小儿消化不良。供观赏或做绿篱，也可用来制作盆景。为有毒植物。

## 小叶锦鸡儿

*Caragana microphylla* Lam.

**豆科　锦鸡儿属**
**别名：** 雪里洼
**分布：** 东北、华北及山东、陕西、甘肃

【形态特征】灌木，高1～3 m；老枝深灰色或黑绿色，嫩枝被毛，直立或弯曲。羽状复叶有5～10对小叶；托叶长1.5～5 cm，脱落；小叶倒卵形或倒卵状长圆形，长3～10 mm，宽2～8 mm，先端圆或钝，很少凹入，具短刺尖，幼时被短柔毛。花梗长约1 cm，近中部具关节，被柔毛；花萼管状钟形，长9～12 mm，宽5～7 mm，萼齿宽三角形；花冠黄色，长约25 mm，旗瓣宽倒卵形，先端微凹，基部具短瓣柄，翼瓣的瓣柄长为瓣片的1/2，耳短，齿状；龙骨瓣的瓣柄与瓣片近等长，耳不明显，基部截平；子房无毛。荚果圆筒形，稍扁，长4～5 cm，宽4～5 mm，具锐尖头。花期5～6月，果期7～8月。

【生长习性】生于固定、半固定沙地。枝条的萌蘖能力、再生能力极强。具有耐风蚀、不怕沙埋的特点。抗逆性也极强，能耐低温和酷热，在-39℃的低温下可安全越冬，在夏季砂地表面温度高达45℃时也能正常生长。对土壤的适应性很强，耐干旱、怕涝。

【芳香成分】金亮华等（2007）用超临界$CO_2$萃取法提取的吉林和龙产小叶锦鸡儿全草精油的主要成分为：麝香内酯（27.20%）、α-雪松醇（3.29%）、亚麻醇（2.32%）香芹醇（1.09%）、里哪醇（1.06%）、(E,E)-法呢基丙酮（1.06%）、香叶醇基香叶醇（1.06%）等。

【利用】枝条可做绿肥。嫩枝叶可做饲草。固沙和水土保持植物。嫩茎叶可作野菜食用。

## 决明

*Cassia tora* Linn.

**豆科　决明属**

**别名：**草决明、小决明、羊角、芹决、假绿豆、马蹄决明、假花生、夜合草、野青豆

**分布：**长江以南各地

【形态特征】直立、粗壮、一年生亚灌木状草本，高1～2 m。叶长4～8 cm；叶轴上每对小叶间有棒状的腺体1枚；小叶3对，膜质，倒卵形或倒卵状长椭圆形，长2～6 cm，宽1.5～2.5 cm，顶端圆钝而有小尖头，基部渐狭，偏斜，叶面被稀疏柔毛，叶背被柔毛；托叶线状，被柔毛，早落。花腋生，通常2朵聚生；萼片卵形或卵状长圆形，膜质，外面被柔毛，长约8 mm；花瓣黄色，下面二片略长，长12～15 mm，宽5～7 mm；能育雄蕊7枚，花药四方形，顶孔开裂；子房无柄，被白色柔毛。荚果纤细，近四棱形，两端渐尖，长达15 cm，宽3～4 mm，膜质；种子约25颗，菱形，光亮。花果期8～11月。

【生长习性】生于山坡、旷野及河滩砂地上。喜高温湿润和阳光充足环境，不耐寒，怕霜冻和积水。以肥沃、排水量好的砂质土壤为宜。

【精油含量】水蒸气蒸馏种子的得油率为0.21%～0.23%；超临界萃取种子的得油率为0.27%～2.34%；有机溶剂萃取种子的得油率为0.67%。

【芳香成分】吕华军等（2008）用水蒸气蒸馏法提取的广西产决明干燥成熟种子精油的主要成分为：(Z,Z)-9,12-十八碳二烯酸（22.24%）、油酸（22.12%）、十六酸（13.82%）、(E)-9-十八碳烯酸（4.12%）、十八酸（4.12%）、(Z)-9-二十三烯（1.09%）、(E)-9-十六碳烯酸（1.01%）等。王立英等（2016）用超临界$CO_2$萃取法提取的安徽产决明干燥成熟种子精油的主要成分为：二氢香豆素（59.30%）、9,12-十八烷二烯酸乙酯（13.62%）、丁烯酞内酯（5.77%）、n-十六酸（3.69%）、丁羟甲苯（1.88%）等。

【利用】种子入药，有清肝明目、利水通便之功效，用于治疗风热赤眼、肝炎、肝硬化、高血压、小儿积食、夜盲、习惯性便秘。种子可提取蓝色染料。嫩苗、嫩茎叶、花、嫩果可食。种子炒黄后可泡茶煮粥食；炒黄研粉，可代替咖啡，代茶饮用，还可做酒曲。

## 腊肠树

*Cassia fistula* Linn.

**豆科　决明属**
**别名：** 阿勃勒、波斯皂荚、牛角树
**分布：** 华南、西南各地

【形态特征】落叶小乔木或中等乔木，高可达15 m。叶长30～40 cm，有小叶3～4对；小叶对生，薄革质，阔卵形，卵形或长圆形，长8～13 cm，宽3.5～7 cm，顶端短渐尖而钝，基部楔形，边全缘，幼嫩时两面被微柔毛，老时无毛。总状花序长达30 cm或更长，疏散，下垂；萼片长卵形，薄，长1～1.5 cm，开花时向后反折；花瓣黄色，倒卵形，近等大，长2～2.5 cm，具明显的脉；雄蕊10枚。荚果圆柱形，长30～60 cm，直径2～2.5 cm，黑褐色，不开裂，有3条槽纹；种子40～100颗，为横隔膜所分开。花期6～8月；果期10月。

【生长习性】喜温树种，生育适温为23～32℃，能耐最低温度为-3℃。喜光，也能耐一定荫蔽。能耐干旱，亦能耐水湿，但忌积水地。对土壤的适应性颇强，喜生长在湿润肥沃、排水良好的中性冲积土，以砂质壤土为最佳，在干燥瘠薄的土壤上也能生长。

【芳香成分】张慧萍等（2006）用水蒸气蒸馏法提取的云南临沧产腊肠树果实精油的主要成分为：二苯胺（32.91%）、3-甲基-4-(3-硝基苯基)吡啶（3.29%）、十八碳烯（3.20%）、十六烷（3.15%）、乙酸十八酯（2.47%）、二十二烷（2.39%）、1-十八烷醇（2.29%）、二十四烷（2.17%）、三十六烷（2.15%）、N-苯基-1-萘胺（1.70%）、二十七烷（1.66%）、苯并噻唑（1.63%）、2-(1-羟萘基-2）喹啉（1.62%）、二十烷（1.61%）、1-甲基环十一碳烯（1.50%）、乙苯（1.48%）、十八烷（1.43%）、香草醛（1.39%）、三十五烷（1.35%）、邻苯二甲酸二(2-乙基)己酯（1.10%）、环十四烷（1.04%）、四十烷（1.01%）等。

【利用】南方常见的庭园观赏树木。树皮可做红色染料。木材可作支柱、桥梁、车辆及农具等用材。根、树皮、果瓤和种子均可入药，作缓泻剂。果实用于治疗胃及十二指肠溃疡、慢性胃炎、食欲不振、消化不良、胃痛、胃酸过多、便秘、感冒发烧、高血压等症。

## 双荚决明

*Cassia bicapsularis* Linn.

**豆科　决明属**
**别名：** 腊肠仔，树双荚槐，金叶黄槐，金边黄槐
**分布：** 栽培于广东、广西等地

【形态特征】直立灌木，多分枝。叶长7～12 cm，有小叶3～4对；叶柄长2.5～4 cm；小叶倒卵形或倒卵状长圆形，膜质，长2.5～3.5 cm，宽约1.5 cm，顶端圆钝，基部渐狭，偏斜，叶背粉绿色，侧脉纤细，在近边缘处呈网结；在最下方的一对小叶间有黑褐色线形而钝头的腺体1枚。总状花序生于枝条顶端的叶腋间，常集成伞房花序状，长度约与叶相等，花鲜黄色，直径约2 cm；雄蕊10枚，7枚能育，3枚退化而无花药，能育雄蕊中有3枚特大，高出于花瓣，4枚较小，短于花瓣。荚果圆柱状，膜质，直或微曲，长13～17 cm，直径1.6 cm，缝线狭窄；种子二列。花期10～11月；果期11月至翌年3月。

【生长习性】适宜在肥力中等的微酸性或砖红壤中生长。喜光，为强阳性植物，适应强光直射环境。适应性较广，耐寒，耐干旱瘠薄的土壤，有较强的抗风、抗虫害和防尘、防烟雾的能力。

【芳香成分】梁倩等（2012）用水蒸气蒸馏法提取的云南昆明产双荚决明花精油的主要成分为：十六烷酸（47.85%）、正二十七烷（12.59%）、正二十九烷（11.85%）、甲基-二特丁基-苯酚（5.87%）、正二十五烷（3.47%）、正三十一烷（3.18%）、正二十三烷（3. 01%）、正二十八烷（1.95%）、正二十六烷（1.02%）等。

【利用】可作绿篱、庭院绿化、观赏植物，也作盆花。可作绿肥。种子有清肝明目、泻下导滞的功效，用于治疗目疾、便秘。

## 望江南

*Cassia occidentalis* Linn.

**豆科　决明属**

**别名：**野扁豆、狗屎豆、羊角豆、黎茶

**分布：**东南部、南部及西南部各地

【形态特征】直立、少分枝的亚灌木或灌木，无毛，高0.8～1.5 m；枝带草质，有棱。叶长约20 cm；叶柄近基部有圆锥形的腺体1枚；小叶4～5对，膜质，卵形至卵状披针形，长4～9 cm，宽2～3.5 cm，顶端渐尖，有小缘毛；托叶膜质，卵状披针形，早落。花数朵组成伞房状总状花序，腋生和顶生，长约5 cm；苞片线状披针形或长卵形，早脱；花长约2 cm；萼片不等大，外生的近圆形，内生的卵形；花瓣黄色，外生的卵形，顶端圆形，均有短狭的瓣柄。荚果带状镰形，褐色，压扁，长10～13 cm，宽8～9毫米，稍弯曲，边较淡色，加厚，有尖头；种子30～40颗，种子间有薄隔膜。花期4～8月，果期6～10月。

【生长习性】常生于河边滩地、旷野或丘陵的灌木林或疏林中，也是村边荒地习见植物。喜温暖湿润和光充足环境，耐寒性差，易受旱危害，怕积水。对土壤要求不严，宜在疏松肥沃和排水好的壤土中生长。

【芳香成分】黎明等（2013）用水蒸气蒸馏法提取的望江南成熟种子精油的主要成分为：香叶基丙酮（16.84%）、β-紫罗兰酮（11.68%）、6-甲基-5-庚烯-2-酮（5.37%）、叶绿醇（3.70%）、6,10,14-三甲基-2-十五烷酮（3.67%）、法呢基丙酮（3.36%）、正己醛（3.12%）、α-紫罗酮（3.12%）、6,10-二甲基-3,5,9-十一碳-2-酮（2.21%）、(+)-2-莰酮（2.20%）、2-正戊基呋喃（1.87%）、双戊烯（1.49%）、β-环柠檬醛（1.45%）、D-橙花叔醇（1.14%）、苯丙酮（1.10%）、(E)-6-甲基-3,5-庚二烯-2-酮（1.09%）、六氢假紫罗酮（1.09%）、反式桧烯（1.06%）、苯甲醛（1.02%）等。

【利用】茎叶入药，有肃肺、清肝、和胃、消肿解毒的功效，治咳嗽，哮喘，脘腹痞痛，血淋，便秘，头痛，目赤，疔疮肿毒，虫、蛇咬伤。荚果或种子入药，有清肝明目、健胃、通便、解毒的功效，治目赤肿痛、头晕头胀、消化不良、胃痛、腹痛、痢疾、便秘。根有利尿功效。有微毒。适用于花境和空隙地丛植，高秆品种可作切花材料。

## 狭叶番泻

*Cassia angustifolia* M. Vahl

**豆科　决明属**
**别名：** 埃及决明、丁内末利番泻叶
**分布：** 海南、广西等地区有引种栽培

【形态特征】为草本状小灌木，高1 m左右，偶数羽状复叶，互生，小叶5～8对，披针形，先端急尖，基部稍不对称，无毛，全缘。总状花序腋生；花蝶形，黄色，花瓣5，倒卵形；雄蕊10；雌蕊弯如镰；子房上位有柄，被疏毛。荚果扁平，长矩形，熟时褐色，种子扁平，有柄，成熟时黄绿色、褐色。花期3～4月，果期5～6月。

【生长习性】生于热带地区，适宜在高温干旱的半沙漠地区生长，冬季气温不低于零度。土壤以排水良好的砂质红壤较好。

【芳香成分】段静雨等（2014）用水蒸气蒸馏法提取的狭叶番泻干燥叶精油的主要成分为：法呢基丙酮（16.32%）、植物醇（13.02%）、角鲨烯（6.87%）、植酮（6.67%）、丹皮酚（6.00%）、香叶基丙酮（3.61%）、亚麻酸甲酯（2.95%）、4-[2,2,6-三甲基-7-氧杂二环[4.1.0]庚-1-基]-3-丁烯-2-酮（2.61%）、9,12-十八碳二烯酸甲酯（1.87%）、二氢猕猴桃内酯（1.74%）、2E,6E,10E,14-四烯3,7,11,15-四甲基十六碳酸乙酯（1.16%）等。

【利用】小叶入药，具有泻热行滞、通便、利水之功效，主治热结积滞、便秘腹痛、水肿胀满，临床上主要用于治疗急性胃炎及十二指肠出血、急性胰腺炎、胆囊炎与胆结石、便秘等疾病。

## 落花生

*Arachis hypogaea* Linn.

**豆科　落花生属**
**别名：** 花生、地豆、番豆、长生果
**分布：** 全国各地

【形态特征】一年生草本。茎直立或匍匐，长30～80 cm，茎和分枝均有棱。叶通常具小叶2对；托叶长2～4 cm，被毛；叶柄基部抱茎，长5～10 cm，被毛；小叶纸质，卵状长圆形至倒卵形，长2～4 cm，宽0.5～2 cm，先端钝圆形，有时微凹，具小刺尖头，基部近圆形，全缘，两面被毛，边缘具睫毛；花长约8 mm；苞片2，披针形；小苞片披针形，被柔毛；萼管细，长4～6 cm；花冠黄色或金黄色，旗瓣开展，先端凹入；翼瓣与龙骨瓣分离，翼瓣长圆形或斜卵形，细长；龙骨瓣长卵圆形，内弯，先端渐狭成喙状，较翼瓣短。荚果长2～5 cm，宽1～1.3 cm，膨胀，荚厚，种子横径0.5～1 cm。花果期6～8月。

【生长习性】适于气候温暖，生长季节较长，雨量适中的砂质土地区。要求疏松的砂土、砂砾土或砂壤土。较耐旱，但需水量大。

【芳香成分】全草：何晶晶等（2007）用水蒸气蒸馏法提取的江苏姜堰产落花生茎叶精油的主要成分为：6,10,14-三甲基-2-十五烷酮（12.86%）、十六酸（11.79%）、芳樟醇（10.78%）、3,7,11,15-四甲基-2-十六烯-1-醇（7.78%）、香叶基丙酮（3.70%）、9-十八(碳)烯酸（3.08%）、十八酸（2.67%）、(E,E)-法呢基丙酮（2.35%）、十四酸（1.37%）、异植醇（1.33%）、d-橙花叔醇（1.03%）、(-)-α-松油醇（1.02%）等。鈕晓艳等（2014）用同时蒸馏萃取法提取的湖北武汉产落花生干燥茎叶精油的主要成分为：N-棕榈酸（17.07%）、芳樟醇（16.82%）、1-辛烯-3-醇（8.82%）、1,2,3-三甲基苯（6.82%）、叶绿醇（6.59%）、2-甲氧基-4-乙烯基苯酚（4.88%）、6,10,14-三甲基-2-十五烷酮（4.12%）、α-松油醇（3.95%）、1-乙基-2-甲基苯（3.89%）、顺式-芳樟醇氧化物（3.68%）、1,3,5-三甲基苯（3.05%）、苯乙醛（2.93%）、对-二甲苯（1.76%）、(E)-3,7-二甲基-2,6-辛二烯-1-醇（1.70%）、12-甲基-E,E-2,13-十八碳二烯-1-醇（1.46%）、十六烷酸甲酯（1.31%）、N-(4-甲氧基苯基)-2-丙烯酰胺（1.11%）、橙花叔醇（1.07%）、11,14-二十碳二烯酸甲酯（1.02%）等。

种子：史文青等（2012）用顶空固相微萃取法提取的山东济南产落花生新鲜种子香气的主要成分为：正己醇（34.04%）、1-甲基吡咯（9.79%）、乙基环丙烷（9.57%）、二甲醚-DL-甘油醛（7.64%）、己酸（7.08%）、2-氨基-4-甲基苯甲酸（4.46%）、戊醛（3.41%）、1-庚烯（2.07%）、草酸，2-乙基己基异己基酯（1.65%）、柠檬烯（1.26%）、苯甲醇（1.16%）等。赵方方等（2012）用无溶剂微波萃取法提取的落花生种子精油的主要成分为：2-呋喃甲醇（6.62%）、吡啶（6.09%）、吡咯（5.15%）、苯酚（3.84%）、2-甲基吡嗪（3.77%）、甲苯（3.62%）、2-甲基-1H-

吡咯（3.23%）、2-乙酰基呋喃（2.62%）、2-丁酮（2.48%）、3-甲基丁腈（2.41%）、环戊酮（2.40%）、1-甲基-1H-吡咯（1.97%）、3-甲基-1H-吡咯（1.93%）、4-甲基戊腈（1.83%）、2,5-二甲基吡嗪（1.77%）、3-甲基丁醛（1.64%）、2-甲基丁醛（1.62%）、2,3-二甲基吡嗪（1.60%）、苯（1.42%）、油酸（1.32%）、2-丙烯-1-醇（1.30%）、1-乙氧基丙烷（1.24%）、2-甲基吡啶（1.08%）、4-甲基苯酚（1.05%）、乙基苯（1.04%）、2,3,5-三甲基吡嗪（1.02%）、3-甲基-2-丁酮（1.01%）、吲哚（1.01%）等。

【利用】为重要油料作物，种子油除食用外，亦是制皂和生发油等化妆品的原料；在纺织工业上用作润滑剂，机械制造工业上用作淬火剂。油麸为肥料和饲料。种子可食用，也可以加工成副食品食用。种子药用，有润肺、和胃的功效，治燥咳、反胃、脚气、乳妇奶少。茎、叶为良好绿肥。茎可供造纸。

## 川鄂米口袋

*Gueldenstaedtia henryi* Ulbr.

**豆科　米口袋属**
**别名：**米布袋、米口袋、大米口袋
**分布：**湖北、四川

【形态特征】多年生草本，分茎长达5 cm，木质化，有分枝，叶于分枝先端丛生。叶长2～9 cm。托叶狭三角形，基部分离；小叶11～15片，长圆形至倒卵形，长3～10 mm，宽2～5 mm，顶端圆形常微缺，具明显细尖。伞形花序，具4～5朵花；苞片狭披针形，长3.5 mm；小苞片线形，长2.5 mm；花萼钟状，长6 mm，被贴伏疏柔毛，上2萼齿明显较长而宽，狭三角形，下3萼齿披针形；旗瓣宽卵形，先端渐尖，微缺，基部渐狭成瓣柄；翼瓣椭圆状半月形，瓣柄短，楔形。荚果长1.5 cm，被疏柔毛。种子肾形，具凹点。

【生长习性】生于海拔350～2000 m间的沟岸、荒坡及路旁草丛中。

【精油含量】水蒸气蒸馏带根全草的得油率为0.83%。

【芳香成分】韩毅丽等（2010）用乙醇萃取后再蒸馏的方法提取的陕西秦岭产川鄂米口袋带根全株精油的主要成分为：9,12-(Z,Z)-十八二烯酸-乙酯（20.84%）、十六酸乙酯（19.32%）、3,7,11,15-四甲基-2-十六烯-1-醇（7.02%）、3,7,11,15-四甲基-1-十六烯-3-醇（5.43%）、9,12,15-(Z,Z,Z)-十八三烯酸-乙酯（5.08%）、1,19-二十二烯（2.54%）、十八酸乙酯（2.51%）、6,10,14-三甲基-2-十五酮（1.38%）、1,2-苯二甲酸二丁酯（1.30%）、4-豆甾烯-3-酮（1.04%）等。

【利用】根入药，有续伤接骨的功效，用于治疗跌扑闪挫或金疮伤、筋断、骨折伤。

## 密花豆

*Spatholobus suberectus* Dunn

**豆科　密花豆属**
**别名：**鸡血藤、过江龙、血枫藤、猪血藤、大血藤、九层风、三叶鸡血藤
**分布：**广东、广西、海南、江西、四川、福建、贵州、云南

【形态特征】攀缘藤本，幼时呈灌木状。小叶纸质或近革质，顶生的两侧对称，宽椭圆形至近圆形，长9～19 cm，宽5～14 cm，先端骤缩为短尾状，尖头钝，基部宽楔形，侧生的两侧不对称，与顶生小叶等大或稍狭，基部宽楔形或圆形；小托叶钻状。圆锥花序腋生或生于小枝顶端，长达50 cm，花序轴、花梗被黄褐色短柔毛，苞片和小苞片线形，宿存；花萼短小，长3.5～4 mm，密被黄褐色短柔毛；花瓣白色，旗瓣扁圆形；翼瓣斜楔状长圆形；龙骨瓣倒卵形。荚果近镰形，长8～11 cm，密被棕色短绒毛，基部具果颈；种子扁长圆形，长约2 cm，宽约1 cm，种皮紫褐色，薄而光亮。花期6月，果期11～12月。

【生长习性】生于海拔800～1700 m的山地疏林或密林沟谷或灌丛中。

【精油含量】水蒸气蒸馏干燥藤茎的得油率为0.25%～0.41%。

【芳香成分】吴蔓等（2011）用水蒸气蒸馏法提取的广西百色产密花豆干燥藤茎精油的主要成分为：n-十六酸（54.99%）、油酸（10.10%）、(Z,Z)-9,12-十八碳二烯酸（6.56%）、甲苯（3.13%）、萘（3.03%）、十五烷酸（2.51%）、1-甲基-4-(1-甲丙基)苯（2.00%）、1,4-二氧杂环己-2-醇（1.93%）、硬脂酸（1.68%）、肉豆蔻酸（1.62%）、十六烷基环氧乙烷（1.62%）、1,2,4,5-四甲基苯（1.37%）、十八甲基环壬硅氧烷（1.11%）、十五（烷）醛（1.03%）等。

【利用】藤茎入药，是中药鸡血藤的主要来源之一，有祛风活血、舒筋活络之功效，主治腰膝酸痛、麻木瘫痪、月经不调等症。

## 木豆

*Cajanus cajan* (Linn.) Millsp.

**豆科　木豆属**

**别名：** 三叶豆

**分布：** 云南、四川、江西、湖南、江苏、广东、广西、海南、浙江、福建、台湾

【形态特征】直立灌木，1～3 m。多分枝，小枝有纵棱，被灰色短柔毛。叶具羽状3小叶；托叶小，卵状披针形；小叶纸质，披针形至椭圆形，长5～10 cm，宽1.5～3 cm，先端渐尖或急尖，常有细凸尖，被灰白色短柔毛，叶背较密，有黄色腺点；小托叶极小。总状花序长3～7 cm；花数朵生于花序顶部或近顶部；苞片卵状椭圆形；花萼钟状，裂片三角形或披针形，花序、苞片、花萼均被灰黄色短柔毛；花冠黄色，旗瓣近圆形，翼瓣微倒卵形。荚果线状长圆形，长4～7 cm，宽6～11 mm，于种子间具凹入的斜横槽，被灰褐色短柔毛，先端具尖头；种子3～6颗，近圆形，稍扁，种皮暗红色，有时有褐色斑点。花果期2～11月。

【生长习性】热带和亚热带地区普遍有栽培，极耐瘠薄干旱。生于山坡、砂地、旷地、丛林中或林边。

【精油含量】水蒸气蒸馏叶和嫩枝的得油率为0.28%～0.30%。

【芳香成分】程誌青等（1992）用水蒸气蒸馏法提取的广东广州产木豆叶和嫩枝精油的主要成分为：菖蒲二烯（11.39%）、β-芹子烯（11.36%）、α-愈创木醇（10.27%）、β-愈创木醇（8.94%）、α-雪松烯（8.94%）、苯甲酸苄酯（6.56%）、楹兰树油烯（6.48%）、α-玷吧烯（5.20%）、3,7,11-三甲基-7-乙基-2,6,10,12-碳-三烯醇-1（4.14%）、β-雪松烯（3.78%）、1,2,4a,5,8,8a-六氢-4,7-二甲基-1-异丙基萘（3.53%）、α-石竹

烯醇（2.59%）、β-石竹烯（2.57%）、雪松醇（1.49%）、喇叭醇（1.12%）等。

【利用】种子为平民的主粮和菜肴之一，常作包点馅料。叶可作家畜饲料、绿肥。根入药，有清热解毒、止血、止痛和杀虫的作用。民间用叶入药，用于治疗外伤、烧伤感染和缛疮；嫩叶嚼烂用于治疗口疮；压汁内服可消除黄疸；捣烂的浆汁对外伤和疮毒有祛腐生肌的作用；叶的煎剂对咳嗽、腹泻等有效。为紫胶虫的优良寄主植物。

## 河北木蓝

*Indigofera bungeana* Walp.

**豆科　木蓝属**

**别名：**本氏木蓝、本氏木兰、铁扫帚

**分布：**辽宁、内蒙古、河北、陕西、山西、山东、浙江

【形态特征】直立灌木，高40～100 cm。茎褐色，枝银灰色，被灰白色丁字毛。羽状复叶长2.5～5 cm；托叶三角形，早落；小叶2～4对，对生，椭圆形，稍倒阔卵形，长5～1.5 mm，宽3～10 mm，先端钝圆，基部圆形，叶面绿色，疏被丁字毛，叶背苍绿色，丁字毛较粗。总状花序腋生，长4～8 cm；苞片线形，花萼长约2 mm，外面被白色丁字毛，萼齿近相等，三角状披针形，与萼筒近等长；花冠紫色或紫红色，旗瓣阔倒卵形，外面被丁字毛，翼瓣与龙骨瓣等长，龙骨瓣有距。荚果褐色，线状圆柱形，长不超过2.5 cm，被白色丁字毛，种子间有横隔，内果皮有紫红色斑点；种子椭圆形。花期5～6月，果期8～10月。

【生长习性】生于山坡、草地或河滩地，海拔600～1000 m。

【芳香成分】田卫等（2006）用水蒸气蒸馏法提取的浙江产河北木蓝全草精油的主要成分为：1,4-苯二甲酸二乙酯（7.47%）、十六酸十八酯（5.02%）、丁基-8-甲基-1,2-苯二甲酸（2.58%）、9-十六烯酸-9-十八烯酯（2.47%）、2-甲氧基-3-(2-丙烯基)-苯酚（2.41%）、(Z,Z)-9,12-十八碳二烯酸（1.71%）、雪松醇（1.48%）、油酸（1.20%）、二十七烷（1.18%）、邻苯二甲酸二异丁酯（1.10%）、5,6,7,7a-四氢化-4,2(4H)-苯并呋喃酮（1.07%）、(Z)-9-十八烯酸酰胺（1.04%）、二十烷（1.04%）等。

【利用】全草药用，能清热止血、消肿生肌，外敷治创伤。

## 茸毛木蓝

*Indigofera stachyodes* Lindl.

**豆科　木蓝属**
**别名：** 铁刷子、血人参、山红花、红苦刺
**分布：** 广西、贵州、云南

【形态特征】灌木，高1～3 m。茎直立，灰褐色，幼枝具棱，密生棕色或黄褐色长柔毛。羽状复叶长10～20 cm；托叶线形，被长软毛；小叶9～25对，互生或近对生，长圆状披针形，顶生小叶倒卵状长圆形，长1.2～2 cm，宽4～9 mm，先端圆钝或急尖，基部楔形或圆形，叶面绿色，两面密生棕黄色或灰褐色长软毛。总状花序长达12 cm，多花；苞片线形，被毛；花萼长约3.5 mm，被棕色长软毛；花冠深红色或紫红色，旗瓣椭圆形，外面有长软毛。荚果圆柱形，长3～4 cm，密生长柔毛，内果皮有紫红色斑点，有种子10余粒；种子赤褐色，方形，长宽各约2 mm。花期4～7月，果期8～11月。

【生长习性】生于山坡阳处或灌丛中，海拔700～2400 m。

【芳香成分】**根：** 田璞玉等（2011）用顶空固相微萃取法提取的贵州都匀产茸毛木蓝根精油的主要成分为：正十六酸（13.35%）、十七烷（11.47%）、2,6,10,14-四甲基十六烷（6.70%）、邻苯二甲酸异辛酯（6.40%）、邻苯二甲酸二丁酯（5.99%）、十六烷（5.38%）、十八烷（5.19%）、6,10,14-三甲基-2-十五烷酮（4.95%）、甲氧基苯基肟（4.63%）、棕榈酸甲酯（4.59%）、1-二十一醇（4.46%）、壬酸（3.79%）、[1aR-(1aα,7α,7aβ,7bα)]-1a,2,3,5,6,7,7a,7b-八氢-1,1,4,7-四甲基-1H-环丙烷并苷菊环（3.10%）、[2R-(2α,4aα,8aβ)]-十氢-α,α,4a-三甲基-8-亚甲基-2-萘甲醇（2.75%）、(Z,Z)-9,12-十八碳二烯酸（2.41%）、柏木脑（2.14%）、β-人参烯（1.72%）、壬醛（1.48%）、十九烷（1.37%）、2-戊基呋喃（1.20%）等。

**全草：** 田璞玉等（2011）用顶空固相微萃取法提取的贵州都匀产茸毛木蓝地上部分精油的主要成分为：正十六酸（16.62%）、6,10,14-三甲基-2-十五烷酮（10.41%）、邻苯二甲酸异辛酯（6.03%）、邻苯二甲酸二丁酯（5.75%）、2,6,10,14-四甲基十六烷（4.36%）、油酸（3.35%）、二十二烷（2.96%）、十七烷（2.47%）、二十五烷（2.17%）、2,6,10,14-四甲基十五烷（2.15%）、棕榈酸甲酯（2.11%）、二十一烷（2.07%）、二十四烷（1.95%）、E-14-十六醇（1.92%）、十八烷（1.87%）、十六烷（1.54%）、十四酸（1.46%）、植醇（1.46%）、十九烷（1.44%）、α-杜松醇（1.43%）、二十六烷（1.22%）、环二十烷（1.16%）、1-二十二醇（1.16%）、(Z,Z)-9,12-十八碳二烯酸（1.08%）、1,2-二乙基-环十六烷（1.07%）、(E)-9-十八碳酸甲酯（1.04%）等。

**花：** 王小果等（2013）用动态顶空密闭循环式吸附捕集法提取的贵州都匀产茸毛木蓝新鲜花香气的主要成分为：戊烷（66.86%）、3,7-二甲基-1,3,6-辛三烯（11.63%）、庚烷（5.30%）、壬醛（4.98%）、α-蒎烯（3.96%）、癸醛（3.90%）、芳樟醇（3.37%）等。

【利用】全草药用，有活血止痛、舒筋活络的功效，治崩漏、跌打、风湿、肝硬化、痞积、痢疾。

## 紫苜蓿

*Medicago sativa* Linn.

**豆科　苜蓿属**
**别名：** 紫花苜蓿、苜蓿、木粟、分光草
**分布：** 全国各地

【形态特征】多年生草本，高30～100 cm。茎直立、丛生以至平卧，四棱形。羽状三出复叶；托叶大，卵状披针形；小

叶长卵形、倒长卵形至线状卵形，长5～40 mm，宽3～10 mm，纸质，先端钝圆，具长齿尖，基部狭窄，楔形，边缘三分之一以上具锯齿，叶面无毛，深绿色，叶背被贴伏柔毛。花序总状或头状，长1～2.5 cm，具花5～30朵；苞片线状锥形；花长6～12 mm；萼钟形，长3～5 mm；花冠淡黄、深蓝至暗紫色，花瓣均具长瓣柄，旗瓣长圆形。荚果螺旋状紧卷2～6圈，径5～9 mm，熟时棕色；有种子10～20粒。种子卵形，长1～2.5 mm，平滑，黄色或棕色。花期5～7月，果期6～8月。

【生长习性】生于田边、路旁、旷野、草原、河岸及沟谷等地。喜温暖和比较干燥的气候，抗旱，耐寒，抗盐碱，耐瘠薄，适应性广，抗风沙能力强。幼苗期能忍受零下3～4℃的低温，根系能经受零下20℃左右的低温。对土壤要求不严，在pH值为5.6～8.0的壤质土上生长最好。

【精油含量】水蒸气蒸馏的干燥全草的得油率为0.06%，新鲜全草的得油率为0.19%。

【芳香成分】全草：李存满等（2010）用水蒸气蒸馏法提取的河北沧州产9月份收割的紫苜蓿干燥全草精油的主要成分为：十六烷酸（32.10%）、六氢金合欢基丙酮（8.83%）、植物醇（4.51%）、5,6,7,7-α-四氢-4,4,7-α-三甲基-2-(4H)苯基呋喃（3.21%）、邻苯二甲酸二异丁基酯（2.94%）、十二烷酸（2.89%）、邻苯二甲酸二丁酯（2.29%）、十四烷酸（2.28%）、正己酸（1.78%）、苯乙醇（1.42%）、正辛酸（1.10%）、壬酸（1.00%）等。葛亚龙等（2014）用同法分析的陕西巴山产野生紫苜蓿新鲜全草精油的主要成分为：β-氧化石竹烯（22.13%）、叶绿醇（13.52%）、香芹烯（7.26%）、橙花叔醇（7.24%）、3,7-二甲基-1,6-辛二烯-3-醇（5.24%）、苯乙醇（4.25%）、1,6-二甲基-4-(1-甲基乙基)萘（3.31%）、11-十六酸（3.26%）、α-松油醇（3.25%）、内-1,7,7-三甲基二环[2.2.1]庚-2-醇（3.23%）、6,10,14-三甲基色氨酸-2-十五酮（3.23%）、苯甲醇（2.75%）、3-羟基辛烯（2.01%）、3-己烯-1-醇（1.63%）、苯甲醛（1.50%）、正二十七烷（1.42%）、4-(2-丙烯基)-苯酚（1.25%）、香叶醇（1.24%）、17-三十五碳烯（1.02%）、陈香醇（1.01%）、苯乙醛（1.00%）等。

种子：汪岭等（2011）用索氏法提取的宁夏产紫苜蓿种子精油的主要成分为：苯二羧酸-[2-乙基]己酯（12.00%）、甘油（2.11%）等。

【利用】广泛种植为饲料与牧草。可作绿肥。嫩苗或嫩茎叶可作蔬菜食用。

## 秘鲁香

*Myroxylon balsamum* var. *pereirae* (Royle) Harms

**豆科　南美槐属**

**分布：**云南

【形态特征】植株高约30 m。叶为奇数羽状复叶，由7～11片小叶组成，小叶椭圆形，全缘。总状花序，顶生，花白色。荚果黄色，内含种子1枚。花期5～6月，果熟期10～3月。

【生长习性】属阳性树种，耐旱。要求年均温20～21℃，绝对最低温不低于0℃，年雨量1100～2000 mm。适宜深厚肥沃的砂壤土。适生于平原至海拔60 m左右丘陵地，以潮湿肥沃的地区生长良好。

【精油含量】水蒸气蒸馏树干心材的得油率为0.20%～0.22%，树脂得油率为0.70%。

【芳香成分】程必强等（1996）用水蒸气蒸馏法提取的云南西双版纳产秘鲁香树脂精油的主要成分为：橙花叔醇（50.79%）、t-α-杜松醇（15.75%）、c-α-杜松醇（14.41%）、α-没药醇（1.92%）、δ-杜松烯（1.88%）、t-t-金合欢醇（1.86%）、c-t-金合欢醇（1.17%）、γ-杜松烯（1.10%）等。

【利用】树脂供药用，有消炎、止血、镇痛的药效，内服作杀菌祛痰剂，外敷止血、杀菌。树脂为名贵的调香原料。

## 吐鲁香

*Myroxylon balsamum* (Linn.) Harms.

**豆科　南美槐属**

**分布：**云南

【形态特征】直立乔灌木，树高5～7 m，胸径8 cm。复叶互生，具5～11片有光泽革质小叶，小叶卵形或卵状椭圆形，宽5 cm以下，先端长渐尖，叶缘波状起伏，叶上有半透明的点和线。花白色簇生，果具翅，尖端含一粒粗大的种子。

【生长习性】为热带森林的上层建群树种，喜温暖湿润的环境。

【精油含量】水蒸气蒸馏木材的得油率为0.15%，果翼的得油率为0.50%，树脂的得油率为0.77%。

【芳香成分】程必强等（1996）用水蒸气蒸馏法提取的云南西双版纳产吐鲁香树脂精油的主要成分为：橙花叔醇

（80.92%）、t-α-杜松醇（3.31%）、t-t-金合欢醇（2.38%）、c-α-杜松醇（2.22%）等。

【利用】树脂入药，有消炎、止血、镇痛的药效。树脂为名贵的调香原料。

## 大叶千斤拔

*Flemingia macrophylla* (Willd.) Prain

**豆科　千斤拔属**

**分布：** 云南、贵州、四川、江西、福建、台湾、广东、海南、广西

【形态特征】直立灌木，高0.8～2.5 m。幼枝有明显纵棱，密被紧贴丝质柔毛。叶具指状3小叶：托叶大，披针形，常早落；小叶纸质或薄革质，顶生小叶宽披针形至椭圆形，长8～15 cm，宽4～7 cm，先端渐尖，基部楔形；侧生小叶稍小，偏斜，基部一侧圆形，另一侧楔形。总状花序常数个聚生于叶腋，长3～8 cm；花多而密集；花萼钟状，被丝质短柔毛；花冠紫红色，旗瓣长椭圆形，翼瓣狭椭圆形，龙骨瓣长椭圆形。荚果椭圆形，长1～1.6 cm，宽7～9 mm，褐色，略被短柔毛，先端具小尖喙；种子1～2颗，球形光亮黑色。花期6～9月，果期10～12。

【生长习性】常生长于旷野草地上或灌丛中，山谷路旁和疏林阳处亦有生长，海拔200～1500 m。

【芳香成分】朱丹晖等（2012）用水蒸气蒸馏法提取的大叶千斤拔干燥根精油的主要成分为：长叶烯（6.65%）、β-雪松烯（5.50%）、α-杉木烯（5.26%）、3-溴甲基-1,1-二甲基-1H-茚（5.07%）、α-桉叶醇（4.31%）、布藜醇（4.14%）、法尼醇（3.75%）、香附酮-3,7(11)-二烯（3.57%）、L-樟脑（3.49%）、δ-杜松萜烯（3.37%）、门萨二酮C（3.35%）、α-雪松烯（3.13%）、4-异丙-1,6-二甲萘（2.97%）、去氢白菖烯（2.86%）、菖蒲二烯（2.77%）、柏木脑（2.36%）、4,5-二甲基-3H-异苯并呋喃-1-酮（2.33%）、十六烷酸（2.30%）、蛇麻烷（2.08%）、δ-杜松醇（1.84%）、橙花叔醇（1.76%）、荜澄茄油烯醇（1.41%）、α-紫穗槐烯（1.40%）、表蓝桉醇（1.23%）、长叶环烯（1.15%）、依兰烯（1.12%）、β-蛇床烯醇（1.12%）、5-甲氧基-7-苯基-双环[3.2.0]庚-2-烯-6-酮（1.09%）、芳樟醇（1.05%）、苦橙花醇（1.01%）等。

【利用】根供药用，能祛风活血、强腰壮骨、治风湿骨痛。

## 千斤拔

*Flemingia philippinensis* Merr. et Rolfe

**豆科　千斤拔属**

**别名：** 蔓性千斤拔、千斤吊、千里马、吊马柱、吊马桩、吊马墩、一条根、老鼠尾、钻地风、大力黄

**分布：** 云南、四川、贵州、湖南、湖北、广东、广西、海南、江西、福建、台湾等地

【形态特征】直立或披散亚灌木。幼枝三棱柱状，密被灰褐色短柔毛。叶具指状3小叶；托叶线状披针形，被毛，先端细尖，宿存；小叶厚纸质，长椭圆形或卵状披针形，偏斜长4～9 cm，宽1.7～3 cm，先端钝，有时有小凸尖，基部圆形，上面被疏短柔毛，背面密被灰褐色柔毛。总状花序腋生，通常长2～2.5 cm，各部密被灰褐色至灰白色柔毛；苞片狭卵状披针形；花密生；萼裂片披针形，被灰白色长伏毛；花冠紫红色，旗瓣长圆形，翼瓣镰状，龙骨瓣椭圆状。荚果椭圆状，长7～8 mm，宽约5 mm，被短柔毛；种子2颗，近圆球形，黑色。花果期夏秋季。

【生长习性】常生于海拔50～300 m的平地旷野或山坡路旁草地上。

【精油含量】水蒸气蒸馏的根及根茎的得油率为0.02%～0.50%；超临界萃取的干燥根的得油率为0.50%。

【芳香成分】范贤等（2009）用水蒸气蒸馏法提取的广东产千斤拔干燥根精油的主要成分为：β-雪松烯（14.81%）、α-雪松烯（13.72%）、长（松）叶烯-(V4)(12.26%)、(+)-喇叭茶醇（6.21%）、γ-芹子烯（3.76%）、α-长（松）叶烯（3.46%）、3,9-愈创木二烯（2.40%）、β-桉叶油醇（2.22%）、α-桉叶油醇（1.99%）、新异长（松）叶烯（1.97%）、4-异丙基-1,6-二甲基-1,2,3,4,4a,7-六氢萘（1.87%）、绿花白千层醇（1.79%）、棕榈酸（1.57%）、γ-桉叶油醇（1.53%）、异长（松）叶烯（1.40%）、(+)-长叶环烯（1.24%）、1(3H)-异苯并呋喃酮（1.23%）、库毕醇（1.15%）、卡达烯（1.06%）、1,4-亚甲基薁-9-醇（1.00%）等。

【利用】根供药用，有祛风除湿、舒筋活络、强筋壮骨、消炎止痛等作用。

## 四棱豆

*Psophocarpus tetragonolobus* (Linn.) DC.

**豆科　四棱豆属**

**分布：**云南、广西、广东、海南、台湾

【**形态特征**】一年生或多年生攀缘草本。茎长2～3 m或更长，具块根。叶为具3小叶的羽状复叶；叶柄长，上有深槽，基部有叶枕；小叶卵状三角形，长4～15 cm，宽3.5～12 cm，全缘，先端急尖或渐尖，基部截平或圆形；托叶卵形至披针形。总状花序腋生，长1～10 cm，有花2～10朵；苞片近圆形；花萼绿色，钟状；旗瓣圆形，外淡绿，内浅蓝，翼瓣倒卵形，浅蓝色，龙骨瓣稍内弯，白色而略染浅蓝。荚果四棱状，长10～40 cm，宽2～3.5 cm，黄绿色或绿色，有时具红色斑点，翅宽0.3～1 cm，边缘具锯齿；种子8～17颗，白色，黄色，棕色，黑色或杂以各种颜色，近球形，直径0.6～1 cm，光亮，边缘具假种皮。果期10～11月。

【**生长习性**】适于较温暖及潮湿的环境中生长，以日平均温度在25℃左右，相对湿度在70%左右为宜，也能在温度较低（不低于5℃）及干旱地区（相对湿度不低于26%）生长。属于短日照植物，对光照长短反应敏感。喜温暖多湿，有一定的抗旱能力，但不耐长久干旱。对土壤要求不严格，以肥沃的砂壤土最佳。

【**芳香成分**】**叶：**张伟等（2015）用顶空固相微萃取法提取的海南产四棱豆阴干叶精油的主要成分为：十七烷（5.75%）、2-甲基-十六烷（5.29%）、姥鲛烷（5.05%）、3-甲基-十六烷（4.26%）、棕榈酸（3.76%）、十六烷（3.61%）、2-溴-十二烷（3.14%）、六氢法呢基丙酮（2.95%）、二氢猕猴桃内酯（2.89%）、肉豆蔻醚（2.59%）、6-十四烷磺酸丁酯（2.39%）、植烷（2.19%）、2-甲基十五烷（1.88%）、二苯基环丙烯酮（1.84%）、3,4'-联甲苯（1.79%）、邻苯二甲酸二异丁酯（1.48%）、4-甲基十五烷（1.39%）、3-甲基十五烷（1.38%）、笏（1.28%）、(E)-β-紫罗酮（1.22%）、(Z)-7-十六烯（1.21%）、十五烷（1.13%）、十八烷（1.10%）、吡喃酮（1.09%）等。

**花：**张伟等（2015）用顶空固相微萃取法提取的海南产四棱豆阴干花精油的主要成分为：棕榈酸（11.42%）、六氢法呢基丙酮（10.77%）、十七烷（4.79%）、十六烷（4.69%）、肉豆蔻醚（3.88%）、姥鲛烷（3.42%）、2-溴-十二烷（3.10%）、3-甲基-十六烷（2.97%）、油酸（2.50%）、已酸（2.43%）、笏（2.00%）、6-十四烷磺酸丁酯（1.96%）、桉油烯醇（1.86%）、2-甲基-十六烷（1.70%）、植烷（1.57%）、2-甲基十五烷（1.51%）、壬酸（1.42%）、邻苯二甲酸二异丁酯（1.38%）、4-壬内酯（1.36%）、二苯基环丙烯酮（1.25%）、二氢猕猴桃内酯（1.19%）、十五烷（1.15%）、3-甲基十五烷（1.04%）、亚油酸（1.00%）等。

**种子：**蒋立文等（2010）用水蒸气蒸馏法提取的'京4号'四棱豆种子精油的主要成分为：亚油酸乙酯（24.60%）、3,3,5-三甲基环己酮（21.35%）、棕榈酸乙酯（11.81%）、油酸乙酯（7.08%）、十四醛（4.92%）、十六醇（3.21%）、十四烷（2.68%）、6,10,14-三甲基-2-十五酮（2.03%）、十六醛（1.93%）、十五醇（1.83%）、β-蒎烯（1.69%）、泪柏醚（1.58%）、邻苯二甲酸二异丁酯（1.52%）、十二酸（1.39%）、十六酸（1.32%）、α-蒎烯（1.01%）等。

【**利用**】块根、嫩叶、花、嫩荚均可作蔬菜食用，嫩叶和花叶也可制作酱菜和罐头食用。茎叶是优良的饲料和绿肥。种子可炒食，也可制作豆奶、豆腐等食品；种子可榨油，可食用或用于制粉、乳液、人造黄油、蛋白质浓缩物及无咖啡因的饮料等。

## 酸豆

*Tamarindus indica* Linn.

**豆科　酸豆属**

**别名：**酸梅豆、罗望子、酸梅、酸胶、曼姆、酸角、田望子、通血图、酸荚罗望子、酸豆

**分布：**广东、台湾、广西、福建、云南、四川等地

【**形态特征**】乔木，高10～25 m，胸径30～90 cm；树皮暗灰色，不规则纵裂。小叶小，长圆形，长1.3～2.8 cm，宽

5～9 mm，先端圆钝或微凹，基部圆而偏斜，无毛。花黄色或杂以紫红色条纹，少数；总花梗和花梗被黄绿色短柔毛；小苞片2枚，长约1 cm，开花前紧包着花蕾；萼管长约7 mm，檐部裂片披针状长圆形，长约1.2 cm，花后反折；花瓣倒卵形，与萼裂片近等长，边缘波状，皱折。荚果圆柱状长圆形，肿胀，棕褐色，长5～14 cm，直或弯拱，常不规则地缢缩；种子3～14颗，褐色，有光泽。花期5～8月；果期12至翌年5月。

【生长习性】生于南方拨海400～1500 m的密林、杂树林、灌木丛或河岸田地边。抗风力强，适于海滨地区种植。对土壤条件要求不是很严，在质地疏松、较肥沃的南亚热带红壤、砖红壤和冲积砂质土壤均能生长发育良好，适于砂地生长。

【精油含量】超临界萃取果实的得油率为4.08%。

【芳香成分】张峻松等（2007）用超临界$CO_2$萃取法提取的云南大理产酸豆果实精油的主要成分为：5-甲基-2(3H)-呋喃酮（26.14%）、丁二酸二乙酯（18.81%）、糠醛（13.09%）、十六酸（6.83%）、4-氧代戊酸乙酯（6.22%）、亚麻酸（3.89%）、5-甲基糠醛（2.98%）、油酸（2.38%）、5-羟甲基糠醛（1.93%）、邻苯二甲酸二丁酯（1.59%）、糠酸（1.50%）、亚麻酸乙酯（1.30%）、亚油酸（1.24%）等。

【利用】果实可生食或熟食，或作蜜饯或制成各种调味酱及泡菜；果汁加糖水是很好的清凉饮料；种仁榨取的油可供食用。果实入药，为清凉缓下剂，有驱风和抗坏血病之功效。叶、花、果实均含有一种酸性物质，与其他含有染料的花混合，可作染料。木材用于建筑、农具、车辆和高级家具和砧板。嫩叶可配制海鲜食用，也可充当饮用水的澄清剂。

## 舞草

*Codariocalyx motorius* (Houtt.) Ohashi

**豆科　舞草属**

**别名：**钟萼豆、情人草、接骨草、红母鸡药、风流草

**分布：**福建、江西、广东、广西、四川、贵州、云南及台湾等

【形态特征】直立小灌木，高达1.5 m。叶为三出复叶，侧生小叶很小或缺而仅具单小叶；托叶窄三角形，通常偏斜，边缘疏生小柔毛；顶生小叶长椭圆形或披针形，长5.5～10 cm，宽1～2.5 cm，先端圆形或急尖，有细尖，基部钝或圆，叶面无毛，叶背被贴伏短柔毛，侧生小叶很小，长椭圆形或线形或有时缺；小托叶钻形。圆锥花序或总状花序顶生或腋生，花序轴具弯曲钩状毛；苞片宽卵形，密生；花萼膜质，外面被毛；花冠紫红色。荚果镰刀形或直，长2.5～4 cm，宽约5 mm，腹缝线直，背缝线稍缢缩，成熟时沿背缝线开裂，疏被钩状短毛，有荚节5～9；种子长4～4.5 mm，宽2.5～3 mm。花期7～9月，果期10～11月。

【生长习性】生于丘陵山坡或山沟灌丛中，海拔200～1500 m。喜阳光和温暖湿润的环境。耐旱，耐瘠薄土壤。

【精油含量】微波萃取干燥枝叶的得油率为0.76%。

【芳香成分】赵莉等（2014）用微波萃取法提取的舞草干燥枝叶精油的主要成分为：1,3-二（3-苯氧基苯氧基)苯（37.70%）、棕榈酸（21.61%）、二十二烷（6.73%）、植酮（6.60%）、亚油酸（2.54%）、二十五烷（2.45%）、柏木脑（1.25%）等。

【利用】用于园艺观赏，是制作盆景的优良材料。全株供药用，有去瘀生新、舒筋活络之功效，叶可治骨折；枝茎泡酒服，能强壮筋骨，治疗风湿骨疼；用鲜叶片泡水洗面，可使皮肤光滑白嫩。

## 准噶尔无叶豆

*Eremosparton songoricum* (Litv.) Vass.

**豆科　无叶豆属**

**分布：** 新疆

【形态特征】灌木，高50～80 cm。茎基部多分枝，向上直伸；老枝黄褐色，皮剥落；嫩枝绿色，疏被短柔毛，纤细，稍有棱。叶退化，鳞片状，披针形，长1～2.5 mm。花单生叶腋，在枝上形成长总状花序，长10～15 cm；花梗长1～1.5 mm；萼筒长约2 mm，萼齿三角状，被伏贴短柔毛；花紫色，旗瓣宽肾形，长约4 mm，宽约7 mm，先端凹入，具短瓣柄，翼长圆形，瓣柄长为瓣片的1/2，龙骨瓣较翼瓣短，先端锐尖，瓣柄较瓣片稍短。荚果稍膨胀，卵形或圆卵形，长6～13 mm，宽5～8 mm，具尖喙，被伏贴短柔毛，果瓣膜质；种子1（3）颗，肾形。花期5～6月，果期6～7月。

【生长习性】生于流动或半固定的砂地。根茎沿砂地浅层伸长，达20 m。

【芳香成分】丁兰等（2004）用水蒸气蒸馏法提取的新疆乌鲁木齐产准噶尔无叶豆干燥全草精油的主要成分为：1-甲氧基-4-(1-丙烯基)-苯（61.84%）、1-甲氧基-4-(2-丙烯基)-苯（2.98%）、2,2′-亚甲基双[6-(1,1-二甲基乙基)-4-乙基]苯酚（2.73%）、丁化羟基甲苯（1.18%）等。

【利用】为优良先锋固沙植物。

## 中国无忧花

*Saraca dives* Pierre

**豆科　无忧花属**

**别名：** 火焰花、四方木、火焰木

**分布：** 云南、广西、广东

【形态特征】乔木，高5～20 m；胸径达25 cm。叶有小叶5～6对，嫩叶略带紫红色，下垂；小叶近革质，长椭圆形、卵状披针形或长倒卵形，长15～35 cm，宽5～12 cm，基部1对常较小，先端渐尖、急尖或钝，基部楔形。花序腋生，较大；总苞大，阔卵形，被毛，早落；苞片卵形、披针形或长圆形，下部的1片最大，往上渐变小；小苞片较小；花黄色，后萼裂片基部及花盘、雄蕊、花柱变红色，两性或单性；萼管长1.5～3 cm，裂片长圆形，4片，有时5～6片，具缘毛。荚果棕褐色，扁平，长22～30 cm，宽5～7 cm，果瓣卷曲；种子5～9颗，形状不一，扁平，两面中央有一浅凹槽。花期4～5月，果期7～10月。

【生长习性】普遍生于海拔200～1000 m的密林或疏林中，常见于河流或溪谷两旁。偏阳性树种，喜充足阳光，对水肥条件要求稍高，病虫害少。

【芳香成分】杨世萍等（2017）用水蒸气蒸馏法提取的广西南宁产中国无忧花阴干叶精油的主要成分为：叶绿醇（12.75%）、金合欢基丙酮（9.58%）、6,10,14-三甲基-2-十五酮（5.70%）、1-(3-羟基苯基)-乙酮（5.41%）、(E)-4-(2,6,6-三甲基-1-环己烯-1-基)-3-丁烯-2-酮（5.26%）、(E)-6,10-二甲基-5,9-十一碳二烯-2-酮（4.64%）、5-戊基-1,3-苯二酚（4.21%）、十六醛（2.73%）、全反式或(E)-2,6,10,15,19,23-六甲基-2,6,10,14,18,22-二十四烷六烯（2.18%）、去氢骆驼蓬碱（1.83%）、1,8-萘内酰亚胺（1.72%）、三羟苯丙酮（1.53%）、异植醇（1.52%）、5-氨基-1-苯基吡唑（1.27%）、正十六酸（1.20%）、1,2,3,4-四氢-1,1,6-三甲基-萘（1.15%）、(Z)-3-己烯醇苯甲酸酯（1.03%）等。

**【利用】**是一优良的紫胶虫寄主。树皮入药，具有祛风活血、消肿止痛的作用，常用于治疗风湿关节痛、跌打损伤、痛经、月经不调、产后腰腹痛。叶药用，外用可治跌打肿痛。是一良好的庭园绿化和观赏树种。

## 广州相思子

*Abrus cantoniensis* Hance

**豆科　相思子属**

**别名：**鸡骨草、地香根、山弯豆

**分布：**湖南、广东、广西

**【形态特征】**攀缘灌木，高1～2 m。枝细直，平滑，被白色柔毛，老时脱落。羽状复叶互生；小叶6～11对，膜质，长圆形或倒卵状长圆形，长0.5～1.5 cm，宽0.3～0.5 cm，先端截形或稍凹缺，具细尖，叶面被疏毛，叶背被糙伏毛，叶腋两面均隆起；小叶柄短。总状花序腋生；花小，长约6 mm，聚生于花序总轴的短枝上；花梗短；花冠紫红色或淡紫色。荚果长圆形，扁平，长约3 cm，宽约1.3 cm，顶端具喙，被稀疏白色糙伏毛，成熟时浅褐色，有种子4～5粒。种子黑褐色，种阜蜡黄色，明显，中间有孔，边具长圆状环。花期8月。

**【生长习性】**生于疏林、灌丛或山坡，海拔约200 m。喜阳光和较干燥的环境，不耐寒。在排水良好的砂质壤土或腐殖质壤土里生长较好。

**【芳香成分】**王巧荣等（2013）用水蒸气蒸馏法提取的广东产广州相思子干燥全草精油的主要成分为：β-蒎烯（18.17%）、α-古芸烯（9.51%）、白菖油萜（8.03%）、δ-榄香烯（6.70%）、α-蒎烯（5.31%）、δ-石竹烯（3.74%）、环氧化异香树烯（2.82%）、[3.1.1]-3-庚醇（2.28%）、表姜烯酮（2.22%）、β-马榄烯（2.06%）、牻牛儿烯（2.04%）、斯巴醇（1.88%）、雅榄蓝烯（1.52%）、α-榄香烯（1.37%）、α-松油醇（1.23%）等。肖晓等（2017）用同法分析的干燥全草精油的主要成分为：(±)-α-乙酸松油酯（24.30%）、丁香酚甲醚（22.22%）、茴香脑（14.08%）、邻乙酰苯酚（3.07%）、丁香酚（2.90%）、棕榈酸（2.44%）、芍药醇（2.41%）、甘香烯（1.92%）、顺甲基异丁香酚（1.82%）、β-杜松烯（1.65%）、正己醛（1.52%）、α-石竹烯（1.01%）等。

**【利用】**带根全株及种子均供药用，可清热利湿、舒肝止痛，用于治疗急慢性肝炎及乳腺炎。已开发的中成药制剂有鸡骨草丸、鸡骨草胶囊、舒肝合剂、结石通片、鸡骨草肝炎冲剂、鸡骨草片、肝舒胶囊等。民间用于保肝的药膳和去湿毒的保健凉茶等。

## 毛相思子

*Abrus mollis* Hance

**豆科　相思子属**

**别名：**蜻蜓藤、油甘藤、毛鸡骨草、金不换

**分布：**福建、广东、广西

**【形态特征】**藤本。茎疏被黄色长柔毛。羽状复叶；叶柄和叶轴被黄色长柔毛；托叶钻形；小叶10～16对，膜质，长圆形，最上部两枚常为倒卵形，长1～2.5 cm，宽0.5～1 cm，先端截形，具细尖，基部圆或截形，叶面被疏柔毛，叶背密被白色长柔毛。总状花序腋生；总花梗长2～4 cm，被黄色长柔毛，花长3～9 mm，4～6朵聚生于花序轴的节上；花萼钟状，密被灰色长柔毛；花冠粉红色或淡紫色，荚果长圆形，扁平，长3～6 cm，宽0.8～1 cm，密被白色长柔毛，顶端具喙，有种子4～9粒；种子黑色或暗褐色，卵形，扁平，稍有光泽，种阜小，环状，种脐有孔。花期8月，果期9月。

【生长习性】生于山谷、路旁疏林、灌丛中，海拔200～1700 m。

【芳香成分】肖晓等（2017）用水蒸气蒸馏法提取的干燥全草精油的主要成分为：α-乙基-己酸（25.84%）、(±)-α-乙酸松油酯（20.07%）、α-荜澄茄醇（4.66%）、甘香烯（4.06%）、六氢法呢基丙酮（4.04%）、β-杜松烯（3.96%）、β-石竹烯（3.18%）、β-榄香烯（3.02%）、大根香叶烯（2.81%）、松烷醇（2.65%）、α-香柑油烯（1.60%）、β-斯巴醇（1.59%）、朱栾倍半萜（1.53%）、β-蛇床烯（1.30%）、白千层醇（1.13%）、α-石竹烯（1.12%）、环氧化异香树烯（1.05%）、γ-杜松烯（1.00%）等。

【利用】全株药用，有清热解毒、舒肝止痛的功效，主治黄疸，胁肋不舒，胃脘胀痛，急性、慢性肝炎，乳腺炎。种子有剧毒。

## 网络崖豆藤

*Millettia reticulata* Benth.

**豆科　崖豆藤属**

**别名：**鸡血藤、昆明鸡血藤、网络鸡血藤

**分布：**江苏、安徽、浙江、江西、福建、台湾、湖北、湖南、广东、海南、广西、四川、贵州、云南

【形态特征】藤本。小枝细棱，老枝褐色。羽状复叶长10～20 cm；托叶锥刺形，长3～7 mm，有一对距；叶腋有多数钻形的芽苞叶；小叶3～4对，硬纸质，卵状长椭圆形或长圆形，长3～8 cm，宽1.5～4 cm，先端钝，渐尖，或微凹缺，基部圆形；小托叶针刺状，宿存。圆锥花序顶生或着生枝梢叶腋，长10～20 cm，常下垂，基部分枝，花序轴被黄褐色柔毛；花密集，单生于分枝上，苞片与托叶同形，小苞片卵形，贴萼生；花长1.3～1.7 cm；花萼阔钟状至杯状；花冠红紫色，旗瓣卵状长圆形；花盘筒状。荚果线形，狭长，长约15 cm，宽1～1.5 cm，扁平，瓣裂，果瓣薄而硬，有种子3～6粒；种子长圆形。花期5～11月。

【生长习性】生于山地灌丛及沟谷，海拔1000 m以下地带。喜光，喜温暖湿润气候，不耐寒，耐干旱瘠薄，适应性强。

【芳香成分】龚铮午等（1998）用憎水性树脂吸附法提取的湖南株洲产网络崖豆藤新鲜含苞待放的花蕾头香主要成分为：α-蒎烯（24.36%）、1,8-桉叶油素（9.08%）、萘（6.04%）、柠檬烯（5.70%）、蒈烯-3（5.47%）、苯并噻唑（4.79%）、桧烯（3.54%）、紫苏酮（3.18%）、β-石竹烯（3.03%）、莰烯（2.84%）、β-蒎烯（2.33%）、十一碳烯（1.90%）、β-月桂烯（1.73%）、水杨酸甲酯（1.73%）、樟脑（1.52%）、十六烷（1.52%）、顺式-β-佛手烯（1.37%）、β-罗勒烯（1.28%）、对伞花烃（1.20%）、反式-α-佛手烯（1.08%）、癸烷（1.01%）等。

【利用】作园艺观赏栽培。植株可入药或作杀虫剂。

## 多序岩黄蓍

*Hedysarum polybotrys* Hand.-Mazz.

**豆科　岩黄芪属**

**别名：**红芪、多序岩黄芪

**分布：**甘肃、四川

【形态特征】多年生草本，高100～120 cm。茎直立，丛生，多分枝；枝条坚硬，稍曲折。叶长5～9 cm；托叶披针形，棕褐色干膜质，合生至上部；小叶11～19；小叶片卵状披针形或卵状长圆形，长18～24 mm，宽4～6 mm，先端圆形或钝圆，通常具尖头，基部楔形，叶背被贴伏柔毛。总状花序腋生；花多数，长12～14 mm；苞片钻状披针形，被柔毛；花萼斜宽钟状，被短柔毛；花冠淡黄色，旗瓣倒长卵形，翼瓣线形；子房线形，被短柔毛。荚果2～4节，被短柔毛，节荚近圆形或宽卵形，宽3～5 mm，两侧微凹，具明显网纹和狭翅。花期7～8月，果期8～9月。

【生长习性】生于山地石质山坡和灌丛、林缘等。

【精油含量】水蒸气蒸馏干燥根的得油率为0.10%。

【芳香成分】陈耀祖等（1987）用水蒸气蒸馏法提取的干燥根精油的主要成分为：1-甲氧基-4-(2-丙烯基)-苯（13.60%）、1,2-二甲氧基-4-(2-丙烯基)-苯（9.60%）、5,8-二甲基-3-(甲硫基)-三氮唑[4.3.α]吡嗪（7.50%）、7-甲基-苯并呋喃（4.80%）、癸酸（3.00%）、2,3-二氢化-1-甲基-3-苯基-氢茚（3.00%）、2-甲氧基-5-(1-丙烯基)-苯酚（2.90%）、4-甲基-1-(1-甲基-乙基)-双环[3.1.0]己烯-3-酮-2(2.70%)、4-(2,2,3,3-四甲基丁基)-苯酚（2.60%）、2,3,6-三甲基苯酚甲醚（2.40%）、5-甲基-嘧啶（2.00%）、苯甲醛（1.70%）、2,3,6,7,8,8a-六氢-1,4,9,9-四

甲基-(1α,3aα,7α,8aβ)-1H-3α,7-甲基薁（1.60%）、3-乙基苯酚（1.60%）、2-甲氧基苯酚（1.50%）、3-环己基丙酸-2-丙烯酯（1.40%）、双环[5.1.0]辛烷-8-(1-甲基-亚乙基)（1.30%）、2-甲基苯甲腈（1.20%）、1,4-苯二甲醛（1.20%）、1-辛烯（1.10%）、α,α,4-三甲基-3-环己烯-1-甲醇（1.00%）、4-甲氧基-4-(丙烯基)-苯（1.00%）等。

【利用】根及根状茎入药，称'红芪'，有利尿排毒、排脓、敛疮生肌的功效。用于治疗气虚乏力、食少便溏、中气下陷、久泻脱肛、便血崩漏、表虚自汗、气虚水肿、痈疽难溃、血虚痿黄、内热消渴。藏药全草药用，主治脉病、热毒疮疖。

## 龙须藤

*Bauhinia championii* (Benth.) Benth.

**豆科　羊蹄甲属**

**别名：**梅花入骨丹、羊蹄藤、乌郎藤、过岗圆龙、九龙藤、五花血藤、燕子尾、黑皮藤、菊花木、圆龙、哈叶、罗亚多藤、百代藤、乌皮藤、搭袋藤、钩藤、田螺虎树

**分布：**台湾、福建、广东、江西、河南、江苏、安徽、浙江、湖北、湖南、广西、四川、贵州、云南等地

【形态特征】藤本，有卷须；嫩枝和花序薄被紧贴的小柔毛。叶纸质，卵形或心形，长3～10 cm，宽2.5～9 cm，先端锐渐尖、圆钝、微凹或2裂，裂片长度不一，基部截形、微凹或心形。总状花序狭长，腋生，有时与叶对生或数个聚生于枝顶而成复总状花序，长7～20 cm，被灰褐色小柔毛；苞片与小苞片小，锥尖；花直径约8 mm；花托漏斗形；萼片披针形；花瓣白色，具瓣柄，瓣片匙形。荚果倒卵状长圆形或带状，扁平，长7～12 cm，宽2.5～3 cm，无毛，果瓣革质；种子2～5颗，圆形，扁平，直径约12 mm。花期6～10月，果期7～12月。

【生长习性】生于低海拔至中海拔的丘陵灌丛或山地疏林和密林中。喜光照，较耐荫，适应性强，耐干旱瘠薄。根系发达，穿透力强。

【芳香成分】叶蕻芝等（2009）用同时蒸馏萃取法提取的福建永泰产龙须藤藤茎精油的主要成分为：4-乙基-辛烷（3.99%）、2.5-二甲基-庚烷（3.13%）、辛烷（2.97%）、壬烷（1.75%）、3,3-二甲基-庚烷（1.39%）、2,4-二甲基-正庚烷（1.25%）、石竹烯（1.24%）、2,3-二甲基-庚烷（1.07%）等。

【利用】适宜长江流域以南作为绿篱、墙垣、棚架、假山等处攀缘、悬垂绿化材料。木材供作手杖、烟盒、茶具等用。

## 蚕豆

*Vicia faba* Linn.

**豆科　野豌豆属**

**别名：**南豆、胡豆、大豆、竖豆、佛豆

**分布：**全国各地均有栽培

【形态特征】一年生草本，高30～120 cm。茎直立，四棱，中空。偶数羽状复叶，叶轴顶端卷须短缩为短尖头；托叶戟头形或近三角状卵形，略有锯齿，具深紫色密腺点；小叶通常1～3对，互生，上部可达4～5对，椭圆形，长圆形或倒卵形，长4～10 cm，宽1.5～4 cm，先端圆钝，具短尖头，基部楔形，全缘。总状花序腋生；花萼钟形；具花2～6朵呈丛状着生于叶腋，花冠白色，具紫色脉纹及黑色斑晕。荚果肥厚，长5～10 cm，宽2～3 cm；表皮绿色被绒毛，成熟后变为黑色。种子2～6，长方圆形，中间内凹，种皮革质，青绿色，灰绿色至棕褐色，稀紫色或黑色；种脐线形，黑色。花期4～5月，果期5～6月。

【生长习性】生于温暖湿地，耐-4℃低温，但畏暑。种子发芽的适宜温度为16～25℃，营养生长期所需温度较低，开花结实期要求16～22℃。

【芳香成分】刘春菊等（2015）用顶空固相微萃取法提取的江苏产'通蚕鲜6号'蚕豆新鲜嫩种子香气的主要成分为：乙醇（32.91%）、d-柠檬烯（18.31%）、己醇（8.66%）、对异丙基甲苯（7.05%）、1-辛烯-3-醇（2.94%）、3-辛醇（2.14%）、3-甲基丁醇（1.81%）、异戊酸乙酯（1.55%）、萜品烯（1.14%）、苯乙烯（1.08%）、2-戊基呋喃（1.07%）、(Z)-3-己烯醇（1.01%）等。

【利用】是主要栽培的豆类作物之一，种子作为粮食磨粉制糕点、小吃，可以加工成多种小吃。种子嫩时作为时新蔬菜或饲料。种子民间药用，治疗高血压和浮肿。

## 长柔毛野豌豆

*Vicia villosa* Roth

**豆科　野豌豆属**

**别名：** 柔毛苕子、毛苕子、毛叶苕子、蓝花草、冬巢菜

**分布：** 东北、华北、西北、西南、山东、江苏、湖南、广东等地、各地有栽培

【形态特征】一年生草本，攀缘或蔓生，植株被长柔毛，长30～150 cm，茎柔软，有棱，多分枝。偶数羽状复叶，叶轴顶端卷须有2～3分支；托叶披针形或二深裂，呈半边箭头形；小叶通常5～10对，长圆形、披针形至线形，长1～3 cm，宽0.3～0.7 cm，先端渐尖，具短尖头，基部楔形。总状花序腋生；具花10～20朵；花萼斜钟形，萼齿5；花冠紫色、淡紫色或紫蓝色，旗瓣长圆形，中部缢缩，长约0.5 cm，先端微凹；翼瓣短于旗瓣；龙骨瓣短于翼瓣。荚果长圆状菱形，长2.5～4 cm，宽0.7～1.2 cm，侧扁，先端具喙。种子2～8，球形，直径约0.3 cm，表皮黄褐色至黑褐色，种脐长相等于种子圆周1/7。花果期4～10月。

【生长习性】生长于海拔900～2100 m的山谷、固定沙丘、丘陵草原、石质粘土荒漠冲沟、草原、荒漠、石质粘土凹地、山脚平原、低湿地、草甸和石质粘土坡。

【精油含量】水蒸气蒸馏干燥全草的得油率为1.50%。

【芳香成分】张晓琦等（2014）用水蒸气蒸馏法提取的陕西秦巴山区产长柔毛野豌豆干燥全草精油的主要成分为：4-(2-丙烯基)苯酚（26.19%）、氧化石竹烯（14.45%）、十氢-α,α,4α-三甲基-8-亚甲基-[2R,(2α,4aα,8aβ)]-Z-萘甲醇（13.20%）、6,6-二甲基-10-亚甲基-二氧杂螺环[4,5]癸烷（9.06%）、内-2-莰醇（5.36%）、二聚戊烯（4.59%）、顺式-Z-α-环氧化红没药烯（3.33%）、糠醛（3.20%）、醋酸龙脑酯（2.25%）、1,5,5,8-四甲-l-[1R-(1-R*,3E,7E,11R*)]-12-二环草酸[9,1,0]-12-3,7-二烯（2.16%）、1S,4R,7R,11R-8-羟基-1,2,3,4-四甲基（1.20%）、反式芳樟醇氧化物（1.08%）等。

【利用】为优良牧草及绿肥作物。种子可提取植物凝血素应用于免疫学、肿瘤生物学、细胞生物学及发育生物学。种子入药，有行血通经、消肿止痛的功效，用于治疗月经不调、血滞经闭、产后瘀滞腹痛、催生、下乳、痈疽疮疡、瘀血肿痛、乳痈、肠痈等证。

## 银合欢

*Leucaena leucocephala* (Lam.) de Wit

**豆科　银合欢属**

**别名：** 白合欢

**分布：** 福建、广东、广西、海南等地

【形态特征】灌木或小乔木，高2～6 m；幼枝被短柔毛，老枝无毛，具褐色皮孔，无刺；托叶三角形，小。羽片4～8对，长5～16 cm，叶轴被柔毛，有黑色腺体1枚；小叶5～15对，线状长圆形，长7～13 mm，宽1.5～3 mm，先端急尖，基部楔形，边缘被短柔毛，中脉偏向小叶上缘，两侧不等宽。头状花序通常1～2个腋生，直径2～3 cm；苞片紧贴，被毛，早落；花白色；花萼顶端具5细齿，外面被柔毛；花瓣狭倒披针形，背被疏柔毛。荚果带状，长10～18 cm，宽1.4～2 cm，顶端凸尖，基部有柄，纵裂，被微柔毛；种子6～25颗，卵形，长约7.5 mm，褐色，扁平，光亮。花期4～7月；果期8～10月。

【生长习性】生于低海拔的荒地或疏林中。耐旱力强，不耐水渍。喜温暖湿润的气候条件，生长最适温度为25～30℃。阳

性树种，稍耐荫。对土壤要求不严，适合于种植在中性或微碱性（pH6.0～7.7）的土壤。

【芳香成分】李学坚等（2005）用水蒸气蒸馏法提取的广西邕宁产银合欢叶精油的主要成分为：叶绿醇（21.78%）、棕榈酸（8.23%）、6,10-二甲基-5,9-十一碳二烯-2-酮（5.00%）、二十八烷（4.91%）、壬醛（4.88%）、二十二烷（4.81%）、15-二十四碳烯酸甲酯（4.59%）、2-己烯醛（4.45%）、6,10,14-三甲基-十五酮（3.97%）、二十一烷（3.33%）、二十四烷（3.22%）、四十四烷（2.84%）、芳樟醇（2.64%）、6-甲基-5-庚烯-2-酮（2.31%）、3-癸烯-5-酮（2.25%）、乙酰金合欢酮（2.11%）、β-紫罗兰酮（2.00%）、三十四烷（1.85%）、十七烷（1.64%）、5,6-二氢-2,4,6-三甲基-4H-1,3,5-三噻嗪（1.59%）、4-羟基-3-甲基苯乙酮（1.54%）、(2,2-二甲基环戊烷)-环己烷（1.20%）等。

【利用】适为荒山造林树种。木质良好之薪炭材。叶可作绿肥及家畜饲料，但不宜大量饲喂。嫩可作蔬菜食用。

## 油楠

*Sindora glabra* Merr. ex de Wit

**豆科　油楠属**
**别名：** 火水树、科楠、脂树、蚌壳树、煤油树
**分布：** 海南

【形态特征】乔木，高8～20 m，直径30～60 cm。叶长10～20 cm，有小叶2～4对；小叶对生，革质，椭圆状长圆形，很少卵形，长5～10 cm，宽2.5～5 cm，顶端钝急尖或短渐尖，基部钝圆稍不等边。圆锥花序生于小枝顶端的叶腋，长15～20 cm，密被黄色柔毛；苞片卵形，叶状；中部以上有线状披针形小苞片1～2枚，苞片、花梗及小苞片均密被黄色柔毛；萼片4，被黄色柔毛；花瓣1枚，被包于最上面萼片内，长椭圆状圆形，外面密被柔毛，边缘具睫毛。荚果圆形或椭圆形，长5～8 cm，宽约5 cm，外面有散生硬直的刺，受伤时伤口常有胶汁流出；种子1颗，扁圆形，黑色，直径约1.8 cm。花期4～5月，果期6～8月。

【生长习性】生于中海拔山地的混交林内，高山谷地、低丘山坡、岭脚溪边的热带常绿季雨林与次生林间，海拔600 m以下。宜在山坡下部土壤较湿润和肥沃的缓坡地带种植。

【精油含量】水蒸气蒸馏树干流出物的得油率为75%～78%。

【芳香成分】朱亮峰等（1993）用水蒸气蒸馏法提取的海南产油楠树干流出精油的主要成分为：玷𤎖烯（40.75%）、β-石竹烯（29.55%）、β-荜澄茄烯（4.73%）、α-石竹烯（4.08%）、δ-杜松烯（2.66%）、γ-依兰油烯（2.17%）、α-依兰油烯（1.59%）。

【利用】木材可供建筑、造船、枕木、桥梁、车辆、高档家具、地板用材，用于古筝，古琴等乐器的制作。能源植物，树干树脂用棉花蘸上可点火照明，过滤后可作为柴油的代用品。树脂可用做食用香料。种子可治疗皮肤病。

## 喙荚云实

*Caesalpinia minax* Hance

**豆科　云实属**
**别名：** 南蛇簕、苦石莲、南蛇簕喙荚苏木
**分布：** 广东、海南、广西、贵州、云南、四川、福建

【形态特征】有刺藤本，各部被短柔毛。二回羽状复叶长可达45 cm；托叶锥状而硬；羽片5～8对；小叶6～12对，椭圆形或长圆形，长2～4 cm，宽1.1～1.7 cm，先端圆钝或急尖，基部圆形，微偏斜，两面沿中脉被短柔毛。总状花序或圆锥花序顶生；苞片卵状披针形，先端短渐尖；萼片5，密生黄色绒毛；花瓣5，白色，有紫色斑点，倒卵形。荚果长圆形，长7.5～13 cm，宽4～4.5 cm，先端圆钝而有喙，喙长5～25 mm，果瓣表面密生针状刺，有种子4～8颗；种子椭圆形与莲子相仿，一侧稍洼，，有环状纹，长约18 mm；宽约10 mm，种子在狭的一端。花期4～5月，果期7月。

【生长习性】生于山沟、溪旁或灌丛中，海拔400～1500 m。

【芳香成分】霍昕等（2009）用有机溶剂萃取-水蒸气蒸馏法提取的贵州产喙荚云实种仁精油的主要成分为：己醇（12.94%）、三正丁胺（4.32%）、E-2-辛烯醛（3.91%）、顺-4-庚烯醛（3.42%）、E,E-2,4-癸二烯醛（2.88%）、2-戊基呋喃（2.32%）、壬醛（2.08%）、1-辛烯-3-醇（1.68%）、2,3-二甲基萘烷（1.55%）、正二十烷（1.55%）、樟脑（1.26%）、反-2-辛醛（1.17%）、壬基苯酚（1.13%）、正十九烷（1.10%）、2-庚醇（1.05%）、1,6-二甲基萘烷（1.03%）等；种皮精油的主要成分为：柠檬烯（5.31%）、亚油酸甲酯（3.30%）、E,E-2,4-癸二烯醛（3.00%）、壬醛（2.78%）、α-柏木醇（2.08%）、丁酸异戊酯（1.80%）、2-戊基呋喃（1.71%）、十六烷（1.66%）、2,4-二叔丁基苯酚（1.60%）、己醇（1.57%）、樟脑（1.54%）、γ-松油烯（1.52%）、顺-4-庚烯醛（1.38%）、己酸丙烯酯（1.30%）、水杨酸甲酯（1.24%）、棕榈酸甲酯（1.18%）、反式-β-罗勒烯（1.15%）、己乙酯（1.11%）、2,3-二甲基萘烷（1.10%）、正二十一烷（1.06%）、β-蒎烯（1.01%）等。

【利用】种子入药，有散瘀、止痛、清热、祛湿的功效，用于治疗哕逆、痢疾、淋浊、尿血、跌打损伤。根入药，有清热、解毒、散瘀的功效，用于治疗外感发热、痧症、风湿关节痛、疮肿、跌打损伤。苗入药，有泻热、祛瘀解毒的功效，用于治疗风热感冒、湿热痧气、跌打损伤、瘰疬、疮疡肿毒。

## 苏木

*Caesalpinia sappan* Linn.

**豆科　云实属**

**别名：** 棕木、苏枋、苏方木、苏方、赤木、红紫

**分布：** 云南、贵州、四川、广西、广东、福建、台湾

【形态特征】小乔木，高达6 m，具疏刺，除老枝、叶下面和荚果外，多少被细柔毛；枝上皮孔密而显著。二回羽状复叶长30～45 cm；羽片7～13对，对生，长8～12 cm，小叶10～17对，小叶片纸质，长圆形至长圆状菱形，先端微缺，基部歪斜，以斜角着生于羽轴上。圆锥花序顶生或腋生；苞片大，披针形，早落；花托浅钟形；萼片5，稍不等；花瓣黄色，阔倒卵形，最上面一片基部带粉红色，具柄。荚果木质，稍压扁，近长圆形至长圆状倒卵形，长约7 cm，宽3.5～4 cm，基部稍狭，先端斜向截平，上角有外弯或上翘的硬喙，红棕色，有光泽；种子3～4颗，长圆形，稍扁，浅褐色。花期5～10月，果期7月至翌年3月。

【生长习性】野生于海拔500～1800 m的热带、亚热带地区，多栽培于园边、地边、村前村后。

【精油含量】水蒸气蒸馏干燥心材的得油率为0.02%。

【芳香成分】刘玉峰等（2016）用水蒸气蒸馏法提取的山东菏泽产苏木干燥心材精油的主要成分为：(Z,Z)-9,12-十八碳二烯酸（10.53%）、邻苯二甲酸二丁酯（5.02%）、(E,E)-2,4-癸二烯醛（4.36%）、邻苯二甲酸异壬酯（3.01%）、桉油烯醇（2.27%）、1,2,3,4-四氢化-5-甲基-11—3-异丙氧基萘（2.08%）、雪松醇（1.98%）、1,6-二甲基-4-(1-甲基乙基)-萘（1.97%）、α-蒎烯（1.92%）、α-荜澄茄醇（1.64%）、(6S)-6-甲基-6-乙烯基-1-(1-甲基乙基)-3-(1-甲基乙烯基)-环己烯（1.62%）、10,10-二甲基-2,6-二亚甲基二环[7.2.0]十一碳-5β-醇（1.48%）、1,6-二甲基-4-(1-亚甲基)-1,2,3,4,4α,7-六氢化萘（1.21%）、辛酸（1.08%）等。

【利用】心材入药，活血祛瘀、消肿定痛的功效，用于治疗妇人血滞经闭、痛经、产后瘀阻心腹痛、产后血晕、痈肿、跌打损伤、破伤风。从心材中提取的苏木素，可用于生物制片的染色。木材为细木工用材。

## 皂荚

*Gleditsia sinensis* Lam.

**豆科　皂荚属**

**别名：** 皂角、皂荚树、猪牙皂、牙皂、刀皂

**分布：** 河北、山东、河南、山西、陕西、甘肃、江苏、安徽、浙江、江西、湖南、湖北、福建、广东、广西、四川、贵州、云南等地

**【形态特征】** 落叶乔木或小乔木，高可达30 m；枝灰色至深褐色；刺粗壮，常分枝。叶为一回羽状复叶，长10～26 cm；小叶2～9对，纸质，卵状披针形至长圆形，先端急尖或渐尖，顶端圆钝，具小尖头，基部圆形或楔形，有时稍歪斜，边缘具细锯齿。花杂性，黄白色，组成总状花序；花序腋生或顶生，被短柔毛；雄花：深棕色；萼片4；花瓣4，长圆形；两性花：略大。荚果带状，长12～37 cm，宽2～4 cm，果肉稍厚，两面臌起，或有的荚果短小，多少呈柱形，弯曲；果瓣革质，褐棕色或红褐色，常被白霜；种子多颗，长圆形或椭圆形，长11～13 mm，宽8～9 mm，棕色，光亮。花期3～5月，果期5～12月。

**【生长习性】** 生于山坡林中或谷地、路旁，海拔自平地至2500 m。喜光而稍耐阴，喜温暖湿润的气候及深厚肥沃适当的湿润土壤，对土壤要求不严，在石灰质及盐碱甚至黏土或砂土均能正常生长。耐旱节水，根系发达。耐热，耐寒抗污染，适应性广，抗逆性强。

**【芳香成分】** 周力等（2013）用水蒸气蒸馏法提取的贵州产皂荚干燥不育果实精油的主要成分为：右旋大根香叶烯（8.14%）、芳樟醇（6.21%）、δ-杜松烯（5.91%）、α-珐玶烯（4.66%）、α-芹子烯（3.61%）、正己醛（3.40%）、α-依兰油烯（2.96%）、α-紫穗槐烯（2.65%）、β-没药烯（2.60%）、α-松油醇（2.50%）、双戊烯（2.42%）、β-芹子烯（2.29%）、α-柏木烯（2.23%）、(+)-香橙烯（1.98%）、γ-杜松烯（1.93%）、茴香脑（1.75%）、(-)-4-萜品醇（1.70%）、反式-石竹烯（1.66%）、别香橙烯（1.54%）、壬醛（1.47%）、α-杜松醇（1.29%）、2-戊酰呋喃（1.12%）、T-杜松醇（1.12%）、2-正戊基呋喃（1.10%）、α-柏木脑（1.08%）、长叶烯（1.07%）、(E)-2-己烯醛（1.03%）等。

**【利用】** 木材为工艺品、车辆、家具用材。荚果煎汁可代肥皂用以洗涤丝毛织物。嫩芽油盐调食，其子煮熟糖渍可食。种子可提取半乳甘露聚糖胶，用作增稠剂、稳定剂、粘合剂、胶凝剂、浮选剂、絮凝剂、分散剂等，广泛应用于石油钻采、食品医药、纺织印染、采矿选矿、兵工炸药、日化陶瓷、建筑涂料、木材加工、造纸、农药等行业。制胶的下脚料可用于制作饲料原料或提取绿色蛋白质。荚、子、刺均入药，荚果入药可祛痰、利尿；种子入药可治癣和通便秘；皂刺入药可活血并治疮癣；根、茎、叶可生产清热解毒的中药口服液。可用于城乡景观林、道路绿化。

## 猪屎豆

*Crotalaria pallida* Ait.

**豆科　猪屎豆属**

**别名：** 白猪屎豆、野苦豆、大眼兰、野黄豆草、猪屎青、野花生、大马铃、水蓼竹、响铃草

**分布：** 产福建、台湾、广东、广西、四川、云南、山东、浙江、湖南等地

**【形态特征】** 多年生草本，或呈灌木状；茎枝具小沟纹，密被紧贴的短柔毛。托叶极细小，刚毛状；叶三出；小叶长圆形或椭圆形，长3～6 cm，宽1.5～3 cm，先端钝圆或微凹，基部阔楔形，叶背略被丝光质短柔毛。总状花序顶生，长达25 cm，有花10～40朵；苞片线形，小苞片的形状与苞片相似，生萼筒中部或基部；花萼近钟形，五裂；花冠黄色，伸出萼外，旗瓣圆形或椭圆形，基部具胼胝体二枚，冀瓣长圆形，下部边缘具柔毛，龙骨瓣弯曲，具长喙，基部边缘具柔毛；子房无柄。荚果长圆形，长3～4 cm，径5～8 mm，幼时被毛，成熟后脱落，果瓣开裂后扭转；种子20～30颗。花果期9～12月间。

**【生长习性】** 生荒山草地及砂质土壤之中，海拔100～1000 m。

**【精油含量】** 水蒸气蒸馏成熟种子的得率为3.65%。

**【芳香成分】** 叶：杨东娟等（2011）用水蒸气蒸馏-两相溶剂萃取法提取的广东潮州产猪屎豆新鲜叶精油的主要成分为：柏木脑（33.68%）、棕榈酸（8.72%）、(-)-斯巴醇（5.67%）、蓝桉醇（4.03%）、二十一烷（3.89%）、植物醇（3.86%）、(Z,Z,Z)-9,12,15-十八碳三烯酸（3.52%）、9,12,15-十八烯醇（2.91%）、[1R-(1α,4aβ,8aα)]-十氢化-1,4a-二甲基-7-(1-甲基乙基)-1-萘酚（2.65%）、10-(乙酰甲基)-3-蒈烯（2.26%）、十四碳醛（2.08%）、表蓝桉醇（1.63%）、雪松烯醇（1.33%）、6,10,14-三甲基-2-十五烷酮（1.26%）、长叶烯（1.13%）等。

**种子：** 张新蕊等（2011）用索氏法提取的海南五指山产猪屎豆成熟种子精油的主要成分为：棕榈酸（19.00%）、亚油酸（9.03%）、油酸（7.05%）、穿贝海绵甾醇（6.87%）、硬脂酸（4.19%）、豆甾醇（2.48%）、β-香树脂醇（2.35%）、麦角甾-5-烯醇（2.00%）、吲哚（1.97%）、E-2-庚烯醛（1.95%）、α-香树脂醇（1.24%）、亚油酸甲酯（1.18%）、棕榈酸甲酯（1.01%）等。

**【利用】** 全草药用，有清热利湿、解毒散结之功效，用于治疗痢疾、湿热腹泻、小便淋沥、小儿疳积、乳腺炎。

## 紫荆

*Cercis chinensis* Bunge

**豆科　紫荆属**

**别名：** 满条红、裸枝树、紫珠

**分布：** 北至河北、南至广东、广西、西至云南、四川、西北至陕西、东至浙江、江苏、山东等地

**【形态特征】** 丛生或单生灌木，高2～5 m；树皮和小枝灰白色。叶纸质，近圆形或三角状圆形，长5～10 cm，先端急尖，基部浅至深心形，嫩叶绿色，仅叶柄略带紫色，叶缘膜质透明。花紫红色或粉红色，2～10余朵成束，簇生于老枝和主干上，花长1～1.3 cm；花梗长3～9 mm；龙骨瓣基部具深紫色斑纹；子房嫩绿色，花蕾时光亮无毛，后期则密被短柔毛，有胚珠6～7颗。荚果扁狭长形，绿色，长4～8 cm，宽1～1.2 cm，翅宽约1.5 mm，先端急尖或短渐尖，喙细而弯曲，基部长渐尖，两侧缝线对称或近对称；果颈长2～4 mm；种子2～6颗，阔长圆形，长5～6 mm，宽约4 mm，黑褐色，光亮。花期3～4月，果期8～10月。

**【生长习性】** 生于密林或石灰岩地区。暖带树种，较耐寒。喜光，稍耐阴。喜肥沃、排水良好的土壤，不耐湿。萌芽力强，耐修剪。

【精油含量】水蒸气蒸馏新鲜叶的得油率为0.45%。

【芳香成分】叶：王燕等（2013）用水蒸气蒸馏法提取的海南海口产紫荆新鲜叶精油的主要成分为：叶绿醇（13.04%）、二苯胺（12.09%）、正己醛（8.22%）、2-环丙基-(5'-甲基-2'-呋喃基)双环丙基酮（5.98%）、α-金合欢烯（4.74%）、邻苯二甲酸二异辛酯（4.72%）、1-己醇（3.50%）、5-甲基-2-(4-氟苯基)嘧啶（2.90%）、(E)-2-己烯-1-醇（2.79%）、苯乙醛（1.87%）、γ-榄香烯（1.80%）、3-己烯-1-醇（1.52%）、(+)-α-长叶蒎烯（1.37%）、二甲基（3-甲基丁烯-2-烯氧基）丙氧基硅烷（1.37%）、苯乙醇（1.34%）、2-异丙基-5-甲基-9-亚甲基-二环[4.4.0]十-1-烯（1.14%）、2-己烯醛（1.02%）等。

花：李勉等（2009）用水蒸气蒸馏法提取的河南开封产紫荆花精油的主要成分为：十五烷（12.03%）、亚油酸（5.99%）、十四烷（5.33%）、十六烷（4.24%）、壬醛（3.58%）、棕榈酸（3.40%）、桉树脑（3.38%）、4,8-二甲基-十一烷（3.37%）、苯乙醇（3.28%）、7-甲基-7H-二苯并[b,g]咔唑（2.59%）、十三烷（2.58%）、亚麻酸（2.48%）、β-蒎烯（2.16%）、2,6-二甲基-6-(4-甲基-3-戊烯基)-双环[3.1.1]庚-2-烯（2.15%）、甲氧基苯基肟（1.87%）、十七烷（1.72%）、苯甲醇（1.62%）、2-戊基-呋喃（1.60%）、6,10,14-三甲基-2-十五烷酮（1.60%）、α-甲基-α-[4-甲基-3-戊烯基]环氧丙醇（1.59%）、十二烷（1.52%）、4,6-二甲基十二烷（1.51%）、2,6-二（1,1-二甲基乙基）-4-(1-氧代丙基)苯酚（1.50%）、2-甲基-十五烷（1.36%）、苯甲醛（1.33%）、石竹烯（1.32%）、(Z)-7,11-二甲基-3-亚甲基-1,6,10-癸三烯（1.25%）、2,6,10,14-四甲基十五烷（1.11%）、[S-(R*,S*)]-3-(1,5-二甲基-4-己烯基)-6-亚甲基-环己烯（1.09%）、5-丙基-十三烷（1.07%）、(R)-1-甲基-5-(1-甲基乙炔基)-环己烯（1.02%）等。

【利用】树皮入药，有活血通经，消肿解毒的功效，用于治疗风寒湿痹、经闭、血气痛、喉痹、淋证、痈肿、癣疥、跌打损伤、蛇虫咬伤。木部入药，有活血、通淋的功效，用于治痛经、瘀血腹痛、淋证。花入药，有清热凉血、祛风解毒的功效，用于治疗风湿筋骨痛、鼻中疳疮。果实入药，用于治疗咳嗽、孕妇心痛。木材可供家具、建筑等用。用于庭园、屋旁、寺街边的园林绿化。

## 紫穗槐

*Amorpha fruticosa* Linn.

**豆科　紫穗槐属**

**别名：**绵槐、蚰荻、紫翠槐、椒条、棉条、紫槐、槐树、油条、苕条、穗花槐

**分布：**东北、华北、西北及山东、安徽、江苏、河南、湖北、广西、四川等地

【形态特征】落叶灌木，丛生，高1～4 m。小枝灰褐色，嫩枝密被短柔毛。叶互生，奇数羽状复叶，长10～15 cm，有小叶11～25片，基部有线形托叶；叶柄长1～2 cm；小叶卵形或椭圆形，长1～4 cm，宽0.6～2.0 cm，先端圆形，锐尖或微凹，有一短而弯曲的尖刺，基部宽楔形或圆形，叶背有白色短柔毛，具黑色腺点。穗状花序常1至数个顶生和枝端腋生，长7～15 cm，密被短柔毛；苞片长3～4 mm；花萼长2～3 mm，萼齿三角形，较萼筒短；旗瓣心形，紫色，无翼瓣和龙骨瓣；雄蕊10，伸出花冠外。荚果下垂，长6～10 mm，宽2～3 mm，微弯曲，顶端具小尖，棕褐色，表面有凸起的疣状腺点。花果期5～10月。

【生长习性】阳性树种，对水分和温度适应幅度大。对土壤要求不严，在瘠薄及轻度盐碱地上均能生长。

【精油含量】水蒸气蒸馏鲜花的得油率为0.13%～0.20%，果实的得油率为0.20%～2.10%，种仁的得油率为0.07%，种皮

的得油率为1.10%；超临界萃取果实的得油率为10.65%。

**【芳香成分】枝叶**：王筛等（1996）用水蒸气蒸馏法提取的枝叶精油的主要成分为：α-蒎烯（12.60%）、月桂烯（7.90%）、β-桉叶油醇（7.30%）、α-雪松烯（6.80%）、β-荜澄茄油烯（6.40%）、δ-荜澄茄烯（5.60%）、反式-石竹烯（5.20%）、榄香醇（4.80%）、丁子香烯（3.90%）、三甲基-双环-庚烯（3.30%）、葎草烯（3.00%）、α-荜澄茄油烯（2.80%）、γ-依兰油烯（2.80%）、δ-3-蒈烯（2.70%）、α-依兰油烯（2.20%）、芹子烯（2.00%）、β-蒎烯（1.60%）、喇叭茶醇（1.20%）等。

**花**：李兆琳等（1993）用同时水蒸气蒸馏-溶剂萃取法提取的甘肃兰州产紫穗槐新鲜花精油的主要成分为：倍半萜烯醇（32.99%）、[1S-(1α,4β,5α)]-1,8-二甲基-4-(1-甲基乙烯基)-螺[4,5]癸烯-7（7.78%）、(+)-δ-杜松烯（6.61%）、3,4-二甲基-2,4,6-辛三烯（6.59%）、γ-依兰油烯（5.29%）、[1aR-(1aα,7α,7aα,7bα)]-1a,2,3,5,6,7,7a,7b-八氢化-1,1,7,7a-四甲基-1H-环丙烷并苯（4.04%）、3,7-二甲基-1,3,7-辛三烯（2.65%）、γ-榄香烯（2.25%）、甲基苯甲腈（2.20%）、香叶烯（1.45%）、β-甜没药烯（1.36%）、[1aR-(1aα,4α,4aβ,7β,7aβ,7bα)]-1,1,4,7-四甲基-十氢化-1H-环丙烷并薁醇-4(1.36%)、愈创木醇（1.33%）、(-)-δ-杜松醇（1.20%）、6,10,14-三甲基-2-十五烷酮（1.11%）、金合欢醇（1.07%）等。

**果实**：刘畅等（2008）用水蒸气蒸馏法提取的辽宁本溪产紫穗槐果实精油的主要成分为：1,3,3-三甲基-三环[2.2.1.0$^{2,6}$]庚烷（13.63%）、1,2,3,4,4a,5,6,8a-八氢-甲基-4-亚甲基1-(1-甲基乙基)-萘（11.50%）、二-表-α-雪松烯（11.40%）、1,2,4a,5,8,8a-六氢-4,7-二甲基-1-(1-甲基乙基)萘（9.83%）、石竹烯（8.40%）、β-蒎烯（5.85%）、玷𤥕烯（5.84%）、1,2,3,4,5,6,7,8-八氢-1,4-二甲基-7-(1-甲基乙烯基)薁（4.49%）、1,2,3,4,4a,5,6,8a-八氢-7-亚甲基-1-(1-甲基乙基)萘（4.15%）、3-蒈烯（3.02%）、大根香叶烯D（1.87%）、八氢-7-甲基-3-亚甲基-1H-环戊[1,3]环丙[1,2]苯（1.80%）、依兰油烯（1.78%）、α-荜澄茄油烯（1.63%）、十氢-1,1,7-三甲基-4-亚甲基-1H-环丙[e]薁（1.31%）、顺,顺,顺-1,1,4,8-四甲基-4,7,10-环十一碳三烯（1.31%）、2-亚甲基-4,8,8-三甲基-4-甲基-3-亚甲基-二环[5.2.0]壬烷（1.05%）等。余江琴等（2014）用同法分析的干燥果实精油的主要成分为：(1α,4aα,8aα)-1,2,3,4,4a,5,6,8a-八氢-7-甲基-4-亚甲基-1-(1-甲基乙基)萘（28.69%）、依兰烯（10.06%）、大根香叶烯D（9.59%）、石竹烯（7.57%）、α-可巴烯（5.16%）、2,6,6-三甲基-双环[3.1.1]庚-2-烯（4.01%）、[2R-(2α,4aα,8aα)]-十氢-α,α,4a-三甲基-8-亚甲基-2-萘甲醇（3.30%）、1,2,3,4,4a,7-六氢-1,6-二甲基-4-(1-甲基乙基)-萘（2.79%）、香橙烯（2.71%）、四十四烷（2.70%）、α-月桂烯（2.68%）、τ-杜松醇（1.93%）、17-三十五烯（1.79%）、α-石竹烯（1.64%）、异香橙烯环氧化物（1.60%）等。陈月华等（2017）用同法分析的河南信阳产紫穗槐干燥果实精油的主要成分为：γ-古芸烯（18.57%）、γ-杜松烯（9.35%）、(1α,4aα,8aα)-1,2,3,4,4a,5,6,8a-八氢-7-甲基-4-亚甲基-1-(1-甲基乙基)-萘（7.87%）、芳樟醇（6.67%）、γ-芹子烯（5.91%）、1,2,4a,5,6,8a-六氢-4,7-二甲基-1-(1-甲基乙基)-萘（4.42%）、石竹烯（4.32%）、(+)-α-榄香烯（4.15%）、[1R-(1α,2β,5α)]-5-甲基-2-(1-甲基乙烯基)-环己醇（3.25%）、香茅醇（3.24%）、石竹烯氧化物（2.58%）、τ-杜松醇（2.52%）、α-蒎烯（2.50%）、玷𤥕烯（2.08%）、5-甲基-2-(1-甲基乙烯基)-环己醇（1.78%）、α-石竹烯（1.02%）等。

**【利用】**枝叶作绿肥、家畜饲料。茎皮可提取栲胶。枝条可编制篓筐及作造纸原料。种子可榨油，作油漆、甘油和润滑油的原料。蜜源植物。有护堤防沙、防风固沙、绿化和水土保持作用。根、茎、叶可药用，具有祛湿消肿功效；花可清热、凉血、止血。果实可提取精油，用于食品、卷烟等产品加香，也适用于日化香料调香，有驱蚊止痒功效。

## 大果紫檀

*Pterocarpus macrocarpus* Kurz.

**豆科　紫檀属**
**别名**：缅甸花梨、草花梨、花梨木
**分布**：海南

**【形态特征】**乔木，干形通直，分叉少，木枝可达8～10 m。叶为奇数羽状复叶；小叶互生；托叶小，脱落，无小托叶。花黄色，排成顶生或腋生的圆锥花序；苞片和小苞片小，早落；花梗有明显关节；花萼倒圆锥状，稍弯，萼齿短，上方2枚近合生；花冠伸出萼外，花瓣有长柄，旗瓣圆形，与龙骨瓣同于边缘呈皱波状；雄蕊10，单体；花柱丝状，内弯，无须毛，柱头小，顶生。荚果圆形，扁平，边缘有阔而硬的翅，宿存花柱向果颈下弯，通常有种子1粒；种子长圆形或近肾形，种脐小。

【生长习性】生长速度快、适生性强。

【精油含量】水蒸气蒸馏干燥心材的得油率为1.63%。

【芳香成分】刘小金等（2017）用水蒸气蒸馏法提取的海南乐东产大果紫檀干燥心材精油的主要成分为：β-桉叶醇（55.68%）、α-桉叶醇（11.14%）、金合欢醇（9.64%）、反式橙花叔醇（7.46%）、β-萘甲醇（2.47%）、紫丁香醇（2.41%）、沉香螺旋醇（2.16%）、11-醇-可巴烯（1.15%）等。

【利用】在建筑、医药、雕刻和染料等行业具有广泛应用，亦是制作高档红木家具的重要原料。

## 紫檀

*Pterocarpus indicus* Willd.

**豆科　紫檀属**

**别名：** 青龙木、黄柏木、蔷薇木、花榈木、羽叶檀、印度紫檀、赤檀、红木

**分布：** 台湾、广东、云南

【形态特征】乔木，高15～25m，胸径达40 cm；树皮灰色。羽状复叶长15～30 cm；托叶早落；小叶3～5对，卵形，长6～11 cm，宽4～5 cm，先端渐尖，基部圆形。圆锥花序顶生或腋生，多花，被褐色短柔毛；花梗顶端有2枚线形，易脱落的小苞片；花萼钟状，微弯，萼齿阔三角形，先端圆，被褐色丝毛；花冠黄色，花瓣有长柄，边缘皱波状，旗瓣宽10～13 mm；雄蕊10，单体，最后分为5+5的二体。荚果圆形，扁平，偏斜，宽约5 cm，对种子部分略被毛且有网纹，周围具宽翅，翅宽可达2 cm，有种子1～2粒。花期春季。

【生长习性】生于坡地疏林中，对环境有较强的适应能力，对土壤不苛求，多石砾的土壤、滨海砂土，甚至含有一定盐分的土壤也能生长良好。喜强光，生长快，再生力强。

【精油含量】水蒸气蒸馏心材的得油率为0.43%。

【芳香成分】郑丽霞等（2014）用同时蒸馏萃取法提取的广东广州产紫檀新鲜叶精油的主要成分为：2-硝基乙醇（35.29%）、4-甲基-1,3-二氧基杂环戊烷（11.18%）、2,4,5-三甲基-1,3-二氧杂环戊烷（5.57%）、2-甲氧基-1,3-二氧戊烷（4.41%）、丙二醇甲醚醋酸酯（4.38%）、叶醇（4.23%）、甘油缩甲醛（3.57%）、1,1-二氧基乙烷（3.49%）、2,3-丁二醇（3.16%）、植醇（2.73%）、2-乙氧基丁烷（2.51%）、乙酸甲氧三甘酯（2.21%）、2-乙氧基丙烷（2.08%）、3-羟基-2-丁酮（2.06%）、四十烷（1.47%）、3-甲氧基乙酸丙酯（1.30%）、2-乙基-2,4,5-三甲基-1,3-二氧戊烷（1.26%）、3-(1-乙氧基乙氧基)-2-甲基-1,4-丁二醇（1.16%）、2-甲氧基甲基-2,4,5-三甲基-1,3-二氧戊烷（1.13%）等。

【利用】木材为优良的建筑、乐器及家具用材。是一个优良庭院绿化树种。树脂和木材药用。

## 多花紫藤

*Wisteria floribunda* (Willd.) DC.

**豆科　紫藤属**
**别名：** 日本紫藤
**分布：** 原产日本，我国各地有栽培

【形态特征】落叶藤本；树皮赤褐色。茎右旋，分枝密。羽状复叶长20～30 cm；托叶线形；小叶5～9对，薄纸质，卵状披针形，长4～8 cm，宽1～2.5 cm，先端渐尖，基部钝或歪斜；小托叶刺毛状，易脱落。总状花序生于当年生枝的枝梢，花序长30～90 cm，径5～7 cm，自下而上顺序开花；花序轴密生白色短毛；苞片披针形，早落，花长1.5～2 cm；花萼杯状，被密绢毛；花冠紫色至蓝紫色，旗瓣圆形，翼瓣狭长圆形，龙骨瓣较阔，近镰形。荚果倒披针形，长12～19 cm，宽1.5～2 cm，平坦，密被绒毛，有种子3～6粒；种子紫褐色，具光泽，圆形，径1～1.4 cm。花期4月下旬至5月中旬，果期5～7月，荚果宿存枝端。

【生长习性】耐贫瘠，但肥沃的土壤更有利生长。对土壤的酸碱度适应性强。喜阳光，略耐荫。

【芳香成分】王琦等（2014）用动态顶空气体循环采集法提取的浙江临安产多花紫藤盛花期新鲜花香气的主要成分为（A×105）：罗勒烯（121.05）、乙酸叶醇酯（91.88）、柠檬烯（75.84）、α-蒎烯（71.93）、2-壬酮（25.72）、莰烯（24.29）、反式-3-蒈烯-2-醇（22.97）、桉叶油醇（22.73）、月桂烯（19.39）、邻位伞花烃（14.37）、反式罗勒烯（12.96）、苯甲醛（11.30）、2,4-二甲基苯乙烯（10.19）等。

【利用】优良的园林观赏植物。茎皮、花及种子入药，茎皮可以杀虫、止痛，可以治风痹痛、蛲虫病等；花可以解毒、止吐泻；种子有小毒，可以治疗筋骨疼。花可以提取精油。

## 紫藤

*Wisteria sinensis* (Smis) Sweet

**豆科　紫藤属**
**别名：** 朱藤、藤萝、绞藤、紫金藤、藤花、葛藤、豆藤、招藤
**分布：** 山东、河北、河南、山西、陕西、浙江、湖北、湖南、四川、广东、广西、贵州、云南、甘肃、内蒙古、辽宁等地

【形态特征】落叶藤本。茎左旋；冬芽卵形。奇数羽状复叶长15～25 cm；托叶线形；小叶3～6对，纸质，卵状椭圆形至卵状披针形，上部小叶较大，基部1对最小，长5～8 cm，宽2～4 cm，先端渐尖至尾尖，基部钝圆或楔形，或歪斜；小托叶刺毛状，长4～5 mm。总状花序发自去年短枝的腋芽或顶芽，长15～30 cm，径8～10 cm；苞片披针形；花长2～2.5 cm，芳香；花萼杯状，密被细绢毛；花冠紫色，旗瓣圆形，花开后反折，翼瓣长圆形，龙骨瓣阔镰形。荚果倒披针形，长10～15 cm，宽1.5～2 cm，密被绒毛，悬垂枝上不脱落，有种子1～3粒；种子褐色，具光泽，圆形，宽1.5 cm，扁平。花期4月中旬至5月上旬，果期5～8月。

【生长习性】喜阳光充足环境，略耐阴。较耐寒，在东北南部，华北地区均能露地越冬。对气候和土壤适应性很强，喜湿润，怕涝，但也能耐干旱，喜深厚、肥沃、排水良好、疏松的土壤，耐瘠薄。

【精油含量】水蒸气蒸馏花的得油率为0.24%～0.95%，新鲜果荚的得油率为0.16%。

【芳香成分】花：杨华等（2011）用超声协助水蒸气蒸馏法提取的陕西延安产紫藤花精油的主要成分为：(9Z)-1,1-二甲氧基-9-十八烯（10.90%）、苯乙醇（9.51%）、2-(3-甲基-环氧乙基)-甲醇（6.84%）、10-甲基十九烷（6.68%）、棕榈酸甲

酯（4.90%）、苯甲酸-2-苯乙酯（4.62%）、6,10,14-三甲基-2-十五烷酮（4.60%）、沉香醇（3.34%）、3-烯丙基-2-甲氧基苯酚（2.50%）、1,2-邻苯二甲酸丁辛酯（1.51%）、(8E)-8-十八烯（1.49%）、十八（烷）醛（1.26%）、正十九醇（1.16%）、十六烷基缩水甘油醚（1.15%）、棕榈酸苄酯（1.09%）、二十二烷酸乙酯（1.07%）、13-十七烷基-1-醇（1.05%）、2-十九烷酮（1.05%）、橙花醇（1.00%）等。

**果实：**金振国等（2012）用水蒸气蒸馏法提取的陕西商洛产紫藤新鲜成熟果荚精油的主要成分为：2,3-环氧基-1-丁醇（46.77%）、乙酸乙酯（17.37%）、乙酸（7.25%）、苯甲醛（6.40%）、二苯酮（5.36%）、2-甲氧基乙酰苯（3.11%）、甲基异丙基醚（3.04%）、乙基仲丁基醚（2.48%）、十五酸（2.03%）、(反)-3-己烯-1-醇（1.52%）、1-辛烯-3-醇（1.38%）、乙丙醚（1.36%）等。

**【利用】**栽培作庭园棚架植物供观赏，花序可作切花供瓶插或制作花篮等。花、茎、叶、根、瘤、种子均可入药，茎、叶、根、瘤，有小毒，可杀虫、止痛、解毒、止吐泻，并有抗癌作用，主治腹痛、蛲虫病等；种子有毒，有杀虫、防腐之功效；花可利小便；根可舒筋活络，主治风湿骨痛；茎皮及花入药，有解毒、驱虫、止吐泻之效。藤可代绳索缚物、牵牛或供编织。树皮可制纤维。种子可食用，有微毒，需经浸漂并烹煮时间稍长。花可食用，可加工成糕点。嫩叶可食。花可提取精油。

## 地檀香

*Gaultheria forrestii* Diels

**杜鹃花科　白珠树属**

**别名：**岩子果、香叶子、老鸦果、炸山叶、冬青叶、冬青果、透骨消、大透骨消

**分布：**云南、贵州、四川、湖南

**【形态特征】**常绿灌木或小乔木，高1～4 m，稀达6 m，树皮灰黑色；枝粗糙，有香味。叶薄革质，长圆形、狭卵形至披针状椭圆形，长4～11 cm，宽2～4 cm，先端锐尖，基部楔形，叶面亮绿色，叶背色淡，密被锈色腺点，边缘具疏锯齿。总状花序腋生，长2～5 cm，密被细柔毛，花多而密集；小苞片2，对生，宽三角形，背有脊，腹面被白色绒毛，边缘有睫毛；花萼裂片5，覆瓦状排列；花冠白色，坛形，长约4.5 mm；雄蕊10枚。浆果状蒴果球形，直径约4.5 mm，成熟时暗蓝色。花期4～7月，果期8～11月。

**【生长习性】**生于海拔600～3600 m的干燥阳处。

**【精油含量】**水蒸气蒸馏新鲜叶的得油率为0.30%，鲜花的得油率为0.10%。

**【芳香成分】叶：**杨志勇等（2008）用水蒸气蒸馏法提取的云南大理产地檀香新鲜叶精油的主要成分为：羟基苯甲酸甲酯（70.70%）、十七烷（1.07%）等。

**花：**杨志勇等（2008）用水蒸气蒸馏法提取的云南大理产地檀香新鲜花精油的主要成分为：乙酰水杨酸甲酯（82.64%）等。

【利用】枝叶可提取精油，为我国允许使用的食用香料，用于配制食品香精和调味剂；用于药物牙膏、祛风油等的加香，或制成搽剂、膏药，可解除肌肉、韧带、关节的发炎和肿痛；主要成分水杨酸甲酯为合成水杨酸、水杨醇和阿司匹林的原料。根入药，有祛风除湿之效。

## 滇白珠

*Gaultheria leucocarpa* Blume var. *crenulata* (Kurz.) T. Z. Hsu.

**杜鹃花科　白珠树属**

**别名：**白珠树、白珠木、老虎尿、老鸦泡、满山香、透骨草、透骨香、筒花木、苗婆疯、康乐茶、九木香、乌卑树、下山黄、下山虎、黑油果

**分布：**长江流域及其以南各地

【形态特征】白果白珠变种。常绿灌木，高1～3 m，稀达5 m，树皮灰黑色；枝条左右曲折，具纵纹。叶卵状长圆形，稀卵形、长卵形，革质，有香味，长7～12 cm，宽2.5～5 cm，先端尾状渐尖，基部钝圆或心形，边缘具锯齿，叶面绿色，叶背色较淡，密被褐色斑点。总状花序腋生，序轴长5～11 cm，被柔毛，花10～15朵，疏生，序轴基部为鳞片状苞片所包；苞片卵形，凸尖，被白色缘毛；小苞片2，对生或近对生，披针状三角形，微被缘毛；花萼裂片5，具缘毛；花冠白绿色，钟形；雄蕊10。浆果状蒴果球形，直径约5 mm，或达1 cm，黑色，5裂；种子多数。花期5～6月，果期7～11月。

【生长习性】从低海拔到海拔3500 m左右的山上均有分布。

【精油含量】水蒸气蒸馏根的得油率为0.44%，茎的得油率为0.28%，叶的得油率为0.71%～2.70%。

【芳香成分】**根茎：**吴琴等（2007）用固相微萃取技术提取的干燥根茎精油的主要成分为：水杨酸甲酯（74.18%）、十六烷（1.59%）、十五烷（1.38%）、2-羟基-4-甲氧基苯乙酮（1.09%）、2,6,10,14-四甲基-十五烷（1.04%）、2-甲基-癸烷（1.02%）、白菖烯（1.00%）等。

**叶：**陶晨等（2011）用水蒸气蒸馏法提取的江西井冈山产滇白珠新鲜叶精油的主要成分为：水杨酸甲酯（95.93%）、1,8-桉叶油素（1.40%）等（王岳峰等，1992）。贵州产滇白珠干燥根精油的主要成分为：水杨酸甲酯（89.82%）、甲基环戊烷（6.53%）、环己烷（2.69%）等。

【利用】枝叶可提取精油，精油是香料工业的重要原料，用于调配食用香精和食品调味剂或配成日化香精；精油有消炎止痛功效；主成分水杨酸甲酯是合成解热镇痛药乙酰水杨酸（阿司匹林）的重要原料。全株入药，有小毒，有祛风除湿、解毒止痛的功效，用于治风湿关节痛；外用治疮疡肿毒、蛇虫咬伤。

## 白花杜鹃

*Rhododendron mucronatum* (Blume) G. Don

**杜鹃花科　杜鹃属**

**别名：**毛白杜鹃、白映山红、尖叶杜鹃、白杜鹃

**分布：**江苏、浙江、江西、福建、广东、广西、四川、云南

【形态特征】半常绿灌木，高1～3 m；分枝多，密被灰褐色长柔毛，混生少数腺毛。叶纸质，披针形至卵状披针形或长圆状披针形，长2～6 cm，宽0.5～1.8 cm，先端钝尖至圆形，基部楔形，叶面深绿色，疏被灰褐色贴生长糙伏毛，混生短腺毛。伞形花序顶生，具花1～3朵；花萼大，绿色，裂片5，披针形，长1.2 cm，密被腺状短柔毛；花冠白色，有时淡红色，阔漏斗形，长3～4.5 cm，5深裂，裂片椭圆状卵形；雄蕊10，不等长，花丝中部以下被微柔毛；子房卵球形，5室，长4 mm，

直径2 mm，密被刚毛状糙伏毛和腺头毛，花柱伸出花冠外很长，无毛。蒴果圆锥状卵球形，长约1 cm。花期4～5月，果期6～7月。

【生长习性】喜凉爽湿润的气候，恶酷热干燥。要求富含腐殖质、疏松、湿润及pH在5.5～6.5的酸性土壤。

【精油含量】水蒸气蒸馏干燥叶的得油率为0.25%。

【芳香成分】李标等（2013）用水蒸气蒸馏法提取的安徽黄山产白花杜鹃干燥叶精油的主要成分为：植物醇（20.58%）、13-表泪柏醚（5.93%）、环己酮（4.64%）、芳樟醇（4.43%）、冬青油（3.65%）、反式-2,4-庚二烯醛（3.22%）、α-松油醇（2.85%）、顺式-橙花叔醇（2.42%）、二十六烷（1.97%）、4-甲氧基苯乙烯（1.89%）、贝壳杉-16-烯（1.44%）、1,1,6-三甲基-1,2-二氢萘（1.11%）等。

【利用】是优良的盆景材料和园林观赏植物。叶药用，有止咳、固精、止带的功效。

## 草原杜鹃

*Rhododendron telmateium* Balf. f. et W. W. Smith

**杜鹃花科　杜鹃属**

**别名：**豆叶杜鹃

**分布：**云南、四川

【形态特征】小灌木，高0.1～1 m，分枝细瘦，多而密集常成垫状。当年枝密被褐色鳞片。叶聚生于枝端或沿小枝散生，叶片披针形、椭圆形、长卵圆形或圆形，长3～14 mm，宽1.5～6.5 mm，顶端急尖至近圆形，具硬的小短尖头，边缘常浅波状，基部楔形，叶面暗灰绿色，密被重叠的淡金黄色鳞片，叶背金黄褐色、淡橙色、棕色或赤褐色，密被重叠的两色鳞片，或罕单色。花序顶生，伞形，具1～3花；萼带红紫色或淡绿色，被淡色鳞片；花冠宽漏斗状，淡紫色、玫瑰红色至深蓝紫色，被淡色鳞片。蒴果卵圆形至长圆形，长3～4 mm，被鳞片。花期5～7月，果期8～10月。

【生长习性】生于林缘、灌丛、高山草地或岩坡，海拔2700～5000 m。喜凉爽湿润的气候，恶酷热干燥。要求富含腐殖质、疏松、湿润及pH在5.5～6.5的酸性土壤。适宜的生长温度为15～20℃。

【芳香成分】蒲自连等（1993）用水蒸气蒸馏法提取的四川甘孜产草原杜鹃枝叶精油的主要成分依次为：醋酸冰片酯（16.92%）、檀香醇（15.58%）、β-石竹烯（14.43%）、β-蒎烯（8.51%）、α-蒎烯（6.16%）、莰烯（2.84%）、葎草烯（1.94%）、香叶烯（1.88%）、α-柏木烯（1.72%）、葎草醇-Ⅱ（1.56%）、1(2H)萘酮（1.33%）、异醋酸冰片酯（1.26%）、2(1H)萘酮（1.07%）等。

【利用】园林观赏植物。枝叶精油对慢性支气管炎、哮喘等疾病有显著的治疗效果。

## 长管杜鹃

*Rhododendron tubulosum* Ching ex W. Y. Wang

**杜鹃花科　杜鹃属**

**分布：**四川、西藏、甘肃、青海

【形态特征】灌木，高达1 m，分枝多，细弱，常之状弯曲，向上部渐密集，灰色。幼枝棕褐色，密被柔毛和疏腺柔毛。芽鳞小，长圆形或窄椭圆形。叶密集生于分枝顶端，革质，椭圆形至长圆形，长10～12 mm，水平开展，顶端急尖，基部楔形，边缘外卷，叶面略呈亮绿色，光滑，叶背淡褐色，被鳞片。花5～6朵簇生；花萼5裂，裂片不等大，被缘毛；花冠漏斗状，白色或淡红色，花管长约8 mm，内外密被柔毛，裂片近圆形或长圆形，长3～4 mm；雄蕊5，花丝光滑，长约5 mm，花药小，长圆形；子房长圆形，长1～1.3 mm，密被鳞片，花柱短粗，长1.5～2 mm，光滑。花期6～7月。

【生长习性】生于高山阴坡，海拔约4000 m。

【精油含量】水蒸气蒸馏嫩枝叶和花的得油率为0.40%～0.50%，新鲜嫩枝叶的得油率为0.60%～1.00%。

【芳香成分】李兆琳等（1990）用同时蒸馏萃取法提取的青海玉树产长管杜鹃新鲜嫩枝叶精油的主要成分为：异愈创木醇（10.43%）、愈创木醇（8.67%）、大牻牛儿酮（6.96%）、δ-杜松烯（5.79%）、β-桉叶油醇（3.35%）、α-玷㺃烯（3.10%）、β-芹子烯（2.48%）、γ-芹子烯（2.07%）、香榧烯（1.80%）、γ-榄香烯（1.78%）、α-荜澄茄油烯（1.33%）、β-蒎烯（1.24%）、α-依兰油烯（1.06%）、α-蒎烯（1.05%）、[1α,3aα,3bα,6aβ,6bα]-3a-甲基-6-亚甲基-1-(1-甲基乙基)-十氢化-环丁烷[1,2：3,4]二环戊二烯（1.01%）等。

【利用】植株有固坡作用。可作观赏栽培。

## 刺毛杜鹃

*Rhododendron championae* Hook.

**杜鹃花科　杜鹃属**
**别名：**太平杜鹃
**分布：**浙江、江西、福建、湖南、广东、广西

【形态特征】常绿灌木，高2～5 m；枝褐色，被腺头刚毛和短柔毛。叶厚纸质，长圆状披针形，长达17.5 cm，宽2～5 cm，先端渐尖，基部楔形，稀近于圆形，边缘密被长刚毛和疏腺头毛，叶面深绿色，疏被短刚毛，叶背苍白色，密被刚毛和短柔毛。花芽长圆状锥形，外面及边缘被短柔毛。伞形花序生枝顶叶腋，有花2～7朵；花萼裂片形状多变，5深裂，边缘具腺头刚毛；花冠白色或淡红色，狭漏斗状，长5～6 cm，稀达7.2 cm，5深裂，裂片长圆形或长圆状披针形。蒴果圆柱形，长达5.5 cm，微弯曲，具6条纵沟，密被腺头刚毛和短柔毛，花柱宿存。果柄被腺头刚毛和短柔毛。花期4～5月，果期5～11月。

【生长习性】生于海拔500～1300 m的山谷疏林内。

【芳香成分】杨华等（2015）用顶空固相微萃取法提取分析了浙江杭州产刺毛杜鹃新鲜花蕾和花的挥发油成分，花蕾的主要成分为：S-(E,E)-1-甲基-5-亚甲基-8-(1-甲基乙基)-1,6-环癸二烯（39.76%）、2,6-二甲基-6-(4-甲基-3-戊烯)-二环[3.1.1]-2-七烯（12.71%）、(Z)-3,7-二甲基-1,3,6-辛三烯（11.83%）、α-金合欢烯（9.17%）、[3aS-(3aα,3bβ,4β,7α,7aS*)]-八氢-7-甲基-3-亚甲基-4-(1-甲乙基)-1H-[1,3]环戊醇[1,2]环丙烷苯（6.99%）、1R-α-蒎烯（6.93%）、1,2,4a,5,6,8a-六氢-4,7-二甲基-1-(1-甲乙基)萘（3.77%）、N-(4-苯偶氮基)苯基-2-苯基环丙酰胺（3.62%）、二十烷（1.83%）、表双环倍半水芹烯（1.38%）、9-辛基-二十烷（1.07%）等；花的主要成分为：罗勒烯（36.21%）、α-金合欢烯（25.61%）、S-(E,E)-1-甲基-5-亚甲基-8-(1-甲基乙基)-1,6-环癸二烯（20.71%）、2-异丙烯-5-甲基-9-亚甲基-二环[4.4.0]-1-十烯（4.40%）、(1α,4aα,8aα)-1,2,3,4,4a,5,6,8a-八氢-7-甲基-4-亚甲基-1-(1-甲乙基)-萘（2.76%）、[3aS-(3aα,3bβ,4β,7α,7aS*)]-八氢-7-甲基-3-亚甲基-4-(1-甲乙基)-1H-[1,3]环戊醇[1,2]环丙烷苯（2.43%）、(Z)-7,11-二甲基-3-亚甲基-1,6,10-十二碳三烯（1.82%）、β-蒎烯（1.32%）等。

【利用】可作观赏栽培。根、茎供药用，主治感冒、流行性感冒、风湿履平关节炎等。

## 大叶金顶杜鹃

*Rhododendron faberi* Subsp. prattii (Franch.) Chamb. ex Cullen et Chamb.

**杜鹃花科　杜鹃属**
**别名：**康定杜鹃
**分布：**四川

【形态特征】金顶杜鹃亚种。常绿灌木，高1～2.5 m；树皮黄灰色至棕灰色；幼枝被棕灰色短柔毛。叶革质，常4～7枚集生于小枝顶端，宽椭圆形或椭圆状倒卵形，长7～17 cm，宽4～7 cm，下面毛被薄，淡黄褐色或褐色，先端急尖并具微弯的小尖头，基部宽楔形或近于圆形，有时略呈耳状。顶生总状伞形花序，有花6～10朵；花萼大，绿色，叶状，长8～12 mm，5深裂，近基部被腺毛和灰色短柔毛，边缘具腺头睫毛；花冠钟形，长长4～5 cm，白色至淡红色，上方具紫色斑点，裂片5，圆形。蒴果柱状长圆形，长1.5～2.5 cm，直径6～8 mm，密被腺毛，花萼和花柱宿存。花期5～6月，果期8～10月。

【生长习性】生于海拔2800～3950 m的灌丛中或针叶林缘。

【精油含量】水蒸气蒸馏叶及花的得油率为0.10%～0.20%。

【芳香成分】蒲自连等（1995）用水蒸气蒸馏法提取的四川康定产大叶金顶杜鹃新鲜叶片和花精油的主要成分依次为：α-蒎烯（39.70%）、β-蒎烯（29.89%）、柠檬烯（7.74%）、β-丁香烯（6.33%）、月桂烯（3.26%）、γ-松油烯（3.13%）、对-伞花烃（1.80%）等。

【利用】可作观赏栽培。

## 淡黄杜鹃

*Rhododendron flavidum* Franch.

**杜鹃花科　杜鹃属**
**分布：**四川

【形态特征】常绿直立灌木，高0.48～2.5 m。分枝细长而密集，被鳞片和微柔毛。叶多数簇生于枝端，革质，卵状椭圆形、宽椭圆形至长圆形，长0.7～2.5 cm，宽3～8 mm，顶端圆，有小突尖，基部圆至狭楔形，边缘稍反卷，叶面暗绿色，具膜质

灰白色鳞片，叶背灰绿色，被片。花序顶生，伞形总状，有花1～5朵；花萼5深裂，裂片稍不等大，长圆状披针形或长圆形，顶端锐尖，有时反折，具缘毛；花冠宽漏斗状，长12～18 mm，黄色，外面被毛，花管较短，裂片5，近圆形，边缘波状。蒴果卵圆形，长约6 mm，被鳞片。花期3～5月，果期6～7月。

【生长习性】生于高山林下及岩坡，海拔3000～4300 m。

【精油含量】水蒸气蒸馏花、果和嫩枝叶的得油率为0.20%～0.25%。

【芳香成分】蒲自连等（1999）用水蒸气蒸馏法提取的四川甘孜产淡黄杜鹃含花、果和嫩枝叶的地上部分精油的主要成分为：β-蒎烯（24.12%）、α-蒎烯（18.39%）、乙酸冰片酯（12.65%）、柠檬烯（8.23%）、β-榄香烯（3.08%）、香桧烯（2.87%）、香茅醇（2.43%）、月桂烯（2.33%）、菖蒲二烯（1.68%）、γ-松油烯（1.62%）、对-伞花烃（1.37%）、松油醇-4（1.27%）等。

【利用】可供观赏。

## 杜鹃

*Rhododendron simsii* Planch.

**杜鹃花科　杜鹃属**

**别名：**杜鹃花、红杜鹃、映山红、艳山红、艳山花、清明花、格桑花、金达莱、山石榴、照山红、唐杜鹃

**分布：**江苏、安徽、浙江、江西、福建、台湾、湖北、湖南、广东、广西、四川、贵州、云南

【形态特征】落叶灌木，高2～5 m；分枝多而纤细，密被亮棕褐色扁平糙伏毛。叶革质，常集生枝端，卵形至倒披针形，长1.5～5 cm，宽0.5～3 cm，先端短渐尖，基部楔形或宽楔形，边缘微反卷，具细齿，叶面深绿色，疏被糙伏毛，叶背淡白色，密被褐色糙伏毛。花芽卵球形，鳞片外面中部以上被糙伏毛，边缘具睫毛。花2～6朵簇生枝顶；花萼5深裂，裂片三角状长卵形，被糙伏毛，边缘具睫毛；花冠阔漏斗形，玫瑰色、鲜红色或暗红色，长3.5～4 cm，宽1.5～2 cm，裂片5，倒卵形，上部裂片具深红色斑点。蒴果卵球形，长达1 cm，密被糙伏毛；花萼宿存。花期4～5月，果期6～8月。

【生长习性】生于海拔500～2500 m的山地疏灌丛或松林下。为典型的酸性土指示植物。喜酸性土壤，在钙质土中生长不好。喜凉爽、湿润、通风的半阴环境，既怕酷热又怕严寒，生长适温为12～25℃，抗寒力最弱，气温降至0℃以下容易发生冻害。忌烈日暴晒，适宜在光照强度不大的散射光下生长。

【精油含量】水蒸气蒸馏新鲜嫩枝叶的得油率为0.10%。

【芳香成分】赵晨曦等（2005）用水蒸气蒸馏法提取的湖南岳麓山产杜鹃新鲜嫩枝叶精油的主要成分为：植醇（15.21%）、3,7-二甲基-1,6-辛二烯-3-醇（12.60%）、[Z,Z,Z]-9,12,15-十八碳三烯酸乙酯（9.16%）、正十六酸（7.73%）、1-辛烯-3-醇（4.00%）、对薄荷-1-烯-8-醇（2.15%）、9,12-十八碳二烯酸（1.85%）、二十四烷酸甲酯（1.38%）、3,7,11-三甲基-1,6,10-十二碳三烯-3-醇（1.32%）、[Z,Z,Z]-9,12,15-十八碳三烯酸（1.15%）、3,7-二甲基-2,6-辛二烯-1-醇（1.13%）、4-甲基-十氢-1,1,7-三甲基-1H-环丙[e]薁-7-醇（1.05%）等。

【利用】根入药，有祛风湿、活血去瘀、止血的功效，用于治疗风湿性关节炎、跌打损伤、闭经；外用治外伤出血。花、叶入药，有清热解毒、化痰止咳、止痒的功效，用于治疗支气管炎、荨麻疹；外用治痈肿。民间常用花和猪蹄同煲，治女性带赤下。花代茶长期饮用有美白和祛斑之功效。为著名的花卉植物，广为栽培供观赏，是优良的盆景材料。木材、根兜可制碗、筷、盆、钵、烟斗等日用工艺品。

## 高山杜鹃

*Rhododendron lapponicum* (Linn.) Wahl.

**杜鹃花科　杜鹃属**

**别名：** 小叶杜鹃、黑香柴、窝兰巴、山荆子、鞑子香

**分布：** 黑龙江、吉林、辽宁、内蒙古

【形态特征】常绿小灌木，高20～100 cm，分枝繁密。叶常散生于枝条顶部，革质，长圆状椭圆形至卵状椭圆形，或长圆状倒卵形，长4～25 mm，宽2～9 mm，顶端圆钝，有短突尖头，基部宽楔形，边缘稍反卷，叶面浅灰至暗灰绿色，密被灰白色鳞片，叶背淡黄褐色至红褐色，密被淡黄褐和褐锈色相混生的二色鳞片。花序顶生，伞形，有花2～6朵；花萼小，带红色或紫色，裂片5，卵状三角形或近圆形，被鳞片，边缘被长缘毛或偶有鳞片；花冠宽漏斗状，淡紫蔷薇色至紫色，罕为白色，裂片5。蒴果长圆状卵形，长3～6 mm，密被鳞片。花期5～7月，果期9～10月。

【生长习性】生于高山、苔原、多岩石地方或沼泽地带。要求疏松、呈酸性的土壤，pH大于7以上及黏重土壤生长不好。喜光，但又怕强光，属半阴偏阳植物。

【精油含量】水蒸气蒸馏新鲜枝叶的得油率为0.40%，干燥花的得油率为1.12%；同时蒸馏萃取干燥花的得油率为1.40%；无溶剂微波萃取干燥花的得油率为1.32%。

【芳香成分】吴恒等（2015）用水蒸气蒸馏法提取的云南西双版纳产高山杜鹃干燥花精油的主要成分为：β-蒎烯（15.62%）、α-蒎烯（10.46%）、大根香叶烯D（5.51%）、(-)-β-波旁烯（4.58%）、(-)-斯巴醇（3.98%）、石竹烯（2.64%）、缬草萜烯醛（2.30%）、α-杜松醇（1.99%）、α-蛇麻烯（1.80%）、δ-荜澄茄烯（1.80%）、L-柠檬烯（1.71%）、雪松烯（1.68%）、喇叭烯氧化物（II）(1.56%）、β-依兰烯（1.47%）、乙酸龙脑酯（1.39%）、蛇麻烯-1,2-环氧化物（1.26%）、(-)-桃金娘烯醇（1.22%）、(1S）-1,2,3,4,4aβ,7,8,8aβ-八氢-1,6-二甲基-4β-异丙基-1-萘酚（1.13%）、(2)-氧化香橙烯（1.09%）、喇叭烯氧化物(I)（1.08%）、香树烯氧化物（2)(1.02%）等。吴林芬等（2012）用同时蒸馏萃取法提取的云南香格里拉产高山杜鹃干燥花精油的主要成分为：α-蒎烯（14.00%）、正二十三烷（9.51%）、7-甲氧基-2,2-二甲基-3-色烯（6.26%）、正二十烷（6.11%）、苯乙醇（5.10%）、1-二十一烷基甲酸（4.60%）、(E)-9-十六烯-1-醇（3.61%）、月桂烯（3.36%）、香树烯（2.48%）、2,6-二甲基-2,7-辛二烯-1,6-二醇（2.47%）、β-蒎烯（2.42%）、(+)-柠檬烯（1.73%）、(βR,2R,5S)-β,5-二甲基-5β-乙烯基四氢呋喃-2β-乙醇（1.32%）、(4aR)-3,4,4a,5,6,7,8,8aα-八氢-1,4aβ-二甲基-7-(1-甲基亚乙基)萘（1.22%）、(βS,2R,5S)-β,5-二甲基-5β-乙烯基四氢呋喃-2β-乙醇（1.17%）、(1aR)-1aβ,2,3,3a,4,5,6,7bβ-八氢-1,1,3aβ,7-四甲基-1H-环丙烷[a]萘（1.10%）、4-戊基苯甲酰氯（1.04%）、3-甲氧基-5-甲基苯酚（1.00%）等。

【利用】栽培供观赏。

## 光亮杜鹃

*Rhododendron nitidulum* Rehd. et Wils.

**杜鹃花科　杜鹃属**

**分布：** 青海、四川

【形态特征】常绿小灌木，平卧或直立，高0.2～1.5 m，分枝繁多，短而粗壮。幼枝密被鳞片。叶椭圆形至卵形，长0.5～1.2 cm，宽2.5～7 mm，顶端钝或圆，基部宽楔形至圆形，叶面暗绿色，有光泽，密被鳞片，叶背鳞片淡褐色。花序顶生，有花1～2朵，花芽鳞在花期宿存；花萼发达，带红色，长1.5～3 mm，裂片卵圆形、长圆状卵形，常不等大，外面被鳞片，常有缘毛；花冠宽漏斗状，长12～15 mm，蔷薇淡紫色至蓝紫色，裂片开展，长圆形。蒴果卵珠形，长3～5 mm，密被鳞片，被包于宿存的萼内。花期5～6月，果期10～11月。

【生长习性】生于高山草甸、河沿，海拔3200～5000 m。喜凉爽湿润的气候，恶酷热干燥。要求富含腐殖质、疏松、湿润及pH 5.5～6.5的酸性土壤。

【芳香成分】茎：刘永玲等（2017）用水蒸气蒸馏法提取的青海玉树产光亮杜鹃新鲜茎精油的主要成分为：(E,E)-3,7-二甲基-10-(1-甲基亚乙基)-3,7-环癸二烯-1-酮（25.70%）、甘香烯（13.32%）、[2R-(2α,4aα,8aβ)]-1,2,3,4,4a,5,6,8a-八氢-α,α,4a,8-四甲基-2-萘甲醇（6.14%）、愈创木醇（5.93%）、β-榄烯酮（5.83%）、[3S-(3α,3aβ,5α)]-1,2,3,3a,4,5,6,7-八氢化-α,α,3,8-四甲基-5-薁甲醇（3.40%）、蛇床烯醇（2.96%）、(+)-表二环倍半水芹烯（2.24%）、γ-杜松烯（2.04%）、八氢四甲基萘甲醇（1.87%）、δ-杜松烯（1.75%）、榄香醇（1.40%）、石竹烯（1.19%）等。

叶：刘永玲等（2017）用水蒸气蒸馏法提取的青海玉树产光亮杜鹃新鲜叶精油的主要成分为：(E,E)-3,7-二甲基-10-(1-甲基亚乙基)-3,7-环癸二烯-1-酮（21.48%）、[2R-(2α,4aα,8aβ)]-1,2,3,4,4a,5,6,8a-八氢-α,α,4a,8-四甲基-2-萘甲醇（9.08%）、愈创木醇（5.08%）、δ-杜松烯（4.75%）、β-榄烯酮（2.99%）、[3S-(3α,3aβ,5α)]-1,2,3,3a,4,5,6,7-八氢化-α,α,3,8-四甲基-5-薁甲醇（2.99%）、甘香烯（2.97%）、4(14),11-桉叶二烯（2.66%）、(+)-表二环倍半水芹烯（2.41%）、蛇床烯醇（2.28%）、八氢四甲基萘甲醇（1.89%）、石竹烯（1.79%）、γ-杜松烯（1.77%）、莪术烯（1.17%）、β-波旁烯（1.16%）、氧化石竹烯（1.14%）等。

【利用】栽培供观赏，是优良的盆景材料。

## 凉山杜鹃

*Rhododendron huianum* Fang

**杜鹃花科　杜鹃属**

**分布：**四川、贵州、云南

【形态特征】灌木或小乔木；树皮红褐色；幼枝粗壮，直立，淡绿色；老枝灰绿色，有明显的叶痕。冬芽顶生，椭圆形。叶革质，长圆状披针形，长7～14 mm，宽1.8～3.5 cm，先端突然渐尖，基部楔形或宽楔形，叶面绿色，叶背灰绿色。总状花序顶生，有花10～13朵；花萼大，紫色，裂片7，三角形或阔卵形；花冠钟形，长3.5 cm，直径4.3 cm，淡紫色或暗红色，裂片6～7，长1.6 cm，宽1.8 cm，顶端无缺刻。蒴果长圆柱形，微弯曲，暗绿色，长1.5～3 cm，有肋纹及残存的腺体，花萼宿存，反折。花期5～6月，果期9～10月。

【生长习性】生于海拔1300～2700 m的森林中。喜凉爽湿润的气候，恶酷热干燥。要求富含腐殖质、疏松、湿润及pH 5.5～6.5的酸性土壤。

【芳香成分】李红霞等（2000）用同时蒸馏萃取法提取的四川产凉山杜鹃干燥叶精油的主要成分为：α-蒎烯（9.98%）、十四烷（8.98%）、邻苯二甲异丁酯（7.46%）、8-异丙基环[5.1.0]辛烷（7.16%）、邻苯二甲酸二丁酯（4.60%）、3-氯-1-庚烯（3.82%）、4-甲烯基-1-异丙基-环[3.1.0]已烷（3.79%）、萜品醇（3.72%）、已酸甲酯（3.23%）、香木兰烯（2.10%）、α-玷玶烯（2.06%）、δ-杜松烯（2.00%）、α-红没药醇（1.85%）、6-甲基-3-辛炔（1.75%）、反式-4a,5,8,8a-四氢-1,1,4a-三甲基-2(1H)-萘酮（1.64%）、异长叶烯（1.05%）等。

【利用】栽培供观赏。

## 烈香杜鹃

*Rhododendron anthopogonoides* Maxim.

**杜鹃花科　杜鹃属**

**别名：**白香柴、黄花杜鹃、大勒、小叶枇杷、香材、小枇杷

**分布：**青海、甘肃、陕西、山西、四川

【形态特征】常绿灌木，高1～2 m，直立。枝条粗壮而坚挺。叶芳香，革质，卵状椭圆形、宽椭圆形至卵形，长1.5～4.7 cm，宽1～2.3 cm，顶端圆钝具小突尖头，基部圆或稍截形，叶面蓝绿色，叶背黄褐色或灰褐色，被暗褐色和带红棕色的鳞片。花序头状顶生，有花10～20朵，花密集，花芽鳞在花期宿存；花萼发达，淡黄红色或淡绿色，裂片长圆状倒卵形或椭圆状卵形，边缘蚀痕状，具少数鳞片或睫毛；花冠狭筒状漏斗形，长1～1.4 cm，淡黄绿或绿白色，罕粉色，有浓烈的芳香，外面无鳞片，或稍有微毛。蒴果卵形，长3～4.5 mm，具鳞片，被包于宿萼内。花期6～7月，果期8～9月。

【生长习性】生于高山坡、山地林下、灌丛中，常为灌丛优势种，海拔2900～3700 m。

【精油含量】水蒸气蒸馏枝叶或叶的得油率为0.47%～2.50%，嫩枝的得油率为0.08%～1.04%，老枝的得油率为0.04%，花的

得油率为0.07%；超临界萃取枝叶的得油率为5.06%。

【芳香成分】叶：李明珠等（2016）用水蒸气蒸馏法提取的甘肃榆中产烈香杜鹃干燥叶精油的主要成分为：苄基丙酮（54.75%）、吉玛酮（8.35%）、2-甲基-3-苯基-1-丙烯（5.28%）、5,10-十五二炔-1-醇（4.59%）、桉叶油二烯（3.20%）、莪术烯（2.95%）、(-)-α-古芸烯（2.33%）、(+)-γ-古芸烯（1.84%）、(2E)-2-甲基-6-[(1S)-4-甲基-3-环己烯-1-基]-2,6-庚二烯-1-醇（1.48%）、(1E,6E,8S)-1-甲基-5-亚甲基-8-(1-甲基乙基)-1,6-环癸二烯（1.25%）、δ-杜松烯（1.07%）等。

枝叶：李维卫等（2004）用水蒸气蒸馏法提取的青海大通产新鲜叶和嫩枝精油的主要成分为：苄基丙酮（52.16%）、D-柠檬烯（4.81%）、桉叶油二烯（4.34%）、β-香叶烯（4.19%）、桉叶油烯（3.15%）、(E)-3,7-二甲基-1,3,6-辛三烯（3.13%）、α-石竹烯（2.86%）、1,4-二甲基-7-异丙烯基-八氢薁（2.82%）、对乙基苯乙烯（1.85%）、γ-榄香烯（1.68%）、双环萜烯（1.68%）、α-法呢烯（1.58%）、二环萜烯（1.51%）、桥环萜烯（1.39%）、6-乙烯-3,6-二甲基-5-异丙烯基-四氢苯并呋喃（1.23%）、杜松二烯-2,8(1.18%)、1,4-二甲基-7-烯丙基-八氢薁（1.03%）等。

花：李明珠等（2016）用水蒸气蒸馏法提取的干燥花精油的主要成分为：桉叶油二烯（8.74%）、莪术烯（7.68%）、吉玛酮（7.45%）、(+)-γ-古芸烯（7.10%）、(-)-α-古芸烯（6.75%）、苄基丙酮（6.58%）、(1E,6E,8S)-1-甲基-5-亚甲基-8-(1-甲基乙基)-1,6-环癸二烯（5.52%）、3,9-杜松二烯（5.14%）、α-石竹烯（4.39%）、四十四烷（4.32%）、5,10-十五二炔-1-醇（3.71%）、δ-杜松烯（3.68%）、2-甲基-3-苯基-1-丙烯（3.53%）、佛术烯（2.31%）、α-法呢烯（1.86%）、(-)-α-蒎烯（1.44%）、β-杜松烯（1.18%）、(2E)-2-甲基-6-[(1S)-4-甲基-3-环己烯-1-基]-2,6-庚二烯-1-醇（1.17%）、β-石竹烯（1.11%）、茴香脑（1.09%）、(S)-(+)-6-甲基-1-辛醇（1.07%）、(E)-β-法呢烯（1.02%）等。

【利用】枝叶可提取精油，是很好的香料和化工原料；对慢性气管炎有疗效。是很好的蜜源植物。叶为羚、麝、山羊等的饲料。为有价值的观赏植物。叶及嫩枝药用，有祛痰、止咳、平喘的功效，主治咳嗽、气喘、痰多。

## 鳞腺杜鹃

*Rhododendron lepidotum* Wall. ex G. Don

**杜鹃花科　杜鹃属**

**分布：** 四川、云南、西藏

【形态特征】常绿小灌木，高0.5～2 m。小枝细长，有疣状突起，被密鳞片。叶薄革质，集生枝顶，变异极大，倒卵形、倒卵状椭圆形、长圆状披针形至披针形，顶端具短尖头，两面均密被鳞片，叶背苍白色，鳞片黄绿色。花序顶生，伞形，具1～4花；花萼深5裂，裂片长2～4 mm，绿色或带红色，形状多变，卵形、长圆形、匙形至圆形，外面被鳞片，常有缘毛；花冠宽钟状，长0.9～1.7 cm，花色多变，淡红、深红至紫色、白色、淡绿至黄色，5裂，外面密被鳞片。蒴果长4～8 mm，有密鳞片，花萼宿存。花期5～7月，果期7～9月。

【生长习性】生于海拔3300～3600 m的山坡溪谷岩边或灌丛中。

【精油含量】水蒸气蒸馏干燥地上部分的得油率为0.28%。

【芳香成分】张钰等（2010）用水蒸气蒸馏法提取的西藏隆子县产鳞腺杜鹃干燥地上部分精油的主要成分为：α-蒎烯（18.30%）、柠檬烯（14.85%）、萘（11.78%）、β-蒎烯（8.81%）、γ-松油烯（5.54%）、反式丁香烯（4.57%）、橙花叔醇（3.19%）、间伞花烃（2.99%）、氧化石竹烯（2.37%）、β-月桂烯（2.03%）、2-乙酰基-1,2,3,4-四氢异喹啉（1.99%）、(-)-α-松油醇（1.66%）、莰烯（1.65%）、β-瑟林烯（1.43%）、(E)-4,8-二甲基-1,3,7-壬三烯（1.33%）、4-甲基-2,6-二羟基-喹啉（1.10%）、2-甲基-6-亚甲基-1,7-辛二烯-3-酮（1.00%）等。

【利用】。叶和花入药，用于治疗头痛。地上部分入药，用于治疗发热、咳嗽、感冒和扁桃体炎。

## 陇蜀杜鹃

*Rhododendron przewalskii* Maxim.

**杜鹃花科　杜鹃属**

**别名：** 野枇杷、青海杜鹃、光背杜鹃

**分布：** 青海、甘肃、陕西、四川

【形态特征】常绿灌木，高1～3 m；幼枝淡褐色；老枝黑灰色。叶革质，常集生于枝端，叶片卵状椭圆形至椭圆形，长6～10 cm，宽3～4 cm，先端钝，具小尖头，基部圆形或略呈心形，叶面深绿色，微皱。顶生伞房状伞形花序，有花10～15朵；花萼小，长1～1.5 mm，具5个半圆形齿裂；花冠钟形，长2.5～3.5 cm，白色至粉红色，筒部上方具紫红色斑点，裂片5，近圆形，长约1 cm，宽1.5 cm，顶端微缺。蒴果长圆柱形，长1.5～2 cm，直径4～5 mm，光滑。花期6～7月，果期9月。

【生长习性】生于海拔2900～4300 m的高山林地，常成林。

【精油含量】水蒸气蒸馏枝叶的得油率为0.40%。

【芳香成分】吕义长（1980）用水蒸气蒸馏法提取的枝叶精油的主要成分为：d-δ-杜松烯（25.00%）、愈创木醇（15.00%）、异水菖蒲二醇（5.00%）、α-杜松醇（5.00%）、异愈创木醇（3.00%）、d-斯潘连醇（3.00%）、前异水菖蒲二醇（2.00%）、杜鹃烯+杜鹃次烯（2.00%）、δ-杜松醇（2.00%）、(-)-榧叶醇（2.00%）、牻牛儿酮（1.00%）等。

【利用】叶药用，有清肺泻火、止咳化痰的功效，用于治疗咳嗽、痰喘。花药用，有清肺泻火、止咳化痰的功效，用于治疗咳嗽、咯血、肺痈、带下病。

## 马银花

*Rhododendron ovatum* (Lindl.) Planch. ex Maxim.

**杜鹃花科　杜鹃属**

**分布：** 江苏、安徽、浙江、江西、福建、台湾、湖北、湖南、广东、广西、四川、贵州

【形态特征】常绿灌木，高2～6 m；小枝灰褐色，疏被具柄腺体和短柔毛。叶革质，卵形或椭圆状卵形，长3.5～5 cm，宽1.9～2.5 cm，先端急尖或钝，具短尖头，基部圆形，稀宽楔形，叶面深绿色。花芽圆锥状，具鳞片数枚，外面的鳞片三角形，内面的鳞片长圆状倒卵形，先端钝或圆形，边缘反卷，具细睫毛，外面被短柔毛。花单生枝顶叶腋；花萼5深裂，裂片卵形或长卵形，外面基部密被灰褐色短柔毛和疏腺毛；花冠淡紫色、紫色或粉红色，辐状，5深裂，裂片长圆状倒卵形或阔倒卵形。蒴果阔卵球形，长8 mm，直径6 mm，密被灰褐色短柔毛和疏腺体，为花萼所包围。花期4～5月，果期7～10月。

【生长习性】生于海拔1000 m以下的灌丛中，适应低海拔气候，常绿、耐修剪、萌枝能力强、抗污染。

【芳香成分】杨华等（2016）用顶空固相微萃取法提取的浙江杭州产马银花新鲜花蕾精油的主要成分为：1S-α-蒎烯（72.54%）、β-蒎烯（16.94%）、芳樟醇（3.63%）、6-十八碳烯酸（2.06%）、(R)-1-甲基-5-(1-甲基乙烯基)-环己烷（1.70%）等；半开放鲜花精油的主要成分为：R-α-蒎烯（54.09%）、肉桂酸甲酯（18.68%）、β-蒎烯（12.68%）、邻甲氧基苯甲酸甲酯（5.24%）、α-金合欢烯（4.59%）、1-亚甲基-4-(1-甲基乙烯基)-环己烷（1.15%）、肉桂醇（1.13%）等；开放1d鲜花精油的主要成分为：肉桂酸甲酯（48.05%）、α-金合欢烯（11.01%）、邻甲氧基苯甲酸甲酯（7.58%）、芳樟醇（6.18%）、1S-α-蒎烯（5.90%）、顺-氧化芳樟醇（3.93%）、罗勒烯（3.60%）、(S)-α,α,4-三甲基-3-环己烯-1-甲醇（1.56%）、肉桂醇（1.55%）、苯甲酸乙酯（1.52%）、3,4-二甲氧基甲苯（1.03%）等；开放2d鲜花精油的主要成分为：6,9-十七碳二烯（38.02%）、α-金合欢烯（21.16%）、十五烷（9.99%）、8-十七烷烯（5.69%）、2-己基十一烷酯富马酸（4.28%）、十七烷（3.59%）、顺,顺,顺-7,10,13-十六碳三烯醛（3.33%）、邻甲氧基苯甲酸甲酯（3.16%）、(Z)-3,7-二甲基-1,3,6-辛三烯（2.85%）、肉桂酸甲酯（2.14%）、[S-(Z)]-3,7,11-三甲基-1,6,10-十二碳三烯-3-醇（1.32%）等。

【利用】根药用，有清湿热、解疮毒的功效，主治湿热带下、痈肿、疔疮。广西用根与水、酒、肉同煎，白糖冲服，可治白带下黄浊水。适合在园林绿化中应用。

## 毛蕊杜鹃

*Rhododendron websterianum* Rehd. et Wils.

**杜鹃花科　杜鹃属**

**分布：** 青海、四川

【形态特征】常绿直立小灌木，高0.2～1.5 m，分枝多而细瘦，成帚状。小枝密被红棕色鳞片。叶卵形，长圆形、狭椭圆形至线状披针形，长0.5～2 cm，宽2～9 mm，顶端钝，罕有小突尖，基部楔形，叶面灰绿色，密被重叠的鳞片，叶背鳞片淡黄灰色至金黄褐色。花序通常仅一朵花，罕为2朵，花芽鳞在花期宿存；花萼发达，长2.8～5 mm，淡紫色或淡黄红色，裂片圆形至长圆形，外面被鳞片，边缘被短睫毛；花冠宽漏斗状，长1～1.9 cm，淡紫色至紫蓝色，花管较裂片短，外面无鳞片。蒴果长卵圆形至长圆形，长4～7 mm，密被鳞片。花期5月，果期9～10月。

【生长习性】生于松林下、潮湿草原或山坡灌丛草地，海拔3200～4900 m。

【芳香成分】蒲自连等（1993）用水蒸气蒸馏法提取的四川甘孜产毛蕊杜鹃枝叶精油的主要成分为：β-石竹烯（22.38%）、β-蒎烯（10.13%）、檀香醇（9.89%）、α-蒎烯（5.89%）、醋酸冰片酯（4.72%）、β-桉叶油醇（3.68%）、δ-杜松烯（2.60%）、α-杜松烯（2.54%）、愈创木醇（2.20%）、T-香树烯（1.93%）、香木兰烯（1.85%）、香叶烯（1.76%）、异醋酸冰片酯（1.74%）、柠檬烯（1.67%）、葎草烯（1.62%）、γ-芹子烯（1.44%）、莰烯（1.35%）、1(2H)萘酮（1.17%）、β-红没药烯（1.10%）、γ-松油烯（1.07%）等。

【利用】嫩枝、叶药用，用于止咳、祛痰。可园林绿化中应用。枝叶精油对慢性支气管炎、哮喘等疾病有治疗效果。

## 美容杜鹃

*Rhododendron calophytum* Franch.

**杜鹃花科　杜鹃属**

**别名：** 美丽杜鹃

**分布：** 陕西、四川、甘肃、湖北、贵州、云南

【形态特征】常绿灌木或小乔木，高2～12 m；树皮黄灰色或棕褐色，片状剥落；幼枝粗壮，绿色或带紫色。冬芽顶生，阔卵圆形，长1.4 cm。叶厚革质，长圆状倒披针形或长圆状披针形，长11～30 cm，宽4～7.8 cm，先端突尖成钝圆形，基部渐狭成楔形，边缘微反卷，叶面亮绿色，叶背淡绿色。顶生短总状伞形花序，有花15～30朵；苞片黄白色，狭长形，被有白色绢状细毛；花萼小，长1.5 mm，裂片5，宽三角形；花冠阔钟形，长4～5 cm，直径4～5.8 cm，红色或粉红色至白色，基部略膨大，裂片5～7。蒴果斜生果梗上，长圆柱形至长圆状椭圆形，长2～4.5 cm，有肋纹，花柱宿存。花期4～5月，果期9～10月。

【生长习性】生于海拔1300～4000 m的森林中或冷杉林下。

【精油含量】水蒸气蒸馏干燥叶的得油率为0.05%，干燥花的得油率为0.10%。

【芳香成分】**叶：** 付先龙等（2008）用水蒸气蒸馏法提取的四川都江堰产美容杜鹃干燥叶精油的主要成分为：3,7,11,15-四甲基-2-十六烯-1-醇（5.68%）、1,3,5-三甲基苯（5.53%）、2,3,6-三甲基萘（4.75%）、对映-16-贝壳杉-烯（3.66%）、苯-间-乙基甲苯（3.02%）、十九烯（2.88%）、3-二十烷炔（2.63%）、连三甲苯（2.46%）、邻苯二甲酸二丁酯（2.39%）、天然-4-乙基愈创木酚（2.39%）、2,6-二甲基萘（2.20%）、2,4,6-三甲酚（1.98%）、反,顺-3,13-十八碳二烯-1-醇（1.93%）、1-(2,5-二甲苯基)-3,7-二甲基-壬烷（1.78%）、六氢金合欢丙酮（1.73%）、甲基儿茶酚（1.66%）、十五烷（1.65%）、4-(2,6,6-三甲基-1,3-环己二烯)-3-丁烯-2-酮（1.61%）、1,1,6-三甲基-二氢萘（1.57%）、正十四烷（1.56%）、亚油酸（1.51%）、反式-氧化芳樟醇（1.46%）、1-十五烯（1.44%）、十四碳炔-13-烯酸甲酯（1.41%）、油醛（1.32%）、P-甲酚（1.25%）、2,6,10-三甲基-正十四烷（1.24%）、6-甲基-6-(5-甲基-2-呋喃基)-2-庚酮（1.23%）、α-甲基萘（1.23%）、正十六烷（1.22%）、正十七烷（1.21%）、4-(2,5-二氢-3-甲氧基苯基)丁胺（1.19%）、4-(2,4,4-三甲基-1,5-环己二烯)-3-丁烯-2-酮（1.15%）、5-乙基香茅烯（1.15%）、2,2,5,7-四甲基-四氢萘（1.14%）、葵子麝香（1.03%）、1,7-二甲基萘（1.00%）等。

**花：** 田萍等（2010）用水蒸气蒸馏法提取的四川都江堰产美容杜鹃干燥花精油的主要成分为：N-苯基-1-萘胺（11.41%）、芳樟醇（8.06%）、亚麻酸甲酯（6.00%）、棕榈酸（5.68%）、1-

辛烯-3-醇（5.49%）、邻苯二甲酸二丁酯（4.87%）、苯乙醇（2.90%）、正二十一烷（2.75%）、1-壬烯-3-醇（2.71%）、α-松油醇（1.54%）、邻苯二甲酸二异丁酯（1.41%）、香茅醇（1.20%）、丁子香酚（1.06%）等。

【利用】可作为园林绿化树种。叶可药用。根可祛风除湿。

## 南昆杜鹃

*Rhododendron naamkwanense* Merr.

**杜鹃花科　杜鹃属**
**别名：**南昆山杜鹃
**分布：**广东、江西

**【形态特征】**小灌木，高1～5 m；小枝密集，坚硬，褐色，密被灰棕色糙伏毛；老枝灰褐色。叶革质，集生枝端，长圆状倒卵形或长圆状倒披针形，不等大，长1.5～4 cm，中部以上宽0.5～1.2 cm，先端急尖，具凸尖头，基部楔形，边缘反卷，具不整齐的波状浅齿，叶面深绿色，干后具淡白色蜡质，疏被糙伏毛或仅中脉上被糙伏毛，叶背淡白色，疏被糙伏毛。花芽不粘结，鳞片卵形或阔卵形。伞形状花序顶生，具花2～4朵；花萼极不发达，被亮棕褐色糙伏毛；花冠紫红色，漏斗状狭钟形，长2.5～2.8 cm。蒴果长卵球形，长5～6 mm，成熟时灰褐色，密被糙伏毛。花期4～5月，果期10～11月。

**【生长习性】**生于海拔300～500 m的阴湿处岩石上。喜温暖、半阴、凉爽、通风、湿润的环境，好生于疏松、肥沃、富含腐殖质的偏酸性土壤。最适生长温度12～25℃。生长期需保持60%～70%的空气相对湿度。

**【精油含量】**水蒸气蒸馏的新鲜嫩枝叶的得油率为0.13%。

**【芳香成分】**赵晨曦等（2005）水蒸气蒸馏法提取的湖南岳麓山产南昆杜鹃新鲜嫩枝叶精油的主要成分为：[Z,Z,Z]-9,12,15-十八碳三烯酸（45.34%）、植醇（8.56%）、[Z,Z,Z]-9,12,15-十八碳三烯酸乙酯（8.01%）、1-辛烯-3-醇（7.90%）、3,7-二甲基-1,6-辛二烯-3-醇（3.48%）、对薄荷-1-烯-8-醇（3.29%）、水杨酸甲酯（1.26%）、反式-5-异丙烯基-6-乙烯基-4,5,6,7-四氢-3,6-二甲基呋喃苯并呋喃（1.08%）等。

**【利用】**叶可用于治疗慢性气管炎。

## 千里香杜鹃

*Rhododendron thymifolium* Maxim.

**杜鹃花科　杜鹃属**
**别名：**百里香杜鹃
**分布：**青海、甘肃、四川

**【形态特征】**常绿直立小灌木，高0.3～1.3 m，分枝多而细瘦，枝条纤细，灰棕色，密被暗色鳞片。叶常聚生于枝顶，近革质，椭圆形、长圆形、窄倒卵形至卵状披针形，长3～18 mm，宽1.8～7 mm，顶端钝或急尖，通常有短突尖，基部窄楔形，叶面灰绿色，密被银白色或淡黄色鳞片，叶背黄绿色，被银白色、灰褐色至麦黄色的鳞片。花单生枝顶或偶成双，花芽鳞常宿存；花萼小，环状，带红色。花冠宽漏斗状，长6～12 mm，鲜紫蓝以至深紫色。蒴果卵圆形，长2～4.5 mm，被鳞片。花期5～7月，果期9～10月。

**【生长习性】**生于湿润阴坡或半阴坡、林缘或高山灌丛中，海拔2400～4800 m。

**【精油含量】**水蒸气蒸馏嫩枝和鲜叶的得油率为2.00%，新鲜叶的得油率为2.00%～2.18%，嫩枝的得油率为0.30%～1.16%，老枝的得油率为0.07%，花的得油率为0.10%。

**【芳香成分】叶：**姚晶等（2014）用水蒸气蒸馏法提取的青海互助产千里香杜鹃叶精油的主要成分为：β-蒎烯（19.92%）、α-蒎烯（19.81%）、月桂烯（4.21%）、檀香烯（3.50%）、吉马酮（2.63%）、3,7(11)-桉油二烯（2.54%）、柠檬烯（2.32%）、γ-榄香烯（2.30%）、蛇麻烯（1.98%）、α-桉叶烯（1.81%）、雅榄蓝树油烯（1.64%）、β-桉叶烯（1.33%）、三环烯（1.12%）等。

**枝叶：**张继等（2002）用水蒸气蒸馏法提取的甘肃天祝产野生千里香杜鹃枝叶精油的主要成分为：5-羟基-2-甲基苯甲醛（33.36%）、2-氟苯基异氰酸盐（14.36%）、5-乙基-5-甲基-环己酮（9.54%）、1-乙基-1-甲基-环己烷（4.76%）、4α-甲基-十氢萘（3.36%）、β-榄香酮（2.78%）、O-薄荷-8-烯（2.78%）、1,2,3,5,6,7,8,8α-八氢萘（2.73%）、1,3,5-三甲基-1H-吡唑（1.97%）、1,2,3,4,4α,5,6,8α-八氢萘（1.81%）、γ-榄香烯（1.62%）、桉叶烷基-4(14)，11-二烯（1.60%）、1H-环丙基[e]天蓝烃（1.55%）、β-倍半水茴香烯（1.27%）、α-子丁香烯（1.26%）、2,5,6-三甲基-1,3,6-庚三烯（1.18%）、反丙烯除虫菊（1.01%）等。

**【利用】**枝、叶药用，有祛痰平喘的功效，治疗久咳不愈、咳逆喘满不得卧、痰吐白沫量多、喘咳气急、口不渴、苔薄白而滑、脉浮数等。枝叶精油对慢性支气管炎有较好的疗效。园林观赏栽培。

## 青海杜鹃

*Rhododendron qinghaiense* Ching et W. Y. Wang

**杜鹃花科　杜鹃属**
**别名：** 陇蜀杜鹃、大阪山杜鹃
**分布：** 青海

【形态特征】常绿小灌木，多分枝。枝条向上逐渐密集，黑灰色，树皮纵裂，当年生枝长6～8 mm，密被栗色鳞片。叶密生枝顶，革质，长圆形，长6～8 mm，叶面暗绿色，被灰白色鳞片，叶背锈栗色，密被锈色鳞片。花芽长圆形或卵形，长约5 mm，被鳞片，芽鳞边缘有褐色腺毛。花序顶生，常具2花，花萼紫红色，膜质，深裂至基部，裂片长3～4 mm，被金黄色鳞片，具缘毛；花冠漏斗形，长约10 mm，花管较花冠裂片短，与花萼近等长，内面近喉部被长柔毛，裂片椭圆形，长约6 mm，外面无鳞片；雄蕊8，花丝近基部被长柔毛。蒴果长圆形，密被金黄色鳞片，成熟后5瓣深裂达基部。花果期5～7月。

【生长习性】生于山地阴坡，海拔4300 m。喜凉爽湿润的气候，恶酷热干燥。要求富含腐殖质、疏松、湿润及pH在5.5～6.5的酸性土壤。

【精油含量】水蒸气蒸馏新鲜叶的得油率为1.50%，新鲜花的得油率为0.40%。

【芳香成分】**叶：** 王维恩（2018）用水蒸气蒸馏法提取的青海循化产青海杜鹃新鲜叶精油的主要成分为：8,14-断藿烷（8.63%）、正二十五烷（7.59%）、正二十三烷（4.88%）、正二十七烷（4.81%）、正二十四烷（4.72%）、正二十八烷（4.47%）、正二十九烷（4.34%）、α,β-藿烷（4.31%）、正二十六烷（4.29%）、α,β-降藿烷（3.18%）、正三十一烷（2.97%）、正三十烷（2.78%）、重排-降藿烷（2.00%）、正二十二烷（1.95%）、奥利烷（1.93%）、羽扇烷（1.76%）、正十七烷（1.68%）、降羽扇烷（1.61%）、正三十二烷（1.51%）、α,α-20S-24-乙基-胆甾烷（1.50%）、植烷（1.48%）、正十八烷（1.41%）、姥鲛烷（1.40%）、22S-α,β-升藿烷（1.36%）、重排甾烷（1.35%）、正二十一烷（1.30%）、24-甲基-胆甾烷（1.30%）、正十六烷（1.27%）、伽玛-蜡烷（1.25%）、正十九烷（1.11%）、R -α,β-二升藿烷（1.09%）、正二十烷（1.06%）等。

**花：** 王维恩（2018）用水蒸气蒸馏法提取的青海循化产青海杜鹃新鲜花精油的主要成分为：泪柏醚（22.04%）、贝壳松-15-烯（8.85%）、正二十一烷（5.97%）、正二十三烷（5.08%）、咔哒烯（4.20%）、二十二烯（3.69%）、二十四烯（2.51%）、正二十五烷（2.41%）、四氢-咔哒烯（2.39%）、二十烯（2.31%）、正十九烷（2.27%）、贝壳松-16-烯（2.27%）、正二十烷（2.21%）、正二十二烷（2.02%）、正十七烷（1.85%）、δ-杜松烯（1.78%）、正十八烷（1.62%）、姥鲛烷（1.59%）、13-甲基-17-降贝壳松烯（1.55%）、十八烯（1.41%）、二十一烯（1.38%）、正十六烷（1.32%）、植烷（1.27%）、β-杜松烯（1.22%）、三烯-咔哒烷（1.21%）、十九烯（1.07%）等。

【利用】藏医用青海杜鹃的花、叶和嫩枝入药，具有清热解毒的功效，治疗肺部疾病、肺脓肿、“培根”病、咽喉疾病、气管炎、梅毒性炎症。

## 髯花杜鹃

*Rhododendron anthopogon* D. Don

**杜鹃花科　杜鹃属**
**分布：** 西藏

【形态特征】常绿小灌木，高30～150 cm。常成匍匐状或平卧状。分枝细密而交错，疏具小刚毛，幼叶被棕褐色鳞片；叶芽鳞脱落。叶革质、芳香，倒卵状椭圆形或卵形，罕正圆形，长1.5～4 cm，宽1～2.5 cm，顶端圆钝，有短尖头，基部圆形，叶面暗绿色，有光泽，常有疏鳞片，叶背密被红褐色和深黄棕色鳞片，常重叠成2～3层。花序顶生，近伞形，有花4～6(-9)朵，花芽鳞宿存；花萼发达，5深裂，裂片椭圆形或长圆形，长3～6 mm，被鳞片，边缘具密睫毛；花冠狭筒状漏斗形，长1.2～2 cm，粉红色或稍黄白色。蒴果卵球形，长3～5 mm，被鳞片，被包于宿存的花萼内。花期4～6月，果期7～8月。

【生长习性】生于开阔的多石坡地、岩壁或高山桧灌丛中，海拔3000～5000 m。

【芳香成分】周先礼等（2010）用水蒸气蒸馏法提取的西藏产髯花杜鹃干燥花精油的主要成分为：N-乙酰-1,2,3,4-四氢异喹啉（29.23%）、2-乙氧丙烷（12.47%）、3-甲基-6-叔丁基苯酚（10.83%）、3-甲基-5-苯基异噻唑（6.38%）、二苯胺（4.20%）、N-乙基-1,2,3,4-四氢萘胺（3.62%）、二十五烷（3.12%）、二十三烷（3.06%）、δ-橙花叔醇（1.92%）、5-甲氧基-2,3-二甲基吲哚（1.62%）、十六酸（1.52%）、4-甲基-2,6-二羟基喹啉（1.34%）、植酮（1.28%）、1-乙炔基-2-甲基-1(E)-环十二烯（1.25%）、反式石竹烯（1.06%）、(-)-石竹烯氧化物（1.03%）等。

【利用】叶芳香，在西藏寺院中常用作熏香。花可作药，当茶服，治气喘。园林观赏栽培。

## 四川杜鹃

*Rhododendron sutchuenense* Franch.

**杜鹃花科　杜鹃属**
**别名：** 大叶羊角、大羊角树、山枇杷
**分布：** 陕西、甘肃、四川、湖北、湖南、贵州

【形态特征】常绿灌木或小乔木，高1～8 m；树皮黑褐色至棕褐色；幼枝绿色，被薄层灰白色绒毛，老枝粗壮，淡黄褐色，有明显的叶痕。顶生冬芽近于球形，长约1 cm。叶革质，倒披针状长圆形，长10～22 cm，宽3～7 cm，先端钝或圆形，基部楔形，边缘反卷，叶面深绿色，叶背苍白色。顶生短总状花序，有花8～10朵；花萼小，长2.2 mm，无毛，裂片5，宽三角形或齿状；花冠漏斗状钟形，长5 cm，直径4.5 cm，蔷薇红色，内面上方有深红色斑点，近基部有白色微柔毛及深红色大斑块，裂片5～6，近于圆形，长约1.8 cm，顶端有缺刻。蒴果长圆状椭圆形，绿色，长1.8～3.6 cm，略有浅肋纹。花期4～5月，果期8～10月。

【生长习性】生于海拔1 600～2500 m的森林中。

【精油含量】水蒸气蒸馏花的得油率为0.24%。

【芳香成分】田光辉等（2007）用水蒸气蒸馏法提取的陕西留坝产四川杜鹃花精油的主要成分为：石竹烯（12.48%）、愈创醇（8.83%）、α-蒎烯（8.32%）、β-蒎烯（7.78%）、β-紫罗兰酮（6.83%）、α-波旁烯（3.76%）、4-苧醇（3.61%）、苯甲醛（3.58%）、(-)-斯巴醇（3.48%）、5,6-环氧化物-α-紫罗兰酮（3.18%）、1-甲氧基戊烷（2.62%）、2-甲基丁酸芳樟酯（2.42%）、氧化石竹烯（1.36%）、顺式香叶醇（1.30%）、(R)-(-)-p-薄荷-1-烯-4-醇（1.21%）、二苯胺（1.19%）、7-己基-正二十烷（1.19%）、α-水芹烯（1.08%）、榄香烯（1.06%）、王草素（1.01%）等。

【利用】根、叶入药，有祛风除湿、止痛的功效，用于治带下病。用于园林绿化。

## 头花杜鹃

*Rhododendron capitatum* Maxim.

**杜鹃花科　杜鹃属**
**别名：**大花杜鹃、小叶杜鹃、黑香柴
**分布：**陕西、青海、甘肃、四川

【形态特征】常绿小灌木，高0.5～1.5 m，分枝多，枝条直立而稠密。幼枝短，黑色或褐色，密被鳞片。叶近革质，芳香，椭圆形或长圆状椭圆形，长7～24 mm，宽3～10 mm，顶端圆钝，无短突尖，基部宽楔形，叶面灰绿或暗绿色，被灰白色或淡黄色鳞片，相邻接或重叠，叶背淡褐色，具二色鳞片，鳞片无色或禾秆色，黄褐色或暗琥珀色。花序顶生，伞形，有花2～8朵；花萼带黄色，裂片5，不等大，膜质，长圆形或卵形，长3～6 mm，基部被疏毛或鳞片，边缘被睫毛；花冠宽漏斗状，长10～17 mm，淡紫或深紫，紫蓝色，花管较裂片短。蒴果卵圆形，长3.5～6 mm，被鳞片。花期4～6月，果期7～9月。

【生长习性】生于高山草原、草甸、湿草地或岩坡，常成灌丛，构成优势群落，海拔2500～4300 m。

【精油含量】水蒸气蒸馏枝叶的得油率为0.50%～2.00%，叶的得油率为0.92%，嫩枝的得油率为0.10%，花的得油率为0.09%。

【芳香成分】朱亮锋等（1993）用水蒸气蒸馏法提取的头花杜鹃枝叶精油的主要成分为：α-蒎烯（41.06%）、β-蒎烯（40.74%）、β-月桂烯（4.71%）、柠檬烯（1.75%）、β-古芸烯（1.23%）、(Z)-β-罗勒烯（1.16%）等。姚晶等（2014）用同法分析的海互助产头花杜鹃叶精油的主要成分为：β-蒎烯（29.02%）、α-蒎烯（28.31%）、柠檬烯（7.45%）、p-伞花烃（3.35%）等。

【利用】可用于园林绿化。枝叶精油对慢性气管炎有较好的疗效。

## 兴安杜鹃

*Rhododendron dauricum* Linn.

**杜鹃花科　杜鹃属**
**别名：**满山红、映山红、靠山红
**分布：**黑龙江、吉林、辽宁、内蒙古

【形态特征】半常绿灌木，高0.5～2 m，分枝多。幼枝细而弯曲，被柔毛和鳞片。叶片近革质，椭圆形或长圆形，长1～5 cm，宽1～1.5 cm，两端钝，有时基部宽楔形，全缘或有细钝齿，叶面深绿，散生鳞片，叶背淡绿，密被鳞片，鳞片不等大，褐色。花序腋生枝顶或假顶生，1～4花，先叶开放，伞形着生；花芽鳞早落或宿存；花萼长不及1 mm，5裂，密被鳞片；花冠宽漏斗状，长1.3～2.3 cm，粉红色或紫红色，外面无鳞片，通常有柔毛。蒴果长圆形，长1～1.5 cm，径约5 mm，先端5瓣开裂。花期5～6月，果期7月。

【生长习性】生于山地落叶松林、桦木林下或林缘。

【精油含量】水蒸气蒸馏干燥叶的得油率为0.11%～4.30%，花的得油率为0.27%～0.40%；超临界萃取干燥叶的得油率为2.40%～3.82%。

【芳香成分】叶：焦淑清等（2009）用水蒸气蒸馏法提取的黑龙江伊春产兴安杜鹃干燥叶精油的主要成分为：石竹烯（24.08%）、1,1,4,8-四甲基-4,7,10-环十一碳三烯（13.27%）、4a,8-二甲基-2-(1-甲基乙烯基乙基)-1,2,3,4,4a,5,6,8a-八氢萘（6.31%）、石竹烯氧化物（5.86%）、7-甲基-4-甲基乙烯基-1,2,3,4,4a,5,6,8a-八氢萘（5.21%）、4a-甲基-1-甲基乙烯基-7-(1-甲基乙烯基乙基)十氢萘（4.36%）、3,7-二烯-1,5,5,8-四甲基氧环[9.1.0]-十一烷（4.22%）、4,7-二甲基-1-异丙基-1,2,3,5,6,8a-六氢萘（3.14%）、1,7,7-三甲基-双环[2.2.1]庚-2-醇乙酸酯（2.59%）、α,α,4a,8-四甲基-1,2,3,4,4a,5,6,8a-八氢萘-2-甲醇（2.11%）、α-蒎烯（2.00%）、1-异丙基-7-甲基-4-甲基乙烯基-1,2,3,4a,5,6,8a-八氢萘（1.57%）、檀紫三烯（1.57%）、6,10-二甲基-5,9-十一碳二烯-2-酮（1.49%）、1,2,3,6-四甲基双环[2.2.2]辛-2-烯（1.38%）、柯巴烯（1.01%）等。惠宇等（2012）用同法分析的黑龙江产兴安杜鹃干燥叶精油的主要成分为：桉叶醇（10.95%）、β-愈创木烯（10.21%）、长叶醛（7.88%）、1,5,9,9-四甲基-1,4,7-环十一碳三烯（7.80%）、杜鹃酮（5.91%）、(-)-葎草烯环氧化物Ⅱ（5.52%）、2-庚基-1,3-二氧戊环（4.99%）、石竹烯（3.70%）、(+)-γ-古芸烯（3.44%）、石竹烯氧化物（2.72%）、沉香螺萜醇（2.72%）、4,4-二甲基-四环[6.3.2.0$^{2,5}$.0$^{1,8}$]十三烷-9-醇（2.35%）、(-)-香树烯（2.29%）、5-乙烯基-5-甲基-4-(1-甲基乙烯基)-2-(1-甲基亚乙基)-环己酮（1.77%）、香树烯氧化物-(2)（1.77%）、7-甲基-4-亚甲基-1-(1-异丙基)-1,2,3,4,4a,5,6,8a-八氢萘（1.57%）、顺-Z-α-氧化甜没药烯（1.34%）、α-姜黄烯（1.24%）、10-(1-甲基乙烯基)-3,7-环癸二烯-1-酮（1.24%）、异香树烯环氧化物（1.17%）、石竹烯醇（1.16%）、1,5,5,8-四甲基-3,7-环十一碳二烯-1-醇（1.08%）、反式-橙花叔醇（1.07%）、(+)-斯巴醇（1.02%）等。

花：辛柏福等（1996）用水蒸气蒸馏法提取的黑龙江产兴安杜鹃新鲜花精油的主要成分为：顺,反-α-金合欢烯（24.29%）、α-甜没药烯（12.28%）、(-)-龙脑醋酸酯（10.62%）、β-愈创木烯（5.92%）、莰烯（4.96%）、长叶烯（4.88%）、α-蒎烯（4.86%）、α-广藿香烷（3.50%）、别香树烯（3.50%）、(-)-柠檬烯（3.13%）、α-橙椒烯（1.98%）、α-依兰烯（1.81%）、间伞花烃（1.36%）、γ-荜澄茄烯（1.09%）、(+)-香树烯（1.05%）等。

【利用】枝叶精油是名贵的香料，用于化妆品，食品及饮料等领域。叶入药，有止咳、祛痰、清肺作用，主治冠心病、急、慢性气管炎、支气管喘息、咳嗽、感冒头痛。根入药，可治肠炎、痢疾。花入药，可祛风湿、和血、调经等；还有镇静与催眠功效。花供观赏，可制作盆景、根雕等工艺品。茎、枝、果可提制栲胶。是良好的水土保持树种。蜜源植物。

## 雪层杜鹃

*Rhododendron nivale* Hook. f.

**杜鹃花科　杜鹃属**
**别名：**北方雪层杜鹃、紫丁杜鹃
**分布：**云南、四川、西藏、青海

【形态特征】常绿小灌木，分枝多而稠密，常平卧成垫状，高30～120 cm。幼枝褐色，密被黑锈色鳞片。叶簇生于小枝顶端或散生，革质，椭圆形，卵形或近圆形，长3.5～12 mm，宽1.5～5 mm，顶端钝或圆形，基部宽楔形，边缘稍反卷，叶面暗灰绿色，被灰白色或金黄色的鳞片，叶背绿黄色至淡黄褐色，被淡金黄色和深褐色两色鳞片。花序顶生，有1～3朵；花萼发达，裂片长圆形或带状，长2～4.5 mm，外面通常被一中央鳞

片带，在淡色鳞片间偶杂有少数深色鳞片，边缘被鳞片；花冠宽漏斗状，长7～16 mm，粉红，丁香紫至鲜紫色。蒴果圆形至卵圆形，长3～5 mm，被鳞片。花期5～8月，果期8～9月。

**【生长习性】**生于高山灌丛、冰川谷地、草甸，常为杜鹃灌丛的优势种，海拔3200～5800 m。

**【精油含量】**水蒸气蒸馏枝叶的得油率为0.68%。

**【芳香成分】**刘灏等（2008）用水蒸气蒸馏法提取的西藏色季拉山产雪层杜鹃枝叶精油的主要成分为：δ-杜松烯（15.47%）、α-杜松醇（10.23%）、香芹酚甲醚（8.08%）、顺，反-金合欢醇（8.03%）、α-杜松醇异构体（7.77%）、γ-杜松烯（4.80%）、反-橙花叔醇（3.61%）、β-蒎烯（2.21%）、γ-桉叶醇（2.03%）、大香叶烯D-4-醇（2.00%）、α-蒎烯（1.61%）、榄香醇（1.29%）、β-杜松烯（1.24%）、库贝醇（1.20%）、γ-依兰油烯（1.00%）、α-红没药醇（1.00%）等。

**【利用】**嫩枝、叶药用，可用于镇咳祛痰。用于园林绿化和盆景材料。

## 北方雪层杜鹃

*Rhododendron nivale* Hook. f. subsp. boreale Philip. et M. N. Philip.

**杜鹃花科　杜鹃属**
**别名：**紫丁杜鹃
**分布：**青海、四川、云南、西藏

**【形态特征】**雪层杜鹃亚种。原亚种的区别为花萼较小，退化或短于2 mm；叶顶端圆钝，具小突尖，叶背两色鳞片以红褐色的显著；花柱稍短于雄蕊。花期5～7月，果期8～9月。

**【生长习性】**生于山坡灌丛草地、岩坡、高山草原、高山杜鹃灌丛、云杉林下、沼泽地及崖石空地，海拔3200～5400 m。

**【精油含量】**水蒸气蒸馏花枝和新鲜带花嫩枝的得油率为1.20%。

**【芳香成分】**蒲自连等（1993）用水蒸气蒸馏法提取的四川甘孜产北方雪层杜鹃枝叶精油的主要成分为：醋酸冰片酯（15.06%）、檀香醇（12.48%）、β-石竹烯（10.20%）、β-蒎烯（10.06%）、α-蒎烯（6.56%）、对伞花烃（4.54%）、莰烯（3.13%）、异醋酸冰片酯（2.79%）、α-杜松烯（1.80%）、δ-杜松烯（1.68%）、T-香树烯（1.48%）、γ-杜松烯（1.40%）、葎草醇-Ⅱ（1.08%）等。

**【利用】**枝叶精油对慢性支气管炎、哮喘等疾病有治疗效果。

## 雪山杜鹃

*Rhododendron aganniphum* Balf. f. et K. Ward

**杜鹃花科　杜鹃属**
**别名：**海绵杜鹃
**分布：**青海、四川、云南、西藏

**【形态特征】**常绿灌木，高1～4 m。叶厚革质，长圆形或椭圆状长圆形，有时卵状披针形，长6～9 cm，宽2～4 cm，先端钝或急尖，具硬小尖头，基部圆形或近于心形，边缘反卷，上面深绿色，微有皱纹，下面密被一层白色至淡黄白色毛被，海绵状，具表膜。顶生短总状伞形花序，有花10～20朵；花萼小，杯状，长1～1.5 mm，5裂，裂片圆形或卵形，边缘多少具睫毛，花冠漏斗状钟形，长3～3.5 cm，白色或淡粉红色，筒部上方具多数紫红色斑点，内面基部被微柔毛，裂片5，圆形，稍不相等，长1.2～1.4 cm，宽1.5～1.8 cm，顶端微缺。蒴果圆柱形，直立，长1.5～2.5 cm，直径5～7 mm。花期6～7月，果期9～10月。

**【生长习性】**生于海拔2700～4700 m的高山杜鹃灌丛中或

针叶林下。

【精油含量】水蒸气蒸馏干燥叶的得油率为0.05%。

【芳香成分】郭肖等（2016）用水蒸气蒸馏法提取的西藏色季拉山产雪山杜鹃干燥叶精油的主要成分为：芳樟醇（10.66%）、白菖烯（4.35%）、α-松油醇（3.46%）、α-杜松醇（3.27%）、1-二十二烯（2.74%）、胡椒醇（2.57%）、喇叭茶醇（2.33%）、τ-依兰油醇（2.20%）、β-波旁烯（2.14%）、1-二十二醇（2.00%）、2-癸烯醛（1.85%）、壬酸（1.79%）、胡木烷-1,6-二烯-3-醇（1.77%）、β-桉叶烯（1.76%）、3-二十烯（1.65%）、二十三烷（1.65%）、蓝桉醇（1.57%）、十六醛（1.51%）、卡达烯（1.46%）、二十一烷（1.22%）、澳白檀醇（1.18%）、贝壳杉-16-烯（1.18%）、二十五烷（1.16%）、石竹烯氧化物（1.08%）等。

【利用】可供园林绿化观赏。

## 腋花杜鹃

*Rhododendron racemosum* Franch.

**杜鹃花科　杜鹃属**

**分布：**云南、四川、贵州

【形态特征】小灌木，高0.15～2 m，分枝多。幼枝短而细，被黑褐色腺鳞。叶片多数，散生，揉之有香气，长圆形或长圆状椭圆形，长1.5～4 cm，宽0.8～1.8 cm，顶端钝圆或锐尖，具明显的小短尖头或不明显具有，基部钝圆或楔形渐狭，边缘反卷，叶面密生黑色或淡褐色小鳞片，叶背通常灰白色，密被褐色鳞片，鳞片中等大小，近等大。花序腋生枝顶或枝上部叶腋，每一花序有花2～3朵；花芽鳞多数覆瓦状排列，于花期仍不落；花萼小，环状或波状浅裂，被鳞片；花冠小，宽漏斗状，长0.9～1.4 cm，粉红色或淡紫红色，中部或中部以下分裂，裂片开展。蒴果长圆形，长0.5～1 cm，被鳞片。花期3～5月。

【生长习性】生于松林、松栎林下，灌丛草地或冷杉林缘，常为上述植物群落的优势种，海拔1500～3800 m。

【精油含量】水蒸气蒸馏枝叶的得油率为0.30%。

【芳香成分】方洪钜等（1980）用水蒸气蒸馏法提取的四川金阳产腋花杜鹃枝叶精油的主要成分为：反式-石竹烯（28.09%）、乙酸龙脑酯（13.62%）、氧化石竹烯（6.00%）、α-蒎烯（4.72%）、1,8-桉叶油素（2.97%）、β-蒎烯（1.99%）等；四川布拖产腋花杜鹃枝叶精油的主要成分为：α-蒎烯（30.24%）、乙酸龙脑酯（20.36%）、β-蒎烯（9.78%）、反式-石竹烯（8.11%）、1,8-桉叶油素（5.90%）、氧化石竹烯（5.76%）、对伞花烃（2.64%）等。

【利用】枝叶精油有杀菌、祛痰、消毒作用，可治疗慢性支气管炎。可供园林绿化观赏。

## 樱草杜鹃

*Rhododendron primuliflorum* Bur. et Franch.

**杜鹃花科　杜鹃属**

**别名：**樱叶杜鹃

**分布：**云南、四川、西藏、甘肃

【形态特征】常绿小灌木，高0.36～2.5 m。茎灰棕色，表皮常薄片状脱落，幼枝短而细，灰褐色，密被鳞片和短刚毛。叶革质，芳香，长圆形、长圆状椭圆形、至卵状长圆形，长0.8～3.5 cm，宽5～15 mm，先端钝，有小突尖，基部渐狭，叶面暗绿色，光滑，叶背密被重叠成2～3层、淡黄褐色、黄褐色或灰褐色屑状鳞片。花序顶生，头状，5～8花，花芽鳞早落；花萼长3～6 mm，外面疏被鳞片，裂片长圆形、披针形至长圆状卵形，边缘有或无缘毛；花冠狭筒状漏斗形，长1.2～1.9 cm，白色具黄色的管部，罕全部为粉红或蔷薇色，裂片近圆形。蒴果卵状椭圆形，长约4～5 mm，密被鳞片。花期5～6月，果期7～9月。

【生长习性】生于山坡灌丛、高山草甸、岩坡或沼泽草甸，海拔2900～5100 m。

【精油含量】水蒸气蒸馏新鲜叶的得油率为0.83%，新鲜枝叶的得油率为0.40%～0.60%，新鲜花的得油率为0.01%。

【芳香成分】**叶：**张雯洁等（1997）用水蒸气蒸馏法提取的云南德钦产樱草杜鹃新鲜叶精油的主要成分为：月桂烯（18.48%）、α-蒎烯（17.55%）、β-蒎烯（11.78%）、乙酸龙脑酯（8.82%）、γ-芹子烯（5.89%）、芹子-3,7(11)-二烯（5.59%）、莰烯（4.55%）、反,反-α-金合欢烯（4.19%）、柠檬烯+c-β-罗勒烯（3.45%）、β-杜松烯（1.43%）、6-叔丁基-3,4-二氢-1-(2H)萘酮（1.18%）等。

**花：**张雯洁等（1997）用水蒸气蒸馏法提取的云南德钦

产樱草杜鹃新鲜花精油的主要成分为：γ-芹子烯（8.19%）、芹子-3,7(11)-二烯（7.46%）、乙酸龙脑酯（7.44%）、β-杜松烯（5.98%）、月桂烯（4.06%）、β-金合欢烯（3.67%）、顺-9,17-十八碳二烯醛（3.55%）、α-杜松烯（3.06%）、异丁香烯（2.98%）、雪松醇（2.88%）、α-蒎烯（2.68%）、α-芹子烯（2.25%）、β-蒎烯（2.20%）、十八碳醛（2.11%）、十六碳醛（2.03%）、反,反-α-金合欢烯（1.76%）、β-甜没药烯（1.65%）、芳萜烯（1.63%）、石竹烯氧化物（1.53%）、杜松醇（1.29%）、二十二碳烷（1.29%）、新雪松醇（1.24%）、γ-杜松烯（1.14%）、β-芹子烯（1.11%）等。

**【利用】**可供园林绿化栽培。花和叶入藏药，用于治疗气管炎、肺气肿、浮肿、身体虚弱及水土不适、消化不良、胃下垂、胃扩张；外用治疮疡。

## 照山白

*Rhododendron micranthum* Turcz.

**杜鹃花科　杜鹃属**
**别名：**照白杜鹃
**分布：**东北、华北、西北及山东、河南、湖南、湖北、四川

**【形态特征】**常绿灌木，高可达2.5 m，茎灰棕褐色；枝条细瘦。幼枝被鳞片及细柔毛。叶近革质，倒披针形、长圆状椭圆形至披针形，长1.5～6 cm，宽0.4～2.5 cm，顶端钝，急尖或圆，具小突尖，基部狭楔形，叶面深绿色，有光泽，常被疏鳞片，叶背黄绿色，被淡或深棕色有宽边的鳞片，鳞片相互重叠、邻接或相距为其直径的角状披针形或披针状线形，外面被鳞片，被缘毛；花冠钟状，长4～10 mm，外面被鳞片，花裂片5，较花管稍。花期5～6月，果期8～11月。

**【生长习性】**生于山坡灌丛、山谷、峭壁及石岩上，海拔1000～3000 m。喜阴，喜酸性土壤，耐干旱、耐寒、耐瘠薄，适应性强。

**【精油含量】**水蒸气蒸馏干燥叶的得油率为0.10%～0.53%，果实的得油率为0.29%。

**【芳香成分】叶：**陈萌等（2013）用水蒸气蒸馏法提取的山东济南产照山白干燥叶精油的主要成分为：6-乙烯基-3,6-二甲基-5-异丙烯基-4,5,6,7-四氢化香豆素（30.27%）、γ-榄香烯（14.91%）、β-石竹烯（10.35%）、乙酸龙脑酯（6.12%）、α-石竹烯（5.23%）、匙叶桉油烯醇（5.10%）、1-乙烯基-1-甲基-2,4-(1-甲基乙烯基)双环己烷（3.01%）、氧化石竹烯（1.97%）、D-柠檬烯（1.67%）、β-水芹烯（1.65%）、蒎烯（1.19%）、β-榄烯酮（1.05%）等；蒙山产干燥叶精油的主要成分为：芳姜黄酮（44.31%）、1-(1,5-二甲基-4-己烯)-4-甲基苯（7.05%）、姜黄新酮（3.01%）、α-石竹烯（2.32%）、5-(1,5-二甲基-4-己烯)-2-甲基-1,3-环己二烯（1.94%）、4,7-二甲基-1-(1-甲基乙基)-1,2,3,5,6,8a-六氢萘（1.83%）、α-荜澄茄烯（1.32%）、3-(1,5-二甲基-4-己烯)-6-亚甲基环己烯（1.27%）、D-柠檬烯（1.24%）、杜松醇（1.22%）、β-石竹烯（1.14%）、蒎烯（1.07%）等。

**果实：**陈萌等（2013）用水蒸气蒸馏法提取的山东蒙山产照山白果实精油的主要成分为：芳姜黄酮（30.12%）、1-(1,5-二甲基-4-己烯)-4-甲基苯（4.86%）、α-依兰烯（3.83%）、β-石竹烯（2.53%）、β-葎草烯（1.94%）、玷钯烯（1.93%）、4,7-二甲基-1-(1-甲基乙基)-1,2,3,5,6,8a-六氢萘（1.75%）、姜黄新酮（1.62%）、姜黄酮（1.31%）、长叶松香芹酮（1.12%）等。

**【利用】**园林栽培可供观赏。枝叶入药，有祛风通络、调经止痛、化痰止咳之效，主治慢性气管炎、风湿痹痛、腰痛、痛经、产后关节痛、痢疾、骨折、有毒，须去毒存正后方能使用。

## 杜香

*Ledum palustre* Linn.

**杜鹃花科　杜香属**
**别名：** 细叶杜香、狭叶杜香、白山苔
**分布：** 黑龙江、内蒙古

【形态特征】灌木，直立或平卧，高40～50 cm。枝纤细，幼枝密被锈色绵毛，顶芽显著，卵形，芽鳞密生锈色茸毛。叶线形，长1～3 cm，宽1～3 mm，边缘强烈反卷，叶面暗绿色，多皱，叶背密被锈色茸毛，中脉隆起。花多数，小型，乳白色；花梗细长，长0.5～2.5 cm，密生锈色茸毛；萼片5，卵圆形，长0.5～0.8 mm，宿存；雄蕊10，花丝基部有毛；花柱宿存。蒴果卵形，长3.5～4 mm，宿存花柱长2～4 mm。花期6～7月，果期7～8月。

【生长习性】生于落叶松林或混交林下，也见于山麓泥炭藓沼泽地边或高山草甸沼泽，海拔400～1400 m。喜凉爽湿润气候，耐寒性强，适生富含腐殖质、湿润而肥沃的微酸性土壤。耐阴喜湿。

【精油含量】水蒸气蒸馏枝叶的得油率为0.13%～2.00%；超临界萃取枝叶的得油率为1.49%～1.72%；超声辅助有机溶剂萃取新鲜嫩叶的得油率为7.67%，干燥茎叶的得油率为8.49%。

【芳香成分】叶：高岩等（2017）用水蒸气蒸馏法提取的内蒙古大兴安岭产杜香干燥叶精油的主要成分为：m-伞花烃（28.76%）、环辛酮（6.54%）、3-甲基-6-(1-甲基乙基)-7-氧杂二环[4.1.0]庚-2-酮（4.96%）、二氨基吡啶（3.29%）、香芹酚（2.97%）、4-茴香醚-1,2-二醇（2.89%）、(4R,S)-4-异丙基-反式-二环[4.3.0]-2-壬烯-8-酮（1.84%）、3-甲基-6-(1-甲基乙基)-7-氧杂二环[4.1.0]庚-2-酮（1.71%）、6-甲基-3-(1-甲基乙基)-7-氧杂二环[4.1.0]庚-2-酮（1.68%）、2-氨基间苯二酚（1.62%）、L-4-松油醇（1.35%）、1,6-庚二炔（1.34%）、桃金娘醛（1.29%）、2-(4-甲基苯基)丙-2-醇（1.19%）、α-苧烯醛（1.13%）等。

**枝叶：**黄莹等（2007）用水蒸气蒸馏法提取的内蒙古大兴安岭产杜香干燥嫩枝和叶精油的主要成分为：4-松油醇（30.23%）、l-甲基-异丙基苯（16.58%）、枯茗醛（9.85%）、5-异丙基二环[3.1.0]己-3-烯-2-酮（3.45%）、γ-萜品烯（3.26%）、枯茗醇（2.40%）、6,6-二甲基二环[3.1.1]庚-2-烯-2-甲醛（2.25%）、2-叔丁基-4-甲基苯酚（2.19%）、β-水芹烯（2.08%）、(+)-香木兰烯（1.33%）、α-异松油烯（1.33%）、4-乙基-3,4-二甲基-2,5-环己二烯-l-酮（1.09%）等。尤莉艳等（2018）用超声波萃取法提取的黑龙江塔河产杜香干燥茎叶精油的主要成分为：桃金娘烯醛（24.56%）、4-萜烯醇（10.73%）、甲基异丙基苯（7.19%）、γ-松油烯（4.83%）、枯茗醛（4.51%）、香树烯（3.11%）、β-紫罗兰酮（3.07%）、枯茗醇（2.85%）、β-水芹烯（2.50%）、3-异丙基苯酚（2.12%）、外-2-莰醇（1.08%）等。

【利用】全株可提取精油，用于治疗急、慢性支气管炎，咽喉炎，皮肤瘙痒，脚气等；治月经不调、胃溃疡；民间用于治疗湿疹、牛皮癣等皮肤病；可作为日用化工的原料，用于制药皂、脚气水、洗发香波等。枝叶药用，有化痰、止咳、平喘的功效，用于治慢性气管炎。可用于水体四周的绿化。

## 宽叶杜香

*Ledum palustre* Linn. var. *dilatatum* Wahl.

**杜鹃花科　杜香属**
**别名：** 杜香、安春香
**分布：** 黑龙江、吉林、内蒙古

【形态特征】杜香变种。灌木，直立或平卧，高40～50 cm。枝纤细，幼枝密被锈色绵毛，顶芽显著，卵形，芽鳞密生锈色茸毛。叶线状披针形或狭长圆形，长2～8 cm，宽0.4～1.5 cm，叶缘稍反卷，叶背被锈色毛和白色短柔毛，锈色毛脱落后呈现白色。花多数，小型，乳白色；花梗细长，长0.5～2.5 cm，密生锈色茸毛；萼片5，卵圆形，长0.5～0.8 mm，宿存；雄蕊10，花丝基部有毛；花柱宿存。蒴果卵形，长3.5～4 mm，宿

存花柱长2～4 mm。花期6～7月，果期7～8月。

**【生长习性】**生于海拔1000～1750 m的疏林下、水甸边、林缘或湿草地上。耐寒性较原变种差。

**【精油含量】**水蒸气蒸馏叶的得油率为0.20%；超临界萃取干燥枝叶的得油率为7.01%。

**【芳香成分】叶：**朱亮峰等（1993）用水蒸气蒸馏法提取的叶精油的主要成分为：β-蒎烯（15.68%）、对-伞花烃（12.58%）、桧烯（11.97%）、松油烯（9.64%）、α-蒎烯（4.40%）、小茴香烯（4.02%）等。

**枝叶：**李靖（1988）用水蒸气蒸馏法提取的新鲜枝叶精油的主要成分为：桃金娘烯醛（29.59%）、1,1-二甲基-2-(3-甲基-1,3-丁二烯）环丙烷（12.47%）、对伞花烃（12.31%）、枯茗醛（7.90%）、α-萜品烯（4.43%）、Δ3-蒈烯（2.71%）、β-菲兰烯（1.78%）、1,1,7-三甲基-4-亚甲基-十氢-1H-环丙并[e]甘菊兰（1.42%）、醋酸冰片酯（1.35%）、α-萜品醇-4-乙酯（1.30%）、间蒎-1,8-二烯（1.26%）、α-蒎烯（1.24%）、罗勒烯（1.20%）、双环[3.1.0]己-5-异丙基-2-酮（1.19%）、驱蛔脑（1.13%）等。

**【利用】**叶入药，有化痰、止咳之功效，常用于治疗慢性气管炎，百日咳。

## 矮丛蓝莓

*Vaccinium angustifolium* Ait.

**杜鹃花科　越橘属**

**别名：**半高丛越橘、半高丛蓝莓、蓝莓 是伞房花越橘和窄叶乌饭树的杂交种

**分布：**东北各地

**【形态特征】**一般树高在50～100 cm，果实比矮丛越橘大，但比高丛越橘小。有北陆、北村、北蓝三个主要品种。北陆果实中大、蓝色、圆形，果粉厚，果肉紧实，多汁，酸度中等，风味佳，果蒂痕中等且干，成熟期较为集中。树体生长健壮，树冠中度开张，成龄树高可达1.2 m左右。北村果实中大、亮蓝色，甜酸，风味佳。树势中等，树高约1.0 m，冠幅1.0 m，早果、丰产性好。叶片小、暗绿色，秋季叶色变红，树姿优美，适宜观赏。北蓝果实大、暗蓝色，肉质硬，风味佳，耐贮藏。树势强，树高约0.6 m，叶片暗绿色，有光泽。丰产性好。

**【生长习性】**抗寒性强，一般可抗-35℃低温。

**【芳香成分】**张春雨等（2009）用静态顶空萃取法提取分析了山东威海产半高丛越橘不同品种新鲜果实的挥发油成分，'北陆'的主要成分为：(E)-2-己烯-1-醇（20.50%）、1-己醇（11.20%）、乙酸丁酯（8.40%）、苯乙烯（6.50%）、3-丁烯-2-酮（5.90%）、D-柠檬烯（5.00%）、乙醇（4.30%）、3-甲基-1-丁醇（3.70%）、2-甲基丁酸乙酯（3.70%）、乙酸-(E)-2-己烯酯（3.70%）、(Z)-3-己烯醇（2.80%）、乙酸-(Z)-4-己烯酯（1.20%）等；'圣云'的主要成分为：戊酸乙酯（13.10%）、丁酸乙酯（12.00%）、1-戊醇（7.20%）、β-芳樟醇（5.70%）、乙醇（5.20%）、甲酸己酯（2.60%）、戊酸甲酯（2.00%）、(E)-2-己烯-1-醇（1.70%）、2-甲基丁酸乙酯（1.70%）等；'北蓝'的主要成分为：异戊酸乙酯（25.80%）、乙酸乙酯（16.40%）、乙酸甲酯（11.60%）、乙醇（5.90%）、异戊酸甲酯（4.30%）、乙酸己酯（3.50%）、丁酸乙酯（2.90%）、β-芳樟醇（2.60%）、(E,E)-2,8-癸二烯（1.50%）、乙酸芳樟酯（1.50%）、苯乙烯（1.00%）等。

**【利用】**果实可生食，也可酿酒及制果酱、饮料。

## 笃斯越橘

*Vaccinium uliginosum* Linn.

**杜鹃花科　越橘属**

**别名：**笃斯、蓝莓、越橘、黑豆树、甸果、地果、龙果、蛤塘果

**分布：**黑龙江、内蒙古、吉林

**【形态特征】**落叶灌木，高0.1～1 m；多分枝。茎短而细瘦，幼枝有微柔毛，老枝无毛。叶多数，散生，叶片纸质，倒卵形，椭圆形至长圆形，长1～2.8 cm，宽0.6～1.5 cm，顶端圆

形，有时微凹，基部宽楔形或楔形，全缘，背面微被柔毛。花下垂，1～3朵着生于去年生枝顶叶腋；花梗0.5～1 cm，顶端与萼筒之间无关节，下部有2小苞片，小苞片着生处有关节；萼筒无毛，萼齿4～5，三角状卵形，长约1 mm；花冠绿白色，宽坛状，长约5 mm，4～5浅裂；雄蕊10，比花冠略短，花丝无毛，药室背部有2距。浆果近球形或椭圆形，直径约1 cm，成熟时蓝紫色，被白粉。花期6月，果期7～8月。

【生长习性】生于山坡落叶松林下、林缘，高山草原，沼泽湿地，海拔900～2300 m。喜耐酸性土壤环境、耐低温、较强的抗旱能力、耐瘠薄、有较强的抗病虫草害能力，不耐化肥（嫌钙、嫌氯、嫌钠）。最适宜的pH 4.5～4.8，最适温度范围为15～28℃。

【精油含量】超临界萃取种子的得油率为0.50%。

【芳香成分】屈小媛等（2014）用超临界萃取法提取的贵州麻江产笃斯越橘种子精油的主要成分为：姜黄烯（14.29%）、双表-雪松烯（8.47%）、(+)-α-长叶蒎烯（6.47%）、桉树脑（5.68%）、异石竹烯（5.67%）、2,2-二甲基-3-亚甲基二环[2.2.2]庚烷（5.14%）、己醛（5.13%）、(1S)-(+)-3-蒈烯（4.96%）、依兰烯（3.33%）、8-异丙烯基-1,5-二甲基-环癸-1,5-二烯（3.11%）、(+)-香橙烯（2.98%）、2-莰醇（2.38%）、佛手柑油烯（1.97%）、蛇麻烯（1.68%）、γ-榄香烯（1.65%）、癸醛（1.51%）、红没药烯（1.45%）、癸酸乙酯（1.44%）、乙酸橙花酯（1.41%）、2,6-二甲基-6-(4-甲基-3-戊烯基)二环[3.1.1]庚-2-烯（1.36%）、α-蒎烯（1.28%）、(+)-环苜蓿烯（1.15%）、α-松油醇（1.12%）、正辛醛（1.11%）、邻二甲苯（1.02%）等。

【利用】果实可食，也可用以酿酒、制果酱、制饮料等。

## 南烛

*Vaccinium bracteatum* Thunb.

**杜鹃花科　越橘属**

**别名：** 乌饭树、乌饭叶、乌饭子、染菽、米饭树、米饭花、米碎子木、康菊紫、饭筒树、零丁子、大禾子、秤杆树、苞越橘

**分布：** 华东、华中、西南、华南地区及台湾

【形态特征】常绿灌木或小乔木，高2～9 m；分枝多，老枝紫褐色。叶片薄革质，椭圆形、菱状椭圆形、披针状椭圆形至披针形，长4～9 cm，宽2～4 cm，顶端锐尖、渐尖，稀长渐尖，基部楔形、宽楔形，稀钝圆，边缘有细锯齿，表面平坦有光泽。总状花序顶生和腋生，长4～10 cm，有多数花；苞片叶状，披针形，长0.5～2 cm，边缘有锯齿，小苞片2，线形或卵形，长1～3 mm；萼齿短小，三角形，长1 mm左右；花冠白色，筒状，有时略呈坛状，长5～7 mm，口部裂片短小，三角形，外折；花盘密生短柔毛。浆果直径5～8 mm，熟时紫黑色，外面通常被短柔毛，稀无毛。花期6～7月，果期8～10月。

【生长习性】生于丘陵地带或海拔400～1400 m的山地，常见于山坡林内或灌丛中。喜温暖气候及酸性土地，耐旱、耐寒、耐瘠薄。

【芳香成分】杨晓东等（2008）用水蒸气蒸馏法提取的浙江兰溪产南烛叶精油的主要成分为：橙花叔醇（20.01%）、(Z,Z,Z)-1,5,9,9-四甲基-1,4,7-环十一碳三烯（17.99%）、石竹烯（9.59%）、反-1-乙基-3-甲基环戊烷（6.35%）、顺-1-乙基-3-甲基环戊烷（6.16%）、正辛烷（5.24%）、反-1,4-二甲基环己烷（4.77%）、(S)-3-乙基-4-甲基戊醇（1.91%）、α-石竹烯（1.77%）、1,5,5,8-四甲基-12-氧杂双环[9.1.0]十二碳-3,7-二烯（1.34%）、3-甲基苯酚（1.29%）、乙基环己烷（1.07%）、石竹烯氧化物（1.03%）等。

【利用】果实可食。枝、叶渍汁浸米，煮成“乌饭”，江南一带民间在寒食节有煮食乌饭的习惯。果实入药，名“南烛子”，有强筋益气、固精驻颜之效。枝叶入药，益肠胃，养肝肾，用于治疗脾胃气虚、久泻、少食、肝肾不足、腰膝乏力、须发早白；江西民间草医用叶捣烂治刀斧砍伤。

## 蓝莓

*Vaccinium corymbosum* Linn.

**杜鹃花科　越橘属**

**别名：** 高丛越橘、伞房花越橘 高丛越橘和窄叶乌饭树的杂交种

**分布：** 辽宁、吉林、黑龙江、内蒙古、山东等地有栽培

**【形态特征】** 落叶灌木，高3～4 m。叶椭圆状披针形至卵形，长4～8 cm，宽2～4 cm，嫩时全缘并无毛，成熟时叶背沿叶脉有毛，叶缘有锯齿和睫毛。秋季叶片变为美丽的红色，持续时间较长。花白色、乳白色或带粉红色，花萼有白粉而无毛，花冠壶形、呈吊钟状，长6～12 mm，直径4～6 mm。浆果球形至扁圆形，蓝色至蓝黑色，被有粉霜，味甜而多汁。左右，蓝色至蓝黑色，被有粉霜，味甜而多汁。花期5～6月，果期为6月末到9月初。

**【生长习性】** 不耐旱，适生于潮湿的土壤上，多在沼泽、溪流、潮湿的沙地以及山麓有地下水渗漏的地方形成群落。喜冷凉气候，抗寒力较强，有些品种可抵抗-30～-35℃的低温，休眠期需要低温的时间较长，一般要求小于7.2℃的冷温需要量在800～1200h。土壤必须为酸性，适宜生长的土壤pH 4.3～5.2。

**【芳香成分】** 张春雨等（2009）用静态顶空萃取法提取分析了山东威海产蓝莓不同品种新鲜成熟果实的香气成分，'都克'的主要成分为：D-柠檬烯（33.00%）、丙酸烯丙酯（32.00%）、异戊酸乙酯（19.80%）、丁酸乙酯（9.20%）、乙醇（8.00%）、2-蒈烯（5.70%）、(E,E)-2,8-癸二烯（4.30%）、异戊酸甲酯（1.10%）、3-戊酮（1.00%）等；'蓝乐'的主要成分为：乙酸甲酯（18.00%）、异戊酸乙酯（15.30%）、乙酸乙酯（12.20%）、乙酸丁酯（8.60%）、丁酸甲酯（7.80%）、乙醇（6.70%）、异戊酸甲酯（3.60%）、异丁酸乙酯（2.80%）、丁酸乙酯（2.20%）、1-己醇（1.90%）、2-甲基丁酸乙酯（1.30%）等。

**【利用】** 果实可食，也可用以酿酒、制果酱、制饮料等。

## 樟叶越橘

*Vaccinium dunalianum* Wight

**杜鹃花科　越橘属**

**别名：** 饭米果、长尾越橘

**分布：** 四川、贵州、云南、西藏

**【形态特征】** 常绿灌木，稀攀缘灌木，高1～4 m，偶成乔木，通常地生，稀附生；幼枝紫褐色，有细棱，无毛。叶片革质或厚革质，椭圆形、长圆形、长圆状披针形或卵形，长4.5～13 cm，宽2～5 cm，顶端尾状渐尖，尾尖部分可达3 cm，基部楔形或钝圆，全缘，背面散生贴伏的具腺短毛。花序腋生，总状，多花，长3～6 cm，无毛；苞片卵形，长7～10 mm，早落；萼筒无毛，萼齿三角形，长1 mm许；花冠淡绿带紫红色或淡红色，宽钟状，长约6 mm，裂片三角形，开展或上部反折，外面无毛，内面被疏柔毛。浆果球形，直径4～12 mm，成熟时紫黑色，被白粉。花期4～5月，果期9～12月。

**【生长习性】** 生于山坡灌丛、阔叶林下或石灰山灌丛，稀附生常绿阔叶林中树上，海拔700～3100 m。

**【芳香成分】** 尹继庭等（2013）用水蒸气蒸馏法提取的云南武定产樟叶越橘新鲜叶芽精油的主要成分为：二甲基十氢化萘（47.04%）、芳樟醇（3.19%）、3,7-二甲基-1,5,7-辛三烯-3-醇（1.40%）、苯乙醛（1.03%）等。

**【利用】** 全株药用，有祛风除湿、舒筋活络的功效，用于治疗风湿关节痛。园林观赏植物。

# 参考文献


阿布都许库尔·吐尔逊，孙莲，哈及尼沙，2013. GC-MS法分析新疆罗勒子挥发油的化学成分[J]. 中国民族民间医药，22(6)：21–23.

安鸣，孟晶岩，2014. 零陵香花浸膏提取方法及挥发油成分研究[J]. 山西农业科学，42(12)：1307–1310.

白鹏华，相伟芳，刘宝生，等，2018. 刺槐挥发性物质分析及美国白蛾的触角电位反应[J]. 山东农业科学，50(5)：103–108.

白晓莉，郑琳，刘煜宇，等，2011. 水香薷香料的制备及挥发性成分分析[J]. 中国食品添加剂（3)：144–146，157.

柏金辰，杨晓虹，高丽娜，等，2012. 木立芦荟挥发油成分GC-MS分析[J]. 特产研究（1)：52–54.

包锦渊，李军乔，肖远灿，2014. 青海密花香薷挥发性成分分析[J]. 食品科学，35(02)：231–237.

毕和平，宋小平，韩长日，等，2004. 降香檀叶挥发油成分的研究[J]. 中药材，27(10)：733–735.

毕森，皮立，胡凤祖，等，2010. GC-MS法分析康定鼠尾草花挥发油中的化学成分[J]. 分析试验室，29(增刊)：81–85.

毕志成，杨国恩，张磊，等，2013. 迷迭香干叶精油的提取及其化学组成研究[J]. 中国调味品，38(5)：95–99.

边巴次仁，旺姆，魏锋，等，2002. 藏药螃蟹甲挥发油化学成分的GC-MS分析研究[J]. 中国药学杂志，37(12)：904–905.

才燕，王克凤，董然，等，2017. 长白山茖葱挥发油成分分析[J]. 北方园艺（21)：140–145.

蔡伟，熊耀康，余陈欢，2010. 3种紫苏属植物挥发油化学成分的GC-MS分析[J]. 云南中医中药杂志，31(8)：63–64.

蔡亚玲，阮金兰，2006. 紫背鼠尾草挥发油成份的气相-质谱分析[J]. 中国医院药学杂志，26(10)：1319–1320.

曹桂云，袁绍荣，蒋海强，等，2009. 白车轴草中挥发性成分的GC-MS分析[J]. 齐鲁药事，28(10)：592–593.

曹慧，李祖光，杨美丹，等，2008. 香水百合头香成分的定量结构-色谱保留关系研究[J]. 分析测试学报，27(11)：1198–1202.

曹跃芬，竺锡武，谭琳，2012. 浙贝母精油化学成分GC／MS分析和抑菌活性检测[J]. 浙江理工大学学报，29(1)：129–132.

常艳红，董晓宁，吕金顺，2003. 丝兰花挥发油的化学成分研究[J]. 中国医学生物技术应用杂志（4)：62–65.

陈飞龙，邢学锋，汤庆发，2012. 超临界$CO_2$萃取法与水蒸气蒸馏法提取凉粉草挥发油及其GC-MS分析[J]. 中药材，35(8)：1270–1273.

陈贵林，车瑞香，何洪巨，2007. 韭菜挥发油成分的GC-MS分析[J]. 天然产物研究与开发，19：433–435.

陈丽霞，刘胜辉，陈歆，等，2011. 海南花梨木花精油成分分析及其抑菌活性研究[J]. 热带作物学报，32(6)：1165–1167.

陈利军，陈月华，周巍，等，2016. 河南鸡公山小鱼仙草挥发油的抑菌作用及组分分析[J]. 南方农业学报，47(11)：1875–1879.

陈灵，邓昌波，吴金虎，2015. 不同产地胡芦巴的挥发性成分分析[J]. 医药导报，34(5)：667–669.

陈龙胜，杜李继，陈世金，等，2018. GC-MS对不同产地多花黄精生药材挥发性物质差异性研究[J]. 中药材，41(4)：894–897.

陈萌，郭伟，郭庆梅，等，2013. 蒙药照山白挥发油化学成分的研究[J]. 现代中药研究与实践，27(5)：28–30.

陈娜，陶兴魁，程磊，等，2017. 氮肥对千层塔腺毛分布及挥发油组分的影响[J]. 宿州学院学报，32(3)：121–124.

陈千良，马长华，王文全，等，2005. 知母药材中挥发性成分的气相色谱-质谱分析[J]. 中国中药杂志，30(21)：1657–1659.

陈青，姚蓉君，张前军，2007. 固相微萃取气质联用分析野茉莉花的香气成分[J]. 精细化工，24(2)：159–161.

陈青，张前军，杨占南，等，2010. 固相微萃取GC-MS法分析大唇香科科、二齿香科科、长毛香科科的挥发油成分[J]. 中国药房，21(11)：1013–1016.

陈文娟，杨敏丽，2006. GC-MS分析宁夏苦豆子不同部位挥发油的化学成分[J]. 华西药学杂志，21(4)：334–336.

陈小兰，史冬燕，陈善娜，2005. 滇韭挥发性成分分析[J]. 精细化工，22(5)：373–377.

陈欣，陈光英，陈文豪，等，2016. 海南黄芩挥发油成分分析及生物活性研究[J]. 热带农业科学，36(5)：93–96.

陈燕文，李玉娟，胡晶红，等，2017. 超声辅助提取丹参地上部分挥发油成分GC-MS分析[J]. 当代化工，46（7）：1307−1310.
陈耀祖，王锐，薛敦渊，等，1987. 毛细管气相色谱-质谱法分析红茂根挥发油成份[J]. 高等学校化学学报，8（6）：538−541.
陈月华，陈利军，石庆锋，2012. 蓖麻叶挥发油化学成分分析[J]. 信阳农业高等专科学校学报，22（3）：117−119.
陈月华，智亚楠，陈利军，等，2017. 自然风干处理前后活血丹挥发油化学组分GC-MS分析[J]. 药物分析杂志，37（8）：1476−1481.
陈月华，智亚楠，陈利军，等，2017. 紫穗槐果实挥发油化学组分GC-MS分析[J]. 化学研究与应用，29（9）：1402−1405.
陈月圆，黄永林，文永新，等，2009. 细风轮菜挥发油成分的GC-MS分析[J]. 精细化工，26（8）：770−772，812.
程必强，马信祥，喻学俭，等，1989. 鸡肝散的引种和精油成分初步分析[J]. 云南植物研究，11（1）：91−96.
程必强，马信祥，许勇，等，1996. 橙花叔醇植物资源及利用的研究[J]. 林产化学与工业，16（2）：22−28.
程誌青，吴惠勤，陈佃，等，1992. 木豆精油化学成分研究[J]. 分析测试通报，11（5）：9−12.
俞桂新，周荣汉，1993. 兴安薄荷挥发油的成分[J]. 植物资源与环境，2（3）：55−57.
俞桂新，周荣汉，1994. 亚洲薄荷的两个化学型[J]. 植物资源与环境，3（3）：58−59.
俞桂新，周自新，1995. 东北薄荷的化学型[J]. 植物资源与环境，4（4）：60−62.
俞桂新，周荣汉，1998. 国产野生薄荷挥发油化学组分变异及其化学型[J]. 植物资源与环境，7（3）：13−18.
崔范洙，王道平，杨再昌，等，2012. 不同提取方法对黔产水香薷挥发性成分的影响[J]. 广西植物，32（2）：269−273.
邓放，涂永勤，董小萍，2010. 美花圆叶筋骨草挥发油的GC-MS分析[J]. 成都中医药大学学报，33（1）：82−83.
邓雪华，王光忠，孙丽娟，等，2007. 牛至挥发油化学成分GC-MS分析[J]. 中药材，30（5）：555−557.
邓益媛，李庆华，刘展，等，2014. 巴豆枝叶挥发性成分的GC-MS分析[J]. 亚太传统医药，10（11）：29−31.
丁晨旭，陈昌祥，纪兰菊，等，2004. 藏药细穗香薷挥发性化学成分的研究[J]. 西北植物学报，24（10）：1929−1931.
丁洪美，马骥，1989. 四种柏树叶精油成分的比较研究与分类[J]. 植物学通报，6（1）：43−47.
丁兰，王莱，孙坤，等，2004. 总序香茶菜和蓝萼香茶菜挥发油成分研究[J]. 西北师范大学学报（自然科学版），40（2）：62−65.
丁兰，邓雁如，汪汉卿，2004. 准噶尔无叶豆挥发性成分研究[J]. 中国中药杂志，29（12）：1154−1157.
董勤，杜延琪，张生潭，等，2009. 油柑叶挥发油的GC-MS分析[J]. 南方医科大学学报，29（5）：1085−1086.
董晓敏，刘布鸣，陈露，等，2010. 花梨木挥发性化学成分GC-MS分析研究[J]. 广西科学院学报，26（3）：218−220.
董艳芳，叶睿超，郭彩霞，等，2013. 垂枝香柏挥发油的化学成分与抑菌活性分析[J]. 西北农林科技大学学报（自然科学版），41（3）：88−92.
杜娟，黄英，刘娟，等，2010. 栽培黑水缬草中挥发油成分分析[J]. 黑龙江医药科学，33（3）：65−66.
杜伟锋，张浩，岳显可，等，2018. 不同产地加工方法浙贝母中挥发性成分分析[J]. 时珍国医国药，29（1）：73−76.
杜莹，赵欧，张永航，等，2014. 桂林山豆根挥发油的GC-MS分析[J]. 湖北农业科学，53（6）：1409−1410，1414.
段静雨，魏贤勇，李岩，等，2014. 国产番泻叶挥发油成分GC-MS分析[J]. 中国实验方剂学杂志，20（17）：106−109.
范会，李荣，李明明，等，2017. 固相微萃取-气质联用对贵州益母草花、叶和茎挥发性成分的分析比较[J]. 中国实验方剂学杂志，23（9）：62−67.
范贤，王永良，李玉兰，等，2009. 不同方法提取瑶药千斤拔挥发油的对比研究[J]. 精细化工，26（11）：1085−1089，1144.
方洪钜，陈鹭声，周同蕙，1980. 挥发油成分的研究Ⅲ. 腋花杜鹃挥发油的化学成分研究和牡荆、荆条挥发油成分的比较[J]. 药学学报，15（5）：284−287.
方洪钜，段宏瑾，徐妍青，等，1993. 四方蒿精油的化学成分研究[J]. 色谱，11（2）：69−71.
方明月，康文艺，姬志强，等，2007. 荆芥挥发油化学成分研究[J]. 时珍国医国药，18（7）：1551−1552.
冯蕾，冀海伟，王德才，等，2010. GC-MS法分析白花丹参不同部位挥发性成分[J]. 中国药房，21（39）：3706−3709.
冯蕾，冀海伟，王德才，等，2009. 白花丹参与紫花丹参挥发油成分的比较[J]. 精细化工，26（7）：662−665，670.
符继红，张丽静，2008. 新疆维吾尔医用药材神香草挥发油的GC-MS分析[J]. 中成药，30（3）：413−414.
付立卓，李海舟，李蓉涛，2010. 2种香薷属植物挥发油成分分析[J]. 昆明理工大学学报（理工版），35（1）：88−92.
付先龙，林颖，庄平，等，2008. 美容杜鹃叶挥发油化学成分的气相色谱-质谱联用分析[J]. 时珍国医国药，19（4）：931−933.
付玉杰，王微，祖元刚，等，2005. 乌拉尔甘草种子油挥发性成分的超临界二氧化碳/气相色谱2质谱分析[J]. 分析化学，33（4）：498−500.

傅春燕，刘永辉，曾立，等，超临界$CO_2$提取的百合挥发油化学成分的GC-MS分析[J]. 中国现代应用药学，2015，32(6)：715-718.

盖静，盖丽，杨天鸣，等，2011. 甘肃苦豆子中挥发性成分分析研究[J]. 中兽医医药杂志（5）：47-48.

甘秀海，周欣，梁志远，等，2012. 不同产地百尾参挥发性成分比较研究[J]. 安徽农业科学，40(2)：765-768，774.

高海翔，鲁润华，魏小宁，等，2000. 透骨草挥发油成分分析[J]. 中草药，31(8)：574—575.

高佳，巫庆珍，2009. 茺蔚子挥发性化学成分分析[J]. 海峡药学，21(8)：92-93.

高天荣，徐锐，杨树，等，2005. GC、GC／MS分析香水百合香精的化学成分[J]. 云南师范大学学报，25(5)：55-57，70.

高岩，王知斌，王欣慰，等，2017. GC-MS联用法分析细叶杜香叶挥发油的化学成分[J]. 化学工程师（01）：21-23.

高咏莉，余振喜，林瑞超，等，2009. 藏药萝卜秦艽挥发油成分的GC-MS分析研究[J]. 中国现代药物应用，3(4)：25-26.

葛婧，张广文，邱瑞霞，等，2014. 米团花花中挥发性成分的GC-MS分析[J]. 食品工业科技，35(02)：67-71.

葛亚龙，危冲，欧志东，等，2014. 苜蓿挥发油化学成分及其抗氧化活性研究[J]. 食品工业，35(3)：211-213.

耿晓萍，石晋丽，刘勇，等，2011. 甘松地上和地下部位挥发油化学成分比较研究[J]. 北京中医药大学学报，34(1)：56-59.

耿晓萍，石晋丽，刘勇，等，2011. 两种甘松挥发油化学成分的比较研究[J]. 时珍国医国药，22(1)：60-62.

宫海燕，欧依塔，热娜・卡斯木，2018. 不同产地牛至挥发油的主成分分析[J]. 中国现代应用药学，35(2)：239-243.

龚复俊，王国亮，张银华，等，1999. 八角枫挥发油化学成分研究[J]. 武汉植物学研究，17(4)：350-352.

龚铮午，吴楚材，1998. 鸡血藤花香气化学成分初步研究[J]. 林产化学与工业，18(1)：65-68.

谷臣华，吕盛槐，谷力，1999. 缬草花油的提取与GC/MS测定[J]. 林产化学与工业，19(3)：75-78.

谷力，谷臣华，2002. 武陵山区缬草属种类和优良种及其化学成分的研究[J]. 林产化学与工业，22(3)：23-27.

谷力，2002. 湘鄂渝黔边陲缬草精油成分的GC/MS测试[J]. 吉首大学学报（自然科学版)，23(2)：38-42.

郭凤领，吴金平，矫振彪，等，2017. SPME-GC/MS联用技术分析卵叶韭香气成分[J]. 湖北农业科学，56(18)：3531-3533.

郭凤领，吴金平，矫振彪，等，2017. 顶空固相微萃取气质联用检测高山根韭菜挥发性风味物质[J]. 长江蔬菜（6）：25-28.

郭海忱，崔兰，朱前翔，等，1996. 用GC／MS测定大葱挥发油中的化学成分[J]. 质谱学报，17(2)：63-66.

郭丽冰，王蕾，廖华卫，2007. 降香$CO_2$超临界萃取物的GC-MS分析[J]. 广东药学院学报，23(1)：12-13.

郭玲，梁振益，林连波，2004. 地杨桃挥发油成分的GC-MS分析[J]. 中国热带医学，4(1)：48-49.

郭文龙，2016. 柏木精油的成分分析及其在卷烟中的应用研究[J]. 香料香精化妆品（1)：14-16，21.

郭肖，周绪正，朱阵，等，2016. 藏药雪山杜鹃叶挥发油成分的GC-MS分析[J]. 中药材，39(6)：1319-1322.

郭晓恒，刘涛，宋登敏，等，2014. 皱叶薄荷精油的化学分类特征[J]. 世界科学技术—中医药现代化，16(4)：830-833.

郭璇，郑联合，柴萌，等，2011. 两种方法提取降香黄檀籽挥发油的成分分析[J]. 食品工业科技，32(10)：95-98.

郭伊娜，韦藤幼，韦世元，等，2007. 迷迭香叶油与花油成分的分析与比较[J]. 生物质化学工程，41(3)：34-36.

郭志峰，马瑞欣，郭婷婷，2008. 山豆根和北豆根挥发性成分的对比分析[J]. 分析试验室，27(6)：93-96.

韩成花，罗惠善，李英姬，2006. 平贝母挥发油化学成分分析[J]. 延边大学医学学报，29(4)：264-265.

韩成花，高赛男，白玉华，等，2017. 薤白炮制前后鳞茎和叶挥发油的气相色谱-质谱联用分析[J]. 时珍国医国药，28(1)：111-113.

韩丛聪，荀守华，姜天华，等，2017. 刺槐属6种材料鲜花芳香成分分析[J]. 园艺学报，44(3)：557–565.

韩飞，陈泣，舒积成，等，2015. 湖北产牛至药材不同提取部位挥发油GC-MS分析[J]. 中药材，46(13)：1887-1891.

韩淑萍，冯毓秀，1992. 泽兰的生药学及挥发油成分分析[J]. 中国药学杂志，27(11)：548-550.

韩毅丽，高黎明，魏太宝，2010. 米口袋挥发油化学成分研究[J]. 山西中医学院学报，11(1)：18-20.

郝德君，张永慧，戴华国，等，2006. 气相色谱/质谱法分析柏树叶挥发油的化学成分[J]. 色谱，24(2)：185-187.

郝德君，王焱，马凤林，2008. 龙柏挥发油的化学成分及其对双条杉天牛生物活性研究[J]. 天然产物研究与开发，20：600-603.

郝俊蓉，姚雷，袁关心，等，2006. 精油类和观赏类薰衣草的生物学性状和精油成分对比[J]. 上海交通大学学报（农业科学版)，24(2)：146-151.

郝瑞芬，朱羽尧，陈斌，等，2016. 三种薰衣草叶精油含量及成分研究[J]. 中国食品添加剂（6)：53-59.

何春兰，周平，温志浩，等，2018. HS-SPME-GC-MS分析不同产地红车轴草挥发性成分研究[J]. 中药材，41(5)：1122−1128.
何春兰，张刚平，王如意，等，2018. HS-SPME-GC-MS和主成分分析红车轴草不同部位挥发油成分[J]. 中国实验方剂学杂志，24(5)：71−81.
何方奕，洪晓明，孙玉芳，等，1997. 药用皖鄂鼠尾草精油成分的初步分析[J]. 北京大学学报（自然科学版），33(2)：142−146.
何方奕，回瑞华，李学成，等，2007. 苦丁茶挥发性化学成分的分析[J]. 分析测试学报，26(增刊)：152−153，156.
何洪巨，唐晓伟，宋曙辉，等，2004. 韭葱挥发性物质的气相色谱-质谱分析[J]. 质谱学报，25(增刊)：63−64.
何洪巨，王希丽，张建丽，2004. GC-MS法测定大葱、细香葱、小葱中的挥发性物质[J]. 分析测试学报，23(增刊)：98−100，103.
何静，丁红美，1989. 北美香柏枝叶精油化学成分分析及其利用[J]. 北京林业大学学报，11(4)：118−125.
何晶晶，解静，王国华，等，2007. 落花生茎叶挥发性成分GC-MS分析[J]. 中成药，29(9)：1371−1373.
何洛强，2010. 苏格兰留兰香精油与安徽留兰香精油的分析探讨[J]. 口腔护理用品工业，20(1)：27−30.
何嵋，董宝生，张伏全，等，2007. 青桐种子和叶中挥发油化学成分的研究[J]. 云南化工，34(5)：38−40.
和丽萍，郎南军，冯武，等，2010. 超临界$CO_2$萃取麻疯树不同部位中挥发性化学物质成分的研究[J]. 安徽农业科学，38(17)：9124−9126，9167.
贺迪经，巴杭，王志民，1991. 新疆圆柏果实挥发油化学成份的研究[J]. 有机化学，11：91−99.
贺莉娟，梁逸曾，赵晨曦，2007. 唇形科植物挥发油化学成分的GC／MS研究[J]. 化学学报，65(3)：227−232.
赫玉芳，南敏伦，张瑜，等，2010. 虎眼万年青的挥发油成分研究[J]. 黑龙江医药，23(2)：183−185.
侯冬岩，回瑞华，杨梅，等，2003. 干鲜芦荟花挥发性化学成分的分析[J]. 食品科学，24(6)：126−128.
侯仰帅，姜媛媛，晏明，等，2013. 柏木木屑中精油成分分析及抑菌抗氧化活性研究[J]. 四川农业大学学报，31(3)：314−318.
侯颖辉，李德文，于二汝，等，2017. 木姜花和木姜子挥发油成分比较[J]. 中国调味品，42(7)：139−142.
胡丹丹，黄山，李斌，等，2016. 藏荆芥与荆芥的挥发性成分比较[J]. 中成药，38(5)：1078−1082.
胡尔西丹·伊麻木，热娜·卡斯木，阿吉艾克拜尔·艾萨，2012. 罗勒子挥发油成分及抗氧化活性分析[J]. 安徽农业科学，40(2)：752−754.
胡国华，陈昊，马正智，2009. 韭菜籽挥发油组分的分析鉴定[J]. 食品科学，30(06)：232−234.
胡浩斌，郑旭东，2006. 东紫苏挥发油化学成分的气相色谱／质谱法分析[J]. 陇东学院学报（自然科学版），l6(1)：53−55.
胡怀生，2014. 紫苏挥发油化学成分分析[J]. 甫科技，30(1)：76−77，111.
胡怀生，郑旭东，胡浩斌，等，2018. 甘肃庆阳地椒草茎部挥发油化学成分的研究[J]. 甘肃科技，34(5)：31−34.
胡济维，2010. 蕲春紫苏叶挥发油制备及成分分析[J]. 湖北职业技术学院学报，13(4)：79−81.
胡静，高文远，凌宁生，等，2008. 巴豆和巴豆霜挥发性成分的GC-MS分析[J]. 中国中药杂志，33(4)：464−465.
胡力飞，梅文莉，吴娇，等，2010. 海南产木薯茎和叶挥发油的化学成分及其生物活性[J]. 热带作物学报，31(1)：126−130.
胡珊梅，范崔生，1993. 海州香薷挥发油成分的分析[J]. 现代应用药学，10(5)：31−33.
胡珊梅，范崔山，1993. 长穗荠苧挥发油成分的GC／MS分析[J]. 中药材，16(1)：36−37.
胡亚云，李莹，任亚梅，等，2015. 地椒精油中主要成分及其作用分析[J]. 食品研究与开发，36(14)：109−114.
胡彦，丁友芳，温春秀，等，2010. 吹扫捕集GC-MS法测定紫苏不同变种叶片中的挥发性成分[J]. 食品科学，31(12)：159−164.
虎玉森，杨继涛，杨鹏，2010. 黄花菜挥发油成分分析[J]. 食品科学，31(12)：223−225.
黄碧兰，张玄兵，王健，2013. 3个不同罗勒种叶中香气成分的GC-MS分析[J]. 热带农业科学，33(10)：65−71.
黄彬弟，郑尚珍，沈序维，等，2004. 超临界流体$CO_2$萃取法研究细皱香薷精油化学成分[J]. 兰州医学院学报，30(1)：34−37.
黄浩，侯洁，何纯莲，等，2006. 溪黄草挥发油化学成分分析[J]. 药物分析杂志，26(12)：1888−1890.
黄凯，吴莉宇，2009. 小花龙血树超临界$CO_2$萃取物的成分分析[J]. 广西林业科学，38(1)：42−44.
黄琼，田玉红，李志华，2010. 不同方法提取灵香草挥发油的比较研究[J]. 湖北农业科学，49(4)：944−946.
黄森，刘拉平，梅任强，2006. 陕西兴平白皮蒜挥发油化学成分的分析[J]. 中国农学通报，22(8)：123−125.
黄先丽，王晓静，贾献慧，2009. 点地梅的挥发油成分分析[J]. 食品与药品，11(03)：32−34.
黄小平，陈仕江，张毅，等，2007. 甘青青兰挥发油化学成分研究[J]. 成都中医药大学学报，30(2)：60−61.

黄星，李菁，谭晓华，等，2001. 鬼箭锦鸡儿超临界$CO_2$萃取物化学成分的GC-MS分析[J]. 中药材，24(9：)：650-651.
黄秀香，陈丽芬，2006. 超声波法提取毛老虎茎中的挥发油[J]. 河池学院学报，26(5)：60-62.
黄秀香，林翠梧，韦滕幼，等，2006. 毛老虎叶子挥发油的GC-MS分析[J]. 中成药，28(8)：1181-1184.
黄莹，张德志，2007. 细叶杜香挥发油化学成分的GC-MS分析[J]. 现代食品与药品杂志，17(3)：45-47.
黄志萍，2011. 采用SPME-GC/MS联用技术对虎皮兰挥发性成分的测定分析[J]. 黑龙江生态工程职业学院学报，24(3)：42-43.
回瑞华，侯冬岩，李铁纯，2003. GC／MS法分析百合花化学成分[J]. 鞍山师范学院学报，5(2)：61-63.
回瑞华，侯冬岩，李铁纯，等，2004. 中国车前草挥发性化学成分分析[J]. 分析试验室，23(8)：85-87.
回瑞华，侯冬岩，李铁纯，等，2011. 黄花败酱草挥发性化学成分分析[J]. 鞍山师范学院学报，13(2)：30-32.
惠宇，孙墨珑，2012. 兴安杜鹃叶中挥发性成分的GC-MS分析[J]. 植物研究，32(3)：365-368.
霍昕，高玉琼，刘建华，等，2006. 土茯苓挥发性成分研究[J]. 生物技术，16(3)：60-62.
霍昕，杨迺嘉，刘文炜，等，2009. 苦石莲皮和仁中挥发性成分对比研究[J]. 中华中医药杂志（原中国医药学报），24(6)：783-786.
吉力，徐植灵，姚三桃，1995. 补骨脂挥发油的化学成分[J]. 中国药学杂志，30(7)：436.
吉力，徐植灵，潘炯光，等，1997. 西河柳挥发油化学成分的GC-MS分析[J]. 中国中药杂志，22(6)：360-362.
吉卯祉，周维书，朱甘培，等，1990. 水香薷的化学成分研究[J]. 中成药，12(10)：31-32.
姬国玺，林励，帅欧，等，2013. 印度黄檀花挥发油气相色谱-质谱分析[J]. 广州中医药大学学报，30(3)：409-412.
贾红丽，计巧灵，艾力·沙吾尔，等，2008. 新疆异株百里香挥发油化学成分的GC-MS分析[J]. 中国调味品（6）：60-63.
贾红丽，计巧灵，张丕鸿，等，2008. 新疆拟百里香挥发油的气相色谱-质谱分析[J]. 质谱学报，29(1)：36-41.
贾红丽，张丕鸿，计巧灵，等，2009. 新疆阿勒泰百里香挥发油化学成分GC-MS分析及抗氧化活性测定[J]. 食品科学，30(04)：224-229.
贾天柱，李军，解世全，1996. 狗脊及其炮制品挥发油成分的比较研究[J]. 中国中药杂志，21(4)：216-217，155.
贾晓妮，张元媛，杨燕子，等，2008. 假参包叶挥发油的提取及GC-MS分析[J]. 中药材，31(6)：845-847.
姜霞，毕文，2013. 兰州不同产地百合挥发油成分对比研究[J]. 中国科技信息（22）：66-68.
蒋继宏，李晓储，高甜惠，等，2006. 几种柏科植物挥发物质及抗肿瘤活性初步研究[J]. 福建林业科技，33(2)：52-57.
蒋继宏，李晓储，高雪芹，等，2006. 侧柏挥发油成分及抗肿瘤活性的研究[J]. 林业科学研究，19(3)：311-315.
蒋立文，郑兵福，廖卢燕，等，2010. 四棱豆种子及其发酵物挥发性风味成分变化[J]. 食品科学，31(14)：221-224.
蒋受军，朱斌，林瑞超，等，2002. 小野芝麻挥发油成分的GC-MS分析[J]. 中药材，25(3)：183.
蒋薇，阚雪清，曾亮，等，2016. 元江芦荟不同部位香气物质差异性分析[J]. 云南化工，43(1)：40-42.
蒋翔，曹恒，刘湘博，等，2010. 野生白苏子中挥发油的研究[J]. 中国实验方剂学杂志，16(11)：56-60.
江玉师，覃模昌，代培云，1989. 岷江柏叶精油化学成分的研究[J]. 四川林业科技，10(3)：49-53.
焦豪妍，莫小路，刘瑶，等，2013. 香根异唇花挥发性成分的GC-MS研究[J]. 热带作物学报，34(4)：777-780.
焦淑清，刘凤华，2009. 超临界$CO_2$萃取的满山红挥发油成分分析[J]. 中药材，32(2)：213-216.
金亮华，金光洙，朴惠顺，2007. 小叶锦鸡儿挥发油成分的研究[J]. 延边大学医学学报，30(1)：27-28.
金泳妍，张瑞，胡春弟，等，2011. 金刚藤挥发油成分的分析研究[J]. 山东化工，40(6)：84-86.
金哲，马林，崔成哲，等，2008. 东北野生香薷挥发油香味成分分析及在卷烟中的应用[J]. 中国农学通报，24(7)：93-96.
金振国，刘萍，王香婷，2012. 气相色谱/质谱法分析紫藤荚挥发油化学成分[J]. 商洛学院学报，26(4)：3-5.
阚素琴，郭新东，陈光英，等，2009. 喜光花果挥发油化学成分的GC-MS分析[J]. 安徽农业科学，37(33)：16380-16381.
康琛，张强，仝会娟，等，2010. GC-MS法鉴定茺蔚子挥发油的化学成分[J]. 中国实验方剂学杂志，16(3)：36-38.
孔杜林，陈亮文，王忠先，等，2014. 朱蕉叶挥发油的GC-MS分析[J]. 应用化工，43(4)：759-762.
孔维维，吕鼎豪，李华，等，2013. 碰碰香不同部位挥发性成分的分析[J]. 药物分析杂志，33(2)：241-245.
雷华平，张辉，叶掌文，2016. 侧柏和千头柏挥发油化学成分分析[J]. 中国野生植物资源，35(4)：26-29.
雷培海，汤洪波，王道平，等，2005. 益母草挥发油化学成分的研究[J]. 天然产物研究与开发，17(增刊)：12-14.

雷迎，王黎涛，蒋翔，等，2010. 秦巴山区野生藿香花中挥发油的研究[J]. 江苏农业科学（6）：432–434.

黎锦城，吴忠，林敬民，2001. 救必应超临界$CO_2$萃取物的GC-MS分析[J]. 中药材，24（4）：271–272.

黎明，王巧荣，刘建华，等，2013. 望江南子挥发性成分的GC-MS分析[J]. 中国实验方剂学杂志，19（19）：122–126.

李标，张鹏，蒋彬彬，等，2013. 毛白杜鹃挥发油化学成分及清除亚硝酸钠活性研究[J]. 中成药，35（1）：124–126.

李昌勤，姬志强，康文艺，2010. 藿香挥发油的HS-SPME-GC-MS分析[J]. 中草药，41（9）：1443–1444.

李存满，李兰芳，张勤增，等，2010. 河北紫花苜蓿挥发油成分的GC-MS分析[J]. 河北工业科技，27（3）：146–148.

李大婧，卓成龙，刘霞，等，2011. 不同干燥方法对黑毛豆仁挥发性风味成分和结构的影响[J]. 江苏农业学报，27（5）：1104–1110.

李封辰，牛俊峰，张媛，等，2013. 玉竹不同器官挥发性成分的SPME-GC-MS法比较分析[J]. 光谱实验室，30（5）：2463–2468.

李谷才，陈容，张儒，等，2015. 芭蕉叶挥发油的提取及其抗氧化活性研究[J]. 湖南工程学院学报，25（3）：59–61，69.

李贵军，杨位勇，汪帆，2012. 保山水香菜挥发油化学成分的GC-MS分析[J]. 中国调味品（5）：100–101.

李贵军，汪帆，2013. 苦刺花挥发油化学成分的GC-MS分析[J]. 食品科技，38（07）：319–321.

李贵军，汪帆，2014. 臭菜挥发油化学成分的GC-MS分析[J]. 中国调味品，39（6）：118–120.

李国明，李守岭，白燕冰，等，2017. GC-MS法分析瑞丽椒样薄荷精油化学成分[J]. 热带农业科学，37（10）：84–88.

李红，常健，赵健，等，2012. 铁炮百合花挥发油不同提取方法的GC-MS研究[J]. 北方园艺（17）：90–94.

李红娟，牛立新，李章念，等，2007. 不同栽培方式卷丹鳞茎挥发油化学成分的GC-MS分析[J]. 西北农林科技大学学报（自然科学版），35（3）：149–152，158.

李红霞，董晓楠，丁明玉，等，2000. 四川凉山杜鹃挥发油成分的同时蒸馏萃取与GC/MS分析[J]. 药物分析杂志，20（2）：78–71.

李吉来，陈飞龙，吕志平，2003. 白背叶根挥发性成分的研究[J]. 中药材，26（10）：723–724.

李靖，1988. 杜香精油提炼技术[J]. 中国林副特产（9）：36–38.

李坤平，潘天玲，张莺颖，等，2008. 姜味草水蒸汽蒸馏和超临界$CO_2$提取物的化学成分研究[J]. 贵州大学学报（自然科学版），25（2）：1665–1668.

李利红，李先芳，解克伟，2012. 河南禹州产迷迭香精油成分的GC-MS分析[J]. 西北农林科技大学学报（自然科学版），40（9）：227–230，234.

李明珠，宋平顺，赵建邦，2016. 藏药烈香杜鹃花和叶中挥发性成分的GC-MS分析[J]. 西部中医药，29（1）：36–39.

李勉，王金梅，康文艺，2009. HS-SPME-GC-MS法分析紫荆花及其花蕾的挥发性成分[J]. 中成药，31（7）：1087–1090.

李敏，刘红星，黄初升，等，2015. 草海桐叶的主要挥发性化学成分及抑菌活性[J]. 化工技术与开发，44（1）：10–14.

李琦，李春艳，徐畅，等，2017. 低温冷冻液液萃取/GC-MS结合保留指数分析香蕉中的挥发性成分[J]. 分析测试学报，36（4）：457–463.

李庆杰，刘丽健，常艳茹，等，2010. GC-MS分析东北玉簪中的超临界$CO_2$萃取物[J]. 华西药学杂志，25（4）：385–386.

李维卫，胡凤祖，师治贤，2004. 藏药材烈香杜鹃挥发油化学成分的研究[J]. 云南大学学报（自然科学版），26（6A）：48–51.

李伟，谈献和，郭戎，1997. 江苏产石荠苧挥发油化学成分研究中药材[J]. 20（3）：146–147.

李玮，邵进明，冯靖，等，2015. 树头芭蕉花的挥发油成分分析[J]. 贵州农业科学，43（9）：191–195.

李翔，刘达玉，邹强，等，2013. 洋葱精油提取工艺研究及化学成分GC / NS分析[J]. 中国调味品，38（12）：82–85.

李小龙，段树生，张洪，等，2014. 4种唇形科植物的香气成分分析[J]. 河南农业科学，43（7）：121–125.

李晓霞，杨虎彪，刘国道，2018. 鹧鸪茶果皮挥发油成分的鉴定[J]. 热带农业科学，38（2）：93–96.

李学坚，林立波，邓家刚，等，2005. 银合欢叶挥发油色谱-质谱-计算机联用分析[J]. 时珍国医国药，16（2）：96–97.

李学森，黄静，施红林，等，2012. 荆芥挥发性成分的提取方法研究[J]. 安徽农业科学，40（2）：792–794，1220.

李雪飞，白根本，王如峰，等，2013. 京大戟挥发油化学成分分析[J]. 中药材，36（2）：237–239.

李雅萌，王亚茹，周柏松，等，2018. 茖葱不同部位挥发油成分的HS-SPME-GC-MS分析[J]. 中国实验方剂学杂志，24（8）：70–78.

李耀华，卢澄生，曾颖虹，等，2014. 不同产地葛根挥发油成分的比较分析[J]. 中国民族民间医药（5）：24–25.

李余先，李敏，武晓林，等，2017. 胡椒薄荷叶挥发油化学成分及活性分析[J]. 中国实验方剂学杂志，23(15)：92−96.

李玉美，2008. 气相色谱-质谱联用法测定川贝母中的挥发性化学成分[J]. 食品研究与开发，29(9)：107−108.

李源栋，黄艳，朱保昆，等，2017. 葫芦巴净油的超临界$CO_2$萃取工艺及成分研究[J]. 化工技术与开发，46(3)：8−11.

李兆琳，朱加亮，陈宁，等，1991. 墓回头挥发油化学成分的研究[J]. 高等学校化学学报，12(2)：213−215.

李兆琳，薛敦渊，陈耀祖，等，1990. 毛蕊杜鹃挥发油化学成分研究[J]. 高等学校化学学报，11(10)：1150−1152.

李兆琳，王明奎，陈宁，等，1990. 三种西藏香茶菜挥发油化学成分的研究[J]. 高等学校化学学报，11(2)：208−211.

李兆琳，薛敦渊，韩泽慧，等，1993. 紫穗槐花挥发油化学成分研究[J]. 兰州大学学报（自然科学版），29(4)，179−182.

李智立，刘淑莹，1997. 侧柏果实挥发油化学成分的研究[J]. 中国药学杂志，32(3)：138−139.

李智宇，冒德寿，徐世娟，等，2011. 全二维气相色谱-飞行时间质谱分析香紫苏油中的挥发性成分[J]. 香料香精化妆品（6）：1−7.

李智宇，冒德寿，徐世娟，等，2011. 全二维气相色谱-飞行时间质谱分析香紫苏油中的挥发性成分[J]. 香料香精化妆品（6）：1−7.

李祖强，李庆春，罗蕾，等，1996. 滇产薄荷的化学研究[J]. 云南植物研究，18(1)：115−122.

梁冰，颜世芬，陈茂齐，等，1994. 甘肃棘豆挥发性成分研究，Ⅰ. 精油成分分离与鉴定[J]. 分析测试学报，13(1)：37−43.

梁嘉钰，赵思雨，刘佳，等，2018. 丹参挥发油提取工艺考察及成分测定[J]. 沈阳药科大学学报，35(4)：301−305.

梁君玲，曹小吉，李建伟，等，2011. 浙贝母花挥发油的气相色谱-飞行时间质谱分析[J]. 中国中药杂志，36(19)：2689−2692.

梁利香，陈琼，陈利军，2015. 湖北野生香茶菜花期挥发油GC-MS分析[J]. 科教导刊（上）：169−170.

梁利香，李娟，陈利军，2015. 河南信阳野生香薷盛花期挥发油的GC-MS分析[J]. 香料香精化妆品（4）：6−8.

梁倩，刘蔚漪，徐文晖，2012. 昆明引种的双荚决明花挥发油化学成分分析[J]. 西部林业科学，41(4)：108−109.

梁倩，徐文晖，2012. 野葛花挥发油化学成分的GC-MS分析[J]. 时珍国医国药，23(1)：124−125.

梁正芬，王茂媛，王小华，等，2010. 毛老虎种籽挥发油气相色谱-质谱联用的研究[J]. 时珍国医国药，21(6)：1438−1429.

廖立平，毕志明，李萍，等，2003. 四季青挥发油化学成分的研究[J]. 中草药，34(11)：588−589.

廖祯妮，黄青，程启明，等，2014. 中国南方不同地区薰衣草花精油化学成分分析[J]. 热带亚热带植物学报，22(4)：425−430.

林崇良，蔡进章，林观样，2012. 浙产石香薷挥发油化学成分的研究[J]. 中华中医药学刊，30(1)：197−198.

林初潜，林文彬，潘文斗，等，1999. 守宫木叶精油化学成分研究[J]. 热带亚热带植物学报，7(3)：255−256.

林立，岑佳乐，金华玖，等，2015． 五种柏科植物挥发油成分的GC-MS分析[J]. 广西植物，35(4)：580−585.

林连波，刘明生，林强，等，2001. 海南山苦茶挥发油成分的研究[J]. 时珍国医国药，12(10)：865−866.

林琳，蒋合众，罗丽勤，等，2008. 薤白挥发油成分的超临界$CO_2$萃取及GC-MS分析[J]. 分析试验室，27(1)：115−118.

林奇泗，杨冬芝，牟杰，2014. GC-MS法研究深裂竹根七挥发性成分[J]. 食品研究与开发，35(3)：15−17.

林霜霜，邱珊莲，郑开斌，等，2017. 5种精油的化学成分及对番茄早疫病的抑菌活性研究[J]. 中国农学通报，33(31)：132−138.

林硕，邵平，马新，等，2009. 紫苏挥发油化学成分GC/MS分析及抑菌评价研究[J]. 核农学报，23(3)：477−481.

林文群，张清其，陈祖祺，1998. 石荠苧挥发油的含量及其化学成分研究[J]. 福建师范大学学报（自然科学版），14(2)：70−74.

林中文，余珍，丁靖垲，等，1999. 两种木香型天然香料的化学成分[J]. 云南植物研究，21(1)：96.

刘斌，李艳薇，刘国良，等，2015. GC-MS结合化学计量学方法用于肾茶挥发油的定性分析[J]. 药物分析杂志，35(10)：1815−1819.

刘冰晶，筒蓝，曾靖，等，2012. 古牛蹄豆茎、叶挥发油成分GC-MS分析[J]. 湖北农业科学，51(23)：5469−5471.

刘畅，姜泓，张建逵，等，2008. GC-MS法测定紫穗槐果实挥发油中的化学成分[J]. 中华中医药学刊，26(1)：213−214.

刘春菊，王海鸥，李大婧，等，2015. 醋浸干燥加工对不同蚕豆原料挥发性风味成分的影响[J]. 食品与发酵工业，41(2)：135−140.

刘飞，戴建辉，张润芝，等，2012. 云南产紫苏茎和果实挥发油化学成分的GC-MS分析[J]. 安徽农业科学，40(8)：4518−4520，4587.

刘广军，刘建勇，2010. 腺药珍珠菜挥发性成分分析[J]. 济宁学院学报，31(3)：21−24.

刘海，周欣，张怡莎，等，2008. 吉祥草挥发油化学成分的研究[J]. 分析测试学报，27(5)：560−562，566.

刘海峰，李翔，邓赟，等，2006. 藏药独一味地上和地下部分挥发油成分的GC-MS分析[J]. 药物分析杂志，26(12): 1794-1796.
刘家欣，1999. 气相色谱-质谱法在柏木油生产中的应用[J]. 化学世界（7）: 385-387.
刘建华，刘惠玲，代泽琴，等，2005. 碎米桠挥发性成分研究[J]. 中华医学研究杂志，5(4): 305-308.
刘建英，王利平，刘玉梅，2012. 全叶青兰挥发性成分[J]. 精细化工，29(5): 447-452.
刘金磊，刘真一，苏涛，等，2012. ＧＣ-ＭＳ分析干花豆叶挥发油成分[J]. 广西科学，19(1): 74-76.
刘灏，陈晓阳，2008. 西藏雪层杜鹃挥发油化学成分分析[J]. 华南农业大学学报，29(4): 117-118.
刘劲芸，魏杰，黄静，等，2012. 2种方法提取香蜂花叶挥发性成分的GC-TOFMS分析[J]. 安徽农业科学，40(5): 2621-2623.
刘玲，高剑，喻晓路，等，2017. 吉祥草与开口箭挥发性成分与金属元素比较[J]. 沈阳药科大学学报，34(10): 878-882.
刘瑞来，刘俊劭，林志銮，等，2012. 不同方法提取的金钱草叶挥发油化学成分的GC-MS分析[J]. 安徽农业科学，40(12): 7036-7037，7046.
刘世巍，赵堂，杨敏丽，2007. GC—MS分析沙葱挥发油的化学成分[J]. 华西药学杂志，22(3): 313-314.
刘世巍，黄述州，丁建海，2013. 葫芦巴挥发油成分的GC-MS分析[J]. 华西药学杂志，28(5)：504-505.
刘伟，贾绍华，项峥，2016. GC-MS法检测白花败酱草与黄花败酱草挥发性成分[J]. 哈尔滨商业大学学报（自然科学版），32(1): 6-10.
刘文波，秦春秀，刘业平，等，2008. 海漆正丁醇萃取物化学成分的气相色谱/质谱法分析[J]. 热带农业科学，28(6): 43-45.
刘锡葵，2006. 野生食用蔬菜—臭菜风味成分分析[J]. 昆明师范高等专科学校学报，28(4): 5-7.
刘喜梅，李海朝，2013. 2个地区祁连圆柏叶挥发油化学成分分析[J]. 林业科学，49(10): 149-154.
刘小金，徐大平，杨曾奖，等，2017. 海南尖峰岭大果紫檀心材比例及精油成分组成[J]. 森林与环境学报，37(2): 241-245.
刘信平，张驰，谭志伟，等，2008. 败酱草挥发性化学成分研究[J]. 安徽农业科学，36(2): 410，593.
刘信平，张弛，余爱农，等，2008. 紫苏挥发活性化学成分研究[J]. 时珍国医国药，19(8): 1922-1924.
刘艳，梁呈元，李维林，2011. 灰薄荷精油化学成分研究[J]. 现代中药研究与实践，25(6): 51-52.
刘尧，毛羽，2008. 凤凰木叶挥发油化学成分的气相色谱-质谱联用分析[J]. 时珍国医国药，19(1): 145-147.
刘艺，斯建勇，曹丽，等，2012. 密花香薷挥发油化学成分及其抗菌、抗病毒活性的研究[J]. 天然产物研究与开发，24: 1070-1074.
刘永玲，李莹，林栋，等，2017. 光亮杜鹃中挥发性成分分析[J]. 贵阳学院学报（自然科学版），12(2): 93-97，101.
刘宇，梁剑平，华兰英，等，2010. 超临界$CO_2$萃取黄花补血草花部挥发油化学成分[J]. 食品研究与开发，31(10): 68-71.
刘宇，张应鹏，张海霞，等，2007. 黄花补血草挥发性化学成分研究[J]. 天然产物研究与开发，19: 1001-1004.
刘玉峰，李胜男，朱美霞，等，2016. 苏木挥发油成分的GC-MS分析[J]. 辽宁大学学报（自然科学版），43(2): 175-178.
刘玉萍，苏旭，2012. 青藏高原野薄荷挥发油成分的气相色谱-质谱分析[J]. 江苏农业科学，40(1): 265-267.
刘云召，石晋丽，刘勇，等，2012. GC-MS分析糙叶败酱不同部位的挥发油成分[J]. 华西药学杂志，27(1)：56-60.
刘珍伶，田暄，2005. 应用超临界$CO_2$流体技术研究康藏荆芥挥发性化学成分[J]. 兰州大学学报（自然科学版），41(2): 56-59.
刘志明，王海英，王芳，等，2011. 日本花柏心材和边材精油的组分[J]. 西南农业学报，24(3): 1095-1098.
刘志雄，刘祝祥，田启建，2014. 七叶一枝花挥发油成分及其抑菌活性分析[J]. 中药材，37(4): 612-616.
刘志雄，田启建，陈义光，等，2015. 重楼挥发油成分的GC-MS分析[J]. 中药材，38(1): 104-107.
龙跃，李杰，陈晓岚，等，2003. 中药雀儿舌头叶和茎挥发油化学成分分析[J]. 郑州大学学报（医学版），38(6): 930-932.
娄方明，李群芳，邱维维，2010. 气质联用分析安息香的挥发性成分[J]. 中成药，32(10): 1829-1831.
鲁亚星，郑慧明，李敏，等，2018. 野生和栽培寒葱挥发性物质和营养成分分析[J]. 中国调味品，43(2): 195-200.
芦燕玲，黄静，徐世涛，等，2013. 吉龙草挥发性成分的GC-MS分析[J]. 中国药房，24(15): 1403-1406.
卢汝梅，潘丽娜，朱小勇，等，2008. 荔枝草挥发油的化学成分分析[J]. 时珍国医国药，19(1): 164-165.
卢四平，田彦宽，2014. 广东阳江产仙人草挥发油化学成分研究[J]. 海峡药学，26(6): 33-36.
卢昕，刘承伟，付丽娜，等，2006. 鸡尾木叶脂溶性挥发物化学成分的GC／MS分析[J]. 广西植物，26(1): 107-109.
陆长根，梁呈元，李维林，2008. 椒样薄荷挥发油化学成分分析[J]. 安徽农业科学，36(2): 400，425.

陆宽，黎明，李凤，等，2014. 泰国大风子挥发性成分GC-MS分析[J]. 中国实验方剂学杂志，20(19)：53-56.
罗集鹏，冯毅凡，郭晓玲，2000. 不同采收期对高要产广藿香挥发油成分的影响[J]. 药学实践杂志，18(5)：329-330.
罗集鹏，冯毅凡，郭晓玲，2000. 广藿香根与根茎挥发油成分研究[J]. 天然产物研究与开发，12(4)：66-70.
罗兰，管淑玉，2013. 响应面法优化药对柴胡-黄芩的挥发油提取工艺及其化学成分GC-MS分析[J]. 中成药，35(8)：1657-1663.
吕华军，黄举鹏，卢健，等，2008. 决明子挥发油成分的GC-MS分析[J]. 中国现代中药，10(6)：23-25.
吕金顺，朱巧军，王亚平，等，2003. 合欢荚果挥发油的化学成分研究[J]. 兰州大学学报（自然科学版），39(1)：59-62.
吕杨，潘德芳，陈伟民，等，2010. 黄精不同部位挥发性成分GC-MS分析[J]. 安徽农业科学，38(36)：20619-20620，20622.
吕义长，1980. 青海杜鹃挥发油化学成分的研究[J]. 化学学报，38(3)：241-249.
马合木提·买买提明，米丽班·霍加，玛尔哈巴·吾斯满，2015. 柽柳实中挥发油和脂肪酸分析[J]. 应用化学，32(2)：239-244.
马惠芬，和丽萍，郎南军，等，2012. 麻疯树的挥发性化学成分[J]. 东北林业大学学报，40(2)：30-33.
马君义，张继，杨永利，等，2005. 乌拉尔甘草叶挥发油的化学成分分析[J]. 中国药学杂志，40(20)：1534-1536.
马君义，张继，姚健，等，2005. 胀果甘草根精油的化学成分[J]. 现代中药研究与实践，19(6)：32-35.
马君义，张继，姚健，2007. 胀果甘草叶挥发性化学成分的分析研究[J]. 中国现代应用药学杂志，24(1)：1-4.
马君义，张继，姚健，等，2006. 光果甘草叶挥发性化学成分的GC-MS分析[J]. 西北药学杂志，21(4)：153-155.
马莉，陈君，朱凯，等，2016. 墨西哥柏精油的提取及成分分析[J]. 林业工程学报，1(3)：63-67.
马强，雷海民，王英锋，等，2005. 红车轴草挥发油成分的GC-MS分析[J]. 中草药，36(6)：828-829.
马知伊，2013. 肾茶叶挥发油化学成分分析[J]. 韩山师范学院学报，34(3)：50-54，59.
毛红兵，蔡进章，李琪波，2012. 浙产小鱼仙草挥发油化学成分的研究[J]. 浙江中医杂志，47(12)：920-921.
孟根其其格，刘建军，2013. 侧柏叶精油提取工艺优化及其成分分析[J]. 食品工业，34(12)：89-93.
孟祥平，杨建英，王瑶，等，2014. 白花草木犀地上部分挥发油的化学成分[J]. 植物资源与环境学报，23(2)：117-118.
麋留西，吕爱华，张丽红，1993. 海州香薷挥发油成份研究[J]. 武汉植物学研究，11(1)：94-96.
苗延青，汤颖，吴亚，等，2011. 百里香挥发油化学成分的研究[J]. 时珍国医国药，22(2)：305-306.
穆启运，2001. 细叶韭花化学成分的研究[J]. 西北植物学报，21(6)：1204-1208.
那微，武铁志，郑友兰，2005. GC-MS分析尾叶香茶菜挥发油成分[J]. 吉林农业大学学报，27(4)：413-415.
纳智，2005. 疏花毛萼香茶菜挥发油化学成分的研究[J]. 中国中药杂志，30(16)：1268-1270.
倪斌，张伟，符杰雄，等，2012. 花梨木叶挥发油化学成分的GC-MS分析[J]. 广东林业科技，28(2)：59-62.
倪士峰，傅承新，吴平，2004. 点腺过路黄挥发油气相色谱-质谱研究[J]. 分析化学，32(1)：123.
聂波，刘勇，徐青，等，2007. 地笋中挥发油化学成分的气相色谱-质谱分析[J]. 精细化工，24(7)：653-656.
宁德生，蒋丽华，吕仕洪，等，2013. 石山巴豆与毛果巴豆叶中挥发油成分分析[J]. 广西植物，33(3)：364-367.
宁振兴，吴彦，潘连华，等，2013. 金合欢花香气成分分析及在卷烟中的应用[J]. 企业科技与发展（15）：43-44.
帕丽达，米仁沙，丛媛媛，等，2006. 新疆罗勒挥发油的化学成分研究[J]. 中草药，37(3)：352.
潘炯光，徐植灵，马忠武，等，1991. 福建柏精油成分的研究（简报）[J]. 植物学通报，8(4)：48-49.
彭炳先，黄振中，陈受惠，2007. 色谱峰面积归-化法测定中药小过路黄挥发油化学成分[J]. 时珍国医国药，18(10)：2465-2466.
彭华昌，1989. 藏柏叶精油化学成分的研究[J]. 贵州林业科技，17(1)：65-67.
彭军鹏，乔艳秋，肖克岳，等，1994. 葱属植物挥发油研究，Ⅲ薤（AlliumcheinenseG. Don）挥发油成分的研究[J]. 中国药物化学杂志，4(4)：282-283，288.
彭颖，夏厚林，周颖，等，2013. 苏合香与安息香中挥发油成分的对比分析[J]. 中国药房，24(3)：241-243.
彭映辉，赵何璐，熊国红，等，2018. 两种扁柏属植物精油对蚊虫的毒杀、驱避活性及化学成分分析[J]. 中国生物防治学报，34(3)：1-6.
彭永芳，李维莉，周珊珊，等，2009. 野坝子挥发油超声提取工艺优化的研究[J]. 中药材，32(11)：1764-1766.
平晟，朱才会，晏婷，等，2015. 薄荷不同部位挥发油成分比较研究[J]. 武汉轻工大学学报，34(2)：31-35.
蒲自连，梁健，1999. 淡黄杜鹃植物挥发油化学成分的研究[J]. 应用与环境生物学报，5(4)：371-373.

蒲自连，赵惠，梁键，1993. 高山杜鹃植物挥发油的化学成分[J]. 山地研究，11(4)：267–270.
蒲自连，赵蕙，梁健，1995. 康定杜鹃植物挥发油成分的色质分析[J]. 土壤农化通报，10(1)：38–39，24.
戚继忠，孙广仁，杨文胜，等，1995. 长白侧柏枝叶精油化学成分分析[J]. 植物资源与环境，4(2)：61–62.
秦波，鲁润华，汪汉卿，1999. 地涌金莲挥发油化学成分的GC-MS分析[J]. 中兽医医药杂志（6）：3–7.
邱海燕，刘奎，谢艺贤，等，2015. 鲜、干香蕉花蕾精油成分的GC-MS分析[J]. 农学学报，5(9)：87–90.
屈小媛，杨毓银，谢小林，等，2014. 蓝莓籽油挥发性成分的GC-MS分析[J]. 中国调味品，39(6)：124–127.
任恒鑫，张舒婷，吴宏斌，等，2013. GC-MS-AMDIS结合保留指数分析藿香挥发油[J]. 食品科学，34(24)：230–232.
任洪涛，周斌，夏凯国，等，2010. 二种金合欢属植物花净油成分分析[J]. 香料香精化妆品（5）：1–5，10.
任平，沈序维，郑尚珍，2002. 四方蒿挥发油化学成分及应用研究[J]. 西北师范大学学报（自然科学版），38(3)：58–60.
任瑞芬，尹大芳，任才，等，2016. 金边百里香不同部位挥发性成分比较分析[J]. 山西农业科学，44(10)：1479–1483.
任永丽，董海峰，确生，2008. GC-MS联用法测定小花棘豆精油的化学成分[J]. 青海师范大学学报（自然科学版）(1)：46–48.
芮和恺，余秋妹，林秀妹，1992. 月腺大戟挥发油成分的研究[J]. 中国药学杂志，27(4)：209–210.
邵平，洪台，何晋浙，等，2012. 紫苏精油主要成分季节性变化分析及其干燥方法研究[J]. 中国食品学报，12(9)：216–221.
邵霞，于生，张丽，2013. 甘遂醋制前后挥发油成分的GC-MS分析[J]. 江苏中医药，45(4)：61–62.
沈宏林，向能军，许永，等，2009. 顶空固相微萃取-气相色谱-质谱联用分析麦冬中有机挥发物[J]. 分析试验室，28(4)：88–92.
盛芬玲，汤军，张承忠，等，1997. 蒙古糙苏挥发油成份分析[J]. 兰州医学院学报，23(3)：11–12.
盛晋华，卢鹏飞，张雄杰，等，2014. 野生与栽培香青兰中主要挥发油成分的差异[J]. 中国民族医药杂志（7）：47–49.
施淑琴，施群，许玲玲，等，2010. 金华产苏州荠苧挥发油的GC-MS分析[J]. 江西中医药，41(10)：56–57.
石浩，何兰，邹建凯，等，2002. 大萼香茶菜挥发油化学成分的气相色谱/质谱法分析[J]. 分析化学，30(5)：586–589.
石磊，姬志强，康文艺，2010. 顶空固相微萃取-气质联用法分析露珠珍珠菜挥发性成分[J]. 中国实验方剂学杂志，16(7)：77–79.
史文青，薛雅琳，何东平，2012. 花生挥发性香味识别的研究[J]. 中国粮油学报，27(7)：58–62.
宋佳昱. 谢琳. 张玄兵，2016. 绿罗勒、莴苣罗勒和大叶罗勒的精油成分分析[J]. 广西植物，36(3)：373–378.
宋述芹，谷茂，陈飞鹏，等，2008. 固相微萃取气质联用分析罗勒花和叶的挥发性成分[J]. 质谱学报，29(2)：110–114.
宋述芹，谷茂，郝卓敏，等，2017. 固相微萃取气质联用分析百里香花和叶挥发性成分[J]. 亚热带植物科学，46(3)：244–247.
宋述芹，2012. 铺地百里香挥发性成分GC/MS分析[J]. 赤峰学院学报（自然科学版），28(12)：147–149.
宋双红，王喆之，2010. 黄芩不同部位挥发油成分分析[J]. 中药材，33(8)：1265–1270.
宋小平，毕和平，韩长日，2007. 喜光花叶挥发油的化学成分研究[J]. 天然产物研究与开发，19：254–255.
宋志峰，牛红红，何智勇，等，2014. 静态顶空萃取-气相色谱-质谱法分析大豆花中挥发性成分[J]. 大豆科学，33(4)：574–577.
舒任庚，胡浩武，黄琼，2009. 江香薷籽挥发油成分的GC-MS分析[J]. 中国药房，20(9)：674–675.
舒任庚，胡浩武，张普照，等，2010. 不同采收期江香薷挥发油成分GC-MS分析[J]. 药物分析杂志，30(3)：443–446.
苏秀芳，林强，梁振益，2008. 蝴蝶果花、叶挥发油的化学成分[J]. 广西植物，28(3)：424–426.
苏秀芳，林强，梁振益，2007. 蝴蝶果茎挥发油的化学成分[J]. 广西植物，27(5)：805–807.
苏秀芳，林强，梁振益，等，2009. 蝴蝶果根、果仁挥发油化学成分的研究[J]. 广西植物，29(2)：281–284.
苏秀芳，梁振益，2010. 珍稀濒危植物剑叶龙血树茎挥发油的化学成分测定[J]. 广东农业科学（11）：177–178，181.
苏秀芳，梁振益，2011. 珍稀濒危植物剑叶龙血树叶挥发油的化学成分测定[J]. 广东农业科学（6）：154–155.
苏勇，冒德寿，李智宇，等，2012. 搅拌棒磁子萃取-热脱附-气相色谱/质谱联用分析葫芦巴酊剂的挥发性成分[J]. 香料香精化妆品（4）：5–10.
孙慧玲，张倩，李东，等，2010. 固相微萃取/气相色谱/质谱法分析锦鸡儿茎挥发性成分[J]. 中国实验方剂学杂志，16(10)：63–64.
孙丽萍，王进欣，康淑荷，等，2000. 萼果香薷精油的化学成分[J]. 西北师范大学学报（自然科学版），36(2)：48–49.
孙玲，杨肖，李世民，等，2016. 微波辅助萃取益母草中挥发油含量研究[J]. 中国药物警戒，13(1)：13–15.

孙若琼，张文慧，陈凤美，等，2010. 重阳木鲜叶和落叶挥发油的化学成分[J]. 植物资源与环境学报，19(3)：91-93.
孙颖，陈怡颖，丁奇，等，2015. 小根蒜挥发性风味成分分析[J]. 食品科学，36(16)：117-121.
谭红胜，禹荣祥，叶敏，等，2008. 维药香青兰中挥发油成分的GC-MS分析[J]. 上海中医药大学学报，22(2)：55-58.
谭志伟，余爱农，李永峰，2010. 白龙须中挥发性化学成分分析[J]. 时珍国医国药，21(2)：345-347.
谈献和，李伟，巢建国，等，2003. 江苏养芋属药用植物挥发油成分比较研究[J]. 中药材，26(5)：331-332.
唐晓军，王改香，鲍其泠，等，2014. 岩生香薷挥发油成分的GC-MS分析及其功效测试研究[J]. 香料香精化妆品（6）：32-35.
唐英，陈欣，沈平孃，2013. 紫苏叶中挥发油类成分的指纹图谱研究[J]. 上海中医药杂志，47(9)：82-86.
陶晨，罗亚男，杨小生，等，2011. 黔产透骨香根挥发油化学成分分析[J]. 安徽农业科学，39(1)：114，117.
田棣，任璐，窦芳，等，2011. 假参包叶不同部位挥发油的分析比较[J]. 西北药学杂志，26(5)：331-333.
田光辉，李宝林，王伟，等，2005. 鄂西香茶菜中挥发油成分分析[J]. 西北植物学报，25(12)：2543-2548.
田光辉，刘存芳，王晓，2007. 四川杜鹃花中挥发性成分的研究[J]. 陕西理工学院学报，23(2)：49-52.
田光辉，刘存芳，赖普辉，2008. 显脉香茶菜籽的挥发性成分及其抗菌活性的研究[J]. 食品科学，29(2)：97-100.
田光辉，刘存芳，危冲，等，2009. 糙苏花中挥发油组分分析及其抗菌活性的研究[J]. 药物分析杂志，29(3)：390-394.
田光辉，刘存芳，2009. 野生糙苏籽挥发油化学成分的分析[J]. 食品科学，30(03)：39-42.
田光辉，刘存芳，危冲，等，2009. 野生蜂窝草籽中挥发油的研究氨基酸和生物资源[J]. 31(2)：62-66.
田萍，付先龙，庄平，等，2010. 美容杜鹃花挥发油化学成分GC-MS分析[J]. 应用与环境生物学报，16(5)：734-737.
田璞玉，顾雪竹，王金梅，等，2011. HS-SPME-GC-MS分析茸毛木蓝地上部分和根挥发性成分[J]. 中国实验方剂学杂志，17(6)：86-88.
田锐，杨华，孙雪花，等，2010. 微波提取气相色谱-质谱联用测定刺槐花中挥发性成分[J]. 延安大学学报（自然科学版），29(2)：64-67.
田卫，马建苹，张辉，等，2006. 本氏木兰挥发性组分和抗菌能力的研究[J]. 兰州大学学报（医学版），32(4)：34-37.
田晓红，翟攀，张璐，等，2010. 麦冬花和麦冬叶的挥发油提取及GC-MS分析[J]. 西北药学杂志，25(5)：352-354.
田晓庆，杨尚军，王瑞，等，2017. 章丘大葱挥发性风味物质的测定[J]. 预防医学论坛，23(2)：89-92.
田旭平，高莉，常洁，2009. 新疆圆柏干叶香气成分的研究[J]. 林业实用技术（9）：9-10.
田旭平，高莉，2012. 新疆圆柏叶挥发油化学成分变化的研究[J]. 林产化学与工业，32(4)：123-127.
田晔林，严道崎，李丹丹，等，2017. 不同郁闭度林下木香薷幼果精油成分与产量分析[J]. 北京农学院学报，32(2)：102-107.
涂永勤，王宾豪，杨荣平，等，2008. 黄花香薷挥发油化学成分的研究[J]. 重庆中草药研究（2）：8-12.
涂永勤，彭腾，杨荣平，等，2009. 藏药香柏挥发油的化学成分[J]. 中国医科大学学报，40(6)：506-509.
万传星，朱丽莉，刘文杰，2008. 薰衣草精油化学成分及抗菌活性研究[J]. 塔里木大学学报，20(2)：40-43.
王长柱，高京草，孟焕文，2013. 蒜薹挥发性风味成分顶空取样GC-MS分析[J]. 中国蔬菜（10)：80-83.
王朝，霍芳，肖萍，等，2008. 藿香醇提物与挥发油成份的比较分析[J]. 辽宁中医药大学学报，10(1)：126-128.
王栋，杨欢，杨光明，等，2010. 藏药镰形棘豆挥发性成分研究[J]. 天然产物研究与开发，22：614-619.
王海波，张芝玉，苏中武，1994. 国产3种夏枯草挥发油的成分[J]. 中国药学杂志，29(11)：652-653.
王海英，杨国亭，任广英，等，2012. 精制白桦木醋液与日本花柏和侧柏精油的GC-MS分析[J]. 江苏农业科学，40(1)：276-279.
王鸿梅，冯静，2002. 韭菜挥发油中化学成分的研究[J]. 天津医科大学学报，8(2)：191-192.
王鸿梅，2004. 柏枝节挥发油化学成分的测定分析[J]. 中草药，35(8)：863.
王会利，邵婷婷，闫玉鑫，等，2014. 墨西哥鼠尾草与齿叶薰衣草挥发油化学成分比较[J]. 化学通报，77(8)：823-825.
王嘉琳，杨春澍，薛云，1993. 黑刺蕊草挥发油的气相色谱-质谱分析[J]. 中国药学杂志，28(8)：493.
王茄，赵联甲，韩基民，等，1996. 紫穗槐精油的提取及化学成份研究[J]. 中国野生植物资源，15(3)：34-36.
王健，薛山，赵国华，2013. 紫苏不同部位精油成分及体外抗氧化能力的比较研究[J]. 食品科学，34(07)：86-91.
王建刚，2010. 藿香挥发性成分的GC-MS分析[J]. 食品科学，31(08)：223-225.

王江勇，于兰岭，齐雪龙，等，2013. 风信子与欧洲水仙香气差别的GC-MS初探[J]. 北京农学院学报，28(1)：46–49.
王进，岳永德，汤锋，等，2011. 气质联用法对黄精炮制前后挥发性成分的分析[J]. 中国中药杂志，36(16)：2187–2191.
王凯，杨晋，2010. 苦豆子种子中挥发油成分的分析[J]. 榆林学院学报，20(2)：43–46.
王立英，王艳珍，吴丽艳，等，2016. 响应面法优化超临界$CO_2$萃取决明子挥发油工艺及其抑菌活性研究[J]. 药物分析杂志，36(4)：594–601.
王丽梅，邱红汉，周涛，2016. 合欢的不同部位挥发性成分比较研究[J]. 中国药师，19(6)：1081–1084.
王玲，陈红平，夏锋，2005. 气相色谱-质谱法分析到手香挥发油的化学成分[J]. 质谱学报，26(1)：62–63，45.
王鹏，余珍，彭隆金，等，1993. 麝香百合花净油化学成分香气评定及香气创拟[J]. 香料香精化妆品（1)：1–5，8.
王琦，王丹，张汝民，等，2014. 日本紫藤开花进程中挥发性有机化合物组分与含量的变化[J]. 浙江农林大学学报，31(4)：647–653.
王强，刘莉，施玉格，等，2011. 新疆洋葱籽挥发油的气相色谱质谱分析[J]. 中国调味品（3)：38–40，45.
王强，施玉格，徐芳，等，2013. 比较研究新疆狭叶薰衣草不同部位挥发油成分[J]. 药物分析杂志，33(3)：404–408，413.
王巧荣，高玉琼，刘建华，等，2013. 鸡骨草挥发性成分的GC-MS分析[J]. 中国药房，24(39)：3700–3702.
王胜碧，孙姗姗，方特钱，等，2011. 白车轴草挥发性成分植物生理学与化学分类学特征研究[J]. 安徽农业科学，39(6)：3169–3173，3246.
王胜碧，赵荣飞，程劲松，等，2010. 白车轴草不同花期挥发性成分研究[J]. 安徽农业科学，38(1)：126–130.
王淑惠，雷荣爱，宋二颖，等，2002. 葛根地上部分挥发性成分的研究[J]. 中国药事，16(2)：107–109.
王维恩，2018. 青海杜鹃花和叶中挥发性成分的GC-MS分析[J]. 中成药，40(1)：147–151.
王文娟，李瑞锋，2016. 超临界$CO_2$萃取法与水蒸气蒸馏法提取枸骨叶挥发油的GC-MS分析[J]. 贵州师范大学学报（自然科学版)，34(3)：89–93.
王雯萱，葛发欢，张湘东，2015. 韭菜子挥发油的GC-MS分析[J]. 中药材，38(6)：1223–1224.
王武宝，巴杭，阿吉艾克拜尔·艾萨，等，2005. 新疆大戟挥发油化学成分分析[J]. 中成药，27(11)：1316–1318.
王祥培，许士娜，吴红梅，等，2011. 鲜、干品芭蕉根挥发油化学成分的GC-MS分析[J]. 中国实验方剂学杂志，17(8)：82–85.
王小果，张汝国，张弘，等，2013. 茸毛木蓝挥发性成分的全自动热脱附-气相色谱-质谱分析[J]. 云南大学学报（自然科学版)，35(S2)：336–338.
王晓光，朱兆仪，1991. 三种益母草挥发油成分的研究[J]. 中药材，14(11)：35–36.
王晓岚，邹多生，王燕军，等，2006. 铁苋菜挥发性成分的GC-MS分析[J]. 药物分析杂志，26(10)：1423–1425.
王欣，于存峰，吴迪，等，2010. 缬草精油分析及在卷烟中的应用研究[J]. 安徽农学通报，16(6)：42，107.
王欣，苏洪丽，李卫敏，等，2016. 猫眼草挥发油成分的GC-MS分析[J]. 西北药学杂志，31(4)：353–356.
王雄，吴润，张莉，等，2012. 韭菜挥发油成分的气相色谱-质谱分析及抗常见病原菌活性研究[J]. 中国兽医科学，42(02)：201–204.
王秀坤，李家实，魏璐雪，1994. 苦参挥发油成分的研究[J]. 中国中药杂志，19(9)：552–553.
王雪芬，王喆之，2008. 鸡骨柴不同器官挥发油成分分析[J]. 西北植物学报，28(3)：0606–0610.
王炎，赵敏，2004. 固相微萃取气-质联用分析黑龙江百里香的挥发性成分[J]. 分析化学，32(2)：272.
王燕，陈光英，陈文豪，等，2013. 洋紫荆挥发油气相色谱-质谱联用分析及抗肿瘤活性研究[J]. 时珍国医国药，24(8)：1830–1832.
王艳，宋述尧，张越，等，2014. 顶空固相微萃取-气相色谱-质谱法分析东北油豆角挥发性成分[J]. 食品科学，35(12)：169–173.
王艳，张越，陈姗姗，等，2015. 东北扁豆挥发性成分的HS-SPME/GC-MS分析[J]. 西北农林科技大学学报（自然科学版)，43(4)：79–84.
王一卓，罗慧，赵士贤，2012. 合欢花挥发油化学成分及提取液抑菌作用研究[J]. 湖北农业科学，51(6)：1245–1247.
王英锋，刘娜，竺梅，等，2011. 顶空固相微萃取-气相色谱-质谱法测定泽兰中的挥发性成分[J]. 首都师范大学学报（自然科学版)，32(1)：38–43.

王蕴秋，张文仲，刘捷平，1991. 刺柏属和圆柏属分类学的探讨——有关精油成分和花粉形态的分析[J]. 北京师范学院学报（自然科学版），12(4)：40-46.

王战国，胡慧玲，包希福，等，2011. 羌族“木香树”枝叶挥发油化学成分的气相色谱-质谱分析[J]. 中国民族民间医药（16）：7-8.

王兆松，刘力，宋铁珊，2006. 神香草野生种与引进种的精油成分的异同[J]. 新疆农垦科技（4）：11-12.

王兆玉，汪铁山，陈飞龙，等，2009. 半枝莲全草挥发油的GC-MS分析[J]. 南方医科大学学报，29(7)：1482-1483.

王兆玉，郑家欢，施胜英，等，2015. 超临界$CO_2$萃取与水蒸气蒸馏提取疏柔毛变种罗勒挥发油成分的比较研究[J]. 中药材，38(11)：2327-2330.

王忠合，2012. 粤东产罗勒叶挥发油化学成分分析[J]. 韩山师范学院学报，33(3)：40-44.

王竹红，王玉英，屠鹏飞，等，2007. 广西血竭挥发油化学成分的GC-MS分析[J]. 中草药，38(7)：997-998.

汪岭，雍建平，李久明，等，2011. 宁夏紫花苜蓿种子中挥发性成分的提取及分析鉴定[J]. 时珍国医国药，22(6)：1346-1347.

汪涛，邓雁如，丁兰，等，2002. 岷山毛建草挥发油化学成分分析[J]. 天然产物研究与开发，14(6)：20-21，30.

汪小根，邱蔚芬，2007. 龙脷叶挥发油的气-质联用分析[J]. 食品与药品，9(05)：19-20.

韦志英，甄汉深，陆海琳，等，2010. 山藿香挥发油成分的GC-MS分析[J]. 中国实验方剂学杂志，16(6)：91-92，96.

卫强，王燕红，2016. 合欢叶、茎挥发油的化学成分研究[J]. 中药新药与临床药理，27(6)：840-845.

卫强，翟义祥，孙涛，等，2016. 龙爪槐叶和茎中挥发油的GC-MS分析及活性研究[J]. 华西药学杂志，31(5)：490-494.

魏长玲，郭宝林，张琛武，等，2016. 中国紫苏资源调查和紫苏叶挥发油化学型研究[J]. 中国中药杂志，41(10)：1823-1834.

魏刚，李薇，徐鸿华，2003. GC-MS建立石牌广藿香挥发油指纹图谱方法学研究[J]. 中成药，25(2)：90-94.

魏金凤，王俊霞，康文艺，2013. NaCl胁迫下金叶过路黄生理及叶组织挥发性成分变化分析[J]. 中国药学杂志，48(6)：423-427.

魏友霞，王军宪，姚鸿萍，2007. 二色补血草挥发油成分气相-质谱联用分析[J]. 中国现代应用药学杂志，24(5)：398-401.

温俊峰，刘侠，高立国，等，2016. 超临界萃取沙葱花挥发油的工艺优化及GC-MS分析[J]. 食品与机械，32(11)：158-162.

吴彩霞，刘红丽，卢素格，等，2008. 固相微萃取法与水蒸汽蒸馏法提取蜘蛛香挥发油成分的比较[J]. 中国药房，19(12)：918-920.

吴彩霞，常星，康文艺，2010. 多枝柽柳挥发性成分分析[J]. 中国药房，21(23)：2164-2166.

吴翠萍，林清强，陈密玉，等，2006. 宁德产小鱼仙草挥发油化学成分及抑菌作用的研究[J]. 福建师范大学学报（自然科学版），22(1)：101-106.

吴刚，成军，高官俊，等，2005. 合欢皮超临界$CO_2$萃取物的GC-MS分析[J]. 中草药，36(6)：832-833.

吴国欣，吴翠萍，曾国芳，等，2003. 干、鲜石荠苎精油含量及其化学成分的比较研究[J]. 海峡药学，15(5)：62-65.

吴恒，吴雨松，殷沛沛，等，2015. 西双版纳小叶杜鹃花挥发性成分研究[J]. 江西农业学报，27(5)：71-74.

吴洪伟，吴岳滨，吴观健，等，2017. 超临界$CO_2$萃取麦冬挥发油的GC-MS分析[J]. 食品研究与开发，38(7)：102-105.

吴佳新，2015. 荆芥穗、茎和叶中挥发油提取方法的比较[J]. 湖北农业科学，54(4)：953-955.

吴洁，李继新，赵俊华，等，2014. 细锥香茶菜挥发油成分的GC-MS分析[J]. 贵阳中医学院学报，36(6)：31-33.

吴丽群，江芳，2012. 连钱草挥发油化学成分的研究[J]. 中国医药科学，2(23)：101-102，105.

吴林芬，刘巍，普杰，等，2014. 香格里拉产小叶杜鹃花挥发性成分的GC-MS分析[J]. 化学研究与应用，24(6)：921-925.

吴蔓，刘军民，翟明，2011. 不同产地鸡血藤藤茎挥发性成分的GC-MS分析[J]. 中国中医药现代远程教育，9(9)：149-150.

吴巧凤，熊耀康，陈京，2006. 浙江产苏州荠苧挥发油化学成分分析[J]. 中国现代应用药学杂志，23(3)：201-203.

吴琴，叶冲，韩伟，等，2007. 透骨香挥发油化学成分的SPME-GC-MS分析[J]. 河南大学学报（医学版），26(2)：32-33.

吴爽，魏凤香，李红枝，等，2013. 柠檬百里香叶挥发油成分分析及对肝癌细胞毒性作用[J]. 中药材，36(5)：756-759.

吴文利，张雁萍，王道平，等，2011. 野生和人工栽培百尾参挥发油GC-MS分析[J]. 贵阳医学院学报，36(3)：255-258.

吴章文，吴楚材，陈奕洪，等，2010. 8种柏科植物的精气成分及其生理功效分析[J]. 中南林业科技大学学报，30(10)：1-9.

吴知行，周胜辉，杨尚军，1994. 川续断中挥发油的分析[J]. 中国药科大学学报，25(4)：202-204.

吴筑平，刘密新，姚焕新，等，1999. 缬草挥发油化学成分的研究[J]. 中国药学杂志，34(11)：733-734.
毋福海，宋粉云，曾艳红，等，2004. 苦丁茶挥发油化学成分的GC-MS分析[J]. 广东药学，14(3)：3-5.
武雪，宋平顺，赵建邦，2015. 两个不同产区藏药刺柏叶中挥发油成分的GC-MS分析[J]. 中国药师，18(5)：778-781.
向福，江安娜，项俊，等，2015. 四种紫苏叶挥发油化学成分GC-MS分析[J]. 食品研究与开发，36(13)：90-94.
向平，娄桂群，王仕艳，等，2017. 香薷、野草香挥发油分析及其生物活性评价[J]. 中成药，39(9)：1880-1884.
肖晓，许重远，杨德俊，等，2017. 鸡骨草与毛鸡骨草挥发油及脂肪酸成分的比较分析[J]. 药学实践杂志，35(1)：39-42.
肖远灿，谢顺燕，董琦，等，2015. 青海产唐古特青兰鲜花和新鲜枝叶的精油成分分析[J]. 植物资源与环境学报，24(3)：112-114.
谢建英，宋文东，张翠荣，2004. 气相色谱-质谱法分析香蕉叶挥发油化学成分[J]. 湛江海洋大学学报，24(3)：61-64.
谢练武，戴世鲲，王广华，等，2009. 裂叶荆芥不同部位香精油组成研究[J]. 天然产物研究与开发，21(6)：976-979.
谢惜媚，陆慧宁，2006. 新鲜叶下珠挥发性成分的GC-MS分析[J]. 中山大学学报（自然科学版），45(5)：142-144.
辛柏福，尹贻东，谭振平，1996. 兴安杜鹃花精油化学成份研究[J]. 黑龙江大学自然科学学报，13(3)：93-95.
邢思雷，张丕鸿，计巧灵，等，2010. 新疆芳香和帕米尔新塔花精油组成及其抗氧化的研究[J]. 食品科学，31(07)：154-159.
邢有权，李凤芹，陈念陔，1991. 黑龙江狼毒大戟挥发油成分的研究[J]. 黑龙江大学自然科学学报，8(1)：65-68.
熊运海，王玫，2010. GC-MS和化学计量学法对苏叶、苏梗挥发油成分的比较分析[J]. 中药材，33(5)：736-741.
许可，朱冬青，王贤亲，等，2013. 气质联用法分析香茶菜不同部位挥发油的化学成分[J]. 中华中医药，31(8)：1797-1799.
徐洪霞，潘见，杨毅，等，2004. 疏毛罗勒挥发油化学成分的研究[J]. 香料香精化妆品（3）：5-8.
徐怀德，周瑶，雷霆，2011. 鲜黄芪和干黄芪挥发性化学成分比较分析[J]. 食品科学，32(10)：171-174.
徐洁华，文首文，邓君浪，2012. 薰衣草精气与精油化学成分的比较[J]. 西南农业学报，25(1)：103-106.
徐静，林强，梁振益，等，2007. 木奶果根、叶、果实中挥发油化学成分的对比研究[J]. 食品科学，28(11)：439-442.
徐磊，潘勇智，薛辉，等，2016. 5种针叶树球果所含挥发性物质与丽江球果花蝇危害关系研究[J]. 林业调查规划（1）：95-97，113.
徐敏，唐岚，于海宁，2008. 龙须草茎及根挥发油化学成分研究[J]. 浙江工业大学学报，36(3)：276-278.
薛晓丽，张心慧，孙鹏，等，2016. 六种长白山药用植物挥发油成分GC-MS分析[J]. 中药材，39(5)：1062-1066.
阎博，吴芳，刘海静，等，2015. 陕西野生薄荷挥发油化学成分的气相色谱-质谱分析[J]. 中国药业，24(8)：12-14.
杨波，沈德凤，赵萍，等，2007. 黄花败酱超临界萃取物的化学成分研究[J]. 时珍国医国药，18(11)：2706-2707.
杨春海，刘应煊，瞿万云，等，2007. 恩施野生芭蕉叶香气味成分的研究[J]. 食品科技（9）：139-141.
杨春艳，邹坤，潘家荣，2006. 开口箭挥发油成分的分析[J]. 三峡大学学报（自然科学版），28(4)：360-362.
杨道坤，2001. 大萼香茶菜挥发油成分的研究[J]. 中药新药与临床药理，12(5)：371-372.
杨东娟，马瑞君，2009. 内折香茶菜叶挥发油的化学成分[J]. 精细化工，26(9)：897-899.
杨东娟，马瑞君，杨永利，等，2011. 猪屎豆叶挥发性化学成分的GC-MS分析[J]. 广东农业科学（17）：140-143.
杨海霞，夏新奎，陈利军，2010. 槐米挥发油化学成分GC-MS分析[J]. 南阳师范学院学报，9(3)：38-39.
杨红澎，王松文，刘跃魁，2009. 野荆芥花挥发油化学成分分析[J]. 中国现代应用药学杂志，26(11)：871-873.
杨华，马荣萱，田锐，2011. 紫藤花挥发油的提取与化学成分的研究[J]. 安徽农业科学，39(29)：17862-17864.
杨华，宋绪忠，韩素芳，2015. 刺毛杜鹃花蕾与花的挥发性成分分析[J]. 南京林业大学学报：自然科学版，39(5)：179-182.
杨华，韩素芳，宋绪忠，2016. 马银花开花过程挥发性成分的变化[J]. 森林与环境学报，36(3)：355-359.
杨进，汪鋆植，段和平，等，2009. 三峡紫皮大蒜与市售百合蒜品质的比较研究[J]. 时珍国医国药，20(3)：559-560.
杨娟，哈木拉提·吾甫尔，赵鹤珊，等，2012. 维药香蜂花挥发油的GC-MS分析[J]. 天然产物研究与开发，24：1235-1238.
杨平荣，文娟，金赟，等，2015. 异叶青兰提取物抗病毒作用及挥发油成分分析[J]. 中国新药杂志，24(6)：669-675.
杨荣华，2001. 百里香精油挥发性成分的研究[J]. 中国调味品（9）：22-24.
杨瑞萍，戴克敏，1989. “海选”薄荷与“73-8”薄荷含油量及油的质量比较[J]. 香料香精化妆品（2）：1-5.
杨瑞萍，戴克敏，1990. 薄荷属4种栽培植物挥发油的含量及成分研究[J]. 中草药，1(7)：12-14.

杨世萍，李斌，2017. 四方木叶挥发油成分GC-MS分析[J]. 亚太传统医药，13(19)：17–20.

杨先会，邓世明，梁振益，等，2007. 鸡骨香挥发油成分分析[J]. 海南大学学报自然科学版，25(3)：262–264.

杨晓东，肖珊美，徐友生，等，2008. 乌饭树叶挥发油的GC-MS分析[J]. 生物质化学工程，42(2)：23–26.

杨艳，王道平，李齐激，等，2016. SPME-GC-MS分析马比木中挥发性成分[J]. 信阳师范学院学报（自然科学版），29(3)：435–438.

杨莹，杜伟锋，岳显可，等，2016. GC-MS法分析“发汗”对续断挥发性成分的影响[J]. 中成药，38(10)：2222–2226.

杨志勇，董光平，刘光明，2008. 大透骨消挥发油化学成分的GC-MS分析[J]. 大理学院学报，7(6)：1–2，9.

杨再波，彭黔荣，杨敏，等，2006. 同时蒸馏萃取/GC-MS法分析蜘蛛香挥发油的化学成分[J]. 中国药学杂志，41(1)：74–75.

杨再波，龙成梅，毛海立，等，2011. 微波辅助顶空固相微萃取法分析印度草木犀不同部位挥发油化学成分[J]. 精细化工，28(8)：765–769.

姚健，马君义，张继，等，2006. 发酵对葫芦巴挥发性化学成分的影响[J]. 食品科学，27(12)：194–198.

姚晶，杨扬，林鹏程，2014. 头花杜鹃和千里香杜鹃叶中挥发油的化学成分分析[J]. 湖北农业科学，53(9)：2146–2148.

姚煜，王英锋，王欣月，等，2006. 线纹香茶菜挥发油化学成分的GC-MS分析[J]. 中国中药杂志，31(8)：695–696.

叶冲，赵杨，毛寒冰，等，2011. 顶空固相微萃取-气相色谱/质谱法分析野藿香不同部位挥发油化学成分[J]. 食品科学，32(16)：240–244.

叶红翠，张小平，高贵宾，等，2009. 长梗黄精挥发油的化学成分及其生物活性[J]. 广西植物，29(3)：417–419.

叶蕻芝，郑春松，林薇，等，2009. 气相色谱-质谱联用技术分析梅花入骨丹挥发油的化学成分[J]. 福建中医学院学报，19(5)：20–22.

叶菊，孙立卿，曾擎屹，等，2016. 均匀设计法优化蓝花荆芥超临界$CO_2$萃取工艺及萃取物GC-MS分析[J]. 中成药，38(10)：2294–2296.

叶其馨，蒋东旭，熊艺花，等，2006. GC-MS测定溪黄草、狭基线纹香茶菜及线纹香茶菜挥发油的化学成分[J]. 中成药，28(10)：1482–1484.

叶其蓁，周子晔，林观样，2012. GC-MS法测定一枝黄花花序和茎叶的挥发油成分[J]. 中国中医药科技，19(5)：434–436.

尹继庭，姜力，姜永新，等，2013. 樟叶越桔（原变种）新鲜叶芽挥发性成分的GC-MS分析[J]. 西南林业大学学报，33(2)：100–103.

尹炯，赵冬香，王爱萍，2010. 固相微萃取-气质联用分析香蕉象甲为害诱导的香蕉假茎挥发性成分[J]. 北方园艺（17）：21–25.

尹文清，冯华芬，段少卿，等，2011. 不同溶剂提取毛冬青叶挥发油的成分的GC-MS分析[J]. 安徽农业科学，39(20)：12138–12140.

尤莉艳，杨婷，姜辉，等，2018. 杜香挥发油提取工艺研究及成分GC-MS分析[J]. 江苏农业科学，46(10)：180–182.

余定学，谢金伦，1995. 刺柏果精油化学成分研究[J]. 云南大学学报（自然科学版），17(4)：387–389.

余江琴，陈朋，2014. 紫穗槐果实挥发油提取工艺的动力学模型研究[J]. 现代中药研究与实践，28(1)：53–55.

禹晓梅，2010. 甘草挥发性成分的气相色谱-质谱联用分析[J]. 安徽农业科学，38(2)：735–736.

喻学俭，程必强，1986. 毛叶丁香罗勒精油的化学成分分析[J]. 云南植物研究，8(2)：171–174.

袁珂，殷明文，2006. 气相色谱-质谱法分析含羞草挥发油的化学成分[J]. 质谱学报，27(1)：50–52.

袁旭江，林励，谭翠明，2012. 两产地罗勒挥发油化学成分比较[J]. 中国实验方剂学杂志，18(11)：121–125.

岳会兰，赵晓辉，梅丽娟，等，2008. 白花枝子花挥发油成分研究[J]. 时珍国医国药，19(12)：2991–2992.

韵海霞，陈志，2010. 青海产暗紫贝母化学成分的气相色谱-质谱联用分析[J]. 时珍国医国药，21(5)：1057–1058.

雍建平，汪岭，刘贺荣，2011. 宁夏胡芦巴种子中挥发性成分研究[J]. 时珍国医国药，22(8)：1854–1857.

藏友维，马冰如，杨玲，等，1988. 多裂叶荆芥穗中挥发油的化学成分分析[J]. 白求恩医科大学学报，14(5)：418–420.

泽仁拉姆，童志平，张垠，等，2011. 藏荆芥挥发油化学成分的研究[J]. 时珍国医国药，22(6)：1520–1521.

曾富佳，刘文炜，高玉琼，等，2011. 对叶百部挥发性成分GC-MS分析[J]. 中成药，33(3)：538–540.

曾立，向荣，尹文清，等，2012. 瑶药定心藤挥发油的提取工艺及其GC-MS分析[J]. 中成药，34(8)：1613–1615.

曾明，郑水庆，2002. 苦葛根挥发性成分分析[J]. 中药材，25(2): 104-105.
曾阳，陈睿，马祥忠，等，2014. 藏药翁布挥发油化学成分GC-MS分析[J]. 天然产物研究与开发，26: 691-694，698.
曾宇，杨仟，杨再刚，等，2016. 黔药缬草挥发油的GC-MS分析及对小鼠抗炎镇痛作用的研究[J]. 中药材，39(3): 567-570.
翟周平，2002. 香紫苏精油化学成分的研究[J]. 香料香精化妆品（2）: 13-15.
张斌，刘超，2010. 交互移动窗口因子法比较分析羌活葛根挥发油成分[J]. 科技资讯（30）: 201-202.
张春雨，李亚东，陈学森，等，2009. 半高丛越橘果实香气成分的GC-MS分析[J]. 果树学报，26(2): 235-239.
张春雨，李亚东，陈学森，等，2009. 高丛越橘果实香气成分的GC/MS分析[J]. 园艺学报，36(2): 187-194.
张慧萍，李正宇，毕韵梅，等，2006. 傣药腊肠树果实挥发油的化学成分分析[J]. 时珍国医国药，17(8): 1464-1465.
张继，马君义，黄爱仑，等，2002. 千里香杜鹃挥发性成分的分析研究[J]. 园艺学报，29(4): 386-388.
张继，马君义，王一峰，等，2004. 刺果甘草叶挥发性化学成分的分析研究[J]. 草业学报，13(3): 103-105.
张继，马君义，杨永利，等，2002. 刺果甘草根化学成分的研究[J]. 中国药学杂志，37(12): 902-904.
张继，马君义，姚健，等，2003. 西伯利亚百合花挥发油化学成分的研究[J]. 西北植物学报，23(12): 2184-2187.
张继，王振恒，姚健，等，2005. 密花香薷挥发油成分的分析研究[J]. 草业学报，14(1): 113-116.
张继，王振恒，姚健，等，2004. 高原香薷挥发性成分的分析研究[J]. 兰州大学学报（自然科学版），40(5): 69-72.
张继，赵小亮，马君义，等，2005. 巴巴拉百合花的天然香气成分研究[J]. 西北植物学报，25(4): 786-790.
张捷莉，张维华，丁旭光，等，2000. 狼尾珍珠菜花挥发油的提取与成分分析[J]. 锦州师范学院学报，21(3): 28-30.
张峻松，姚二民，徐如彦，等，2007. 罗望子挥发油的超临界$CO_2$萃取及其GC-MS分析[J]. 中国农学通报，23(1): 330-333.
张凯，王义坤，谭健兵，等，2016. 庐山香科科挥发油化学成分分析[J]. 中南药学，14(8): 809-812.
张龙，郑锡任，陈勇，等，2013. 山绿茶茎和叶中挥发油成分GC-MS比较分析[J]. 中国实验方剂学杂志，19(1): 70-73.
张敏，赵梅，印酬，等，2016. 3种不同提取方法对蜘蛛香挥发油化学成分的气相色谱-飞行时间质谱分析[J]. 中华中医药杂志，31(8): 3312-3317.
张赛群，龙光明，梁妍，2007. 算盘子果中挥发油的化学成分研究[J]. 贵阳医学院学报，32(3): 273，275.
张姗姗，吴建勋，李鹏，等，2009. 日本花柏鲜叶挥发油的化学成分[J]. 植物资源与环境学报，18(1): 94-96.
张少艾，徐炳声，1989. 长江三角洲石荠苧属植物的精油成分及其与系统发育的关系[J]. 云南植物研究，11(2): ，187-192.
张少梅，莫鉴玲，王恒山，等，2008. 广西巴豆叶精油的GC-MS分析[J]. 广西师范大学学报：自然科学版，26(2): 53-55.
张素英，何骞，曾启华，等，2008. 遵义刺槐花挥发油化学成分的研究[J]. 贵州化工，33(4): 11-14.
张苏慧，廖良坤，魏晓奕，等，2018. 超临界$CO_2$萃取斜叶黄檀精油工艺优化及精油成分分析[J]. 热带作物学报，39(4): 791-796.
张伟，卢引，顾雪竹，等，2012. 地锦草挥发性成分的HS-SPME-GC-MS分析[J]. 中国实验方剂学杂志，18(21): 66-68.
张伟，朱晓娣，张娟娟，等，2015. HS-SPME-GC/MS对比分析四棱豆叶和花中挥发性成分研究[J]. 天然产物研究与开发，27(10): 1732-1736.
张文蘅，陈虎彪，1999. 岩败酱挥发油化学成分的研究[J]. 中药材，22(8): 403-404.
张文慧，陈先晖，卓盼，等，2010. 侧柏树皮和根部挥发油化学组成[J]. 东北林业大学学报，38(3): 128-130.
张文灿，林莹，刘小玲，等，2010. 香蕉全果实果汁香气成分分析[J]. 食品与发酵工业，36(3): 133-140.
张雯洁，李忠琼，余珍，等，1997. 樱草杜鹃的挥发油成分[J]. 药物分析杂志，17(6): 386-390.
张晓琦，田光兰，刘存芳，等，2014. 白苏挥发油化学成分的GC-MS分析及抗氧化活性研究[J]. 饮料工业，17(8): 32-35.
张晓琦，田光兰，刘存芳，2014. 毛苕子挥发油及其清除羟基自由基的研究[J]. 食品工业，35(8): 129-132.
张潇月，肖丹，白冰如，等，2009. 牛至和石香薷精油成分的GC-MS分析[J]. 中草药，40(2): 208-209.
张新蕊，王祝年，王茂媛，等，2011. 猪屎豆种子脂溶性成分及其抗氧化活性研究[J]. 热带作物学报，32(9): 1669-1672.
张玄兵，王健，谢琳，等，2013. 极香罗勒的花、叶和茎挥发性成分比较分析[J]. 热带作物学报，34(6): 1182-1187.
张艳焱，王祥培，廖海浪，等，2014. 鲜干槐枝中挥发油化学成分的比较[J]. 贵州农业科学，42(4): 186-189.
张有林，张润光，钟玉，2011. 百里香精油的化学成分、抑菌作用、抗氧化活性及毒理学特性[J]. 中国农业科学，44(9): 1888-1897.

张钰，吴娟，颜仁龙，等，2010. 藏产鳞腺杜鹃挥发油化学成分的研究[J]. 安徽农业科学，38(25)：13673-13674，13679.

张育光，侯春，吴新星，等，2015. 亚临界流体萃取崖柏挥发油及其成分分析[J]. 食品工业科技，36(21)：210-213.

赵超，龚小见，王道平，等，2015. SPME提取多星韭不同部位挥发油的化学成分研究[J]. 食品科技，40(04)：325-328.

赵晨曦，梁逸曾，李晓宁，等，2005. 杜鹃嫩枝叶挥发油化学成分研究[J]. 药学学报，40(9)：854-860.

赵丹庆，孙占才，李婷婷，等，2009. 蒙药材多叶棘豆挥发油化学成分的GC/MS分析[J]. 内蒙古民族大学学报（自然科学版），24(3)：278-279.

赵方方，李培武，王秀嫔，等，2012. 改进的无溶剂微波提取-全二维气相色谱/飞行时间质谱分析油菜籽和花生中挥发油[J]. 食品科学，33(22)：162-166.

赵华，张金生，2007. 从洋葱粉中提取洋葱精油与油树脂的比较研究[J]. 辽宁农业科学（2）：24-26.

赵莉，王刚，刘稳，等，2014. 舞草挥发性成分的气相色谱/质谱分析[J]. 食品工业科技，35(7)：276-278.

赵谋明，刘晓丽，崔春，等，2007. 超临界$CO_2$萃取余甘子精油成分及精油抑菌活性[J]. 华南理工大学学报（自然科学版），35(12)：116-120.

赵仁，冯建明，石晋丽，等，1999. 鼠尾香薷挥发油化学成分研究[J]. 北京中医药大学学报，22(2)：71-72.

赵淑春，富力，刘敏莉，等，1992. 水棘针种子脂肪酸及芳香油化学成分的研究[J]. 中国野生植物资源（2）：6-9.

赵甜甜，董怡，赵谋明，等，2013. 光果甘草叶、根中挥发性成分气相色谱-质谱法分析[J]. 食品工业科技，34(22)：96-99.

赵文军，吴雪萍，高林，等，2007. 鼠尾草挥发油提取及成分分析[J]. 中草药，38(1)：28-30.

赵文生，王建刚，2011. 铺地柏挥发性成分的GC-MS分析[J]. 安徽农业科学，39(20)：12100-12102.

赵夏博，梅文莉，龚明福，等，2012. 降香挥发油的化学成分及抗菌活性研究[J]. 广东农业科学（3）：95-99.

赵小珍，李晨，崔晓东，等，2016. 绒毛香茶菜精油化学成分的GC-MS分析及其抑菌活性鉴定[J]. 天然产物研究与开发，28：377-381.

赵勇，年玲，李庆春，等，1998. 野拔子挥发油化学成分的研究[J]. 云南大学学报（自然科学版），20(化学专刊)：462-464.

郑丽霞，高泽正，吴伟坚，等，2014. 不同提取方法对印度紫檀叶片挥发性成分的GC-MS分析[J]. 天然产物研究与开发，26：374-379.

郑尚珍，康淑荷，高黎明，等，1999. 木香薷挥发油主要化学成分的研究[J]. 西北师范大学学报（自然科学版），35(3)：60-64.

郑尚珍，宋志军，胡浩斌，等，2004. 木姜花挥发油化学成分的研究[J]. 西北师范大学学报（自然科学版），40(4)：52-54.

郑勇龙，朱冬青，林崇良，等，2012. 气质联用法分析泽兰不同部位挥发油的化学成分[J]. 中华中医药学刊，30(8)：1883-1886.

智亚楠，陈月华，陈利军，等，2016. 白苏挥发油化学组分的GC-MS分析[J]. 信阳农林学院学报，26(3)：114-116.

钟可，王文全，靳凤云，等，2013. 西陵知母药材挥发性成分GC-MS分析[J]. 中华中医药学刊，31(4)：740-742.

钟颖，2017. 泰山野生白苏叶挥发油成分GC-MS分析与抑菌活性的研究[J]. 中国医药指南，15(18)：37-38.

周丹，艾朝辉，李娟，等，2012. 山地五月茶挥发油的化学成分分析[J]. 时珍国医国药，23(1)：65-66.

周力，黎明，李凤，等，2013. 猪牙皂挥发性成分GC-MS分析[J]. 中国实验方剂学杂志，19(24)：156-159.

周林宗，蒋金和，徐成东，等，2010. 滇产牙刷草挥发油成分的比较[J]. 安徽农业科学，38(10)：5115-5116，5250.

周凌波，2010. 金钱草挥发性化学成分分析[J]. 广西科学院学报，26(3)：221-222.

周能，周振，梁逸曾，等，2012. 化学计量学方法用于甘草和芫花及其药对的挥发性成分分析[J]. 中国药房，23(43)：4078-4081.

周倩，王亮，戴衍朋，等，2017. 基于GC-MS分析蜜炙对甘草中挥发性成分的影响[J]. 中国实验方剂学杂志，23(17)：87-90.

周卿，付娟利，2012. 黔产山香草挥发油化学成分的GC-MS分析[J]. 光谱实验室，29(4)：2256-2260.

周维书，吉卯祉，周维经，1988. 祁连山圆柏叶挥发油成分的研究[J]. 中草药，19(9)：45-47.

周维书，朱甘培，杨金庆，1990. 毛香薷挥发油化学成分的研究[J]. 资源开发与保护杂志，6(2)：99.

周维书，朱甘培，杨双富，1990. 大黄药挥发油成分的研究[J]. 中国药学杂志，25(2)：79-80.

周先礼，赖永新，阿萍，等，2010. 藏药髯花杜鹃花挥发油化学成分研究[J]. 中药材，33(1)：50-53.

周晓英，施洋，马秀敏，等，2011. 唇香草抑菌活性筛选及挥发油类化学成分分析[J]. 现代中药研究与实践，25(2)：44-47.

周欣，梁光义，王道平，等，2002. 追风伞挥发油的化学成分研究[J]. 色谱，20(3)：286-288.

周艳晖，岑颖洲，李药兰，等，2004. 广东连南地区野葛花挥发油成分的GC-MS分析[J]. 暨南大学学报（自然科学版），25（3）：381–385.

周忠波，白红进，罗锋，2007. 红柳花氯仿层提取物化学成分的研究[J]. 时珍国医国药，18（2）：309–311.

周子晔，林观样，林迦勒，等，2011. 浙产连钱草挥发油化学成分的分析[J]. 中国现代应用药学，28（8）：737–739.

竺平晖，陈爱萍，2010. GC-MS法对湖南产玉竹挥发油成分的分析研究[J]. 中草药，41（8）：1264–1265.

朱斌，蒋受军，林瑞超，2008. GC-MS测定白背叶中的挥发油[J]. 华西药学杂志，23（1）：35–36.

朱丹晖，王玉林，黄兰芳，2012. 大叶千斤拔挥发性成分的气相色谱-质谱分析[J]. 化工生产与技术，19（5）：37–39.

朱凤妹，李军，高海生，等，2009. 气相色谱-质谱法分析沙苑子挥发油化学成分[J]. 河北科技师范学院学报，23（3）：37–39.

朱甘培，1990. 十种中国香薷属植物挥发油的气相色谱-质谱分析[J]. 中国中药杂志，15（11）：37–39，63.

朱甘培，赵仁，1990. 东紫苏挥发油成分的研究[J]. 北京中医学院学报，13（3）：46–47.

朱甘培，赵仁，1990. 吉龙草挥发油化学成分的研究[J]. 中成药，12（11）：33.

朱甘培，冯晰，石晋丽，1992. 紫花香薷挥发油化学成分的研究[J]. 北京中医学院学报，15（6）：57–59.

朱广琪，陈菲，冯宇，等，2015. 新鲜槐花精油化学成分的GC-MS分析及其抗氧化活性[J]. 中国调味品，40（6）：115–118.

朱凯，毛连山，朱新宝，2004. 超临界$CO_2$萃取赖百当及其化学成分研究[J]. 林产化学与工业，24（4）：33–36.

朱亮锋，陆碧瑶，李宝灵，等，芳香植物及基化学成分[M]. 海南：海南出版社，1993.

朱庆华，赵丽迎，李金楠，等，2010. 紫花野芝麻挥发油化学成分分析[J]. 时珍国医国药，21（5）：1272–1273.

朱雯琪，姚雷，2010. 甜牛至精油含量和成分的周年变化研究[J]. 上海交通大学学报（农业科学版），28（5）：453–456.

朱晓勤，曾建伟，邹秀红，等，2010. 截叶铁扫帚挥发油化学成分分析[J]. 福建中医学院学报，20（2）：24–27.

祝洪艳，张琪，夏从立，等，2009. 千金子油理化性质及其脂肪酸和挥发油成分分析[J]. 分子科学学报，25（2）：90–94.

祖里皮亚·塔来提，库尔班尼沙·买提卡思木，玉素甫江·艾力，等，2018. 欧薄荷挥发油提取工艺及主要成分的研究[J]. 中医药导报，24（3）：64–66.

祖丽菲亚·吾斯曼，努尔江·肉孜，买吾拉尼江·依孜布拉，等，2015. 维药神香草挥发油与超临界$CO_2$流体萃取物化学成分的比较研究[J]. 新疆医科大学学报，38（7）：823–827.

鉏晓艳，熊光权，廖涛，等，2014. 落花生茎叶中挥发性成分及芳樟醇含量的GC-MS法测定[J]. 湖北农业科学，53（19）：4701–4704.